ÉTUDE

SUR LA

CONDITION FORESTIÈRE

DE

L'ORLÉANAIS

ÉTUDE

SUR LA

CONDITION FORESTIÈRE

DE

L'ORLÉANAIS

AU MOYEN AGE ET A LA RENAISSANCE

PAR

M. RENÉ DE MAULDE

Ancien élève de l'École des Chartes, Membre de la Société archéologique de l'Orléanais

ORLÉANS

HERLUISON, LIBRAIRE-ÉDITEUR

Rue Jeanne-d'Arc

Il est d'usage de considérer les bois comme un reste des temps barbares. Les économistes se sont donné le mot pour en prêcher la destruction; les administrateurs des deniers publics ont réclamé l'anéantissement des grandes forêts de l'État; un historien croit avoir tout dit pour caractériser une époque lointaine quand il a proclamé que des bois déserts couvraient tout le pays. L'on convient généralement que la guerre aux bois est la formule dernière de la civilisation.

Enfin, ces vieilles idées ont fait leur temps. Enfin des hommes plus éclairés ont élevé la silviculture au niveau des autres sciences. Toutefois un seul de nos infatigables chercheurs l'a jusqu'à présent transportée dans le domaine historique. Sans partager absolument toutes ces appréciations de détail où le doute est si facile, les amis des bois doivent au savant M. Maury, membre de l'Institut, directeur général des Archives, cette reconnaissance singulière de leur avoir le premier résolûment tracé la voie par son remarquable livre des *Forêts de la Gaule et de l'ancienne France*. Dès lors il a été facile d'apercevoir l'intérêt qui s'attacherait peut-être à déterminer avec le plus de précision possible la limite de nos anciennes forêts, à examiner quelles causes en ont reculé la frontière ou bien les ont brisées en ilots jetés çà et là dans les champs : quels secours elles ont fournis à l'agriculture : les ressources de chauffage, de construction qu'elles ont offertes : leur rôle stratégique, au temps des guerres : même, et pourquoi la passer sous silence ? leur influence inspiratrice sur l'esprit des hommes qui allaient méditer à leur ombre, ne voulant, comme saint Bernard, « d'autre maître que les hêtres et les chênes. » Comment le moyen-âge organisa-t-il l'administration, la justice forestières ? comment comprit-il l'aménagement des coupes et des réserves, les repeuplements et les défrichements ? Questions historiques qui ont bien leur intérêt : nulle part on ne sent, on ne voit le passé, le présent, l'avenir enchaînés par une plus intime alliance ; car la vie d'un de nos vieux chênes a usé bien des vies d'hommes ; nous recueillons directement le fruit et des négligences et des travaux de nos aïeux du quinzième, du seizième siècles, et nous semons ce qu'on récoltera au vingt-et-unième, au vingt-deuxième. De même que nous donnons la main à l'avenir, le Moyen-Age nous est encore tout vivant en la personne de ces arbres antiques qui en portent le sceau ; ici, il faut faire abstraction des siècles : la chronique du passé n'est que le commentaire du présent.

Il serait injuste de ne pas reconnaître que, sous l'Ancien Régime, de très-sérieux efforts ont été tentés à plusieurs reprises en faveur des forêts. En l'année même 1789 parut le *Traité des Réformations* par Plinguet, ingénieur en chef du duc d'Orléans, ouvrage qui, malgré la généralité de son titre, s'attache spécialement aux réformes à opérer dans les forêts d'Orléans et de Montargis. Lucidité de vues et sagacité extrême, expérience raisonnée, connaissance approfondie de la matière, indépendance absolue, un style pur, nerveux et non sans mordant, et au travers de tout cela une raillerie un peu chagrine, souvent amère, parfois injuste, une appréciation toujours sévère : telle est l'œuvre de Plinguet, qui mérite d'être distinguée. Nous y avons puisé de bons renseignements. Mais la source première de toute étude a résidé pour nous dans l'examen des titres originaux que renferment les Archives générales, à Paris, et les Archives du Loiret, moins riches, mais plus abordables [1]. Les collections du Collége Héraldique et de Joursanvault pourraient aussi fournir des indications utiles, si leurs débris ne formaient à Orléans un cabinet particulier qui se ferme avec soin devant les regards studieux.

La forêt d'Orléans ne perdra rien à l'évocation de son passé, car elle ne se mêle à tous les événements de notre pays que pour y exercer la plus bienfaisante influence. Nous

[1] Tous ceux que leurs travaux y ont appelés connaissent la parfaite obligeance du savant élève de l'École des Chartes, qui les dirige.

la verrons au douzième siècle devenir l'asile de la vie cénobitique; de toutes parts, alors, dans ce temple immense, aux voûtes légères, aux arceaux mystérieux, temple de l'art, des légendes, temple de la paix, s'élèvent les cloîtres gothiques où reposent les guerriers et les vieux chasseurs à l'ombre des futaies, les églises où les moines psalmodient leurs chants nocturnes accompagnés par les hurlements des loups. Le travailleur y vient chercher un puissant appui: c'est de là que découlent tant de ruisseaux qui vont féconder ses champs, et sa piété reconnaissante expose souvent dans le tronc d'un vieux chêne, sur un autel rustique de lierre et de mousse, la statue du Saint, saint Hue, sainte Radegonde, saint Pierre..., auquel il a confié la garde du filet d'eau, espoir de sa moisson. Les forestiers de cette époque nous apparaissent avec tout un entourage de valets et de chiens, exerçant dans leurs petits châteaux une paisible et campagnarde magistrature. S'il faut du bruit, des combats, voici, mille fois répercutés par l'écho sonore, les cris des fauconniers ducaux, la voix furieuse et grave des meutes royales débusquant le sanglier de sa bauge, ou, dans une lutte suprême, ensanglantant la grande Loire au son d'éclatantes fanfares. Heureux si nous n'eussions point connu d'autres guerres que ces luttes pacifiques! Mais l'ennemi menace, et aussitôt, comme on voit les feuilles de nos bois frissonner à l'approche de l'orage, tout émus et empressés, les habitants du pays se hâtent de demander secours à leur forêt: et nous-mêmes, nous aussi, ne l'avons-nous pas connue, transformée en une citadelle inexpugnable et partout résonnante des éclats du canon?

Non, la forêt d'Orléans n'est pas pour nous une étrangère. Jamais elle ne nous a fait défaut ; elle se rendra encore utile à notre pays, grâce à une administration soigneuse, sans égoïsme. Les populations de l'Orléanais refuseront d'y laisser porter la hache, car elles savent bien que, selon une forte expression qui ne fut jamais plus justifiée, cette hache les frapperait elles-mêmes :

« Si robora sacra ferirent,
In sua credebant redituras membra secures ! »

TABLE DES MATIÈRES

PREMIÈRE PARTIE

Topographie forestière de l'Orléanais.

CHAPITRE Ier. — DE L'ÉTENDUE DES ANCIENNES FORÊTS DE L'ORLÉANAIS.

Pages.

Limites générales des forêts.—Système de Lemaire et de dom Morin sur l'étendue primitive des bois. — Réfutation de ce système. — Carte approximative des forêts avant le douzième siècle. — Réponses aux objections philologiques invoquées à l'appui de Lemaire. . . . 1

CHAPITRE II. — DES BOIS PARTICULIERS ET DE LA GRUERIE.

Propriétés forestières de l'abbaye de Saint-Benoît. — Tréfonds ecclésiastiques de l'Évêché et de Sainte-Croix, de Saint-Euverte, de Micy, de La Cour-Dieu, de Bucy, de Vendôme, de Flotin, de Saint-Aignan, de Chartres, etc. — Des tréfonds laïques. — Principaux tréfonciers. — Des droits de gruerie ou de *tiers et danger*. — Origines de ce droit. — Ses caractères. — Droit de *quint et requint*

Pages.

— Oubli des principes du droit de gruerie. — Ligne de gruerie.— Dispenses de gruerie. — Édits de 1571 et 1573. — Palinodie de 1581. — Gruerie des rivières. — Droits de gruerie privés. — Accensement des bois. 45

CHAPITRE III. — DES BOIS ROYAUX. ÉTENDUE ET DIVISIONS DES FORÊTS ORLÉANAISES.

Origine des divisions forestières. — Forêts de Gien et de Paucourt. — Gardes de Chaumontois, du Milieu, de Vitry, de Courcy, de Neuville, de Goumas. — Bois de Joyas et de Briou. — De l'ancien nom de la forêt d'Orléans. — Étymologie du qualificatif *aux Loges* attribué à certains villages forestiers. — Principaux *climats* de la forêt. — Aliénations, acquisitions, échanges de bois royaux. — De l'étendue de la forêt, au Moyen-Age. — Arpentages divers. . . . 66

CHAPITRE IV. — CAUSES DE DESTRUCTION DES BOIS.

Fréquence des incendies. — Leurs causes. — Origine des vagues. — Édit de 1553. — Édits de 1571 et 1572. — Travaux d'aliénations de vagues. — Prescriptions de 1581. — Édits de 1601 et 1710. — Origine des empiètements des tréfonciers. — Défrichements proprement dits. — Travaux des moines. — Grand mouvement du douzième siècle : multiplication des couvents forestiers, et leur rôle. — Modes divers de mise en culture. — Des *hôtes* : nouveau système proposé au sujet de la condition de ces personnes. — Réponse aux doctrines de M. Guérard et de Ducange. — Multiplication des hôtes. — Défrichements opérés par leurs travaux. — Obstacle apporté aux défrichements par la gruerie. — Aliénations de fonds forestiers. 85

DEUXIÈME PARTIE

De l'influence extérieure des bois.

CHAPITRE Ier. — INFLUENCE DES BOIS SUR L'ÉLEVAGE DES BESTIAUX.

De l'irrigation créée par les bois. — *Marchais*. — Origine des droits d'usage. — Leur transformation au douzième siècle. — Concessions royales. — Rapports juridiques des tréfonciers en gruerie avec les usagers. — Réglementation des usages. — Définition de ces droits.

Pages.

— Droits d'usage proprement dits : au vif, au sec estant ou gisant, à l'entresec, au mort-bois, aux ramoisons, aux arrachés, au bois brisé, à la fourche, aux acoronés. — Obligations de l'usager. — Seconde catégorie des droits d'usage. — Pâturage : son utilité. — Haras. — Règles des *deffois*. — Panage. — Glandée. — Inféodation des usages. — Fouage. — Causes naturelles d'extinction. — Livrée. — Monstrée. — Idée primitive du cantonnement. — *Coutumes* de Lorris. — Exemples de cantonnement. — Rachat des usages. — Pénalité pour les délits d'usage. — Menus usages. 123

CHAPITRE II. — DES DIVERS USAGERS.

Liste alphabétique d'environ 350 usagers, avec indication de leurs droits et de leurs titres. — Droits de chauffage attachés à une dignité ou à une personne. 181

CHAPITRE III. — INFLUENCE DES BOIS SUR L'INDUSTRIE AGRICOLE ET SUR LES MŒURS.

Des vignobles forestiers. — Du miel. — Du charbon. — Charrons, *huichiers*, *corbeilliers*, charpentiers, etc. — Tonneliers. — Potiers. — De la viabilité forestière. — La forêt pendant les guerres. — Dépopulation des villages. — Réparations des églises, des bourgs, des châteaux. — Influence sanitaire des bois. — Langue forestière. — Noms forestiers. — Armoiries forestières. 223

CHAPITRE IV. — DE L'ART FORESTIER.

Des constructions de bois. — Sculpture sur bois. — Flore forestière des monuments. — Flotin, Beaumont, Yèvre... — Poésie forestière. — Charles d'Orléans. — Jean de la Taille-Bondaroy. — Guillaume de Lorris. 261

CHAPITRE V. — INFLUENCE DE LA FORÊT ET DES BOIS SUR LES LÉGENDES.

Légendes druidiques. — Les fées. — Le baron de Bourbœil. — Théorie du brigandage. — Réfutation de cette théorie. — Le château du Hallier. 284

Pages.

TROISIÈME PARTIE

Administration intérieure des bois

CHAPITRE Ier. — DES OFFICIERS DES EAUX ET FORÊTS, ET DE LA JUSTICE FORESTIÈRE.

Exercice de la haute justice au douzième siècle. — Des officiers ordinaires. — Grands-maîtres des eaux et forêts : liste des titulaires : leurs attributions ; leur position matérielle. — Lieutenants-généraux. — Procureur. — Greffier-clerc. — Mesureur-arpenteur. — Maîtres de garde ; leur position sociale ; *concierges* de Paucourt ; maîtres de Baugency. — Organisation de la maîtrise de garde. — Des sergents en général ; leur position. — Sergents à cheval. — *Traversiers.* — Garderies d'étangs. — Gruyers de Gien et de Seichebrières. — De l'avancement hiérarchique. — Sergents *fiévés.* — Police des usages. — Zèle des officiers. — Pénalité : forfaiture, amendes, prison. — Tenue des assises. — Détermination de la compétence des tribunaux forestiers. — Exemples de privilèges de *committimus.* — Compétence relative des divers tribunaux et règles de l'appel. — Attributions administratives des officiers forestiers. — Devoirs de ces officiers. — Examen de leur conduite, particulièrement au treizième siècle. — Des officiers extraordinaires. — Enquesteurs. — Réformateurs. — Réformation de 1537. — Officiers forestiers appartenant aux tréfonciers, notamment à l'abbaye de Saint-Benoît et à l'Évêché. — Maires. 303

CHAPITRE II. — DE L'ADMINISTRATION FORESTIÈRE ET DE L'AMÉNAGEMENT.

Aménagement de haute futaie. — Inconvénients de ce système. — Réforme de 1543. — De l'étendue des coupes. — Ventes de *chable et d'aval.* — Ventes extraordinaires. — Prix du bois au Moyen-Age. — Revenu des forêts royales. — *Roupies.* — Formalités des mises aux enchères. — Obligations de l'adjudicataire. — Procédés constamment délictueux des marchands de bois. — Délais de l'abattis et du paiement. — Prix de la main-d'œuvre. — Transport du bois. — Aménagement des étangs. — Empoissonnement. — Obligations des fermiers d'étangs. — Revenu des étangs. — *Combres* de rivières. — Adjudication des fouages. 405

Pages.

CHAPITRE III. — DE LA CULTURE DES BOIS.

Essences forestières. — Clôtures de palissades. — Curage. — Élagage. — Recépage. — Repeuplements. — De la paisson. — Taxe des *fressanges*. — Des baliveaux. 437

CHAPITRE IV. — DE LA CHASSE, DE LA PÊCHE ET DU BRACONNAGE.

Multiplication des animaux sauvages. — Destruction des loups. — Sergents *louviers*. — Utilité alimentaire de la chasse. — Des fourrures forestières. — Fauconniers. — Veneurs. — Levriers orléanais. — Faucons et éperviers. — Chasses à courre, à tir. — Fréquentes excursions des rois dans les forêts de l'Orléanais. — *Brenage*. — Propriétaires divers du droit de chasse. — Chasse de l'évêque d'Orléans. — Droits de garenne sur des tréfonds ecclésiastiques. — *Forêts* et *garennes*. — Liste de garennes. — Location des garennes. — Garenniers. — Des habitudes cynégétiques attribuées aux moines forestiers. — Chasse des officiers forestiers. — Du braconnage en général. — Pénalité en matière de chasse. — Adoucissement des peines. — De la pêche. — Usages en matière de pêche. — Délits de pêche et pénalité. 437

APPENDICE

EXEMPLES DE TITRES D'USAGE.

Chartes de l'Hôtel-Dieu d'Orléans, 1187. — Ferrières, 1310. — Châteauneuf, 1313. — Nibelle, 1317. — Flotin, 1322. — Auxy et Montespérant, 1336. — La Boissellerie, 1341. — Notre-Dame-des-Barres, 1342. — Hôtel d'Ambert, à Orléans, 1377. — Vitry, Combreux, Seichebrières, 1393. 519

PREMIÈRE PARTIE

TOPOGRAPHIE FORESTIÈRE

CHAPITRE PREMIER

De l'étendue des anciennes forêts de l'Orléanais

Au point où, après être longtemps descendue du sud au nord, la Loire change brusquement sa direction et, s'attardant dans un val fertile, « semble ralentir ses rapides eaux et prolonger ses vastes et gracieux contours [1], » s'élève le grand plateau d'Orléans, dont la surface est, aujourd'hui encore, recouverte en partie de la végétation forestière. Cette immense zone boisée, à peu près parallèle au cours de la Loire, s'étend de l'est à l'ouest dans presque toute la largeur du département actuel du Loiret, dont elle occupe une importante portion. Sa présence s'explique aisément par la nature du sol où elle végète, sol d'argile ou de sable, sol ingrat par lui-même et peu propre à tenter les pionniers de la culture, à qui la Beauce et le Gâtinais offraient tout d'abord des plaines assez fertiles pour les nourrir,

[1] Dupanloup. *Discours sur l'agriculture.*

eux et leurs voisins, assez vastes pour user pendant bien des siècles les ressources de leur activité. La constitution géologique indique donc facilement par elle-même les limites des espaces boisés ; non, quoi qu'on en dise, la fantaisie de l'homme, non, le caprice du hasard n'a pas tracé ces limites : la nature même les a fixées ; sur ces sommets qui bordent la Loire et dominent le bassin de la Seine et d'où descendent les ruisseaux destinés à arroser tant de cantons fertiles, elle nous oblige à garder une réserve d'eau et de fraîcheur. La ligne est certaine ; ici la terre défoncée nourrira de sa sève puissante des plaines ondoyantes d'épis dorés ; là, sans valeur et malsaine, elle tuera par des brouillards humides constamment exhalés le colon laborieux qui lui prodigue en vain ses sueurs. La diversité des terrains sépare donc l'Orléanais en deux pays bien différents. Cette observation fondamentale nous donnera la clef de l'ordre suivi dans les défrichements par les générations qui nous ont précédés : les terres fertiles sont mises en culture depuis les temps les plus reculés ; à peine si, en les parcourant au moyen âge, l'on y rencontre quelques haies, quelques taillis disséminés qui se raréfient peu à peu devant les envahissements de la charrue ; les terrains maigres sont restés[1] et restent encore, sur une très-large échelle, dans l'état forestier.

On ne reconnaîtra point là, il est vrai, la doctrine de nos anciens auteurs ni des historiens attachés exclusivement à leur témoignage ; et aussi n'est-il pas d'usage, lorsque l'on cherche à se faire une idée des pays primitifs, de se figurer toujours d'immenses forêts vierges couvrant toute la superficie du territoire, et, quant aux exploitations rurales dirigées par les Gallo-Romains, population industrieuse et déjà considérable avant les invasions des Barbares, combien de fois se souvient-on d'en parler ? Dom Morin, Lemaire, sont pleins de semblables oublis. « L'estendue de la forest d'Orléans estoit grande, nous dit Lemaire aussi catégoriquement qu'il est possible[1] ; le Gastinois y

[1] « Cette forêt précieuse et autrefois immense, disait Boncerf en 1790, est assise sur un sol peu propre à toute autre production que celle du bois. » (*Observations sur la Gruerie prés. à l'Assemblée nat.*)

Histoire et Antiquités de la ville d'Orléans, XIII, 45.

estoit compris, Pluviers, Yenville, Nemours et autres qui en portent le nom ; car Gastinois est appelé en latin *Vastinium*, qui vient du mot *vastum*, large et estendu..., etc., » et, pour aider à cette thèse, il produit d'autres étymologies quelque peu malheureuses ; ainsi il assure gravement que « Boigency a pris son nom de Bois-Jolly. » Dom Morin déclare avoir lu dans une lettre de Loup, abbé de Ferrières au IXe siècle, qu'à cette époque le pays était tout en bois [1]. Il dit aussi que « Montargis mesme, qui est es confins du Gastinois, a esté environné de bois comme il l'est encore à présent d'un costé. [2] »

Il ne faut pas ajouter une foi entière à ces assertions, évidemment empreintes d'une forte exagération. Les étymologies dont Lemaire étaye uniquement son dire forment des appuis bien chancelants, et, quant au témoignage qu'invoque dom Morin, cette lettre dont le même auteur conclut simplement dans d'autres pages de son *Histoire du Gastinois* [3] que Nemours était, au neuvième siècle, « encore plus proche et environnée de bois qu'elle n'est pas de présent, » nous parle, il est vrai, d'un territoire assez boisé ; mais des termes qu'elle emploie inférer [4] à l'existence d'une forêt qui aurait couvert le Gâtinais tout entier, ce serait là un raisonnement singulièrement hasardeux.

Dès les temps Gallo-Romains, il s'en fallait bien, au contraire, que le Gâtinais fût uniquement couvert de bois, si nous en croyons tous les indices qu'il nous est possible de recueillir. Les établissements romains se trouvent dans ce pays, assurément, aussi nombreux que dans les contrées environnantes. En déterminer l'emplacement et la quantité n'est point tâche facile [5]. Déjà, sur beaucoup de points, des hasards heureux ou des recherches savantes ont arraché aux entrailles de la terre d'irrécusables témoignages du passage des Gallo-Romains ; mais on

[1] Morin, p. 5.
[2] Morin, p. 5.
[3] Morin, p. 302.
[4] On en trouvera la traduction ci-dessous, § des légendes.
[5] La *Société archéologique* a entrepris ce travail : Un premier essai a été tenté par M. Mantelier qui fait suivre ses *Bronzes de Neuvy* d'une carte romaine du département, à laquelle nous avons eu recours.

peut croire que, sur ce point, malgré le zèle et la compétence des savants de l'Orléanais, nous ne connaissons encore que la minime partie de la vérité : beaucoup de détails nous échappent que révèleront des investigations nouvelles ; beaucoup nous échapperont toujours.

Il est impossible d'admettre, en effet, que, la plupart de ces établissements ruraux ayant été détruits lors des premières invasions des Barbares et les propriétaires obligés de se réfugier derrière les murs des villes construits à la hâte, suivant les Constitutions d'Arcadius, Honorius et Valentinien, maintenant que la charrue de tant de siècles a régulièrement dispersé plusieurs fois l'an les légers débris de ces colonats et de ces villas, l'on puisse encore en découvrir tous les restes. Il ne faudrait donc pas, faute de vestiges encore sensibles, se presser de conclure que les établissements de ce genre n'ont jamais existé, et si le hasard, car c'est là l'ordinaire instrument des découvertes de ce genre, nous a conservé et dévoilé ensuite les traces évidentes de quelques habitations de Gallo-Romains, on peut aisément supputer que le nombre de ces demeures a été bien plus grand.

Le Gâtinais ne formait qu'une grande forêt, dit-on ? Mais à quelle époque ? Dans les temps héroïques, dans les temps fabuleux, car du temps de César, c'est-à-dire au début de notre histoire, cette assertion est déjà erronée. Au milieu précisément du Gâtinais, une science diligente nous a, près du village de Sceaux, rendu l'emplacement de toute une ville gallo-romaine, ville d'une certaine richesse, comme l'attestent[1] les travaux de mosaïque qu'elle renfermait et l'antique aqueduc qui s'en allait chercher à des distances considérables une eau très-salubre ; ville fort ancienne, ainsi que le démontre la contexture des murs enduits de petit appareil sans insertion de briques. Cette cité semble bien se rapporter au Vellaunodunum[2] autour duquel César raconte[3] avoir élevé des remparts, et où il laissa Trebonius pour se rendre à Genabum en deux jours. S'il en était

[1] L'amphithéâtre immense dont on vient de découvrir l'enceinte.
[2] V. Table de Peutinger.
[3] *De Bello Gallico*, VII.

ainsi, le poste romain de Fines doit se placer à Chambon [1], suivant l'indication de plusieurs géographes. Mais, du reste, qu'importe à notre cause le nom que la science décernera définitivement à cette ville inconnue? D'autres érudits voudraient fixer l'emplacement de Vellaunodunum à Triguères, qui nous offre un théâtre romain et des restes d'aqueduc; à Chevenières, qui possède des débris de bâtiments romains, d'amphithéâtre, et où l'on découvrit en 1608 un tel amas de médailles romaines à l'effigie d'Antonin et Faustine, qu'on les vendit à la livre [2] N'entrons pas dans ces graves controverses, corollaire de la controverse encore plus vive qui s'agite au sujet de l'emplacement de Genabum [3] Il suffit de constater que ces trois noms de Sceaux, Triguères et Chevenières répondent à trois centres importants de population gallo-romaine, situés tous trois sur des voies romaines qui traversent l'Orléanais entier et dont l'un, pour le moins, existait déjà au temps de César. Ce seul fait suffirait amplement à détruire les assertions de nos anciens auteurs; on voit que le Gâtinais renfermait plusieurs villes gallo-romaines, assez rapprochées les unes des autres; évidemment ces villes s'appuyaient sur des cultures considérables, d'autant plus que, selon une judicieuse remarque, Genabum offrait assez de ressources pour servir de quartier d'hiver aux légions romaines [4].

L'assertion de Lemaire est dénuée de fondement. Mais ce n'est pas tout; en suivant les trouvailles importantes d'objets romains ou de constructions dont la présence dénote des lieux défrichés et habités dans la période gallo-romaine, l'on parvient presque à reconstruire à grands traits la topographie forestière du *pagus Vastinensis*, et il est étonnant combien peu de différences présente, au point de vue forestier, la carte romaine avec

[1] V. Table de Peutinger, LXXXIII.

[2] Morin, p. 51.

[3] Cependant le dernier mot à ce sujet doit avoir été dit dans le remarquable Mémoire de M. Boucher de Molandon.

[4] *De Bello Gallico*, VII, VIII. — *Les Forêts de la Gaule et de l'ancienne France*, p. 47. — D'un autre côté, nous savons également que le centre de la France était fort peuplé puisque, de Genabum, une nouvelle put en un jour courir jusqu'aux confins de l'Arverne transmise par des cris répétés de village en village (*Ibid.* VII. — M. Maury, loc. cit.)

la carte du moyen âge. Le nom même d'*Area-Bacchi* nous indique une importante exploitation gallo-romaine ; ce nom, transformé au douzième siècle en *Arrebrachen* et *Rebrachen*, est resté au *Rebréchien* de nos jours, village encore situé à la lisière la plus resserrée de la forêt. Chécy, Mardié, Mont-aux-Prêtres, Donnery, Ingrannes, Germigny, Saint-Benoît, Sury, Les Bordes, Saint-Père [1] limitent la forêt sur toute la ligne de la Loire dès les temps primitifs ; Bonnée même formait une ville avec amphithéâtre [2]. Chambon offre également des traces gallo-romaines. Nancray, près de sa voie romaine, possédait, dit-on, un cimetière germain découvert il y a quelques années ; tout auprès, aux Saumery, dans le milieu des champs, un œil attentif peut distinguer les traces évidentes d'une ancienne demeure rurale et, parmi les quelques débris épars sur le sol, de petites pierres taillées en cône tronqué sont certainement des restes d'un revêtement de mur en petit appareil ; des rebords de briques nous offrent aussi un profil tout-à-fait romain [3]. On veut que Boiscommun ait pris la place d'un vieux village barbare nommé *Commeranum* [4], village dont l'existence reste encore à prouver. Saint-Germain-des-Prés, Montargis, Ferrières, Dordives déterminent aussi la fin de la forêt de Montargis.

La supposition que le Gâtinais n'était qu'un bois continu tombe donc à faux dès l'époque romaine. Du moins voudrait-on nous persuader que la forêt d'Orléans a consisté, dans ces époques lointaines, en une seule bande, très-vaste, englobant toute la forêt de Montargis, et contiguë sans interruption à la forêt de Fontainebleau, magnifique marche boisée qui séparerait nettement les territoires Carnute et Burgonde [5], mais qui, par malheur, n'existe qu'en vertu d'une hypothèse également peu justifiée. Sans doute,

[1] V. la Carte dressée par M. Mantellier.

[2] On pourrait y voir l'ancienne *Belca*, située entre Brivodurum et Genabum. (V. Itinéraire d'Antonin, voie d'Autun à Lutèce, XCIX.)

[3] Nous y avons trouvé des débris de marbre, d'un grain fort commun il est vrai, mais enfin de marbre, ce qui ne peut manquer d'attester une certaine importance.

[4] M. Morin, p. 286.

[5] A la condition toutefois de ne pas voir dans Gien le Genabum, ville des Carnutes.

dans les parages de Châtillon-sur-Loing le sol se prêtant particulièrement à la végétation forestière, on pouvait croire qu'il lui resta longtemps consacré. Mais comment cette supposition tiendrait-elle en face des restes de monuments romains de Triguères et de Chevenières? De l'autre côté de Montargis, nous trouvons également, jetées en travers dans l'espace libre qui sépare les forêts de Fontainebleau et de Montargis, des localités très-anciennes; c'est Dordives, qui semble tenir la place de l'ancienne *Aquæ Segestæ*, mentionnée dans la table de Peutinger. C'est Nemours, à qui le même dom Morin, dont nous combattons les opinions, attribue une antiquité presque fabuleuse[1]; Pallay, où l'on a trouvé, ainsi qu'à Nemours, des traces du passage des Romains[2]; Ferrières, vieille ville importante au huitième siècle[3]; au quatrième ou au cinquième siècle, saint Mathurin vivait déjà à Larchant. Château-Landon, ville considérable au neuvième siècle, formait alors la capitale de l'Orléanais, et l'on y battait monnaie; les chroniqueurs nous ont conservé le récit d'une scène touchante dont elle se trouva le théâtre à cette époque, et dont le héros, nouveau Daniel, sut montrer la valeur de David[4]. Ces quelques faits suffisent à prouver à quel point la forêt avait déjà perdu, dès le principe de notre histoire, le terrain qu'elle a occupé peut-être aux temps les plus primitifs de la Gaule. Repoussons donc les appréciations erronées qui, sur ce point, émaillent le récit de nos vieux historiens.

Dans la période barbare, d'abord, puis féodale, qui sépare l'époque gallo-romaine du douzième siècle, il est bien difficile, à l'aide des documents si rares et si défectueux qui nous restent, de déterminer, même approximativement, les limites précises de la forêt. Bien que dom Morin applique sa théorie même à cette époque, puisque l'historien du Gâtinais nous reporte simplement dans ses appréciations au règne de Charles-le-Chauve, le doute ici n'est plus permis : le Gâtinais se trouve un

[1] P. 302, 303.
[2] Morin, p. 323 et 684.
[3] Historiens de la France, V. 446 *a*.
[4] V. Historiens de la France, XI, p. 20 et suiv.

pays parfaitement défriché et très-civilisé déjà, car, dès le début du neuvième siècle, l'Orléanais et le Gâtinais, qui plus tard devaient donner asile à une illustre *Université de lois*, possédaient des jurisconsultes. Aux assises tenues à Orléans en 834, nous dit le chroniqueur Adrevault, moine de Fleury :

« Aderant namque legum doctores, tam ex Aurelianensi quam « ex Wastinensi provincia. »

Dès le sixième siècle, entre la Loire et le Loiret, s'étendait le vaste domaine de Micy, dépendant du fisc royal avant qu'il fût concédé par Clovis, en 510, au vieil Euspicius et à Maximinus (Saint-Mesmin) [1].

Coulmiers, à l'entrée de la Beauce, existait au début du même siècle, s'il faut reconnaître en lui l'ancien Colomna vicus où, en 523, Clodomir, victorieux de Sigismond, roi de Bourgogne, jeta dans un puits son ennemi vaincu, puis la femme et les enfants de sa victime, malgré la vive intercession de l'évêque d'Orléans, saint Avit [2]. « *Projecit eos in puteum, in loco qui dicitur Colomna vico.* » Encore dans le même siècle si agité, Mareau présentait déjà un appareil de défense sérieux : car Cuppa, ancien connétable du roi Chilpéric, ayant tenté d'y enlever les armes à la main une noble jeune fille, vit son équipée honteusement repoussée [3]. Monnerville, Toury, Tivernon, Rouvray, dès le début du septième siècle, formaient de vastes et riches domaines attribués par Dagobert en patrimoine à l'abbaye de Saint-Denis (630) [4]. L'immense propriété de Oinpuis, en Beauce (*Audoeni putei*), dont Pithiviers (*Pivarium*) était une dépendance, fut, dit-on, un don de Chilpéric à l'abbaye de Saint-Mesmin ; cette même abbaye possédait encore dès le neuvième siècle, aux environs d'Orléans, *in prospectu Aurelianis*, une

[1] Baluze. Capitularia regum. — On a longtemps cru cet acte le seul authentique de Clovis, il n'est lui-même qu'une simple copie.

[2] Grégoire de Tours, III, 6. — Gesta regum francorum, XX.

[3] Grégoire de Tours, X, F.

[4] Histoire de France, IV, 628. — Dom Estiennot (Bibl. Imp., 12739, latin). 578. — De Foy. Notice des diplomes. — Donation maintenue et amplifiée en 658, par Clotaire. (De Foy, Notice des diplomes), en 998, par Robert. (De Camps Bibl. Imp., IV, 20), en 1112, par Louis VI.

propriété considérable à « Bricerias, » qui pourrait bien être Bricy[1].

D'un diplôme accordé par Robert à la même abbaye, il ressort que l'Orléanais, le Gâtinais et la Sologne étaient alors (1022) en pleine culture, mais entrecoupés de taillis (*bransias*).

Pithiviers[2] remonte fort loin; il fit partie des possessions concédées aux évêques d'Orléans, dont il devint la demeure. Aussi Jean, évêque d'Orléans, écrivait au célèbre Yves de Chartres (vers la fin du onzième siècle) qu'en revenant de voir le roi il s'était arrêté à Pithiviers « *Pitveris commoratus*[3]. » Dès le douzième siècle, on distinguait Pithiviers-le-Vieil (Pithiviers-le-Véan) et Pithiviers-le-Chastel : (*Piverum vetus* — *castrum Pitveris*) ; l'église de Saint-Georges (*ecclesiam Sancti-Georgii Piverensis*) était aussi énumérée à part[4].

Nous trouvons encore à Ingrannes et Jargeau de très-anciennes possessions de l'évêché. Un précepte de Robert, en 995, mentionne le monastère de Jargeau[5]. Germigny devait avoir une grande importance pour que, en 794, Théodulfe y ait élevé une superbe église dont le plan fut celui d'Aix-la-Chapelle. Aucune somptuosité n'y avait été épargnée et, fier de son œuvre qu'il croyait presque éternelle[6], le grand évêque avait inscrit au fronton ces vers que nous rapporte le chroniqueur Létaud :

« Hæc in honore Dei Theodulfus templa sacravi :
« Quæ dum quisquis adis, oro, memento, mei[7]. »

[1] D. Estiennot, p. 294. Diplôme de 830, dont l'authenticité du reste est mise en doute et non sans raison, par le savant bénédictin. La confirmation de 1022 (*Ibid.*, p. 300), mentionne les mêmes noms : Chaingy (Cambiacum) qui remonterait extrêmement loin ; et au lieu de Bricerias « Bruerias » qui représenterait Seichebruière, appelé encore Bryeria dans des actes bien postérieurs (Not. de 1252). V. Cart. de La Cour-Dieu, f. 15.

[2] Appelé Pedeverius dans un acte de 979 (Hist. de France, XI, 600).

[3] D. Estiennot, f. 409.

[4] Bulle d'Eugène, IV, 1150. — Gall. Christ., VIII, 511, A.

[5] D. Estiennot, f. 262.

[6] Elle fut détruite, dès le neuvième siècle, tout entière, à l'exception de l'abside et des absidioles qui nous sont restées.

[7] Acta ord. S. Benedicti, sec. I, p. 601.

Ingrannes semble avoir existé à l'état de paroisse, dès l'époque où la paroisse rurale fut réellement constituée et reçut une vie indépendante : c'est du moins ce qui paraît ressortir des expressions employées par la charte de fondation de la Cour-Dieu en 1123 [1], qui nous parle du « *Feodum presbiterale* Ingrannensis ecclesie » Ingrannes était donc alors une *cure* et non pas seulement le siége d'un desservant.

Le Bréau, près Mézières, paraît dans un acte de 862 [2]. Tout le pays qui l'entoure présente, au reste, de grandes marques d'ancienneté : l'église de Préfontaine possède un atrium du onzième siècle qui dénote une certaine importance. Beaune, que les traditions populaires nous représentent comme antérieur à Charlemagne, existait bien certainement dès 832 [3]; au douzième siècle, Beaune était qualifié *Belna villa* [4]. Batilly paraît dans le Polyptique de l'abbé Irminon, sous la dénomination de *Baldiliacum*. Le Hallier semble également remonter fort loin [5]. Le Puiset, ruiné par Louis VI en 1112, Janville, où le roi éleva dans la même année une « *turrim fortissimam* [6], » sont fort anciens. Étouy peut être le lieu mentionné sous le nom de *Scotinas* dans une donation faite par Hugues de Pithiviers-le-Chastel à Saint-Martin de Pithiviers en 1071 [7]. Un diplôme royal d'octobre 891 [8] mentionne parmi les possessions de Saint-Benoît, Guilly et Neuvy (Guilliacum cum novo vico), Varennes (Varennas), Chatillon (Castellione), Pouilly (Pauliacum), Marigny (Matriniacum), Yèvre (Everam cum omni integritate), Sermaizes (Sarmatiolas), Bouzonville (Bosonis villam) [9].

[1] Jarry. Hist. de La Cour-Dieu, pièce justificative, I. — Gall. Christ., VIII, Instr., coll. 501. — Archives du Loiret. Fonds de La Cour-Dieu.

[2] Tardif. Monuments historiques. Cartons des rois, n° 186.

[3] *Ibid.*, n°s 123 et 186.

[4] En 1112, Louis VI convoque à « Belna villa » Boson, abbé de Saint-Benoît, et Fouques, vicomte de Gastinais. (D. Estiennot, p. 357).

[5] V. les conjectures de M. Loiseleur à ce sujet : Mémoires de la Société d'Agriculture, Sciences et Arts d'Orléans, t. XII, p. 193.

[6] (Bibliothèque Impériale). De Camps, XII, 81, 129.

[7] D. Estiennot (12739 latin), p. 400.

[8] Daté par le synchronisme suivant : III. Kalendas septembris, anno septimo regnante, redintegrationis tertio.

[9] D. Estiennot, p. 337 et suiv.

Une importante charte de 979 énumère divers lieux encore forestiers aujourd'hui, qui dépendaient de l'évêché : Beauchamp (Bellum Campum), les deux Mareau, Mareau-aux-Prés et Mareau-aux-Bois (Marogilus, Marogilum), Vieilles-Maisons (Vetus Mansiones), Neuville (Nova Villa), Bucy (Buxiacus), enfin une localité nommée Lidiacus, qui pourrait bien représenter Saint-Lyé[1].

Dans un acte de 990 figurent encore, en outre des villages précédents, Auvilliers, près Bellegarde (Altum Villare), Flevecourt (Curtem Flavacum), « Gaugiacum » sur la Bionne (super fluvium Bonojæ), Mézières (Macerias), et aussi Sury (Siriacus), dont le territoire renferme du bois (silvam) et des champs cultivés (terram arabilem)[2].

Helgaud, l'historien du roi Robert, nous cite divers villages dotés par ce prince de fondations pieuses et qui, à cette heure, sont encore situés sur la lisière extrême de la forêt ; Robert fonda à Chanteau le monastère de Saint-Paul, à Vitry le monastère de Saint-Médard ; au lieu dit, dans le moyen âge, « Goumas, » — « in villa quæ dicitur Gomedus, » à Fay, « in villa Faidam, » il éleva des églises à saint Aignan, son saint de prédilection. Vers la même époque, le sous-diacre Létaud, chargé par le même roi d'administrer le luminaire de la nouvelle abbaye de Saint-Aignan, accense à l'abbaye de Saint-Mesmin, dans les parages de Pithiviers (in vicaria Petvarensi) des terres en culture ou en jachère, attenantes à d'autres terres labourables.

A peine s'il y est question de très-petits bouquets de bois (*brancias*)[3].

Pont-aux-Moines (*Pons-Ostansia*) était défriché pour le moins au onzième siècle : car en 1075, Philippe Ier, à l'imitation d'Ingelbaud dit le Manseau (*dictus Mansellus*) concède à l'ordre de Cluny des terres situées en cet endroit[4].

Des documents, malheureusement trop sommaires, suffisent

[1] Histor. de la France, XI, 600.
[2] Gall. Christ., VIII, 488, 489.
[3] D. Estiennot, p. 277.
[4] D. Estiennot, p. 540.

donc à nous démontrer l'existence dès le neuvième ou le dixième siècle, d'un grand nombre de villages qui resserrent les limites de la forêt, et prouvent bien qu'elles ne s'avançaient pas aussi loin qu'on l'affirme. Nous ne saurions opposer à ces documents quelques raisons de douter que l'on a tirées de l'art étymologique, cet art le plus fallacieux de tous. On pourrait croire [1], par exemple, que Chécy a conservé par son nom, analogue à celui de Choisy, le souvenir d'une forêt, si, comme nous l'indiquent tous nos vieux textes où Chécy est traduit par *Calciata, Calciacum* [2], ce nom n'équivalait simplement au mot *Chaussée*, que lui attira la voie romaine tracée au travers de son territoire. Quant à l'argumentation qu'on tire du qualificatif *aux bois* porté par plusieurs villages, il ne saurait entraîner notre conviction. De ce que Bouzonville s'appelle *Bouzonville-aux-Bois*, on ne peut rien conclure, sinon que ses habitants ont eu le désir bien naturel de distinguer par une mention *quelconque*, leur village d'un autre village, Bouzonville-en-Beauce. Il suffit de remarquer d'ailleurs que cette épithète *aux bois* ne date d'une époque ancienne qu'exceptionnellement; presque partout elle remonte à peine au seizième siècle; lorsque Neuville, par exemple, a abandonné son vieux nom de Neuville-au-Loge qu'elle portait encore au dix-septième siècle [3], pour s'appeler Neuville-aux-Bois, cette ville ne se trouvait certainement pas beaucoup plus rapprochée de la forêt que maintenant [4], tandis que certains villages qui de tout temps ont été et qui sont encore englobés dans la forêt, tels que Seichebrières n'ont jamais porté aucun qualificatif de ce genre, quoiqu'il leur convînt parfaitement.

Enfin, comme l'a très-bien fait remarquer de Valois [5] le nom de Boiscommun rappelle bien plutôt un pays où le bois est com-

[1] M. Maury. Les Forêts de la Gaule, p. 250 et suiv.

[2] V. Acte de 990. Gall. Christ., VIII, 488, 489.

[3] V. Lemaire. Op. cit.

[4] Et cependant combien n'a-t-on pas défriché depuis le dix-septième siècle! Si l'on suppose Neuville, Bouzonville, etc., situés encore dans le milieu des bois au dix-septième siècle, soit! c'est un argument de plus en notre faveur et qui montre combien les défrichements du moyen âge avaient peu entamé la forêt.

[5] Notitia Galliarum, p. 270.

mun, c'est-à-dire d'un usage public, qu'un pays où les taillis seraient communs, c'est-à-dire fréquents. Du reste, quel que soit le sens que l'on assigne à ce mot, il est certain que rien en lui ne démontre une localité cernée par la forêt : des taillis (*boscus*) si nombreux (*communis*) qu'ils soient, dans une plaine, ne forment pas encore une forêt [1] : au contraire, ils l'excluent.

Le nom de Fay, quant à lui, se rapporte, il est vrai, d'une manière indéniable à un lieu planté de hêtres (*fagetum, fayacum, faidum*). Mais quelle conclusion doit-on tirer de cette étymologie? Elle nous apprend simplement qu'à une époque très-reculée il se trouva près de Fay un bouquet de hêtres, ce qui parut remarquable, cette essence étant très-rare dans la forêt d'Orléans. Mais convient-il, parceque Fay porte un tel nom, de déclarer que cette ville s'est élevée à la place d'une forêt défrichée à une époque relativement récente? Si les étymologies de ce genre suffisaient, l'on en arriverait à de singulières conséquences. Les villages situés dans la forêt ne reçoivent presque jamais de noms forestiers : au contraire l'on en a souvent donné à des villages situés dans un pays livré de tout temps à la culture. En effet, pour juger de l'état d'une contrée d'après les étymologies des noms propres, il faut, en général, prendre la contre-partie de ces noms, et ce fait ne s'explique-t-il pas de lui-même? Dans un pays exclusivement forestier, ce qui paraîtra excentrique et digne d'être noté dans le langage usuel, ce n'est pas le bois, c'est la culture, c'est le défrichement : mais dans un pays absolument cultivé, et dépourvu de végétation arborescente au point où l'est, par exemple, la Beauce, un arbre dans le paysage fait événement : ceux qui doivent se diriger à travers cette immense mer de blé qui ondoie au vent, le connaissent aussi bien que le marin connaît le phare qui s'élève sur la côte : s'il ne s'agit pas d'un arbre isolé, si c'est un bouquet de bois, le nom en passera facilement au lieu où il s'élève. Ainsi s'explique que dans des parages très-forestiers l'on rencontre des lieux dits, par exemple,

[1] Il est à remarquer d'ailleurs qu'à cette heure Boiscommun n'est pas même situé à deux kilomètres de la forêt ; la forêt a toujours touché Boiscommun, mais ne l'a jamais cerné.

les *Bordes*, tandis que, au milieu de terres où les recherches les plus persévérantes à travers les siècles les plus lointains ne feront jamais découvrir une forêt de frênes, ou de tilleuls, dans les anciens domaines de Saint-Denis figurent les noms de *Fresnay*, de *Tillay*.

En résumé, on peut dire que dès les premiers temps dont il nous soit resté des traces, dès les temps Gallo-Romains et Barbares, le territoire proprement forestier de l'Orléanais doit se ramener à des limites bien plus étroites que les traditions ne nous le représentent. A l'époque où l'histoire forestière locale devient possible, au douzième siècle, la frontière forestière commence à s'accentuer d'une manière plus nette. Un grand massif long garnit les mamelons et les hautes plaines qui suivent le bord septentrional de la Loire, et remonte ensuite du côté de Montargis et Paucourt. Mais ces limites n'ont jamais été tracées au cordeau ; l'on ne saurait les rétablir par la pensée en déterminant je ne sais quelle ligne droite idéale qui relierait un point à un autre, en alignant les arbres comme des soldats prussiens ou des maisons parisiennes. De profondes échancrures déchiraient cette vaste forêt et la divisaient en plusieurs massifs bizarres de forme et si distincts qu'il n'y eut point de nom général pour les désigner.

C'est donc en recherchant quels bois divers composaient cet ensemble que l'on parviendra à se former une idée satisfaisante de l'étendue des forêts Orléanaises, et qu'en même temps on trouvera la clef des relations légales qui en formaient un tout compacte bien qu'appartenant à différents propriétaires, et du régime forestier qui leur était imposé.

CHAPITRE II

Des bois particuliers et de la Gruerie

Parmi les grands propriétaires forestiers de l'Orléanais, les établissements religieux tiennent le premier rang. Plusieurs possédaient des forêts considérables. L'Orléanais comptait dans son sein quelques-uns de ces illustres et antiques monastères, instituteurs et pacificateurs de la société française dès les temps barbares, foyers uniques alors de toute science et de toute civilisation ; à leur égard la piété reconnaissante de nos trois dynasties royales s'était montrée d'une grande générosité. Des contrées entières formaient leur apanage, contrées qui ne méritaient point alors le nom de domaine de la « mainmorte », mais d'où partit, au contraire, le signal d'une mise en culture régulière et raisonnée.

Presque tout le pays qui s'étend dans les parages de Lorris, à Châtenoy et à Bouzy, se trouvait dans la main vivifiante de l'abbaye de Fleury-Saint-Benoît, qui le mettait en valeur au moyen de ses mairies. Certaines parties jusqu'où n'atteignait point la charrue laissaient place encore à d'immenses espaces forestiers. Les premiers titres de possession des archives de l'abbaye ne mentionnent ces propriétés importantes que pour mémoire : elles n'étaient donc guère considérées que comme des terrains à mettre plus tard en valeur et elle ne paraissaient importantes au roi que sous le rapport de la chasse. Lorsque Louis VI confirme les droits de l'abbaye en 1108, il se borne à déclarer que ces droits de propriété existaient sur les territoires de Bouzy, Vielles-Maisons. Châtenoy, et Mézières « *cam in bosco quam in plano.* [1] »

[1] In nomine sanctæ et individuæ Trinitatis. Amen. Quia cuncta quæ in mundo fiunt, nisi litterarum memoriâ teneantur, vel fere, vel penitus ad nihilum deduci cognoscuntur, sanum ac satis utile duximus ut quod quandoque nobis ipsis, ubi tinea vel erugo non demolitur divinitus thesaurisantes Domino Deo commendamus, ne illud tantillum quod de super abundanti fideli custodi commendatur à s'gno filiorum diffidentiæ versutia perdamus dum licet, bonæ memoriæ commendemus. Ludovicus igitur Dei gratia Francorum rex universæ sanctæ Dei Ecclesiæ cultoribus tam præsentibus quam futuris notum fieri volumus ac certum haberi quia, patre nostro Philippo viam universæ carnis ingresso et ex ejus mandato sanctæ Floriacensis Ecclesiæ, quæ beati Benedicti dicitur, jam sepulto, ipsius animæ remedio ea quæ in villis Sancti Benedicti, Maisnilis videlicet atque parochia de Bulziaco, nec non et in parochia de Veteribus domibus, et in parochia de Castaneto, et in illa de Maceriis, quævis quædam injustè, quædam verò justè regia potestate consuetudinarie capiebat, tam in bosco quam in plano, *præter cervum, bestiam et capreolum,* Sancto Benedicto et ipsius abbati Bosoni cœterisque confratribus ejusdem Ecclesiæ perpetualiter possidenda donavimus et habenda. In castello præterea novo quod Monstreliensis dicitur, præfatæ Ecclesiæ Beati Benedicti singulis annis in festivitate Beatæ Mariæ Magdalenæ centum solidos reddendos consualiter in ejus anniversario recolendo constituimus, et, ut hæc caritatis memoria firma permaneat et inconvulsa, memoriale præsens inde fieri et nostri nominis charactere atque sigillo firmari et roborari præcepimus. Astantibus in palatio nostro quorum nomina subtitulata sunt et signa. Signum Anselli de Vuarlanda, tunc temporis dapiferi nostri. Signum Hugonis dicti Strabonis, constabularii nostri. Signum Pagani Aurelianensis, buticularii nostri. Signum Vuidonis Silvanectensis, camerarii nostri. Actum publice Bituricis in palatio anno ab incarnatione Domini millesimo centesimo octavo, anno vero regni nostri primo. Stephanus, cancellarius, relegendo subscripsit. Adfuerunt in testimonio veritatis : Signum Walonis Parisiensis episcopi. Signum Johannis Aurelianensis (alias Augustodunensis) episcopi Signum Umbardi Altisiorensis episcopi. Signum Hervei Nivernensis episcopi. Signum Manasses, Meldensis episcopi. Signum Huberti Silvanectensis episcopi. Signum Guillielmi comitis Nivernensis. Signum Rodulphi Dolensis. Signum Gaufredi Exuldunensis. Signum Rodulphi de Balgentiaco. Signum Guidonis de Puteolo. Signum Mathæi de Sosiaco. Signum Ennibauldi de Loris. Signum Gilonis pueri. Signum Gisleberti majoris. Signum

Les bois de Bouzy avaient été donnés au onzième siècle par un certain Thierry, en se faisant moine, comme nous l'apprend une Charte royale de 1080, qui parle de « *sylvam de Belgiaco cum toto suo alodo ibi sito, et omnes consuetudines quas in terra Sancti Benedicti habebat ultra fluvium Ligeris scilicet in Belgiaco...* [1] »

Saint Benoît possédait depuis très-longtemps divers droits au Moulinet. En 1157, Louis VII qui venait d'acquérir ce château régularise les droits réciproques de l'abbaye et de lui-même.

En vertu de cette très-curieuse transaction, l'abbaye de Saint-Benoît est déclarée propriétaire d'un bois, dit le bois Saint-Père-de-Mont-de-Breme [2].

Hugonis de Monte-Barrensi. Signum Hugonis de Ruanova. Signum Thomæ Bituricensis. Signum Odonis dapiferi. Signum Frotgerii Catalaunensis.

Dom Chazal. Historia Monasterii Floriacensis Sancti Benedicti, II, 774. — (Man. in-f°. Bibl. de la ville d'Orléans, M. 270 *bis*). — Comp. $\frac{\text{II.1.}}{2}$ p. 159. — $\frac{\text{II.1.}}{2}$ f° 302, 1°.

[1] D. Estiennot, p. 358.

[2] In nomine sanctæ et individuæ Trinitatis. Amen. Ego Ludovicus Dei gratia Francorum rex. Regiæ potestatis interest et majestatis ejus incumbit officio Eclesiam sanctam in suis dotibus stabili et inconvulso jure servare, eamque solitâ munificentiâ donativis amplioribus munerare et ditare. Ea propter Eclesiam Sancti Benedicti patris Floriacensem volentes in majus extollere, tum quia eam majorum nostrorum nobilitas privilegiorum magnorum prærogativa liberaliter extulit, tum quia nos Macharius abbas officiosa sedulitate coluit et dilexit : communicamus abbati prædicto ejusque posteris abbatibus fratribusque loci prætaxati partitisque omnibus æqua parte redditibus castellum Molineti cum omnibus appenditiis, emolumentis, et proventibus suis, nihil nobis singulariter sine abbatis illius Ecclesiæ communione vindicantes sive retentantes. Quod nimirum castellum à Roberto rerum fiscalium commutatione facta dataque pecunia numerosa sub plurium testimonio comparavimus et ut ibi abbas non gratia tantum sed jure quoque aliquid possideret quingentas libras præfato Roberto in hac coemptione persolvit. Erant quippe in Molineto et appenditiis plurima, quæ ut annosi homines Eclesiæ monumenta testabantur ad jus ejus ab antiquo pertinere videbantur. His itaque de causis facta nobis est et abbati prædicto contractus hujus stabilis communio et rerum omnium pari lance æqua divisio. Una tantum domus quæ Dungio vulgariter dicitur nostra proprie et singulariter erit ; ad cujus custodiam vel reparationem nihil abbas de suo cogetur expendere. Porro si guerra nobis ali-

Ce bois, dont il n'est fait dans l'acte qu'une très-courte mention [1], a eu dans tout le moyen âge une grande importance sous le nom de *Climat de Mont-de-Breme* et *Courcambon*. C'est là le siége principal de l'exploitation forestière, des droits d'usage, dans ce pays; ce climat, depuis la fin du dix-septième siècle, porte le nom de Petite-Forêt : en 1680 et en 1730, la Petite-Forêt contenait 3,627 arpents [2]. Ce même tréfonds était réduit à 3,247 arpents, 50 perches, en 1789, époque à laquelle l'abbaye de Saint-Benoît possédait encore [3] dans les mêmes parages 7,857 arpents, 42 perches [4]. Des actes du quinzième siècle nous apprennent que l'abbaye avait de plus, auprès d'Oussoy et Mon-

qua ex parte insurrexerit, quæ ibi milites aut clientes ad oppidi custodiam vel tutelam postulet demorari, nihil abbas pro parte sua in eorum procuratione dependet, nec aliud servitium Eclesia faciet occasione guerræ, quam quod solebat facere ante Molineti emptionem; permanebitque castellum inter nos commune et sine certarum partium assignatione, nisi ex beneplacito abbatis et capituli fiat. Verum quoniam de appenditiis Molineti facta est mentio, ut breviter succinte fere omnia complectamur, hæc sunt Curtis Romaneria, Curtis Audoëni, nemus Sancti Petri Monsberniæ, Galamandria. Quæ omnia ut rata sint et inconcussa permaneant, sigilli mei auctoritate communiri et nominis mei caractere consignari præcepimus. Actum publice Parisiis anno ab incarnatione Domini millesimo centesimo quinquagesimo septimo, anno vero regni nostri vigesimo sexto. Astantibus in palatio nostro quorum subtitulata sunt nomina et signa. Signum comitis Theobaudi, dapiferi nostri. Signum Guidonis, buticularii. Signum Mathæi, camerarii. Signum Mathæi, constabularii. Data per manum Hugonis cancellarii.

Dom Chazal. Historia Monasterii Floriacensis Sancti Benedicti, M. 270 *bis*, 2e volume, p. 791 (Preuves, n° LXVII.) « ex autographo » — Bibliothèque publique d'Orléans. — Archives du Loiret $\frac{H.1.}{1}$ p. 165 — *Ibid.* $\frac{H.1.}{2}$ f. 313-365. — Bibliothèque Impériale. D. Estiennot, 12739 latin, f. 360.

[1] En 1317 le roi fit don à l'abbaye du reste du Moulinet. — V. 0,20238.

[2] 0,20641, f. 21. — Déclaration du temporel de l'abbaye de 1680. Mont. 0,20238 — Arrêts de 1479, 1510. — Lettres de 1398, 1682.

[3] Plinguet. Traité sur les Réformations et les Aménagements des forêts. Orléans, 1789. tableau XXIII. — Pour le seizième siècle 0,20665.

[4] En tout 11484 arpents. Antérieurement l'abbaye de Saint-Benoît en possédait 15668 — V. 0,20636, f. 5.

tereau, le lieu de Beauvais avec 266 arpents de bois [1]. Elle avait aussi des bois à Rougemont près d'Yèvre, à Souchamp [2], près de Paucourt [3].

Les propriétés forestières du chapitre de Sainte Croix, situées aux environs de Neuville et Courcy, ne le cédaient en rien comme étendue et comme valeur aux bois de Saint-Benoît. La charte confirmative des biens accordée par Hugues Capet mentionne des forêts, mais très-sommairement : « *In curte Leonis mansos duo, vineas, terras ex utraque parte et silva : Curciacum cum ecclesia, silva et appenditiis, ... Siriacus, terram arabilem cum pratis et silva glandifera* [4]. » L'immense espace qu'elles couvraient s'étendait encore en 1789, après de nombreuses réductions, sur plus de 12,300 arpents [5]. Il est vrai que ces immenses possessions avaient été scindées : lorsque vers le onzième siècle, les biens des chapitres cessèrent d'être indivis, la manse épiscopale comprit les deux tiers environ de l'actif capitulaire, les manses canoniales se réservèrent le reste. Cette grande forêt de Sainte-Croix forma donc dès cette époque deux blocs considérables qui n'ont point cessé de se distinguer. Mais depuis cette séparation, des donations pieuses vinrent arrondir un peu les limites forestières de la manse capitulaire. Les bois de Traînou et de Planquine (près Chanteau), formaient principalement leur lot qui s'étendait jusque vers Cercottes [6]. La forêt du Gault [7] entre Neuville et Courcy, les bois d'Ingrannes, de Courcy, de Lespineux, de Mareau; de Mézières, au midi de la Loire ; de plus, divers bois tenus en fief de l'évêché à la Queuvre (Scobrium), à Lorris près de la Motte, à la Mothe-Cotté

[1] 0,20634.

[2] V. Accord entre Saint-Benoît et Simon de Montfort (1202). Gall. Christ. VIII, 524, D. E.

[3] V. Charte de 1160 sur Erouville, K. 177.

[4] Gall. Christ., VIII, 488, 489.

[5] Plinguet, *loc. cit.* — Au seizième siècle, nous trouvons la mention d'au moins 12075 arpents (1574). — 0,20605, *passim*.

[6] V. Archives du Loiret. Fonds Sainte-Croix. Lettres de Robert, abbé de La Cour-Dieu, 1219. Inventaire des titres de Sainte-Croix (A. 3). — 0,20635, f. 192, II.

[7] V. notamment une Charte royale de 1190 : 0,20641, f. 132. — Gaut est un vieux mot germain signifiant bois.

(110 arpents), 120 arpents à Cercottes, à la Couardière, près Cercottes, 160 arpents aux bois Ballans [1], tel était le patrimoine épiscopal.

L'abbaye de Saint-Euverte possédait encore en 1789 [2] environ 1,091 arpents [3], situés dans les parages de Saint-Lyé. La possession de ces bois ne remonte pas extrêmement loin. Les bois dits de Coissoles qui en forment le noyau étaient encore au treizième siècle disséminés dans les mains de plusieurs particuliers : à force de temps, de patience et d'argent, Saint-Euverte réussit à acquérir les diverses parcelles contigues à ses possessions, ou même enclavées dans leur sein.

Dès le début du treizième siècle, Garnier de Gratelou faisait don à Saint-Euverte de 20 arpents de bois à Coissoles ; donation confirmée par le suzerain Hugues Boichennen, par les fils du donateur, par l'évêque d'Orléans, et enfin en 1204 par Philippe Auguste qui défend à l'abbaye d'aliéner ou d'engager ces bois qui lui ont été donnés pour son usage et celui de sa grange d'Artenay [4]. C'est Jean de Gratelou, écuyer, fils de Herbert de Gratelou, et Isabelle, sa femme, fille de Raimbault de Mauchesne, qui vendent à l'abbaye 74 arpents de bois dans le même climat moyennant 100 livres parisis avec le consentement de toute la famille [5], l'autorisation de tous les suzerains [6] et de l'évêque [7]. Ces 74 arpents se trouvaient enclavés dans les bois de Saint-Euverte « contigua ex utraque parte nemoribus Sancti Euvertii Aurelianensis. » C'est en mars 1239, Robin de Coissoles, qui concède à la même abbaye 46 arpents de bois, provenant de ses biens maternels, tenant à l'est aux bois de Saint-Martin, au sud

[1] V. Plinguet, *loc. cit.*

[2] Inventaire des titres de l'Évêché. Bibliothèque impériale, fr. 1191. — 0,20662 — 665. Rentes de l'évêché J. 170, n° 31.

[3] En 1574, elle en possédait au moins autant. V. 0,20665, *passim.*

[4] Archives du Loiret. Fonds Saint-Euverte.

[5] Consentement nécessaire à quiconque ne voulait pas s'exposer au droit de préemption connu dans les lois féodales sous le nom de retrait lignager.

[6] De pour du retrait féodal.

[7] *Ibid.* — Toutes ces chartes de Saint-Euverte, parfaitement conformes aux moindres exigences du droit féodal, seraient d'une extrême utilité pour établir la géographie féodale de l'Orléanais au treizième siècle.

aux bois de Sainte-Croix : en même temps Robert de Coissoles donne aussi 24 arpents tenant aux bois de Saint-Euverte et que lui avait donnés à lui-même un de ses cousins, Guillaume de « Celariis, » écuyer[1].

Ainsi, les possessions forestières de Saint-Euverte s'accroissaient dans de notables proportions. Sans doute, les moines voyaient non sans plaisir se reculer les bornes de leur héritage, mais cependant qu'on ne se hâte pas de trouver dans tous ces faits des exemples de « captation monastique. » Il faut le déclarer à l'honneur de l'abbaye de Saint-Euverte; tous ces actes portent l'empreinte d'une grande bonne foi, et ce n'est pas seulement au point de vue des exigences du droit féodal que la présence et le consentement de la famille tout entière leur donnent du poids. De plus, les dons ne sont pas toujours gratuits. Ainsi, en 1243, Robert de Coissoles, écuyer, ayant fait un don pur et simple de 35 arpents de bois à Coissoles, les religieux, touchés, disent-ils, de la piété du donateur et de l'affection qu'il semblait porter à leur couvent, refusent ces bois en tant que donation, et ils nomment une commission composée de leur abbé et de Henri de Boulainville, chevalier, pour régler l'indemnité à accorder à Robert de Coissoles, indemnité que l'on fixe à 30 livres parisis, c'est-à-dire à la valeur réelle du bois[2].

[1] *Ibid.*, et charte épiscopale de 1239, *ibid.*

[2] Omnibus presentes litteras inspecturis, officialis Aurelianensis salutem in Domino. Noverint universi quod cum Robertus de Quoissoles, armiger, viris religiosis abbati et conventui Sancti Evurtii Aurelianensis triginta et quinque arpenta nemorum apud Quoissoles sita ob remedium anime sue et parentum suorum simplici et pura donacione contulisset, dicti abbas et conventus attendentes devocionem et amoris affectum quem dictus armiger erga domum et ecclesiam suam habere videbatur, voluerunt et concesserunt quod quidquid curialitatis dictus abbas et Henricus de Bolonvilla, miles, de bonis dicte Ecclesie dicto armigero duxerint faciendum, idem abbas et conventus eidem armigero concederent et conferrent, ratum et firmum haberent, et eidem solvere tenerentur. Qui dicti abbas et miles voluerunt quod dicti abbas et conventus triginta libras parisiensium donarent armigero supradicto, de quibus dictus armiger coram nobis se tenuit integre pro pagato, promittens per fidem suam quod contra dictam donationem per se vel per alios de cetero non veniret, nec dictos abbatem et conventum inquietaret vel inquetari faceret super solucionem pecunie supradicte. In cujus rei memoriam et testimonium presentes litteras ad peticionem partium sigilli nostri munimine fecimus roborari.

En décembre 1253, Renaut Mignart, écuyer, amortit à Saint-Euverte, en qualité d'arrière-suzerain, « tanquam secundus dominus feodi, » les bois de Coissoles [1].

Saint-Euverte achète encore moyennant 110 livres parisis à Renaut Mignart une forêt de 177 arpents, composée de bois dits le Deffoys dou Genou, le bois Dou Chat, le bois de Malevoisine, le bois Dou Fayton [2].

Moins riche en bois que Saint-Euverte était la célèbre abbaye de Micy. Le diplôme par lequel Robert, en 1022 [3], confirme ses possessions, mentionne plusieurs forêts et des bois qui ne rentrent point précisément dans l'Orléanais proprement dit. De

Datum anno Domini millesimo ducentesimo quadragesimo tercio, mense junio.

(Archives du Loiret. Fonds Saint-Euverte.)

[1] *Ibid.* et charte épiscopale de 1229, *ibid.*

[2] Egidius permissione divina Aurelianensis episcopus universis presentes litteras inspecturis salutem in Domino sempiternam. Noverint universi quod cum dilecti filii, religiosi viri, abbas et conventus sancti Evurtii Aurelianensis emerint à Raginaldo dicto Mignart armigero, Ysabelle ejus uxore et Gileto filio dicti Raginaldi ex prima uxore sua procreato, ducenta arpenta nemorum tribus arpentis minus, videlicet tam fundum ipsorum nemorum quam ipsa nemora et omnia que sub appellatione nemorum possunt et debent contineri, videlicet nemus quod dicitur Lou Deffoys dou Genou, aliud quod dicitur nemus dou Chat, aliud quod dicitur nemus de Malavicina, et aliud quod dicitur nemus don Fayton, necnon et omnis census cum oblitis, gallinis, hospitibus, ceterisque juribus et pertinenciis quibuscumque, etiam cum justicia vavassoris sita apud locum qui dicitur Coissoles in parrochia de Andogloto, moventia de feodo magistri Milonis de Linays nunc canonici Aurelianensis et fratrum suorum, et retrofeodo episcopatus et Ecclesie Aurelianensis, precio centum et decem librarum parisiensium prout in litteris curie Aurelianensis plenius continetur, quas possessiones dicti religiosi absque admortificatione nostra et dilectorum filiorum decani et capituli Aurelianensis assensu, tenere in manu mortua non poterant nec debebant, propter quod ad dictas possessiones assignari feceramus dictos religiosos easdem tenere in manu mortua nullatenus permittentes : dicti religiosi nobis devote ac humiliter supplicarunt ut easdem possessiones eisdem et monasterio suo admortificare pietatis intuitu dignaremur.....

(Suivent les formules d'amortissement.)

Datum anno Domini millesimo ducentesimo octogesimo sexto, die martis ante Assumptionem Beate Marie Virginis.

Archives du Loiret. Fonds Saint-Euverte

[3] V. Bibliothèque Impériale, 12739 latin, f. 300.

l'abbaye de Micy relevait un tréfonds, assez considérable d'ailleurs, à Chaingy et Saisy [1] et le bois de Montyran [2].

L'abbaye de La Cour-Dieu possédait autour de son couvent des bois [3], don de l'évêque d'Orléans en 1123, et en outre les bois de Chérupeau [4], le bois du Mezuray, à Gérisy [5]; on évaluait leur superficie à la fin du dix-septième siècle à 613 arpents [6]. En 1163, le couvent avait reçu un domaine composé de terres et de bois « terram et nemus » sur la paroisse de Loury, près du domaine de Gérisy. Galiena de Gérisy qui leur donnait ces biens comme dot de son fils consacré par elle à Dieu, reçut de la générosité des moines 30 livres parisis « de caritate monachorum habuit triginta libras parisiensis monete [7]. »

Les templiers d'Orléans possédaient très-peu de bois. Une sentence de décembre 1290 mentionne leur bois de « Perreriis [8]. » Ils reçoivent des parcelles de bois, sises près du Clos-Richaud (à Saint-Jean-de-Brayes [9]), présent de Hervé de Lines [10], le samedi après le dimanche de Lætare, 1259 [11].

Le couvent de femmes, de Voisins, qui d'abord s'était fixé à

[1] V. 0,20618, f. 35. — Accord de 1396, 0,20640, f. 79. — 0,20602, f. 65.

[2] Lettres épiscopales de 1108. D. Estiennot, p. 323 et suiv.

[3] A savoir le buisson de Précottant, 7 arpents, et un autre buisson — le bois de Bréviande, 25 arpents, — bois de Francluse, près de l'abbaye, 496 arpents.

[4] V. Lettres épiscopales, D. Estiennot, f. 496, 499, lettres royales, *ibid.*, 497; bulle pontificale, Gall. Christ., VIII, 515.

[5] Ech. de 1664. Jarry, Hist. de La Cour-Dieu, 123.

[6] V. Jarry, Hist. de La Cour-Dieu, p. 126. Pièces jusificatives, XLIII,

[7] *Ibid.*, pièces justicatives, VII, d'après Cartul. Cur. Dei, II, 120.

[8] S. 5010.

[9] En 1574, ils possédaient au moins 254 arpents. (V. 0,20605 *passim.*)

[10] Fonds Saint-Euverte.

[11] Ludovicus Dei gratia Francorum rex, notum facimus quod nos venditionem illam quam Guillermus Doineaus, scutifer, fecit monialibus de Vicinis de nemore quod idem Guillermus habebat juxta heremum de Butiaco situm concedimus, salvo jure alieno. In cujus rei testimonium sigillum nostrum presentibus litteris duximus apponendum. Actum apud Lorriacum anno Domini millesimo ducentesimo tricesimo quarto, mense februario.

Archives du Loiret. Fonds de Voisins.

[12] IVe semaine de carême, 1260 (S. 5010.)

Bucy, acquiert en 1234, de Guillaume Doineaus, écuyer, le bois de Bucy. En 1253 il reçoit un bois à Chaingy [1]. Le prieuré de Bucy possédait, au seizième siècle, environ de 200 à 300 arpents de bois [2]. A la Sainte Chapelle de Paris appartenaient encore en 1789, près de Chanteau, environ 965 arpents [3] et à l'Hôtel-Dieu d'Orléans, au quatorzième siècle, au moins mille arpents [4]. Cet établissement possédait les bois de Noiras, à Olivet, au midi de la Loire, par suite d'un don de Dreux Le Moine, et de sa femme Ranthia ; 57 arpents de ces bois étaient joints à la métairie de Noiras et affermés avec elle au seizième siécle [5]; il y avait une autre pièce de bois de 15 arpents [6].

Le prieuré d'Ambert n'avait guère que le jardin situé autour du couvent [7].

Les religieux de Vendôme exploitaient dans leurs bois de Mornay et de l'Isle, près de 3,000 arpents : la Commanderie d'Etampes environ 300 arpents, dans les parages de Châteauneuf [8].

Le prieuré de Flotin se trouvait situé au milieu de 134 arpents de bois environ [10] auxquels il faut ajouter quelques arpents relevant du seigneur de la Coinche, les bois de la Galée-lez-Boiscommun (32 arpents) donnés en 1395 par Marie de la Taille, dame de Manchecourt [11].

Saint-Agnan possédait des domaines forestiers considérables à Saint-Cyr-en-Val, « inter Ligerim et Oyson [12]. » De plus environ 400 arpents du côté de Neuville [13] et quelques arpents à Tillay [14].

[1] D. Estiennot.
[2] *Passim*. 0,20665.
[3] V. Plinguet, *loc. cit.*
[4] *Passim*. 0,20665.
[5] 0,20619, f. 397.
[6] 0,20619, f. 380 — 384.
[7] *Ibid.* — En fait de bois.
[8] Terrier de l'Orléanais au quatorzième siècle, K K 1045.
[9] 0,20662, f. 65.
[10] Dont 12 donnés en 1414 par Jean du Tertre.
[11] Arch. de l'Yonne. Fonds de Flotin. — V. aussi nos *Notes historiques sur le prieuré de Flotin*.
[12] V. Olim. du parlement, par M. Beugnot, I, 313.
[13] 0,20665 passim.
V. Censier du quatorzième siècle, K K 1045.

Un tréfonds très-important dans le climat de Monlordin (Molandon) d'environ 900 arpents, dépendait de Saint-Vérain de Jargeau.

Dans les parages d'Ingré, les bois de Sainte-Marie appartenaient au chapitre de Chartres, en vertu, à ce qu'assuraient les chanoines, d'un diplôme de Hugues-le-Grand de 947, qui les leur aurait conférés en même temps que le domaine d'Ingré. Ce diplôme fut confirmé en 1048 par Henri Ier qui se déclara l'avoué du chapitre [1]. En 1574, ces bois contenaient de 800 à 900 arpents [2].

A l'extrémité opposée de l'Orléanais forestier, l'abbaye de Ferrières possédait les bois de Foilletes, de Merdeleux et de Bellechaume [3]. Les bords du Loing restèrent longtemps entrecoupés de nombreux taillis. Une charte de coutumes définissant la banlieue de Ferrières nous en cite plusieurs : « Nemus quod dicitur Groletum..... nemus quod dicitur Morini Casuetum... [4] »

Les moines de Fontaine Jehan acquièrent le bois de « Crollancia » en 1207 [5]. Les bois considérables de Burcey, dont une partie appartenait au treizième siècle à la dame du Coudret et du couvent de Fontaine Jehan, formaient surtout l'apanage des seigneurs de Courtenay, entre lesquels ils donnèrent lieu à plusieurs arrangements [6], ainsi que les bois d'Autry. Saint Pierre de Néronville possédait des domaines forestiers entre Lancy et Paucourt, tenant aux bois de Ferrières, aux bois Saint-Benoît et aux bois de Chalette [7].

L'abbaye de Cercanceau avait également ses bois [8].

Au-dessous de ces grands tréfonciers ecclésiastiques, il faut mentionner d'autres établissements religieux ou charitables moins bien dotés et dont les possessions s'étendaient çà et là du

[1] V. Mémoire pour le Chapitre, Q. 500.
[2] 0,20065 *pass.*
[3] Olim du parlement, I, 214, 215 ; arrêts de 1265.
[4] Publ. par Morin.
[5] Dubouchet. Hist. de la maison de Courtenay, pr. 13.
[6] Dubouchet, *op. cit.* pr. 65, 50, 32, 35.
[7] K. 177. Charte de 1100.
[8] Morin, p. 163.

côté de Neuville, Vitry, Courcy : Châtillon[1], Le Gué-de-l'Orme[2] avec quelques arpents autour du prieuré, Saint-Denis avec une centaine d'arpents boisés, Saint-Gervais de deux à trois cents, Saint-Pierre-de-Pithiviers deux cents, la Commanderie de Boigny environ le même nombre[3], l'église de Cercottes vingt-sept[4].

D'autres enfin ne méritent guère d'être cités : c'est, par exemple, la Maladrerie de Chateauneuf (6 arp.) ; la Maladrerie de Boiscommun (5 arp. 1/2) ; le prieuré de Nibelle (un arpent)[5]; la cure de Sury, etc.

Les tréfonds forestiers détenus dans la main laïque sont beaucoup plus nombreux que les tréfonds ecclésiastiques, mais, individuellement, leur importance est infiniment moindre[6]. Au treizième siècle, les bois se trouvent d'ordinaire au pouvoir de grands seigneurs. Parmi les tréfonciers de cette époque, citons : Jean le Bouteiller (possédant le bois de Gondremont), Henri de la Porte, demoiselle Eustache de Marcilly, Jean Berengier, Arnould Cailloel, Pierre Chaalon, Perrot de Larreville, Raimbaud d'Escrennes, Jean de Viennay, Borel de Baignjaus, Raoul de Cormes, Jean du Pont, Pierre Bequin, Etienne Raspe, P. Barat, Jaquet de Pomes, Jean d'Eroles, Galeran de Longueville, Guillaume de Meugy, Jean Périer, Jean de Boulainville, Robin de la Mote, Jean de Villiers, Raoul d'Orléans, Jean et Geoffroy de la Chapelle[7]. La forêt de Chérupeau appartenait à deux frères nommés Dadon et Eudes[8].

[1] Arch. du Loiret, Fonds de Flotin, certificat de 1735.

[2] Don de l'évêque en 1177. Gall. Christ., 521. B. VIII.

[3] Les bois des Trois-Arches, de la Brosse, du Terrier, des Prés, des Accrues, de la Garenne, et le parc. V, Visite passée en 1778, par Fr. Lambert, écuyer, maître particulier des Eaux et Forêts. (Archives de l'Empire. Fonds Saint-Marc d'Orléans.)

[4] Seizieme siècle, passim. 0,20665.

[5] *Ibid.*

[6] Il est impossible d'énumérer tous les taillis qui pouvaient exister dans l'Orléanais et le Gastinais. Dom Morin en cite un grand nombre, p. 92, 332, 389, 391, 404, 582, 587, 592, 593, 683, 697, 770, 823.

[7] Compte de 1285, Histor. de la France, XXII.

[8] Archives du Loiret, cart. de La Cour-Dieu, p. 5, *verso*.

Parmi tant de noms nobles, il est facile déjà de distinguer quelques noms bourgeois. A partir de la fin du treizième siècle, la bourgeoisie envahit tout : la propriété forestière comme les autres devient pour une large part l'apanage des habitants des villes. Parmi les principaux tréfonds laïques, on peut citer : au midi de la Loire, les Bois-le-Roy (paroisse de Jouy)[1]; les bois de Nozois, à Olivet[2]; au nord de la Loire, si l'on se dirige de l'ouest à l'est, on trouvait les bois d'Huisseau (au moins 5 à 600 arpents)[3], les bois de Montpipeau (500 arpents)[4] autour du château « et forteresse » percés d'une infinité d'allées[5]; les bois de la Corbillière (environ 300 arpents); de Jupeau, près Cercotes (200); de la Chaise (300)[6]. Dans un acte de 1190 figure la forêt de Coiselles, près Toury, tenue en fief du roi[7]. Dans tous ces parages, les bois sont peu importants, et extrêmement divisés dès le quinzième siècle. Il y avait là une agglomération de petites propriétés, domaines pour la plupart de bourgeois d'Orléans, de conseillers, de procureurs du roi, de greffiers, d'huissiers, et qui souvent ne contenaient pas chacun un arpent. Une portion était agglomérée et formait encore une marche boisée importante, mais la majeure partie s'éparpillait en une quantité de petits bouquets de bois, perdus dans les champs. On compte dans ces parages environ 250 petits tréfonds tous d'importance très-minime[8]. Entre Cercotes et Neuville, la division se faisait bien moins sentir : c'était là le siége principal des possessions ecclésiastiques. En 1453, Jean Ligier, notaire au Châtelet, tenait en fief de l'abbaye de Saint-Mesmin, dans la paroisse de Saran, 80 arpents de bois[9]. Près de là, les bois

[1] Adjudications de 1447, etc. Archives du Loiret, A. 748.

[2] V. Vente de Nozois, maison, terres, landes, et « XVIII. XX arpens de bois poy plus, poy moins » passée le 4 avril 1400 par Jehan Sainte, écuyer, à Jehan Crocet, changeur et bourgeois de Paris. J. 742, n° 10.

[3] 0,20002 — 65, *passim*.

[4] Liquidation et rachat de 1437, 0,20034.

[5] 0,20019, f. 243, *verso*.

[6] 0,20002 f. 65. — Vente de Jupeau en 1351. 0,20030, f. 44. 0,20041, f. 94.

[7] K. 26 n° 12, Cartul. Blanc de Saint-Denis, p. 28.

[8] K K 1049.

[9] Sentence de la prévôté, 17 février 1452, 0,20017.

des Charbonnières [1], les bois d'Ozereau d'une superficie de 125 arpents, réduite dès 1578 à 111 [2], les bois de Saint-Lyé, de 220 arpents [3], de Charolles (environ 300) [4], du Bignon (près de 200) [5], de Mauchesne (environ 300), de la Salle, près Boigny [6].

A Saint-Lyé, à Chécy, se trouvent en assez grand nombre des taillis jetés en dehors de la masse compacte forestière. Quelques-uns de ces taillis atteignent une contenance de 70, de 80 [7] arpents; d'autres ne vont que jusqu'à 20 ou 30; la plupart n'offrent pas une superficie sérieuse [8].

Les bois de Hatereau formaient le tréfonds de Santimaisons [9]: les bois de Chastelliers (environ 5 à 600 arpents) [10], les bois d'Herbelay [11] de Villerpion [12], de près de 400 arpents; les bois de la Motte, près de Gérisy, d'une étendue de 150 arpents au quatorzième siècle [13], les petits bois des Ruets [14], les bois du Plessis, à Vitry [15]: le tréfonds des Liesses (ou des Caillettes) [16], les

[1] Appartenant au quatorzième siècle à Ducroux, bourgeois d'Orléans; au seizième, au sieur de Villedart, 0,20634.

[2] 0,20634, Aveu de 1379 par Jacques Violle.

[3] Appartenant en 1538 au bailli Groslot. 0,20633.

[4] 0,20662 — 65.

[5] *Ibid.*

[6] V. Visite des bois de la Commanderie. Archives de l'Empire. Fonds Saint-Marc.

[7] Thenot Baudry, à Ardon, possède plusieurs taillis, notamment un taillis de 80 arpents tenant aux bois du seigneur de la Salle.

[8] V. Censier du duché d'Orléans K K 1040 *passim*.

[9] Aveu de 1404 par Hector de Bouville. 0,20641 f. 220.

[10] *Ibid.*

[11] Contenant en 1789 près de 600 arpents. V. Plinguet, op. cit.

[12] 0,20662. — 65.

[13] Appartenant en partie au seigneur de La Mote, en partie à Jehan des Prés, écuyer, neveu de feu Lancelot Barat, chevalier et vicomte d'Orléans, puis à P. Ponices, bourgeois d'Orléans. V. Aveu, 1348. — Q. 503.

[14] Aveux des Ruets de 1409 et 1440. Arrêt de 1540.— Archives du Loiret, Duché d'Orléans, arm. 14.

[15] Procès de 1571. Ment. 0,20018, f. 120 — et les bois des Allonnes (250) arp., en dépendant, 0,20642, f. 106.

[16] Appartenant, au dix-septième siècle, au sieur Picot, marquis de Dampierre, eigneur de Combreux et Vaux. 0,20634.

bois dits de Beaumont [1] ou des Fauchets, et les bois du Four, à la Pâture-aux-Bœufs, près du chemin d'Orléans à Boiscommun, d'une superficie totale d'environ 600 arpents, et qui appartenaient à Jacques Cœur [2], puis, confisqués sur lui, passèrent à Chabannes, enfin revinrent après beaucoup de vicissitudes et de difficultés [3] à Louis de Harlay, seigneur de Beaumont, époux de Germaine Cœur [4]; les bois d'Alonne [5] (environ 400 arpents), le tréfonds de Clérambault contenant 224 arpents [6]; les bois de Chambon (45 arpents); de Villiers (35 arpents) [7]; le bois de Gelainville, à Vrigny, sur la route de Pithiviers à Jargeau [8] (22 arpents), les bois de Rougemont, contenant au quinzième siècle 280 arpents [9]; les bois de Cléreau, d'environ 222 arpents [10], de Chamerolles (deux à 300 arpents) [11]; les bois de Nesploy, [12] situés à la Vieille-Taille, sur la route de Sury à Boiscommun et joignant déjà en 1318 aux terres labourables; les bois des Allouats, près de Bellegarde, tout en haute futaye, contenant « fort grand pays et estendue » estimé 2,000 arpents et appartenant au seigneur de Soisy [13] ainsi que les Petites-Brosses

[1] Dépendant de la seigneurie de Beaumont. Ils portaient déjà ce nom au treizième siècle « ... de venda Belli Montis... » disent les comptes de 1234. — Histor. de la France, XXII.

[2] Avant Jacques Cœur, ces bois appartenaient à Jehan de Chastillon, chevalier, seigneur de Beaumont, 1447. — 0,20636, f. 212.

[3] Aveu de 1480, par J. de Chabannes. Transaction de 1489 entre Chabannes et L. de Harlay, ce dernier acquérant la seigneurie de Beaumont avec ses dépendances. Procès de 1540 sur la propriété des bois de Beaumont Z. 4921, f. 72 et suiv., f. 105.

[4] V. Aveux de L. de Harlay, 1510, 1524. Q. 593. Arrêt du parlement, 1546.

[5] 0,20662, f. 65.

[6] Appartenant aux sieurs de Longueau-Clérambault, cadets de la famille de Longueau-Saint-Michel. V. Aveux de 1516, 1560, 1581, 1604. — 0,20634. — Archives du Loiret, A. 716, et Archives du château de Saint-Michel.

[7] V. 0,20634.

[8] Aveu de 1404, par Pierre Deshayes, écuyer. 0,20634,

[9] V. Z. 4921, f. 51.

[10] V. Archives du Loiret A. 716. — 0,20662, 663, 664, 665.

[11] V. 0,20662 — 65.

[12] V. Arrêt de 1318, *Olim.*, III, 1383, les adjugeant à Othelin Mauclerc.

[13] V. Sentences de 1545, 1546.

(22 arpents environ)[1], les tréfonds de Montliart, des Marais[2], d'Aigrefin[3], de Chemault (environ 400 arpents), de Marcilly (200), d'Ascoux (300), de Saint-Germain (de 4 à 500), de Liouville (200)[4]; plus loin, en tirant vers le sud-est, les bois du Chesnoy (ou Langesse) de 100 arpents[5], les tréfonds de Chavigny, près d'Ouzouer, divers bois près de Gien, dont plusieurs appartenaient en 1298 à messire Gihault de Pontchevron, chevalier[6]. Au treizième siècle, Pierre de Macheau avait dans les environs de Montargis, à Chalette, à Solterre, des possessions territoriales considérables, entremêlées de taillis[7] d'étendue peu considérable du reste[8].

Au quatorzième, au quinzième siècles, tout le pays qui s'étend vers Chateaurenard nous offre de très-nombreuses pâtures pour les bestiaux, des champs cultivés qui paraissent occuper les deux tiers du pays, beaucoup de bois dispersés dans les plaines, quelques vagues ou « déserts » servant à la nourriture des animaux[9].

Le Parc-Gauthier, à Puiseaux, était au dix-huitième siècle aménagé en 25 coupes[10]. Dom Morin[11] nous apprend que c'était au dix-septième siècle un bois « enclos de murailles qui donne un grand profit aux seigneurs de Puisseaux. »

Tels sont les principaux des tréfonds forestiers laïques qui

[1] 0,20634. — 0,20636, f. 23, 25.
[2] Ment. 0,20636, f. 22. — 1360. Appartenant alors à Jehan des Marais, écuyer.
[3] V, 0,20662 — 65. — Don et échange du roi en 1279 : 0,20630, f. 10.
[4] 0,20662 — 65.
[5] Aveux de 1404, 1415, 1545. 0,20634.
[6] V. Lettres constituant Gien en apanage en 1298. 0,20569.
[7] V. notamment K. 177. Charte royale de 1287.
[8] V. Aveu de Chalette, 1380. — 0,20618, f. 290. — Aveu de Platteville, à Villemandeur, par Jehan d'Auteuil, écuyer, 1388. — 0,20618, f. 205.
[9] V. Aveux de la Bruyère (1403), Chailly, la Bernaudière, le Chesmoy, la Guyotière près Château-Renard, la Brulerie (Douchi), et Courferault ; les Essarts, Lugnein, le grand Montmartin, Vaux (à Gi-les-Nonnains), les Bauces (à la Selle-en-Hermoy), Champaul et les Genest, à Montboui ; Lespinai (Montcorbon), la Motte-Saint-Firmin (Saint-Firmin-aux-Bois), les Essarts, la Popardière, à Saint-Germain ; Villiers-le-Roy, à Triguères ; 0,20617.
[10] 0,20241.
[11] Histoire du Gastinais, p. 270.

couvraient l'Orléanais : en général ces propriétés changent peu de mains et les familles qui les possèdent ne varient guère. De plus, ce genre de fonds se prête peu à la division. Cependant, qnand il l'a fallu, on n'a pas reculé devant les divisions les plus incommodes : ainsi, vers la fin du quatorzième siècle, une certaine dame Jeanne de Lorris étant venue à mourir, laisse à Lorris des bois, qu'auront à se partager ses héritiers, les membres de la famille Le Bouteiller. Guy Le Bouteiller, chevalier, l'aîné et le chef du nom, prend la moitié : Jean Le Bouteiller, son frère, ainsi que les autres frères, Raoul Le Bouteiller, chanoine d'Orléans, Guillaume Le Bouteiller, Adam Le Bouteiller, ont chacun un huitième [1]. Les bois sont donc partagés suivant la coutume, quelque difficulté que l'on puisse éprouver à les scinder en portions si minimes.

Parmi les principaux tréfonciers laïques du quatorzième siècle, il faut noter Guiot des Brosses, écuyer, Giles Dumesnil, écuyer, Lancelot de Mauchène, Jehan de Gaudigny, chevalier, Guiot de Morinville, écuyer, Henry de Culent de Langennerie, Marie La Bouteillière [2]; au quinzième siècle, Geoffroy de Saint-Simon [3], Pierre de Luyères, écuyer, Guillaume de Mornay, chevalier, Belon de Saint-Mesmin, bourgeoise d'Orléans, Pierre Grosse-Tête, écuyer, vicomte d'Orléans, Guillaume Bonamy, écuyer, G. Simon, bourgeois d'Orléans [4], Jacquet de Bagneaux, Guillaume Chalopin, chanoine d'Orléans, Jehan de Boulay, écuyer, Laurent Lamy, écuyer, seigneur de Loury, Anceau Le Bouteillier, écuyer, J. de Baugency vicomte du Perche, Compaing, épicier, Jean du Tertre, Charlotte de Preuilly, veuve de Pierre Bracque, Guillaume d'Arbouville, chevalier, etc. [5]

Ces énumérations, extrêmement incomplètes et qu'il serait fastidieux de poursuivre jusqu'aux limites précises de la vérité, si ce n'était d'ailleurs impossible, suffisent à nous montrer quelle masse compacte et considérable tant de propriétés diverses entremêlées, enchassées les unes dans les autres, appuyées par les

[1] Inventaire des biens de l'évêché. Bibliothèque impériale ; fr. 1191.
[2] Compte du Receveur de la Baillie, 1360, 0,20636, f. 138 — 140.
[3] Archives de Joursanvault, catalogue, n° 2016.
[4] Compte de la recette ducale 1402. — 0,20636, f. 143 — 148.
[5] Comptes de la recette, 1404, 1405. — 0,20636, f. 149, 156.

immenses tréfonds du roi, formaient à travers tout l'Orléanais. On aurait grandement lieu de s'étonner qu'une masse si homogène, si dense, ait pu se conserver dans tout le moyen âge avec son intégralité aussi complète, si ce fait ne s'expliquait par une loi qui domine toute la matière, et qu'il est impossible de passer sous silence pour comprendre le régime forestier de l'Orléanais durant tant de siècles, la loi de la gruerie et grairie. La gruerie est le fondement de tout ce qui concerne les bois.

Le tréfoncier qui possède un bois ne peut l'exploiter à sa guise. Ce bois est soumis au régime forestier dont l'exercice appartient uniquement à l'administration centrale. En principe, quelle que soit l'étendue des bois, la garde en revient aux officiers ducaux. Dans une instance sur 60 arpents de bois prétendus par les héritiers de maître J. Roger, avocat à Orléans, le procureur du roi en 1539, porte la parole pour expliquer très-clairement les applications du droit de gruerie. La doctrine qu'il professe sans qu'aucune contestation surgisse est celle que le moyen âge a en effet suivie. C'est aux officiers royaux qu'il appartient de pratiquer la vente et les opérations qu'elle entraîne. Le receveur ordinaire perçoit l'argent qu'elle produit, et le porte dans ses comptes : en qualité de gruyer, le roi prélève la moitié; de plus, il y a d'ordinaire des droits de cire montant à 18 deniers par livre, des droits de greffe qui atteignent le même chiffre, enfin 5 sols encore par livre « pour le droit de grurye », le tout imputable sur la moitié qui était censée revenir au tréfoncier et dont les restes, après tant de prélèvements lui sont comptés par le receveur du duché. En général la gruerie accompagne le droit de justice, et aussi le droit de grairie qui consiste dans la jouissance exclusive des fruits extraordinaires du tréfonds, la paisson et la chasse.

Le droit de gruerie est indiqué dans tous les textes du moyen âge sous deux noms indifféremment. Tantôt c'est le mot dont nous nous servons encore, gruagium, griagium, tantôt c'est danger, dangerium, dénomination dont l'étymologie se retrouve facilement dans *domigerium*, droit du *dominus*, droit *féodal* par excellence. On enseigne communément, sur la foi de Ducange, que le droit dit de *tiers et danger*, est un droit différent de la gruerie et qu'on ne retrouverait que dans une seule province de

France, la Normandie. L'erreur est manifeste, ce droit existait certainement dans la Champagne [1]; il existait également dans l'Orléanais. Ce n'est pas autre chose que le droit de gruerie avec lequel on le confond sans cesse dans les actes les plus soigneusement rédigés, dans des chartes émanées de la chancellerie royale ou de l'administration forestière. Parfois seulement l'expression de gruagium semble s'appliquer particulièrement au droit, au fait juridique, et dangerium à la prestation de l'impôt. Une charte royale de 1317 nous parle des bois de Sainte-Marie [2] que les officiers forestiers assurent être soumis au « gruagium et ratione dicti gruagii dangerium. [3] » Des lettres ducales de 1400 mentionnent que les bois de La Cour-Dieu se trouvent « enclavez ou dangier de nos dites forests [4]. » Ailleurs, il nous est parlé du « dangier des gruryes de la forest, » ou encore du « griage et danger de griage [5]. » Ailleurs aussi on nous dit qu'il y a près de Montargis des bois « subject au droict de tiers et danger [6]. » En 1451, des condamnations à des amendes de 5 sous sont prononcées contre des individus « copant du bois sec en dangier d'autruy... charroiant chesneteaux vers pris en dangier d'autruy [7]. » Ces expressions n'ont donc rien de spécial à la Normandie. Le mot « tiers » qui indique la quotité de la gruerie ne peut fournir aucun argument, le taux de la gruerie variant dans l'intérieur même d'une seule province.

Mais, qu'il se nomme gruerie ou tiers et danger, il n'en est pas moins vrai qu'il y a là un droit d'une rigueur extrême, qui dépouille le tréfoncier d'une grande partie de l'exercice et de l'émolument de ses droits légitimes de propriétaire pour les transmettre d'une manière quelque peu socialiste et barbare au domaine commun de l'État représenté par l'administration ducale. Com-

[1] V. *Olim.*, I, 189, II°.

[2] Du Chapitre de Chartres.

[3] Q. 590

[4] Archives de Joursanvault. — Jarry, Histoire de La Cour-Dieu, pr. XXXIX.

[5] Lettres de la Grande-Maîtrise sur les bois de Ducreux, 1398, 1409. — O,20634.

[6] Archives du Loiret, A. 716.

[7] Compte de 1451-52. — O,20310.

ment justifier ce droit? Où en trouver la source? Questions difficiles, pour ne pas dire impossibles à résoudre. Remonte-t-il très-loin? Les Bénédictins l'affirment [1] : toujours est-il que malgré la doctrine de ces illustres savants, quant à l'Orléanais l'on n'en trouve de mention dans aucun de ces vieux actes qui transfèrent aux abbayes Orléanaises la propriété de forêts entières. Ce n'est qu'au douzième siècle que nous en saisissons les traces. Il ne faut pas confondre l'état de gruerie avec l'état d'indivision; le tréfoncier est le pur, l'unique propriétaire; son fonds est seulement un fonds servant grevé d'une servitude au profit du gruyer. En 1173, Louis VII et l'abbaye de Saint-Benoît passent un accord au sujet du Moulinet [2].

[1] Histor. de la France, X, 315, n.

[2] In nomine sanctæ et individuæ Trinitatis. Amen. Ludovicus Dei gratia Francorum rex. Dignum est et regiæ benignitati conveniens non solum Eclesiis regni nostri jura sua illæsa conservare, verum etiam ipsas beneficiis ampliare. Ea propter Eclesiam Sancti Benedicti Floriacensis volentes ampliare, tum quia antecessorum nostrorum liberalitas privilegiorum magnorum prærogativa extulit, tum quia nos venerabilis abbas Macharius officiosa sedulitate coluit et dilexit, castellum de Molineto, quod a Roberto rerum fiscalium commutatione facta adquisivimus, in quo abbas, ut non gratia tantum sed jure quo quis aliquid possideret quingentas libras persolvit, inter nos et ipsum abbatem et successores suos in perpetuum commune esse statuimus et concessimus; quod scilicet castellum de Molineto cum omnibus appendiciis suis inter nos et abbatem et successores suos ita erit commune per omnia, quod nos ibidem sine abbate nullum, neque abbas sine nobis singulare unquam habebimus dominium, sed redditus et proventus et omnes exitus et emolumenta inter nos æqua lance partientur. Si vero proventus et emolumenta et aliqua forisfacta provenerint, nos et præpositus noster de medietate abbatis et præpositi sui nichil poterimus relaxare, neque abbas de parte nostra et præpositi nostri poterit quidquam condonare. Præpositus noster homines de castellaria sine præposito abbatis non poterit implacitare, neque justitias tenere, neque præpositus abbatis sine præposito nostro nisi per Craantum utriusque. Nos in preposito abbatis nullam habebimus justitiam, neque abbas in præposito nostro, excepto quod præpositus abbatis faciet nobis et præposito nostro fidelitatem, et præpositus noster abbati similiter et præposito suo faciet fidelitatem. Nobis non licebit ibi constituere servientes, præter præpositos, sine assensu et voluntate abbatis, neque abbas sine assensu nostro. Si edictum in villa pro aliqua reclamari oportuerit, ex parte nostra et abbatis et præpositorum nostrorum clamabitur. Una tantum domus quæ dungio vulgariter vocatur nostra

Il est bien vrai que suivant cette charte le roi percevra la moitié des produits, l'abbaye l'autre moitié, mais il ne faut pas voir là une allusion quelconque à l'établissement des droits de gruerie : il ne s'agit que d'un règlement de droit civil, que d'une convention entre deux propriétaires. Même, dans un procès élevé en 1709 entre l'administration et l'abbaye de La Cour-Dieu, l'abbaye affirme qu'en 1123 la gruerie n'existait pas [1] : le procureur du roi n'oppose à cette assertion aucun démenti [2], bien qu'il y eut grand intérêt. Quoiqu'il en soit du reste de cette affirmation que l'on ne doit accepter que sous bénéfice de plus amples informations, à la fin du douzième siècle, nous trouvons le système de la gruerie en pleine vigueur. Les tréfonciers ne peuvent pas à cette époque vendre leur bois sans une permission formelle du prince : toutefois, ils le vendent eux-mêmes. En novembre 1201, Philippe-Auguste permet aux chanoines de

proprie et singulariter erit, ad cujus custodiam vel reparationem et munitionem nichil abbas et Eclesia noster faciet occasione guerræ quam quod solebat facere ante Molineti adquisitionem, permanebitque castellum inter nos commune et sine certarum partium assignatione. Quia vero, post hanc pactionem inter nos et Eclesiam factam, contigerat nos partem quam habebamus in Molineto Petro de Courtenaio, fratri nostro, contulisse, postea ad animum revertentes et attendentes propter hoc abbati et Eclesiæ suæ dampnum pariter et periculum ingens imminere tam in castello quam in terra circumjacente, amore et precibus dilecti nostri Arraudi venerabili abbatis donum quod fratri nostro Petro de Courtenaio feceramus ad nos revocavimus, statuentes et firmiter concedentes quod nos et successores nostri illud in manu nostra tenebimur retinere nisi forte sæpedictæ Eclesiæ Sancti Benedicti ex regia largitione totum conferatur. Quod ut perpetuæ mancipetur stabilitatis scripto et sigilli nostri auctoritate præcepimus confirmari. Actum Lorriaci anno ab incarnatione Domini millesimo centesimo septuagesimo tertio. Astantibus in palatio nostro quorum nomina subtitulata sunt et signa. Signum comitis Theobaldi, dapiferi nostri. Signum Mathei, camerarii. Signum Guidonis, buticularii. Signum Radulphi, constabularii. Vacante cancellaria. (Monogramme.)

Dom Chazal. — Historia Monasterii Floriacensis Sancti Benedicti, II, p. 796, 797; Pr., n° LXXII : M. 270 bis ; Bibliothèque publique de la ville d'Orléans.

1. Comp. $\frac{\text{H. 1.}}{2}$ f. 316 r. et $\frac{\text{H. 1.}}{4}$ p. 100 et 160.

2. Toutefois, on verra plus loin qu'elle existait certainement dès le douzième siècle, au moins dans le comté de Baugency.

V. Jarry, Histoire de La Cour-Dieu, p. 127.

Saint-Liphard de Meung de vendre pendant trois ans leur bois de Bucy [1].

Un an après, en novembre 1202, le prieur de Flotin reconnait aussi que le roi lui a, pour des circonstances exceptionnelles, permis de vendre son bois.

« Ego prior de Flotans, et fratres ejusdem loci, notum faci-« mus presentibus et futuris quod dominus rex Francorum con-« cessit nobis quod nos venderemus nemus nostrum quod est « circa domum nostram ad faciendam ecclesiam nostram ; tali « conditione quod de cetero non poterimus vendere predictum « nemus ullo modo absque mandato domini regis. Actum anno « Domini millesimo ducentesimo secundo, mense novembri. »

Une charte du chapitre de Saint-Verain de Jargeau déclare que le roi lui avait permis de vendre deux cents arpents de bois ; et, en même temps que le chapitre, de sa pleine volonté et par concession, a décidé que le roi percevrait les deux tiers de la vente.

« Omnibus presentes litteras inspecturis, Simon decanus, « totumque capitulum Jargogilense, salutem in Domino. Nove-« rint universi quod nos de ducentis arpentis nemorum nostro-« rum de Monlordino que illustris Francorum rex nobis con-« cessit ad vendendum, volumus et concedimus quod de denariis « venditionis dominus rex percipiat duas partes, et nos tertiam. « Actum anno Domini millesimo ducentesimo tricesimo « quinto, mense novembri [2]. »

Cette charte semble bien nous indiquer l'origine réelle des droits de gruerie. Sans doute cet impôt peut être considéré comme un équivalent des frais de garde ; sans doute c'est l'impôt foncier qui remplace pour les bois les impôts annuels qui

Philippus Dei gratiâ Francorum rex. Noverint universi ad quos littere iste pervenerint quod nos concessimus canonicis Sancti-Liphardi de Magduno ut ipsi vendant nemus suum de Buciaco ab instanti Nativitate Domini in tres annos, retenta nobis de voluntate eorumdem canonicorum medietate illius venditionis. Si quis autem veniens a tallia impeditus fuerit, si secundum terre consuetudinem voluerit probare quod a tallia eorum veniat, liberetur. Actum Aurelianis anno Domini M° CC° I°, mense novembri.

Baluze, 78, f. 160, d'après le cartulaire de Meung.

[2] J. 731.

frappent toute autre terre: en effet, la Coutume de Lorris qui règle minutieusement les redevances foncières imposées au territoire de Lorris déclare expressément qu'elles ne s'appliquent qu'aux terres en culture : elles ne sont payées que par quiconque « terram colat cum aratro [1]. » Mais, malgré ces considérations, tout semble indiquer que la gruerie n'est passée à l'état d'impôt que vers l'époque de la charte de Jargeau. Le roi, primitivement, avait dû s'attribuer le droit exclusif d'aménager et d'autoriser les ventes ; la charte de Flotin est une reconnaissance formelle de ce droit. Il en profita pour ne donner l'autorisation qu'on lui demandait que moyennant une concession pécuniaire qui semble avoir été variable d'abord et débattue entre les parties chaque fois qu'il en était besoin. Puis la coutume fixa le taux ordinaire de la somme à payer au gruyer. Toutefois, il faut remarquer que ce taux n'a rien d'uniforme ; prenons garde donc de ne pas conclure de la différence de quotité à la différence d'impôts. En 1235, Saint-Verain de Jargeau fixe ce droit à deux tiers pour le roi, un tiers pour le tréfoncier. En 1298 dans ses bois et bruyères de Gien, « messire Gihault de Pontcheron chevalier prend la tierce partie » [2]. Les bois de Saint-Benoît aussi ont toujours été vendus dans ces mêmes conditions. Ce n'est point là cependant le taux général ; en 1265, un arrêt du parlement déclare que les bois de Ferrières appartiennent bien à l'abbaye, mais non pas sans restriction : « ita tamen « quod non possunt dare nec vendere de eisdem, immo dominus « rex vendit quando vult et medietatem precii reddit monas- « terio [3]. »

La quotité coutumière est la moitié.

Mais dans ce cas les droits de cire, de greffe et de gruerie que l'administration parvint à établir peu à peu, comblèrent la différence des tarifs, « en sorte que . . . nos dits subjects, comme le déclare l'Édit royal de 1573, n'ont la tierce partie des deniers quoyque ce soit la moitié [4]. » Notons aussi que l'ab-

[1] § 23

[2] Lettres d'apanage de Gien, 1298. — 0,20569, p. 234.

[3] Olim., I, 214.

[4] Archives du Loiret, A. 763-64.

baye de Saint-Benoît, suivant arrêts du 17 février 1478[1], du 3 décembre 1510, et lettres patentes de 1397 [2] et 1582, percevait le tiers de la grairie[3] dont l'émolument était d'ordinaire attribué tout entier à l'administration centrale [4]

Rien donc de plus onéreux pour le tréfoncier que ces droits de gruerie et grairie; on peut ajouter : rien de plus injuste. Aussi la constante préoccupation de ceux qui se trouvaient sujets à cette loi fut de l'esquiver. La Cour-Dieu notamment se rendit plus d'une fois coupable de méfaits de ce genre [5]. En 1426, un homme qui avait fait du bois dans sa censive et l'avait vendu, paye « veu la prison qu'il a tenue en chastellet d'Orléans, et sa povreté et qu'il a esté prisonnier des ennemis, XVI sols parisis[6]. » Pour parer à ces inconvénients, on tint le plus qu'on put à la règle que la vente devait être dirigée par les officiers royaux. C'est ainsi que nous voyons figurer dans les comptes des baillis[7] au treizième siècle, au chapitre des recettes, le produit des ventes de gruerie comme le produit des ventes royales, et au chapitre des dépenses la part que le receveur a déboursée aux mains du tréfoncier [8]. Cependant cette règle n'est pas encore absolue même au quinzième siècle, [9] elle n'est pas toujours observée : nous voyons dans un compte de 1434-1435 un tréfoncier condamné pour n'avoir pas donné 3 fr. sur 6 fr., produit d'une « boisson de gruerie » près Pont-aux-Moines. Son crime n'est donc pas d'avoir exploité lui-même, mais bien d'avoir négligé le paiement de la gruerie [10], et même plusieurs comptes du quinzième siècle intitulés [11] « Receptes de

[1] 1479.

1398.

[3] Mont. 0,20238. aration de 1080.

[4] V. Mémoire sur la Gruerie, 0,20532.

[5] Jarry, Histoire de La Cour-Dieu, p. 122.

[6] Compte de Joyas, 1426. Archives du Loiret, A. 855.

[7] Histor. de la France, t. XI, XXII.

[8] V. Quittances de tréfonciers, Mont. 0,20636, f. 14, 15. — Archives du Loiret, E. et F. Rebut. Quittance de l'abbé de Saint-Mesmin.

[9] Archives du Loiret, A. 855.

[10] 0,20319.

[11] Au seizième même, les lettres patentes de 1543 se bornent à dire que les tréfonciers ne peuvent asseoir ventes sans permission. — 0,20871.

griages[1] », peuvent faire croire que les tréfonciers avaient opéré directement leurs ventes, sauf à payer ensuite les droits voulus.

En 1444, un tréfoncier est condamné à 48 sous parisis d'amende pour avoir coupé *sans autorisation* deux arpents de bois qu'il possédait en gruerie dans la garde de Vitry[2].

Au treizième siècle, l'évêque d'Orléans, et probablement aussi tous les tréfonciers ayant sergents, vendait lui-même ses bois. On reproche à son sergent d'avoir donné et vendu des bois où « li rois a la gririe et toute seignorie, » sans payer la gruerie, d'avoir frustré le roi de la moitié du charbon qu'il faisait[3].

A la même époque, il nous est parlé de plusieurs *buissons* de gruerie sis à Oussoy, et vendus par des particuliers[4]. A la fin du treizième siècle on fait aussi une enquête sur la question de savoir « utrum bosculi sive dumi siti prope forestas de Logyo « et de Chaumontois possint absque daingerio et licentia « domini regis vendi[5], » ce qui suppose bien des ventes passées par les tréfonciers eux-mêmes. Geoffroy, maire du Moulinet, témoigne qu'il a vu par deux fois Aubry de Bouilly vendre ses bois ; et aussi, dans ses parages, « vidit vendi aliquotiens unam quercum aut duas, » et il ne sait si l'on en a rendu le danger au roi. Le garde de la forêt s'oppose du reste à ces ventes : ainsi « de bosco Morini Berruer, dicit quod illum vidit « vendi, et quod venda arrestata fuit ; sed rex Philippus qui « remeavit de transmarinis partibus[6] fecit illum deliberari, et « permisit illum vendi ut posset solvere marchas argenti quas « eidem debebat.[7] » La vente frauduleuse de bois de gruerie entraîne légalement la confiscation[8].

[1] Archives du Loiret, A. 855.

[2] Comptes de 1444-45. — 0,20319.

[3] J. 742, n° 5.

[4] J. 1028, n° 25.

[5] J. 1032, n° 7.

[6] Philippe-le-Hardi.

[7] En 1540, défense provisoire est faite à Sancerre, receveur ordinaire du duché, et en même temps receveur épiscopal, de continuer à délivrer au cardinal de Meudon, évêque d'Orléans et abbé de Saint-Benoît, les sommes considérables provenant des ventes pratiquées dans les 23,000 arpents de forêt que le cardinal se trouvait posséder en sa double qualité d'évêque et d'abbé (Z. 4921, f. 65).

[8] « Ce sont les noms de ceux qui ont acheté en grierie bois et fonz, et qui

Si les tréfonciers ne pouvaient vendre à leur gré leurs propres bois, du moins avaient-ils le droit d'y puiser ce qui devait être nécessaire à leurs besoins journaliers. Dès la fin du treizième siècle, ce droit lui-même qui offrait un moyen facile de tourner la loi, est réglementé d'une manière très-stricte.

Une enquête de cette époque nous montre que, selon la très-grande majorité des témoins, on peut prendre du bois sur son tréfonds, mais à condition de n'en point disposer à sa guise, de ne point le vendre, l'échanger, même le transporter. « Es-« tienne de Bonney fut achesonné par nous Enquerreurs, que il « avoit achaté buchons en grierie en la paroisse de Lorriz en la « censive le roi, delez la granche Gilet Ogier, et a fait couper « le bois du buchon et le fit porter à Lorriz, que il ne pooit « faire, quar c'estoit le demage le roi ; et il disoit que il le pooit « faire par coustume du pais et estoit appareillez d'en atendre « droit. » Guillaume Boulain, et le seigneur de Saint-Michel, « Girard Boulcin de Saint-Michian, âgé de LXX ans » et oncle de Pierre Bonceau, prévôt de Boiscommun, partagent cette opinion : « et frère Robert de Branne, priour de Flotain, dit auxi « comme Girar Boulay, et dit que Johan de Montigny, fil feu Mes-« sire Pierres de Montigni, a une meson à Saint-Sauveur et un « buchon : il ne puet le bois du buchon mener ne porter à « Montigni ne hors du lieu, mes ou lieu il puet mesonner et « ardoir sans porter riens hors du buchon, et enxi l'a il veu user « du tens Jehan de Barbison, et oit que ledit Jehan de Bar-« bison deffendi audit Jehan de Montigni que il ne por-« tast le bois de ce buisson hors de ce lieu. » Une foule de témoins déposent dans le même sens : parmi eux nous remarquons maistre Philipes, prieur d'Yèvre ; messire Thibaut de Chambon, chevalier ; Chapelet, « sergent le roi en Corci » ; dix-sept habitants du Moulinet et de Lorris, y ayant des « buissons » en gruerie. Par de vives réclamations contre la gruerie, un bourgeois de Boiscommun motive une enquête faite à Boiscommun et qui lui donne tort[1].

ont rendu le fonz puisque le bois fut osté et vendu en fraude, ce que ils ne poent faire... » (Enquête du treizième siècle.) Les délinquants sont au nombre de trois (F. 1028, n° 25).

[1] Un tréfoncier qui a pris sans autorisation de son bois pour se chauffer,

Mais les tréfonciers voient de jour en jour diminuer les droits à la jouissance de leurs terres, de jour en jour les empiétements de l'administration royale se font sentir. Le roi s'arroge le droit de prendre dans les grueries les bois dont il a besoin. En 1280, il veut prendre dans les bois de Saint-Benoît de quoi élever la prison de Gien. En 1291, il prétend avoir le droit de tirer des mêmes tréfonds le bois nécessaire à son chauffage, à la réparation de ses étangs, de ses châteaux, avec leurs clôtures, herses et pont-levis. L'abbaye résiste vivement à ces prétentions[1], mais ses réclamations, ses procédures ne servent de rien et la jurisprudence donne raison au roi.

Le droit de gruerie s'entendait encore des droits de mutation, accessoire ordinaire de la haute justice, et connus sous le nom de *quint et requint* : un acte de 1345 mentionne dans ce sens « le griage des bois quand ils sont vendus, à prendre pour « cause de ladite vente, si comme il est accoustumé[2]. » En 1404, on définit « les griages de Joyas, c'est assavoir le quint et re- « quint denier que monseigneur le duc prend de son droit sur « touz les bois venduz hors son demaine. [3] » C'est de la gruerie également entendue dans ce sens qu'en 1314 Philippe-le-Bel fait remise à la maison de Beaune, dépendance de l'abbaye de Saint-Denis :

« Philippus Dei gratia Francorum rex, notum facimus uni- « versis tam presentibus quam futuris quod nos consideratione « quam ad monasterium beati Dyonisii in Frantia, a predeces- « soribus nostris regibus Francie fundatum, pro ipsius et « membrorum suorum honoris augmento semper habuimus et « habemus, ad humilem supplicationem prepositi monachi loci « de Belna, qui locus monasterii predicti noscitur esse mem- « brum, eidem preposito gratiose concessimus et concedimus « per presentes ut ipse, nomine monasterii predicti, ad opus « dicti loci de Belna, pro calefactione domorum et furni dicti

est condamné, en 1460, à 26 sous parisis d'amende (Compte de J. de Savenzes, 0,20319).

[1] 0,20238.

[2] Vente de l'habergement de Jupeau, 0,20036 f. 44.

[3] Compte de 1403-4. — 0,20540-541.

« loci ac domorum de Arcanvilla et de Venaliis, usque ad de-
« cem libratas annui redditus in fundo terre, videlicet in ne-
« moribus in nostro gruagio situatis insimul vel per partes, a
« quibuscumque dominis teneantur, acquirere, tenere, possi-
« dere et explectare valeat perpetuo pro se et successoribus suis
« prepositis monachis dicti loci et ad opus predictum, sine
« aliqua per nos coactione vendendi vel extra manum suam
« ponendi seu prestatione financie propter hoc cujuscumque,
« salvo et retento nobis et successoribus nostris dangerio et
« gruagio in nemoribus predictis et jure quolibet alieno. Quod
« ut ratum et stabile perseveret, presentes litteras sigilli nostri
« fecimus appensione muniri. Actum apud Fontem-in-bosco,
« anno Domini millesimo trecentesimo quarto decimo, mense
« junio.

« Per dominum regem, H. »

Cette charte, qui n'est pas sans offrir quelques difficultés d'interprétation, stipule en définitive deux concessions au profit du moine-prévôt de Beaune : la dispense du droit de lots et ventes, pour l'achat des bois nécessaires à son chauffage ; l'autorisation de prendre dans ces bois, bien qu'ils restent d'ailleurs soumis au droit de gruerie, ce qui sera indispensable à ce chauffage [2].

Depuis le treizième siècle, le joug de la gruerie ne cesse de s'appesantir de plus en plus. Les droits fiscaux augmentent. Le duc dispose des tréfonds en gruerie comme s'ils étaient siens : il en tire tous les bois nécessaires à son chauffage, aux réparations de ses bâtiments, et cela sans la moindre opposition des tréfonciers, de l'abbaye de Saint-Benoît pas davantage que des autres [3].

La notion même de la gruerie devient peu à peu plus confuse.

[1] Orig. scellé. K 28, n° 14.

[2] Les mots « sine... coactione vendendi vel extra manum suam ponendi » se rapportent à la législation féodale sur l'amortissement (obligation de *revente*, ou obligation de fournir un représentant *vivant et mourant*).

[3] V. notamment le compte de 1392. Archives du Loiret, comptes des E. et F. A. 853-858.

On néglige, et non pas involontairement, les premiers principes. Dans un Mémoire sur la gruerie qui semble dater du dix-septième siècle, les tréfonciers rappellent qu'ils étaient *autrefois* les *seuls* propriétaires des bois, qu'ils mirent volontairement leurs possessions sous la garde du roi pour les surveiller et faire les avances de capitaux nécessaires à l'entretien, moyennant quoi le roi devait avoir la moitié des produits quand le tréfoncier procédait à la vente. A cette théorie, l'administration royale oppose des idées bien différentes. Les tréfonciers semblaient bien admettre la copropriété présente du roi ; le roi va plus loin. Il déclare que, comme justicier, il a seul, et il dirait presque de droit naturel, le pouvoir « de régler ladite forest comme bon luy semble, de veiller à sa conservation indépendamment des volontés des particuliers. » Il laisse entendre que d'ailleurs, tous ces tréfonds provenant évidemment dans les temps primitifs des dons faits par les rois, l'administration a pu y conserver telles prérogatives qu'elle a jugé à propos [1]. Cette théorie est assurément très-exagérée, mais à dessein.

Dans la science contemporaine, l'oubli encore plus complet des conditions constitutives du régime de la gruerie a entraîné des confusions, étranges pour quiconque, sans avoir étudié l'ancien droit, possède les notions les plus superficielles de la vieille législation forestière.

En 1827, le conseil du duc Louis-Philippe avait à se prononcer sur la propriété de la Petite-Forêt [2].

Partant de ce fait que Philippe de Valois en 1349 avait disposé, malgré les réclamations de l'abbaye de Saint-Benoît, d'une certaine quantité de bois de son tréfonds, et de ce que les comptes de 1401 et 1475 mentionnent des ventes où l'abbaye prend « la tierce partie, » ces juges en ont conclu que le roi était seul propriétaire des tréfonds en gruerie, et ils ont cru pouvoir inscrire dans les considérants de leur sentence : « Qu'une abbaye, « dite de Saint-Benoît, aujourd'hui représentée par l'adminis- « tration des domaines, avait à la vérité des droits sur la Petite-

[1] 0,20532.
[2] 0,20238.

« Forêt, mais que ces droits qui n'étaient autre chose qu'une « espèce de servitude, loin d'être attributifs de la propriété, en « excluaient au contraire jusqu'à l'idée, d'après la règle : Res « sua nemini servit, » axiôme juridique qui peut, en effet, trouver sa place ici, mais à condition qu'on ne prenne point pour l'héritage servant, ce qui est précisément l'héritage dominant.

Le droit exorbitant de la gruerie ne s'exerçait pas cependant par tout l'Orléanais. Il n'avait lieu que dans ce grand massif boisé qui forme la forêt d'Orléans, et dans un rayon d'une lieue tout à l'entour. Les bois quelconques, situés à l'intérieur de la ligne de gruerie étaient par le fait même de leur position frappés d'une présomption légale de sujétion à la gruerie. Un arrêt du parlement en 1271 nous indique qu'un sergent des forêts, Galeran, avait inquiété et frappé d'arrêt divers bois de Saint-Benoît; « ea « racione quod dicti dumi non distant a nemoribus Domini « regis ultra unam leucam, » et cette raison est si bonne que le parlement adjuge au roi la gruerie [1].

Quelqnes années après [2], la même définition nous est donnée en Orléanais : » Gilo de Cravento, juratus, dicit quod ipse mo- « ratus fuit per spatium vinginti annorum et amplius circa fo- « restas et nemora de Logio et de Chaumontois, nec unquam « vidit aut scivit quod aliquis posset vendere aliquem de boscis « aut dumis sitis infra leucam prope ambitum dictarum fores- « tarum et nemorum absque licentia domini regis et daingerio « venditorum ipsius, preterquam boschum de Brissiaco. » Haton, du Rothoy, dit que pour les bois sis « in partibus Aurelia- « nensibus, » la gruerie et le danger « se pretendit usque ad Li- « serim, preterquam in bosco de Montelcardi (Montliard) quem « ipse qui loquitur vidit vendi absque deingerio. » Cette indication d'*une lieue*, qui était quelque peu vague, se précise peu à peu : on finit par tracer une ligne de gruerie idéale et fixe, qui fait loi. Pour ce qui concerne le cœur de l'Orléanais, cette ligne traverse le chemin de Paris à Orléans au-dessus de Saint-Lazare, enclot Fleury et Semoy, descend à l'arche de Saint-Loup, à Pont-aux-

[1] *Olim*. I, 577.
[2] Enquête déjà citée, J. 1023, 7.

Moines, à Saint-Denis, elle suit la Loire et ne laisse en dehors que Fleury avec la Grange-Rouge, Bonnée, Saint-Père, elle enclot l'Orme, Ouzouer, la Croix-des-Trois-Évêques; elle côtoie « le désert » et, laissant en dehors le moulin du Gué, suit le grand chemin de Montargis au Moulinet, passe à la Chapelle-Saint-Éloy, devant le Moulinet, à la porte de Lorris, suit le grand chemin de Soisy et passe au milieu de Boiscommun, laissant encore en dehors l'église de Beauchamp, et Montliard. D'un autre côté, de Saint-Lazare (faubourg Bannier), cette ligne de la gruerie va passer la Loire au Petit-Orme (Saint-Jean-de-la-Ruelle), de la Chapelle [1] revient au chemin d'Orléans à Huisseau, passe au-delà de Chaingy, près de Saint-Ay, au Marais, près des Cordeliers de Meung; elle suit le marais, le ruisseau, laisse Coulmiers à gauche, enclot Saint-Simon, traverse le chemin de Patay près d'Huestre qu'elle respecte, renferme Bouilly, traverse le chemin de Chartres aux Aydes, passe derrière Chevilly, Bucy, prend le chemin de Pithiviers, passe à Saint-Germain, suit le chemin de Pithiviers à Saint-Loup, passe à Bouzonville, et de là se dirige par les environs de Bouilly et de Chemault jusqu'à Boiscommun [2].

« Cette enclave immense de la gruerie, nous dit Plinguet [3], « englobe la totalité de 38 paroisses, et elle embrasse, en outre, « une partie de 30 autres paroisses qu'elle traverse. » Elle est située dans le milieu de l'Orléanais : « Au nord de cette grande « enclave est la province de Beauce et à l'est celle du Gâtinois; « à l'ouest la ville et les vignobles d'Orléans; et au sud les ter- « ritoires particuliers des paroisses de Château-Neuf, Saint-

[1] Au midi de la Loire, les bois du comté de Baugency étaient également soumis à la gruerie, et même depuis une époque ancienne, à l'égard des seigneurs de Baugency qui n'exerçaient pas mollement leurs droits. En 1130, Simon de Baugency, dont l'abbaye de Saint-Mesmin avait eu fort à se plaindre, se voyant près de mourir déclare, devant l'évêque d'Orléans, Manassès, qu'il n'a aucun droit sur Saint-Mesmin, mais « in nemore tamen de Gaudiaco et Monte Belleni se griariam habere. » — (Baluze, 78, f. 118). — Et en mai 1233, Jean de Baugency dit en parlant du même monastère : « Quitavi etiam totam grioriam in omnibus nemoribus quo tunc possidebant et in posterum possidebunt ». (*Ibid.*, f. 134.)

[2] 0,20061.

[3] Loc. cit., p. 23.

« Martin-d'Abat, Saint-Aignan, Bray, les Bordes et Ouzouër. »

Tout bois renfermé dans cette superficie considérable est soumis à la gruerie, à moins de titre contraire. Cependant les bois plantés pour l'agrément d'un château, les garennes, les parcs en étaient en général dispensés. L'administration royale ne faisait pas là un grand sacrifice, car, ainsi que nous le fait remarquer l'ordonnance de 1608 [1], le caractère distinctif de ces réserves est qu'on ne les soumet à aucun aménagement; d'ailleurs, le roi ne pouvait alléguer ici le prétexte de la garde, les tréfonciers se trouvant assurément capables d'y suffire. Ces parcs et garennes étaient séparés de la gruerie par une enceinte de fossés. C'est ainsi que les bois de Reuilly, de Cléreau, d'Alonne, de La Brosse, des Cinq-Chesnes (à Vrigny), de Garriers (à Limiers), d'Adonville, de la Bretauche, de la Roncière (à Loury), de Chenailles, de Villiers, de La Coinche, de Flotin [2] et quelques autres [3] avaient pu échapper, en partie du moins, à la tyrannie de la gruerie. Il en était de même du parc et de la garenne de la Commanderie de Boigny, mais chose singulière ! les allées de tilleuls qu'on avait prodiguées dans le jardin au dix-huitième siècle en guise d'ornement, la grande avenue d'ormes presque deux fois séculaires qui se déployait en face du château, et 250 ormes têtards répandus aux environs, tout ceci semble être resté soumis au domaine de la gruerie [4].

Il existait aussi des cas de dispense de gruerie fondés sur des titres spéciaux, ce qui n'ajoutait pas peu à la complication. En 1213, Jean de Baugency abandonne à l'abbaye de Saint-Mesmin de Micy, la gruerie de toutes les forêts qu'elle possède ou qu'elle possèdera [5]. En 1479, Louis XI remet à l'abbaye de Ferrières « tous droicts de gruerie et grairie et leurs appartenances

[1] 0,20068.

[2] Pour les bois dits la *Garenne* et la Franchise. V. Arrêt de 1675 (Fonds Fl. Archives de l'Yonne.)

[3] 0,20634. Archives du Loiret, A. 716. — 0,20636 f. 64. Vente de Loury, en 1401. Sentence de 1472.

[4] Fonds Saint-Marc, Visite de la Commanderie, en 1778.

[5] 0,20610, f. 395, 401, 402.

quelsconques [1]. » L'enquête sur la gruerie au treizième siècle mentionne que le bois de Bucy n'est pas sujet à la gruerie, et Hugues de Compiègne, un des témoins, déclare « quod domi-« nus rex tempore ipsius qui loquitur dedit decano Aurelianensi « boscum de Bussiaco. » Il ne s'agit ici, sans doute, que de l'abandon de la gruerie. Le bois de Montliard échappe à la gruerie ; c'est un fait ; le motif, on l'ignore. Pour certains bois, les bois de Bouilly (de Bulliaco), et de Guillaume dit Bonis, et de Pierre de Reims [2] (de Remis), tout le monde s'accorde à les soumettre à la gruerie. Pour d'autres, pour les bois de la Boulaie, d'Évrard de Bray, d'Étienne de Chastillon, de Guérin de Chastenoy, d'Évrard de Coulmiers, il y a lieu à discussion, et l'on ne sait à quoi précisément s'en tenir [3]. En effet, on comprend facilement à combien d'incertitudes, à combien de difficultés ne pouvaient manquer de donner lieu des règles si arbitraires, et, au moins en pratique, si dénuées de fondement. Aussi, la détermination des limites de la gruerie a-t-elle engendré de nombreux procès, qui n'aboutissent, en général, qu'à constater l'absence de titres, de part et d'autre ; dans le doute, on jugeait, suivant la présomption coutumière. En 1266, un procès de ce genre est porté au parlement : « Inquesta facta de mandato re-« gis super eo quod domina Margarita de Baigniax asserebat « quod ipsa poterat vendere suum boissonum qui est retro do-« mum suam de Bello-Campo sine grieria et sine licentia regis « et ballivi, » elle s'appuie sur une possession prolongée :

« Nichil probatum est... pronunciatum est quod dicta domina « non potest vendere dictum boissonum sine grieria et licencia « regis [4]. »

Après un long procès soutenu contre le chapitre de Chartres au sujet de la gruerie des bois de Sainte-Marie, l'administration finit par céder, en 1317 : « Philippus, Dei gratia Francorum et « Navarre rex : notum facimus universis tam presentibus quam « futuris quod cum dudum inter decanum et capitulum ecclesiæ « Carnotensis ex una parte, et gentes predecessorum nostrorum

[1] Ordonnances. XVIII, 488. Archives du Loiret, A. 783.
[2] Ou de Remy.
[3] J. 1032, n° 7.
[4] *Olim*. I, 247.

« regum Franciæ, nomine regio, ortum fuisset debatum super « eo quod gentes ipsæ nomine regio dicebant quod, in nemori-« bus eorumdem decani et capituli, sitis prope unum gradum « in baillivia Aurelianensi, gruagium et ratione dicti gruagii « dangerium habebant, dictis decano et capitulo e contrario di-« centibus et asserentibus : nos predictis decano et capitulo et « eorumdem ecclesie Carnotensi quicquid juris proprietatis, do-« minii, gruagii vel dangerii aut alia ratione qua eam prede-« cessores nostri tempore orti debati habebant vel habere pote-« rant, et debebant, aut quod nos habemus et habere possumus « vel possemus in nemoribus supradictis de jure aut de consue-« tudine vel de facto seu alias quoquo modo ob nostræ et proge-« nitorum nostrorum animarum remedium et salutem, una cum « alta et bassa justicia, meroque ac mixto imperio donamus, re-« mittimus et in perpetuum præsentium tenore quittamus...[1]. »

Ces lettres, malgré l'ampleur et la minutie de leurs explications, n'empêchèrent point des procès postérieurs de naître sur la même question. La main-levée de saisie en 1493, et les sentences et arrêts de 1537 et 1547 ont toujours confirmé les droits du chapitre.

L'abbaye de Saint-Mesmin n'obtint pas le même succès : en 1396, elle est obligée de transiger sur ses prétentions à la non-gruerie et de reconnaître les droits du duc [2]. Les bois de Clérambault ont donné lieu au seizième siècle à d'interminables procédures, et, malgré leur position, qui certainement les faisait rentrer dans l'enclave de la gruerie, un arrêt du parlement du 28 novembre 1598 les déclara en franchise [3] ainsi que les bois de la Motte-Boulain [4] et des Chantereaux faisant également partie du domaine patrimonial de Jean de Longueau. La dispense de gruerie des bois de Ducreux près Neuville a donné lieu pendant trois siècles à des difficultés [5].

[1] Q. 590.
[2] O,20040, f. 70. — O,20018, f. 75.
[3] O,20634. — O,20619, f. 330. Archives du château de Saint-Michel.
[4] Vieille demeure seigneuriale, ancienne propriété de la famille Boulain de Saint-Michel, et ruinée sans retour lors de la guerre des Anglais (V. Archives de Saint-Michel, *passim*. V. La Chenaye des bois, v° Longueau.)
[5] O,20634.

La confusion du droit de gruerie et du droit de propriété, si distincts cependant, ouvre dès le seizième siècle, une nouvelle ère de procès. Elle met en suspens la propriété de tréfonds considérables, réclamée, mais rarement avec succès, par l'Administration royale, qui s'en prétend propriétaire parce qu'elle les exploite depuis longtemps. En 1540 un arrêt adjuge au roi les bois des Ruets[1] : 125 arpents de bois près Claireau, sont attribués à Guillemette de Beaumont, veuve en premières noces de Jean de Pathay, écuyer, seigneur de Claireau (1484)[2]. En 1565 les bois des Alluats firent l'objet d'un très-important procès[3]. Il faut avouer du reste que, comme la garde était réservée au roi, et que le produit des ventes, aménagées alors en haute futaie, ne se trouvait à partager que tous les deux ou trois cents ans, cet écart de trois siècles rendait excusables bien des erreurs.

Ajoutons que des concessions particulières, faites par le prince à l'époque de chaque vente pouvaient ajouter encore à l'illusion. La jurisprudence parlementaire se montre extrêmement hostile à ces concessions. En janvier 1556, le cardinal de Lorraine obtint du roi à l'occasion des ventes du bois de La Cour-Dieu, des lettres patentes dispensant, disent-elles, de « tous les droits de gruerie, grairie et garde que nous y pouvions prétendre : » le parlement fait à ces lettres une vive résistance, ordonne une production de titres et refuse l'enregistrement[4]. Déjà, vers 1440, les moines ayant vu leurs héritages « ravagés et destruits par les guerres..., il leur fallait délaisser leur église, le monastère et le saint service divin. » Dans ce moment de presse, ils demandèrent au duc et ils en obtinrent la permission de vendre 20 arpents de bois, dont la moitié (le droit de gruerie) devait servir à les indemniser des dettes contractées envers eux par le duc qui était incapable de les acquitter[5]. En 1400[6], en 1407[7], ils avaient obtenu semblable permission. Le 18 novembre 1336

[1] Archives du Loiret, duché d'Orléans, arm. 14, l. 133.
[2] 0,20563.
[3] V. Notamment 14 pièces du ce procès : J. 742, n° 13.
[4] Jarry, op. cit , f. 126, 127. — Arrêt de 1565.
[5] Jarry, op. cit., p. 106.
[6] *Ibid* . pr XXXIX.
[7] Compte de 1407, 0,20042-43.

Philippe de Valois autorise Jean de Macheau, écuyer, à couper les 70 arpents qu'il possédait en gruerie, et à recueillir tous les fruits [1]. Par lettres du 14 décembre 1482, la duchesse remet à l'évêque de Lombez, abbé de Saint-Denis, la gruerie d'une de ses ventes montant à quatre-vingt livres parisis [2]. Le 3 février 1414, le duc remet au même titre 100 livres tournois à François de l'Hospital, seigneur de Soisy, son chambellan ; le 21 mars de la même année (1415) il remet la même somme à Jean de Bardilly son écuyer et échanson [3] : en un mot, les ducs se montrèrent d'une grande générosité à cet égard. Au rapport de Leclerc de Douy, les archives du Châtelet d'Orléans renfermaient encore au dix-huitième siècle 52 lettres par lesquelles le duc Charles abandonnait ses droits de gruerie à divers chapitres, seigneurs, etc., pour des causes variées, notamment pour des réparations d'églises, de 1423 à 1459 : six lettres du même genre subsistaient, émanant de la duchesse douairière Marie de Clèves, cinq du duc Louis, de 1475 à 1485 [4].

L'administration royale ne se montra guère plus avare à cet égard ; aussi le produit de la gruerie qui comptait au treizième siècle parmi les revenus importants, puisque, en 1268, dans une constitution d'apanage, on mentionne expressément que les gruyages des bois en feront partie [5], arriva-t-il à s'annihiler et, comme le déclare l'édit de 1571, « il n'en vient rien à notre « proufit ou bien peu, parcequ'ils nous sont toujours demandés « par les sieurs propriétaires, nos officiers ou autres, et par « nous libéralement donnés comme choses casuelles et dont l'on « ne peult faire aucun estat certain [6] »

Au seizième siècle la situation de la gruerie était donc rendue tout à fait intolérable. Le revenu pour le roi en était devenu à peu près nul ; sans doute au quinzième siècle, le duc avait bien

[1] J. 733.
[2] Comptes de 1483-84. — 0,20642-43.
[3] Collection Jarry ; indication communiquée par M. L. Jarry.
[4] Inventaire du Trésor du Châtelet. Leclerc de Douy, IV, 0,20618, f. 24.
[5] Bréquigny et Pardessus. Table des diplômes, VI, 540. Ordonnances, XI, 341.
[6] Archives du Loiret, A. 763-64.

fait quelques efforts pour essayer d'en tirer le meilleur parti possible en l'affermant ; mais déjà le succès ne venait guère couronner ses efforts : en 1403, la gruerie des héritages de Baugency et de la Beauce, pays peu favorable, il est vrai, à son développement, avait été adjugée pour deux ans moyennant la modeste somme de 110 sous parisis par an : la gruerie de la « Sauloigne » 18 livres 10 sols [1].

Au seizième siècle il est certain que le revenu pour le roi n'est pas porté à s'augmenter, les officiers le consomment en frais et vacations pour les arpentages et mesurages [2]. De leur côté, les tréfonciers se plaignent vivement, à ce qu'assure l'édit de 1571 : ils déclarent qu'ils trouvent leurs tréfonds mal gardés et qu'ils n'y peuvent remédier ; les frais de vente devant les officiers royaux sont ruineux, l'émolument de la coupe médiocre, de sorte que si le roi y gagne peu, peut-être les tréfonciers en profitent-ils encore moins : bref, tout le monde se plaint : l'édit de mars 1571, enregistré par le parlement le 16 mai 1571, supprima la gruerie [3]. Mais partant d'une erreur qui, si elle était volontaire, doit être taxée d'oppression et d'injustice, l'édit ordonna de liquider cette situation comme s'il s'agissait de liquider une copropriété, de sortir purement de l'indivision ; on devait partager les bois, le roi en prenait la moitié et laissait l'autre au tréfoncier absolument libre. En somme cependant, la nouvelle position faite au tréfoncier devait lui sembler, il faut le reconnaître, moins défavorable que l'état dont il sortait. Mais l'œuvre était difficile et elle ne paraît pas avoir reçu de commencement d'exécution. Les tréfonciers ne s'empressèrent nullement d'en profiter. L'édit du 16 juillet 1572 vint mettre à leur disposition un nouveau moyen d'éteindre les droits de gruerie, en les remplaçant par un cens fixe que l'on mettrait aux enchères et sur lequel les tréfonciers auraient un droit de préemption : de plus il y avait à payer quelques deniers d'entrée. Ces dispositions nouvelles marquent un très-réel progrès : les enchères ne prêtaient pas beaucoup à la compétition, personne, si ce n'est le

[1] Compte de 1403-4. O,20540-41.
[2] Edit de 1572.
[3] Archives du Loiret, A. 763-64. — Q. 592.

tréfoncier lui-même, ne pouvant être bien vivement tenté de se rendre adjudicataire de droits de gruerie surtout pour les bois situés au cœur du massif forestier. Ainsi, moyennant une faible redevance, les propriétaires avaient la faculté de rentrer dans la pleine jouissance de leur fonds, libre désormais de toute charge onéreuse, car le cens forestier établi par ces adjudications ne pouvait manquer de rester bien inférieur aux cens perçus sur les terres labourables et les vignobles. Si donc on blâme l'Edit de 1571 pour le système de cantonnement qu'il organise, on ne peut nier cependant qu'il ait été inspiré par un désir loyal d'arriver à l'extinction de ce fléau de la gruerie qui rendait improductifs tant de bois, puisque, grâce à un an d'expérience et de réflexion, tout en laissant subsister l'ordonnance au profit des tréfonciers auxquels ils conviendrait d'en user, on a complété par un second édit plein de dispositions régénératrices, mais qui, malgré les mesures sérieuses prises pour son exécution, se heurta encore à bien des obstacles.

Il n'est pas aisé de se tirer d'une ornière creusée par plusieurs siècles. L'opposition vint de la méfiance des tréfonciers en faveur de qui l'ordonnance était évidemment rendue : les commissaires chargés de son exécution ont « reçu quelques « offres desdits tréfonciers si petites qu'ils ne les ont voulu « accepter » et même d'autres « n'auraient voulu entendre à « ladite division en partage sous espérance d'obtenir toujours « don de nos droits de gruerie quand ils exposoient leurs bois en « vente... »

Un nouvel édit de février 1573 met enfin un terme à tant d'irrésolutions et de difficultés, en enjoignant formellement aux tréfonciers de faire arpenter leurs bois à leurs frais et d'en abandonner la moitié au roi, s'ils ne voulaient pas racheter moyennant un cens leurs droits de gruerie[1]. L'ordonnance royale cette fois ne rencontra pas de sérieux empêchements[2], malgré l'état où se trouvait alors la France. A partir de l'année 1573, les commissaires royaux procédèrent à des séries d'adjudications de droits de gruerie, passées en partie au Châtelet d'Orléans,

[1] Archives du Loiret, A. 763-64.
[2] V. Mémoire sur la Gruerie, 0,20332.

siége de la juridiction des Eaux et Forêts. Les énormes registres où sont consignées ces adjudications nous ont été conservés. Leur aspect seul suffirait à démontrer l'immense travail qu'ils ont coûté. Que de peines ! que de voyages ! que de fatigues ! On le comprend quand il faut feuilleter ces volumes effrayants qui offrent un intérêt plus que médiocre [1]. L'opération s'avance, lentement il est vrai ; des résultats sérieux sont obtenus. En 1579, par exemple, Jacques Violle rend hommage pour Ozereau et ses bois situé précédemment en gruerie, et maintenant déchargés, dit-il, moyennant finance [2].

A peine si les travaux étaient finis : l'édit de novembre 1581 déclare que tout est à recommencer : « Les roys nos prédécesseurs « n'ont jamais eu rien plus en recommandation que de conserver « autant qu'il leur a esté possible leur domaine comme estant le « plus beau et grand revenu que nous avons pour pouvoir maintenir et conserver nostre estat et dignité royalles... » l'édit rappelle à ce propos la fameuse ordonnance de Moulins et il constate, bien tard puisque l'on y travaillait depuis dix ans, que l'aliénation des droits de gruerie est faite en violation de cette ordonnance, assertion qui n'est point du reste à l'abri de toute contradiction. « Néant moins ayant tant nostre sieur et frère le « roy Charles que nous, à l'occasion des guerres civilles qui ont « eu cours en ce royaume, esté constraints pour la nécessité « de nos affaires de vendre et aliéner la plus grande part et « portion de nostre domaine, même es années mil cinq cent « soixante-onze, soixante-douze et quatorze par nostre édit pu- « blié et vérifié en nostre cour de parlement nous aurions « exposé en vente tous les bois... et grueries estant au dedans et « du corps de nostre forest d'Orléans, qui estoit et est de tout « temps et ancienneté l'ancien domaine de nostre couronne de « sorte qu'au moyen desdites aliénations qui ont esté ainsy « faites ledit duché d'Orléans qui souloit estre de grand revenu « et l'un des premiers appanages de nostre royaume est main- « tenant réduit à rien sans que toutesfois le roy nostre sieur et « frère ny nous ayent tiré desdites aliénations le secours que

[1] V. 0,20062-63. Q. 502. Archives du Loiret, A. 763-764.
[2] 0,20631.

« nous en aurions espéré d'autant que la pluspart de ceux qui « ont acquis lesdits bois et gruries... les ont eu, aucuns d'eux « à vil prix, et les autres en dons, contre ce qui estoit porté par « lesdits édits,.. à quoy il est besoin de pourvoir... »

En conséquence, il est ordonné que « réunion soit faite de « tous et chascun desdits bois sujets audit droit de gruerie : » on remboursera les sommes payées, avec les loyaux coûts ; tous les revenus de la forêt et du duché d'Orléans sont affectés à ce remboursement[1].

Cet édit malencontreux porta le désordre au plus haut point. La gruerie, lorsqu'elle fonctionnait régulièrement, offrait déjà bien des aspérités d'interprétation : que sera-ce après tant de remaniements, et de remaniements radicaux? Tout le travail si long et si pénible des commissaires de l'aliénation, à peine terminé, se trouve à recommencer en sens inverse. Il faut de nouveau voyager, arpenter, traiter avec les propriétaires : il faut calculer le prix d'achat, supputer les dépenses; tel acquéreur est mort, et à sa place se presse un flot d'héritiers, parmi lesquels des mineurs, des incapables : tel autre a cédé ses droits. Le travail opéré de 1581 à 1586 fut réellement inextricable. L'opposition, bien légitime cette fois, des tréfonciers qui avaient pris goût à leur franchise y mit le comble. Le 8 février 1584, un arrêt du parlement ordonne à son premier huissier d'assigner les tréfonciers acheteurs de la gruerie et de leur déclarer que s'ils persistent à ne pas venir « compter avec les commissaires » leurs bois seront purement et simplement réunis à la forêt et soumis à la gruerie comme auparavant[2]. Aussi le travail resta-t-il imparfait[3] et la spéculation financière, imaginée en 1572 et qui promettait d'être productive mais sans excès, devint absolument ruineuse.

Rétablie de la sorte, la gruerie subsista jusqu'en 1789, sans exciter de grandes réclamations. Vers cette époque cependant on commença à entrevoir la possibilité de sa suppression. Ce système déplorable avait des adversaires qui certainement en

[1] 0,20644. 0,20658.
[2] 0,20664. — Compte-rendu de 1588. Q. 892.
[3] Edit. de 1716. Q. 893.

auraient obtenu la disparition et la liquidation lorsque la Révolution éclata. Dès les premiers jours, la suppression de la gruerie fut demandée à l'Assemblée nationale : en 1790, Boncerf la réclamait en résumant par des termes énergiques les vices de cette institution [1]. C'est, dit-il, un droit vexatoire qui absorbe une partie des revenus sans assurer une bonne garde ; il dégoûte les propriétaires de la possession des bois : « L'Orléanais, plus riche qu'aucune autre province en chartriers « antiques, n'a jamais présenté aucun titre qui l'établisse « ni qui le justifie, et c'est sans doute parce qu'il manque de « fondement qu'il est devenu arbitraire. Les accrus, les hayes, « les arbres épars y ont été soumis ; partout il porte les caractères d'usurpation [2]. »

L'administration des eaux a toujours été jointe à l'administration des forêts ; les rivières ont donc subi le régime forestier. Soumis à la même police que les forêts, les cours d'eau non navigables pouvaient être tenus également en gruerie. Il n'en est pas de même des rivières navigables qui, d'après la Coutume, sont la propriété du haut justicier [3]. Les rivières non navigables seules peuvent tomber dans le domaine privé ; c'est ainsi que la propriété de la rivière du Cense qui descend de la forêt dans la Loire a pu fournir matière à des procès [4] entre le seigneur de Claireau et l'abbé de La Cour-Dieu, bien que ni l'un ni l'autre ne fût haut justicier.

Le duc possédait la gruerie de la rivière de Châteaurenard. « De la gruierie que prent mon seigneur le duc pour cause de « souveraineté sur la moitié de la vente de la rivière de Chasteauregnart, appartenant au seigneur de Sully, et l'autre moitié appartient franchement à monseigneur le duc, 10 livres « parisis, » nous dit un compte de 1404 [5]. Le gruyer donne les

[1] *Observations présentées à l'Assemblée Nationale.*

[2] Page 6.

[3] V. Morin, p. 320 et suiv., les lettres d'érection de Nemours en duché (1528).

[4] Archives du château de Claireau. (Mont par Jarry, Histoire de La Cour-Dieu, p. 114.)

[5] O.20540-41.

autorisations d'établir des pêcheries. Au quinzième siècle, le duc d'Orléans fait détruire une pêcherie élevée au préjudice de ses droits par Pierre du Loichet, écuyer, dans cette même rivière de Châteaurenard [1]. En 1257, le parlement exempte de gruerie une rivière appartenant à l'abbé de Ferrières, entre la Celle et Griselles, en ces termes : « Probatum est pro abbate « de Ferrariis quod ipse potest vendere aquam suam que est « inter Cellam et Eglisiolas quando voluerit [2]. »

La gruerie qui semble être l'apanage de la haute justice s'est quelquefois trouvée dans d'autres mains que dans les mains royales ou ducales. En 1271, l'abbé de Saint-Benoît réclamait la gruerie de quelques bois : « Intendebat probare quod dumus Guiardi « Faby, dumus Georgii, dumus Majoris et dumus Chaucherii sunt « in grieria dicti abbatis racione domus curie de Marregniaco, et « quod dictus abbas a tempore a quo non est memoria, quociens- « cumque dicti dumi vel aliquis eorum fuerunt venditi, habuit « grueriam de dictis dumis, et quod venditores ipsorum, quociens- « cumque venditi fuerunt, pecierunt licenciam a dicto abbate vel « ejus mandato vendendi dictos dumos..... » Le parlement à qui l'affaire est portée déclare que l'abbé ne possède pas la gruerie parce que ces bois sont compris dans l'enclave de la gruerie royale et qu'il n'y a point de titre [3] : le parlement laisse ainsi apercevoir que l'abbé aurait ce droit si le conflit avec le droit royal n'eut pas existé. Le même procès renaît en 1307, et cette fois un arrêt de 1308 donne à peu près raison à l'abbaye après une double enquête [4].

Un autre arrêt de 1612 [5] nous apprend que Ant. Chibotot, seigneur de Saint-Maurice, possédait la gruerie et grairie des bois

[1] Catalogue Joursanvault, 695.
[2] Olim., I, 14.
[3] Olim., I, 577.
[4] *Ibid.*, III, 268 et 347.
[5] Ment. Morin, p. 200, 201. — Voir ci-dessus la renonciation à la Grue-rie de Saint-Mesmin, par Jean de Baugency.

de l'abbaye de Fontaine-Jehan, enclavés dans la châtellenie de Saint-Maurice et Bursey [1].

Ces droits particuliers de gruerie sont rares. Il ne faut pas con-

[1] L'acte qui suit nous offre un arrangement curieux intervenu à propos d'un droit de Gruerie particulier :

In nomine sancte et individue Trinitatis. Amen. Philippus Dei gratia Francorum rex. Noverint universi presentes pariter et futuri quod causa que vertebatur inter Helois, dominam de Nangies, et filios ejus, ex una parte, et J. abbatem et conventum Sancti Germani de Pratis ex altero, coram cancellario et camerario Carnotensi judicibus a Domino Innocentio papa delegatis super nemoribus Sancti-Germani de Pratis juxta Villambolain que vocantur Herebloi pacificata est et sopita in hunc modum : ipsa quidem Helois et Henricus et Droco et Gylo filii sui donaverunt et quitaverunt et renuntiaverunt in perpetuum predicte Ecclesie Sancti Germani quicquid juris habebant et reclamabant et tenebant in predictis nemoribus tam in feodo quam in domanio et de cetero in eisdem nemoribus nichil omnino reclamabunt neque vendicabunt per ipsos vel per heredes eorum nec ecclesiam predictam inde unquam molestabunt neque molestari facient et hec omnia data fide se servaturos promiserunt. Insuper Joannes Vie et Evrardus de Labooloe de communi assensu et voluntate predicte Helois, et filiorum ejus, vendiderunt pro ducentis libris prefate Ecclesie Sancti-Germani de pratis totam grieriam predictorum nemorum quam ab ipsis tenebant et quicquid in eisdem nemoribus habebant, et fide data plenam garantissiam eidem Ecclesie super hoc se portaturos bona fide promiserunt; et super hiis Henricus, filius Helois, pro predictis Johanne et Evrardo plegium se constituit apud abbatem et Ecclesiam Sanctit-Germani. Pro hac autem pace concesserunt predictis Helois et filiis ejus abbas et Ecclesia Sancti-Germani quod usque ad sex annos ab instanti Pascha currentes habebunt predictorum nemorum medietatem ad utendum et vendendum pro sua voluntate. Post sex autem annos elapsos statim illa medietas nemorum predictorum omni eo quod ibi erit ad dictam Ecclesiam Sancti-Germani libere revertetur ita quod nec quantum ad dominium nec quantum ad aliquem usum ibi quicquam ulterius poterunt reclamare nec petere nec tenere : predicam autem quitationem secundum predictam tenorem fecerunt Parisius et fiduciaverunt in manu Hugonis de Bastans, militis nostri, in presentia nostra, multis aliis astantibus. Nos igitur ad petitionem utriusque partis sigilli nostri auctoritate et regii nomini karactere inferius annotato presentem paginam, salvo jure alieno, confirmamus.

Actum Parisius anno Domini MCC octavo, regni vero nostri anno tricesimo. Astantibus in palatio nostro quorum nomina supposita sunt signa. Dapifero nullo. S. Guidonis, buticularii. S. Bartholomei, camerarii. S. Droconis, constabularii. Data vacante cancellaria : per manum fratris Guarini,

Sceau et monogramme. (K. 27, n° 18.)

fondre avec la gruerie divers états résultant de conventions civiles spéciales.

Depuis que le système des supérieurs commendataires se fut généralisé, les biens de chaque couvent se divisent en deux parties, le plus souvent très-inégales; la plus faible revient aux moines, l'autre au détenteur de la commande. Lors donc que l'on voit, par exemple, l'abbé de La Cour-Dieu percevoir l'argent de la moitié des coupes, il ne faut pas en conclure qu'il reçoit au nom du couvent le produit d'un tréfonds en gruerie. L'abbaye de La Cour-Dieu possédait des bois de franchise [1] dont le produit formait deux portions, l'une pour la manse abbatiale, l'autre pour la manse conventuelle [2].

Il faut distinguer aussi les contrats d'accensement et d'inféodation, et le contrat de gruerie. Le cens est une redevance annuelle et uniforme; l'essence du droit de danger, est, au contraire, l'intermittence et avariabilité. Nous avons vu que le danger a été un instant converti en cens; mais ces deux droits ne procèdent pas des mêmes principes.

L'accensement des bois est un fait très-rare. Pendant quelque temps, Saint-Verain de Jargeau divisa son tréfonds en diverses censives. Une charte de 1219 nous offre un exemple remarquable de prise à cens [3]: Garnier et Herbert de Gratelou exercent le

[1] 496 arpents.

[2] Jarry, op. cit., p. 43.

[3] Voici le texte de ce document:

Lebertus decanus Aurelianensis omnibus presentes litteras inspecturis, in Domino salutem. Noveritis quod Garnerius et Herbertus de Gratelou, fratres, in presencia nostra constituti recognoverunt quod acensaverant in perpetuum, pro quinque solidis in crastino Sancti-Remigii annuatim sibi reddendis, canonicis beati Evurcii Aurelianensis sexdecim arpenta nemoris apud Coisoles que retraxerant ab eisdem canonicis, adherencia viginti arpentis que pater eorum Garnerius in elemosinam dictis canonicis contulerat ad totalem usum, in ipsis sicut in aliis suis nemoribus capiendum, ita quod nec dicti fratres Garnerius et Herbertus, nec alius per eos in censiva illa amputabit nec faciet amputari. Censum istum singulis annis requirent in domo sancti Evurcii. Sed si infra octabus Sancti-Remigii requisitum non receperint ad emendam quinque solidarum dicti canonici tenebuntur. Pro censiva ista, nullas reddent canonici relevationes pro aliqua dominorum mutatione, seu pro qualibet alia occasione. Hoc tenendum prefati fratres Garnerius et Herbertus fide corporali in manu R..., camerarii, prestita fideliter et firmiter promiserunt. Quod ut memoriter

retrait lignager sur 16 arpents de bois, sis à Coissoles, qui avaient été donnés à l'abbaye de Saint-Euverte : dans le même acte ils cèdent de nouveau le même bois au donataire primitif, mais moyennant un cens *à querre* de 5 sous payables à la Saint-Remy, cens qui rentre en même temps dans la catégorie des *griefs cens*, c'est-à-dire que le censitaire mis en demeure et ne payant pas dans la huitaine est passible d'une amende, égale ici à la quotité du cens. De plus, les chanoines sont affranchis de tous les droits de mutation, dits *droits de relevoisons*, payables à la mort du seigneur concessionnaire.

teneatur, litteras istas de voluntate et assensu utriusque partis confectas sigilli nostri karactere fecimus communiri.

Actum anno Domini millesimo ducentesimo octavo decimo, mense februario.

Archives du Loiret. Fonds St-Euverte.

CHAPITRE III

Des bois royaux. — Étendue et divisions des Forêts Orléanaises.

Plusieurs couvents, plusieurs seigneurs possédaient des forêts importantes. Toutefois, le plus grand tréfoncier de l'Orléanais était encore le roi.

Tous les tréfonds particuliers étaient réunis par de grands massifs boisés, possédés par le souverain et qui s'étendaient sur un immense espace. Sans doute, parmi les villages qui peuplent aujourd'hui les parties forestières de l'Orléanais, il en est bien peu, s'il en est, qui n'existassent pas au douzième siècle. Sury, Traînou [1], Chambon [2], le Coudroi [3], Bourgneuf de Loury [4], Neuville, Rebrechien [5], Nancray, la Neuville [6], Nibelle, Boiscom-

[1] D. Gerou, Chartes et diplômes, 90, f. 45.

[2] E. 249, f°. 205 verso. — Archives de l'Yonne, Fonds de Flotin. Acquisition de terres à Chambon (1238-39).

[3] Charte de 1181, ind. Gall. Chr. VIII, 1559, A. — Résid. St-Germain, 1015, f. 259, verso.

[4] Toulet, T. des Chartes, 342, A.

[5] La Thaumassu, anc. cot. d'Orléans, 466. Ordonnances, XI, 215. Isambert, anciennes lois française, 61. (Ordonnance de 1189.)

[6] Bulle de Flotin de 1180. (Mémoires de la Société d'Agriculture, etc., t. XII.)

mun [1], et bien d'autres villages s'élevaient au milieu d'un territoire important et bien cultivé : cependant l'ensemble des bois cernait ces paroisses de plus près qu'aujourd'hui. Nibelle était au douzième siècle entouré par la forêt : en 1405, les habitants de Nesploy disent qu'ils sont « de tous hous et costés en la forest [2]. »

Dès les premiers actes où il en est question, ce massif immense de bois nous apparaît scindé en plusieurs parties. Chacune de ces parties forme une forêt distincte et elle en porte le nom : « ..... boscos nostros, silvas videlicet quos vocamus [3]. » Ces forêts se trouvent d'abord en nombre à peu près indéterminé [4] : chaque châtellenie royale [5] forme une petite division territoriale dans laquelle rentre une forêt dont les limites sont civiles plutôt que géographiques, et, qui sous ce rapport, peut s'appeler purement et simplement une « baillie, » *ballivia*, nom qui lui est, en effet, souvent appliqué dans les textes du treizième siècle [6]. A cette époque apparaît aussi, mais plus rarement, l'expression de *garde*, employée isolément, ou le plus souvent ajoutée au mot forêt : la garde de la forest ..... [7]. Cette dernière forme qui n'exprimait qu'un accessoire, que la surveillance exercée sur la forêt, a fini cependant par prévaloir, et à partir du quatorzième siècle toutes les forêts primitives portent le nom de Gardes.

Des lettres patentes de 1214 mentionnent, en parlant de Gien, un « usuarium in silva regia eidem ville ajacenti [8]. » Cette forêt

[1] Qui avaient depuis le douzième siècle un marché, et les coutumes de Lorris.

[2] 0,20564. — 0, 20635, II.

[3] Concession d'usage à St-Ladre de Chécy en 1112.

[4] Au douzième siècle, on donne même le nom de forêt à de simples climats forestiers : «... de boscis sitis prope forestam de Roorteyo, et in partibus Aurelianensibus... » (J. 1032, n° 7.)

[5] Forestière.

[6] V. J., 742.

[7] Encore en 1317, en 1320, des actes portent : « Custodia, garda foreste nostre de Chaumontoys, ou Calvimontesii. » V. notamment 0,20643, f. 60.

[8] Philippus, Dei gratia, Francorum rex : omnibus presentes litteras inspecturis, in Domino salutem. Universis notum esse volumus quod predecessores nostri videntes redditus Domus Dei in Giemo esse exiles et debiles, ei usuarium in silva regia eidem ville ajacenti, divine pietatis intuitu, contulerunt.

royale forme un grand massif isolé, au nord de la Loire, dépendant du comté de Gien : c'est la forêt de Gien, appelée dans des temps plus modernes la forêt d'Ouzouer, et grossie de nombreux tréfonds en gruerie.

Au nord-est de la forêt de Gien, près de Montargis, de vastes espaces boisés forment encore un grand îlot forestier qui cerne le village de Paucourt. Voilà une seconde forêt qui a également son existence propre, la forêt de Paucourt (Pauca Curia), appelée encore de Poocort, Pourcort, de Poucourt, Poncourt, même Porcourt (en latin, de Porticurte). Vers le seizième siècle, le nom de Montargis a remplacé celui de Paucourt.

Mais ce n'est pas encore là ce qui forme le noyau forestier de l'Orléanais. Les forêts de Montargis et d'Ouzouer ne sont que des annexes indépendantes de l'immense massif qui s'étend de la Bussière à Montpipeau.

Ce massif se divise au treizième siècle en six ou sept gardes que nous trouvons pour la première fois clairement désignées dans les *Comptes de* 1285 [1], sous les noms de *boscus Calvimontensis, boscus Victriaci, boscus Guardæ de Medio, boscus Courciaci, boscus Aurelianensis, boscus de Gometo.*

Le *boscus Calvimontensis*, est la garde du Chaumontois : appellation singulière dans un pays élevé et dénudé, il est vrai, mais qui n'a rien de montagneux [2] : cependant les aspérités les plus minimes ont suffi à lui valoir le titre de Montois, Montesium, comme le prouve le nom de *Domna Maria in Montesio,*

Nos vero redditus pauperum non minuere et pocius augmentare volentes usuarium predictum eidem domui sicut antecessores nostri concesserant, concedimus. Quod ut ratum ac firmum in posterum permaneat, sigilli nostri munimine fecimus roborari. Actum anno Domini millesimo ducentesimo quarto decimo. . . . .

Copie dans une enquête. J 1028, n° 5.

[1] Compte des baillis de 1285. Histor. de la France, t. XXII, p. 658.

[2] Il existe bien des Monte-Calvo, des Mont-Cau, notamment dans les Alpes-Maritimes, mais il faut avouer que leur position ressemble peu à celle du Chaumontois. Il y a également dans les Ardennes un pays nommé *le Montois*.

appliqué dans les textes contemporains à un village du pays [1]. L'épithète de *calvus*, chauve, s'explique plus aisément par les terrains vagues et les landes plus fréquentes, en effet, dans le territoire de Lorris, que partout ailleurs.

La *Guarda de Medio*, garde du Milieu, occupe un espace beaucoup moins considérable; elle s'étend de Châteauneuf à Boiscommun, séparée [2] à l'est de la garde du Chaumontois par une ligne tracée à peu près de Bouzi à Vieilles-Maisons, et au Coudroy.

La garde de Vitry, boscus Victriaci, confine à la garde du Milieu, par Châteauneuf, Combreux, Nesploy, Boiscommun, et elle se sépare à Courcelles, à Bagneaux près Nancray, à Chemault, Ingrannes, Fay et Pont-aux-Moines, de la garde suivante, *boscus de Courciaco*, forêt de Courcy [3] qui est à son tour divisée de la cinquième garde par une ligne de démarcation tracée par les Barres, Vennecy, Loury et Chilleurs.

Un acte de 1292 [4], mentionne la garde de Courcy et Nibelle : un aveu de 1404 [5], la garde de Courcy et de Chambon [6]. Il ne

[1] V. Ordonnances, III, 480. Règlement de la juridiction de Dammarie, en 1361.

[2] 0,20661.

[3] « Ce sont les noms des Mestres et des sergens des forez de la baillie de Courtci... » Enquête faite vers 1280. J. 742 n° 6.

[4] 0,20642, f. 218. — 0,20618, f. 100.

[5] 0,20641, f. 248.

[6] Philippe, par la grâce de Dieu, roy de France. Scavoir faisons à tous présents et à venir que, comme la femme et les enfens de feu Jehan Bardilly tant de don comme par eschanges fais à icelluy Jehan par nous ou par nos devanciers roys, preignent chacune sepmaine en la garde de Courcy et de Champbon trois charretées de boys vert emprès pié pour leur maisons d'Yèvre et Yanval, et deux charretées de boys entresec par sepmaine esdictes gardes pour leurs maisons d'Essars et d'Œserville, si comme il appert par lectres de nous et de nos devanciers scellées en laz de soye et cire vert : et la femme et hoirs dessus diz nous ayant faict supplier que nous leur voulsissions octroier que dudit nombre de charretées ils peussent user pour touttes leurs maisons et lieux, et en faire touttes leur nécessités tout ainsy et en la manière que faire le peust par leur autres maisons dessus nommées. Nous pour considérations des bons et agréables services que nostre aimé féal chevalier et maistre de nos eaulx et de nos forests, Bertaut Bardilli, fils

s'agit uniquement ici que de la garde de Courcy : il n'y a jamais eu de garde spéciale dont le chef-lieu fût Nibelle ou Chambon, ces deux localités s'y trouvant englobés, au moins pour partie.

Le *boscus Aurelianensis*, ou garde d'Orléans, occupe une superficie considérable. Il contient le noyau le plus compacte du territoire forestier, depuis la garde de Courcy, jusqu'à l'ancienne voie romaine qui conduisait à Paris. Cette garde n'a pas tardé à changer de nom et à s'appeler garde de Neuville.

Lorris, Châteauneuf ou Boiscommun, Vitry, Courcy, Orléans..., on voit que tous les chefs-lieux de ces gardes sont, dès l'abord, des châtellenies royales dont chaque forêt forme le domaine.

Enfin, il reste à l'ouest un massif de bois assez considérable qui formait au douzième siècle les forêts de Goumas et Melleroy : « Forestæ Melerii et Gometi [1]. » Les comptes royaux de 1238 mentionnent la « venda de Gomet [2], » les comptes de 1248 la « venda Mellerii [3]. » D'autres chartes de 1246 et 1287 prouvent également qu'à cette époque on faisait encore la différence [4].

et ung desdits hoirs, nous a fais et fait chacun jour, et espérons que il nous face le temps advenir, avons encliné à ladite supplication de la femme et hoirs dessusdis et leur avons octroyé de grâce espécial que des charretées de boys dessus dites eulx et ceulx qui d'eulx auront cause, en puissent user et nécessités faire d'ores en avant a toujours mes et icelles pour portionnellement pour toutes leurs maisons et lieux; donnans en mandement... (*sic*).

Donné en l'abbaye de la Court-Dieu le XXe jour de novembre, l'an de grâce mil trois cent quarente et deux. (Copie, 0,20641, f. 246 verso. — Comp. confirm. de 1388 pour la Maladrerie d'Yèvre, en faveur d'O. de Champdivars, où il est question aussi de la garde de Chambon, 0,20640, f. 176).

[1] Ordonnance de 1178. — Ordonnances XI, 210.

[2] Hist. de la France, XXI, 254.

[3] *Ibid.*, 272.

[4] Ludovicus Dei gratia Francorum rex. Notum facimus quod cum nos monialibus de Vicinis, Cisterciensis ordinis, dedissemus unam quadrigatam bosci mortui jacentis vel stantis in bosco nostro Gometi diebus singulis quamdiu nobis placeret capiendam, eisdem monialibus concessimus quod dictam quadrigatam bosci mortui jacentis vel stantis in bosco nostro Gometi vel in bosco nostro Meilloreti ubi melius eis placuerit imperpetuum diebus singulis habeant et percipiant, salvo tamen jure alieno. In cujus rei testimonium

Cependant dans la seconde moitié du treizième siècle ces deux forêts distinctes se trouvent généralement réunies en une seule garde qui prit le nom de la première. En 1280, on nous parle des « sergenz ..... qui gardent la forest de Goumez [1], » et en 1285, il n'est plus question que du « boscus de Gometo [2], » qui est resté sous le nom de garde de Gomez, Gomas, Goumas.

Quelles sont les localités que désignent les mots « Mellerii et Gometi » ? Bréquigny croit y reconnaître « Mareau et Gommiers [3]. » Il existe encore au nord de Chaingy un lieu dit le Goumat, qui pourrait bien être le vieux *Gometum.*

Au midi de la Loire, du côté de Saint-Martin-sur-Loiret (connu sous le nom d'Olivet depuis environ 1280), jusque vers La Ferté et Jouy, un groupe de tréfonds en gruerie a formé la garde de *Joyas* [4], de Joiaco, c'est-à-dire de Jouy. Cette garde offre

presentibus litteris sigillum nostrum duximus apponendum. Actum apud Victriacum in Lagio anno Domini M° CC° XL° VI° mense maio.

Archives du Loiret. Fonds de Voisins.

Et encore :

Philippus Dei gratia Francorum rex universis presentes litteras inspecturis, salutem. Notum facimus quod cum ex concessione felicis recordationis regis Ludovici avi nostri prout in ipsius patentibus litteris plenius continetur, abbatissa et conventus monasterii de Vicinis, Cisterciensis ordinis, habeant et percipiant diebus singulis unam quadrigatam bosci vivi sine frondibus et sine ramis in foresta nostra que dicitur Gommetus et Meilleretus : nos intuitu pietatis predictis abbatisse et conventui dictam quadrigatam vivi bosci prout eam consueverunt habere confirmamus in dicta foresta diebus singulis capiendam : insuper eisdem dedimus et concessimus omnes ramos et frondes qui ab eadem quadrigata bosci possent abscidi. Hec autem supradicta volumus et confirmamus salvo in aliis jure nostro et jure aliorum qui habent usagium in eadem foresta necnon jure quolibet alieno. Quod ut ratum et stabile permaneat in futurum, presentibus litteris nostrum fecimus apponi sigillum. Actum Aurelianis, anno Domini M° CC° LXXX° VII° mense aprili.

D'ap. K. 177, n° 12.

[1] J. 742, n° 6.

[2] Un acte de 1343 appelle même le bourg de Rozières « Rousieres en Gomes. »

[3] Ordonnances XI, 210, note.

[4] Ce nom a donné lieu à une confusion assez singulière de la part de l'au-

ce caractère spécial, qu'elle ne renfermait point de tréfonds royal[1].

Enfin le val de la Loire comprenait [2] un bois situé sur le bord même du fleuve[3], et qui, sans être assez important pour devenir une garde proprement dite, n'en a pas moins toujours conservé une existence à part[4]. Ce bois porte au douzième siècle le nom de *Brollium*, c'est-à-dire petit bois[5], « in nemore quod Brolium appellatur. » Ce mot, au lieu de se transformer en Breuil ou Broille, a subi partout en Orléanais un écrasement qui le rend méconnaissable; grâce à une prononciation très-dure et très-brève de l'accent tonique, la mouillure de la syllabe accentuée est tombée elle-même victime de l'apocope. En même temps comme il arrive souvent, une lettre parasite s'introduit: nous obtenons ainsi le mot *Brio* ou Bréo, bientôt diphtongué en Briou, et que portent encore plusieurs *lieux dits* de l'Orléanais, à Bouzy, à Vrigny, avec le sens de *breuil*: le *nemus de Brolio* s'est appelé au quinzième siècle le bois ou plus souvent le *buisson* de Briou[6].

On peut ajouter enfin comme figurant à la frontière de l'Orléanais forestier les Hayes de Courtenay, et la forêt de Châteaurenard.

Parmi les divisions que nous venons d'établir, il en est donc de créées par la nature même des choses, lorsqu'il s'agit de bois isolés: il en est d'artificielles, celles que l'on a établies dans le

teur du Catalogue du Coll. Herald. Cet auteur a vu dans le Maître de la Garde de Joyas une sorte de gardien des joyaux de la Couronne. V. Catalogue, 570, 518.

[1] Il n'est guère question de cette Garde que depuis la fin du quatorzième siècle. V. Joursanvault, 2918.

[2] Dans les parages de Cléry.

[3] Sans compter les îles du fleuve qui appartenaient au roi comme haut justicier. — V. Mandement du prévôt d'Orléans au Receveur du Domaine de recevoir le prix de la vente du bois coupé en une île assise près de Saint-Loup, le 8 juin 1435. — 0,20617.

[4] Ayant pour chef-lieu Saint-Laurent-des-Eaux. V. notamment diverses adjudications de bois du quinzième siècle, 0,20563.

[5] J. 731. Ch. de L. de Baugency, 1190. — J. 732. Achat de 1300.

[6] La Forêt de Cléry, dont il est fait mention dans un acte de 1240, semble n'être pas autre que le buisson de Briou. Joursanvault, 3077.

massif principal. Ces dernières divisions résultent-elles bien d'idées suivies, ont-elles fait jamais l'objet d'un classement méthodique? Cette opinion semblerait bien difficile à admettre. Nous ignorons quelle a été la base de ce travail, ou plutôt nous sommes sûrs qu'il en a manqué. Ces limites purement artificielles ne se rattachent généralement en effet à aucune ligne naturelle, telle que le cours d'un ruisseau, à aucune idée pratique comme la ligne d'un chemin. On les trouve tracées, peut-être un peu au hasard, dans le milieu des bois, sans qu'il y soit tenu compte de la diversité des terrains, et par conséquent des divers aménagements que chaque garde peut comporter plus spécialement : elles affectent en général des formes allongées, dépourvues d'un point central propre à établir le siége des autorités forestières et autour duquel le cantonnement rayonne commodément : la surveillance supérieure est très-malaisée dans des gardes telles que les gardes de Chaumontois et de Neuville, dont l'étendue est excessive, tandis que leurs voisines, les gardes du Goumas, du Milieu sont comprises dans des limites bien plus restreintes. En définitive, cette division ne répond à aucune idée forestière : tracée d'abord avec des préoccupations de géographie civile, elle a été continuée par la Coutume, cette reine du moyen âge, sans que le pli une fois pris, l'on s'aperçut qu'elle ne répondait pas bien aux exigences du service ni que l'on cherchât à la modifier.

Ainsi, au treizième siècle, un grand massif forestier compacte se présente à nous, flanqué de plusieurs forêts d'une importance secondaire.

Ces forêts dans leur ensemble sont appelées alors les « forez de la baillie d'Orléans[1] ». Mais le massif composé des six grandes gardes n'a-t-il pas eu un nom général?

Une des chroniques qui nous rapportent la mort du roi Henri Ier cite, comme théâtre de ce tragique événement, un lieu dit « Victriacum in Brieria. » D'autres textes, notamment l'Obituaire de Saint-Benoît, répètent aussi le nom de Victriacum, mais sans qualificatif.

Les historiens n'ont pas manqué de lire « Victriacum in *Bie*-

[1] J. 742, n° 6.

rid » et de faire mourir le roi Henri dans la forêt de Fontainebleau qui n'a jamais possédé l'ombre d'un Vitry. Notre savant maître, M. Quicherat, a relevé cette erreur avec une grande force d'argumentation, et prouvé qu'il s'agissait ici de Vitry, près d'Orléans. Reste à expliquer le qualificatif « in Brieria » et, là, gît la difficulté principale. M. Quicherat ne serait pas éloigné d'admettre que la forêt tout entière, ou au moins la garde de Vitry se serait appelée au onzième siècle *forêt de la Brière*. Le nom même de l'auteur de cette conjecture avertit de l'autorité qu'elle peut prétendre, bien que nous n'ayons point jusqu'à présent trouvé de texte précis à son appui. Peut-être même suffirait-il de traduire *in brierid* par ces mots « dans la bruyère, *aux bruyères*... Vitry-aux-Bruyères. » Il est certain qu'en effet la végétation de genêts et de bruyères a dû former de tout temps un des signes caractéristiques de ce pays et que plusieurs noms tel que Seichebrières, la Petite-Brière, en ont gardé le souvenir. Le Victriacum castrum d'Helgaud pouvait donc à la rigueur être surnommé par quelques autres personnes le Vitry à la Bruyère, pour le distinguer des autres Vitry.

La forêt où se trouve Vitry paraît dès le dixième siècle dans des diplômes de Hugues et de Robert sous les noms de Leodia, Leodiga Silva [1].

De Valois croit que Leodiga ou Leodica est le vrai nom, et il fait remarquer avec raison sa tournure germanique.

Quoiqu'il en soit, ce mot primitif ne tarde pas à s'écraser comme tous les autres et à se latiniser. Dès les premières années du onzième siècle, une lettre de Fulbert, évêque de Chartres, nomme la forêt Legium [2].

Au douzième siècle, c'est ordinairement *Logium*. Ce mot, du reste, n'est pas nouveau : déjà, vers 893, dans un diplôme du roi Eudes, nous voyons paraître une dame orléanaise qui s'appelle Logia [3].

[1] V. De Valois. Notitia Galliarum.
[2] Histor. de la France, X, 468.
[3] Histor. de la France, XI, 402.

Au treizième siècle, on dit Lagium [1], Foresta Lagii [2], Foresta de Lagio [3], ou parfois Legium, Ligium, Logium.

En français, on dit rarement le Loge, mais bien « la forest dou Laige, dou Loige..... »

Mais quels espaces sont compris précisément sous cette appellation ?

Les gardes de Vitry et de Courcy forment le cœur de la Forêt du Loge. Dès le douzième siècle, plusieurs des villages situés dans ces parages ajoutent à leur nom l'indication de la forêt : Victriacum in Logio [4], Vitry ou Leige [5], Victriacum in Lagio [6], Courciacum in Logio [7], Neuville ou Leige [8]. D'autre part, une enquête du treizième siècle est dirigée, nous dit-on, contre « Gilet de Çorbeau, forestier du Loge par devers Vitri..... [9]. » On nous parle d'un sergent qui est « en la forest du Loge [10], en la garde de Vitri [11] », et aussi « des sergenz de la forest dou Loyge lesqués servent en la baillie Robert de Hupecourt. » Robert de Hupecourt gouvernait la garde de Vitry [12]. En 1331, nous trouvons encore la mention formelle de « la garde de Vitri en la forest dou Laige » [13]. Les exemples sous ce rapport pourraient se multiplier beaucoup. Ç'est donc un point bien acquis que la forêt du Loge contenait les climats forestiers des parages de Vitry, Courcy et Orléans.

[1] Olim. II, 262, I, 874, 408. — Ord. XI, 341.

[2] Olim. III, 288.

[3] Histor. de la France, XIX, 324.

[4] V. M. Quicherat, loc. cit. — Compte des baillis de 1283. — Don de la dîme de Vitry au prieuré de ce lieu, par St-Louis (1254). (D. Estiennot). — Confirmation épiscopale de 1260. J. 170, n° 18.

[5] V. Charte royale du mardi de Pâques 1274, datée ainsi (Mont., J. 742, n° 6.)

[6] Ord., XI, 341. Table des dipl. de Brequigny et Pardessus, VI, 540. Compte des baillis de 1308.

[7] 1380. — O, 20642, f. 61.

[8] J. 1028, n° 25.

[10] Et dans les comptes royaux de 1238, on lit : « De venda Lesgiæ 260 l. 50 s. » (Hist. de la France, XXI, 252.)

[11] J. 1028, n° 25.

[12] J. 742, n° 6.

[13] J. 732 : mercr. ap. la Chandeleur, 1330.

Renfermait-elle aussi, primitivement, la garde du Chaumontois? La réponse à cette question souffre quelques doutes. Il est vrai que les comptes de 1285 parlent d'un couvent, situé dans le « Chaumontesium in Lagio [1]. » Vers la même époque, les frères du Gué de l'Orme demandent au roi un droit d'usage « es tailleiz de la forest du Loje,» et ils paraissent entendre par là le Chaumontois[2]. Enfin, des lettres-patentes de Saint-Louis, en 1256[3], mentionnent un droit « in nemoribus nostris que dicuntur Chaumontes *vel* Lagium [4], » et d'autres lettres-patentes de Philippe III, en mars 1281, répètent : « In nemoribus nostris que dicuntur Chaumontesium vel Lagium [5], » semblant bien confondre à dessein les deux termes, comme équivalents dans l'espèce [6]. Mais, d'un autre côté, il est à remarquer que l'épithète *au Loge* ne s'est d'abord appliquée à aucun nom de ville au delà de la garde du Milieu ; bien plus, dans cette garde même, Sury s'appelle toujours simplement Suri-*au-Bois* « Suriacum in bosco. » Une charte, datée de 1260, et transcrite dans une copie contemporaine, donne même un nom spécial à la forêt du Chaumontois[7] :

[1] « Moniales de Chaumontesio in Lagio... » — Histor. de la France, XXII, 610.

[2] J. 1028, n° 25.

[3] O,20643, f. 9.

[4] Cependant, dans une enquête du treizième siècle aussi, on oppose ces deux termes l'un à l'autre : «... propo forestas de Lagyo et de Chaumontois...» (J. 1032, n° 7.)

[5] O,20643, f. 10.

[6] Il s'agit en effet de *Courpalais*, situé près de Lorris.

[7] Transcriptum quarte duorum presbiterorum parrochialium ecclesie de Lorriaco.

Ludovicus Dei gratia Francorum rex. Notum facimus quod cum duo presbiteri seu rectores parrochiales ecclesie Lorriaci voluerint et expresse consenserint, ut infra fines parrochie sue scilicet in domo Dei de Lorriaco cappellanus quidam instituatur de novo, nos indempnitati ipsorum super hoc proinde volentes cuilibet ipsorum dominorum presbiterorum et eorum successoribus rectoribus ecclesie memorate divino pietatis intuitu et in recompensationem dampni, si quid habuerint, ex institutione capellarie predicte dedimus et concessimus in perpetuum quindecim quadrigatas bosci mortui ad suum ardere, capiendum in foresta nostra Lorriaci annuatim per manum forestarii nostri qui pro tempore custodierit eamdem forestam, concessimus et divine moris intentu ac ab remedium anime nostre et animarum predecesso-

elle l'appelle Forêt de Lorris. Mais il ne faut pas s'attacher à cette qualification exceptionnelle, et il est à croire que de tout temps le Chaumontois est rentré dans la forêt du Loge, proprement dite.

La forêt du Loge n'a pas exclusivement porté ce nom. Au douzième, au treizième siècle, nous la voyons rarement, il est vrai, mais enfin quelquefois, qualifiée *Forêt d'Orléans* : les lettres-patentes qui suivent, pour la première fois, entendent probablement par *bois d'Orléans*, les bois du Loge : « In nomine sancte « et individue Trinitatis, amen. Ego, Ludovicus, Dei gratia Fran« corum rex, notum facimus universis tam presentibus quam fu« turis quod, ecclesie Montis Syon admirantes et diligentes or« dinem, illius fratres vocavimus in Franciam quibus sancta « commutatione secularis canonice in regularem donavimus ec« clesiam beati Sanxonis Aurelianensis fratribusque manentibus « ibi in nemoribus nostris usuarium concessimus, quotidie qua« drigatam unam ad duos equos ut ibi accipiant, ubi et de quali « bosco acceperint alii religiosi qui, in nemoribus nostris, Aure« lianis, habent elemosinam. Quod ut ratum sit in posterum et « nullam super hæc dona patiantur molestiam sive calumpniam, « sigilli nostri auctoritate et nominis nostri caractere firmari et « consignari precepimus. Actum publice Aurelianis anno ab in« carnatione Domini M° C° L° VI°, astantibus in palatio nostro « quorum subtitulantur nomina et signa. S. Comitis Blesensis, « Theobaudi, dapiferi. S. Guidonis, buticularii. S. Mathei, ca« merarii. S. Mathei, constabularii. Data per manum Hugonis « cancellarii [1]. » (Monogramme).

La forêt du Loge paraît donc s'être appelée aussi forêt d'Orléans dès le douzième siècle. Au treizième, voici d'autres let-

rum nostrorum cappellano in ipsa cappella deservienti ac ipsius successoribus qui pro tempore deservierint in eadem quindecim quadrigatas bosci mortui ad suum ardere, in eadem foresta, annuis singulis, in perpetuum per manum nostri forestarii capiendas. In cujus rei testimonium et munimen, presentibus litteris nostrum fecimus apponi sigillum. Actum apud Corbolium anno Domini M° CC° LX°, mense septembri. (J. 1028, n° 25; copie contemporaine.)

[1] K. 177, n° 20.

tres patentes, datées de 1292, qui ne permettent plus aucun doute :

« Philippus Dei gratia Francorum rex. Notum facimus uni-« versis tam presentibus quam futuris quod nos, consideracione « grati et accepti servicii quod dilectus noster Johannes de Veris « nobis exhibuit eidem et heredibus ac successoribus suis in per-« petuum dedimus et concessimus usuagium habendum et ca-« piendum in foresta nostra Aurelianensi, videlicet in ballivia et « gardia de Corceyo et de Nibella, ad nemus mortuum directum « et ad nemus viride jacens ad opus domorum suarum de Cla-« rembaldo et de Saulevain, et pertinenciarum earum. Quod « ut firmum et stabile permaneat in futurum, presentibus lit-« teris nostrum fecimus apponi sigillum. Actum apud Boscum « communem, anno Domini M° CC° LXXXX° II°, mense « augusti[1]. »

Les termes de cet acte sont aussi formels que possible : la « foresta Aurelianensis, » où se trouve la garde de Courcy, est bien évidemment la même que la forêt du Loge. — Dans un acte de 1301, Philippe le Bel mentionne des forêts d'Orléans, en général[2]. Sans doute, ces forêts d'Orléans ou plutôt d'Orléanais, ne sont autres que les diverses gardes de la Forêt du Loge, à moins que le roi n'ait voulu entendre par ces mots pris dans le sens le plus large toutes les forêts du Loge, de Briou, de Montargis, de Gien..., ce qui donnnerait à une concession d'usage qu'il stipule une couleur bien inusitée et bien improbable. Déjà, en 1216, un mandement de Philippe Auguste relate un droit d'usage appartenant à J. d'Alon dans les bois d'Orléans, appellation qui re-

[1] Copie moderne, O,20642, f. 218.

[2] Philippus Dei gratia Francorum rex : notum facimus universis tam presentibus quam futuris quod nos, divini amoris intuitu ac pro nostro ac parentum nostrorum remedio animarum, domui de Cantolio et fratribus in ea sub observantia regulari virtutum Domino perpetuo servituris, usum in forestris nostris Aurelianensibus ad omnia in quibus domus de Ambert in eadem foresta hujusmodi usum habet ac sub modo et forma quibus eadem domus de Ambert utitur, concedimus et donamus. Quod ut ratum et stabile perseveret presentibus litteris nostrum fecimus apponi sigillum. Actum apud Castrum Novum supra Ligerim, anno Domini M° CCC° I°, menso decembris. (K. 177.)

présente la même idée [1]. Un acte de 1377 mentionne aussi les « forez d'Orleanois [2]. »

Le vieux nom du Loge tombe tout à fait en désuétude dès la fin du quatorzième siècle : au quinzième, on le rencontre bien encore de loin en loin, mais exceptionnellement, et dans les actes qui sont dressés d'après des textes antérieurs. Un aveu d'Adrien de l'Hospital, pour sa seigneurie de Choisy, en 1498 [3], parle toujours de la « Fourest ou Loge » dans le duché d'Orléans. Un arrêt de 1454 attribue même le nom de Loge au pays où se trouve la Forêt d'Orléans au *rein* de la forêt : « ..... parrochiis in Logeyo et raino foreste Aurelianensis existentibus... [4]. » Mais on voit que même dans ce texte la forêt est qualifiée : Foresta Aurelianensis.

Dès lors, le mot de Loge est réduit à ne figurer plus que comme affixe dans les noms propres auxquels il s'était joint au douzième siècle. Au quinzième, on dit toujours Vitry eu Loge, ou Loge [5], et, le plus souvent, ce qui était parfaitement conforme au génie de la langue contemporaine, Vitry-o-Loge. Au seizième siècle, l'ortographe varie : « Vitry-au-Loge [6]. » Puis, le sens véritable du mot étant oublié, on crut à une bévue, à une faute que l'on s'empressa de corriger et d'épurer : « Vitry-aux-Loges. » Cette dernière forme, qui nous a été fidèlement transmise, n'a cessé, depuis le dix-septième siècle, de piquer le zèle des chercheurs d'étymologies, qui n'ont reculé devant l'échafaudage audacieux d'aucune hypothèse. Les uns rapportent ces mots aux nombreuses loges élevées dans les ventes par les charbonniers et les bûcherons ; d'autres, qui le croirait ? y découvrent une allusion aux écuries dépendantes des châteaux royaux, et affublées, pour le besoin de la cause, du nom flatteur de loges. Cette recherche a montré quelles ressources infinies possède l'imagination des hommes. Lemaire [7] et dom Morin émettent à peu près un

[1] Bibl. imp., deux copies du quatorzième siècle.

[2] V. ci-dessous, § des usages particuliers.

[3] 0,20641, f. 151.

[4] Q. 590.

[5] « Victry ou Loige » 19 mars 1402 (C. de 1403-4).

[6] 1530. Z. 4921, f. 21 v°.

[7] P. 259 «... Vitry, Fay, Nouville et autres sont surnommés aux Loges à cause du relais que les princes et roys y mettoient... »

avis commun : dom Morin nous raconte que Soisy-aux-Loges[1], doit ce nom à ce qu'il était « jadis le chemin des postes, et le lieu où les marchands de Sully venoient estaller leurs marchandises en de petites loges qui estoient en ce bourg, ou il y a mesme un beau marché[2]. » Il restait à cet égard si peu de doutes, que le savant de Valois, qui mentionne l'étymologie très-exacte du nom de Loge, traduit lui-même, en 1675, Vitry-aux-Loges par Victriacum ad Logias[3].

Les gardes et forêts de l'Orléanais se subdivisaient elles-mêmes en climats nombreux, tirant leurs noms de la coutume, d'un fait particulier, souvent de leur propriétaire lorsque c'était un tréfonds en gruerie. Le nombre en est très-considérable.

Le principal climat est le bois du Rottoy, ou Roortoy, Roortellum, Roorteium[4], climat situé au cœur de la forêt d'Orléans, vers le nord-est de l'abbaye de La Cour-Dieu : il donne naissance au ruisseau du Cense[5].

Un autre climat paraît en 1238, sous le nom de bois des Veneurs, « ..... bosci Venatorum....., » en 1248, « ..... bosco Pagani de Villari et Venatorum[6] » : à l'extrémité de la garde de Neuville la plus rapprochée d'Orléans, a figuré longtemps une sorte de cavalière, appelée « Sente-aux-Veneurs[7], » qui pourrait en conserver le souvenir : mais, d'autre part, il y avait, en 1273, dans la forêt de Paucourt, un climat, dit « Nemus defuncti Pagani[8], » qui semble bien être le même que l'ancien bois de Payen-de-Villiers et des Veneurs.

Les climats d'Arrabloy, « ..... de bosco Rableiæ....., » de Chanteau, « ..... venda Cantolii....., » indiquent assez, par leur nom même, leur position.

[1] Actuellement Bellegarde.

[2] P. 131.

[3] Notitia Galliarum, p. 270.

[4] V. Ch. d'usage de la Cour-Dieu en 1123. Comptes des baillis de 1238 1248 etc.

[5] Mont. 0,20601.

[6] Comptes des baillis.

[7] 0,20601.

[8] Vente de 1272, J. 732.

Les climats de Saint-Léger et de Châlette « ..... in boscis sancti Leodegarii et de Chaelite..... » sont mentionnés au commencement du treizième siècle, dans la forêt de Montargis[1]. Au quinzième siècle, plusieurs climats portent le nom de Queues : Queues de Chemault, Queues de Nibelle[2].

Parmi les climats les plus fréquemment cités, au quinzième et seizième siècle, on peut noter, dans la forêt d'Orléans, le tréfonds royal du Sourdillon, d'une étendue d'environ 100 arpents, isolé, au milieu des bois de Sentimaisons[3] : et, encore, dans la garde de Vitry, les climats de la Vieille-Taille, *vetus Taillia*, figurant déjà sous ce nom, au treizième siècle, les bois de Hatereau, les bois Bezart, la Cordelière, les Bois-le-Roy (Usages-de-Fay), les Coudreaux, les Ponceaux, le Haut-des-Caillettes et la Vallée-des-Caillettes (ou les Liesses), Fol-Aubain, La Vente-du-Hallier (Brulesse), les Bodeaux (Viez-Taille), la Coquardière : dans le Milieu, La Fontaine-de-la-Folye, Grommordeux, les Allouats, les bois de La Croix-Coquart : dans le Chaumontois, Le Tertre-de-la-Fortune, les bois de La Vove, les Espines-Moussues[4], La Nuit-du-Corbeau, La Noue-aux-Malades, La Montée-du-Viex-Chemin-de-Sulli : à Neuville, Les Demaines « près du goffre de La Fousse-Guillaume, » La Harveline, les Échas (près Chécy[5]), Les Taux (ou Chesne-de-l'Évangile), La Main-Ferme, La Fousse-Sallée, Le Petit-Pont-d'Ambert..... : à Goumas, Les Cent-Arpents, Le Buisson-de-Gemigny, Meleray (ancien Mellerium), Les Trois-Frères, le « Pot-à-l'Ance, » Les Six-Chemins..... [6].

Tel est l'ensemble forestier que forment, mélangées aux tréfonds des particuliers, les possessions royales — ou ducales. En effet, royales en principe, ces possessions ont naturellement suivi la terre au milieu de laquelle elles s'élèvent, et elles ont passé aux mains des divers princes apanagés. Il s'en est suivi une grande

[1] J. J. 26. (Cartul. de Phil. Aug.) XII. XX. II.

[2] « La Queue de Nibelle... » 1418. 0,20018, f. 140. — 0,20640, f. 20 (1504). — 0,20637, f. 235, 288. — Z. 4021 f. 43 v° et suiv.

[3] Aveu de 1404. 0,20041, f. 220.

[4] Dès le quatorzième siècle.

[5] S[ce] de 1387. 0,20018, f. 36.

[6] 0,20637, passim.

dislocation. La forêt de Montargis, d'un côté [1], va, revient plusieurs fois; en 1612, la forêt et le château de Montargis sont rachetés par Louis XIII au duc de Guise, moyennant 850,000 livres [2] : d'autre part, la forêt de Gien, suivant les destinées de son comté, le Briou, attaché au sort de Baugency, voilà autant d'îlots forestiers souvent détachés de l'Orléanais forestier proprement dit qui se concentre dans la forêt d'Orléans. Cette forêt elle-même passe à plusieurs reprises des rois aux ducs, et aux fils aînés de France, auxquels on donnait comme avancement d'hoirie une partie de l'Orléanais; l'ordonnance de Paris, en mars 1268, qui constitue l'apanage du fils aîné de Saint-Louis, Philippe, lui attribue plusieurs châtellenies : Lorris, Boiscommun, Fay, Vitry... et les trois quarts de la forêt « et tres partes foreste totius nostre Lagii, Gastinesio propinquiores, cum griagiis..... quarta parte ipsius foreste Lagii Aurelianis propinquiore nobis retenta, cum omnibus griagiis..... que ab Aurelianis nolumus separari [3]. »

Mais lorsque des châtellenies orléanaises ont été cédées en douaire à des reines de France, il ne semble pas qu'une portion de forêt les ait accompagnées : du moins, les douaires de la reine Ingeburge, en 1193 [4], de la reine Marguerite, en 1246 [5], n'en comprenaient point.

Dans le cas d'aliénation des châtellenies orléanaises, il n'y fut pas joint de portion de forêt : le roi se réserve expressément la propriété des bois de futaie qui en dépendent [6]. Il paraît que partout les mêmes réserves n'avaient point été faites, car l'ordonnance de Moulins, de 1566, défend à tous ceux qui ont acquis des aliénations du domaine de couper les bois de haute futaie, d'aliéner les grueries, de diminuer enfin la valeur des forêts.

L'étendue des tréfonds royaux varie peu. Surtout, pressés d'ar-

[1] V. Not. J. 359, n° 24, K. 178.

[2] 0,20617.

[3] Ord. XI, 341. — Table des diplômes, par MM. de Bréquigny et Pardessus, p. 540, VI. — 0,20569, f. 222.

[4] E. 125, F. 98 v°. — Histor. de la France, XIX, 324.

[5] Ord., XI, 329.

[6] V. Cession de la Châtellenie de Boiscommun par les capitaines du régiment de Soleure à M. de l'Hospital,

gent dans tout le cours du moyen âge, nos rois se souciaient médiocrement de l'agrandir par des acquisitions nouvelles. Toutefois, au douzième, au treizième siècle, on peut signaler quelques achats, notamment sous l'administration de Saint-Louis.

Il est certain qu'un roi Philippe, qui ne peut être que Philippe-Auguste, acquit des bois importants : car un arrêt de 1271 parlant des moines de La Cour-Dieu « qui de usagio suo habent cartam » ajoute « exceptis nemoribus que rex Philippus acquisivit in foresta eadem, quæ bene excipiuntur per cartam predictam [1]. »

Le roi, en 1238, acquiert de H. de Sully, les bois de Sainte-Croix :

« Karissimo domino suo Ludovico, Dei gratia regi Francorum « illustrissimo, Archembaudus de Soliaco, dominus Capelle, « salutem et debitam cum reverentia fidelitatem. Sublimitati « vestre notum facio quod ego laudo et concedo venditionem « quod vobis fecit dilectus filius meus H. dominus Soliaci, de « nemore quod dicitur nemus Sancte Crucis. Et in hujus rei « noticiam presentes litteras dignum duxi sigillandas. Actum « anno Domini M. CC. XXX. VIII, mense mayi [2]. »

En mars 1239, le doyen et le chapitre de Sainte-Croix ratifient la confirmation que l'évêque avait donnée à la vente passée au roi moyennant 466 livres 30 sous 4 deniers parisis, par Adam de la Mote, chevalier, et Pierre de la Mote, clerc, son frère, de 280 arpents de bois, sis à Lorris et mouvant du fief épiscopal, sauf l'hommage lige que les vendeurs doivent encore pour les bois qui leur restent [3].

Quelques années après, l'évêque est appelé à confirmer une nouvelle vente de bois :

« Guillermus, divina miseratione Aurelianensis episcopus, « universis presentes litteras inspecturis salutem in Domino. « Noveritis quod nos vendicionem sex viginti arpentorum ne- « morum in feodo nostro apud Sandimesons sitorum quam « Nobilis Domina, fidelis nostra Margarita, domina Acheriarum

[1] *Olim.* I, 874.
[2] J. 731.
[3] J. 732.

« fecit domino regi, voluimus, concessimus et approbavimus. « In cujus rei testimonium sigillum nostrum presentibus litte- « ris duximus apponendum. Datum anno Domini M. CC. qua- « dragesimo secundo, mense aprili [1]. »

Le mardi après la Purification, 1272 (1273) par acte passé sous le sceau de l'officialité de Sens, Geoffroy de Bois-le-Roy, écuyer, et sa femme, demoiselle Gilette, vendent au roi leur bois sis dans la forêt de Paucourt et nommé Nemus defuncti Pagani. Cet achat, qui n'est guère qu'un achat de fonds puisque la superficie de ce bois avait été coupée dès 1248 [2] par l'administration royale en vertu de la gruerie, est payé au prix de 400 livres parisis [3]. Le fonds devait offrir une étendue considérable, car, à cette époque, un taillis d'environ 25 ans ne pouvait atteindre une grande valeur. Le 25 février 1332 (1333) Guillaume de Dicy, écuyer, seigneur de Colemeri, habitant en la Chastellenie de Châteauneuf-sur-Loire, vend au roi un tréfonds de 210 arpents 54 perches de bois, appelé les bois de Brète et de Biaugué, assis « es forez d'Orléanois » en la gruerie du roi, dans les gardes de Vitry et du Milieu, tenant d'un côté aux bois royaux, de l'autre au comte de Dammartin, d'un des bouts aux plains de Sury, de l'autre aux plains de Combreux [4].

Le jour de la Saint-Pierre de février, 1310, le roi acquiert « onze vinz arpenz de bois ou environ... appelé le bois Johan et « la fosse de Parffont... en la garde de Neuville, ou ilé à la dame « de Porchereces, » par un mode bien rare. C'est un don qui lui est fait par « Pierre des Prez, et Jahanne dame d'Auvilier, sa « famme..., en garredon et recompensacion des granz bontez et « courtoisies que le roi nostre sires por lui ou por sa gent a fet « et fet fere ausdiz Perre et sa famme, et a chascun d'aus. »

Les échanges sont très-peu fréquents. Des lettres patentes de Philippe-le-Hardi, en 1279, pour le seigneur d'Aigrefin, nous en offrent un exemple : « Postea vero dedimus eidem Guidoni « et heredibus ipsius in perpetuum XXVI arpenta bosci dicti

[1] Scellé. — J. 170.

[2] Compte des baillis de 1248.

[3] J. 732.

[4] J. 733. — Reconnaissance du 1er mars 1338. *Ibid.*

« buissoni[1] cum fundo terre in excanbium pro CC. X. VII. « arpentis boscorum de Tryoin et quadem pecia gastinarum « que nobis et nostris successoribus idem Guido perpetuo dimi- « sit et quictavit : in quibus XXVI arpentis bosci retinuimus « griagium sicuti in dictis boscis de Tyoin antea habebamus. » et de plus, pour récompenser la fidélité de ce même Guy : « ipsi « Guidoni tanquam bene merito et suis de sua uxore legitima « heredibus dedimus et concessimus in augmentum dicti fundi « totum residuum dictorum boscorum nostrorum buissoni de « Aigrefin qui continere dicitur circiter LXXI arpenta et tre- « decim pecias cum fundo terre, retento in ipso buissono gria- « gio.[2] » En 1539, à la demande du bailli Groslot, on lui remet les bois de l'Isle-aux-Bœufs, en échange de 140 arpents pris dans ses bois de Longuesne, près de Saint-Lyé[3]. En 1574, Etienne Patibon acquiert du roi par voie d'échange des tréfonds peu importants [4].

Les limites d'une forêt dont l'étendue a si médiocrement varié, semblent donc au premier abord faciles à connaître exactement, en même temps qu'il paraît aisé d'obtenir de justes appréciations de la capacité totale du sol. Il n'en est rien cependant : au moyen âge, l'on n'a jamais pratiqué d'arpentage général de la forêt ; on se bornait à constater l'étendue des coupes avant de les mettre en adjudication, parfois l'étendue des tréfonds litigieux quand un jugement l'ordonnait. Le premier essai d'arpentage général de la forêt d'Orléans date de 1543. Le jeune duc Charles d'Orléans, auquel on doit l'initiative de cette opération, y attachait une grande importance, car le Compte-rendu nous en est resté sous la forme de deux volumes pareils, écrits avec soin, sur parchemin, ornés de grandes lettres à rinceaux enlacés, et même l'un d'eux doré sur les tranches et couvert d'une reliure de velours vert dont l'élégance semble indiquer un ouvrage destiné à la bibliothèque du prince[5]. Cet arpentage marque un pro-

[1] Près Aigrefin.
[2] O,20636. f. 10. — O,20633.
[3] 1539. O,20633. — 1557. O,20636, f. 82.
[4] O,20636. f. 246.
[5] O,20671. — K. K. 1049.

grès certain ; il nous donne déjà une idée sérieuse de l'étendue de la forêt à cette époque ; mais mérite-t-il toute confiance, peut-on sur ses données baser des affirmations rigoureuses? Il est permis d'en douter.

Il faut se fier moins encore aux arpentages qu'ont entraînés postérieurement les opérations de vente et de rachat des grueries : rien de plus incomplet, de plus contradictoire. Outre les erreurs matérielles, alors presque inévitables dans les travaux de ce genre, il faut tenir compte des malversations, des erreurs trop intéressées des officiers, qui se trouvent signalées dans les édits royaux eux-mêmes. Rien n'est donc plus difficile, plus hasardeux que de chercher pour cette époque des chiffres exacts.

La forêt de Montargis fut arpentée en 1571 [1].

Quant aux plans des forêts, la disette s'en fait encore plus sentir. Les archives du Loiret contiennent un vieux plan général de la forêt d'Orléans auquel on ne saurait assigner une date de naissance, tant il est informe. Du moins c'est un ouvrage assurément moderne [2]. Les plans de Vauclin au dix-huitième siècle forment le premier atlas forestier. Cet atlas est-il irréprochable? La verve moqueuse de Plinguet ne tarit pas à son égard. « Le conseil de « S. A. S. et les tréfonciers furent alors contents du travail de « Vauclin. Il lui avoit donné un air d'importance par de gros li- « vres inutiles dont le principal mérite étoit d'être très-bien écrits, « et par de petits plans qui n'étoient pas justes et sur lesquels il « avoit fait dessiner partout des bois mal figurés et fortement en- « luminés. Les archives, le greffe, les tréfonciers de main-morte « se croient enrichis d'un ouvrage très-bon, très-beau, très- « solide et important par son volume [3]. » Le grand défaut de ces plans est une séparation excessive en plans partiels, ce qui, joint à des inexactitudes de détail, rend toute synthèse impossible. « Le régime, la marche et l'ordre d'une forêt, dit encore « Plinguet, doivent être connus. Ils doivent être consignés au

[1] Mont. Arch. du Loiret, A. 716.

[2] L'on a levé des plans, au seizième siècle, mais toujours partiels, pour des bois en litige (V. 1639. — Z. 4921, f 48 v° et suiv.)

[3] P. 153.

« moins par des cartes et des plans. Le bandeau est tombé : « nous nous sommes assuré qu'il n'existe aucuns bons plans, ni « généraux, ni partiels de la forêt d'Orléans... [1] »

Pour désigner l'étendue exacte de la forêt, l'on est donc réduit à des conjectures, à des hypothèses plus ou moins solidement étayées, mais enfin à des hypothèses. Pouvons-nous nous en étonner? sans suspecter un instant chez les officiers forestiers actuels un zèle et une activité qui sont au-dessus de tout soupçon il est cependant permis de leur demander encore : A l'heure qu'il est, existe-t-il une carte *rigoureusement* exacte de la forêt d'Orléans? sait-on à combien se monte l'étendue précise de sa surface?

D'après l'arpentage de 1543 [2], la garde de Chaumontois contenait 21,596 arpents : le Milieu 23,585 ; la Garde de Vitry 15,481, dans lesquels le Rottoy entre pour 1,414 arpents ; la Garde de Courcy 6,571, où les bois de Bouzonville figurent pour une somme de 410 arpents ; Neuville 7,297 arpents ; Goumaz 1478 ; et dans cette dernière Garde, un grand nombre « de buissons » disséminés au milieu des champs environnants, et isolés. D'après cet arpentage, les bois ducaux n'auraient donc contenu, en 1543, qu'environ 76,000 arpents. Les bois de gruerie ne sont pas compris dans ce compte [3]. Si on les y ajoute, comme leur somme est peut-être à peu près égale [4] à celle des bois ducaux, on arrive ainsi en effet à un chiffre approximatif de 120 ou 140 mille arpents que lui assigne Lemaire. Mais, nous le répétons, on ne saurait à cet égard produire aucune assertion : il faut seulement chercher à s'approcher de la vérité. Boncerf [5], dans le dix-huituième siècle, déclare expressément

[1] Préface.

[2] K K. 1049.

[3] Le Grand-Maître le dit lui-même : « non compris les boys, landes, bruyères, estangs et terres vagues que plusieurs particuliers prétendent avoir en treffons en icelle forest... » On se borne à en indiquer sommairement une très-petite partie.

[4] Ainsi, d'après un arpentage moderne, la seule garde de Courcy contenait 6,773 arpents en gruerie (0,20661).

[5] *Observations présentées à l'Assemblée nationale sur la Gruerie.*

aussi qu'au seizième, la forêt d'Orléans contenait 140,000 arpents. Mais Lemaire et ses contemporains ne sont pas toujours aussi exacts : cet arpentage lui-même nous démontre la fausseté de l'assertion que la paroisse de Saran était encore au seizième siècle toute couverte par la forêt d'Orléans [1].

Au dix-septième siècle, la superficie de la forêt s'était-elle beaucoup réduite?

Une grande incertitude et de grandes contradictions règnent à ce sujet. Lemaire déclare que, de son temps, la forêt tout entière de Gien à Montpipeau ne comprenait plus que 70,000 arpents. D'après lui et d'après dom Morin, elle était longue alors de douze lieues [2].

D'autres affirment que sa superficie s'élevait alors à 94,000 arpents [3]. Boncerf [4] et Plinguet lui attribuent avec de plus sérieuses apparences de raison 121,000 arpents, d'après la réformation de 1671 [5]. En 1789, l'on n'était pas encore fixé sur cette contenance, car si Plinguet [6], et après lui le même Boncerf, évaluent le nombre des arpents forestiers de cette époque à 89,000, il faut avouer que l'Ingénieur en chef du duc d'Orléans, si habile qu'il soit, commet des confusions étranges sous sa plume : lorsqu'il s'agit de déplorer les pertes que subit la forêt d'Orléans par suite d'une mauvaise administration, il déclare hautement la forêt réduite à 89,000 arpents. Faut-il au contraire porter aux nues les difficultés d'une réformation qu'il nous dépeint sous les couleurs les plus sombres dont il nous trace un portrait, que ceux qui ont étudié le mécanisme des réformations, particulièrement de celle de 1537, reconnaîtront empreint d'une exagération excessive, alors la forêt se trouve tout d'un coup « compliquée de plus de 120,000 arpents de « bois, auxquels il faut ajouter — ce sont ses propres expres-

[1] 0,20721.

[2] Morin, p. 183.

[3] V. Jarry, Hist. de La Cour-Dieu, p. 125. Nous ignorons sur quelle autorité s'appuie M. Jarry.

[4] P. 2.

[5] En 1716, on lui attribue 80,000 arpents (0,20619, f. 232 v°.)

[6] P. 80.

« sions — une très-grande quantité de terrains domaniaux de « différentes natures...[1] » Quoi donc ! elle aurait encore 120,000 arpents en 1789, cette forêt si dégénérée, si ruinée ! Mais Plinguet va encore bien plus loin ; s'agit-il de déterminer l'aménagement, il s'empresse de déclarer qu'on « aura sans doute de « la peine à accommoder celle (la forêt) d'Orléans qui contient « 140 mille arpents de terrain... [2] » Soyons donc sobres d'affirmations en ce qui concerne l'étendue de l'ancienne forêt d'Orléans.

Il paraît qu'au dix-septième siècle, la garde de Joyas contenait 6,000 arpents, le buisson de Briou environ 1,500 [3] ; un autre arpentage contemporain n'assigne à ce dernier que 717 arpents [4]. D'autre part on affirme aussi qu'en 1675 il contenait 867 arpents et demi [5].

Les bois engagés en 1591 avec le comté de Gien ne montaient qu'à 114 arpents [6], mais ce n'était là qu'une minime partie du territoire forestier, car la forêt d'Ouzouer renfermait 900 arpents en 1560 [7]. La forêt de Montargis en comprenait 9,733 d'après dom Morin [8].

Outre les difficultés matérielles, ces arpentages étaient encore arrêtés par les discussions fréquentes qui s'agitaient à propos des tréfonds prétendus en franchise, et de la ligne de gruerie [9]. De plus un certain nombre de tréfonds royaux ou de gruerie se trouvaient épars loin des massifs principaux. Il y en avait sur les territoires de Chécy, de Pont-aux-Moines [10], à Boigny, à Saint-Jean-de-Brayes [11] ; dans les dépendances de la Chatellenie

[1] P. 109.
[2] Préface.
[3] 0,20721, d'après Lemaire.
[4] Ment. Réform. de 1716. 0,20241.
[5] Q. 589.
[6] Arch. du Loiret, A. 1404.
[7] Lett. pat. de 1560 (29 janv.), J. 742.
[8] P. 82.
[9] V. Sent. de 1575 sur l'arpentage de la forêt de Montargis. 0,20730.
[10] Ment., 0,20721.
[11] 0,20588.

de Montargis [1], près de Châteauneuf, de Chalençois [2]; les bois de la Bonne formaient aussi un massif à part [3]. Les hayes de l'Yme s'étendaient dans les vignes de Saint-Laurent-les-Eaux [4]. Enfin certaines résidences royales étaient entourées d'un petit bois. Le château d'Orléans s'élevait au milieu d'un « virgultum » où les rois construisirent la chapelle de Saint-Etienne [5]. Les comptes de 1285 citent le bois qui se trouvait « circa domum de Hays [6]. »

Il ne faut donc pas s'exagérer l'immensité de la forêt d'Orléans au moyen âge : sans doute elle possédait une étendue qui autorisait le roi à déclarer avec orgueil que dans son duché d'Orléans lui « compette et appartient une belle et grande forest « de grande étendue, dedans laquelle y a plusieurs villes, bourgs, « paroisses et villaiges... [7] » Mais, si considérable qu'on la suppose, elle n'a pas au moyen âge l'extension exorbitante qu'on lui assigne souvent. Ses limites ont très-peu varié jusqu'au dix-septième siècle. On peut déclarer qu'au début du seizième siècle la forêt d'Orléans se montre à peu près telle que nous l'avons trouvée au douzième. Et cette certitude ne ressort pas seulement de l'indication approximative de ses limites aux diverses époques; à notre sens elle découle encore de l'étude même des moyens de destruction qui faisaient la guerre aux massifs forestiers.

[1] Quatorzième siècle. Q. 542.
[2] Aveux du quatorzième siècle. 0,20617.
[3] Compte de 1403-4. 0,20540-1.
[4] Compte de 1424-25.
[5] V. don à Saint-Euverte, 1170. Gall. Christ., VIII, 519. Lemaire, III, p. 104.
[6] Histor. de la France, XXII, 658.
[7] Edit de 1572. — Arch. du Loiret, A. 763-4.

CHAPITRE IV

Causes de destruction des bois.

Si la forêt n'a pas diminué bien sensiblement d'étendue au moyen âge, ce n'est pourtant pas faute d'ennemis. Elle en a eu de multiples plutôt que de puissants. Sans parler ici des causes naturelles qui peuvent procurer ou hâter le dépérissement d'une forêt, telles que la trop grande humidité d'un fonds qui le rend gelif à l'excès [1], sans parler non plus d'une cause spéciale de destruction qui réside dans la mauvaise tenue des ventes, la forêt a dû lutter contre plusieurs principes destructeurs, qui sont le fait des riverains [2].

Une première cause de dépopulation provient de la fréquence extraordinaire des incendies. A toutes les époques on trouve

[1] Mal assez répandu dans la forêt d'Orléans. En 1409 on nous dit que, dans le climat de la Haute-Broce (Chaumontois), *les chesnes sont morts et secs pour les glaces et le fort hyver qui a été* « *l'année passée.* » (Compte de 1409.)

[2] Le voisinage de la terrible Loire était pour le buisson de Briou une menace permanente. Des parcelles en ont été enlevées par la violence du courant. Arpent. de 1704 (0,20241).

constamment la mention de bois ravagés par le feu. En 1367 [1], par exemple, les habitants de la paroisse de Trainou ont « esté « pieça empeschés es usaiges et pasturaiges que ils disoient avoir « en la forest monseigneur le duc et bois du tréfonds l'évesque « et chapitre Sainte-Croix d'Orléans pour cause du cry général « de nostre dit [2] maître des forests pour ce que le feu avoit couru « par les lieux ou ils disoient avoir usaige... »

En 1400 le duc Louis, parlant de l'abbaye de La Cour-Dieu, déclare que « eulx religieux aient en la garde de Neuville, en « nostre dicte forest d'Orléans, certaine quantité de boys les- « quelx ont esté ars par fortune de feu en tele manière que la « greigneur partie d'iceulx boys ne peuvent estre bonnement « mesurez... [3] » Bien que ce mal affectât surtout les climats du Chaumontois, la garde de Vitry en avait également ressenti les ravages : ainsi en 1453, on comptait vingt chênes [4] brûlés dans le seul climat des bois Bezart [5]. En 1227, il y avait à la Courrie six chênes « cheuz par terre et bruslez par feu [6]. » Plinguet nous apprend que ces incendies se multipliaient encore au dix-huitième siècle, notamment en 1732 et 1759, années où ils avaient consumé une « grande étendue [7] » de bois.

« On s'est épuisé en conjectures, ajoute le même auteur [8], « sur la cause des incendies de la forêt d'Orléans. Les uns ont « cru que la bourre d'un fusil qui porte quelques étincelles sur « la bruyère et sur les feuilles mortes dans un temps sec a plus « d'une fois mis le feu, et il faut convenir que de tels événements « sont rares, s'il est vrai qu'ils ont eu lieu quelquefois. » Au seizième siècle, l'on ne trouve pas trace d'incendies allumés ainsi.

D'autres en attribuaient l'origine à l'effet produit par les rayons du soleil rassemblés sur un point de bruyère sèche à tra-

1 Samedi après *Oculi* 1366 (0,20635).
2 Cet extrait est tiré d'une ordonnance.
3 Cat. Joursanv. — Jarry, Hist. de La Cour-Dieu, pr. XXXIX.
4 Baliveaux.
5 Compte de 1453. — Arch. du Loiret, A. 853-58.
6 Compte de 1427. — *Ibid.*
7 P. 202.
8 P. 198.

vers un glaçon qui aurait fait office de lentille de verre. Mais il existe des hypothèses moins fantaisistes, et à l'appui desquelles il est possible de grouper quelques faits.

« D'autres ont imaginé avec raison que les feux qu'allument « les bûcherons et plus encore les pâtres pour se chauffer en gar- « dant leurs bestiaux ont occasionné une bonne partie des incen- « dies. » En effet, il est maintes fois question de feux allumés par les pâtres, malgré les défenses : en 1453 le délit de faire du feu en forêt avec du bois sec entraînait une amende de 5 sous [1]. On distingue si le feu est fait au pied d'un chêne sec, ou encore vert : le feu contre un chêne où il y a plus de sec que de vert est apprécié à 5 sous [2] en quelque saison que ce soit, si le chêne se trouve plus vert que sec, le taux est élevé à 15 sous parisis [3].

« D'autres attribuent ces accidents au feu électrique et effec- « tivement la bruyère est si combustible que cette conjecture « n'est peut être pas dénuée de toute vraisemblance. Dans plu- « sieurs endroits de la forêt, il y a des contrées qui ont conservé « le nom de brûlis du tonnerre... Lorsque la foudre vient frap- « per la terre dans un lieu où il n'y a que des plaines de bruyères « et même où le bois, jeune encore, vient de chasser sa feuille « ancienne par la production de la nouvelle comme cela arrive « au chêne à petit gland, alors il est possible qu'elle y mette le « feu. » Dans l'indication des bois vendus au quinzième siècle il est très-souvent question de chênes arrachés, abattus, cassés « par oraige et par fortune de vent ; » cette mention se rencontre constamment pour le Chaumontois dont les baliveaux, isolés sur ses *sommets chauves* avaient plus à redouter la tempête [4] : il paraît que souvent aussi on trouvait des arbres « brullés par aurage et fortune de temps [5]. »

« D'autres enfin croient et peut-être avec raison que des « riverains, intéressés pour leurs bestiaux à avoir toujours au-

[1] Compte de Vitry, 1452-53 (0,20319).

[2] Compte de Vitry, 1451-2.

[3] Compte de Courcy, 1444-45.

[4] V. Comptes de 1456 (0,20319). — De 1390 (Arch. du Loiret, A. 853).

[5] Lett. pat. de 1404. — Arch. du Loiret, A. 816 (Bray).

« tour d'eux des pâturages renouvelés, mettent le feu à des « vieilles bruyères, peut-être même dans un endroit où il n'y a « point de bois, mais il n'arrive que trop souvent à la flamme « de gagner au-delà du but que s'étoit prescrit celui qui avoit « mis le feu... »

L'habitude de brûler la bruyère a certainement eu cours au moyen âge : la condamnation à une amende de 5 sous parisis, en 1444, d'un homme surpris en train de faire du feu « en lieu où il n'avoit point de droit [1], » nous montre que le délinquant pouvait en allumer dans certains endroits non spécifiés. Il est bien probable que le droit de brûler la bruyère et d'exploiter le « bruslis » a formé l'objet de concessions spéciales. Les brûlis donnaient des pâturages très-estimés. Vitry, Combreux, Sury et plusieurs autres paroisses avaient droit aux brûlis en tout temps [2]. Nesploy n'était autorisé à envoyer ses bestiaux qu'à partir de la Saint-Jean « quand aucun brusleys a esté fait lesdites gardes au temps d'yver [3]. » En 1465, un marchand d'Orléans qui nourrissait indûment 180 bœufs dans les brûlis des bois de Saint-Benoît en la garde du Milieu, est condamné à 66 sous parisis d'amende [4]. Les brûlis formaient donc une pâture importante aux yeux des riverains, et il est très-probable que plusieurs les obtenaient en incendiant certaines landes improductives.

Enfin, il semble bien que le feu a été employé comme auxiliaire pour l'abattage de gros baliveaux : en 1404 on constate que le fait d'avoir abattu un arbre en forêt avec la scie, la large cognée est dans certains cas déterminés passible d'une amende de 60 sous : on fixe au même taux la pénalité infligée à quiconque se sert du feu [5]. Plusieurs riverains sont aussi, à diverses époques condamnés à 5 sous parisis, pour avoir été trouvés charroyant du bois brûlé [6]. Voilà donc bien des occasions pour la

[1] Compte de Courcy, 1444-5 (0,20319).
[2] Confirm. de 1385. — 0,20635.
[3] 1405. — 0,20635. — 0,20644.
[4] Compte de 1453. — Arch. du Loiret, A. 853-58.
[5] Enquête de 1404 sur Bray, Bonnée, les Bordes, 0,20635.
[6] Comptes de Vitry, 1451-2, 1453-6. — 0,20319. — Il y avait dans la Garde de Vitry un climat dit la *Souche-Bruslée*. — 0,20637, f. 235, 288.

destruction par le feu. Du reste, la multiplicité même des incendies rendait leurs effets moins désastreux, on avait pris pour en avoir raison des moyens énergiques dont l'habitude assurait la rapide exécution. Pour bon nombre de paroisses riveraines le droit de pâturage aux brulis provenait d'une sorte de convention synallagmatique en vertu de laquelle elles étaient tenues « d'aller au feu quand il est en ladite forest toutesfois qu'il leur « est fait assavoir par cri ou autrement[1] » — « en sorte, dit « Plinguet que les colons de ces paroisses sont sujets à cette « sorte de corvée, autant par raison de police qu'à titre de la « redevance de ce secours représentatif du bien être dont ils « jouissent habituellement par le pâturage de leurs bestiaux[2]. » Le *cri* était donné par les chefs, les maîtres de la garde qui dirigeaient les mouvements. Malgré son extrême sévérité, Plinguet est forcé de reconnaître qu'on « a plus d'une fois ressenti l'effet « de leurs bons services... dans cet événement fâcheux. » On arrêtait l'incendie soit en le battant avec des balais, au moyen d'un contrefeu, ou encore par une tranchée de terre, la flamme ne se communiquant que par le pied[3].

Du reste, le feu n'est pas l'ennemi le plus redoutable des bois : ses ravages passagers deviennent parfois l'occasion d'une fécondité nouvelle, et même, ajoute l'auteur non suspect que nous citons, « il y a tel canton de bois qui doit la conservation « de l'espèce aux incendies[4]. » Là ne gît donc pas pour les forêts de l'Orléanais le vice capital, qui pouvait en diminuer sensiblement l'étendue. Il y avait deux autres ennemis, mille fois plus redoutables : à l'intérieur les terrains vagues, à la lisière les *essarts* ou défrichements.

Les vagues sont des landes dépeuplées, dépouillées de leur végétation forestière que remplacent d'ordinaire les plantes parasites des bois, genêts, bruyères, plantes sans doute que la

[1] Mandement du Grand-Maître du 4 nov. 1390, pour Vitry, Combreux, Sury, Sully, Seichebrières, etc., etc. — 0,20644, f. 264. — Arch. communales de Sury.

[2] P. 201.

[3] *Id.*, p. 200.

[4] P. 198.

Providence fait germer d'elles-mêmes dans les maigres terrains pour les renouveler insensiblement, mais qui rendent l'aspect des forêts désolé et leurs fruits nuls. Dès les temps les plus anciens, cette dépopulation forestière se fait déjà sentir. Les textes du treizième siècle nous laissent entrevoir une forêt usée et mal plantée : on distingue soigneusement la superficie et la surface qui ne répondent pas aux mêmes mesures, le bois lui-même et la place qui devrait être plantée en bois : « ... in nemore predicto vel loco nemoris [1] » ou bien encore « ... nemus cum fundo [2] » En 1336, en prenant 70 arpents au hasard dans la garde de Vitry, nous trouvons que sur cet espace « que place que bois » le bois « avenable » monte à 60 arpents [3]. Les excellents bois, dits de Beaumont, sont déclarés en 1458 tout en landes et bruyères [4]. On appelait *alaise* une pièce de bois séparée du corps même de la forêt et formant un climat bien défini [5]. Souvent, surtout dans la garde de Chaumontois, des alaises sont dites éloignées de tout bois à cause des vagues qui les entourent et l'on compte dans leur étendue presque autant de bruyères que de bois [6]. Les tréfonds les plus à portée des plaines et des villages, les tréfonds isolés dans des champs, se trouvaient plus maltraités encore : en 1353, les Petites-Brosses, dépendance de Soisy, contenaient environ 22 arpents « vagues et mal plantés [7]. » Un état des fiefs de l'Orléanais nous montre les bois tenus en fief du duc par les particuliers, dans un état de peuplement qui laisse fort à désirer. Il y a bien des bruyères : tels espaces sont « que bois, que pastiz, » quoique l'aspect général soit encore infiniment moins mauvais que dans les bois du Chaumontois [8].

Cependant les bois qui approchent Boigny et Saint-Jean-de-Brayes contiennent tout particulièrement des « désers, » des

[1] Cartul. de La Cour-Dieu, p. 17, v°.
[2] Vente de 1272-73 du bois de « Defuncti Pagani » J. 732.
[3] Lett. pat. de Paucourt, 18 nov. 1336, en faveur de J. de Machau. J. 733.
[4] Compte de Vitry, 1458-9. — 0,20319.
[5] V. notamment Alaise des Couldreaux, à Vitry (Compte de 1458-9).
[6] Comptes des Eaux et Forêts, passim.
[7] Aveu de Soisy, 1353, par Anc. le Bouteiller. — 0,20034.
[8] K. K. 1045 — 1050 (princip. 1046).

bruyères, des buissons [1], et rivalisent avec le cantonnement de Lorris.

La grande cause de ce dépérissement se rencontre dans le rabroutissage produit par les bestiaux de tous les environs qui pénétraient, trop souvent, dans les coupes. « En nostre forest, « disent les lettres patentes du 6 juin 1543, il s'est gardé un « très-mauvais ordre à la coupe des bois de futaies et taillis des « Tréfonciers d'où il est procédé la démolition que l'on voit ocu- « laire, les taillis ayant été furtés par la grande multitude du « bestail, qui journellement n'en bougent, à l'occasion de ce « que la vente des taillis se faisoit en tant de lieux séparés les « uns des autres qu'il n'estoit pas possible aux Gardes de les « défendre [2]. » Encore en 1608 [3], une visite du Grand Maître signale un assez grand nombre de landes, de bruyères, de broussailles : beaucoup de rab routissages se sont produits à la faveur des guerres : tel climat n'a aucun rejet, comme le climat de Brisemarre, « à cause de la fréquentation du bestial du Hallier, » Belhesme-au-Chapon, « par le bestial de Nibelle, appartenant au sieur de Vitry. »

Evidemment, un pareil état de choses ne pouvait durer. Il fallait ou livrer à la culture ces bois qui n'étaient plus des bois, ou, par un repeuplement soigneux porter un prompt remède au mal toujours prêt à empirer. Lorsque, au seizième siècle [4], l'autorité royale plus pressée d'argent que jamais, dut avoir recours à des expédients financiers de toute sorte, on tourna les yeux vers la forêt d'Orléans. On crut trouver dans l'aliénation des vagues un heureux moyen de tout concilier, l'intérêt du pays, et l'intérêt du trésor royal ; toutefois, pour ne pas aliéner absolument une portion du domaine royal, on ordonna simple-

[1] 0,20588.

[2] V. Notamment Plinguet, p. 34. — Comp. Lettres de Vaulx le 19 déc. 1609. — 0,20640, f. 1.

[3] Z. 4722.

[4] Cette idée semble même avoir été mise en pratique dès le quinzième siècle, mais sur une petite échelle (V. vente de 32 arpents de vagues à Fleury et Saran en 1490 au profit d'Hervé de la Couste, seigneur de Chanteau. — Arch. du Loiret, A. 844).

ment leur accensement ou bail perpétuel, avec deniers d'entrée. Les vagues sont donc devenues l'objet d'un travail analogue à celui qu'avait motivé l'aliénation des grueries : ou plutôt elles donnèrent un exemple dont l'on devait postérieurement chercher à tirer parti pour la gruerie.

L'Edit de Fontainebleau, en mars 1553, déclare « que chacun « sait les grandes démolitions, et dégats ci-devant faits dans « les forêts d'Orléans, et les grandes dépenses faites sous le roi « précédent et sous Henri II lui-même pour les vérifier et les « réparer. » Le dommage causé à la chose publique est grand, des terrains vagues se sont créés.

Le meilleur expédient d'après l'édit est de les donner à « cens « modéré et perpétuel qui, en outre, contiendra les profits « extraordinaires, lods, ventes, amendes qui viendront à l'aug- « mentation des aydes et au soulagement de nostre peuple du « Tiers-Etat. » L'augmentation de la population appelle de nouvelles terres à cultiver, les impôts extraordinaires supportés pendant la guerre de nouvelles sources de revenu. Ordre est donc donné de délivrer à tous ceux qui en voudront, sauf au gens de main-morte, les terres « ou il n'y a aucun bois ny espérance de rejet de bois, » à charge de payer les deniers d'entrée, dont le produit sera affecté aux frais extraordinaires de la guerre, et les cens fixés par l'adjudication. Cet ordre est donné pour toute la forêt d'Orléans, et même pour la garde de Joyas et le buisson de Briou joints alors à la châtellenie de Baugency.

Mais en même temps l'on prenait quelques précautions sérieuses pour empêcher l'agrandissement immédiat des terrains vagues. L'édit de 1716 résume ainsi les prescriptions de 1553 : l'édit de 1553, ordonna « l'aliénation à cens et deniers d'entrée « de terres vaines et vagues qui estoient tant au dedans qu'aux « reins de ladite forest d'Orléans et garde de Joyas dans l'espé- « rance que ces aliénations seroient également utiles à leurs « sujets par la culture qu'ils feroient de ces terres et à leur do- « maine par le revenu annuel et casuel des cens et des lods et « ventes qui écherroient et se payeroient à leur profit. Ces alié- « nations estoient faites aux charges de faire ou de faire faire par « les acquéreurs des terres qui se trouveroient proches et aux

« reins desdites forests des fossez de largeur et profondeur con-
« venables par lesquels on pourrait toujours désigner les limites,
« de relever les fossez qui seroient faits et les entretenir à per-
« pétuité, sans y faire ny souffrir estre fait aucuns chemins par
« lesquels on pust entrer dans la forest : que les acquéreurs,
« leurs successeurs, et ayans cause ne pourroient construire
« des maisons ny d'autres édifices qu'à deux cens toises desdits
« fossez pour conserver ce qui resteroit en nature de bois sous
« peine de confiscation desdites maisons et édifices, et que les-
« dits acquéreurs par aucune longue possession ou autrement
« ne pourroient acquérir droit d'usage en ladite forest, soit pour
« eux ou pour leur bestial [1]. »

De plus, l'édit de 1553 stipulait expressément une vente aux enchères publiques, et la renonciation expresse de l'administration royale à toute clause d'achat et de réméré [2].

On se mit aussitôt à l'œuvre.

Les difficultés ne se firent pas attendre. Les gens d'église formèrent aussitôt opposition à la vente des vagues dépendantes de leurs tréfonds de gruerie. L'édit du 22 janvier 1554 ordonne de passer outre.

La vente est poussée avec activité. On proclame les conditions des baux; on les affiche aux portes des églises « de par le « roy, et au poteau de bois estant au bourg de Victry, » on les publie à haute voix dans un grand nombre de paroisses. Les curés délivrent un certificat témoignant qu'ils les ont promulguées à trois jours de fête différents, à l'issue de la grand' messe. Boiscommun est fixé comme centre des opérations, et de là on procède aux adjudications, en rayonnant par des tournées, à Boiscommun, Vitry, Châteauneuf, Lorris ou Orléans. Les enchères en général paraissent assez bien poussées. Elles ne montent pourtant en moyenne qu'à 6 deniers de cens et un écu d'entrée par arpent; toutefois, le jour des enchères de Lorris se trouvant être un jour de foire où il y avait « une « grande assemblée de peuple, » elles s'accentuent vivement et montent jusqu'à 70 sous de cens avec un droit égal d'entrée,

[1] Q. 593.
[2] 0,20060 f. 1. — Q. 593. — 0,20243.

pour un arpent. A Boiscommun, au contraire, la disette d'enchérisseurs est sensible.

On statue immédiatement sur les droits prétendus aux fonds par les riverains; les pièces vagues sont bornées et arpentées. De 1554 au 14 août 1560, date de la clôture des procès-verbaux [1], on procéda au bail d'environ vingt mille arpents de vagues, parfois aliénées en pièces d'une étendue considérable, mais infiniment plus souvent par petits morceaux de quelques arpents, d'un arpent ou même de moins encore [2]. Très-peu d'aliénations eurent lieu dans la Garde de Joyas.

Parmi les terrains vagues les plus considérables il faut noter ceux qui entouraient la forêt d'un cercle inculte à Lorris, au climat dit le Marchais-Plat (Chaumontois), à Chicamour, la pièce dite des Brosses (Milieu), la Denaison, dans la même garde, les environs de l'étang du Giblois et surtout du grand étang de Châteauneuf, les vagues de la Cocardière et de Beaulieu, près Boiscommun, quelques arpents près du cimetière de Seichebrières, les lisières de Chamerolles, Limiers et les Cinq-Chesnes (à Vrigny), les Plains Saint-Benoît (garde de Neuville), quelques bois à Huisseau et La Corbillière, une lande d'environ 100 arpents à Jouy-le-Pothier [3]. Les acquéreurs se composent des gens du pays, de quelques gentilshommes, parmi lesquels M. de l'Hospital de Sainte-Mesme, pour son domaine de « Siccamour, » M. de Beaulieu, M. de Cugnac de Dampierre [4]. Les maîtres de garde acquièrent eux-mêmes des lots importants. C'est surtout dans les gardes de Vitry et du Milieu, que ces aliénations prennent une extension considérable et diminuent sensiblement le territoire forestier.

Les oppositions des tréfonciers ne furent point écoutées; les ordres du roi suivirent leur cours malgré les vives réclamations

[1] Cependant le cours des accensements ne fut pas tout à fait arrêté. V. l'accensement de 160 arpents de bois à Loury en 1562. — Arch. du Loiret, A. 841.

[2] 0,20000 — 0,20606. — 0,20531.

[3] V. Engagement de 61 livres de rente sur les bruyères de Dry, dépend. de Baugency, 26 mars 1548. — Arch. du Loiret, A. 716.

[4] 0,20034. (Vagues de la Beyne, en Courcambon.)

des seigneurs ecclésiastiques auxquels l'achat des vagues était interdit; bien entendu, ces tréfonciers continuèrent à percevoir sur la valeur des cens la part proportionnelle, représentative de leur droit de tréfonds [1], mais quelquefois ce droit même fut remboursé dès cette époque [2].

Il paraît que le résultat de la première opération ne fut pas jugé mauvais, car de nouveaux édits de 1571 et janvier 1572 [3], ordonnèrent parallèlement à l'aliénation des droits de gruerie que l'on procédât à de nouvelles aliénations de vagues. Il est certain qu'à la faveur des calamités et du trouble de nos malheureuses guerres civiles qui avaient semé partout le désordre et la confusion, les riverains avaient exercé par toute la forêt des ravages que trois siècles d'une administration soigneuse n'ont pas suffi à réparer. En mars 1571, le roi déclarait que, pour ses bois, « la pluspart d'iceulx sont mangés et broutés par le « bestial, et que enfin ils demeurent en landes, buissons et bros- « sailles [4]. » A cette époque, en 1574, sur près de seize mille arpents que possédait Saint-Benoît, il n'y en avait guère que neuf mille en bois, le reste abandonné aux bruyères et aux ajoncs [5].

Sans doute, dès 1543, avant les guerres de Religion, la dépopulation était déjà grande; mais le mal fit au seizième siècle des progrès effrayants. On voit où il en était arrivé en 1571. Sous François Ier, de nombreuses landes coupaient la forêt, nous en convenons volontiers : parfois des espaces d'une centaine d'arpents ne contenaient guère plus de deux chênes par arpent, et encore ces arbres étaient-ils « étrognés, » étêtés; mais la proportion n'est pas la même qu'à la fin du seizième siècle; ainsi pour en prendre au hasard un exemple, dans ce même Chaumontois où s'étendait une grande partie des bois de Saint-Benoît, sur 3364 arpents que contenait une sergenterie, il ne

[1] V. Adjudication de 1558 à Cug. de Dampierre. — 0,20634.
[2] V. 0,20531.
[3] 0,20667. — 0,20243. — Q. 592. — Ment. dans l'édit de 1716. — Arch. du Loiret. Fonds Sainte-Croix. F. 23.
[4] Edit sur la Gruerie. — Arch. du Loiret, A. 763.
[5] 0,20636, f. 5.

se trouvait que 334 arpents ne valant rien, « mangés et gastés par « le bestial : » à côté, sur un espace de 1,936 arpents, il y en avait environ 500 de vagues. Le mal était donc sérieux en 1543, mais non pas aussi difficile à réparer qu'en 1571.

A cette dernière époque, on renonce à y mettre un frein et l'on ne cherche qu'à tirer du moins de cette dépopulation tout le parti possible.

Il nous est resté autant de traces des opérations de 1571 sur les vagues que des opérations contemporaines relatives à la gruerie. Comme pour la gruerie, mais encore avec de plus grandes difficultés à vaincre, plusieurs années se passent en tournées laborieuses ; de toutes parts surgissent les oppositions des tréfonciers qui poursuivent la reconnaissance expresse de leur droit à la moitié du cens futur, les réclamations des usagers, les discussions sur la propriété même des fonds.

Lorsque pour chaque arpent de vague cet inextricable travail est achevé, il faut procéder, après la vente, à l'arpentage précis du sol et à la plantation des bornes. Une série d'opérations de ce genre s'exécute dans les diverses Gardes, en 1571 et 1572; en 1574 et 1575, le travail se continue encore, et, de la suite des procès-verbaux qui en résultent, naissent d'énormes volumes, magnifiques de grosseur, médiocres d'intérêt [1].

Tous les habitants des environs continuent à agrandir leurs domaines à bon marché : parmi les principaux acquéreurs, on peut citer Jean de Longueau, qui joint plusieurs pièces de vagues à ses terres de Clérambault [2]. C'est encore aux Gardes de Vitry et du Milieu que se font les plus importants emprunts. Les climats de la Courrie, des Cordelières, des Plateaux (près Nancray), surtout les bois jetés dans la plaine et de moindre étendue, comme les climats du pont d'Avrillon (Queues-de-Chemault), des Poteries, des Hersents, les plaines de Chasse, près des étangs de la Folie, à Châteauneuf (tréfonds de madame Jeanne de Solvien, dame ordinaire de la reine-mère) de Vaux (tréfonds de Jean de Vigny, seigneur de Vaux), du Haut des

[1] V. 0,20607. — 0,20659.

[2] 1571. — 0,20607 (Courcy). — 0,20619, f. 201, v°. — Arch. du Château de Saint-Michel.

Fondrières (ou la Guette-Garde de Vitry), subissent des pertes peu considérables, sensibles cependant, par suite de leur position. Mais que sert-il d'énumérer ici tous les terrains vagues, laborieusement aliénés dans les Gardes de Vitry, du Milieu, du Chaumontois, de Courcy, de Neuville, de Goumas, de Joyas, quand, dès 1581, ces travaux devaient être considérés comme non-avenus? L'édit de 1581 ordonne la réunion au domaine des terres vaines et vagues, données à bail, en même temps que la réunion des grueries [1]. Ainsi tant de travaux annihilés, la juste attente des riverains trompée, les promesses et les renonciations les plus formelles foulées aux pieds, voilà le résultat des opérations poursuivies pendant près de trente ans! A partir de 1581, il fallut que tout cens cessât d'être payé : toute ancienne terre vague fut de nouveau comptée dans le corps de la forêt. Et quelles raisons donner de ce changement subit? On invoque les prescriptions de l'ordonnance de Moulins : on se plaint de ventes à bas prix, de conventions fictives, secrètes ou collusoires, par lesquelles des officiers aliénateurs auraient vendu des terrains bien plantés [2] en qualité de vagues. Sur quelque fondement que reposent ces appréciations sévères, produites tout d'un coup après trente ans, si quelques délits ont pu se glisser dans la répartition de ces terrains vagues, saurait-on vraiment y trouver l'explication de cette mesure rigoureuse et générale, atteignant indistinctement les tiers qui avaient loyalement contracté? L'agriculture y perdit tous ses nouveaux domaines, à l'exception de ce que la fraude retint [3] çà et là. La forêt d'Orléans y gagna bien peu. Sans doute c'était accélérer sa ruine que d'aliéner des tréfonds situés dans le cœur même du massif forestier et de multiplier

[1] 0,20664.

[2] On cite notamment 330 arpents vendus au sieur de Chamerolles (Chilleurs), 30 ou 40 au sieur de la Roche (Vrigny), 60 au sieur Guérin (Chilleurs), 28 au sieur de la Rivière (Chambon), mais vraisemblablement ces ventes sont postérieures. — V. Instr. pour la Réform. de 1661. — 0,20721.

[3] En 1594, l'engagement à Charles de Bois-l'Évêque du domaine de Neuville, comprend la *censive des terres vaines* et vagues de la Garde. Il faut sans doute entendre par là les redevances dues par les usagers de vaine pâture. — 0,20641. — Et le sieur de Vitry acquiert la censive des vagues de Courcy et du Milieu. (A. du Loiret. D. arm. 14, l. 133.)

ainsi de petites cultures à l'intérieur toujours prêtes à envahir et à gâter le centre de la forêt; mais quel inconvénient trouver à l'aliénation d'espaces considérables, absolument ruinés sous le rapport forestier, appartenant déjà de fait aux riverains qui y entretenaient leurs bestiaux, et qui, le plus souvent, ne réclamaient que le maintien de l'ordre de choses existant, car ils en tiraient des profits sérieux sans rien ou presque rien payer, quel inconvénient à les aliéner avec la stipulation qu'il ne serait point bâti de maison à quelque distance des limites de la forêt?

En 1601, on parut revenir aux principes consacrés par les édits de 1553 et 1571. A la suite de l'ordonnance de juillet 1601, la forêt d'Orléans fut taxée à une somme extraordinaire de 3,000 livres imputables sur la vente de terrains vagues. Il fut donc procédé en 1602 à une nouvelle adjudication de terrains: pour arriver à la somme demandée, il fallut aliéner environ un millier d'arpents [1].

L'édit de 1716 a prescrit aussi la réunion au domaine des terres vagues accensées [2].

« Depuis 1554 jusqu'à 1602, dit Plinguet [3], on en avait aliéné « une grande quantité; les unes sont lancées fort en avant « dans les massifs du bois en nature; les autres sont situées « simplement dans les vagues de la forêt, et néanmoins encla- « vées dans les bornes; d'autres, ajoute-t-il excellemment, enta- « ment, coupent, traversent la forêt, et y font des solutions de « continuité; beaucoup sont dans les meilleurs fonds; beaucoup « sont dans les situations les plus heureuses; quelques-unes « ont été réunies et plantées à diverses époques; d'autres, sur « lesquelles il s'est conservé ou élevé du bois sont restées dans « les mains des aliénataires; quelques-unes ont été vendues, « comme sujettes au droit de gruerie, quoiqu'elles n'y soient « point sujettes, mais parce que la maîtrise n'ayant pas eu le « temps de vaquer à la liquidation et remboursement des « deniers d'entrée et du cens représentatif de la chose aliénée,

[1] Q. 592. — 0,20,531. — Forêt de Montargis.
[2] Q. 593. — Mont. Arch. du Loiret, A. 726.
[3] P. 95.

« elle a néanmoins voulu que le roi rentrât en possession d'une « chose qu'il avait aliénée comme terre vague et non pas « comme plantée en bois ; et cependant elle a trouvé juste ap- « paremment que l'aliénataire partageât avec le roi le prix des « coupes de ce bois, par forme d'indemnité du cens de 12 de- « niers par arpent que cet aliénataire paye à son domaine. »

Telle est la destinée des terrains vagues. En réalité, grâce aux circonstances et au concours de ces diverses mesures, la forêt n'a subi que des pertes bien peu considérables, sinon quant à la qualité des tréfonds, du moins quant à leur étendue. Les défrichements purs et simples ont fait aux forêts une guerre plus redoutable pour leur existence. Le terrain vague peut en effet se repeupler insensiblement ; la terre défrichée est presque toujours définitivement acquise à l'agriculture.

Dans les temps les plus rapprochés de nous, le défrichement a souvent pour origine un empiètement indu des tréfonciers. Il faut déclarer du reste que ces empiètements ne sont pas toujours inexcusables. La difficulté de distinguer les héritages forestiers par des signes certains et constants entraîna de tout temps de graves discussions [1] ; ainsi, dès le douzième siècle, l'évêque d'Orléans reconnaissant à l'abbaye de La Cour-Dieu, voisine de ses possessions d'Ingrannes [2], la propriété de tous les biens qu'elle possédait, en excepte cependant 120 arpents dont l'abbaye s'est emparée, dit-il, « injuste, et sine conscien- « tia capituli [3]. » En 1215, à la suite d'un débat sur la propriété du bois à Planquine, vers Cercotes, Gilles de Brissy [4] et le chapitre de Sainte-Croix, conviennent, pour échapper aux coûteuses et longues formalités d'une enquête, de s'en rapporter absolument à l'arbitrage de Jean, archidiacre de Beauce, qu'ils chargent de procéder de bonne foi à la séparation des héritages.

[1] V. Procès entre l'abbaye de St-Benoît et le roi en 1260 (Olim., I, 127) jugé en audience solennelle du Parlement.

[2] «... Nemora... Sancte Crucis circumadjacentia... » Charte royale de Vitry, 1123, en faveur de La Cour-Dieu.

[3] D. Estiennot, f. 406.

[4] Ou de Bussy ?

Lorsqu'il est appelé à rendre sa sentence [1], l'arbitre pour séparer les bois emploie les deux moyens alors usités [2]; il plante des bornes, il pique des croix de bois, ce qu'on appelait au quatorzième siècle des *sautoirs*, terme que s'est approprié la

Voici cette sentence curieuse :

Ego Johannes, archidiaconus Belsio, notum facio presentibus et futuris quod, cum, inter Aurelianense capitulum, ex una parte, et Gilonem de Brissiaco, militem, ex altera, super finibus nemorum capituli, quibus secundum linguam gallicam vocabulum est Planquenu, que nemoribus ipsius militis versus Sarcotas sunt contigua, contentio verteretur : tandem in me super eadam contentione tam a milite quam a capitulo fuit taliter compromissum quod hinc inde miles et capitulum sub pena centum marcharum meum se promiserunt arbitrium servaturos, hoc tenore videlicet quod a bonis viris quibuscumque vellem, et etiam ubicumque, per confessionem eorum inquirerem, tam super jure capituli quam jure militis, veritatem, et capitulo sive militi testes producere non liceret : et in hunc modum de contentione promissa juxta meum beneplacitum ordinarem, a nemoribus militis nemora capituli pro mea separans voluntate metasque, divisuràs utraque nemora quocumque vellem, collocari faciens : suam assignarem secumdum metas easdem utrique partium portionem, et, sic divisis per me nemoribus et mertatis, nichil prorsus in portione partis alterius posset pars altera de cetero reclamare. Hanc autem compromissionem et arbitrium meum miles fide corporaliter prestita servaturum bona fide firmiter se promisit, Hugonem de Brissiaco, Ranerium de Brissiaco, Gaufridum de Codreto, Gaufridum Bonum-Amicum, milites, inde fidejussores a singulis fide data taliter interponens quod si stare compromissioni, vel observare nollet arbitrium captionem Aurelianis tenerent fidejussores assiduam, donec centum marchis integre satisfactum esset capitulo, vel arbitrium servaretur; Capitulum etiam eodem modo dilectos fratres et concanonicos suos super observando similiter arbitrio meo, fidejussores interposuit, fide prestita singulorum, scilicet Henricum archidiaconum, Hamericum magistrum scolarum, Garinum Pithverensem archipresbyterum, Gervasium sacerdotem. Ego igitur bona fide secundum compromissionis formam in ipso negotio procedens per omnia, rei cognita veritate, locis metas collocavi debitis, lapides figens et cruces ligneas, a nemoribus militis nemora capituli dividentes, et sic partem suam de dictis nemoribus utrique partium secundum metas positas assignavi. Ut hoc autem notum maneat et stabile perseveret, presentes litteras de consensu partium sigilli mei caractere communiri. Actum anno gratie millesimo ducentesimo quinto decimo, mense martio.

(Arch. du Loiret. Fonds Sainte-Croix).

[2] On se servait aussi de hayes et de fossés, mais moins spécialement. V. Cartul. de La Cour-Dieu, I, 9. — Jarry, op. cit., pr. X. Charte de 1166. « ... fossato distinxerunt... » — Arrêt du parlement de 1308 sur les bois de Saint-Benoît « prout antiquus fossatus se comportat » (Olim. III, 348).

science héraldique pour désigner une croix de Saint-André. Mais sans les difficultés particulières qui s'étaient élevées en 1215, il est bien probable que les bois de Planquine n'auraient jamais été bornés. C'est à cette négligence qu'il faut attribuer en partie les usurpations fréquentes qu'on signale aux seizième et dix-septième siècles. Un certain nombre de terrains adjugés comme vagues en 1553 [1], n'étaient autres que d'anciens terrains forestiers usurpés et ensuite défrichés, sur lesquels même on avait élevé déjà des bâtiments.

En 1539, on s'aperçoit d'un défrichement considérable pratiqué dans les queues de Nibelle. Le riverain usurpateur n'avait pas négligé de séparer par un fossé sa nouvelle culture, dite le climat des Plateaux, du reste de la forêt : on arpente les Caillettes, tréfonds tenant aux chemins de Nancray à Combreux, de Combreux à Châteauneuf, et aux bois de Beaumont, qui se trouve contenir 141 arpents : les Plateaux, climat de haute futaye de 190 arpents entre les chemins de Nibelle à Nancray, de la maison de Pierre Pellandeau, et de « Pluviers » à Vitry. De ces arpentages on conclut qu'une partie du tréfonds se trouve indûment réduite en culture. Le défendeur, Jean de Monceau, chevalier, seigneur de Tignonville, se voit condamné à 120 livres parisis de dommages-intérêts, et les fossés seront comblés [2].

Cercotes, Saran, Fleury, Chanteau, Semoy avaient agrandi leur territoire, dit-on, au moyen d'usurpations analogues [3]. Une rue entière de Courcy se serait élevée sur un tréfonds du roi [4]. Mais rien n'égale encore l'absence de scrupules qui

[1] 0,20660 (Courcy).

[2] Z. 4921, f. 43 v° et suiv.

[3] 0,20721.

[4] *Ibid.* — En 1578, on poursuit devant la prévôté de Boiscommun des laboureurs qui avaient labouré et cultivé l'étang Coquart (0,20617) : 120 arpents de la Garde de Courcy, sis près de Rougemont et qui « soulloient estre en boys » étaient en 1530 convertis en prés, vignes et terres labourables (Sentence de 1539 contre Jehan de Larainville et Jehan Imbault, écuyer, seign. en p[tie]. de Rougemont, Z. 4921 f. 51). Cet essart ne fit que s'accroître. Les bois de Saint-Benoît, voisins des précédents, disparurent bientôt.

distinguait les seigneurs de Chamerolles. En 1553 [1], parmi les vagues figurent des pièces de terre usurpées par eux et qu'ils s'étaient chargés de défricher. Plus tard, on les poursuit pour l'usurpation et le défrichement de 1,023 arpents de la forêt qu'ils possédaient en paix depuis quarante ans : la peine est rigoureuse. Condamné à 16,623 écus d'or, montant de l'amende jointe à la valeur présumée des fruits [2] perçus pendant la période d'usurpation, Lancelot du Lac, écuyer, seigneur de Chamerolles et Chilleurs, se voit poursuivi sans trève ; il ne peut arriver à payer sa condamnation. Un arrêt du conseil, le 28 août 1579, ordonne la saisie de la terre de Chamerolles, saisie qui est en effet pratiquée [3]. Cependant, il est encore question au dix-septième siècle de 200 arpents de terre usurpés par les seigneurs de Chamerolles, et sur lesquelles ils avaient élevé des métairies [4].

Aussi recommandait-on constamment aux riverains de « fossoyer, » et on exige la représentation de leurs titres [5].

D'un autre côté, l'incertitude des limites rendait possibles aussi les usurpations par la forêt. Le château d'Auvilliers, à Artenay, ayant été brûlé par les Anglais, et ses titres perdus à cette époque, deux pièces de bois de 800 à 1,000 arpents qui en dépendaient passèrent longtemps pour une partie intégrante des bois royaux [6].

Mais, à part même toute idée d'usurpation, les propriétaires réels du bois tendent à les défricher. De bonne heure, les parties de l'Orléanais comprises *hors de la zone forestière* étaient dépourvues de tout taillis. Ainsi, au quinzième siècle, la paroisse de Saint-Michel, si rapprochée cependant des bois de Clérambault et de Chemault, se livrait avec ardeur, ainsi que Batilly et Boiscommun, à la culture de la vigne et possédait un

[1] 0,20660 (Courcy).

[2] 25 sous l'arpent.

[3] 0,20563. — Lett. roy. de 1580. — du gouverneur Balzac d'Entragues 1540. — (Saisie des château, étangs, prés, etc.) — 0,20633. — 0,20618, f. 25.

[4] 0,20721.

[5] Z. 4922.

[6] 0,20642, f. 43.

territoire aussi peu forestier qu'il l'est aujourd'hui [1]. Les bois d'Ozereau au seizième siècle avaient rapidement diminué d'étendue [2]. Les franchises accordées au douzième siècle par la générosité des princes aux villages forestiers, tels que Rebrechien [3] tendaient à augmenter la population et, par suite, les essarts [4]. Le voisinage de certaines industries était fatal aussi à leur conservation [5].

Mais toutes ces causes minimes de défrichement ne peuvent se mettre en parallèle, pour l'importance des résultats et la grandeur de l'entreprise, avec les défrichements opérés lors de la renaissance du douzième siècle dans tout l'Orléanais. Il est certain qu'à cette époque le roi prit l'initiative de vastes travaux de mise en culture, puisque une charte de 1180 mentionne une bourgade entière « novæ domus » élevée par Louis VII. Les seigneurs y ont aussi contribué pour leur part; au commencement du douzième siècle, le Moulinet avait été bâti entièrement par Blanchard de Lore [6].

[1] V. Comptes de Vitry (0,20319). — Arch. du château de Saint-Michel. — *Contrà*. V. M. Maury, *Forêts de la Gaule*.

[2] Aveu d'Ozereau 1579 (0,20634).

[3] Ord. de 1183. — Ord. XI, 226.

[4] En 1176, le territoire de Vennecy s'était agrandi au détriment des bois, comme on le peut voir par l'acte suivant :

Guillermus Dei gratia archiepiscopus Senonensis, Apostolicæ Sedis legatus, omnibus ad quos litteræ istæ pervenerint, in Domino salutem. Bonum est litterarum tradi memoriæ quod per oblivionem poterat deperire; hinc est quod universitati nostræ (*sic*) notum fieri volumus quod uxor Angorandi defuncti et heredes ejus in præsentia constituti decimam Ecclesiæ Beati Aviti quam occupaverant in territorio de Venetiaco de nemore extirpato, tam de nemore quam de terra alia in perpetuum præfatæ ecclesiæ in præsentia nostra reliquerunt, ita quod nec ipsi nec eorum successores aliquid in ea deinceps reclamabunt sed ecclesia tam in nemore quocumque modo excolatur quam in alia terra decimam posterum sine omni calumpnia obtinebit. Quod ut ratum et inconcussum in posterum permaneat presentis scripti attestatione et sigilli nostri auctoritate confirmamus. Actum Aurelianis anno Dominicæ incarnationis millesimo centesimo septuagesimo sexto.

(Arch. du Loiret. Cartul. Saint-Avit, f. 88.)

[5] Morin. Hist. du Gastinois, p. 163.

[6] La Thaumassière. Cout. loc. du Berry, 307. « Blancardus autem de Lore... familiaritate regia potens effectus, edificavit Molinetum. » — Ord. des Rois de France, XI, 204.

Cependant ni les seigneurs ni le roi n'ont réellement défriché et fondé l'agriculture [1] en Orléanais : cette œuvre immense a été entreprise et menée par le clergé, surtout le clergé régulier.

La plus grande partie des essarts forestiers doit son origine à un travail de religieux. De très-bonne heure, l'amour de la solitude attira au sein de la forêt d'Orléans et des bois de l'Orléanais des moines brûlant de s'ensevelir dans une vie contemplative. Avec quels flots de poésie, l'illustre historien des cénobites de l'Occident nous redit leur glorieuse et pacifique épopée ! Ces hommes, possédés de Dieu, « aucun obstacle, aucun danger ne les arrête... S'il faut se glisser en déchirant ses vêtements à travers des sentiers tellement tortueux et étroits, tellement hérissés d'épines que l'on peut à peine y poser un pied après l'autre sur la même ligne, ils s'y hasardent sans hésiter. S'il faut ramper sous des branches entrelacées pour découvrir quelque sombre et étroite caverne obstruée par les ronces, ils sont prêts [2]... » Voyez-les à l'œuvre ! les arbres tombent avec fracas ; au milieu de la forêt obscure, une éclaircie nous montre un jardin labouré par une bêche soigneuse : au milieu, s'élève le rustique ermitage, entrelacé de feuillage et de joncs, et sur sa porte apparaît une de ces grandes et respectables figures de vieillards dont l'empreinte est demeurée si vivante dans les récits des légendaires et la mémoire des peuples, travailleurs obscurs qui, à force de la fuir, ont rencontré l'immortalité terrestre.

Si l'on en croit dom Morin, un collége de cénobites aurait au cinquième siècle défriché et peuplé les bois de Ferrières [3]. Cent ans après, un moine de la nouvelle abbaye de Saint-Mesmin se retira dans la forêt où il construisit un ermitage : ses miracles trahirent sa modestie, et son tombeau devint le centre d'une colonie. Ce moine forestier semble resté comme le type de la joie que procure la bonne conscience, de la gaieté que n'exclut pas l'amour des solitudes boisées, puisqu'on l'invoque encore

[1] Les défrichements fondaient l'agriculture en diminuant l'étendue des bois, *mais surtout en défonçant les landes non productives* et abandonnées.

[2] Montalembert, Les Moines d'Occident, II, 340.

[3] P. 823.

sous le nom de saint Lyé, sanctus Lætus. Vers la même époque, saint Liphard rendait la vie aux rives de la Loire, où le passage des Barbares n'avait laissé qu'un désert : « Nemine autem re-
« manente habitatore, nemoribus hinc inde succrescentibus,
« locus idem qui claris hominum conventibus quondam reple-
« batur, in densissimam redactus est solitudinem. Cujus abs-
« trusa latibula venerabilis Lifardus petiit, ibique uno tantum
« discipulo comite Urbitio contentus, propter fluvium qui nun-
« cupatur Malva, cellulam sibi virgis contexens, solitarius ha-
« bitare cœpit ... [1] »

L'amour de la solitude a continué à peupler la forêt d'Orléans, et au douzième siècle elle devint une véritable colonie monacale : dans toutes ses parties, un collége de moines a obtenu de la largesse du prince ou d'un tréfoncier, quelques arpents de bois situés au cœur du massif, et loin de toute distraction mondaine, soit dans un lieu bas, mais où le terrain permet d'établir des étangs et de se ceindre de vastes fossés [2], soit au contraire sur le sommet d'un de ces coteaux forestiers d'où l'œil domine une mer immense de feuillage ondulant sous vos pieds, et n'entrevoit que par de lointaines et rares échappées la plaine cultivée et les habitations humaines, sur ces hauteurs dont l'aspect est à la fois si sérieux et si grand !

« Jehovah de la terre a consacré les cimes ! »

Partout avait retenti sous les arceaux forestiers la grande voix de quelque ardent cénobite ou de quelque pieux fondateur.

« Vox quoque per lucos vulgo exaudita silentes. [3] »

« Partout la foi semblait éclore comme la fleur après l'hiver ; partout la vie morale renaissait et bourgeonnait comme la verdure des bois [4]... Partout éclatait, au sein de ces forêts si long-

[1] Acta Sanctorum. Vie de Saint-Liphard, XXI, 293, D. (Cité par M. A. Maury, Forêts de la Gaule.)

[2] Le moine s'écriait comme le poëte, avec une expression touchante : « Flumina amem silvasque inglorius !... »

[3] Virgile, Georg., I, 476.

[4] Montalembert, op. cit., II, 406.

temps inabordables et de ces déserts désormais repeuplés l'hymne de la joie, de la reconnaissance et de l'adoration. La prophétie d'Isaïe se vérifiait sous leurs yeux : *Vous sortirez avec allégresse; vous marcherez dans la paix; les montagnes et les collines chanteront devant vous, et tous les arbres de la forêt applaudiront*[1]; *le cèdre croîtra en place du jonc; le myrte fleurira au lieu de l'ortie, et vous ferez retentir partout le nom du Seigneur comme un signal éternel qui ne se taira plus*[2]. » Quel concert ! quelle union divine ! quelle harmonie merveilleuse sortant « du sein des clai« rières et des vieilles futaies ! »

Partem aliquam venti divum referatis ad aures[3] !

Cette multiplication remarquable des couvents au milieu des bois ne peut s'expliquer que par la recherche d'une vie absolument séparée des bruits mondains. Au douzième siècle encore, les ordres religieux militants qui ont inauguré chez les moines le régime de l'activité extérieure et de l'apostolat dans le monde, n'existaient pas. D'ailleurs, l'évêque d'Orléans nous donne à ce sujet des explications aussi claires que possible lorsqu'il s'exprime ainsi en 1166 à propos des moines de La Cour-Dieu : « Concessimus supradictis et firmiter statuimus ut nul« lus præter ipsos in nemore aut territorio quod est intra stra« tam publicam veterem et ipsum monasterium versus Ingran« nam habitationem habeat aut domum, sive aliud edificium « construat, ut præfati servi Dei sine molestia *pacem* quæ exu« perat omnem sensum *percipere possint*[4]... »

L'évêque possédait en effet tous les bois situés entre la *voie de César* et l'abbaye ; le couvent s'appuyait, d'autre part, sur le plein massif de la forêt où il avait peu à redouter les envahissements des habitations mondaines.

Dès les premières années du douzième siècle, cette abbaye, la plus célèbre de tous les couvents purement forestiers de l'Orléanais, s'était fondée sur un petit essart, créé par l'évêque

[1] Non canimus surdis! Respondent omnia silvæ! — Virgile, Egl., X.
[2] Montal., 405 (Is. IV, 1213).
[3] Egl., III.
[4] Cartul. de La Cour-Dieu, I, 9. — Jarry, Hist. de La Cour-Dieu, pr. x.

d'Orléans, et bien prédestiné à sa mission monacale, s'il est vrai qu'il portât déjà le nom de Cour-Dieu [1]. C'est le douzième siècle, le plus fécond de tous en fondations monastiques, qui peupla réellement la forêt d'Orléans. Le roi Robert, le pieux chasseur, avait un siècle auparavant érigé des établissements religieux dans diverses parties de la forêt, les églises de Saint-Germain, Saint-Vincent, Saint-Médard (de Vitry), mais ces églises, établies dans des villages, demeurèrent reléguées toujours au rang de simples prieurés-cures et sans influence extérieure.

Le prieuré d'Ambert, isolé en pleine forêt, et qui figure dès les premières années du douzième siècle en qualité de couvent de chanoines réguliers, prit alors un sérieux essor bientôt arrêté. En 1304, Philippe-le-Bel installa dans cette vieille demeure douze moines italiens qui y créèrent un prieuré de Célestins, dont l'accroissement fut rapide, et où, vers 1423, Jacques de Bourbon vint faire profession [2]. Mais quelle qu'ait été son importance, ce couvent n'a jamais agrandi son territoire forestier. Il n'a jamais formé qu'une petite « cour » isolée au milieu des bois.

Bucy-Saint-Liphard possédait dès le douzième siècle un couvent de femmes transporté peu après à Voisins, et remplacé par un collége d'ermites qui habitaient « in Nemore Buciaci... in eremo Buciaci [3] »

En 1169, dans la Garde de Vitry, un tréfonds situé près du climat de la Cocardière, et donné par un certain seigneur Hugues, vit arriver une colonie de chanoines réguliers qui y éleva le monastère de Flotin, florissant au treizième siècle : sur les sommets de Chastillon dans la garde de Courcy, s'érigea quelques années plus tard un prieuré, rejeton de l'ordre de Flotin[4].

A une époque contemporaine, Chappes-en-Bois fondé en 1167 par les dons de l'évêque d'Orléans, et en 1172 par les dons du roi [5] qui concède aux Bénédictins de Fleury cette maison

[1] M. L. Jarry, op. cit.

[2] V. D. Estiennot, f. 537 et suiv.

[3] Gall. Christ., VIII, 526, G. — D. Estiennot, p. 530.

[4] V. Notes hist. sur le pr. de Flotin, par M. R. de Maulde, p. 46, 49.

[5] D. Estiennot, f. 274.

à condition d'entretenir deux moines dont il pourra réclamer le rappel s'ils ne se conduisent pas bien [1]; le prieuré du Gué-de-l'Orme, dépendance, membre de Saint-Euverte [2]; le prieuré de la Cosdre, de la Coudre ou du Coudray, de l'ordre de Grammont[3], l'abbaye du Viveret[4], signalent autant de percements opérés dans la forêt et qu'ont suivi peu à peu des défrichements. Presque toujours le don d'un terrain à un couvent se faisait avec faculté de défrichement. Le diplôme de Louis VII, en 1140, en faveur des frères de la Coudre s'exprime aussi clairement que possible à ce sujet :

« In nomine sancte et individue Trinitatis, Amen. Ego, Ludovicus, Dei gratia Francorum rex; notum facimus omnibus presentibus et futuris quod nos dedimus in puram et perpetuam elemosinam fratribus de Cosdra, Grandimontensis ordinis, in quadam parte foreste nostre de Legio que vulgariter nuncupatur Cosdra, locum ipsum in quo habitant et totam terram sitam infra clausuram ipsorum interiorem et exteriorem ipsorum (*sic*), liberam et quitam cum omni nemore in dicta terra existenti ad suam omnimodam voluntatem perpetuo faciendam, ita tamen quod si eisdem fratribus placuerit, ipsi poterunt terras predictas extirpare et excolere, vineas in eisdem terris edificando vel bladia semmando, vel alias explectando, prout sibi melius viderint expedire. Preterea dedimus et perpetuo concessimus dictis fratribus in dicta domo commorantibus et commoraturis plenarium usagium in foresta supradicta... Actum Parisius anno incarnati verbi M° C° XL°; astantibus in palatio nostro quorum subscripta sunt nomina : comite Blesensi, Theobaldo, dapifero nostro, Matheo camerario, Guidone buticulario, constabulario nullo. Data per manum Hugonis cancellarii [5]. »

[1] Reconnaissance de 1214. — Tr. des Ch. Fondations, II, 3. — J. 461, reg. 31, f. 47, n° 9.

[2] Confirmé par Alexandre III, et par Louis VII qui lui donne la dîme du pain et du vin dépensés à Châteauneuf pendant les séjours royaux. — Cartul. de St-Euverte (Bibl. impér., 10089).

[3] V. Acte de 1180. — K. 177, n° 46.

[4] V. encore la Réform. de 1718 : plans.— Bibl. du château de Vrigny.

[5] Ainsi rapportée dans un vidimus de 1180. — K. 177, n° 6.

En 1213, Jean de Baugency abandonne à Saint-Mesmin de Micy le droit de couper sans gruerie, défricher et cultiver toutes les forêts du couvent [1]. En 1239, les moines de Saint-Euverte reçoivent à Coissolles des bois dont il est dit que « plenarie facere poterunt voluntatem [2]. » En 1261, le Chapitre de Sainte-Croix obtenait la permission de défricher des bois et d'élever une métairie :

« Omnibus presentes litteras inspecturis, R. miseratione « divina Aurelianensis episcopus, salutem in Domino. Nove- « rint universi quod nos de voluntate et gratia excellentissimi « domini Ludovici, Dei gratia regis Francorum illustris, de « nemoribus nostris dedimus ecclesie nostre Aurelianensi pro « quadam grangia apud Meson Giraudi fatienda et quia non « volumus nec intendimus quod dicto domino regi aliquod pre- « judicium super hoc generetur, eidem nostras litteras duximus « concedendas. Actum anno Domini M° CC° LX° mense fe- « bruario [3] »

En 1237, saint Louis donnait au couvent des Filles repenties, de Saint-Loup-des-Vignes, près d'Orléans, 168 arpents « sita « in renda de Chantolio, juxta dictam villam, ad essartandum « vel ad pascua animalium suorum facienda; » on pourra y élever une métairie [4].

Souvent même, on se défiait du zèle du couvent donataire pour les défrichements, et le donateur qui pour une cause quelconque ne se souciait pas de voir la culture prendre de trop grands développement se hâtait d'apporter, dans l'acte même constitutif de la libéralité, des restrictions aux défrichements futurs. Lorsque, en 1123, l'évêque d'Orléans, Jean, concède des bois à l'abbaye de La Cour-Dieu, ce n'est que pour les transformer en prés : « ... Quantumcumque nemoris circumadja-

[1] Et confirm. par Simon de Baugency, et Saint Louis en 1246. — O,20619, 395, 401, 402. « Ita quod liceat eis nemora illa extirpare, vendere, et ad culturam redigere et suam inde per omnia facere voluntatem. »— Baluze, 78, f. 134.

[2] Mars 1239. — Arch. du Loiret. Fonds Saint-Euverte.

[3] Orig. scellé. — J. 170.

[4] Gall. Christ., VIII, 533, A.

« centis extirpando in usum pratorum vertere voluerint[1]..., » et en 1171 son successeur Manassès maintient la même modalité : il donne à l'abbaye une maison au Pré-Cottant... « Domum « de Prato Constancii... ad suorum nutrimentum animalium, « ad hortos ibi excolendos, ad prata facienda excepto quod ibi « agriculturam non exercebunt[2]. »

Le roi accorde à l'abbaye de Fontaine-Jehan un arpent sur la paroisse d'Aschères pour y élever une grange à blé, une ferme, où l'on ne pourra avoir d'autres bestiaux que des chevaux (janvier 1224)[3], les bois de Croulant (Crollancia Volantia) à condition de ne pas y bâtir (1207)[4].

Les couvents procédaient aux défrichements et à la culture de diverses manières ; les uns, comme les Célestins d'Ambert, se contentaient de posséder des fermes dont ils s'occupaient peu[5] ; les autres tels que l'illustre abbaye de Fleury-Saint-Benoît qui avait commencé par conquérir elle-même sur les bois son propre emplacement lorsqu'elle s'était fondée, au douzième siècle[6], continuait l'œuvre de mise en culture d'un territoire immense au moyen de l'établissement des mairies, usitées aussi dans les domaines de l'évêché. Les cisterciens cultivaient par eux-mêmes, aussi l'abbaye cistercienne de La Cour-Dieu poussa-t-elle l'entreprise des défrichements avec une grande activité. Dès le douzième siècle, elle fonda sur des points divers de l'Orléanais les *granges* de la Vacherie, Jouy, Chérupeau (Tigy), Vigneau, Frapuis, les Quatre-Vallées (ou Quatre-Vaux), Gérisy, Bouclair, la Grouelle[7], c'est-à-dire autant de succursales du couvent principal, où les frères travaillaient de leurs mains. Les effets ne s'en firent pas attendre : la forêt de Chérupeau vit son domaine diminuer rapidement : « Sciant omnes Ecclesie « filii tam presentes quam futuri et posteri quod Dado et Odo,

[1] Gall. Christ., VIII, 501. — Jarry, Hist. de La Cour-Dieu, pr. I. — Arch. du Loiret : Fonds de La Cour-Dieu. — D. Estiennot, f. 499.

[2] Jarry, op. cit., pr. XVI. — Cart. de La Cour-Dieu, II, 5.

[3] J. 731.

[4] Morin, p. 200.

[5] Cartul. d'Ambert (1574). — Bibl. impér., suppl. fr. 2306, fr. 11087.

[6] M. Maury. Les Forêts de la Gaule, p. 257.

[7] V. L. Jarry, op. cit., p. 29.

« fratres, concesserunt (Beate) Marie de Curia Dei et fratribus « ejusdem loci usuagium in silva que dicitur Carupel in pastum « porcorum et aliorum animalium et de ipsa silva quantum « necesse fuerit (ad) reficienda aratra, et per unumquemque « annum duos vel tres quercus in quibuscumque placuerit usi« bus..... sed et terram quamdam que tunc temporis extirpata « erat quando hec scripta sunt, libere ad excolendum pro re« medio animarum suarum concesserunt[1]... » Et d'après un acte de 1255 : « in tantum creverant culture de grangia de « Cherupel quod religiosi Curiæ Dei majorem summam debe« rent reddere pro decimis[2]... »

Mais lorsque les moines ne les entreprennent pas par eux-mêmes, les défrichements ont presque constamment pour auteurs une classe d'hommes sur le caractère desquels on a beaucoup discuté.

Les *hôtes*, « hospites », très-probablement ne jouissaient pas d'une condition à part, intermédiaire entre la liberté et le servage, conciliant ainsi des termes inconciliables, et aux termes de laquelle ils auraient formé une catégorie spéciale et sans analogue. Sans doute, leur condition a pu varier selon les pays ; mais, pour ce qui concerne l'Orléanais, ils semblent bien n'être pas autre chose que soit des serfs, soit des hommes libres, fermiers à précaire d'une masure et d'un champ, formant l'hostise.

Que l'on adopte touchant la condition des hôtes, la doctrine de M. Guérard ou l'opinion de Ducange, qui y voient, celui-ci une condition défavorable, celui-là une condition favorable, lorsqu'elle n'est modifiée par rien, qu'elle est pleine et entière « plenaria, » ou qu'on accepte au contraire la théorie éclectique de notre éminent et si sympathique maître, M. Tardif, qui jusqu'à la fin du treizième siècle partage l'opinion de M. Guérard, au-delà l'avis de Ducange, il faut avouer qu'à toutes ces manières de voir s'opposent dans l'Orléanais des textes dont l'interprétation devient alors des plus difficiles, pour ne pas dire insoluble.

[1] Cartul. de La Cour-Dieu, p. 5, v°

[2] En d'autres termes, le cadastre n'était plus exact. — Cartul. S. Benedicti, II, 239. — Ment. L. Jarry, op. cit., p. 80.

Il est certain qu'il y a des hôtes libres : Beaumanoir appelle positivement les hôtes des francs-hommes ; d'ailleurs, certains actes passés synallagmatiquement entre l'hôte et le seigneur pour le règlement des conditions de l'hostise, notamment à Bruges, à Chartres, à Sainte-Geneviève de Paris[1], le démontrent jusqu'à l'évidence. Mais comment ne pas admettre qu'en Orléanais au moins, il y a eu aussi des hôtes-serfs, lorsque la coutume de Ferrières, en 1185, après avoir stipulé l'affranchissement de tous les hommes libres s'exprime ainsi : « ... Pariter conce-« dentes ut et isti et alii hospites sui in eadem parochia manen-« tes liberam eundi quocumque et quandocumque voluerint ac « de suis rebus faciendi habeant licentiam et potestatem, tan-« quam liberi hospites[2]. »

Quoi de plus clair ? Quoi de plus formel ? Il y a donc des hôtes libres « liberi hospites, » qui ont le pouvoir de circuler librement, sans attache à la glèbe ni formariage, qui disposent de leurs biens fort au-delà du maximum de cinq sous imposé au serf, de tous leurs biens : qui peuvent vendre et tester ! Ce sont donc des hommes libres. Mais il y a donc aussi des hôtes qui ne sont point affranchis du tout de ces entraves par le seul fait de leur hostise, il y en a encore en 1185, à une époque d'émancipation pour tout l'Orléanais, il y a des hôtes qui ne peuvent circuler et aliéner librement qu'en vertu d'une concession spéciale ! Ce sont donc des serfs. Il faut reconnaître deux classes d'hôtes ; que l'on attribue à l'une ou à l'autre la qualification de « plenarius hospes, » il n'importe. Voilà deux classes d'hôtes radicalement séparées, sans qu'il existe entre elles plus de rapport qu'il n'en existe entre l'homme libre ordinaire et le serf. L'hostise ne crée donc pas juridiquement un nouvel état de personnes ; de même qu'il y a des hommes qui sont fermiers et d'autres qui ne le sont point, de même il y aurait des francs-hommes hôtes ou des serfs hôtes, et d'autres qui ne le sont point. L'hostise qui ne serait alors qu'une sorte de ferme n'influerait en aucune manière sur la capacité civile et politique de l'hôte. Assurément l'on entend souvent par « hôte » le revenu de l'hos-

[1] M. Tardif : à son cours.
[2] Morin, Hist. du Gastinois, p. 705.

tise [1] : sous ce rapport, on aliène souvent des « hôtes [2] » comme toute autre source de revenus. Cependant de divers actes [3] il semble bien résulter qu'on a vendu ou échangé aussi la *personne* de certains hôtes : nouvelle preuve que ces hôtes étaient des serfs.

Mais, dira-t-on, si les hôtes ne sont que de simples hommes libres ou de simples serfs, pourquoi la coutume de Ferrières leur consacre-t-elle un article spécial, comme si l'affranchissement généralement prononcé pour tous les serfs ne suffisait pas? Il y a là, en effet, une redondance, un luxe de détails que l'importance de la charte en même temps que ses défauts de rédaction font bien suffisamment comprendre. Ce qui nous paraîtrait bien plus extraordinaire, si la condition des hôtes était spéciale et intermédiaire entre la liberté et le servage, c'est qu'aucune autre charte d'affranchissement en Orléanais n'en fasse mention. Cependant les hôtes formaient la plus grande partie de la population des environs de la forêt. Dans les textes des quatorzième et quinzième siècles [4], les riverains sont constamment appelés des *hôtes*. Que si cette preuve ne suffit pas, et qu'on voie dans cette dénomination à une pareille époque une confusion dépourvue désormais de toute conséquence pratique, les actes antérieurs sont là pour nous prouver que les colonies d'hôtes formaient le moyen le plus usité par les ecclésiastiques pour pratiquer les défrichements importants. Dans un arrangement conclu, en 1210, entre Giles Malebruière, chevalier, et l'abbaye de La Cour-Dieu, devant l'évêque d'Orléans, il est convenu que des bois dits de Mont-Donné et du Boulay, appartiendront à l'abbaye ; on prévoit l'hypothèse d'un défrichement ; et

[1] V. notamment arrêt de 1318. — Olim, III, 1383.

[2] V. Confirmation par l'évêque d'Orléans, Manassès, à l'abbaye de Micy, en 1168, des possessions données par R. de Nids, seigneur de la Ferté-Nerbert, notamment « villam de Montyranni cum *hospitibus*, pratis, bosco... » (Bibl. impér., 12739, lat. p. 323 et suiv.)

[3] Dont plusieurs figurent notamment dans le catalogue des actes de Phil.-Aug., par M. L. Delisle.

[4] Et même du treizième. V. accord de 1284 entre l'abbaye de La Cour-Dieu et l'évêché. M. Jarry, op. cit., pr. xxxvi.

de quels moyens semble-t-il évident que l'abbaye se servira pour y parvenir? Giles « habebit etiam campipartem navorum et « milii si forte nemus illud per monachos ad agriculturam redi- « gatur; et si forte monachi ibidem *hospites ponent*, in introitu « cujusque habebit semel et tantum unam lagenam vini et sin- « gulis annis unam minam sigali ab eo qui cum marra [1] labo- « rabit [2] ». Lorsque, en 1207, Philippe-Auguste cède aux moines de Fontaine-Jehan le bois de « Crollancia », il leur permet sans doute de le défricher « ita quod de dicto nemore « faciant quod voluerint vel nemus nutriendo vel terram exco- « lendo », mais ne se souciant pas que les moines usent de cette faculté de défrichement, que leur défendra-t-il? Il leur interdit de bâtir et d'amener des hôtes : « dum tamen ibi non « possent villam faceri [3] seu hospites habere, nec possint illud « dare ad hospitandum [4]. » On voit que le roi supposait bien de quelle manière s'y prendraient les moines pour arriver au défrichement.

Les hôtes ne devaient donc pas être rares [5]. Certainement les territoires de Lorris et des autres villages forestiers en comprenaient un grand nombre. Comment donc expliquer que les coutumes orléanaises ne contiennent aucune disposition en leur faveur?

C'est qu'évidemment ils pouvaient s'en passer; que l'affranchissement et les privilèges accordés aux autres habitants du pays leur étaient applicables, par conséquent que leur position se trouvait identique.

En 1160 [6], un arrangement très-curieux intervenu entre un couvent puissant, ayant des capitaux à sa disposition, et un seigneur laïque, nous offre en même temps qu'un exemple carac-

[1] Redevance sévère : la coutume de Lorris n'en exige que de ceux qui travaillent « cum aratro. »

[2] Cartul. de La Cour-Dieu, p. 13.

[3] Ou plutôt sans doute *facere*.

[4] Du Bouchet. Hist. de Courtenay, pr. 13.

[5] V. Ch. de Rebréchien. — Q. 590, n° 10, f. CXIX. — Ech. de Courcy, 1307, *ibid*, f. II, X, XVI.

[6] Fonds de la comm. de Saint-Marc d'Orléans.

téristique, et d'une nature particulière, de défrichement, un nouvel argument en faveur de l'assimilation juridique des hôtes aux autres hommes du pays.

Le seigneur apporte le terrain, le couvent les pionniers, les hôtes : tous deux s'associent ; le couvent fournit aux frais des constructions et dirige les travaux ; le village élevé et la terre mise en culture, les associés partageront les revenus dans la proportion fixée d'avance par l'acte constitutif de société. S'inspirant de ces idées, la commanderie de l'Hospital de Saint-Jean-de-Jérusalem, à Orléans, et Bouchard de Meung passent un acte de société que l'évêque d'Orléans est appelé à sanctionner, en 1160, comme suzerain de Bouchard, qui lui doit l'hommage-lige. Bouchard donne aux Hospitaliers de Saint-Jean-de-Jérusalem sa terre de Coulmiers, Rozières et Montpipeau ; l'Hôpital doit prélever soixante arpents pour bâtir un village[1], il y attirera des hôtes, les prendra sous sa protection, les gardera et défendra envers et contre tous « tam in pace quam in guerra ». Si le nombre des hôtes s'accroît au point que ces soixante arpents ne suffisent plus, il pourra être procédé, avec le consentement de l'évêque, à une concession nouvelle ; si, au contraire, une partie de ces soixante arpents restait inhabitée, elle reviendrait à Bouchard. Les fours banaux seront chauffés avec du bois mort fourni par Bouchard. « Concessit præterea suprafatus Bucchardus quod ejusdem ville furna quotcumque fuerint, de suo bosco mortuo calefiant. Si vero contigerit quod predictum boscum in aliam manum transire faciat et eumdem a suis manibus alienet, sic tamen faciet quod boscum mortuum predictorum furnorum usui retinebit. »

Les bois de Bouchard sont grevés encore d'un autre droit : « Item aumalia hospitum ejusdem ville in boscho Bucchardi habebunt aisantiam nisi boscus in tallia fuerit. » Bouchard

[1] Le village ainsi bâti est celui de Bonneville-les-Montpipeau. Dans la suite, une contestation s'éleva entre Geoffroy Payen, seigneur de Montpipeau et la Commanderie de Saint-Marc sur la propriété et la haute justice de ce lieu : par une transaction de février 1328 (1329), confirmée en oct. 1365, le Commandeur abandonna tous ses droits moyennant une rente de 17 livres parisis sur la seigneurie de Montpipeau (S. 5018).

et la commanderie se partageront par moitié les revenus comme les charges des fours banaux, moulins et autres sources de profits. Il paraît qu'un des premiers soins des hardis pionniers qui marchaient alors à la conquête des déserts était d'établir des étangs [1] et des chutes d'eau : on formait un barrage avec une écluse, on y préposait un gardien assermenté, et dès lors, en même temps que la disette d'eau n'était plus à craindre, la pêche assurait une ressource culinaire aux habitants ou des revenus au seigneur : des lettres épiscopales de Jargeau, 1169, concédant à l'abbaye de Notre-Dame de Lanche des terres cultivées et des terres en friche, près de Pont-aux-Moines, prévoient cette hypothèse : « Unam carrucam terræ antiquitus laboratæ, « quantum sex boves in cunctis sasionibus poterunt arrare, vo« lente capitulo Sanctæ Crucis et concedente, in perpetuum « possidendam dedimus et concessimus... præterea sex arpenta « terræ circa fontem de Leucha in elemosinam ipsis donavimus; « stagnum vero si ibi fecerint et molendinum et aquæductum « extra sex arpenta predicta quiete et libere possidere eis an« nuimus [2]. » Bouchard de Meung et la commanderie comptent agir de même. On stipule que les revenus de l'étang futur appartiendront par moitié aux parties contractantes, qui supporteront également à frais communs les réparations des écluses. Le garde prêtera serment à chacune des parties [3].

On peut remarquer que, dans les entreprises de ce genre, l'initiative des hôtes n'est en général comptée pour rien : le contrat passé entre les chefs de l'entreprise, dont ils sont les simples artisans, leur reste absolument étranger ; peu importe donc, en pareil cas, qu'ils possèdent ou non la capacité de contracter, qu'ils soient serfs ou libres ; le succès de l'entreprise

[1] Les moines agissaient de même. Il est remarquable que des lettres de Louis VII en 1155 s'expriment ainsi au sujet de La Cour-Dieu : « Cum viderémus fratres, de Curia Dei *habitare super locum inaquosum et aridum*, et tempore quo itur ad capitulum cistersiense multum egere piscibus... » (Jarry, op. cit., pr. V, d'après dom Verninac).

[2] Cartul. de La Cour-Dieu, I, 70. — Jarry, op. cit., pr. XIV. — D. Estiennot (12739, lat.), p. 549.

[3] S. 5018, liasse 1re.

n'est pas attaché à cette circonstance, tous les risques sont pour Bouchard et la commanderie.

On suppose ici que les hôtes pourront être des hommes libres, car le même acte parle des achats et des ventes qu'ils passeront ; mais cependant ne ressort-il pas des termes même de la convention qu'une partie des hôtes se composera de serfs? En effet, l'entrepreneur, qui est la commanderie, accepte l'obligation d'élever tout un bourg ; pour répondre à une mise de fonds si considérable, et qui suppose de grandes espérances de revenu, le chiffre de soixante arpents était bien minime.

En effet, il ne s'agit pas d'un village occupant une superficie de soixante arpents et rayonnant par son travail dans les environs ; par sa nature même, l'hostise se compose essentiellement d'une masure qu'entourent trois arpents, ou plus ou moins, mais sans que jamais le chiffre atteigne une proportion bien onéreuse, sur lequel l'hôte doit vivre : ainsi, sur une superficie de soixante arpents pouvaient s'élever dix ou vingt maisons entourées de leur clos réglementaire, et n'ayant rien à réclamer au dehors. Il est donc permis de croire que, dans ces conditions, la commanderie comptait enrôler d'autres hôtes que des hommes libres, dont le consentement pouvait se faire attendre, et n'aurait peut-être été obtenu qu'à des conditions financières peu avantageuses. Tout porte à croire que la commanderie, en consentant à cette spéculation, sans cela quelque peu hasardeuse, nourrissait l'arrière-pensée de chercher des hôtes parmi ses propres serfs ; de cette sorte, elle était sûre, même après avoir soldé à son co-propriétaire la moitié des recettes, de n'être pas finalement constituée en perte, si elle se décidait à pousser son droit jusqu'aux dernières limites, puisque le serf, serait-il hôte, reste, dans les pays de taille non abonnée, mort-taillable [1].

[1] Voici un autre exemple caractéristique de concession d'hostise : ici l'hôte lui-même se charge de construire l'hostise ; il la détiendra moyennant un cens perpétuel, sous la justice du seigneur : il jouit d'un droit d'usage. Ce contrat prouve avec une évidence absolue que le contrat d'hostise doit être purement et simplement considéré comme une convention de droit commun :

Universis presentes licteras inspecturis, ego Theobaldus Gaudini, miles, notum facio quod ego quasdam terras sitas in parrochia de Gidiaco, quas

Il est remarquable que dans certains pays où la culture laisse encore beaucoup à désirer, nous trouvons actuellement un contrat se rapprochant beaucoup du vieux contrat d'hostise. Un agriculteur stipule qu'il lui sera alloué une certaine étendue de terrain forestier : le bois formant encore en ces climats la base de tous les édifices, même importants, les arbres qui couvrent le sol servent au pionnier pour élever sa demeure ; il défonce le terrain, en jouit, moyennant une redevance convenue, durant

terras ego tenebam in feodum a Bernardo Le Bouteillier, milite, concessi in perpetuum et tradidi hominibus morantibus in eadem perrochia de Gidiaco sub annuo et perpetuo censu solvendo singulis annis in perpetuum a dictis hominibus et heredibus seu successoribus eorumdem in terris memoratis in crastino festi Omnium Sanctorum, videlicet pro quolibet arpento dictarum terrarum tres solidos censuales. Concessi eciam et tradidi in perpetuum eisdem hominibus quasdam hostisias seu edivicia (il semble qu'il y ait dans le texte *edivicits*) ab eis ibidem sine sumptibus exstruenda sub annua et perpetua prestatione duarum gallinarum pro qualibet hostisia solvendarum ab eis seu successoribus eorum, singulis annis, in crastino Omnium Sanctorum ; et volo quod dicti homines et heredes eorum usuagium suum in perpetuum habeant in nemore de Meinrart : quas terras et quas hostisias et usuagium nemoris promisi jure garandiraturum in perpetuum dictis hominibus et eorum successoribus sub predicto censu et predicta prestacione gallinarum nec in eisdem terris vel hostisiis aliquid juris vel exaccionis seu consuetutidinis (*sic*) secularis in perpetuum reclamabo, preter dictum censum et dictam prestacionem gallinarum et vendas quando in eisdem terris vel hostisiis evenerunt, et preter sex denarios de relevagio pro quolibet arpento quando ibi evenerit relevagium excepta insuper justicia mea de sanguine et latrone et aliis justiciis sive majoribus, sive minoribus. Nec eosdem homines vel successores super dictis terris seu hostisiis in perpetuum inquietabo seu molestabo, hoc tamen adjecto quod, si predicti homines vel successores eorum non solverint dictum censum vel dictas gallinas michi vel successoribus meis in singulis annis in terminis seu diebus prenominatis, liceret mihi vel successoribus meis dictos homines vel successores eorum ad solucionem seu prestacionem predictorum tam census quam gallinarum compellere seu artare et emendam pro deffectu ejusdem solucionis ab eis exigere seu levare ad usus et consuetudines Aurelianenses. Hanc tradicionem approbaverunt uxor mea Katherina nomine Beatrix, et Johannes filius primogenitus. In cujus rei testimonium et munimen presentes licteras feci conscribi et sigilli mei karattere consignari. Datum anno Domini millesimo ducentesimo quadragesimo quarto, die veneris ante festum beate Marie Magdalene.

(Copie du quatorzième siècle. — Q. 390, n° 10, f. 120.)

le nombre d'années déterminé, après quoi la forêt primitive fait retour en terre cultivée au propriétaire. L'ancien contrat d'hostise ne diffère guère de ce contrat, dont on pourrait actuellement citer des exemples [1], qu'en ce que l'hostise était habituellement viagère.

Il fallait, pour s'attaquer si hardiment à la nature sauvage et en tirer des fruits bien durement achetés, une singulière énergie et une grande dose de résolution. Ces hommes fortement trempés n'étaient pas toujours d'un abord très-facile : « Comme le tau-
« reau sauvage secoue son front indompté sous le joug qui l'op-
« prime, se débat et résiste aux piqûres de l'aiguillon, de même
« cette race d'hommes se courbe difficilement aux enseigne-
« ments d'une sainte religion, et ne marche dans la voie droite
« pour ainsi dire que par échappées [2]. »

Du reste, lors même que l'on a la preuve d'un défrichement opéré, l'on ne doit pas se hâter trop d'en conclure à une culture définitive. On trouve quelquefois la trace de défrichements qui n'auraient été que momentanés, de champs cultivés transformés de nouveau en bois. Une enquête du treizième siècle nous apprend qu'on a vu parfois « facere novalia » dans le « nemore de Vena [3]. » Au quinzième siècle, on nous parle d'un petit bois, près de Boigny, « qui soulloit [4] estre en vignes [5]. » En 1539, la mention que les bois de Relly ou Rougemont « à présent sont en nature de bois » laisse entrevoir que leur condition avait varié [6].

Le droit de gruerie formait le plus grand obstacle aux défrichements. Le gruyer pouvait et devait maintenir en bois les tréfonds particuliers qui, réduits en culture, ne présentaient plus pour lui le même intérêt : aussi, lorsqu'en 1260, l'évêque défriche une petite partie de ses bois, c'est « de voluntate et

[1] En Lithuanie.

[2] Mirac. S. Bened, lib. IV, cap. 12. — Cité par M. Jarry, op. cit., p. 4.

[3] J. 1032, nº 7.

[4] Avait l'habitude de... (solebat).

[5] Z. 4921, f. 51.

[6] O, 20588.

gratia... regis[1]... » Dans la rigueur des règles féodales, il fallait considérer le défrichement comme une *diminutio feodi*, punissable par la forfaiture. Cependant, en 1497, le chapitre de Jargeau ayant accensé ses bois de Sainte-Croix, dans la Garde du Milieu, moyennant seize deniers parisis, les censitaires avaient tout arraché et même bâti à la place : le duc se borne[2] à les faire condamner à un léger cens, payable à l'administration ducale, ou plutôt il ordonne simplement que le chapitre de Jargeau ne percevra que la moitié du cens, comme il ne devait percevoir que la moitié des fruits[3], si le bois eût subsisté.

Les tréfonciers se plaignaient amèrement des empêchements apportés au défrichement : en 1571, lors de l'aliénation des grueries, ils refusent de racheter leur droit de gruerie « sous « couleurs que aucuns de ceux qui avoient des tresfonds esquels « n'y a que meschans bois et rabougris disoient n'estre en « liberté de les deffricher à cause de ladite restrinction, et qu'ils « estoient menacés par nos officiers d'estre empeschés de les « mettre en culture et labour[4]... » Ils craignaient sans doute d'être empêchés en dépit du rachat de leurs droits.

C'est à ce régime sévère qu'on a dû la conservation du grand massif boisé enclos dans la ligne de gruerie qui s'est gardé à peu près intact[5] durant tout le moyen âge, tandis que les taillis situés en dehors, et plantés, il faut le dire, dans des terrains différents, diminuaient si rapidement d'étendue, que depuis le quatorzième siècle l'histoire de l'Orléanais forestier ne consiste

[1] V. ci-dessus.

[2] Mais peut-être cette bienveillance n'est-elle due qu'à la faveur dont les anciennes législations entouraient les nouveaux bâtiments et cherchaient à en assurer la conservation. Le droit romain est fortement empreint de cette idée.

[3] 0,20618, f. 140. — 0,20617.

[4] Édit de 1573. — Arch. du Loiret, A. 763, 764.

[5] Comme on le voit, il y a eu en Orléanais beaucoup de défrichements mais des défrichements presque toujours opérés en dehors de la forêt d'Orléans. C'est là un point sur lequel on ne saurait trop insister. La *forêt* d'Orléans avant le dix-septième siècle, avait, relativement à son étendue, perdu très-peu de terrain : l'action des couvents, même des couvents les plus forestiers, (celui d'Ambert par exemple) ne se faisait sentir qu'au dehors.

plus guère que dans l'histoire de la forêt d'Orléans et des forêts ducales adjacentes.

Comme source de destruction pour la forêt, il ne nous reste à citer que pour mémoire l'aliénation des fonds, dont les exemples sont introuvables au moyen âge [1]. L'habitude d'aliéner ses propriétés pour s'enrichir est une habitude toute moderne.

En 1591, on aliène sous faculté de réméré perpétuel trois étangs, les étangs de Préclos, Lecomte et Boismartin [2]. En 1594, on engagea à M. de l'Hospital la Chastellenie de Lorris avec les bois de Breteau (quatre-vingt-quatre arpents) pour son chauffage [3].

Les dons royaux sont aussi rares que les aliénations à titre onéreux. Cependant un arrêt du parlement, en 1318, mentionne une libéralité royale qui s'était exercée sur les terres et les bois de Nesploy [4].

[1] Même avant la fameuse ordonnance de Moulins.
[2] Arch. du Loiret, A. 1401.
[3] Ment. 0,20721.
Olim. III, 1383.

DEUXIÈME PARTIE

DE L'INFLUENCE EXTÉRIEURE DES BOIS

CHAPITRE PREMIER

Influence des bois sur l'élevage des bestiaux

Si l'on cherche à se rendre compte de l'influence qu'ont pu exercer les bois sur la situation agricole de l'Orléanais au moyen âge, c'est tout d'abord sur l'élevage des bestiaux, cette source première de toute fécondité et de toute richesse, qu'il convient de porter son attention. Le laboureur qui possède quelques moutons, quelques porcs, quelques vaches, quelques chevaux, n'a pas à craindre les atteintes de la misère. Mais pour arriver à ce but, dont la difficulté réside non pas tant dans le prix d'achat des animaux, qui d'ailleurs naissent le plus souvent chez l'éleveur, que dans les ressources nécessaires à leur alimentation et à leur engraissage, il faut des prairies. L'eau fait les prairies. La disette d'eau est un fléau que les riverains de la forêt n'avaient pas à redouter.

La disposition de ce massif forestier sur le plateau élevé qui verse ses eaux ici dans la Loire, là dans le bassin de la Seine, ajoutait beaucoup à l'action salutaire que les bois ne manquent jamais d'exercer sur l'irrigation. Jaillissant en liberté dans la forêt, les sources se précipitaient à la lisière avec une impétuosité qui leur a valu la qualification de torrents, et ainsi elles ne perdaient rien de leur puissance non plus que de leur fraîcheur. Tels paraissent avoir été les « Fossés de la Luyne » (garde du Chaumontois), dont la perpétuelle mention se rencontre dans tous les textes forestiers.

Au douzième siècle, un grand nombre de ces ruisseaux descendaient de la forêt à la Loire, du côté de Saint-Benoît, au milieu de pâturages : les chroniques nous parlent de « greges « pecorum... in contiguis torrentum pratis... pascentes [1]. »

Un « ruissel » séparait le climat dit l'Usage des Bordes, de la Haute-Forêt.

Il est impossible d'énumérer tous les filets d'eau auxquels le sol sablonneux livrait un facile passage. Rien, d'ailleurs, ne serait plus fastidieux. Jointes aux eaux pluviales, ces sources formaient çà et là de vastes réserves : outre les grands étangs soigneusement entretenus, la forêt en renfermait beaucoup d'autres, dont quelques-uns subsistent encore. L'étang de la Vallée, près Combreux, n'est pas sans jouir de quelque renom. A ces étangs, il faut joindre d'innombrables flaques d'eau, retenues dans un pli de terrain et souvent sans issue : les principaux de ces « *marchais* » se nommaient alors le Marchais-Creux, le Marchais-aux-Prêtres, le Marchais-aux-Cressons, le Marchais-Coulevreux.

Les plus importants servaient à désigner les climats qui les abritaient. Le procès-verbal de la visite de 1608 [2] nous a conservé la mention d'un certain nombre. Il nous montre, dans la garde de Vitry, le Marchais des Hault-Bois, la Fosse-aux-Céieux, l'étang du Four, la Fosse, le Grand-Guay-Girault, les Fontenelles; — à Courcy, la Fontaine de Moumaison, la Fontaine-

[1] Hist. de la France, XI, p. 480.
[2] Z. 4922.

Salleau, la Vallée des Étangs, la Fontaine du Charme, les Fossés-Rouges, les Fossés-aux-Pothiers, l'Estang de Nescy, la Petite-Fontaine, le Marchais-Barrés; — au Chaumontois, l'étang de Molandon [1], le Guay-l'Évêque, la Fontaine-le-Roy, la Fontaine-Blanche, le Marchais-aux-Bisches, la Fontaine-Brenet, le Petit-Estang, le Grand-Estang-Ranouard, le Marchais de la Noue, la Fosse-aux-Chevaux, la Noue-Pourrye; — dans le Milieu, l'Étang du Giblois, la Fontaine-Blanche, le Marchais-Noir, la Fontaine de l'Aulnoy, le Marchais-Carreau, le Marchais-Foucher, le Marchais-Thuilleux, la Fontaine des Aulneaux, le Marchais-Pinet, le Marchais de la Canette, le Marchais-Brung, les Marchais de la Plaine, de la Mardelle, la Fontaine de Montbrung, la Fontaine-Blanche, le Marchais-Landon, le Port du Guay-Gravis, la Fontaine des Chastelliers, les Marchais du Chemain, de la Grue, de la Luine, des Coulemières, l'Estang de la Noue, les Fosses-Blanches; — à Neuville, les Fosses, le Ruisseau du Gouffre de Parfont, la Mou-du-Saulle, Mol-Vault, le Marchais-Cloüé, la Fontaine du Saussay, le Marchais-Moisson; — à Goumas, le Marchais des Barbes, le Petit Étang Geuffreneau.

Une sentence de Nicolas de Saint-Mesmin, en 1565 [2], mentionne les Marchais Mignon et Boyvin.

Il serait facile d'en citer une infinité d'autres.

La forêt de Montargis n'en était pas plus dépourvue : « En « ladite forest, nous dit dom Morin [3], se trouvent quantité de « puits, de marais et un estang nommé l'estang de Paucourt. » — Le même auteur rend un éclatant hommage aux ressources que cette forêt pouvait fournir à l'irrigation, par une anecdote qui, sans mériter la confiance la plus illimitée, n'en est pas moins un témoignage bon à recueillir. « Se voit d'avantage « dans ladite garde (du Chastellier) une fontaine appellée la « Fontaine-aux-Lorrains, qui est le long de la route de Ferrière « à Sainct Germain, qui a esté découverte, comme par hazard, « par des Lorrains qui demeuroient à Paucourt, et nourris-

[1] Appelé dans les vieux textes Montlourdin.
[2] O,20640, f. 247.
[3] Hist. du Gastinais, p. 83.

« soient quantité de porcs, et comme l'année fut si seiche, que « les puits et marais furent taris, lesdits Lorrains menant en la « forest leurs porcs brouter le gland, ils trouvèrent une place « fort freische ou ils se mirent à creuser tant soit peu, lors « sortit une impétuosité abondante d'eau vive et claire qui est « pérennelle, et du depuis cette fontaine a retenu le nom de ses « inventeurs Lorrains. — En cette mesme garde, y a un en- « droict qui contient un arpent de terre lequel s'appelle l'an- « tonoir, où toutes les eaux se ramassent en temps de pluye et « s'y perdent à l'instant[1]... » On voit que la découverte des sources n'exigeait pas des études d'hydrologie bien approfondies.

Cette abondance d'eau dans les bois ne pouvait manquer de procurer une égale abondance dans tout le pays avoisinant. Morin nous dit que les rivières et ruisseaux qui baignent toute la province la rendent « fort agréable[2]. » Il nous cite, dans le cours de son *Histoire du Gastinais*, un grand nombre de ruisseaux et d'étangs, dont plus d'un n'existe plus. Ainsi Beaune était « bornée de murailles et fossez remplis la plus part d'eau.... Il « y a un estang attenant auxdites murailles[3]. » De la forêt s'écoulaient partout de petites rivières nommées *rus* ou *ruets*[4]. Ainsi, le long du climat de l'*Usage aux femmes*, les rus de la Noue et de Raouart bordaient la forêt[5]. L'abondance de ces rus valut même à une petite seigneurie, située près de La Cour-Dieu, le nom de « Motte-des-Ruées » ou « les Ruets[6]. »

La charte de coutumes de la banlieue de Ferrières, en 1185, mentionne un étang près de la route de Mauconseil (Mali Consilii), nommé Claireau (Clareia), et la petite rivière dite de Boutoir (fons Bultorii). Tout ce pays était extrêmement frais et très-arrosé. De nombreuses fontaines descendaient dans le Loing.

[1] *Id.*, p. 82, 83.

[2] P. 2.

[3] V. Morin, p. 283, 290, 303, 388, 727, 728, 770, 810.

[4] Ruissel, ruisseau est un diminutif du même mot.

[5] Enq. sur Bray, Bonnée, les Bordes, 1404. — 0,20635.

[6] V. notamment Aveux. — A. du Loiret, Fonds du Duché, A. 14, l. 133.

Les autres parties du Gastinais et de l'Orléanais n'étaient pas plus dépourvues d'étangs et de rivières. Chambon [1], Nibelle, Boiscommun, Nesploy, Saint-Sauveur, Chemault, toutes les paroisses forestières, en un mot, voyaient leur territoire couvert d'eau et d'étangs à un point excessif.

Aussi dans les actes du moyen âge des mentions très-nombreuses de moulins à eau nous montrent que cette industrie était extrêmement répandue [2].

De presque tous ces étangs s'écoulaient, en effet, des filets d'eau d'une certaine puissance. Vers la fin du seizième siècle, on entreprit un grand travail de dessèchement. La majeure partie de ces importants réservoirs d'eau paraît avoir disparu vers cette époque. La place qu'ils occupaient fut livrée à la culture et fournit de bons prés : sous ce rapport, l'agriculture gagna à leur suppression, et assurément aussi la salubrité générale. Mais, dès lors, la conservation des bois devenait bien plus nécessaire pour le bon entretien des rivières, qui presque toutes avaient leurs sources au sein de la forêt ou sur la lisière. Même il n'était pas rare que plusieurs de ces sources fussent consacrées par une tradition immémoriale à quelque saint. Une charte du douzième siècle cite à Mareau la Fontaine-Saint-Pierre « ... ad fontem Sancti Petri [3]... » A la Cour-Dieu, la Fontaine-Saint-Hue était un objet de grande vénération [4]. Un très-grand nombre de ces sources dans la forêt et aux environs n'a pas cessé de porter le pieux vocable qui leur a été décerné par nos aïeux, ni même d'attirer des pèlerins.

Les étangs supprimés pour la plupart, on a constamment, depuis le dix-septième siècle tendu à la diminution du massif fores-

[1] V. *Moniteur du Loiret*, 12 sept. 1852. Not. sur La Cour-Dieu, par l'abbé Gingréau. — A de l'Yonne, Fonds de Flotin, etc.

[2] V. notamment Morin, p. 583, 728, 88 : Arch. de Flotin (Moulin du Croc, Moulin Charrier, etc. etc.) Les arch. de La Cour-Dieu (Arch. du Loiret) renferment une pièce de 1201, sur le moulin à eau de Fay, non mentionnée par M. L. Delisle.

[3] D. Estiennot, 12739 lat., p. 558.

[4] V. Hist. de La Cour-Dieu, par M. L. Jarry, p. 159.

tier. Il en résulte que le volume d'eau des petites rivières qui arrosaient le pays paraît avoir diminué dans la même proportion que les bois. Il est de ces cours d'eau qui depuis deux siècles ont disparu, d'autres se sont transformés d'une manière malheureuse à la fois pour l'agriculture et pour la salubrité publique : on a perdu là ce qu'on avait gagné au dessèchement d'étangs et de marais. Le prieuré de Flotin s'élevait, au dix-septième siècle, entre trois étangs reliés par un large fossé, et qu'alimentaient deux ruisseaux qui y faisaient tourner un moulin [1]. Il en était de même des beaux étangs de l'abbaye de La Cour-Dieu [2]. A la porte de la ville d'Orléans, on souffre parfois des inondations subites d'un petit ruisseau disparu. La rivière de Pithiviers, l'OEuf, qui, actuellement, se venge pendant l'hiver, à ce que l'on assure, par des impétuosités torrentueuses de la sécheresse qui, l'été, la transforme en un cloaque malsain, avait autrefois un cours plus régulier, partant plus salubre et plus utile. Au dix-septième siècle, elle était encore navigable à Pithiviers, si l'on en croit Lemaire, témoin oculaire [3].

Toutefois, le manque d'eau est un fléau qui ne date pas d'hier : de tout temps, il a été ressenti. Dès 1216, le couvent de Bucy-Saint-Liphard se voyait obligé de se transporter à Voisins « tum « propter loci importunitatem, tum propter aquæ penuriam [4] ».

D'où peut venir cette calamité, sinon, tout le monde le reconnaît, de défrichements inconsidérés ? Seules, les forêts offrent d'efficaces garanties pour la conservation des sources : seules, elles savent retenir les eaux versées en torrents par des pluies trop abondantes ou les fontes des neiges, et elles transforment ces eaux menaçantes en un irrésistible instrument de fécondité. Et qu'on ne s'imagine pas que les forêts attachées aux flancs des montagnes soient les seules appelées à nous rendre ce service fondamental. La forêt d'Orléans, située dans un pays plat où elle semble au premier abord d'une utilité plus contestable n'en

[1] V. Notes hist. sur le prieuré de Flotin, Mémoires de la société d'Agriculture, Sciences et Arts d'Orléans, t. XII.

[2] Jarry, Hist. de la Cour-Dieu, p. 66.

[3] II, 2.

[4] D. Estiennot, p. 509. — Lettres de l'évêque d'Orléans.

occupe pas moins le sommet d'où s'écoulent tous les cours d'eau qui baignent une partie du bassin de la Seine. Certains défrichements qu'on y a pratiqués, peu lucratifs pour l'Etat, ont nui à l'agriculture plutôt qu'ils ne lui ont servi. Si un jour cette forêt devait disparaître tout entière, ce ne serait que pour faire place à un pays dont une partie aurait la sécheresse de la Beauce sans sa fécondité, et l'autre serait condamnée, comme on l'a très-bien dit [1], à devenir une nouvelle Sologne, *inutile à ses voisins, fatale à elle-même.*

Grâce aux cours d'eau qui descendent des bois, les laboureurs du moyen âge pouvaient donc mener leurs troupeaux dans de bonnes et importantes prairies ; la forêt leur rendait encore, à son propre détriment, un bien plus direct et bien plus signalé service, sous le rapport de l'élevage des bestiaux, au moyen des droits d'usage. Du reste, les droits d'usage ne comprennent pas seulement des concessions relatives au pâturage et à la nourriture des animaux : l'un de ces droits, le plus précieux peut-être aux yeux des usagers, était le droit à prendre du bois pour se chauffer et pour bâtir.

Quel est précisément le caractère, quelle est l'origine des droits d'usage [2] ? Faut-il y voir un pur don, une simple concession, ou ne sont-ils, au contraire, qu'une restitution, qu'un reste de prérogatives plus considérables que les riverains auraient exercées tout d'abord ?

Le savant de Valois [3] soutient avec force cette seconde hypothèse, et il la soutient avec une grande apparence de raison. Il est certain que dans la législation germaine le droit d'usage est considéré, pour ainsi dire, comme une institution de droit naturel. Dans la plupart des coutumes germaines, l'étranger possède une sorte de droit d'usage sur les forêts qu'il traverse et sur les vergers : ces règles, du reste, varient beaucoup ; on lui permet, en général, de prendre de quoi faire un repas, repas, il

[1] V. *Journal du Loiret*, 18 mai 1865.

[2] Comme documents généraux sur les droits d'usage de l'Orléanais, V. 0,20618, 0,20635, 0,20640 à 0,20645. — Q. 590 et 591, nº 10. — Aux Archives du Loiret, A. 831.

[3] Notitia Galliarum.

est vrai, très-frugal, car dans telles coutumes il est limité, par exemple, à une poignée de noix. A bien plus forte raison, l'homme libre, qui fait partie de la tribu dont les membres étaient, comme l'on sait, liés les uns aux autres par une étroite solidarité civile et pénale, devait-il avoir le droit de se procurer, par voie d'usage, ce qui lui manquait et qu'il ne pouvait créer. Ainsi, tout homme qui ne possédait point de bois pouvait s'en fournir dans la première forêt qui lui convînt. Le propriétaire qui s'y serait opposé s'exposait à une amende; le propriétaire pouvait seulement marquer les arbres qu'il se réservait pour son propre usage.

Ces forêts ne ressemblaient donc point à nos forêts communales [1] : elles n'étaient pas communes, elles appartenaient parfaitement et exclusivement à leur propriétaire; seulement tout homme libre de la tribu pouvait y user, en vertu d'un droit primordial et inaliénable. Sans participer pour cela à l'utopie du socialisme, de tout temps les lois ont par des considérations d'intérêt général, dans le même ordre d'idées, limité le droit de propriété. La loi des Burgondes, l'une des plus romaines, conserve sur ce point le vieux système germain auquel la forêt d'Orléans a dû être assujettie comme toutes les autres forêts.

Sous la seconde race, ces principes de l'usage germain perdirent sans doute de leur force lorsque les bois d'importance secondaire finirent par tomber peu à peu dans le domaine seigneurial [2]. L'étendue considérable de la forêt d'Orléans rendait sa prise plus difficile et l'invasion du régime féodal devait rencontrer des obstacles. L'ancien nom du Loje nous prouve que cette région resta soumise aux premières règles, alors que ces règles étant méconnues généralement, y obéir devenait presque l'exception. *Leodia silva*, une forêt des Leudes, c'est celle où tout Leude a le droit d'user, et l'on sait l'acception si ample de ce mot : le Leude est le citoyen [3], c'est l'homme libre

[1] Comme l'a très-bien fait remarquer M. A. Maury, Forêts de la Gaule, 92.

[2] V. M. Maury, op. cit., p. 97.

[3] Et non point, comme on le dit trop souvent, le membre d'une aristocratie privilégiée.

ayant prêté le *leudesamium*, ce serment politique imposé à tous les sujets lors de l'avénement du nouveau monarque : la forêt du Loje est donc une forêt dont l'usage est commun. Parfois modifié en détail par les efforts de l'autorité royale, ce fait a subsisté dans tout le moyen-âge, bien que le principe se fût perdu. Les droits s'immobilisent seulement à partir de Louis VI, de ce prince à l'esprit si éminent qui fonda l'administration, et le premier songea à organiser un contrôle. Les établissements nouveaux, les nouveaux châteaux, surtout les nouveaux couvents dont les fondations atteignent dans la France du douzième siècle un chiffre extraordinaire, ont besoin dès lors d'une autorisation royale pour acquérir un droit d'usage. Mais tout ce qui date d'une époque antérieure possède déjà le droit d'usage. Aussi presque toutes les paroisses riveraines [1] en sont dotées, et les concessions royales qu'elles obtinrent dans le cours du moyen-âge ne font que confirmer, ou régler des points de détail [2].

La féodalité qui, à côté de l'exercice de chaque droit, avait établi une redevance foncière, ordinairement en nature, frappa les droits d'usage d'un impôt, onéreux peut-être au temps où il s'établit, mais qui, dans tout le cours du moyen-âge où il subsista constamment, n'offrait à coup sûr qu'une importance médiocre. Chaque feu d'usagers était tenu d'une redevance d'une mine de grain tantôt blé ou méteil, tantôt avoine ou seigle. Encore cet impôt diminua-t-il souvent de quotité, grâce à la munificence de divers princes, ou grâce à la coutume. Il n'est pas rare que les droits soient purement gratuits. Dès 1178, Louis VII se dépouillant d'une partie de ses prérogatives seigneuriales en faveur de la banlieue d'Orléans nouvellement émancipée supprime dans la garde de Goumas tout impôt sur les droits d'usage [3]. Ces redevances ont été organisées en détail au moyen-âge.

A partir du commencement du douzième siècle, le caractère des droits d'usage change donc, depuis qu'il faut, pour les obte-

[1] V. Lorris, Combreux, Châteauneuf, Cercotes, Rozières.

[2] Nous donnerons plus loin la liste des lieux ayant usé dans la forêt.

[3] § 3 : « Avena et Mestiva de fortis Mellerii et Gumeti cadunt. » Ordonnances, XI, 210.

nir une concession spéciale. Il deviennent dès lors un droit général de servitude, un démembrement qui ne va pas toutefois jusqu'à limiter rigoureusement les pouvoirs du tréfoncier, et l'empêcher par exemple de disposer de son fonds en l'aliénant, ou en défrichant, bien que dans ce dernier cas la servitude devînt caduque, en vertu de l'axiome juridique : Cessante causa, cessat effectus. Aussi l'usager stipule-t-il parfois une garantie [1] contre ces éventualités qui n'étaient à redouter que lorsqu'on traitait avec un propriétaire autre que le roi.

Mais un autre que le roi pouvait-il accorder, dans la forêt d'Orléans, un droit d'usage?

Dans les parties de la forêt dont le roi possédait la propriété pleine et entière, il est naturel que lui seul eut le droit de concéder tels droits d'usage qu'il jugeait convenable : mais la question présente plus de difficultés alors il s'agit de bois soumis à la gruerie. Ici, la limite des droits respectifs ne se trouvant plus bien nette, à qui appartiendra-t-il de créer une servitude d'où il résultera une diminution notable dans les fruits? En principe c'est certainement au propriétaire réel du fond, au tréfoncier : en fait, il est certain qu'il n'en a pas été ainsi. Plusieurs actes, surtout au douzième siècle, nous montrent, il est vrai, des tréfonciers accordant directement des droits d'usage sur leur propre fonds. Telles sont les donations de Manasses de Garlande, évêque d'Orléans, en faveur des couvents de *Saint-Nicolas de la Lande* (1167) et du *Gué de l'Orme* (1177). Le seigneur de Chamerolles tenait également ses droits de l'évêque [2]. C'est l'évêque d'Orléans qui en 1315 concède un droit d'usage au curé de Chilleurs [3]. Mais les tréfonciers ont rarement con-

[1] V. une garantie de ce genre dans une charte de 1160 déjà citée. (S. 5018.)

[2] V. § suiv. St-Mesmin, Laleu, Toury, et les noms cités.

[3] Voici des actes qui nous montrent le Chapitre de Ste-Croix disposant de l'usage dans ses bois :

Manasses, Dei gratia Aurelianensis episcopus, universis presentes litteras inspecturis, salutem in Domino. Noverint universi quod cum inter dilectos filios abbatem et conventum Curie Dei ex una parte, et decanum et capitulum Aurelianense ex altera, verteretur contencio super usuagio quod predicti abbas et conventus in cunctis nemoribus capituli citra Ligerim inter

servé cette puissance. En général, l'autorité royale accorde des droits d'usage dans les bois d'autrui, dans les bois de gruerie

Lorriacum et Sarcotes reclamabant : tandem in nos utraque pars compromisit, promittens, sub pena centum librarum quas manu cepimus ad peticionem utriusque partis quod dictum nostrum et ordinationem nostram super hoc in omnibus et per omnia firmiter observaret. Nos igitur dictum nostrum et ordinationem nostram protulimus in hunc modum : videlicet quod abbas et conventus prenominati nullum usuagium nichilque juris in nemoribus capituli de Planquina poterunt reclamare, hoc excepto quod ad glandem octoginta porcos in eisdem habere poterunt et tenere. Nichilominus tamen capitulum nemora illa vendere poterit, obligare, et extirpare, et de eisdem suam per omnia facere voluntatem; pasnagium etiam vendere poterit, salvo tamen monachis hoc quod de octoginta porcis superius est expressum. In ceteris vero cunctis nemoribus citra Ligerim inter Lorriacum et Sarcotes constitutis que sunt capituli in presenti, predicti abbas et conventus usuagium suum habebunt omnibus domibus suis ad omnes usus necessarios. Quod ut ratum teneatur et notum permaneat, presentes litteras, ad utriusque partis peticionem fieri fecimus et sigilli nostri munimine roborari. Actum anno gratie M° CC° nono decimo, mense julio.

Arch. du Loiret, II G. 1re des bois de Traînou (Fonds Ste-Croix), A. 20 de l'ancien classement du Trésor du Chapitre. — Orig., parch.

— Robertus Curie Dei dictus abbas totusque ejusdem loci conventus, omnibus presentes litteras inspecturis, salutem in Domino. Noverint universi quod cum, inter venerabiles viros Lebertum decanum et capitulum Aurelianense ex una parte et nos ex altera verteretur contentio super usuagio quod nos in cunctis nemoribus eorum et citra Ligerim reclamabamus inter Lorriacum et Sarcotes tandem ab ipsis et a nobis fuit super ipsa contentione in venerabilem patrem ac dominum nostrum Aurelianensem episcopum taliter compromissum quod sub pena centum librarum, quas manucepit ad petitionem utriusque partis idem episcopus, tam ipsi quam nos promisimus nos hinc inde dictum et ordinationem ipsius episcopi in omnibus et per omnia firmiter servaturos : dictus autem episcopus dictum suum et ordinationem suam protulit in hunc modum, videlicet quod nos nullum usagium nichilque juris in predictorum decani et capituli nemoribus de Planquina poterimus reclamare, hoc excepto quod ad glandem octoginta porcos in eisdem poterimus habere et tenere : dicti tamen decanus et capitulum nichilominus eadem nemora vendere poterunt, obligare, extirpare et de eisdem suam per omnia facere voluntatem; poterunt etiam vendere pasnagium, salvo tamen hoc nobis quod de octoginta porcis superius est expressum; in ceteris vero cunctis nemoribus citra Ligerim inter Lorriacum et Sarcotes constitutis, que sunt decani et capituli in presenti, nos nostrum habebimus usuagium omnibus domibus nostris ad omnes usus necessarios. Nos hoc dictum et hanc ordinationem episcopi memorati ratam habemus et approbamus et eam concedimus stabilem in

au moins aussi facilement que dans les siens propres[1]. Une concession de ce genre passée par Philippe-Auguste en 1190 fait mention du consentement du tréfoncier. «... Habendam in nemore episcopi Aurelianensis, quod dicitur le Gaut, assensu et voluntate ejusdem episcopi...[2] »

Mais, en général, on se passe toujours de ce consentement qui n'est jamais mentionné dans les actes de concession. Les tréfon-

perpetuum permanere. In cujus rei testimonium et memoriam presentes litteras sigilli nostri fecimus karactere confirmari. Actum anno Domini millesimo ducentesimo nono decimo, mense julio.

Arch. du Loiret. Fonds Sainte-Croix.

(Accord confirmé par acte royal du 21 mars 1328, même fonds.)

Philippus, Dei gratia Francorum rex, baillivo Aurelianensi salutem. Cum decanus et capitulum Aurelianense de judicio per te, pro abbate et conventu de Curia Dei, super pasnagio nemorum de Gerisi, contra ipsos facto tanquam de pravo et falso, ad nos appellaverint, scire te volumus, quod viso processu coram te habito et diligenter examinato, visis etiam attestationibus testium utriusque partis, per curie nostre judicium pronuntiatum fuit, dictum judicium per te factum fuisse falsum et pravum ; et juste et rite a dictis decano et capitulo fuisse appellatum. Actum Parisiis, die jovis in festo annuntiationis dominice, anno ejusdem M° CC° octogesimo secundo, reddendo litteras.

Archives du Loiret, série ii, G., lay. 1re des bois de Trainou (Fonds Sainte-Croix) anc. cote : A. 21.

[1] Les lettres patentes de 1298 donnent en apanage au comte d'Evreux la haute justice des bois de Gien « sauf le droit aux usaiges » (0,20569, f. 234).

[2] In nomine sancte et individue Trinitatis. Amen. Philippus Dei gratia Francorum rex. Noverint universi presentes pariter et futuri quod Galtero camerario nostro et heredibus suis qui habitaturi sunt Merevillam in perpetuum donavimus et concessimus quod habeant unam quadrigatam lignorum singulis diebus habendam in nemore episcopi Aurelianensis quod dicitur le Gaut assensu et voluntate ejusdem episcopi, unde et custodibus nemoris precipimus ne servientem ducentem quadrigam in nemus vel redducentem aliquo modo impediant. Quod ut perpetuam et inconcussam sortiatur firmitatem presentem cartam sigilli nostri auctoritate et regii nominis karactere inferius annotato precipimus communiri. Actum publice Parisius anno ab incarnacione Domini M C XC regni nostri anno undecimo, astantibus in palatio nostro quorum nomina supposita sunt et signa. S. comitis Theobaldi dapiferi nostri. S. Guidonis, buticularii. S. Mathei camerarii. S. Radulphi constabularii. Data vacante cancellaria.

(Cette pièce n'est pas mentionnée par M. Delisle.) — Copies : Q. 590, f. 118. — 0,20611, f. 132 (défectueuse).

ciers pouvaient si peu accorder à autrui le droit d'usage dans leurs propres bois, qu'eux-mêmes ne le possédaient pas. Il leur fallait une concession formelle pour prendre dans leur propre fonds le bois dont ils usaient pour leurs besoins journaliers.

L'évêque d'Orléans qui paraît avoir le plus longtemps échappé à la tyrannie de la gruerie, et conservé plus de droits que les autres tréfonciers, subit à la fin la loi commune. En 1555, Henri II lui permit de prendre son chauffage dans ses bois [1]. Plusieurs tréfonciers jouissaient bien antérieurement de cette faculté transformée en privilége.

Un arrêt de 1510 confirme à l'abbaye de Saint-Benoît le droit de prendre du bois pour son chauffage et tous ses besoins dans ses forêts immenses qui chauffaient plus d'une paroisse. La sentence qui met en gruerie les bois de l'abbaye de Saint-Mesmin, sis dans la garde de Joyas, accorde aux religieux, comme une consolation qu'ils « pourront doresenavant a toujours mes user « en leurdis bois pour les édiffices et réparations de leur église « et abbaye, et pour eux, et tous leurs autres lieux, maisons et « héritages, à la large coignée, à la scie et à la ligne. » (Avril 1396.) Une vente de « l'habergement de Jupeau » (paroisse de Cercottes), passée en février 1354 par le sieur de La Porte, chevalier, à André de Bellevoies, bourgeois d'Orléans, « mentionne les bois de Jupeau et l'usage esdits bois [2]. »

De même l'aveu de la seigneurie de Santimaisons rendu en 1403 par Hector de Bouville, porte notamment sur un droit d'usage exercé aux bois de Hatereau, qui appartenait pour la plus grande partie à l'avouant et sur lesquels les habitants de Vitry avaient aussi (par suite de concessions royales), des droits d'usage importants. La seigneurie du Lude (en Sologne), exerce un usage, nous dit-on, « pour et à cause desdits 14 arpents » (qu'elle possédait dans la garde de Goumas [3]).

Un double arrêt au possessoire, du Parlement, en 1265

[1] Chauffage fixé depuis à 25 arpents de taillis. — Lettres patentes du 20 octobre 1556, du 4 novembre 1594, etc., etc. (V. Inventaire des titres d vêché. Bibl. impér. fr, 11991, p. 156.)

[2] 0,20636, f. 44.

[3] K. K. 1016.

mentionne un conflit curieux qui s'était élevé entre les officiers royaux et l'abbaye de Ferrières. L'abbaye prétendait avoir le droit de faire paître ses porcs dans ses propres bois ; or le pâturage des porcs appelé spécialement panage formait un des droits les plus lucratifs, et conséquemment les plus vivement réclamés par le gruyer. Le couvent prouve cependant qu'il en est en possession, et on l'y maintient[1], mais à titre de possesseur seulement, et sauf toutes les réclamations des autres usagers : « Ita « tamen quod si aliquis usagiarius super hoc conqueratur, au- « diatur, et fiat ei jus[2]. »

La même abbaye se plaint que ses charrettes aient été arrêtées lorsqu'elles allaient chercher du bois sur leur propre fonds pour le porter aux maisons ou granges[3] « apud granchias suas, » dépendantes du couvent « quas habent ultra rippam Luppe « deversus Puteolos, videlicet apud Angleures, et eorum perti- « nencias, ad molendinos de vallibus ad Bougleniacum, ad « Bursiacum, ad Orrevillam, ad Lainevillam, ad Puteolos et « apud Gevrinas, » et de l'autre côté du Loing, « et ex alia « parte rippe aque Lupe, deversus Senenes, apud Rosetum, « et apud Cortremant. » L'abbaye allègue une possession pacifique : « et hec omnia usi fuerunt pacifice, sicut dicebant. » Elle y est maintenue : mais son droit n'est absolument considéré que comme un pur usage, et il est soumis à toutes les règles générales qui régissent la matière[4]. Ainsi, le gruyer qui perçoit la majeure partie des recettes, qui seul a l'administration du domaine, est aussi le seul qui puisse conférer des droits sur ce domaine. On voit par là que la gruerie elle-même ressemble bien en fait à une co-propriété, et qu'elle n'a rien de commun dans son application avec les droits d'usage, auxquels

[1] Olim, I, 215.

[2] Cependant remarquons dès à présent qu'au treizième siècle la règle générale pour les tréfonciers est qu'ils possèdent le droit de panage.

[3] Sorte de ferme.

[4] Cependant ces droits d'usage des tréfonciers sur leur propre fonds présentant, à notre point de vue, un caractère exceptionnel, et ressemblant fort à une simple dispense de gruerie, nous n'avons mentionné dans la liste des usagers que les personnes ayant exercé des droits sur les tréfonds d'autrui.

on serait porté à l'assimiler à première vue, tout en lui maintenant un caractère particulier.

Une charte curieuse de 1201 nous montre une sorte de concordat passé, à la suite d'une enquête, entre le roi et le chapitre de Sainte-Croix. Il s'agit du règlement des droits d'usage du chapitre dans ses bois. Il paraît qu'à cet égard, la coutume déjà avait fait la loi : le doyen peut envoyer sa charrette chercher du bois autant qu'il veut, « sicut solet. » Son usage est illimité. On règle les droits des hommes du chapitre. Il est stipulé expressément que le chapitre, par l'entremise de ses sergents, pourra accorder des droits d'usage, au bois mort [1].

« In nomine sancte et individue Trinitatis, amen. Philippus « Dei gratia Francorum Rex. Noverint universi presentes « pariter et futuri quod Guillermus de Capella, serviens « noster, de mandato nostro fecit inquisicionem per bonos « et legitimos viros quid juris capitulum Sancte Crucis « Aurelianensis et homines sui haberent in nemoribus suis « que dicuntur Nemora Sancte Crucis. Nos vero inquisi- « tione intellecta concessimus canonicis Sancte Crucis ut « ipsi in nemoribus suis que dicuntur Nemora Sancte Crucis « in quibus solent capere nemus capiant hoc modo : quod ca- « nonicus Sancte Crucis, qui residens erit in ecclesia Sancte « Crucis, singulis annis in nemoribus predictis capiet tantum- « modo viginti quadrigatas lignorum. Personna vero ejusdem « ecclesie que in ecclesia residens erit singulis annis in nemo- « ribus predictis capiet tantummodo triginta quadrigatas li- « gnorum, excepta quadriga decani qui illuc mittet quotiens « voluerit, sicut solet; homines autem Sancte Crucis de « Trieno, de Clichi, de Berberon [2], de Maso, de Bessi, et de As- « sartis sumant nemus mortuum ad ardendum in bosco capi- « tuli, et non poterunt vendere neque dare, et in vivo capiant « furcam et festam et le cheveron, charperez, et palum pugilla- « rem [3] et vimen ad claudendum, Et tres forestarii de Trieno « de nemoribus capituli dare poterunt nemus mortuum ad cen-

[1] O,20635, II, f. 192, et O,20640, f. 130. — Q. 590, nº 10, f. LXIV, vº
Alias, « de Berbero, de Maso, et de Essartis.., »
[3] Sans doute un pieu de la grosseur du poing.

« sum cui voluerint. Et homines de villis predictis non pote-
« runt capere nemus vivum[1] sine forestario de Trieno. Renau-
« dus Limanx, serviens Sanctæ Crucis de nemoribus, et hæredes
« ejus capient nemus mortuum ad ardendum in nemore quod
« dicitur Planquina, et homines Sancte Crucis de Belsia simi-
« liter, sed non poterunt vendere neque dare. Domus de Ger-
« vasia, et manentes in ea, capient in nemore quod dicitur Le
« Gault[2] quiquid necessarium erit eis ad ardendum et hospi-
« tandum in corpore domus, et hospites nemus mortuum.

« Nemus de Mont Lordin quod vocatur Nemus Sancte Crucis,
« est capituli Sancti Verani de Jargolio.

« Quod ut perpetuum robur obtineat presentem paginam si-
« gilli nostri authoritate et regii nominis karactere inferius
« annotato precepimus confirmari. Actum apud Montem Argi
« anno ab incarnatione Domini millesimo ducentesimo primo,
« regni vero nostri anno vicesimo tertio, astantibus in pallatio
« nostro quorum nomina supposita sunt et signa. Dapifero
« nullo. S. Guidonis buticularii. S. Matheii camerarii. S.
« Drochonis constabularii. Data vacante cancellaria. (Mono-
« gramme[3]).

[1] Alias, « mortuum, » ce qui est très-probablement une erreur.

[2] Ou « Li Gauz. »

[3] La Charte suivante nous montre un droit d'usage, créé par voie de réserve faite par un propriétaire aliénant le fonds.

Philippus Dei gratia Francorum rex, omnibus ad quos littere presentes pervenerint, salutem. Noveritis quod sicut ex autentico dilecti et fidelis nostri Aurelianensis episcopi nobis exhibito plenius intelleximus, Robertus de Gratelou, miles, in ejusdem episcopi Hugonis presentia recognovit quod Garnerus pater Roberti predicti, assensu Guibeline, uxoris sue, et filiorum suorum Roberti, Girardi, Garneri, Herbelini et Enjossendis uxoris Roberti, dederat in elemosinam ecclesie sancti Evurcii Aurelianensis viginti arpenta nemoris apud Cossolias tali modo quod canonici predicte ecclesie de nemore illo facient quicquid voluerint, et succidere et extirpare. Sed si forte glans fuerit in nemore illo, canonici nichil in glande reclamabunt, sed tota erit heredum predicti Garneri. Predictus autem Robertus et Enjossendis uxor sua et Guibelina mater ipsius et fratres ejusdem, Girardus, Garnerius et Herbertus, istam elemosinam in presentia ejusdem episcopi concesserunt. Hugo autem Bechenne de cujus feodo erat nemus illud, istam elemosinam concessit, laudavit et approbavit. Nos vero pietatis intuitu et ad peticionem predicti episcopi id confirma-

Ainsi dans les premiers temps, à côté de l'autorité royale, les droits d'usage ont une autre source, les concessions des tréfonciers. Mais dès lors les concessions royales apparaissaient plus fréquemment, et dans tout le cours du moyen âge elles n'ont cessé de se multiplier : les ducs en général se sont montrés beaucoup plus avares que les rois [1].

Il est remarquable que le prince duquel émane peut-être le plus grand nombre d'actes de concession comme de confirmation est Philippe de Valois, ce même prince dont l'avénement à la couronne se signale par l'ordonnance de Brunoy (1346), qui porte défense d'accorder de nouveaux usages dans les forêts [2]. Peut-être ces chartes doivent-elles se rapporter à un grand travail de réglementation qui aurait suivi l'ordonnance; on comprend dès lors l'opportunité des confirmations. Quant aux concessions, il faudrait supposer que, sans l'exprimer, elles se bornaient à légitimer authentiquement, et sous forme de don pur et simple, des droits anciens, dérivant de la coutume ou d'actes oubliés dont on n'aurait point voulu reconnaître la valeur légale. C'est là une pure hypothèse tendant à expliquer une contradiction singulière. Il faut remarquer, d'ailleurs, que les usages au quatorzième siècle pouvaient déjà passer pour

mus hoc modo quod predicta abbacia sancti Euvurcii illud neque vendere neque invadiare possit, immo de illo capiat usuarium ad opus suum et grangie sue de Arteniao. Actum ante Rothomagum anno ab incarnatione Domini millesimo ducentesimo quarto, mense junio.

Arch. du Loiret, Fonds Saint-Euverte.

[1] Les rois se réservèrent toujours la connaissance personnelle des concessions en matière d'usage et, du reste, les usagers n'avaient rien à y perdre. Ces concessions sont souvent motivées par des services personnels rendus au prince par le donataire. C'est au roi directement qu'il fallait s'adresser pour les obtenir. Aussi voyons-nous dans une enquête de la fin du treizième siècle que les religieux du Gué de l'Orme ayant su mettre, paraît-il, dans leurs intérêts l'officier enquêteur, celui-ci, pour aider sa mémoire, inscrit dans son enquête le memento suivant :

« Remembrance de parler au roi des frères du Gué-de-l'Orme qui deman-
« dent à avoir usages à leurz bestes et a leurs jumenz es taille de la forest de
« Loje. »

[2] V. M. Maury, op. cit., p. 136. — Ord. des E. et F.

immémoriaux [1], et que, selon la jurisprudence du Parlement, qui, même à une époque où elle ne favorisait point les privilèges bourgeois, se montre assez accommodante à l'égard des usagers, la règle juridique aux termes de laquelle un fait de tolérance ne peut par prescription se transformer en un droit de servitude ne s'applique pas ici, et le fait d'avoir usé précédemment constitue, en cas de conflit, un titre sérieux à l'appui des usagers. Nous en trouvons la preuve dans un arrêt de 1265 [2] : intentant une action en maintenue, en reconnaissance d'un droit d'usage, les habitants de Châteauneuf, pour toute raison « dicunt quod « super hoc usi sunt a tempore regis Ludovici, patris istius « regis. » Et ils obtiennent gain de cause : « Deliberatum est « simpliciter hominibus Castri Novi dictum usagium quod pe- « tebant... » D'après ces principes, plus d'un usager, même dépourvu de titres [3], aurait donc pu forcer la main du roi. Plus tard, l'on ne devait plus se montrer si facile [4].

C'est aussi dans le courant des treizième et quatorzième siè-

[1] Et ils reçoivent en effet cette qualification dans le préambule d'un grand nombre de chartes confirmatives.

[2] Olim, I, p. 225.

[3] Il devait toujours y avoir un titre écrit et authentique de concession. Cependant une charte fait mention d'une concession qui aurait été verbale.

[4] Toutefois, en 1506, la Coutume de Sens porte encore (art. 133) : « Pour avoir droit aux usages et pasturages, il faut un titre, un paiement de redevances, ou une *jouissance immémoriale.* » Mais, observons-le, la coutume ne fait allusion ici qu'aux lieux de *vaine pâture* dans lesquels ne rentraient point les forêts royales (Coutum. de Richebourg, III, 483.)

La coutume de Melun qui régissait une très-faible partie du Gastinais, Aulnay-la-Rivière, Chailly, etc., définit la vaine pâture ainsi que la coutume de Sens. « Prés fauchés et non clos sont vaine pâture », les vignes jamais; les porcs ne peuvent être mis dans les prés (art. 305) « car ils les souillent et gastent. » On peut mener les bêtes « grosses et menues qui sont pour leurs nourritures seulement, pasturer es lieux de vaine pasture de leur finage et paroisses contigues et joignantes de clocher à autre. » La législation sur la vaine pâture ressemble donc sur plus d'un point à la législation des usages, mais ne se confond pas avec elle.

(Cout. Richebourg, III. Melun, 1560, a. 302, 306. Sens, 1506, a. 133, 135, 136. — 1555, a. 147, 149, 150).

cles que les différentes espèces d'usages furent définies et réglées. Au douzième siècle, les termes de concession sont en général vagues, et leur défaut absolu de précision ouvre la porte à des abus dont on ne pouvait tarder à s'apercevoir. Tout d'abord, l'endroit où doit s'exercer l'usage y est passé sous silence ou indiqué avec les termes les plus larges : par exemple, par ces mots : « In nemoribus nostris [1] », « boscos nostros [2] », « de silva [3] ». Si une indication paraît, elle n'est guère probante : « In nemore de Chantol » dans les bois de Chanteau [4], « in nemore nostro circa Aream Bacchi [5] ». Quant à l'énumération et à la détermination des droits accordés, c'est aussi une partie sommairement traitée, surtout dans les chartes royales [6]. Les chartes épiscopales sont rédigées avec plus de précautions. Du reste, au douzième siècle, il n'est presque jamais question que d'usage au bois mort, appelé spécialement *usagium* : lorsqu'il s'agit de pâturage, l'on en fait toujours une mention expresse.

La servitude d'usage peut évidemment s'appliquer à tout produit du fonds, à tout objet susceptible de tomber dans la propriété privée. Ainsi, c'était véritablement un droit d'usage que le droit de récolter une partie des fruits du verger de Saint-Benoît-du-Retour, à Orléans, prétendu par les enfants de chœur de Saint-Pierre-Empont en 1203 [7]. « Quadam consuetudine « pomorum quam predictum capitulum asserebat suos clericulos « de suo choro habere et habuisse in viridario sancti Benedicti-« Aurelianensis. »

Toutefois, comme les produits des forêts se trouvent en nombre très-limité, les droits d'usage tels qu'on les règle définitivement depuis la fin du douzième siècle, se réduisent après tout

[1] Chartes du Gué de l'Orme, de Saint-Nicolas de la Lande.

[2] Charte de Saint-Ladre.

[3] Charte de Saint-Laurent.

[4] Charte de la Madeleine.

[5] Charte de Rebréchien : la charte de l'Hôtel-Dieu de Montargis s'exprime ainsi : « Solum in illis locis, ubi solebant accipi ab eo tempore quo primum Montisargi castrum habuimus usque ad diem qua fecimus istam eleemosinam. »

[6] V. Charte de la Coudre « plenarium usagium » (1180).

[7] D. Estiennot, 12739, lat. f. 270.

à deux catégories : les droits d'usage et les droits de pâturage. Le droit d'usage peut s'exercer soit sur le bois vert et bien venant qui forme le corps même de la forêt, soit sur le bois considéré comme inutile ou nuisible. Il y a peu de chose à dire de l'usage au bois vif, le plus rare de tous. Chaque concession particulière contient les règles qui la limitent et qui forment la loi de l'usager [1]. Le bois vif est délivré par l'officier forestier. Ce qui regarde les bois inutiles offre plus de complication. Ces bois se subdivisent en bois mort, entresec, mort bois, remoisons et bois nuisibles (bois fourchus, branches, verts-gisants, etc.). Il ne faut point nous étonner de la difficulté que nous pouvons éprouver à définir rigoureusement ces différents termes : des enquêtes du quinzième siècle nous prouvent qu'à cette époque l'on était loin encore d'être absolument fixé sur la valeur de ces mots, et que, usagers et officiers, chacun les envisageait et les expliquait à sa guise.

Le bois entresec, intersiccum, est en principe un bois à demimort : il doit être coupé *emprès-pied* comme le bois vert. Rien d'aussi dangereux que ce droit : l'appréciation complaisante des usagers voyait facilement partout du bois entresec, tous les arbres, et les plus beaux, menaçaient d'en devenir les victimes ; aussi ce droit, toujours rare, disparut rapidement ; on chercha bientôt à le racheter par des concessions moins onéreuses à la forêt. Ce droit d'entresec appartenait notamment au prieuré de Flotin [2]. Dès 1322, Charles-le-Bel le convertit en une livraison de deux charretées de bois vert par semaine : « Nos attendentes, « dit-il en termes formels, quod usagium prefatum ad intersica « stando prope pedem multa afferebat nobis incommoda, erat- « que deturpacio et destructio ejusdem foreste predicte, de con- « sensu et voluntate religiosorum ipsorum, qui sponte dicto « usagio ad prefata intersica renunciaverunt expresse, etc... »

Dans le bois vert, on distingue le bois sec *estant*, c'est-à-dire

[1] V. Rébrechien « liceat eis sumere de nemore nostro vivo secundum quod eis expedierit. » V. Yèvre : Chambon. Le bois vert doit être coupé *emprès pied*, afin que la souche puisse donner de nouveaux rejets.

[2] V. aussi Yèvre.

sur pied, et le sec *gisant*. Ordinairement la concession porte indifféremment sur tous deux. Quelquefois, on mentionne que la permission est générale « en grous et en greslo ». Cet usage s'appelle l'usage au « boscus siccus [1], nemus mortuum [2], directum, stando, ou bien jacens. »

Le mort-bois, parfois confondu avec le bois mort, même dans les textes forestiers [3], en diffère essentiellement. L'enquête sur Neuville (1395) nous en fournit une définition [4]. « Mort-bois « est bois qui ne porte point fruit ne pesson. » On fait entrer dans cette définition « le charme, le tremble, l'aune, l'arrable, « l'hourme, les faux marsaux et la couldre. » Rien de plus contestable, rien de plus contesté que ces applications. Elles comprennent, après tout, la série complète des essences forestières, sauf le chêne et le hêtre : aussi quand, en 1189, Philippe-Auguste accorde à Rébrechien un usage « de omni scilicet « genere arboris, exceptis quercubus et fagis [5] », il ne fait en réalité que donner un droit de mort-bois. Cependant l'administration forestière n'attribuait pas toujours à ce droit une si grande étendue : souvent on ne l'applique qu'aux aunes, marseaux, coudre, genêts et épines [6] (par exemple, « l'espine blanche et nere »). On cherche à maintenir en dehors l'orme, le tremble, et surtout le charme qui remplissait la forêt ; même on refuse aux habitants de Nesploy l'usage aux coudriers, en se fondant sur les termes mêmes de la définition : « La couldre n'est « pas mort bois, pour ce que elle porte fruict. »

Le droit aux remoisons prête plus encore au doute. Cet usage est ordinairement accordé aux habitants d'une seigneurie, lorsque le seigneur reçoit un droit d'usage au bois [7]. En quoi con-

[1] V. La Motte à Sury.

[2] Charte de Lorris.

[3] V. Vidimus d'une Ordonnance de Primeu de Bezons, constatant que les habitants de Chanteau-ô-Loge ont coutume de prendre en bois mort charmes trembles, etc. (Copie. Q. 587.)

[4] V. 0,20557. — 0,20635. — Enquête sur Nesploy.

[5] 0,20635. — 0,20640. — V. Rébrechien.

[6] V. Sentence sur Boullly, 1540 (Z. 4621, f. 53, v°.)

[7] V. Gémigny.

siste-t-il précisément? L'enquête de Neuville (1395) nous en fournit plusieurs définitions. L'un dit : « Quant on a coppé « ung chesne emprès pié, et on en a coppé suffisamment pour « faire et emploier en aucun édiffice, le demourant est appellé « ramoisons. » — « Après ce que on a coppé ung chesne « emprès pié, on a ousté la raichau [1], le demourant est appellé « ramoisons, » dit un autre. — Et un troisième : « Ce sont « chesnes et autres arbres dont l'en a osté le raigeau de VI ou « VIII piés de long et pièce convenable à édiffier... » Un autre déclare qu'il suffit que le raigeau soit enlevé sur une longueur de deux pieds au moins [2].

Les règles sur le raigeau donnent lieu à bien des difficultés et des discussions. On exige d'ordinaire qu'il soit enlevé sur une longueur de six pieds au minimum [3]; la charte de Châteauneuf, confirmative des usages (1399), parle des « ramoisons des « chesnes verts couppés emprès pieds... desquels en aura osté « le raichau le long de la charge d'une charette a deux bœufs, « pourveu que ladite charette ait de longeur six pieds... » Le chêne « mouché » c'est-à-dire dont on a ôté le raigeau sur une longueur d'un ou deux pieds seulement, ne compte pas parmi les ramoisons [4]. Souvent aussi on concède les ramoisons de tel usager et non point de tel autre : Neuville avait un droit « après les religieux d'Ambert et l'ostel Saint-Ladre d'Orléans, « qui coppent et usent emprès pié sans monstrée : après ce que « ils ont pris de ung chesne ce que ils ont voulu, le demourant

[1] On appelait Raigeau la tige principale qui forme le corps même de l'arbre.

[2] Fay a l'usage, dans la Garde de Vitry « en quelque manière que lesdis habitans tiennent aucun bois de chesne vert ou entresec en ramail, mays que defaille du ravau le long d'un charty de bœufs ou environ, ils le peuvent prandre et emmesner sans mesprandre et sans amande... par quoy l'en eust osté du ravau V pieds ou environ... » moyennant l'obligation d'aller au feu « quand le feu *se prend ou est mis* auxdites gardes... pour icelluy aitindre » une personne de chaque maison; s'ils y manquent ils encourent une amende de cinq sous parisis. (Enquête de 1378.)

[3] Parfois 7 pieds 1/2 : Ph. de Florigny n'exigeait que 5 pieds 1/2. V. Enquête de Nesploy.

[4] Enquête de Neuville.

« qui est appelé ramoisons appertient à l'usaige desdits habi-
« tans proveu que ledit ramoison soit suffisamment remoisonné,
« et que on ait osté assez convenablement pour faire édiffier [1]. »
Les « remoisons de malfaicteurs » ne sont permises que moyennant autorisation spéciale [2] : elles proviennent des arbres coupés délictueusement.

Le droit de ramoisons ouvrait la porte à des fraudes qui attirent sur lui les foudres des officiers forestiers.

Un ancien sergent du Milieu déclare que le « bois ramoy-
« sonné ne doibt estre permis pour usage, à cause des abus et
« dégasts. » Il se trouve des personnes courageuses qui « dient
« que ce seroit grand dommaige et inconvénient à Monseigneur
« se lesdits habitans avoient pour leur usaige le bois ramoy-
« sonné pour ce que continuellement ceux qui ont faculté de
« prendre boys ramoysonné sont coustumiers de coper et abatre
« du boys verd de la forest, d'en oster le rachau et le mucer ou
« emporter secretement, et après emporter le ramoison [3]. »

Enfin il faut encore noter les usages à certains bois inutiles, déterminés dans chaque acte.

Le plus important de ces droits est l'usage aux verts gisants ou arrachés ; on appelle ainsi les « arbres arrachiés par auraige
« ou par fortune de vent [4]. » Une charte de 1403 en faveur de Lorris nous fournit les règles de la matière : « Ils pourront
« prendre et lever du bois arraché dont la racine soit hors de
« terre [5], tellement que l'on puisse mouvoir l'arbre d'une place
« en l'autre en force de trois hommes à l'ayde de liviers, jacoit
« ce que en tel bois cassé ou arraché ayt du vert. » Ailleurs,

[1] Les habitants du Mesnil Bretonneux avaient droit aux remoisons du duc et de l'abbé de Saint-Benoît, laissées « par les ouvriers... tant en général que en particulier, et après ce que l'attellier sera levé par lesdis ouvriers. »

[2] V. Châteauneuf. — Enquête de Neuville.

[3] Enquête de 1405 sur Nesploy. — Enquête de Neuville. (V. notamment Arch. du Loiret, A. 820.)

[4] « Quand il chiet chesnes tout entiers, qu'on appelle vers gisans... » Enquête sur Bray et Bonnée, 1404.

[5] « Le bois vert gisant de deux bouts et dont la racine soit hors de terre » disent d'autres textes.

ce droit est défini droit « au raichau quant le boulloy y est [1]. »

L'usage au bois brisé est tout à fait analogue : ce bois doit etre « cassé et brisé par fortune et auraige de temps [2]. » Parfois on y fait rentrer aussi le bois cassé involontairement par les usagers prenant du bois sec « ... avecques ledit bois verd que « ledit bois sec auroit abbatu à sa cheute, le tout sans fraulde « ni abus [3]... » Cet usage au bois brisé ou « essaurné [4] » est qualifié dans les textes latins d'usage pour le « nemus viride « jacens [5]. »

Enfin il y a des droits d'usage plus rares qui s'exercent sur les bois, comme propres à les redresser et les régénérer, mais les plus abusifs de tous, en pratique ; ce sont les usages au bois fourchu, « à la fourche », aux « acoronnés », aux chênes que la caducité ou la fureur de l'ouragan a dépouillés de leur faite : « à la branche » ou ramille, permettant d'ébrancher les baliveaux [6], au bois « chaponné [7] ».

L'usager n'est pas libre de faire des bois qu'il a recueillis en vertu de son droit d'usage l'emploi que bon lui semblera : cet emploi est rigoureusement déterminé par le titre de l'usage. En général, le bois doit servir à « édiffier et ardoir [8] », « pro edifi- « care et ardere... ad edificandum et ardendum, » ou selon la plus ancienne expression, pour « héberger et ardre [9] ... Ad

[1] « A II ou III hommes sans ferrement... » Enquête de Nesploy, 1405.

[2] Comp. Sent. de 1482. — V. Dampierre.

[3] Usage « aux branches des arbres verts, qui par oraige de temps rompront ou cherront à terre... » V. La Couarde, 1409.

[4] V. le Mesnil Bretonneux. Aveu de 1528. Arch. du Loiret. A. 820.

[5] V. Luyères.

[6] Charte de Clérambault et Solvain.

[7] V. notamment le Mesnil Bretonneux.

[8] Les habitants de Lorris, en 1403, demandent à prendre « en nos dittes forests... tant bois cassé comme arraché et gasté, fust vert ou sec, fust chapotté ou autres. » Le duc leur refuse absolument ce droit «... sans ce que lesdicts manans et habitans puissent ne doivent doresnavant prandre, lever ne emmener pour leurdit usage aulcuns arbres chapottés » et les lettres de 1584 rappellent formellement cette défense.

[9] Gomigny.

« hospitandum et incendendum [1]. » Tous les emplois permis sont du reste énumérés dans la charte ; il n'est pas très-commun que le titre laisse à l'usager une liberté absolue, « usibus omni- « modis... pro omnibus necessitatibus [2]. »

De plus, le mode de prise est soigneusement déterminé. On fixe le nombre des charrettes, le nombre des bœufs ou des chevaux qui les tireront ; les instruments à employer, leur nombre [3] et leur puissance. La charte suivante, tirée des archives du Loiret, offre l'exemple d'une sentence arbitrale, où l'on entre sur cette matière dans des détails qui prouvent l'importance que l'on y attachait, et avec raison :

« Philippus, Dei gratiâ Aurelianensis episcopus, universis « presentes litteras inspecturis in Domino salutem. Noverint « universi quod dilecti in Christo filii decanus et capitulum « Aurelianense ex unâ parte et Aubertus de Vilerpium, miles, « ex alterâ, rogaverunt nos quod eis litteras nostras testimo- « niales concederemus super decisione contentionis que fuerat « inter ipsos, quam contentionem et quam decisionem reco- « gnoverunt coram nobis taliter processisse, videlicet quod cum « verteretur contentio inter predictos decanum et capitulum ex « una parte et prenominatum Aubertum ex altera, super modo « capiendi ab ipso singulis diebus unam quadrigatam lignorum « in nemore capituli de Planquena, tandem predicti decanus « et capitulum et idem Aubertus, de consensu uxoris sue et « filiorum suorum, fide ab eis recepta, totum ordinationi et « declarationi dilectorum filiorum, L. decani, J. cantoris, et « H. archidiaconi Aurelianensis, haut et bas commiserunt. Ipsi « vero de consensu utriusque partis ita ordinaverunt et decla- « raverunt quod idem Aubertus et ejus heres successive in per- « petuum singulis diebus poterit capere in nemore capituli de « Planquena unam solam quadrigatam ad duos equos tantum,

[1] Saint-Ladre (1112).

[2] Un aveu de Dampierre rendu par Hugues d'Autri (1406), mentionne que son usage est pour tous ses besoins « soit en terre sèche ou en eaue en Loire ou autres rivières, étangs et moulins... »

[3] V. Le Chesnoy, Chamerolles, etc., etc.

« sive de vivo, sive de mortuo nemore, magno vel parvo, gracili « vel grosso, ita tamen quod nemus illud non poterit trahere « vel ducere nisi ad illa solummodo loca feodi sui que tenet ab « eis. A medio septembri usque ad medium marcii tertium « equm poterit mittere in succursum et auxilium aliorum duo« rum obviam usque ad calciatam de Sarcotis et non ultra. Alio « vero tempore non poterit ponere nisi tantum duos equos ad « quadrigam. Item a medio marcii usque ad medium septem« bris non faciet secari in nemore predicto, nisi presente qua« driga sua, sed a medio septembris usque ad medium marcii « bene poterit facere secari, licet non sit presens quadriga. Hoc « tamen adjecto quod quicumque secabit pro eo, quotiens fuerit « requisitus, a preposito vel forestario vel certo mandato capi« tuli, fidem faciet, nisi tamen sit in servitio predicti militis ad « longum terminum, et tunc semel jurabit alicui predictorum « pro toto tempore quo perseverabit in servitio ipsius, quod non « secabit de nemore nisi quantum credet sufficere ad unam « quadrigatam, et quod post recessum quadrige de nemore, « amplius de nemore non secabit die illo, et quod credit quod « quadriga illa sit ventura die illo. Si non super hoc fidem dare « vel jurare voluerit, capietur pro emenda. Item merrenum vel « esconam in nemore facere non poterit, sed ligna que voluerit « de nemore asportabit, inde opera que voluerit in predicto « feodo facturus. Preterea, a festo sancti Martini hyemalis usque « ad Natale Domini in nemore predicto poterit capere paxillos « quos charnerios appellamus usque ad sexcenta tantum, ita « quod quodlibet centum contineat triginta javellas, et quelibet « javella centum charnerios. Reponet autem eos apud Sarcotas, « nec eos inde asportabit donec eos ostenderit mandato capituli. « Ad faciendos etiam seu parandos charnerios illos in nemore « plus quam tres homines simul non habebit, qui etiam fidem « prestabunt mandato capituli quod in colligendis charneriis « numerum sexcenta non excedent. Per predictam autem ordi« nationem sive declarationem nullum alias fiet predicto militi « vel ejus heredi prejudicium, sed littere sue in suo robore per« manebunt quas habet super usuagio suo sigillo capituli sigil« latas. Nos autem in hujus rei fidem et testimonium presentes « litteras sigillo nostro sigillatas, tam capitulo quam predicto

« militi duximus concedendas. Actum anno Domini millesimo « ducentesimo vicesimo octavo [1]. »

Dans les concessions de bois mort les plus rigoureuses, on ordonne aux usagers « de fendre d'un bois l'autre sans ferre« ment » : on n'autorise que l'usage « à col », c'est-à-dire que le bois ne peut être transporté que « à col », sans charrettes, et seulement par les « femmes, et valetons ne portant « brayes [2] ».

Au climat du Chaumontois, où s'exerçait un usage de cette sorte, en retint le nom d' « Usaige aux femmes ».

La seconde catégorie des droits d'usage se rapporte à l'élevage des bestiaux : elle comprend trois usages principaux, le pâturage, le panage et la glandée.

Le pâturage est le droit d'usage [3] concédé pour tous les animaux « de la nourriture [4] » de l'usager, « pro omnibus nu« trituris [5] » ; sauf la chèvre [6], à laquelle l'accès des bois est constamment interdit ; les chevaux, moutons, vaches, bœufs, taureaux [7], poulains et veaux sont admis à en profiter en nombre parfois illimité [8], mais le plus souvent déterminé. Les chiffres sont éloquents : ils nous montrent comment, grâce à la forêt, les riverains pouvaient posséder des troupeaux immenses, qui souvent ne leur coûtaient d'entretien pas une obole ; aussi, dans leurs fréquentes requêtes, les riverains exposent-ils sans cesse que leur pays est « infertil », qu'il est froid ; ils déclarent

[1] Archives du Loiret. Fonds Sainte-Croix.

[2] Par l'enfant de chœur, s'il s'agit de l'usage d'un curé.

[3] Nous ne parlons ici, bien entendu, que des droits de pâturage dans les bois. On trouve aussi, mais rarement, de ces servitudes établies sur des prairies. Ainsi, en 1233, Simon de Baugency rachète, moyennant divers avantages, le droit qu'avaient les Templiers de récolter tous les ans dans la prairie de Chemault deux charretées de foin, à six bœufs. (O,20017).

[4] V. Bouilly (aveu de 1380), Choisy (procès du seizième siècle).

[5] Cette expression ne doit pas être prise dans un sens bien strict. Elle est générale et paraît comprendre tous les animaux. Il ne faudrait pas en conclure pourtant que le moyen-âge se soit livré, par exemple, à l'hippophagie.

[6] « Capris tamen exceptis » disent les plus anciens textes.

[7] Les bœufs, vaches, etc., sont les bêtes dites « aumailles — aumalia » — « chiés ou chefs d'aumaille. »

[8] V. Courpalais. Charte de 1256... « tot quot voluerint. »

que leurs troupeaux constituent leur seule richesse, et ils affirment même que si l'autorité royale ou ducale ne confirme pas leurs priviléges de pâturage [1], ils se verront contraints de s'expatrier [2]. Mais les ressources que leur procuraient tant de bestiaux étaient de nature à les consoler; rien de plus étonnant que cette multiplication : chaque seigneurie, chaque prieuré [3], chaque ferme, chaque habitant d'un village même, avait son troupeau; on en arrive à comprendre comment dom Morin, voulant dépeindre d'un mot énergique cet état de choses qui l'avait frappé, se laisse aller à une antithèse expressive, que la grammaire condamnera peut-être, mais que l'histoire absout, lorsqu'il s'écrie que la forêt « fournit incessamment des pastis à « un *nombre* presque *innombrable* de bestail [4]... » C'est là une industrie fort ancienne en Orléanais : une ordonnance de 1178 nous démontre qu'à cette époque l'on élevait déjà sur les bords de la Loire des troupeaux considérables, composés notamment

[1] «... Supprimer ces pâturages seroit une tâche difficile et fâcheuse à remplir; ce que la forêt trouveroit à y gagner, la province entière le perdroit : des métairies, des hameaux, des villages, des villes, des établissements sans nombre, soit dans l'intérieur, soit au sein de la forêt, se trouveraient ruinés.. Les colons déserteront un pays qui ne pourra alors leur donner qu'une existence insuffisante et misérable, les bras manqueront à l'exploitation des bois de la forêt, les pâturages refusés aux chevaux qui conduisent les bois aux ports en occasionnent l'éloignement et ces bois ne se tireront plus que difficilement. Tel est le triste tableau qu'offre, dit-on, la suppression des pâturages, et ce tableau, il faut en convenir, présente beaucoup de vérité » (Plinguet, p. 88.)

[2] Cependant certaines paroisses possédaient des pâturages paroissiaux. Ainsi les habitants de La Chapelle (Saint-Mesmin) se plaignaient de ce qu'au seizième siècle, le sieur de Senneville avait, disaient-ils, usurpé leurs *communes* : il en avait défriché une grande partie : de 200 arpents il n'en restait plus que 25 ou 30 en pâturages, et encore exigeait-il de chaque vache qui y pâturait 50 sous suivant les uns, un écu suivant les autres (V. Arch du Loiret, A. 716) — Il y avait aussi au collet de Briou, de grands herbages que le seigneur de Baugency récoltait et dont il affermait les regains aux agriculteurs environnants (*ibid.* Engag. de Baugency, 1548.)

[3] Ainsi le prieuré de Flotin possédait un troupeau de 180 bêtes à laine, au moins. (V. Sent. de la Table de Marbre 1640. — Invent. des titres de Flotin A. de l'Yonne.)

[4] Morin, p. 183.

de porcs [1]. Le tonlieu des porcs formait même un des revenus les plus productifs du marché de Pithiviers [2].

Tout d'abord, la forêt donnait à paître à un grand nombre de chevaux. Quelque peu déchus aujourd'hui, les coursiers de l'Orléanais s'étaient acquis autrefois un nom fort respecté. Une vieille et illustre chanson de geste, « li romans d'Alixandre, » cite avec honneur les produits orléanais [3]. Lorsque par des ordonnances royales les gentilshommes se virent tenus à élever un certain nombre de destriers, ils furent heureux de trouver auprès d'eux un appui important dans les pâturages de la forêt. Hector de Bouville, lieutenant des eaux et forêts au quinzième siècle, qui habitait Santimaisons, y tenait un haras dont la forêt faisait les frais [4]. Il n'était point seul à jouir de ce privilége. Les

[1] « Nullus apud Germanicum et Chaantum monstonnagium vel freccennagium reddat, nisi terram nostram excoluerit. » Ordon. XI, 210. (Peut-être vaudrait-il mieux lire moustonnagium et fretennagium.)

[2] V. Hist. de la Cour-Dieu par M. Jarry, pr. XVIII

[3] P. 285, v. 31. — V. Franc. Michel, Hist. de la guerre de Navarre, p. 510. (Docum. inédits de l'hist. de France.)

[4] Voici un diplôme remarquable par lequel le roi rachète ce droit de haras en 1310 à la suite de diverses contestations :

In nomine sancte et individue Trinitatis. Amen. Philippus Dei gratia Francorum rex. Notum facimus universis presentibus et futuris quod cùm dilecti nostri liberi dilecti et fidelis Hugonis, domini de Bovilla, quondam militis et cambellani nostri, defuncti quondam, congregationem seu armentum equorum et jumentorum quod vulgariter haracium nuncupatur haberent et tenerent in foresta nostra Aurelianensi ratione domus et terre suarum de Sentimesons ac etiam emptionis titulo ut dicebant, gentibus nostris afferentibus ex adverso ipsos hujusmodi armentum seu haracium minime habere debere. Nosque omnibus rejectis allegacionibus dictum armentum seu haracium ab eadem foresta fecimus perpetuo et penitus amoveri. Super quod dilectus et fidelis Hugo, dominus de Bovilla, miles et cambellanus noster, filius et heres ejusdem Hugonis defuncti, supplicavit sibi per nos recompensacionem debitam exhiberi. Nos qui neminem gravare volumus nec de alieno ditari sed potius largiri de nostro, quinquaginta octo libras quatuor solidos et duos denarios parisiensium in quibus terra de Capella-Regine dudum per nos prefato Hugoni defuncto in escambium seu permutationem pro terris et redditibus quos et quas habebat idem defunctus apud Pontem super Yonam necnon apud Monstrolium et Moretum nobis dimissis per defunctum eumdem concessa et tradita dicteque terre possessores pro ea nobis annis singulis tenebantur memorato Hugoni dicti defuncti filio presencium tenore perpetuo remittimus et

archives départementales du Loiret renferment [1] une enquête de la première moitié du quinzième siècle, enquête par malheur lacérée, sur le droit de haras possédé par Jehan de la Forest, seigneur de la Motte, à Lorris, et depuis par Jehanne de Crassoy, sa veuve, dans la Garde du Chaumontois. Ce haras se tenait d'une manière fort avantageuse et encore usitée dans quelques contrées du Midi de la France [2]. On lâchait chevaux et juments, marqués sans doute au seing du propriétaire, dans la pleine forêt, pour y vivre en toute liberté. La famille s'y multipliant, les poulains, comme les esclaves dans le droit romain, suivent la condition de la mère. Lorsque l'on avait pris une jument, le poulain marchait avec sa mère et revenait ainsi chez son maître. L'enquête de la Motte constate que l'on a vu quelquefois en forêt neuf juments et deux ou trois chevaux appartenant au sieur de la Forest; les maîtres du haras sont en pleine jouissance de leur droit : « Ilz ont chacé plusieurs foiz et pris des bestes dudit « haraz et en ont joy et usé paisiblement. » Ce droit de haras ne forme pas du reste un droit *sui generis* : c'est simplement une application du droit de pâturage, et les gentilshommes ne se trouvaient nullement en possession exclusive d'en profiter : pour n'en donner ici qu'un exemple, le prieuré d'Ambert élevait en forêt quatorze juments avec leurs poulains [3].

quittamus omnino ac ejusdem Hugonis heredibus et quibuscumque successoribus seu causam habituris ab eo. Volentes et mandantes expresse quod idem Hugo seu causam habituri ab eo ad solucionem dicte summe pecunie de cetero minime compellantur aut aliquomodolibet molestentur, nostro in aliis et alieno in omnibus jure salvo. Quod ut ratum et stabile perseveret presentem paginam sigilli nostri appensione regiique nominis caractere descripto inferius fecimus communiri. Actum et datum apud Fontemblcaudi anno verbi incarnati Christi millesimo trecentesimo decimo regni vero nostri vicesimo sexto, mense februarii. Astantibus in palatio nostro quorum nomina supposita sunt et signa. Signum Guidonis buticularii. Signum Ludovici camerarii. Signum Galtheri constabularii. Dapifero vero nullo. Data vacante cancellario (monogramme). Per dominum regum. P. de Albigniaco. — Tr. des Ch. reg. LX,

[1] Eaux et Forêts, Rebut.

[2] Il en est ainsi depuis les siècles les plus reculés. On peut lire une description très-fidèle de ces haras dans Claudien (Epigr. — De Mulabus Gallicis.)

[3] V. § suiv. Ambert.

Les brebis pouvaient exercer leur droit de pâturage durant toute l'année, mais seulement « en vue du plain » ; leurs ravages semblaient particulièrement redoutables dans l'intérieur des massifs. On autorisait au contraire les autres animaux à y pénétrer durant une partie de l'année ; ordinairement, dans le temps compris entre la Sainte-Croix, en mai, jusqu'à la veille de la Saint-Jean, le pâturage n'était, par exception, autorisé que « jusques aux seings des monstrées qui par chascun an sont mis « par nos gens près de la vue du plain [1]. »

A partir de Noël, on peut mener les bestiaux partout [2]. L'esprit de ces dispositions se saisit facilement : les dégâts commis durant l'hiver sont évidemment moins dommageables qu'à l'époque du printemps et du mois d'août, alors que la sève monte et que se développent les nouveaux bourgeons.

Une raison analogue a fait interdire le pâturage dans les jeunes tailles, les jeunes coupes : l'âge auquel s'étend cette prohibition, suivant les titres particuliers, suivant la coutume plus puissante encore que les ordonnances royales, varie un peu, et parfois dans le même acte, d'après la nature des animaux. Le prieuré d'Ambert pouvait envoyer ses seize bœufs de charrue et ses quatorze juments dans les taillis âgés de six ans au moins ; les autres animaux, sauf les chèvres et les brebis, dans les taillis qui avaient atteint sept ans. Une sentence de 1560 [3] n'exige que cinq ans pour tous les pâturages.

D'autres concessions sont encore plus larges : « Item, animalia hospitum ejusdem ville in boscho Bucchardi habebunt « aisantiam, nisi boscus in tallià fuerit ; quem cum esse contigerit, observari boscum tres annos continuos oportebit [4]. »

Ces coupes, âgées de moins de trois, de cinq, ou le plus souvent

[1] V. Arch. du Loiret. A. 816. Vidimus de 1580 de lettres de 1367 en faveur de Bray, Bonnée, les Bordes.

[2] Les chevaux ont quelquefois des lieux de pâturage fixés d'avance. V. Arch. du Loiret. A. 816. Bray, Bonnée, les Bordes.

[3] V. § suiv. : Lorris, Léproserie.

[4] Charte d'accord entre Bouchard de Meung et Saint-Jean de Jérusalem déjà citée.

de sept ans, se nomment les « tailles défendues » ou [1] « def-« foys [2]. » Les « bruslis » formaient également un lieu de pâturage, et même très-recherché : pour y introduire le bétail il fallait un droit spécial, droit particulièrement revendiqué dans les enquêtes [3]. Les *pâturages* proprement dits sont les landes et bruyères : parfois le dessous des hautes futaies [4]. C'est là ce qu'il faut entendre par des mots tels que ceux-ci : « In pasturagiis « dicte Garde [5]... » ou « esdits bois par toutes les communes « pastures [6]. »

Enfin les nombreux marchais qui émaillaient la forêt se couvraient d'une herbe exubérante que les privilégiés seuls avaient le droit de ramasser : le prieuré d'Ambert pouvait prendre et faire cueillir par tous « les marchez de la forest toutes manières « d'herbes pour nourrir leurs bestes en yver et en toute sai-« son [7]. »

La théorie du pâturage se répète avec plus de raison encore à propos du panage, qui est spécialement le pâturage des porcs. Une immense forêt de chênes, voilà, on en conviendra, un puissant attrait pour se livrer à l'éducation d'animaux, si utiles du reste et si agréables.

Peu d'animaux avaient su conquérir au même degré que le porc le cœur de nos aïeux, et la religieuse répulsion que profes-

[1] ... « en deffoys, c'est-à-dire en une taille dont la tierce fueille n'est pas hors » ... Enquête de Nesploy, 1404.

[2] En 1506, la coutume de Sens porte (art. 134) : « On ne peut mener bestes aumailles en taillis nouveaux d'ancien bois ou haute fustaye jusques après la quinte feuille. » Cette règle est extrêmement sage, car les gaulis et la futaie rejettent difficilement.

En 1555, on exigea une sentence judiciaire (art. 148) : « On ne peut mener bestes aumailles, chevalines, chèvres ou autres, qui peuvent porter dommage au rejet, es bois taillis jusqu'à ce qu'ils soient défensables, et tels ils ayent esté déclarez par sentence du juge, encore que lesdits bois appartiennent aux habitants en propriété ou qu'ils y ayent droit d'usage seulement. » (Richebourg, III.)

[3] V. Enquête de Nesploy, déjà citée.

[4] V. Châteauneuf, Pochy, etc.

[5] Buisson Aiglant, 1320.

[6] Trainou, 1366.

[7] Charte de 1322.

saient les Juifs à son égard n'était peut-être pas sans contribuer à la haine et au mépris que le judaïsme inspirait aux générations passées. Dès les premiers temps de la monarchie, le porc se trouve cité avec honneur, et dès lors on en parqua de grands troupeaux au milieu des bois [1]. L'art d'engraisser la race porcine fleurit au premier chef dans l'Orléanais du moyen âge. Dès 990, l'Église d'Orléans, faisant confirmer par le roi [2] ses immenses possessions, mentionne avec orgueil, pour le bois qu'elle possédait à Sury, sa fertilité particulière en matière de glands : « Suriacum... cum pratis et silva glandifera. » Ce culte se développa avec les progrès de l'agriculture, et il nous a laissé de nombreux monuments. A partir du treizième siècle, les priviléges pour le panage, consistant dans la permission de faire paître les porcs gratuitement ou à des prix très-modérés, passent pour des trésors. Au surplus, le service du panage (nommé aussi paisson) se trouvait organisé dans la forêt ; chacun avait le droit de mener ses animaux, moyennant une certaine somme : le privilége consistait seulement dans l'atténuation, ou souvent la suppression de cette somme. Il n'est pas bien rare de trouver des concessions gratuites pour soixante, pour cent porcs formant le troupeau d'un seul propriétaire. On conçoit l'énorme produit qui en résultait : telle demeure entourée d'une quantité de terre tout à fait minime, insuffisante, pouvait posséder un aussi grand nombre de bestiaux qu'une propriété considérable [3].

Le panage ne subissait ordinairement [4] que durant le mois de

[1] L'abbaye de Saint-Germain en avait un troupeau de 500 dans le seul bois d'Esmans qui n'avait que 4 lieues de tour. V. Guérard, Polyptique d'Irminon, I, 687.

[2] Gall. Christ., VIII, 488

[3] Ainsi un certain « cottage, » à Courcy, qui n'était entouré que de deux arpents et demi de terre, pouvait élever 60 porcs dans la forêt en toute franchise. V. Courcy.)

[4] Les habitants de Bray, Bonnée, les Bordes, n'avaient de panage, au delà des seings des monstrées, que depuis l'époque du bail de la paisson jusqu'au premier jour de l'an ; et cela moyennant une somme de 105 sous p., payable à la Saint-André. En 1554, ils demandent un panage franc en tout temps (sauf mai, et de plus, un usage au bois mort, aux trembles et bouleaux, offrant

mai une interruption rigoureuse, et à laquelle on apporte rarement une exception[1]. Enfin on stipule certaines règles relatives à l'âge des pourceaux : les habitants de Nesploy qui en général avait le panage franc ne pouvaient mener en forêt leurs pourceaux achetés depuis la Saint-Jean[2]. La charte de 1367 en faveur de Bray, Bonnée et les Bordes, autorisait ces paroisses dans certains cas, à mettre dès la Saint-Michel jusqu'à Noël « une truie et sa secquence lectiere née depuis le Noël précé- « dent, ou deux pourceaux, tant seulement[3].... »

Le droit de glandée, corollaire du panage consiste dans la permission de ramasser des glands, pour nourrir les porcs gras que l'on gardait à domicile en vue de les transformer, par des soins minutieux, en blocs de graisse comme nous en admirons plus que jamais dans les exhibitions modernes : on laissait surtout vaguer dans la forêt les pourceaux jeunes et que l'on ne vouait point encore à un engraissement immédiat[4].

Tous ces droits d'usage se limitent essentiellement au service personnel[5] de l'usager et au lieu indiqué par le titre de donation. C'est là une règle fort ancienne. La coutume de Lorris déclare positivement que le droit des usagers ne s'exerce que

de payer une nouvelle somme de 105 sous p. — Une sentence de 1554 leur accorde l'autorisation demandée, moyennant en effet 10 liv. 10 s. p., et de plus une mine de seigle par feu.

[1] V. cependant *Ingrannes*.

[2] Enquête de Nesploy.

[3] Vidimus de 1580. Arch. du Loiret, A. 810.

[4] V. *Choisy*. (procès du seizième siècle)... « glandée pour 20 porcs gras et 40 pourceaulx venant de paisson ». V. la *Motte de Montboferrant*.

[5] En février 1259 (1260), Saint Louis intervient pour sanctionner formellement un échange de droit passé entre usagers. « Notum facimus, dit-il, quod cum Reginaldus de Camerolos, armiger, haberet jure hereditario usagium in nemore nostro de Corcambon de vivo bosco post pedem ad domum suam de Ripparia, sitam in parrochia de Dompna-Petra et ad alia sua necessaria, dictus Reginaldus excambuit dictum usagium dilecto et fideli clerico nostro magistro Odoni de Lorriaco, ad usagium quod idem magister habebat in eodem nemore, ad ramcisson... Nos vero eidem magistro Odoni clerico nostro volentes graciam facere specialem, dictum escambium concedimus... ita tamen quod nullus habebit dictum usagium vivi bosci, nisi qui habebit domum de Corpaleto » (O,20640, f. 105, v°.)

« ad usum suum[1] ». La vente des fruits provenant de l'usage est formellement interdite dès le douzième siècle « excepta... venditione. » (Charte de 1167, Gall. Christ, VIII, 517, E.) : le don également : dans une enquête du treizième siècle, on reproche vivement à un usager d'avoir donné de son bois d'usage : « et dit qu'il est bordelier... et tient les femes de la vile et espéciaument la feme au fevre (forgeron) de la vile, et dit celui « qui parole que il vit pluseirs foiz que celui Simart fesoit mener ches le fevre le bois de l'usage que il devoit porter en son « ostel, pour ce que il tenoit sa feme... » (J., 1028, n° 25). Le don de bois d'usage est un délit assez fréquent : nous en citons, préférablement cet exemple parce qu'il contient aussi la seule mention d'inconduite que nous ayons rencontrée dans les enquêtes forestières si minutieuses du treizième siècle.

L'usager doit recevoir le bois par lui-même ou par son serviteur[2]. Il faut une autorisation spéciale[3] pour utiliser le fruit de l'usage ailleurs que dans la maison dénommée dans l'acte[4]. Le bois donné pour les réparations ne saurait être employé à « édiffier de nouvel[5]. » Le temps dans lequel on doit exercer l'usage sous peine de péremption du droit reste immuable à moins d'une concession nouvelle[6].

Telles sont les concessions principales de droits d'usage. On

[1] La charte de l'Hôtel-Dieu d'Yèvre, en 1190, s'exprime ainsi : « ... Usuarium suum in nostro mortuo nemore de Legio, excepto Roorteio et defenso, sub hac conditione quod nec vendere nec donare poterunt. »

[2] V. notamment charte de 1212, Hist. de la Cour-Dieu, pr. XX.

[3] En voici un exemple :

Philippus Dei gratia Francorum rex. Universis presentes litteras inspecturis salutem. Noveritis quod nos concessimus Adenato de Braya, armigero, ut ipse usagio quod habebat in boscis nostris de Courciaco pro domo sua de Aurigny possit uti in domo sua de Dencinvillier imperpetuum, eo modo quo utebatur in domo sua de Aureigni predicta, ita tamen quod ipse predicto usagio in dicta domo de Aureigni de cetero non utatur. Actum presenti die veneris post festum sancti Michaelis, anno Domini M° CC° septuagesimo VI°.

D'après O,20641, f. 32. (Q. 590 n. 10, f. IIII. XX, VIII.)

[4] V. Yanval, Lorris (Hôtel-Dieu), etc.

[5] V. Ambert, Choisy.

[6] V. Saint-Benoît-sur-Loire (maison).

voit l'importance qu'elles avaient pour les riverains. Les motifs qui inspirent au roi cette générosité sont multiples : c'est parfois un motif pieux ; l'acte constitutif d'usage en faveur de Saint-Samson appelle l'usage que « alii religiosi... in nemoribus « nostris habent, » une aumône, *elemosinam*[1] : une raison d'équité ou de commisération[2], de reconnaissance pour de bons services[3], ou bien la concession est faite à charge de certains services corporels.

Les habitants de Paucourt, en échange de leurs droits d'usage étaient tenus « de ouvrer es plaissis dudict Paucourt de « sept ans en sept ans en leur payans pour chascun jour qu'ilz « ouvroient a chascun, deux deniers pour pin. Et avec ce es-« toient tenuz de faire chanter en l'église dudict Paucourt chas-« cun an l'anniversaire du feu compte de Bourron lequel leur au-« roict donné premier lesdits usaiges et pasturaiges. » En 1407, des lettres ducales s'expriment ainsi : «Attendu que nostre dicte « salle est de présent destruicte et desmolie et que les boys « d'entour icelle ou estoient lesdicts plaisseiz sont creuz et desja » tropt hault, iceulx habitans seront tenus de faire de sept ans « en sept ans d'autre pleisseiz en nous garennes ou ailleurs ou « il sera advisié estre proufitable pour nous en payant a chascun « ouvrier deux deniers pour jour..... et payer audit consierge « et aux sergents de nostre dicte forest pou chescune maison « à feste qu'ils édiffiront ou feront édifier des bois de leurs « dicts usaiges sept sous parisis et pour chascun arpentils ap-« pellé demye feste troys sous six deniers parisis, pourveu aussy « que auscuns desdicts habitants ne pourront prendre auscuns « boys présens en leurs usaiges ne les mener hors, synon « par le congé et licence dudit concierge et en lui baillant « causion[4]. »

[1] K. 197, n° 20.

[2] Une concession nouvelle en faveur de François de Cugnac, seigneur de Dampierre, en septembre 1573, rappelle les malheurs dont il avait été victime, orphelin à l'âge de huit jours, mené en Allemagne, en Angleterre lorsqu'il avait six ans, pendant qu'un sien oncle le dépouillait de ses biens et de son château de Dampierre.

[3] V. Titres des droits d'usages, loc. cit., passim.

[4] Arch. du Loiret, A. 830. Sent. de 1523.

Les habitants de la maison de Prionat (Vitry), avaient un droit d'usage à condition « d'aller quérir les prisonniers en la « chastellenie quand on le fait assavoir [1]. »

Comme tous les droits qui s'en trouvaient susceptibles, les droits d'usage furent la plupart du temps accensés ou inféodés. S'il les reçoit en fief, le noble [2] qui les détient devient par là le vassal du roi auquel il doit les services féodaux [3] : il se déclare son homme lige et promet désormais un service féal et loyal. Sous ce rapport les droits d'usage profitaient sérieusement au prince.

Lorsque la concession primitive a lieu en faveur de toute autre personne que les gentilshommes, ou les gens d'église, c'est alors à charge de cens. Ce cens particulier qui porte les noms de fouage [4], forestage, festage, fauconnage [5], est dû ou par tête de bétail ou par feu [6]; Mais dans ce second cas, son carac-

[1] 0,20043, f. 188.

[2] Nous parlons ici du *quod plerumque fit*. Il est inutile de rappeler que depuis le treizième siècle beaucoup de fiefs sont entre des mains roturières, ce qui amena la fameuse ordonnance de Philippe-le-Bel.

[3] Notamment la prestation d'hommage : de là cette foule d'aveux que nous possédons sur les droits d'usage. — Les messes de Requiem ou du Saint-Esprit, dites par plusieurs usagers ecclésiastiques, remplaçaient pour les clercs les services de chevauchée et autres, imposés aux nobles.

[4] « Appelé icelui droit fouage » Confirmation de l'usage de Chanteau-au-Loge, 1411 (1412).

[5] « De forestagio Chenoveriarum XXXVII s. VI d.
De forestagio Acris-Famæ, VII l. VI s. II d.
De forestagio Campi Boni III s. » —
Comptes de 1239 (Hist. de la France, t. XXII). —

Le terme de fauconnage paraît s'être appliqué aussi à un péage sur les bois, car dans un compte de 1403-4, il est fait mention d'un fauconnage dû « sur le pavé de Saint-Ladre. » (0,20540-1.)

[6] Une Charte de Lorris, en 1403, s'exprime ainsi :

« ... Parmy ce que quant il y aurait pesson en nostre dite forest et elle seroit vendue, ils seroient tenus de nous payer chacun an pour chacun porc trois deniers maille parisis de panaige, et chacun laboureur d'icelle ville et paroisse seroit aussi tenu nous paier chacun an une mine de bled seigle, mesure dudit Lorris, avec le terraige des terres d'iceux manans et habitants lesquelles seroient labourées desdittes bestes, qui valloient par communes années

tère ne tarda pas à s'altérer, et de facultatif qu'il était le cens devint obligatoire [1]. Les usagers résistèrent vivement à cette prétention, comme le montre un arrêt du parlement de 1265 en faveur des habitants de Châteauneuf qui les autorise à « desis- « tere a solutione *dictorum* tredecim denariorum, quandiu vo- « lunt demittere usagium, et redire ad ipsum usagium quando « voluerint, solvendo dictos tredecim denarios [2]... » Mais les usagers ne furent pas définitivement les plus forts : toute maison, même inhabitée, même en ruine, doit le fouage au quinzième siècle [3]. Le cens ainsi abonné varie considérablement de quotité et d'objet : il peut valoir par exemple un pain et un denier, une mine de froment, de seigle, d'avoine, trois deniers maille par porc [4], quelquefois un simple denier par porc [5] ; trois deniers obole par porc pour quiconque n'a que sept porcs ou moins, une obole par porc si l'on en a davantage [6]. Dans tous les cas ce cens [7] représente une valeur bien minime, et infiniment inférieure à la valeur réelle de l'usage. Nous possédons des chartes d'aveux d'échanges, où les parties estiment leur usage. Blanchet Braque, seigneur de Courcelles-le-Roy, déclare que son simple usage au bois mort « puet bien valoir seize livres pa- « risis par chascun an [8]. »

de XX à XXIV muis de bled par an, c'est à sçavoir XXIV mines pour le muid à la mesure dudit lieu. »

[1] V. 0,20635, Bray, Bonnée, les Bordes.

[2] Olim, I, 225.

[3] V. Enquête de Neuville, 1395.

[4] Une mine de seigle valait 2 sous 6 deniers parisis (Enquête de 1404 sur Bray, Bonnée, etc.) un pain 6 deniers (V. Compte de 1403-4, 0,20540-1 Usage de la Bonne... IX pains, IX deniers, ce qui fait en argent V sous III d. p.

[5] V. Jarry, Hist. de la Cour-Dieu. Sentence épiscopale de 1255 entre la Cour-Dieu et Ingrannes.

[6] V. Arch. du Loiret, A. 820. — Aveu du Mesnil Bretonneux en 1528.

[7] Ce n'est pas arbitrairement que nous employons ici le mot *cens*. On attribuait déjà ce caractère aux redevances d'usage dans le moyen-âge. Ainsi une charte nous parle de « dare... nemus mortuum ad consum ».

(Charte de Sainte-Croix. 0,20635, II p. 192.)

[8] Aveu du 1er décembre 1404.

L'usage d'Aigrefin est estimé environ quatre livres de rente par Philippe Duisy, écuyer, seigneur d'Aigrefin [1], et le droit de pâturage quarante sous de rente. Or, des usages bien plus importants sont loin d'atteindre ce prix. On comprend donc l'empressement des paroisses à revendiquer le droit de les payer [2]. Aussi, s'il arrive de trouver quelquefois des possessions sans titre [3], il est excessivement rare de trouver des titres non soutenus d'une possession prolongée. De tous les usagers, deux seulement sont mentionnés comme ayant négligé depuis quelques années de faire valoir les droits qu'ils possédaient : Chalençois et Aigrefin [4]. Au moyen-âge, deux usagers seulement laissèrent la forêt acquérir à leur égard une prescription libératoire, et encore une faveur du prince leur en remet-elle les effets : l'aleu d'Egry qui s'excuse sur l'éloignement de la forêt [5], et la mairie d'Alevran qui dit avoir été empêchée dans son usage « propter guerras » (1391). Sans doute les usagers n'ont pas dû se croire de tout temps dans la nécessité d'entretenir des troupeaux aussi nombreux que le comportaient leurs priviléges; mais loin de laisser pour cela sommeiller constamment leur droit, ils l'exploitaient en faisant venir [6] des troupeaux des pays limitrophes, principalement de la Sologne [7].

Outre la prescription libératoire, les officiers forestiers ont parfois prétendu ériger en principe la confiscation du droit pour cause d'abus. Cette prétention reste absolument sans succès. Toutefois, en 1260, à propos d'un usager dépouillé de son usage

[1] Aveu du 6 novembre 1404.

[2] V. Sentence sur Châteauneuf de 1265, déjà citée.

[3] V. Not. 0,20635. — Courcy, 1368.

[4] V. 0,20640, f. 12 et 18.

[5] Les habitants furent relevés par lettres ducales de mars 1359, de la prescription qu'ils avaient laissée s'accomplir, parce que la forêt était « moult lointiegne. »

[6] Ce fait cependant est très-rare à cause des règles générales sur la personnalité de la gruerie, auxquelles l'on n'échappait que par exception ou par fraude.

[7] V. Arrêt à Jargeau, de 1581, de 60 porcs envoyés en paisson à Santimaison par divers laboureurs de Sologne, 0,20643, f. 199.

« quidam testes dicunt quod propter excessum et abusum ni« mium », le parlement semble approuver la doctrine [1].

Le défrichement du fonds grevé offre aussi une décharge naturelle : les usages établis sur quelques bois, à Rougemont et près de Rébrechien, sont ainsi tombés [2].

En dehors de ces causes d'extinction ressortant de la nature même du droit, et trop rares à leur gré, les officiers forestiers, ennemis nés des usages, se sont appliqués à régler, même à supprimer par des moyens légaux l'existence même de ces droits et leur mode de jouissance. Les moyens mis en œuvre par leur active hostilité sont : la livraison, la monstrée, le cantonnement et le rachat [3].

La livraison par le forestier est spécialement édictée par plusieurs chartes [4]. Peu d'usagers ont le droit de se servir eux-mêmes « per manum suam » ou « sans congié », et encore le nombre de ces privilégiés diminue-t-il constamment. On exige des usagers au bois qu'ils s'adressent au forestier chargé d'opérer une délivrance conforme à la teneur du titre : « ... Quadri« gatas... capiendas... in monstrata sibi et aliis usuageriis vil« larum vicinarum per manum nostri forestarii facienda... eo « modo quo alii usuagerii capere consueverant [5]. » Le forestier doit veiller à ce que l'usage nuise le moins possible à la forêt : il choisira pour la livrée un lieu peu dommageable [6], où l'on puisse pénétrer « sans aler ainsi fouler ne frier tout ledit bois [7]. » Il

[1] Olim. I, 133.

[2] V. Not. 0,20040, f. 6.

[3] Parfois on stipule que l'usager prêtera serment de bien user. V. accord entre Sainte-Croix et A. de Villepion, 1228, Arch. du Loiret, Fonds Sainte-Croix.

[4] Par exemple dans le Cart. de l'hôtel-Dieu de Montargis, « ligna accipiant solum in illis locis ubi... » etc. — V. Morin, p. 21.

[5] Charte de Saint-Loup, 1309. 0,20040, f. 67 et suiv. — K. 178, n° 3.

[6] L'usage aux ramoisons avait de grands inconvénients sous ce rapport et rendait la livrée et la monstrée encore plus nécessaires : dès les premières années du quinzième siècle on reconnaît que pour les usagers « avant que ils eussent pris autant de bois comme il en y a en ung arpent, ils gasteroient XX ou XXX arpens de bois. » Enquête sur Nesploy, 1405.

[7] Aigrefin, 1407. — 0,20042, f. 17 et suiv.

délivrera des arbres inutiles [1], des chênes morts et sans espérance de rejet [2], des bois « artuisonnés », mangés de vers, et dont on ne saurait tirer parti pour les vendre [3]; en même temps les usagers seront discrets et ne couperont pas tout le bois, « excepta vidatione [4] ». Car le marteau du forestier marque les arbres à enlever. D'autre part, si la livrée n'est pas suffisante, l'usager peut exiger un supplément « quar ainsy l'en a cous« tume [5] ».

Les usagers se montrent fort hostiles à la livrée, et lorsque, par exception, leur titre ne les y astreint pas, ils s'empressent de relever ce détail. En 1271, une simple question de livrée détermine un procès porté jusque devant le parlement. « De « Gaufrido dicto Buticulario, armigero, determinatum est quod « usagium suum quod habet per totam forestam Lagii et per « manum suam, per totam forestam et per manum suam per« cipiat sicut solet, non obstante forestarii opposicione qui dice« bat quod dictus Gaufridus debebat usagium hujusmodi per« cipere in certa parte ipsius foreste et per liberacionem « servientis et non per totam forestam suam ac per manum « suam [6]. »

L'habitude que prit le forestier, chargé de la remise de l'usage, de localiser la jouissance du droit, fit naître une espèce particulière de livrée plus spécialement connue sous le nom de monstrée. Elle consiste à assigner à l'usager une étendue de bois qu'il coupera entièrement, sauf les baliveaux, pour trouver ainsi en

[1] En 1556, la livrée faite aux religieuses de Gien comprenait quatre chênes à la Noue de la vente, 1 à la Foillardière, 0 au chemin du Pont, 4 à la Porte du bois, 2 au Marchais de la vente, 2 aux Monselles, 4 au Moussoy. (0,20640, f. 247.)

[2] Délivr. de 1565. Gien. — 0,20640, f. 247.

[3] Enq. de 1404. Bray, Bonnée, 0,2·635.

[4] Ch. de 1107. Saint-Nicolas de la Lande. Gall. Christ. VIII, p. 517. E.

[5] Aveu du Chesnoy, 1353. — 0.20642, f. 170. — « s'il n'y a bois... bon et profitable, les maitres desdites gardes en baillent et livrent sur pié hors montrées se requis en sont. » Aveu du Plessis 1392 (0,20641, f. 186. Q. 590. n. 10.)

[6] Olim. I, 874.

une fois la valeur de tout son droit d'usage. La détermination de la monstrée est abandonnée au soin des officiers forestiers[1] : la monstrée comprend, en général, deux, trois arpents ou davantage, de haute futaie[2]. On estime qu'un arpent équivaut à 300 charretées[3] ; parfois on convient que ces arpents seront estimés par les gens experts dont les parties conviendront[4]. Le forestier frappe de son marteau tout le bois à enlever[5] ; cependant on confie parfois un marteau à l'usager lui-même[6]. Dans ce cas, il faut une surveillance plus active, pour que le marteleur n'outrepasse pas ses droits. Ainsi, en 1451, le prieur de Flotin se voit condamné, à la suite d'une monstrée, en deux amendes de 60 sous chacune : l'une, parce que les bûcherons qu'il employait et dont il était responsable, Guill. Bougueret, Hardoin, Jehan Moreau, Guillot Thibault, avaient employé la scie ; l'autre, parce qu'ils avaient coupé un chêne en dehors de la monstrée[7].

Pour les pâturages, la police devient aussi plus sévère au seizième siècle : on n'autorise les usagers à mettre au bois qu'une « quantité raisonnable » de bêtes[8].

Mais, quant à l'usage, on fit encore un pas en ce même temps : au lieu de pratiquer la monstrée ou la livrée sur pied, on préféra souvent la convertir en délivrance d'un certain nombre de cordes de bois, coupées sous la surveillance et par les soins de l'officier forestier, aux frais de l'usager[9]. Cette transformation se continua et s'exécuta pleinement au dix-septième siècle ; elle prépara et

[1] Ord. de 1555. Evêché. — 0,20640, f. 3.

[2] Ord. de 1573. Dampierre. (0,20641 f. 15. 0,20640 f. 16, v°) Saint-Ladre 1577. (Q. 587.) Buisson Aigland 1560. (0,20640, f. 16). — Flotin, 1535, etc. (A. de l'Yonne) etc , etc. — 0,20618, f. 88, 97, etc.

[3] Hôtel-Dieu d'Orléans, 1539. — Z. 4921, f. 20.

[4] *Ibid.*

[5] M. de 1547. Flotin. (A. de l'Yonne.) — Hôtel-Dieu 1530. Z. 4921 f. 29

[6] Gien. 1566. — 0,20640, f. 247.

[7] Ce de Vitry, 1451-2 (0,20310).

[8] Lorris, 1560. — 0,20644, f. 16.

[9] Chartreux d'Orléans, 1574, 1584, 1599. — 0,20640, f. 4, v° — Auvilliers 0,20 642, f. 43. Saint-Euverte, 0,20640, f. 5. — Ambert, 1580. — 0,20640, f. 8

rendit possible la conversion des droits d'usage en rentes sur le domaine forestier, consacrée par l'ordonnance de 1669 [1].

Les armes du cantonnement et du rachat, ont produit, dans la lutte contre les droits d'usage, des effets plus radicaux. Elles arrivent à supprimer ces droits, et c'est seulement dans la nature des compensations offertes aux usagers que réside la variété des deux moyens.

La monstrée modifie la jouissance seule, le cantonnement la propriété. Par la monstrée, l'usager obtient la jouissance, momentanée il est vrai, mais exclusive et complète d'un tréfonds particulier, moyennant le sacrifice momentané qu'on exige de lui, de son droit général sur tous les autres tréfonds. Par le cantonnement, l'usager, en échange de l'abandon radical de son droit, obtient la propriété exclusive d'un tréfonds forestier. L'idée du cantonnement remonte loin, mais elle n'a pas été comprise dès l'abord avec les effets absolus que nous lui attachons. Dès le commencement du douzième siècle, la charte de Lorris nous en offre un exemple.

« Et homines de Lorriaco nemus mortuum ad usum suum « extra forestam capiant [2]. »

La charte de Lorris se divise en deux grandes catégories ; l'une renferme les dispositions favorables aux bourgeois, l'autre les restrictions maintenues ou introduites par l'autorité royale. Où doit se placer la disposition qui nous occupe ? Est-ce une concession ou une restriction ? S'agit-il d'une innovation consacrée par la charte de coutumes ? Tout dépend du sens que l'on attribue aux expressions employées dans la définition.

D'ordinaire, on y voit une concession de droit d'usage au bois mort [3], et pendant une partie du moyen-âge la charte de

[1] Et dont on a des exemples dès le seizième siècle. Ainsi il paraît qu'en 1569, le droit d'usage de la Madeleine fut changé en une rente de 250 livres (0,20721).

[2] Alias « capiunt, » art. 29. — Comp. Coutumes de Bois-le-Roy et Montargis.

[3] C'est aussi l'opinion de Leclerc de Douy, au dix-huitième siècle. V. 0,2618, f. 58, 65, 80.

Lorris paraît bien, en effet, alléguée comme un titre fondamental de l'usage dans la forêt. Mais, certainement, telle n'était pas la portée qu'on lui attribuait tout d'abord, ni même qu'on lui attribuait au treizième siècle. Comment les mots « usum... « extra forestam capiant », pourraient-ils signifier « un usage dans la forêt? » Ils veulent dire précisément tout le contraire; aussi longtemps que la langue latine existera, « *extra* forestam » équivaudra à « hors de la forêt ». Les bourgeois de Lorris auront l'usage au bois mort *en dehors de la forêt*; ce qui revient à dire qu'on leur interdit l'entrée de la forêt où ils pouvaient pénétrer en vertu des principes généraux du droit d'usage à cette époque; on les parque, on les cantonne. Toutefois, nous ne retrouvons pas là tous les véritables caractères du cantonnement proprement dit, tel que nous l'avons défini. Il est bien vrai que le climat du Chaumontois affecté au service des usagers de Lorris prit le nom d'*Usages de Lorris*, et devint ainsi, en quelque manière, leur domaine propre : mais ils n'ont possédé sur ce climat aucun droit de propriété. Leur usage a été restreint dans des limites précises, et sous ce rapport il a été cantonné; mais ils n'ont point reçu l'équivalent du cantonnement, qui est la propriété du fonds. Un arrêt du parlement, en 1271, nous le prouverait bien suffisamment, si d'ailleurs nous ne voyions figurer dans tout le cours du moyen-âge les usages de Lorris au nombre des tréfonds royaux [1]. Un débat s'était élevé entre les officiers forestiers et les habitants de Lorris, à qui ils déniaient encore le bénéfice de la charte. « Op- « ponebant se gentes domini regis quominus homines Lorriaci « manentes infra muros perciperent usagium suum sicut et « homines manentes extra muros dicte ville illud percipiunt, « ad nemus mortuum in nemoribus que vocantur usagia Lor- « riaci, extra forestam. Conquerentibus itaque super hoc dictis

[1] De même une charte de 1403, en faveur de Lorris, confirme la permission « par espécial, que icelles personnes pussent mectre et mener pasturer entre certaines fins et mettes sur ce ordonnées et signées en la Garde de Chaumontois, appelés les usaiges de Lorris, touttes leurs bestes grosses et menues excepté leurs porcs au mois de may... » et moyennant fressange. (O,20635, II, 25.)

« hominibus, dicentibusque quod dictum usagium habent ho-
« mines dicte ville, per cartam regiam, quodque de eodem
« mortuo bosco usi fuerint : mandatum super hoc inquiri per
« Hugonem de Sancto Justo, ballivum Aurelianensem et Guil-
« lelmum de Belvaco, domini regis clericum : facta igitur super
« hoc per eosdem inquesta, et ea diligenter visa, inspecta eciam
« carta regia cujus punctus talis est : « Homines de Lorriaco
« nemus mortuum extra forestam ad usum suum capient ; »
« quia probatus est usus hominum Lorriaci, nulla facta dis-
« tinccione de manentibus infra muros vel extra, et usagium
« ipsum generaliter hominibus Lorriaci conceditur, per cartam
« predictam deliberatum fuit, per curiam, hominibus Lorriaci
« usagium suum ad nemus mortuum in nemoribus regis que
« vocantur usagia Lorriaci, extra forestam [1]. »

La coutume de Lorris a donc créé une restriction au droit d'usage, qui n'est autre qu'un cantonnement incomplet. Nous en trouvons une nouvelle preuve dans la jurisprudence adoptée par le parlement à l'égard de quelques-uns des lieux qui reçurent ces coutumes. Ainsi les hommes de Nibelle n'ont d'usage que dans les bois de la Vié-Taille, près de Nesploy. « Inquesta facta
« utrum homines de Nibellis habuerunt et habent usuagium
« suum ad nemus mortuum, in bosco qui dicitur Vetus-Taillia :
« determinatum est quod predicti homines habent in predicto
« bosco usagium suum de nemore mortuo, sed non in aliis ne-
« moribus circumadjacentibus divisis ab illo loco (1258) [2]. » Et encore quelques années après, cette jurisprudence est pleinement confirmée par un arrêt de 1264. « Inquesta facta per Hu-
« gonem de Sancto Justo, ballivum Aurelianensem, super eo
« quod homines de Boscocommuni petebant usagium in boscis
« domini regis, in quibus nullus capit mortuum sive vivum.
« Requisiti de nominibus boscorum hujusmodi in quibus pete-
« bant usagium, responderunt quod in boscis qui vocantur
« Vetus-Tallia, bosci de la Coudre, Haterel, bosci de Chambon
« et Mont-Cuivre et la Savadine et aliis boscis in quibus homines
« de Nibella, de Corcellis, de Arponvilla, de Bateilli et de Bosco-

[1] Olim. I, 376.
[2] Olim. I, 49.

« Girardi, capiunt usagium suum. Nichil probatum est pro ipsis « hominibus de Boscocommuni, propter quod habeant seu ha- « bere debeant aliquod usagium in boscis suprapositis [1]. »

La charte de Lorris n'est donc nullement une concession d'usage : c'est un cantonnement, mais non point, répétons-le, un cantonnement proprement dit.

Du reste, il est évident que les bourgeois des villes régies par la charte de Lorris n'étaient pas les seuls localisés ainsi dans l'exercice de leurs droits. En règle générale, le climat dit de Rottoy échappait à tous les droits d'usage [2]. Dès 1123, dans une charte en faveur de l'abbaye de La Cour-Dieu concessive des droits les plus larges, le roi stipule déjà cette exception : l'abbaye n'aura qu'un usage provisoire dans le Rottoy, « nemus « tantum de Roortello excipimus quod tamen dum nobis pla- « cebit ipsis concedimus [3] ». Tout usager y pénétrant était passible d'une amende, fixée pour La Cour-Dieu et Nibelle [4], arbitraire en général. Beaucoup d'usagers aussi n'avaient de droits que dans des lieux spéciaux dont la détermination entraîne parfois des difficultés [5].

Les moines du prieuré de Néronville avaient même amiablement consenti à restreindre, pour le moment du moins, l'exercice de leur usage. Les rois, de leur côté, cherchent à maintenir cette concession volontaire :

« Philippus Dei gratia Francorum rex, universis presentes « litteras inspecturis salutem. Noveritis quod cum prior et mo- « nachi beati Petri de Neronvilla in nemore sancti Leodegarii « pascuagium habeant et usuarium ad vitam necessaria sua tam

[1] Il y avait dans la forêt des lieux nommés *usages*, consacrés spécialement à l'exercice de ces droits, mais cependant aménagés comme le reste. V. la mention d'une coupe de ces usages, au treizième siècle. — J. 742, n° 5. (Taupin).

[2] V. notamment un acte de 1571. (Châteauneuf) 0,20644, f. 103.

[3] Gall. Christ. VIII. — Hist. de La Cour-Dieu par M. Jarry, pr. 2. — Cartul. de La Cour-Dieu, I, 1. — D. Estiennot lit : « ... quod tantum dum nobis... » etc. (f. 497.)

[4] 1342. Ment. L. Jarry, op. cit., f. 96 et 97.

[5] Enquête de 1405 sur Nesploy. — 0,20504.

« in mortuo quam in vivo; idem tamen prior et monachi in « quadam parte dicti nemoris quandoque capiunt suum usua- « rium et hoc nolumus in ipsorum damnum vel prejudicium re- « dundare. Actum apud Montem Argi anno domini M°CC°XIV°, « mense septembri [1]. »

Au treizième siècle, nous voyons opérer de véritables cantonnements [2]. Ainsi, en 1234, Robert de Courtenay donne à l'abbaye de Fontaine-Jehan 250 arpents de bois « nemus scilicet et « terram pro usuario quod in eodem nemore iidem religiosi « habebant... contigua (arpenta) parco meo et haiæ siccæ... : « residuum ejusdem nemoris... mihi et heredibus meis pro « dicto excambio in perpetuum quittaverunt, promittentes quod « in illo residuo quod ad me spectat nihil penitus in posterum « reclamabunt ... [3]»

En 1235, le chapitre de Sainte-Croix abandonne à Aubert de Vilerpion quarante arpents de bois pour l'usage qu'il possédait dans la forêt de Planquine ; ces quarante arpents seront tenus en fief comme l'était l'usage :

« Omnibus presentes litteras inspecturis, L. decanus et uni- « versum Aurelianense capitulum, salutem in Domino. Nove- « rint universi quod nos dilecto et fideli nostro Auberto de Vi- « lerpion, militi, et heredibus ejus pro usuagio quod habebat in « nemoribus nostris de Planquina concessimus et dedimus in

[1] K. 177, n. 143. — Coll. Baluze, 74, f. 208, v°. — F. Gaignières, 181, p. 210.

Et encore :

Philippus Dei gratia Francorum rex, universis presentes litteras inspecturis, salutem. Noveritis quod cum monachi de Neronvilla capiant usuarium suum quod habent in bosco sancti Leodegarii in una parte ejus nemoris proac quod parcant damno et destructioni ipsius nemoris volumus et concedimus ut id monachis predictis nullum faciat prejudicium quin quando in illa parte in qua modo capiunt non invenerant competenter quod per usuarium suum eis conceditur unde necessitatem habeant illud capiant in bosco sancti Leodegarii. Actum Meloduno anno Domini M° CC° X° IX° mense aprilis. K. 177 n° 143. Baluze, 74, f. 26, v°.

[2] Ce qui n'empêche pas certains auteurs, notamment Henrion de Pansey, et M. Meaume, d'attribuer au cantonnement l'origine la plus moderne.

[3] Du Bouchet, Hist. de la maison de Courtenay, pr. 32.

« eschambium quadraginta arpenta de predictis nemoribus in « una pecia continue comprehensa, ita tamen quod sicut pre- « dictum usuagium a nobis tenebat in feodum, ita et escham- « bium a nobis in feodum tenebunt ipse et heredes ipsius : hoc « siquidem addito et expresso quod nec ipsi nec heredibus ejus « nec aliis per eos aut ex parte ipsorum licebit extirpare vel « edificare ibidem, salvo nichilominus in omnibus et per omnia « jure domini regis. Actum anno Domini millesimo ducente- « simo tricesimo quinto [1]. »

En 1280, Robert de Courtenay, à propos d'un différent entre les hommes de Champignelles et de Fontaine-Jehan [2], sur un droit d'usage que l'abbaye refusait d'admettre, le liquide par un compromis qui revient encore à un pur cantonnement. Il accorde aux hommes de Champignelles dix arpents « de meo proprio « nemore, in quibus decem arpentis dicti homines de Champi- « gneliis et alii mei homines de locis finitimis suum habebunt « usuarium... poterunt dicti abbas et conventus claudere si « voluerint totum predictum nemus... dictis triginta arpentis, « tradendis et deliberandis dictis hominibus, duntaxat exceptis. « Et illam clausuram nemoris dicti religiosi facient si voluerint « de fossato vel haia seu clausura alia quacumque » ; et on stipule que « in dictis nemoribus clausis vel non clausis » les hommes de Champignelles n'auront plus absolument aucun droit [3].

Dans les forêts royales, nous n'avons guère d'actes de cantonnement [4]. Cependant il est certain que ce mode d'extinction de l'usage y a été plus d'une fois employé. En 1555, nous en trouvons un exemple remarquable. En qualité d'usagers, les habi-

[1] Arch. du Loiret, Fonds Sainte-Croix.

[2] Différent dans lequel il avait à intervenir comme garant, car il s'agissait précisément des 250 arpents donnés en 1234.

[3] Du Bouchet, op. cit., pr. 65.

[4] Au seizième siècle, sans cantonner précisément les droits de pâturage, on les localise : on délivre aux usagers un terrain vague à titre de livrée ou, selon le terme consacré, « d'aisance. » Les habitants de Vitry, d'Ouzouer, avaient ainsi des *aisances*. Lors de l'aliénation des vagues, on accensa ces aisances, ce qui donna lieu à de vives réclamations. (O,20660).

tants de Châteauneuf forment opposition à l'accensement des terrains vagues [1], et un arrêt de la Cour des Comptes reconnaît leurs droits. Toute la paroisse de Châteauneuf se réunit en assemblée générale, et on décide que, comme dédommagement pour la pâture qui leur est enlevée, on demandera, sans préjudice du droit de pâturage dans la forêt proprement dite, le délaissement en toute propriété de deux pièces vagues, l'une de grande étendue, appelée le Haut-de-l'Essart-Barboy, allant du grand étang du Giblois à l'étang du Roi, et plantée seulement de quelques vieux chênes rabougris, étêtés et ébranchés, l'autre, le Haut-de-Thimoin, comprise entre l'étang du Giblois et le chemin de Choisy à Châteauneuf. Cette demande est accordée [2].

Du reste, au quinzième et au seizième siècles, plusieurs pièces de bois nommées *Usages* et appartenant, celles-ci, aux habitants, pour qui elles forment des forêts paroissiales d'une étendue parfois considérable, témoignent de cantonnements antérieurement exercés. Tels sont les usages de Marigny [3], de Cercottes, de Gidy [4]. Mais il ne faut pas oublier que bien d'autres climats recevaient des noms semblables, comme les Usages de Lorris, sans appartenir aux habitants [5].

Du reste, le contrat de cantonnement peut se revêtir de formes diverses et se compliquer d'autres contrats. Ainsi en 1209 un différent élevé entre Saint-Euverte et Philippe et Létice de Mesnis se termine par un accord, aux termes duquel les religieux abandonnent un droit d'usage auquel ils prétendaient et, moyennant une soulte de dix livres tournois, acquièrent en échange deux arpents et demi de bois, près du Gué-de-l'Orme, formant la sixième partie du bois de la Brosse. En 1256, devant Bernard, archiprêtre de Sully, Girart Franque et Létice

[1] Notamment des vagues dits les Plains-l'Evêque qui leur étaient assignés comme lieu de pâturage. (0,20060.)

[2] 0,20614, f. 185.

[3] 1445. — 0,20618, f. 74.

[4] 1574. — 0,20665, passim.

[5] Une sentence du 13 octobre, exécutée le 28 du même mois, en 1572, cantonne les habitants de Bois-le-Roy dans la propriété de 100 arpents des Noues-Coubert. — 0,20730.

son épouse approuvent l'arrangement passé par Philippe de Mesnis, et consentent même à rendre aux religieux tout leur droit d'usage sur le reste du bois de la Brosse [1]. C'est ainsi que la générosité des donateurs rendit inutile le cantonnement stipulé [2].

Moins vite que le cantonnement apparaît le rachat des usages : les exemples en sont également assez rares. En 1237 [3], Robert de Courtenay témoigne qu'il a été désintéressé d'un droit d'usage que prétendaient ses gens sur un bois vendu au roi par Henri de Sully [4] :

« Ludovico Dei gratia Francorum regi domino suo karissimo,
« Robertus de Curtiniaco, Francie buticularius, salutem et de-
« bitam reverentiam. Noveritis quod de usuagio quod gentes
« et homines nostri reclamabant in boscho quem vendidit vobis
« dominus Henricus de Soilliaco, idem Henricus tam fecit erga
« vos quod super hoc tenemus nos pro pagato. Datum anno
« Domini M° CC° XXX° VII°, die sabbati ante Mediam Qua-
« dragesimam [5]. »

En 1300, Philippe-le-Bel rachète moyennant 60 sous de rente sur la prévôté de Baugency, les droits d'usage aux branches et au bois mort, et de pêche, donnés à l'abbaye de Baugency sur le Brion et l'Ime [6]. Le mercredi après la Chandeleur 1330 [7], par devant le prévôt de Janville, Noble Homme monseigneur

[1] Bibl. impér. latin, 10080.

[2] V. un exemple de cantonnement dans la forêt d'Othe par Philippe-Auguste. Fonds Gaignières (Bibl. imp. 203, p. 273. — C. 57. D. 72 v° E. 148, F. 116 v°. (Abb. des Escharlis) : l'usage y est changé en droit de pâturage, sans préjudice du cantonnement. — Tr. des ch. reg. 84, p. 521.

[3] 1238.

[4] Dès 1205 ou 1206, bien près du Gastinais, nous rencontrons un exemple curieux de rachat. L'abbé de Fontaine-Jehan donne aux hommes de Grès 7 livres pour la construction de leur pont, aux habitants de la Chapelle 100 sous pour la réparation de leur église, en échange de leurs usages dans ses bois (Cartul. de Phil.- Auguste).

[5] J. 731.

[6] J. 732.

[7] Février 1331.

Hervé Le Coich, maître de l'hôtel du duc d'Alençon et Agnès son épouse, vendent au roi « ung usage de prendre bois em- « pres pié, ou leu que l'en appelle la Viez Taille en la garde de « Vitri, en la forest dou Laige, lequel usage estoit pour ardoir, « pour mesonner, pour édifier et pour toutes nécessités de leur « meson, de leur menoir de Boicheraut tenu à foy dou roys de « France [1]. »

Au treizième siècle, les moines de La Cour-Dieu rachètent aussi pour 100 sous un droit d'usage appartenant à Jean Longueraie [2].

En 1247, l'acte suivant nous retrace le rachat d'un droit de panage :

« Omnibus presentes litteras inspecturis, officialis curie Au- « relianensis salutem in Domino. Noverint universi quod in « nostra presentia constitutus Johannes de Grato lupo armiger « recognovit se vendidisse et in perpetuum quitavisse viris « religiosis abbati et conventui beati Evurtii Aurelianensis « glandes viginti et sex arpentorum nemorum sitorum apud « Coissoles et quinque solidos parisiensium in quibus abbas « et conventus predicti tenebantur eidem annuatim ratione « predictorum nemorum pro sex libris parisiensium de quibus « coram nobis se tenuit idem Johannes integre pro pagato : « promittens per fidem suam quod contra venditionem et qui- « tationem predictas in posterum non veniret, immo dictas « venditiones et quitationem ad usus et consuetudines Aure- « lianenses contra omnes legitime garantiret. Ysabella vero vi- « dua mater dicti Johannis, Florencia, Heloïs, Hodeardis, Ysa-

[1] J. 732.

[2] Manasses Dei gratia Aurelianensis episcopus omnibus presentes litteras inspecturis salutem in Domino. Noverint universi quod cum Joannes Longueroye haberet in nemore de Monte Donato usarium suum in bosco mortuo ad ardendum et in vivo ad edificandum sibi, idem Joannes, in nostra constitutus presentia, usuarium illud et quicquid juris in nemore predicto vel loco nemoris habebat dilectis filiis monachis de Curia Dei pro centum solidis parisiensium vendidit et per interpositionem fidei corporalis in manu nostra prestita quitavit in perpetuum libere et quiete sub fidei date vinculo promittens.

Cartul. de La Cour-Dieu, f. 17, v°. A. du Loiret.

« bella ejusdem Johannis sorores, Guillermus frater dicti « Johannis, Johannes de Corigniaco, Natalis dictus Beaus-Nies, « Radulphus Valerius, et Johannes Sancii dictarum sororum « mariti, quitationem et venditionem predictas voluerunt, lau- « daverunt et concesserunt et etiam fide corporali in manu « nostra prestita promiserunt quod in glandibus et quinque « solidis annui redditus predictis nichil de cetero per se vel per « alios dotalicii nomine seu quacumque ratione alia reclama- « rent nec facerent reclamari. In cujus rei memoriam et testi- « monium presentes litteras ad peticionem partium sigillo curie « Aurelianensis fecimus roborari. Datum anno domini mille- « simo ducentesimo quadragesimo septimo, mense maio [1]. »

Enfin, quelquefois les rois ont stipulé des droits d'usage purement provisoires, En 1212, Louis, fils de Philippe-Auguste et apanagiste alors de l'Orléanais, envoyant ses instructions aux officiers forestiers, au sujet de La Cour-Dieu, déclare que l'abbaye ne pourra accepter aucun don de droit d'usage sans autorisation de l'administration : et, si une pareille occurence se présentait, il recommande aux forestiers d'examiner s'il ne serait pas plus profitable de substituer ce nouveau droit au droit d'usage royal : « Et si aliquis de suis propriis nemoribus eisdem « monachis dederit ad ardendum sive ad ædificandum, volu- « mus quod monachi ea capiant de licentia nostra, si videritis « quod nemora nostra ubi usuarium suum capiunt minus inde « graventur, nec ipsi qui eis dederint nemora propter hoc accu- « sentur [2]. »

Ainsi, à l'aide de la livrée, de la monstrée, de la confiscation, du cantonnement, du rachat, les forestiers cherchèrent à mettre une digue à l'envahissement des usages. Mais plus leurs armes avaient de puissance, moins elles étaient pratiques, et jamais elles ne réussirent à exercer un influence bien sérieuse sur l'existence des droits d'usage au moyen âge. Du reste l'exercice même des droits d'usage les rendait moins redoutables

[1] A. du Loiret, Fonds Saint-Euverte.

[2] Orig. Arch. du Loiret. — Cart. de La Cour-Dieu, II, 155. — Jarry, Hist. de La Cour-Dieu, pr. XX. Les derniers mots de ce texte semblent se rapporter à une donation qui pourrait être faite par un tréfoncier de gruerie.

encore que le cortége de délits et d'abus qu'ils entraînaient à leur suite : il était indispensable de tenir continuellement ouvert sur leur jouissance un œil vigilant, et de frapper impitoyablement d'amendes les moindres infractions dont on saisirait les traces.

Aux termes de la Coutume de Lorris [1], le fait de laisser pénétrer des animaux dans un lieu où il n'y a pas d'usage, entraîne une amende de douze deniers par tête ; cependant, on peut purger cette peine au moyen du serment prêté par le propriétaire de l'animal, non par le gardien qui était souvent un enfant, que la bête a agi en vertu d'une cause accidentelle et malgré la garde dont elle était entourée : « Et si aliquod animal de parrochia Lorriaci forestam, a tauris fugatum vel a muscis coactum, vel haiam nostram intraverit, nichil ideo debebit emendare ille cujus fuerit animal, qui poterit jurare quod, custode invito, illuc intraverit ; et si aliquo custodiente scienter intraverit, XII denarios pro illo dabit ; et si plura fuerint, totidem pro quolibet solvat [2]. »

Il n'est pas facile de déterminer au moyen âge la quotité des amendes qui ont frappé les délits d'usage, amendes tantôt arbitraires, tantôt coutumières, variables à la fois suivant la qualité [3] du coupable et le lieu du délit. En 1404, l'échelle suivante de pénalités était fixée par la Coutume pour les habitants de Bray, Bonnée et des Bordes. S'ils prenaient un chêne vert, 60 sous ; un chêne plus vert que sec 15 sous, et le bois était confisqué ; si un chêne plus sec que vert 5 sous, et le bois leur reste [4]. Le bois provenant d'usage, vendu ou transporté hors de

[1] A. 22.

[2] Un acte particulier de la même époque ne porte l'amende qu'à un denier par tête et il met le serment à la charge du gardien, pourvu que celui-ci ait atteint l'âge de raison, comme le *Pubertati proximus* du droit romain : « Quod si infra tres annos tallie aumalia deprensa fuerint in tallia bosci quotiens ea deprendi contigerit, totiens pro singulis aumalibus deprehensis eidem Bucchardo singuli denarii persolventur, nisi custos eorumdem aumalium qui sit decem annorum aut plurium forifactum negare poterit sacramento. » (Conv. entre Bouchard de Meung et la Com. de Saint-Marc. — S. 5018.)

[3] C'est-à-dire suivant la paroisse à laquelle il appartenait.

[4] Il en était de même pour les habitants de Lorris : « ... sauf tant que s'il

la paroisse encourt la forfaiture. L'homme de ces paroisses abattant de nuit un chêne sec ou vert paye 6 livres parisis, c'est-à-dire 60 sous pour le chêne, 60 pour la nuit et le ferrement : l'usager charroyant de nuit, 60 sous, et le bois est forfait : si les usagers de Bray, Bonnée et des Bordes se servent de large cognée, de scie et de ligne, c'est encore 60 sous d'amende. Voilà, assure-t-on, « « la coustume de la forest[1]. »

A la même époque, en 1405, il y avait dans la garde de Vitry des lieux où chaque bœuf trouvé en « deffoys » (calculés à la tierce feuille), payait 12 deniers, la vache 6 ; d'autre où il était dû seulement pour une aumaille quelconque 4 deniers. Le pourceau en deffoys paie toujours 12 deniers par chef, les moutons ou brebis un denier les quatre chefs : quant aux bêtes chevalines, il y a discussion : les uns disent qu'une bête de cette espèce qu'on a trouvée en deffoys ferrée doit 5 sous parisis, non ferrée 4 deniers : d'autres ne portent ces deux peines qu'à 20 deniers et 12 deniers. Les forestiers, quant à eux, déclarent faire payer à chaque bête de Nesploy ferrée 5 sous, empêtrée 5 sous, déferrée 20 deniers. Les pourceaux achetés à la Saint-Jean, chaque fois qu'il sont pris, en quelque lieu que ce soit, valent à l'usager une amende de 12 deniers par tête[2].

Aux termes de la Coutume de Sens qui régissait une partie du Gastinais « si porcs sont trouvés et pris en hautes forests et « bois de haute fustaye durant le temps de grainer, et ils y « sont tenus à garde, il y a amende arbitraire[3], et s'ils y sont « tenus par échappée, il y a amende de loy[4] avec restitution « du dommage. Or, hauts bois bons à maisonner et édifier,

avenoit que lesdits manans et habitans fussent trouvés couppans ou ouvrans autre bois que ledict bois cassé, arraché ou brisé, et il y eust vert, ils seront tenus de nous en paier cinq sols parisis, et s'il y avait plus vert que sec, quinze sols parisis, et s'il estoit tout vert, soixante sols parisis... » (Lett. de 1403. — 0,20635, II, 25.)

[1] 0,20635. Enq. sur Bray.

[2] 0,20635. — 0,20504. Enq. sur Nesploy.

[3] Amende arbitraire de moyenne et basse justice qui, comme le fait remarquer Richebourg, ne peut excéder 60 sous.

[4] 5 sous.

« portans gland et paisson et qui sont en lieu ou il n'est mé-
« moire avoir veu labourage, sont réputez bois de haute fustaye, » dans ce cas [1].

Du reste, la fixation du droit à prendre sur chaque animal ne supprimait pas l'arbitraire de l'amende. Parfois les officiers forestiers ne perçoivent aucune amende et se bornent, selon les cas, à arrêter le délit [2], d'autres fois ils ajoutent à la taxe coutumière une amende extraordinaire par suite d'une circonstance aggravante. Ainsi en 1454, Marie Bracque, veuve de Raymond de Masquaron, écuyer, dame de Lais, d'Escrennes et de Courcy, est condamnée, pour avoir mis en forêt après la Saint-André 60 porcs qui n'étaient pas de sa nourriture, à 12 deniers par po , et de plus 4 livres d'amende, en tout 7 livres [3]. En 1455, un troupeau de 12 porcs subit une amende de 12 sous et de plus 5 sous [4]. La prise d'une chèvre est taxée [5] à 15 sous [6]. La Coutume elle-même présente une extrême variabilité; nous voyons des délits de chevaux payés un sou [7], 6 deniers [8], de vaches 6 deniers [9], un sou [10]. Une charretée de remoison sans seing vaut 3 ou 4 sous [11], si la charrette est ferrée 5 sous [12]. L'emploi de la scie entraîne une amende de 44 sous [13].

Les délits en matière d'usage sont extrêmement nombreux;

[1] Rédact. de 1506. Cout. Richebourg, III, 483.

[2] V. Arrêt de 1265. Olim. I, 215.

[3] Quittance prévôtale. Arch. du Loiret, Fonds du Châtelet, — Ment. 0,20018, f. 30, v°.

[4] Compte de Vitry, 1455, 0,20319.

[5] Cte de 1455-56, *ibid.*

[6] Ailleurs la garde de plusieurs chèvres à 5 sous seulement. Charte de 1455-56.

[7] Cte de Neuville, 1456-57, *ibid.*

[8] Cte de Vitry, 1456, *ibid.*

[9] Cte de Vitry, 1455.

[10] *Ibid.*

[11] Cte de 1446-47.

[12] Cte de 1420.

[13] Cte de 1428 (A. du Loiret). Louis Potin, prêtre condamné pour s'être servi de la scie « ou il n'a pas droit. »

l'oubli des conditions primitives de l'usage, les troubles causés par les guerres [1], la mauvaise volonté des usagers en forment autant de sources fécondes. Aussi, dès 1404 les officiers forestiers déclaraient bien que l'octroi d'un droit d'usage causait du tort au duc, mais ils se consolaient en ajoutant que le nombre et la valeur des amendes qui en découleraient lui assuraient certainement en définitive un bénéfice avantageux [2].

Ce n'était pas tout que de prendre sans délit le bois auquel on avait droit. Il était absolument interdit de transporter le bois d'usage et de s'en servir à sa guise ; en 1450, on confisque une charrette de bois amenée sous le seing d'une vente, déchargée puis rechargée « en une court qui est court usagiers... » le tout évalué à 5 écus d'or ; ainsi un usager ne pouvait pas charger de bois dans sa cour sans le faire marteler à nouveau, tant on craignait la fraude [3]. Un autre « ouvrant dans sa court charniers de chesne vert, » est condamné à 40 sous d'amende [4].

Outre les usagers principaux que nous avons énumérés, il y avait de petits usages secondaires, usages au genièvre, à la fougère, au genêt, dont les sergents possédaient en certains cas [5] la distribution et les profits, sous la surveillance de l'autorité supérieure [6]. Au treizième siècle, Drouan de Marcau, sergent

[1] V. visite de 1608. Z. 4922, passim.

[2] Enq. de Bray. 0,20635. — Mais le taux ne s'étant pas élevé proportionnellement à la valeur de l'argent, au dix-huitième siècle, il en était tout autrement. (Plinguet, p. 89.)

[3] Cte de 1450, 0,20319.

[4] Cte de 1452, 0,20319.

[5] Lorsqu'ils étaient fériés : autrement les droits fiscaux qui en résultaient appartenaient à l'administration. Ils étaient du reste extrêmement rares. On ne demandait guère ce droit, on le prenait plutôt ; il en résultait des délits toujours impunis.

[6] L'acte suivant nous montre des usages concédés par un sergent.

Manasses Dei gratia Aurelianensis episcopus, universis presentes litteras inspecturis salutem in Domino. Noverint universi quod controversia que vertebatur inter dilectos in Christo filios, abbatem et conventum de Curia Dei, ex una parte, et Gilonem Malebruiere, militem, ex altera super boscis de Monte Donato et de Boolaico, qui sunt apud Charuppellum, maxime sicut ductus aqua que venit ad Charuppellum ostendit juxta domum Guarini Givre

épiscopal avait ce droit dont on lui reproche d'avoir abusé. On se plaint qu'il ait mis « de novel usagiers au genest et a la genièvre, » il répond que les sergents ont toujours été en saisine de les mettre et qu'il n'y a jamais eu d'amende prononcée. « Bertaut li (à l'évêque) montra que Droian metoet genz ou « Gaut sans nombre. Li évêque repondi que il ne i povet « metre que XXV persones sanz chevalier, sanz prestres, sanz « tuilier, sanz potier, sanz charbonniers et sanz autres granz « persones. » Il est prouvé que malgré cette défense formelle de mettre « provoire ne chevaliers » Drouan a introduit deux chevaliers, notamment Geverse d'Escrennes[1]. On reproche aussi au même sergent d'avoir « mis usagiers es Queux de « Mareau ou n'en a ne mort ne vif, contre droit et contre re- « son, au genest et a la genèvre. »

Des lettres patentes de 1367 mentionnent en faveur des habitants de Bray le privilége de prendre et emmener « a leurs

et ultra usque ad Marches Rozat, sopita est in hunc modum: quod idem Gilo dictis monachis in perpetuum quitavit quicquid in illis nemoribus habebat vel reclamabat ita libere quod nec Dominium nec aliud sibi aut heredibus suis retinuit : præterea dictus Gilo, in nostra presentia nominatus, monachis promisit se tam erga Joannem Longueroye, servientem bosci, facturum, qui mittebat et se de jure posse mittere dicebat in bosco de Monte-Donato quos et quot volebat ad boscum mortuum capiendum et eos garentire ut de cetero nullum mitteret omnino dictus serviens neque suus heres, retento sibi et heredibus suis usuario in Monte-Donato tam in bosco mortuo ad ardendum et in vivo ad edificandum sibi non ad dandum alicui vel ad vendendum : habebit etiam campi partem navorum et milii, si forte nemus illud per monachos ad agriculturam redigeatur; et si forte monachi ibidem hospites ponent in introitu cujusque habebit semel et tantum unam lagenam vini et singulis annis unam minam sigali ab eo qui cum bobus terram excolet, ab illo vero demidiam qui cum marra laborabit. Preterea quicquid juris idem serviens ibidem habebat, non à predicto Gilone, sed a monachis de cetero tenebit : monachi vero, quicquid in boscis vel in terris dicti Gilonis habebant, vel de consuetudine reclamabant, omnino eidem quittaverunt et dimiserunt. Quod ut ratum et stabile perseveret ad petitionem utriusque partis presentes litteras fieri fecimus et sigilli nostri muninine communiri. Actum anno incarnationis dominice millesimo ducentesimo decimo, mense novembri.

Cartulaire de la Cour-Dieu, p. 13.

[1] J. 742, n° 5.

« hostelz les fougières et les racynes d'icelles, arracher et fau-« cher à quelconque ferrement qui leur plaira hors resget des « chesnes[1]. » Une autre concession permet d'arracher les racines à la pioche dans certains lieux, pour la nourriture des pourceaux.

[1] Arch. du Loiret. A. 816.

CHAPITRE II

Des divers usages

Voici la liste des lieux qui ont joui dans les forêts de l'Orléanais d'un droit quelconque d'usage ou paturage, avec l'indication des principaux titres qu'ils peuvent établir[1] :

Les *Agais*. — 1396. V. *Lorris*, 2°.

Aigrefin (seigneurie). — Panage pour 100 porcs et un ver, en toute saison : usage à couper emprès pied dans le tréfond de Saint-Benoît pour édifier et ardoir, à trois charrois par jour; paturage pour tout le bétail moyennant un droit de forestage. Lett. roy. et duc. de 1279, 1410, 1493. Aveux de 1481, 1573, 1404, 1445 (servis au seigneur de Châteauneuf), Cte des baillis de 1285[2].

Aluran[3] (mairie). — Usage au bois mort, dans les bois de Saint-Benoît.

[1] Plusieurs de ces titres bien qu'ils émanent de la Chancellerie de Philippe-Auguste ne figurent pas dans le *Catalogue* de M. Delisle.

[2] Hist. de la France, XXII.

[3] Ou Alevran.

— Acte capitulaire du 30 mai 1391, 1396.

Amilly (paroisse). — Coutume de Lorris [1], donnée par Pierre de Courtenay.

Ambert (prieuré). — Panage gratuit pour 60 pourceaux que le prieur peut vendre comme il veut : paturage gratuit dans la Garde de Neuville pour 16 bœufs de charrue et 14 juments avec leurs poulains ; usage au bois pour réparer toutes les maisons de la dépendance du prieuré existant alors, pour faire pieux et perches *de clôture* pour leur jardin [2], leurs vignes, etc., et comme chauffage des maisons d'*Ambert*, de *Chanteau* et de *Gien* ; droits réduits en 1556, à une monstrée de 10 arpents.

— Concessions de 1301, 1322, 1403 (Chanteau) [3]. Confirmation de 1392, 1564, 1581, 1594, 1613.

Arconville (ou Arponville), coutumes de Lorris [5]. — Cte du duché de 1485 [4].

Arrabloy (seigneurie). — Usage.

— Concession de Philippe VI (1329). Enquête de 1406-7.

Aschères (seigneurie). — Usage dans la Garde de Neuville. Sentence de 1322 (en faveur de Jean de Bouville). Aveu de 1389 [6].

Ascoux (seigneurie). — Usage pour les diverses nécessités aux bois du Gault et des Rippeaux (Courcy) : paturage.

— Sentence de 1549 ; arrêt de la Table de Marbre, 1603, fixant le chauffage à 25 cordes. Aveux de 1576, 1601.

(Paroisse). — Paturage, moyennant le minage accoutumé, arrêt de 1608, Cte du duché de 1485.

Aserville. — V. *Yanval*, 1342.

Audreville [7], *Bouville*, *Thivernon*, le *Mesnil-Glatigny*, *Gor-*

[1] Les coutumes de Lorris conféraient un droit d'usage au bois mort, moyennant une redevance fixée ordinairement à 1 muid de grains.

[2] On voit par là qu'Ambert n'était pas fortifié.

[3] K. 178, n° 20.

[4] O,20340-1.

[5] V. Olim. A° 1264. Arrêt sur Boiscommun.

[6] Servi par Jean des Essars, « sires d'Ainbleville, de Boville et d'Eschières. »

[7] Ou Ordreville.

manville et *Maisons*, payent un droit de fauconnage montant à 21 sous 3 deniers (3 deniers par feu), dans les comptes de 1403-4 [1]. Cte du duché de 1485 [2].

Aurcigny [3]. — Droit d'usage dans la garde de Courcy, jusqu'en 1276. V. *Denainvilliers*.

Auvilliers. — Usage dans les bois d'Arbelay, garde de Neuville. Enquête de 1547.

Auxerre, les Brosses, la Bigardière, la Mothe ou la Mollie (Gardes de Vitry et du Milieu). — Usage en chênes secs, entresecs en estant, ou verts gisant, pour édifier et ardoir dans lesdites maisons, accordé par le duc le 6 juin 1408 à François de l'Hôpital, moyennant un muid de blé par an, et pâturage pour toutes bêtes (alias, une mine de seigle).

— Aveux de 1353, 1440, 1497 à 1610. Chartes de 1483-1484 [4] et 1419.

Auxi — 1336. — Concession par Philippe de Valois (à Guillaume Pocaire), pour les maisons d'Auxy, *Chailly* et *Montesperant*, du droit d'usage en la garde de Vitry, qui jusque-là ne s'exerçait que pour Montesperant.

Beaugency (N.-D. de). — Usage au bois mort et aux branches, dans le buisson de Briou (sine incisione ad pedem facta).

— Concession de Lancelin de Beaugency, en 1190, à [5] la demande de l'abbé Salomon. Rachat en 1300 [6] par le roi.

— (Maladrerie). — Usage concédé par Raoul de Beaugency, 1250.

Beauchamp, Bouzi, Chastenoy, le Coudroy, Vieilles-Maisons. — Droit d'usage, limité à certains bois de Saint-Benoît, aux remaisons, au bois sec et mort, à la bruyère, au genêt, avec une

[1] Alias, Origny.

[2] 0,20540 et 541.

[3] *Ibid.*

[4] 0,20642-43.

[5] J. 731. Teulet, Tr. des Ch., p. 166, A.

[6] J. 732. Joursanvault, 3078. — 0,20617.

cognée. Charte de 1183. Lettres de 1355, 1377. Mandement de 1387. Sentence de 1368.

Baignaux. — V. *Nancray.*

Barville. — Coutumes de Lorris, 1175. Cte du duché de 1485 [1].

Les *Barres* (N.-D.). — V. *Trainou.*

Batilly. — Coutumes de Lorris [2], 1175, V. *Combreux.* Ctes de Vitry [3]. Cte du duché de 1285 [4].

Beaulieu (à Ouzouer). — Usage moyennant une mine de seigle, un pain et un denier. Compte de 1573, du duché.

Berberon, Trainou, les *Essarts, Bessy, le Mas* (hommes de Sainte-Croix). — Usage au bois mort et à la fourche dans les bois de Sainte-Croix [5].

Bionne (plusieurs maisons). — « Usaige tel comme lesdites maisons le ont es forestz du roi. »

— Ment. dans le Censier du duché [6].

La *Bernaudière.* — Pâturage, usage aux remaisons, au sec emprès pied. V. *Le Chesnoy.*

La *Bigardière.* — 1408. V. *Auxerre.*

Bins. — 1341. V. *Chenailles.*

Boicherant (Manoir de). — Usage, racheté par le roi en 1331 [7].

Boigny. — V. *Cercottes.*

Boines (Paroisse). — Charte de Lorris.

— (Cure). — Usage semblable à celui des paroissiens; usage au mort-bois.

— Concession royale de septembre 1343.

Boiscommun (Paroisse). — Charte de Lorris. Vidimus de 1392. Sentence du parlement, 1264 [1].

1 0,20540-1.

2 S. sur Boiscommun. V. les Olim. (édition Beugnot), n° 1264.

3 0,20319.

4 0,20544.

5 Dipl. de 1201.

6 K. K. 1046.

7 J. 732.

(Les habitants avaient droit d'usage et paturage moyennant une mine que les uns payaient en avoine, les autres en blé.)

— (Mesureurs). — Usage. — Cte du duché de 1485 [2].)

Bois-Girard. — Coutumes de Lorris [3], 1175.

Bois-le-Roy (Paroisse). — Coutumes de Lorris, concédées par Pierre de Courtenay [4].

— Enquête de 1406, constatant que les habitants ont l'usage au bois dans les mêmes lieux que l'abbé de Ferrières et le pâturage de la vallée Saint-Sépulcre jusqu'en Beaumont [5]. Sentence de 1573 [6].

Bois-Saint-Père et la *Garmenderie.* — Droit d'usage en vertu d'une charte de 1332.

La *Boissière.* — V. *Coillette.*

La *Boissellerie.* — Usage dans la garde du Chaumontois à l'Usage-aux-Femmes, emprès pied et à charrette.

— Lettres de Philippe de Valois, 1341 (en faveur de Pierre de Surre).

La *Bonne.* — Usage aux bois de La Bonne pour tous habitants, moyennant un pain et un denier le lendemain de Noël.

— Ctes, 1403-1404 [7], et 1573 [8].

Bonneville, près Chambon. — Chaque feu paye un denier de fauconnage (alias, deux muids).

— Ctes de 1483-1484 [9].

Bonnée, Bray, les *Bordes.* — « Les femmes et les valletons qui ne portent brayes, estant de l'aage de douze ans et au dessoubz, peuvent et ont accoutumé a aller prendre et avoir du bois sec et mort, despecer et fendre de l'un bout l'aultre, sans

[1] V. Olim.
[2] 0,20540-1.
[3] V. Olim., 1264, S. sur Boiscommun.
[4] Morin, Hist. du Gastinois.
[5] Q. 542.
[6] 0,20730.
[7] 0,20540-41.
[8] 0,20544.
[9] 0,20642-43.

ferrement, porter à coul en leurs hostelz pour ardoir et édifier et user en toutes leurs necessitez ; et oudit usaige prendre et avoir, emmener à charrette à leurs hostelz les fougères, et les racynes d'icelles, arracher et faucher a quelconque ferrement qui leur plaira, hors rejet des chesnes... »

Lettres de 1367. V. *Bray*, 1361.

Les *Bordes*. — 1344. V. *Chenailles*. — V. *Chamerolles*. — V. *Bonnée*.

Bougy. — V. *Châteauneuf*.

Bougy et *Limiers*. — Chaque feu doit un denier pour le droit de fauconnage.

— Acte de 1401, 1402. Comptes divers.

Bouilly (Paroisse). — Usage moyennant un boisseau de blé.

— Comptes du Gruyer de Seichebrières.

Bouilly (Seigneurie), à Trinay. — Panage franc pour cent porcs et un ver ; droit au bois vert pour bâtir et brûler, emprès pied, en la garde de Neuville ; pâture pour les bêtes de nourriture.

— Maintenue de 1564. Monstrée de 3 arpents et demi, en 1571, 1565. Aveux de 1369, 1403, 1421, 1515 (pour 60 porcs et un ver), 1578 ; de 1377, 1384. Procès de 1565 [1]. Sentences de délivrance de 1447, 1540, 1552.

Bouilly (Paroisse). — Usage au bois mort dans la garde de Courcy (moyennant redevance).

— Aveu de Gruyer de Seichebruières, 1393.

Bourgneuf (de Loury). — Coutumes de Lorris, 1175.

Usage moyennant redevance. Compte du duché de 1485 [2].

Le *Boullay* (Seigneurie), près de Montargis : droit d'usage dans la forêt de Montargis [3], fixé à 40 cordes de bois par an.

Bouzonville. — Usage au bois mort dans la garde de Courcy,

[1] Q. 587.

[2] 0,20540-1.

[3] Ment. Arch. du Loiret, A. 716.

moyennant deux boisseaux de blés, 2 deniers parisis, et un pain par feu.

— Comptes du Gruyer. Aveu du même, 1393. Aveu de Courcy, par Mess. Aubin, 1407.

Bouville. — V. *Audreville.*

Bouzy (Mairie). — Usage moyennant une mine d'avoine.
— Cte de 1483-4 [1]. — V. *Beauchamp.*

Bray, *Bonnée*, les *Bordes.* — V. *Bonnée*, — 1404. Permission de couper à la cognée le bois vert cassé ou brulé, et de prendre le bois sec moyennant une mine de blé, par habitant, à la Saint-André; droit de pâturage et de panage, moyennant minage.

— Confirmations de 1447, 1401, 1499. Enquête de 1404. Confirmations de 1361 (62), 1383, 1396, 1559. Vidimus de 1580. Maintenues de 1596, 1597 [2].

Le *Bréau*, la *Rivière*, *Charency*, et diverses masures, le *Buisson* (au maire de Bouzy). — Pâturage pour les bestiaux, moyennant une mine d'avoine par feu et les droits de panage.
— Confirmations de 1396, 1559, 1361.

Briconvilliers, « Virgultellum » et *Montescu.* Charte de Lorris 1178.
— Ment., enquête du treizième siècle [3]. Comptes du duché de 1485 [4].

La *Brosse.* — 1328. — V. *La Motte de Montboferant.*

Les *Brosses* (Hameau). — 1396. —V. *Lorris*, 2°. Coutumes de Lorris, 1175.

Les *Brosses* (Maison). — 1408. V. *Auxerre.*

La *Brosse-Saint-Mesmin.* — V. *Chamerolles*, n° 2.

Bucy-Saint-Liphart. — paye un droit de 4 muids par feu pour son usage.

[1] 0,20842-3.
[2] Arch. du Loiret, A. 816.
[3] J. 1028, n° 25.
[4] 0,20540-1.

Cte de 1483-84 [1].

Bucy-le-Roi (Paroisse).—Droit au bois mort dans la garde de Neuville.

— Délivrances de 1320, 1380. V. *Cercottes*.

Buisson-Aiglant, Puteville, Marchais-Creux. — Pâturage en tout temps, sauf pour les chèvres « in pasturagiis dicte garde Calvi-Montosii ». Panage de cent porcs. V. *la Collette*.

— Concessions de 1317, 1320 ; lettres de 1334 transférant à Puteville et à Marchais-Creux les droits de la Boissière et Coillette.

Buisson-Réau (Hôtel et lieu du). — Usage immémorial « en la « forêt de Montdebrène et de Chaumontois à tout bois sec et « entre sec et aux accorouennés et remoisons ».

— Charte de 1281. V. *Nevoy*. Enquête et sentence de 1305 ; confirmations de la même année, et de 1404, en faveur du duc de Berry, 1409, 1453, en faveur de la Sainte-Chapelle de Bourges.

Buys (Bou).—V. *Chenailles*.

Cambray (Seigneurie). — Usage en la garde de Neuville au bois sec et vert pour édifier, réparer et brûler.

— Concession, avril 1328.

Cepoy (Fours banaux de).—Concession par Philippe-Auguste vers 1211 à Guill. de Lorris, son sergent, et à ses successeurs de la moitié des fours de Cepoy, avec usage aux bois de Saint-Léger et de Chalette, tel que l'avait le roi [2].

Cercotes, Neuville, Chanteau, Marigny, Bucy-le-Roi, Villereau, Saint-Lyé, Chilleurs, Courcy, Sully-la Chapelle, Ingrannes, Vitry-au-Loge, Seichebrière, Donnery, Loury, Vennecy, Chécy, Rebrechien, Semoy, Fleury, Boigny, Saint-Jean-de-Brayes, Fay, Trainou et les autres paroisses du rain de la forêt.

Confirmation du droit de panage, par arrêt du parlement de 1454 [3] ; lettres royales de 1595 [4].

[1] O.20642-3.

[2] Cartul. de Philippe-Auguste. J. J. 26, pr. XII, xx, II.

[3] Q. 590.

[4] O.20238.

Chaffin (lieu de).— Usage.

— Aveu de 1389.

Le *Chaillot*. — Usage au bois vif moyennant affouage dans la garde de Joyas.

— Compte de 1403-4.

Chailly et *Ouchamp* (Maisons de). — Usage en la garde du Chaumontois à trois charretées de bois par semaine en tout, avec le bois nécessaire pour bâtir et réparer dans chacune de ces maisons.

— Concession à Guill. Pocaire, 1336, 1347 ; ment. dans la vente passée par G. Pocquaire à Fr. de l'Hospital, avec confirmation du duc, 1401 ; confirmation de 1378.—V. *Auxy*.

Chalençois, *Navarre* et autres hôtels à *Châteauneuf*. — Panage de soixante porcs et un ver francs dans les gardes de Vitry et du Milieu, et pâturage pour tous bestiaux dans ces gardes en toutes saisons ; droit au bois à bâtir, réparer et brûler, emprès pied et par monstrées ; au bois mort hors monstrées.

— Confirmations par le duc Philippe, août 1371 et 1374, 1382, 1377 ; aveux divers depuis 1404, 1406 ; aveu, 1349.

Chalette (Seigneurie). — Usage de quatre charretées à trois chevaux par semaine, accordé par Philippe-le-Hardi à Pierre de Machau, son chambellan ; commué, en 1317, en usage au bois sec et au vert gisant dans la forêt de Montargis[1] ; pâturage pour soixante aumailles et panage de quarante porcs, concédés par lettres patentes de 1287 en certains climats de la même forêt[2].

Chalette et *Lancy* (Hôtes de). — Usage à édifier et ardoir.

— Ment., lettres de 1337[3].

Chambon (Seigneurie). — Droits de panage en tout temps pour soixante porcs et un ver francs, et d'usage emprès pied à tout bois vert par toute la forêt pour bâtir, réparer, brûler, moyennant forestage.

— Sentences de 1388, 1392, 1575 ; enquête de 1390[4] ; aveux,

[1] K. 178, n° 6.

[2] K. 177.

[3] K. 278, n° 6.

[4] O,20018, f. 95.

1352, 1355, 1368, 1405, 1486; Cte des baillis de 1285[1].

Chamerolles (Seigneurie). — Droit dans les bois du Gault, appartenant à l'évêché, emprès pied, à trois charretées, à trois cognées, à faire pieux et perches « pour les hostels de Chame« rolles et des Bordes » et leur chauffage.

— Aveux de 1382, 1384, 1392, 1408, 1513[2], rendus à l'évêque d'Orléans; maintenue de 1486.

Hôtes de *Chamerolles*, les *Bordes*, la *Brosse-Saint-Mesmin*. — Droit au bois vert emprès pied, par livrée, pour bâtir, au bois mort pour se chauffer, moyennant chacun une mine de froment; panage pour chaque porc moyennant trois deniers maille.

— Aveu de 1392.

Champignelles. — Usage dans dix arpents des bois de Burcey.

— Charte de 1280, donnée par Robert de Courtenay[3].

Champlons (Ouzouer). — La duchesse, 1482, prolonge indéfiniment la permission de pâturage et de bois à chauffer et bâtir, donnée à Etienne des Girards, qui s'y élève un logis convenable moyennant deux mines d'avoine, une de blé, un pain et un denier parisis.

Chanteau (Maison d'Ambert), 1322. — V. *Ambert*.

Chanteau (Paroisse). — Droit d'usage et de pâturage dans les bois de l'évêché, garde de Neuville. Usage au bois mort, aux ramoisons et au mort bois, moyennant quarante-cinq sous parisis de fouage, payables en deux termes[4].

— Confirmations de 1411 (1412), 1555, 1560, 1581, 1598, 1599; sentences de 1534, 1536, 1540, 1544, 1546. — V. *Cercottes*. — Cte du duché de 1485[5].

Chanteloup, 1396. — V. *Lorris* 2°.

Chappes (Prieuré). — Usage, pâturage, droit d'engraisser en temps de paisson cent porcs et un ver, moyennant trois messes par semaine pour le duc.

[1] Histor. de la France, XXII.

[2] Q. 587. *Chamerolles et Chilleurs*.

[3] Dubouchet, Hist. de la maison de Courtenay, pr. 65.

[4] Q. 587.

[5] O,20540-1.

— Confirmation, 12 mars 1361, par le duc Philippe.

Charency.—V. *le Bréau.*

Chastellerault (Minimes de). — Reçoivent trois cents livres de chauffage par an, quoiqu'ils n'aient pas de titres. (Supprimé en 1669.)

La *Chastre* (Mairie de) à Vitry. — Panage de soixante porcs, un ver francs « quand pannaige court. »

— Aveu de 1406.

Le *Chastellier.* — Usage moyennant un pain, un denier, une mine.

Cte de 1573 [1].

Châteauneuf-sur-Loire (Paroisse). — Usage au bois mort aux Hayes de Vitry, moyennant treize deniers.

— Arrêt du parlement, 1265 [2]. — Usage au bois mort et remoisons emprès pied. Lettres de 1399.

— (Banlieue).— Depuis la Maladrerie jusques « au chief de la « paroisse Saint-Martin-d'Abatz » et *Pochy*, le *Bougy*, le *Masigny*, le *Giblois*.—Usage comme Châteauneuf ; pâturage dans les lieux de pâture (haut bois, landes, bruyères), moyennant un agneau et un demi-minot de blé, ou deux mines de blé.

Ctes du Gruyer ; lettres de 1399, 1571 ; règlement du 23 octobre 1553 ; confirmation de 1595 [3].

— (Seigneurie). — Usage pour le chauffage et les réparations.

— Concession au prince de Melphes, 12 octobre 1563 ; arrêt de la chambre des comptes, réglant le chauffage (soixante cordes) et le bois pour réparations à livrer à Cornelia de Caracciolla, princesse de Melphes.

— (Cure).— Usage.

— Mention dans une enquête du treizième siècle [4] ; charte de 1313.

Châtenoy (Mairie de). — Usage emprès pied dans les limites

[1] 0,20544.

[2] Olim. I, 225.

[3] Q. 589.

[4] J. 1028, n° 25.

de la mairie, panage pour soixante-quatorze porcs et un ver.— V. *Beauchamp*.

— Aveu (à Saint-Benoît), 5 mars 1376-77.

— (Paroisse).—V. *Beauchamp*.

Chaussy les Thoury, en Beauce (Maison de l'Ordre de Fontevrault).—Droit d'usage pour édifier et ardoir au bois emprès pied dans la garde de Neuville, au lieu dit les Échas (Chécy).

— Droit possédé en 1381 « extra memoriam »; confirmations de 1381, 1488.— Sentence de 1387.

Chécy.—V. *Cercottes*.

Chemault (Seigneurie). — Concession en fief par Louis XII, en 1504, pour l'usage pour bois à bâtir et brûler, panage.

— Aveux de 1549, 1560; confirmation du pâturage dans les queues de Nibelle et Chemault.

Chenailles, *Buys* [1], *Felins*, les *Bordes* (à Donnery, à Saint-Denis-de-l'Hôtel), *Chevenières*. — Usage semblable à celui des habitants de Fay accordé en 1341, moyennant une mine d'avoine à Noël.

— 1568, arrêt de la maîtrise fixant le chauffage de Chenailles à quarante cordes par an, au maximum; 28 avril 1569, arrêt, sur appel, de la Table de Marbre, le réduisant à trente-cinq cordes; C[tes] de Vitry [2].

Le *Chesnoy* (Seigneurie). — Panage de cent porcs et un ver francs, en temps de panage; pâturage pour toutes bêtes grosses et menues, excepté la chèvre, et sauf les ventes, taillis et brûlis; chaque hôte peut, en temps de paisson, mener aux climats de Montdebrène et Courcambon soixante porcs, moyennant les droits habituels; usage emprès pied, à trois cognées et trois charrettes par livrée

Confirmation de 1573. Aveux de 1353, 1404, 1416, 1535, 1357, pour le Chesnoy et la Bernaudière, 1498, 1517, 1523; confirmation de 1341.

Chevenières.—V. *Chenailles*.

[1] Qu'on a lu aussi *Bins*, et qui n'est très-probablement autre que *Bou*.

[2] 0,20319.

Cie des baillis de 1285[1].

Chilleurs (Cure)[2]. — Droit d'usage dans le tréfonds de l'évêché « ad cindendum, omne nemus prope pedem pro usagio sue « domus ».

— Confirmation de Bertaut, évêque d'Orléans (jeudi après les Rameaux 1304, c'est-à-dire 1305). Droit existant déjà de toute ancienneté à cette époque. Enquête et maintenue de 1315. — V. *Cercottes.*

Choisy (Bellegarde). — V. *Soisy.*

Clérambault. — Droit d'usage en forêt, au bois mort et au vert gisant.

— Concédé en août 1292[3] par Philippe-le-Bel (à Jean de Vère), pour ses maisons de *Clérambault et Solvain* « de Clarembaldo et de Saulevain. »

Le *Clos-le-Roy* (à Vitry). — Usage moyennant les droits de fouage (6 muids et 4 deniers). Charte de Lorris, 1175. C de Vitry. Ment. — Cie du duché, 1485,[4] 1483-4[5].

La *Coillette*, *Buisson Aiglant*, La *Boissière*. — Usage au bois sec et à l'entre-sec dans la garde du Chaumontois, 1317. Concession. Arrêt du parlement, 1560.

Combleux. — Permission par Philippe de Valois (à Robert de Meuny) de prendre pour le manoir de Combleux 12 charretées d'usage du manoir de Reuilly, 1343.

Combreux[6], *Fay*, *Vennecy*, *Donnery*, *Batilly*, *Trainou*[7], *Vitry*, *Santimaisons*, *Seichebrières*, *Sully-la-Chapelle*, *Sury-au-Bois*. — Droits d'usage et pâturage dans les gardes de Courcy, Vitry et du Milieu (notamment aux bruslis), à condition d'aller éteindre le feu. Lettres royaux de 1378, 1564, 1393.

[1] Histor. de la France, XXII.
[2] Pour la *seigneurie* de Chilleurs, V. *Chamerolles*.
[3] Charte datée de Boiscommun.
[4] 0,20540-1, 0,20542-3.
[5] 0,20542-3.
[6] Habitants et curé.
[7] 0,20644, f. 200, 201.

Maintenues de 1390, 1385, 1395, 1493, 1497, 1560 [1].

La *Couarde*, les *Guez*, les *Couteux*. — Usage dans le Bois-aux-Femmes (Chaumontois) « au bois sec par terre et estant sur le pié et aux branches des arbres verts qui par oraige de temps rompront ou cherront a terre, pour ardoir, et fere leurs clostures et autres nécessités, » moyennant une mine de seigle par feu, rendue à la recette de Lorris : charte du duc Philippe (accordée à Anceau le Bouteiller.) 1409. Lettre de 1424.

La *Coudre* (les Bons-Hommes de). — Charte de Philippe-Auguste en 1180, confirmant plusieurs donations faites par Louis VII, et portant ces mots : « Preterea dedimus et perpetuo concessimus dictis fratribus in dicta dono commorantibus, et commoraturis plenarium usagium in foresta supradicta. »

Le *Coudroy*. — Les habitants doivent pour leur usage au bois, une mine d'avoine à la recette d'Orléans, 1368. Confirmation du droit au bois mort et aux remoisons dans la garde de Courcy, droit acquis par prescription. V. *Beauchamp*.

— Délivrances de 1482, 1493, 1526.

Coulmiers (à Vitry). — Panage de 60 porcs et un ver francs.

— Aveu de 1389 (servi par Jean le Bouteiller).

Courcelles-le-Roy (paroisse). Usage moyennant redevance. Vidimus de 1394. — Coutumes de Lorris, 1175. Sentence du Parlement sur Boiscommun en 1264 (V. *Olim*). Cte du Duché de 1485 [2].

Id. (Seigneurie). — Usage en la forêt, au bois mort. Aveu de 1404 [3] (rendu par Bl. Bracque).

Courcy (paroisse). — Usage au bois mort dans la garde de Courcy.

— Sentence de la g^e m^{ie}, 22 mars 1368-1369. V. *Cercotes*.

« *Cotage* » [4] entouré de deux arpents et demi de terre : panage de soixante porcs francs en temps de panage. Sentence de 1399. Aveu de 1407 (rendu par Mess. Aubin).

[1] Arch. com. de Sury-au-Bois.

[2] 0,20540-1.

[3] 0,20617.

[4] Ce mot ne semble pas pris ici dans un sens technique.

La *Cour-Dieu* (abbaye). — Paturage, panage, usage de deux ou trois chênes par an et du bois pour refaire les charrues dans les bois de Chérupeau. — Concession faite par les seigneurs Dodon et Eudes [1].

Panage aux bois de Planquine pour 80 porcs bois de Gérisi [2]; et dans les usage dans les autres bois de Sainte-Croix.

— Transaction de 1219 [3].

Usage général dans les bois épiscopaux et royaux, sauf au Rottoy, et aux bois acquis par le roi depuis 1123.

— Lettre épiscopale et royale de 1123 : confirmation épiscopale de 1151. Confirmations de 1145, 1188, 1394, 1556, 1559, 1586, 1596 [4]. Arrêt du parlement de 1271, arrêt de 1282 [5].

Courpalais, — Coutumes de Lorris. V. *Nevoy*.

— Concession en 1256 par saint Louis de «pasnagium ad animalia sua in nemoribus nostris que dicuntur chaumontes vel lagium salvo jure aliorum usuagiorum » et usage aux ramoisons : panage pour 100 pourceaux et un ver, paturage pour les bœufs. 1396. V. *Lorris*, 2°.

— Aveu de 1315. Lett. de mars 1281, limitant à 100 porcs le panage.

— Confirmations, maintenues de 1250, 1280, 1284, 1314, 1391, 1409, 1459, 1468, 1479, 1482, 1497, 1527, 1533, 1540, 1570, 1597 [6].

Courtellan, *Saint-Agnan*-des-Guês, les *Bordes* et divers ha-

[1] Cartul. de La Cour-Dieu. Arch. du Loiret.

[2] Jugement de 1282. — Arch. du Loiret. — Jarry, Hist. de La Cour-Dieu, p. 92.

[3] Charte de l'abbé Robert. Charte de l'évêque Manassès. Arch. du Loiret, Fonds Sainte-Croix.

[4] D. Estiennot, f. 497, 499, 501. — De Camps, XII. — Olim. I, 874. — J. 750, n° 1. — Jarry, Hist. de La Cour-Dieu, p. 97, 106. 0,20640, f. 14, v°.

[5] Arch. du Loiret, II, G. Fonds Sainte-Croix : bois de Traînou : lay. 1°. — Anc. A. 21.

[6] Arch. du Loiret, A. 812.

meaux. — Panage aux bois de Saint-Benoît, moyennant trois deniers obole parisis par porc, s'il y en a sept ; un denier obole parisis, s'il y en a huit au plus.

Les *Couteux*. — V. la *Couarde*.

La *Croix-Blanche* à Châteauneuf. — V. *Chalençois*.

Dampierre (paroisse). — Usage à Montdebrene et à Courcambon, « aux ramoisons après les usaigers e mprés pié et partout où il les pevent trover soit en monstrée ou hors, en boys cassé et arraché, au racheau quand le boulloy y est, au bois sec en estant, à tirer au croich à troys homes, pour les réfections et réparations de leurs hostés et vignes, de mener merrian qui y est en leurs vignes..... de mettre pourceaulx esdits lieux de quelsconques personnes que ilz les tiengnent, soient usaigers ou non, et de mettre toutes leurs autres bestes, tant grosses comme menues, en paient audit Monsieur le duc, chascun an chescun hostel usaigez ung pain et ung denier landemain de Noël et pour chex porceaux, au temps de glan, troys deniers mailles de penaige [1]. »

Dampierre (Seigneurie) en Burly. — Usage aux climats de Montdebrène et Courcambon (Chaumontois) emprés pied au vert et au sec, par monstrées, pour tous les besoins : paturage pour toutes bêtes : usage (depuis 1573) de deux arpents par an, en monstrée.

— Délivrance de 1390. Aveux de 1403, 1406, 1545, 1392. Confirmation de 1573, etc. (comme ci-dessus).

Denainvilliers. — Usage en la garde de Courcy. Concédé par Philippe le Hardi en 1277 ou 1276, à Audebert de Bray, en échange de l'usage qu'il avait pour sa maison d'Origny. Confirmations de 1345, 1578, 1604.

Donnery (terre de St-Pierre-le-Puellier). — Usage moyennant deux boisseaux de blé.

Donnery (hôtes de). — Usage moyennant deux deniers parisis.

[1] Vidimus de 1469. Confirm. de 1355, 1369, 1549, 1583, 1598, 1370, 1369. Arch. du Loiret, V. A. 814.

— Comptes du Guyer de Seichebrières. V. *Combreux*, V. *Cercottes*.

Donville (hôtel). — Usage dans les bois de Bouzi. — Transaction avec l'abbaye de St-Benoit, 1317.

Les *Echarlis* (abbaye). — Usage dans les forêts d'Othe et Palaiseau, et près de Cérisiers. Concédé en 1146 [1], racheté par Philippe-Auguste, 1217.

Egry, V. *Gry*.

Les *Essards*, 1342. — V. *Yèvre*, *Yanval*.

Fay (ville). — Droit d'usage dans les gardes de Vitry et Courcy, et panage. V. *Combreux*.

— Enquête de 1368. — Lettres confirmatives de 1378, 1548, 1560 et délivrances.

Fay (Seigneurie et dépendances). — Paisson de 60 porcs et 1 ver, paturage de 20 vaches dans les gardes de Vitry et Courcy, droit au bois entre-sec estant et vert gisant, pour toutes nécessités.

— Aveux de 1389, 1445, 1571. — Lettres royaux de concession 1263.

Fay (paroisse). — V. *Cercottes*.

Felins 1341. V. *Chenailles*

Ferrières (abbaye), usage dans la forêt de Montargis, au lieu dit : « Usuaria Ferreriis [2]. »

Fleury (paroisse). — V. *Cercottes*.

Flotin (prieuré). — En juillet 1299, concession par Philippe le Bel de l'usage au bois mort et sec, au vert gisant, à l'entre-sec emprés pied, pour brûler et bâtir. Lettres confirmatives de Charles-le-Bel convertissant l'entre sec en 2 charretées de bois vert, délivrées en monstrées.

— Mandements de 1408, à la charge d'une messe des morts par semaine, 1444, 1468, 1472, 1486, 1493, 1497, 1524, 1532, 1535, 1542, 1547, etc. Lettres de 1322 réglant à 2 charretées de bois vert par semaine [3].

La *Forcenière*, ou la Forcennerie. — Droit d'usage d'une

[1] Ordon. IV, 343.

[2] Morin, Hist. du Gastinois, p. 81.

[3] V. Arch. de l'Yonne. — Notes histor. sur l'ancien prieuré de Flotin, par M. R. de Maulde.

charretée par jour à 2 chevaux ou 4 bœufs, et panage : accordé par commutation (à Eudes de l'Etoile chevalier) par Philippe de Valois en 1332.

— Sentences diverses, 1387 à 1538 et 1551 [1].

La *Garmenderie*. — V. *Bois St-Père*.

Gaubertin. « Terra nostra de Gaubertin que nostra quieta est sine parte alterius. » Coutumes de Lorris, données (1175), par Louis VII (usage moyennant redevance). Cte du duché de 1485 [2].

Gaudigny. — Droit d'usage au bois mort aux gardes de Vitry et Courcy, concédé en 1308 par Philippe-le-Bel (à Roland de Beluze écuyer). Confirmation en 1359 [3].

Gémigny (Mairie de). — Panage de 60 porcs et 1 ver ; usage emprés pied à bâtir et brûler « et pour les hotes es ramoisons. » Lettres ducales de 1310. Acte de rachat 1421. Aveux de 1340, 1405. Lettres de 1505.

Gémigny (Paroisse). — Usage moyennant droits de fouage. Comptes divers [4].

Germigny, (banlieue au-delà de Germigny ou Vau de). — Paye un fauconnage de 6 muids, un coq blanc, un denier. Cte de 1483-4 [5]. — Comptes du Gruyer.

Germigny (Paroisse). — Paye un droit de fauconnage d'un muid, un coq blanc, un denier. (Comptes du Gruyer de Seichebrière).

— Charte de 1344.

Gérisy (Hôtel). — V. *Traînou*.

[1] Sentence de 1478, confirmant en faveur de noble H. Me Loys Potin, « chantre de l'églisе collégiale de Monseigneur Saint-Ythier de Sully, » l'usage « à couper à coignye et user du bois sec pour ardoir et édiffier, et emmener tous les jours s'il lui plaît par une seule charrette à deux chevaulx tant seulement ou à quatre bœufs en cas qu'il n'aurait chevaulx, pris en l'usaige de Broces et pasturaige et pesson des bestes esdites usaiges de Broces. »

[2] 0,20540-1.

[3] 0,20618, f. 125, v°.

[4] 0,20641-2.

[5] 0,20642-3.

Germanville. — V. *Audreville.*

La *Gervaise*, *Trainou*, les *Essarts* (dépendance de Ste-Croix). — Un sergent « et homines sanctæ Crucis in Belsia ». — Usage aux bois de Ste-Croix. — Lettres de Philippe-Auguste, 1201 [1].

Le *Giblois.* — V. *Châteauneuf.*

Gidy. — Usage au climat des usages de Gidy (garde de Goumas).

Gidy, *Maimbœuf* et *Toy* (Hôtes). — Acte de 1244 [2].

Mont. — Aveu de la Quetière, 1389.

Gien (Maison-Dieu). — En 1214 ou 1215, Philippe-Auguste confirme des droits d'usage accordés par ses prédécesseurs . [3]

Gien (Maison d'Ambert). — V. *Ambert*, 1322.

Gilly. — Droit d'usage en la garde du Chaumontois au bois sec, entre-sec et vert gisant, concédé en 1320 (à Pierre de Dici, écuyer).

Grateloup (Gratelos). — Coutumes de Lorris, 1175.

Gomez (Cure de). — Un compte de 1533, mentionne du bois sis en la garde de Gomez en l'usage du curé dudit lieu [4].

Les *Grèves* (à Aulnay-la-Rivière). — Panage de six porcs et un verrat en temps de paisson ; usage pour bâtir et brûler. — Aveu de 1685.

Granchamp. — Droit de paturage dans le buisson de Briou (Vente de 1302) usage au bois mort et paturage dans le Briou. — Concession de 1478 par le comte de Dunois : Maintenues de 1478, 1485, 1513, 1566-1675 [5].

Gry (l'aleu de) [6]. — Usage en la garde de Vitry, moyennant redevance. Coutumes de Lorris, 1175. Cte du duché de 1485 [7].

[1] Rapp. ci-dessus.

[2] Concess. par Thibaut Gaudigny, chevalier. V. Q. 590, no 10, f. VI. XX. IX.

[3] J. 1028, no 25.

[4] 0,20319.

[5] Arch. du Loiret, A. 819.

[6] Ou plutôt l'aleu d'*Egry* ou d'Aigry.

[7] 0,20540-1.

— Lettres de novembre 1295 (pour Guillaume de Monceau) ; coutumes de Lorris, 1175 ; lettres de mars 1359.

Le *Gué-de-l'Orme* (Prieuré). — Louis VII à Lorris, en 1174, accorde « usagium in nemoribus nostris [1] ». L'évêque d'Orléans, en 1177, concède l'usage au bois mort pour brûler et édifier : il réduit à douze deniers annuels la totalité des droits de panage [2].

Les *Gués*. — Usage transporté, par une charte de 1324, à la maison d'Ormes.

Le *Hallier* (Seigneurie). — « Usages en la forest d'Orléans. »

— Vente de 1457 [3].

Hamel, 1396. — V. *Lorris* 2°.

La *Harpardière*, 1396. — V. *Lorris* 2°.

Hordeville. — Mêmes concessions qu'Ingrannes. — V. *Ingrannes*.

L'*Hostel-aux-Nonains*. — « La maison de l'Oste-aux-Nonains, « qui n'a que deux charettes, une à raineaux, l'autre à remoi-« sons. »

— Enquête du treizième siècle (J., 742, n° 6.)

Ingrannes (Paroisse). — Usage dans les gardes de Courcy et Vitry : glandée et panage moyennant un denier dans le plessis de la Cour-Dieu. Sentence de 1255 ; sentences et ordonnances mai 1482, mars 1486, 1493, 1497, 1525, 1526, 1556, 1482 [4].

Ingrannes (Mairie). — Droit d'usage pour se chauffer, et bâtir dans tous les bois de l'évêché et des gardes de Courcy et de Vitry (sauf au Rottoy), panage de soixante porcs et un ver en toute saison. — Aveux à l'évêque d'Orléans de 1371, 1452, 1439. V. *Cercotes*.

Jargeau (Hôtel-Dieu de St-Denis) [5]. — Usage moyennant les droits de fouage.

[1] D. Estiennot, f. 535. Cart. Saint-Euverte.

[2] Gall. Christ. VIII, 521, B.

[3] Hist. du Hallier, par M. Loiseleur, pr. II.

[4] Jarry, Hist. de La Cour-Dieu, pr. XXXII, Cartul de La Cour-Dieu, II, 72. — Q. 590, 591.

[5] Saint-Denis de l'Hostel.

Terre d'Adam de Longeville, terre du prieur de Pont-aux-Moines (paroisse de l'Hôtel-Dieu) : usage moyennant une demi mine. Cie des M^es de gardes et du Gruyer.

Jupeau (Habergement). — Paroisse de Cercotes : usage dans les propres bois de Jupeau.

— Vente et avou de 1354.

Laleu (Hôtes de).— Usage aux bois de Gency (tréfonds particuliers), aux remoisons.

— Enquête de 1405; confirmation de 1572.

Laleu (Seigneurie). — Usage dans les bois de Saint-Benoît, emprés pied, pour brûler et bâtir dans la maison de Laleu, son moulin, et pour ses ponts.

— Confirmations de l'abbé de Saint-Benoît en 1317, 1360, 1372, 1374, 1384, 1407, 1508.

Lancy.— V. *Chalette.*

Langonnerie (Seigneurie). — (Sainte-Croix). Droit d'usage.

— Ment. enquête du treizième siècle [1].

Langesse ou le Chesnoy.—V. ce mot.

Langlée (Seigneurie). — Droit d'usage dans la forêt de Paucourt.

— Lettres confirmatives de 1638 [2].

Latrée (Hôtes de)—(Terre de Saint-Benoît).— Usage moyennant redevance; comptes divers.

Limiers.—V. *Bougy*, *Vrigny.*

L'*Isle* ou Lisle (Habitants de). — Panage moyennant trois deniers par pourceau et usage dans les bois de Lisle, appartenant aux religieux de Vendôme [3].

Longueville et le *Ponceau*, à Chambon. — Usage pour chaque feu moyennant un denier de fauconnage; compte du duché de 1485 [4].

Lorme (Hameau de), ou plutôt l'Orme, et le *Saussay*. — V. *Lorris* 2°.

[1] J. 1028, n° 25.
[2] K. 178, n° 16.
[3] K. K. 1045.
[4] 0,20540-1.

— Lettres de 1396, 1398.

(Maison d'Ormes). — V. *Montecro.*

Lorris (Paroisse). — Charte de Lorris, 1155 : « Nemus mortuum ad usum suum extra forestam capient. »

— Confirmée en 1175 ; confirmation de 1403. Lett. de 1314 ; acte de 1378.

(Paroisse et rain de la forêt). — Droit de pâturage pour les bœufs et autres bêtes des laboureurs riverains de la forêt, dans la garde de Chaumontois.

Panage avec l'autorisation des fermiers de la paisson du 8 septembre à la Saint-André.

Lorris, Lourme, les *Broces, Courpalais, Hamel,* la *Baillie,* la *Happardière,* les *Aguis, Chantelou* (Habitants de).

Enquête 10 novembre 1395 ; concession, Chartres, 1396 [1], moyennant une mine de blé ou un quarteau d'avoine par bœuf (un demi-muid) ; lettres ducales de 1470 ; sentence de 1584 comptes divers [2].

Cures. — Saint Louis donne aux deux curés et au chapelain de l'Hôtel-Dieu quinze charretées de bois par an à prendre dans la garde du Chaumontois.

Philippe de Valois (décembre 1328) leur permet d'employer ce bois à l'entretien de leurs églises et de l'Hôtel-Dieu.

Hôtel-Dieu. — V. *Cures, Léproserie.*

Léproserie. — Usage au bois mort et vert gisant ; droit de paisson gratuite de cent porcs pour chacune de ses deux métairies et droits de pâturage « pro eorum animalibus pasturagium », en l'usage aux Nonnains, concédés par le roi aux frères de la Maison-Dieu et léproserie de Lorris en mai 1311.

Chapelains de l'Hôtel-Dieu. — V. *Cures* de Lorris.

Sergents. — Droit aux bois de Saint-Benoît. « Bosco mortuo « et ramasonis, et bosco furcato. »

— Arrêt contradictoire avec l'abbaye de Saint-Benoît, 1280 [3].

Potiers. — Usage dans la garde du Milieu (bois de Saint-

[1] Joursanv. 3274. Ment. Cte du Duché de 1485. (0,20540-1.)

[2] Not. Arch. du Loiret, A. 854.

[3] 0,20238.

Benoît) au bois sec et arraché, aux branches de chênes, aux remoisons.

— Lettres de 1386 et enquête de 1386.

Loury. — Droit de pâturage pour toutes bêtes (délivrance de 1473), moyennant le droit de panage. — V. *Cercotes.*

Droit d'usage dans un tréfonds du seigneur de Loury.

Le *Lude*, en Sologne. — Usage dans la garde de Goumas [1].

Luyères (Seigneurie). — Panage de soixante porcs et un ver dans les bois de Saint-Benoît et droit d'usage emprès pied, et aux « bois essaurnés, chevrons.... », etc.

— Sentence du bailli d'Orléans, 1321 ; arrêt du parlement de 1323 ; maintenue de 1340 ; aveux de 1398, 1410, 1341, 1510.

Machau (ou Montboferant) à Quiers. — V. *la Motte de Montboferant.*

Marchais-Creux.—V. *Buisson-Aiglant.*

Maisons (diverses).—V. *Audreville.*

Marigny ou Masigny.—V. *Châteauneuf.*

Marigny.—V. *Cercotes.*

Marpaut.—Cent quatre charretées de bois par an.

Concession par Charles le Bel ; ment. lettres de Philippe de Valois, 1329.

La *Mauguinière*, 1343. — Lettres transportant à la maison des Mottes le droit d'usage de la Mauguinière, dans la garde de Chaumontois (sur la demande du seigneur.)

Méréville.— Usage d'une charretée par jour, dans les bois de Gault. 1190, Charte de Philippe-Auguste.

Le *Mesnil-Bretonneux* (Habitants). — Usage dans les bois de la Mairie « à coupper à la congnye, prendre, emmener et mettre « à leur profict... tout bois sec estant sur pied ou gisant par « terre avecques ledit bois vert, que ledit bois sec aurait abbateu « à sa cheute » ; au bois cassé et brisé, aux remoisons du duc et de l'abbaye [2] ; pâturage pour toutes bêtes, panage moyennant trois deniers obole jusqu'à sept porcs, une obole par porc en plus.

Le *Mesnil-Bretonneux* (Mairie). — Pâturage et panage en

[1] K. K. 1040.

[2] Moyennant une mine ou une demi mine de blé.

franchise pour toutes bêtes, en tout temps (sauf les porcs en mai), droit « de bois entresec, au forchu, à la couronne et à « tout le bois mort emprés pied ; item au bois brûlé et à la « branche du chesne pour se chauffer, et à tous autres bois pour « édifier en sondit domaine et autres nécessités. »

— Aveu de 1528 [1] ; maintenues de 1524, 1529, 1528 ; sentence de 1352 ; ch. de Saint-Benoît, 1376.

Le *Mesnil-Glatigny*.—V. *Audreville*.

Meung (Cordeliers). — Sans titres, ils ont d'ordinaire quinze livres prélevées sur les états des bois.

Mignères.— Paye un droit de fouage.

— Compte de 1403-4 [2].

Mignerette. —Coutumes de Lorris, 1175.

Mollie (la). — V. *Auxerre*.

Montargis (Hôtel-Dieu).—Charte de Philippe-Auguste accordant les fours banaux avec l'usage pour les chauffer, 1189 [3].

Montargis (Paroisse).— Coutumes de Lorris concédées en 1170 par Pierre de Courtenay, panage de quatre porcs par ménage, droit au bois mort, mort bois et vert gisant, en certains climats.

(Dominicaines). — Droit d'usage en la forêt de Montargis.

— Concession royale de 1297 [4].

(Hôtel-Dieu et léproserie).— Une charte royale de 1297 en faveur de P° de Macheau mentionne des climats de la forêt de Paucourt « in quibus sorores Montis Argi, Domus Dei et leprosaria « ejusdem loci pasturagium et pasnagium habere noscuntur [5]. »

Le forestier de Paucourt déclare, au douzième siècle, qu'il « a « livré mout de charretées a ceaus de Montargis par les lectres « le roi que il a [6] ».

[1] Arch. du Loiret, A. 820. (Les aveux sont rendus à l'abbaye de Saint-Benoît.

[2] 0,20540-1.

[3] Publ. par D. Morin, p. 21.

[4] Ment. par Morin (Hist. du Gast., p. 23), qui l'attribue à Saint-Louis : peut-être est-ce la date de 1297 qu'il aura mal lue, car ce droit est mentionné dans une charte royale de 1287 (en faveur de Chalette). K. 177.

[5] K. 177.

[6] J. 1028, n° 25.

Montecro (ou Ourmes).— Usage en la garde de Vitry au bois sec et entresec, tel que celui de Boiscommun, accordé en 1325 à Huet d'Ourmes, écuyer ; transporté des Gués à la « domum dicti « militis vocatam hospicium de Ulmo » 1324 [1].

Montenon (Maison de). — Usage à édifier et ardoir dans la forêt de Montargis.

— Lettres royaux de 1337 en faveur de Pierre de Machau, maître des eaux et forêts de France [2].

Montereau (Habitants de). — Pâturage et panage aux climats de Mondebrène et Courcambon (Chaumontois) ; usage au bois cassé et arraché au gisant « quand le boulloy y est, et à abattre « au crocq et au maillet », accordé par le duc le 6 janvier 1361, moyennant les uns une mine d'avoine, les autres une mine de seigle.

— Lettres de 1360, 1547, 1580, 1596, 1597 ; mandement du grand-maître, 1362 ; comptes divers [3].

Montpoulin (Hôtel de) à Mareau. — Usage aux bois du Gault, panage pour les porcs de nourriture avant la Saint-Jean.

— Aveu rendu à l'évêque d'Orléans par la dame de Molena [4].

Montesperant, 1341.—V. *Auxy*.

Montpipeau (Seigneurie). — Droit à trois charretées de bois par semaine pour édifier et ardoir. Concession d'abord viagère, devenue perpétuelle en 1340.

— Aveu de 1595 [5]; arrêt de la chambre des comptes de 1376 ; délivrances, confirmations, etc., de 1419 à 1497.

La *Motte*... 1408.—V. *Auxerre* (la Motte, à Vitry?)

La *Motte d'Ausainville* (à Châteauneuf). — « Souloit » avoir droit d'usage en la forêt. Aveu de 1526.

La *Motte* (dite Poilavoine) à Sury. — Usage.

Les *Mottes*. — Droit d'usage au Chaumontois. Concession de 1343.

1 En faveur de Jehan des Gués.

2 K. 178, n° 6.

3 O,20642-3. Arch. du Loiret, A. 854.

4 Invent. de l'évêché, Bibl. imp., fr. 1191.

5 Servi par Gasp. de Rochechouart.

La *Motte-Sigloy.*—Usage pour le chauffage. Aveu de 1628.

La *Motte-Beauvilliers* (à Sully-la-Chapelle).— Droit d'usage, 1687.

La *Motte*, à Lorris.—Droit de pâturage.

Charte de 1315 ; ment. dans une enquête,(de 1400 à 1450)[1].

La *Motte* de *Montboferrant* et la *Brosse*. — Concession nouvelle, mais réduite à moitié, en faveur de Jean d'Auxy, du panage pour cent porcs et un ver franc, en 1328.— Bois de réparation et de chauffage à la Vieille-Taille, près Nesploy.

— Aveu de 1498 pour le panage de cinquante porcs et un ver; arrêt de la Table de Marbre, en 1566, réglant le panage en temps de paîsson et la glandée[2], le pâturage pour vingt chefs d'aumaille, en temps et lieux permis.

Moudines. — V. *Neuville*.

Le *Moulinet* (Paroisse).— Coutumes de Lorris.

— Confirmation du 15 septembre 1397-1256.

Le *Moulinet* (Cure). — Usage semblable à celui des paroissiens, dans les bois de Montdebrène et Courcambon (Chaumontois).

— Enquête et maintenue, 1367-68; délivrances de 1367,68-69.

Nancray (Cure et habitants).— Coutumes de Lorris.

— Confirmations de 1368, 1386 (moyennant fouage)[3].

Navarre, à Châteauneuf. — V. *Chalençois*.

Nemours (Hôtel-Dieu). — Usage au bois mort « in nemore « quod dicitur Maurisilva », 1179. Concession par Gauthier, chambrier du roi[4].

Nesploy. — Usage aux climats des Foys, ainsi que Sury-aux-Bois. Sentences et confirmations de 1355, 1372, 1387 (la charte originale perdue dès la fin du treizième siècle). Usage au bois sec brisé, cassé, arraché, ramoisonné, boulayé, et mort bois

[1] Arch. du Loiret, Eaux et Forêts, rebut.
[2] O,20642, f. 205.
[3] Cies des M. de Vitry. — Cte du D. de 1285 (O,20540-1).
[4] K. 177, n° 7.

dans les bois des Foys et des Allouats, pour se chauffer et bâtir ; pâturage, sauf dans le Rottoy ; usage aussi dans la garde de Vitry au mort bois ; droit de panage sans fressange.

— Enquête de 1405 ; lettres ducales de 1406.

Neuville, les *Rués*, les *Vergers*, *Moudines*, paroisse de Saint-Germain-de-Luyères. — Usage aux remoisons de Saint-Ladre (d'Orléans) et d'Ambert, au bois mort, au mort bois dans certains climats, moyennant la huée de la chasse et trois deniers par fouage. — V. *Cercotes*.

— Enquêtes de 1395, 1405.

Nota. — Les Rués ont de plus le panage de soixante porcs et un ver, moyennant cent sous parisis à payer à Noël.

— Aveux rendus par les l'Hospital [1].

Neuville (Hôtel à). — « De l'ostel monseigneur le duc et les appartenances avec l'usage au bois que souloit tenir Roulet de Gaudonville par don à lui fait par le feu monseigneur le duc d'Orliens. Cte de 1403-4 [2]. »

Nevoy. — Autorisation donnée en 1315 par Louis X d'avoir « centum percos et unum verrem in qualibet parte anni libere « et pacifice absque prestatione pasnagii, vel alterius cujus-« cumque redibencie vel coustume. » [3]

Courpalais, *Nevoy*, *Buisson-Réau*. — Pâturage pour toutes bêtes.

— Aveu 1392 ; délivrances nombreuses depuis 1391 jusqu'au dix-septième siècle.

Nibelle (Paroisse). — Charte de Lorris [4], 1174. Vidimus, de 1392.

Nibelle (Prieuré-cure). — Droit d'usage dans la forêt, au bois entre-sec, par monstrée, et au vert gisant à la charge de fondation (une messe par semaine).

— Concession de Philippe-le-Long, 1317.

[1] Jarry, Hist. de La Cour-Dieu, p. 73. Arch. du Loiret, A. 173.

[2] 0,20540-1.

[3] V. Vidimus. Arch. du Loiret, Eaux et Forêts, rebut.

[4] Ment. Arrêt sur Boiscommun. Olim, n° 1264.

Orléans (Grand Hôtel-Dieu). — Droit d'une charretée de bois par jour accordé par Philippe-Auguste en 1187, confirmé par Charles-le-Bel et Philippe de Valois, 1327 et 1337. Converti en monstrée d'un arpent de haute futaie, 1538 [1].

Administrateurs de l'Hôtel-Dieu. — Ont droit à ce qui reste de bois après le chauffage de l'Hôtel-Dieu, pourvu qu'ils ne réduisent pas la chaleur des pauvres, 1327. Cte de Charles-le-Bel.

Hôtel des Célestins d'Ambert, à Orléans. — Droit d'usage en la forêt.

— Concession de 1377 ; confirmation de 1383.

La Madeleine (Couvent pour les filles repenties). — Droit de prendre « quadrigatam vivi nemoris singulis diebus » accordé par le roi Louis VI [2]. De bonne heure, cet usage se changea en un usage de deux charretées à prendre dans la garde de Goumas. Le 25 juillet 1343, charte de Philippe de Valois permettant de les prendre dans toutes les gardes, et quand on le voudrait.

Ouchamps (Maison d'). — V. *Chailly*.

Ouzouer. — Usage pour le four banal. « Item remembrance « du four d'Ouzouer-sur-Loire de quoi le fermier a vendu de « la briche de l'usage du for, et donné, et ars en sa meson, que « il ne doit ne pet faire par l'usage du bois [3]. »

— (Paroisse). — Droit d'usage douteux dans la forêt de Gien [4].

Ozereau (Seigneurie) à Neuville. — Usage aux bois mort, mort bois et remoisons dans divers climats de la garde de Neuville.

— Aveux de 1349, 1353, 1407, 1579.

Paucourt. — Droit d'usage dans la forêt de Montargis, même dans le bois Saint-Léger « a tout boys mort et sec et ramoi- « sons... a tout boys vert et racheau pour édiffier et bastir et

[1] Z. 4921, f. 29.

[2] D. Estiennot, f. 558.

[3] Enq. du treizième siècle. J. 1028, n° 25.

[4] V. Lett. pat. du 29 janv. 1560. J. 742.

« faire paillis et autres besonnes à eulx nécessaires ». Panage dans presque toute la forêt et pâturage.

— Concession de Pierre de Courtenay[1] (fin douzième siècle), moyennant un service annuel ; confirmations royales de 1345, 1347, 1403, confirmations ducales de 1359, 1407[2] ; enquête de 1406[3].

Le *Plessis* (Mairie) à Vitry. — Droit d'usage par monstrée, emprés pied, pour toutes nécessités, dans les gardes de Vitry et du Milieu.

— Vidimus de 1392, d'un ancien aveu ; aveux de 1407 (rendu par Anceau le Bouteiller), 1543, 1600, — 1564, par Jehan d'Orléans, écuyer.

Les deux moulins *Pèlerin* (Paroisse de Noyen). — Usage comme le Chesnoy. — V. *Le Chesnoy*.

Masures diverses, situées à côté : usage aux remoisons du seigneur du Chesnoy, et au brisé, dans Mondebrène (Chaumontois).

Pochy, Pouchy. — V. *Châteauneuf*.

Le *Ponceau*, à Chambon. — V. *Longueville*.

Primbert (Maison de), à Courcy. — Donnée par échange, en juin 1307, à Adam le Bouteiller, avec usage dans la forêt, emprés pied, pour brûler et bâtir.

— Aveux de 1349, 1407, 1424.

Prionat (Maison), à Vitry. — Droit à soixante porcs et un ver, en franchise à charge « d'aller quérir les prisonniers, en la « Chastellerie, quand on le fait assavoir ».

Extrait d'un état de la chatellenie de Vitry.

Puteville. — V. *Buisson-Aiglant*.

Quatre-Vaux ou Quatre-Vallées (Ferme de). — Donation d'usage à la grange « de Quatuor Vallibus » dépendance de la Cour-Dieu, par Philippe-Auguste.

Mentionnée dans un acte de 1212 (cartulaire de la Cour-

[1] Ment. par Morin, p. 85.

[2] V. Délivr. de 1523, 1524. Arch. du Loiret, A. 830.

[3] Q. 542.

Dieu 1551)[1]; arrêt du parlement de 1260, autorisant le fermier des Quatre-Vaux à jouir de l'usage que possédait dans la forêt de Loge les moines de « Sacra Cella » Cercanceaux, pour ladite ferme[2].

La *Quetière*, à Gidy.—Usage aux bois Mansart, dans la garde de Goumas.

— Aveux de 1353, 1389, 1403, 1410, 1518.

Rebrechien (Seigneurie). — « In nemore nostro, circa « Aream Bacchi calfagium et usum suum et ut ad edificandum « domum suam cum supellectilibus domus in recompensatione « nemoris Albiniaci liceat eis sumere de nemore nostro vivo, « sicut eis expedierit. »

Charte d'échange de 1190, entre Philippe-Auguste et Saint-Martin de Tours; confirmation de 1390; sentences de 1364, 1563, 1584 (règlement à six arpents de taillis).

Paroisse.—V. *Cercotes*.

Reuilly (Manoir), près Fay.— Usage au bois entre sec. — V. *Combleux*.

— Concession de novembre 1342.

La *Rivière* (Seigneurie). — Usage au bois sec et emprés pied, pâturage gratuit et panage (payant) dans la garde de Chaumontois.—V. *Breau*.

— Concession royale de 1319 ; concession ducale du 7 janvier 1361 ; concession royale du 15 juillet 1376 ; enquête et arrêt de 1376 ; maintenue, 1397 ; confirmation de 1406 ; aveux, 1498, 1517, 1523.

Romainville, comme *Arconville*.

— Compte du duché, 1485.

La *Roncière* (à Loury).—Usage emprès pied aux bois Sainte-Croix à trois charrettes et trois chevaux, à soixante porcs et un ver en franchise.

— Aveux de 1405.

[1] Jarry, Hist. de La Cour-Dieu, pr. xx.

[2] Olim, I, 468.

Rouart ou Raouart : « Du mestaier de l'abbé de La Cour-Dieu, « Rouart, pour les pasturages de ses bestes tant comme il plaira « à Monseigneur le duc cinq sous parisis par an. »
Compte du duché de 1485.

Rougemont (Seigneurie). — Droit d'usage dans la garde de Courcy pour bâtir, réparer et chauffer dans le château, le moulin et pour les halles, et pour le chauffage du four banal.
— Lettres de 1310 ; enquête de 1400 ; aveu de 1397 (rendu par Julien des Essarts) ; aveu de 1389.

Rozières (Paroisse). — Usage dans la garde de Goumats, moyennant un droit de quatre muids par feu.
— Lettres de 1343 ; compte de 1483-84.

Les *Rués*. — V. *Neuville*.

Saint-Ay.—Paie un fouage de quatre muids par feu.
— Compte de 1483-84.

Saint-Benoît-sur-Loire (Fleury) [Maison à]. — Deux charretées par semaine de bois sec en estant ou vert-gisant à prendre en l'Usage-aux-Femmes (Chaumontois).
— Concession de Philippe-le-Bel en faveur de Jean de Machau ; Louis X (1315) autorise à prendre ces charretées à toute époque.

Saint-Denis, en Beauce (Mairie de). — Paie un droit de fouage.
— Compte de 1403-4.

Saint-Euverte. — « Ex dono inclite recordationis Philippi « quondam Francorum regis [1] in nemoribus nostris de Rebrachien ad usus corporis [2] dicto abbatie unam quadrigatam « lignorum singulis diebus percipere consueverunt ab anti« quo. »
Charte de 1296.
Droit remplacé par trois cents charretées à prendre en toutes

[1] Très-probablement Philippe-Auguste.
[2] Pour toutes maisons formant le corps de l'abbaye.

saisons (1296); confirmation de 1339; sentences de 1339, 1392, 1404[1].

Saint-Jean-de-Brayes.—V. *Cercotes.* — Usage moyennant des redevances d'avoine ou seigle.

Saint-Ladre (remplacé depuis par les Chartreux). — Usage dans toute la forêt pour réparer et ardoir.

— Concession de Louis VI, en 1112[2]; confirmation de Louis VII, en 1171 (alias 1172); lettres confirmatives de 1574, 1580, 1599, remplaçant ce droit par cent cordes de bois, dont les Chartreux paieront la façon; délivrances de 1389-90, 1392-93, 1408, 1434[3]. 1577, sentence de monstrée de deux arpents.

Saint-Laurent-des-Eaux (Prieuré et village). — Charte de Louis VI, en 1128, confirmant la donation de Saint-Laurent au prieur de la Charité faite par Philippe Ier, contenant ces mots : « De silva et quantum sibi suisque in eodem villa habitantibus « opus fuerit in omnes usus concedimus. »

Four banal et *Vaucelles.*

— Aveu de 1389.

Saint-Loup (Baillie).—Coutumes de Lorris, 1175.

Saint-Loup-les-Orléans (Couvent).— Droit de chauffage concédé par Philippe-le-Bel, en 1309, de trois charretées à trois chevaux par semaine, réduit en 1548 à deux charretées de trois chevaux, réduit en 1558 à deux charretées de deux chevaux, commué en 1577 en une monstrée de cinq arpents, puis au dix-septième siècle, en quarante cordes de bois, finalement en une rente de soixante livres.

Lettres de 1560, 1594[4].

Saint-Lyé.—V. *Cercotes.*

Saint-Martin-d'Abbat.— Usage moyennant un droit de fouage, une demi-mine. V. *Beauchamp.* — Compte du Gruyer de Seichebrière.

[1] 0,20618, f. 34.

[2] Q. 587.

[3] 0,20618, f. 43.

[4] K. 178, n° 3.

Saint-Marc, à Orléans (Commanderie de Malte). — Usage en la forêt [1].

Saint-Martin-d'Ars (Le prêtre de). — Usage au bois mort, au cou de son clerc.

Mention. enquête du treizième siècle [2].

Saint-Mesmin (Abbaye). — « Tres quotidie quadrigatas in « nemoribus domine Beatricis (de la Ferté-Saint-Aubin), de « bosco mortuo ad opus coquine sue, pistrini et eleemosine, « quartam quoque de uno bosco quotidie et quintam quoque « quadrigatam de bosco vivo et mortuo, ad opus ecclesie, vel « eleemosine quoties capicerius vel eleemosinarius opus ha- « buerint [3]: hanc etiam communitatem habent ex dono Alberici « vice comitis Aurelianensis ut per totam sylvam que adjacet « *Fontenelle* [4] supradicte potestati monachorum ubi inter eorum « propriam sylvam et sylvas baronum et militum nostrorum, « mete posite sunt omni tempore glandis, porcos CC absque « ullo pasnatico vel aliquo servitio habere sibi liceat. »

Diplôme de 1022 ; confirmation de 1396.

Saint-Michel. — Usage moyennant un muid d'avoine, à la mesure de Beaune.

Comptes de Vitry [5].

Saint-Pierre-de-Néronville (Prieuré). — Droits d'usage aux bois mort, mort bois, pâturage, panage aux bois de Saint-Léger (forêt de Paucourt).

— Échange de 1160 ; lettres confirmatives, 1222, 1345, 1377, 1578, 1594 ; lettres royales de 1214, 1219, 1295-96 [6] ; lettre de Renée de France, 1330 [7].

Saint-Nicolas-de-la-Lande. — Concession en 1167 par l'évêque

[1] S. 5010. — 5024.

[2] J. 1028, n° 25.

[3] Don de Raoul de Nids, confirmé par l'évêque d'Orléans, 1108. — D. Estiennot, f. 300, 328 et suiv.

[4] Il y avait un climat de ce nom dans la Garde du Chaumontois.

[5] 0,20319. — C. du D. 1485, 0,20540-1.

[6] K. 177.

[7] K. 178.

d'Orléans de « usuale suum in nemoribus nostris, pastum « scilicet bestiis cujusque generis ad faciendum ignem, ad domos « edificandas, ad vineas sustinendas et ad usus cæteros sibi ne- « cessarios [1] ».

Saint-Samson (Abbaye ; depuis, les Jésuites). — Concession d'une charretée de bois à deux chevaux pour son chauffage, par Louis VII, en 1156.

— Confirmée en 1329 ; convertie, en 1572, en une monstrée de six arpents de taillis dans la garde de Neuville.

Saint-Sigismond (Saint-Simond, Saint-Cismond, paroisse). Paie un fouage de quatre muids par feu.

Compte de 1483-84 [2].

(Seigneurie). — Charte de 1209.

Sainte-Claire, de Gien (Religieux de). — Édit de Henri II, le 1er juillet 1547, leur accordant cent charretées de bois mort ou mort bois, par an, durant dix ans (1556) ; lettres royaux confirmées en 1556, portant prorogation de dix ans (1566) ; lettres royaux portant prorogation de cinq ans ; droit converti par la coutume en une rente de cent quatre-vingt livres pour le chauffage, possédée sans aucun titre.

Santeau (Château). — Usage mentionné dans un aveu de 1396.

Santimaisons, 1378. — V. *Combreux*.

(Seigneurie). — Droit à soixante porcs et un ver en franchise dans la garde de Vitry ; usage au bois mort, aux bois de Sourdillon et de Hatereau.

Aveux de 1389, 1404, servis par Genevote de Bouville et par Hector de Bouville.

Le *Saussay* (Hameau). — V. *Lorme*.

Segray (Moulin de [3]), près de Pithiviers. — Donné par l'évêque d'Orléans aux hoirs Jean Mignot et Jean Sevin, avec usage aux bois du Gault (Courcy) [4].

[1] Gall. Christ. VIII, 517, E.

[2] 0,20570.

[3] C'est sans doute le moulin de Segray qui est mentionné dans un acte du Collége Héraldique, de 1524 (984).

[4] 0,20641, f. 249.

x*Seichebrières* (Paroisse), 1378.— V. *Combreux, Cercotes.*

Gruerie de Seichebrières. —Panage en tout temps de soixante porcs et un ver, et usage aux bois ducaux, par monstrée emprés pied, aux bois Saint-Benoît « a cosper empres piez a toute sa « couverture pour sadite maison et pour son moulin de la Vallée « a tant quanque il lui faut ».

Aveux de 1393, 1404.

Soisy-Bellegarde.— Même concession [1] qu'à Auxerre, etc.— V. *Auxerre.*

Aveu de 1353 ; délivrances de cent roortées de bois par le comte de Vertus dans la forêt de Blois, 1419 [2], procès, 1538, 1566, à la suite duquel l'usage reconnu, est réduit par la Table de Marbre à un usage de bois vif pour réparer les bâtiments construits avant 1498 et quarante cordes pour le chauffage ; panage, glandée pour vingt porcs gras et quarante pourceaux ; pâturage pour quarante-cinq chefs d'aumaille.

Solvain (Métairie), 1292.— V. *Clérambault, 1444.*

Confirmation de la Grande-Maîtrise en faveur de Adam Thorin, bourgeois d'Yèvre-le-Chastel ; confirmation de 1450, 1454.

x *Sully*-la-Chapelle (Paroisse), 1378. — V. *Combreux, Cercotes.*

Sury-aux-Bois (Paroisse), 1378.—V. *Combreux, Nesploy.*

Thion. — Usage moyennant une mine de seigle et une mine d'avoine.

— Compte de 1483-4 [3].

Thivernon, en Beauce.—V. *Audreville.*

Thiron (Monastère).— Usage.

— Charte de 1190.

Tillay (Paroisse). — Usage moyennant redevances en muids d'avoine ou de seigle.

Comptes de 1403-4 [4].

Toury (Moines de).— Une charretée de bois par jour dans la forêt de Coissolles.

[1] Sauf un usage pour le four bannier de plus.

[2] Cabinet Jarry.

[3] 0,20642-3.

[4] 0,20640-1.

— Concession par Geoffroy Boichennen, avant 1190 [1].

Trainou (Domaine de Sainte-Croix). — Usage, pâturage et panage dans les bois de Sainte-Croix et les lieux de pâture.

— Charte royale de privilèges de 1113, confirmée par Philippe-Auguste en 1201. Maintenues pour *Trainou*, *Vennecy*, *Gérisy*, *Notre-Dame-des-Barres*, de 1366, 1472, 1404, 1461, 1497, 1523, 1542, 1552, 1560.—V. *Combreux*, *Cercotes*.

Tréfontaines (Seigneurie).— Usage.

— Charte épiscopale de 1395.

Trinay (Mairie). — « Jehan Guillaume, filz de Pierre Guil-« laume, demeurant paroisse de Trinay, tient en fié une merie « de Monseigneur l'évesque d'Orlians, et ledit Monseigneur le « tient du roy nostre sire, et puet avoir ledit Jehan soixante « pourceaux et un ver sanz point de parnaige neson frechange, « et copper en près pié tel bois comme il lui plaira pour son « domicille... »

Le *Vau de Germigny*.—V. *Germigny*.

Vaucelles.—V. *Saint-Laurent-des-Eaux*.

Vennecy.—V. *Trainou*, *Combreux*, *Cercotes*.

Vielles-Maisons (Paroisse). — Usage et pâturage dans la garde du Chaumontois, en l'Usage-aux-Femmes.

— Sentence [2] du 26 avril 1391. —V. *Beauchamp*.

— Confirmations de 1548, 1389, 1559.

Vieilles-Maisons (Mairie). — Usage emprès pied, à la cognée et avec charrette, pour édifier et réparer la maison de la Mothe : pâturage pour tous les bestiaux dans les bois de Saint-Benoît, sauf en mai.

— Aveu (à l'abbé de Saint-Benoît), 1382.

Villedart. — Jehan de Villedart tient en fief « son lieu et ha-« bergement qu'il a séant à Villedart, en la paroisse d'Ivoy... « cinquante arpents dans la garde de Neuville et usage aux « bois ».

[1] K. 26, n° 12.
[2] V. Q. 587.

— Censier du duché d'Orléans (quinzième siècle) [1].

Villereau.—V. *Cercotes*.

Le *Villiers*-Saint-Ladre. — Paie un fauconnage de deux muids.

Compte de 1483-4.

Vitry, 1378.—V. *Combreux, Cercotes*.

—Lettres de 1390.

(Four bannier).—« Usage es bois de mondit seigneur le duc « pour le chauffage dudit four (et aussi pour le réparer et le bâtir) ».

Mention ; vente de 1421 passée par le sieur d'Oinville.

Le *Viveret* ou Viverot (dépendance de la commanderie de Saint-Marc).—Pâturage au Chaumontois pour toutes bêtes aumailles et à laine, pour cent pourceaux et un ver ; usages dans l'Usage-aux-Nonnains, au bois sec cheu, et au bois vert gisant des deux bouts, la racine hors de terre. Confirmations, mai 1370 ; mars 1375, 1391.

Voisins (Abbaye). — Droit à une voie de bois par jour en la garde de Goumas.

—Concessions de mars 1246, novembre 1259 ; ordonnances de 1517, 1548, 1559 ; changé, en 1570, en une monstrée annuelle de huit arpents de taillis.

Voves. — Usage comme Lorris. — V. *Lorris* : Rain de la forêt.

— Comptes divers.

Vrigny et *Limiers*.— Usage.

— Délivrance de 1493.

Yanval. — Concession en 1342 d'un usage dans la garde de Courcy à dix charretées de bois vert et sept d'entresec, en faveur de Jean de Bardilli, pour ses maisons d'*Yèvre*, *Yanval*, les *Essars* et *Æserville* [2].

Confirmation de 1367.

[1] K. K. 1046.

[2] Arch. du Loiret, A. 854. — 0,20618, f. 32.

[3] V. Jarry, Hist. de La Cour-Dieu, pr. XXXVIII.

Yèvre (Maison à). — V. *Yanval*.

— Aveu de 1404 ; liquidation de 1444.

Yèvre (Hôtel-Dieu et Maladrerie). — Usage au bois mort accordé par Philippe-Auguste en 1190.

Confirmation du 13 mai 1388.

A côté de ces concessions *réelles* [1], faites en faveur d'un fief ou d'une terre quelconque, il y en a de personnelles ou faites au profit d'une dignité. Cepoy en a précédemment offert un exemple [2]. Une enquête de la fin du treizième siècle [3] nous apprend que le garde de la Tour-Neuve, à Orléans, qui était alors Pierre Angellart nommé en 1273, avait « de sa garde, XXV « charrettes de bois par an que il envoie querre es bois des « usages ». Le concierge de Fay, Gille Doupont « a tout le « viez merren qui demeure après les charpantiers quant l'en « euvre »... pour le roi... « et a son usage ledit concierge ou « bois Sainte-Croix après pié, qui bien vaut III livres, si comme « il qui parle dit ».

Au quinzième siècle, plusieurs dignités valaient à leur titulaire un chauffage aux dépens du duc, qui revenait également à une sorte de droit d'usage particulier. Presque toujours, en pareil cas, l'administration forestière se borne à fournir l'équivalent pécuniaire du bois [4].

Cependant il paraît que le conseil du duc recevait le chauffage en nature : « Pour fagots, bois et chandelle baillez en la ville « d'Orleans en la chambre du conseil dudit lieu pour chauffer « les gens et officiers de Monseigneur le duc, et pour pain, vin « et fruit et autres choses durant l'année de ce présent compte, « à plusieurz et diverses foiz que iceulx conseillers et officiers se

[1] Ces concessions pouvaient être provisoires. Ainsi en 1482, la duchesse Marie constatant qu'Etienne des Girards, gratifié par elle d'un droit d'usage pour se chauffer et bâtir pendant 6 ans, en avait profité pour s'élever à Champlous (Ouzouer) un manoir fort habitable, lui prolongea indéfiniment cette permission provisoire.

[2] V. ci-dessus, § Cépoy.

[3] Enquête sur les officiers forestiers, V. plus loin.

[4] V. quittances de sommes variant entre 100 sous et 8 livres, par divers fonctionnaires. — Arch. du Loiret, Tr. du Châtelet. — 0,20018, f. 151, 155.

« y sont trouvez et assemblez pour plusieurs consultacions [1]... » pour les affaires de la justice [2] : ainsi s'expriment divers comptes.

En 1485, le receveur du duché avait droit pour son chauffage à un millier de fagots « pris aux bois selon ce qu'il a acoustumé « avoir et prandre [3]... » ; le garde de la prévôté quatre milliers de bûches, un millier de fagots ; le procureur fiscal, en vertu d'une allocation récente, cinq milliers de gros bois « prins ou « bois des marchans de vente de bois de la forest [4]. »

Les chanceliers de l'apanage étaient également chauffés par le duc [5]. Les maîtres et auditeurs des comptes recevaient quatre mille bûches et mille fagots chacun [6]. Le 12 juillet 1423, le duc accorde à son procureur, Macé Rogeret, deux milliers de gros bois et un demi-millier de « feigoz » à prendre pour une seule fois dans la forêt. En 1434, il lui donne quatre milliers de gros bois et mille fagots à prendre annuellement dans les gardes de Goumas et Neuville durant six ans [7], permission renouvelée, ce semble, en 1440 [8], et devenue permanente en faveur de Jacques le Fuzelier [9].

Enfin, l'on peut relever encore des concessions purement personnelles ou viagères, faveur spéciale du roi, concessions peu communes, du reste ; peut-être la personnalité est-elle la qualité

[1] Au seizième siècle, ces prestations se font sous forme d'indemnité, « aux officiers... pour le roy au siége présidial estably en la ville d'Orléans, la somme de huit vingts livres à eulx ordonnée par le roy... pour leur chauffage, chandelles, lunettes, papier et aultres choses à eulx nécessaires. » (Ch. de 1573, 0,20044.)

[2] C. de 1485 (0,20640-1). — 1483-4 (0,20642-3).

[3] Auparavant, il recevait le même chauffage que le Prévôt, V. 0,20618, f. 155.

[4] C. de 1485.

[5] Quittances de 1427-1450. (0,20618, f. 151.)

[6] Quittances de 1422-1459. (0,20618, f. 152.) — Arch. du Loiret, Tr. du Châtelet.

[7] Arch. du Loiret, Tr. du Châtelet.

[8] 0,20618, f. 153.

[9] Vidimus des lett. du duc de Blois, 15 avr. 1452. — Arch. du Loiret, E. et F. Rebut. — Quittance de 1453. — Id. Tr. du Châtelet.

primitive d'un plus grand nombre ; mais, comme au treizième siècle, tout s'inféode, tout se transmet héréditairement, dès cette époque, il n'est plus guère question de droits viagers. La transmissibilité devint la règle absolue. En 1260, Jean le Mareschal, revendiquant devant le parlement un droit d'usage dont il se disait dépouillé depuis environ vingt ans, se borne à invoquer une possession prolongée, du fait de son père ; le parlement lui adjuge ses prétentions ; mais, en l'absence de preuve formelle, on présente cette décision comme un effet de la générosité du roi, qui néglige de se défendre : « Dominus rex reddidit, « de gracia, predictum usagium ipsi Johanni [1]. »

Un droit d'usage viager par son essence même est celui qui figure dans l'accord passé, en 1223, entre Louis VIII et la reine Ingeburge, pour le règlement de son douaire. L'article 3 est ainsi formulé : « Concessit autem nobis idem Ludovicus rex « Franciæ ut in foresta de Legio percipiamus per liberationem « servientium suorum merrenium ad reædificandum et repa- « randum domos nostras de Aurelianis et Castro Novo, quantum « necesse fuerit competenter, et ad ardere nostrum percipiemus « in ipsa foresta quantum nobis fuerit competenter [2]. ».

L'acte suivant mentionne un droit d'usage viager, accordé à Jean de Rougemont :

« Philippus Dei gracia Francorum et Navarre Rex, notum « facimus universis tam presentibus quam futuris quod cum « dudum carissimus dominus et genitor noster Johanni de Ru- « beomonte dilecto militi nostro suorum serviciorum obtentu « centum quadrigatas bosci quamdiu dumtaxat vixerit et post « ejus decessum medietatem videlicet quinquaginta quadrigatas « ejus heredibus legitimis de proprio suo corpore descenden- « tibus imperpetuum anno quolibet habendas et percipiendas « ab ipsis modo predicto in foresta de Logio in garda Courciaci « videlicet bosci arborum intersitarum et mortuarum graciose « duxerit concedendas prout in ipsius domini et genitoris nostri « litteris confectis super hoc plenius continetur. Nos, prefato

[1] Olim. I, 133.
[2] Histor. de la France, XIX, 324.

« militi nostro facere volentes graciam ampliorem, eidem concedimus per presentes quod ipse quamdiu vixerit medietatem dictarum centum quadrigatarum bosci in garda predicta Courciaci et aliam medietatem in garda de Chaumontois necnon post ejus decessum ipsius heredes predicti medietatem medietatis predicte videlicet viginti quinque quadrigatas bosci predicti in dicta garda de Courciaco et alias viginti quinque quadrigatas in garda de Chaumontois predicta anno quolibet imperpetuum habeant et percipiant de cetero pacifice et quiete. Dantes presentibus in mandatis servientibus nostris dicte foreste modernis et qui pro tempore fuerint ut dicto militi quamdiu vixerit vel mandato suo dictas quinquaginta quadrigatas bosci in garda Courciaci predicta et alias quinquaginta in garda de Chaumontois et post ipsius militis decessum ipsius hæredibus viginti quinque in garda Courciaci et alias viginti quinque quadrigatas bosci predicti imperpetuum in garda de Chaumontois anno quolibet deliberant et assignant sine difficultate qualibet et alterius expectacione mandati. Quod ut ratum et stabile permaneat in futurum presentibus litteris nostrum fecimus apponi sigillum salvo in aliis jure nostro et in omnibus quolibet alieno. Actum in abbacia beate Marie de Lilio prope Meledunum, anno Domini millesimo trecentesimo decimo nono mense novembris.—Chesneau [1]. »

Un mandement de Philippe-Auguste, de 1216, mentionne un droit d'usage appartenant aux belles-filles de Geoffroy-le-Fauconnier, droit que Geoffroy détenait comme leur baillistre [2]. Enfin deux concessions, l'une de novembre 1319, d'un droit d'usage de deux charretées d'entresec en Montdebrène, à Colin-le-Paumier, valet de chambre du roi [3], et ses hoirs [4], l'autre, d'un usage dans les gardes de Vitry et du Milieu en faveur

[1] Q. 590, n° 10.

[2] V. Deux copies du quatorzième siècle. (Bibl. impér.)

[3] Une concession du même genre est faite en 1315 à Guill. Paumier, chambellan du roi, seigneur de Nevoy (V. Nevoy).

[4] Mais si cette concession était primitivement attachée à la personne et à la famille de Paulmier, elle finit par devenir une attribution du château de la Rivière (V. ce mot).

d'Etienne-le-Rouge, huissier de salle du roi, et de sa femme, en 1367, confirmée en 1377, paraissent bien avoir été personnelles [1]. En 1564, le sieur de Maizières reçoit l'autorisation de couper dans la forêt des échalas, des charniers, pour les embarquer et les vendre, à condition de les « transporter tout ailleurs « que sur la rivière de Loyre [2] ».

[1] 0,20618, f. 125. 0,20641, f. 257 et 262. — Q. 590, n° 10, f. LXIII, v°.
[2] Arch. du Loiret, Tr. du Châtelet.

CHAPITRE III.

Influence des bois sur l'industrie et la richesse agricoles et sur les mœurs.

Ainsi les habitants de presque tous les hameaux, les villes, les couvents, les châteaux élevés, comme on disait « sur le rein de la forêt », ou même à des distances plus considérables, grâce à des concessions multiples, trouvaient hors de leurs fonds des ressources précieuses et inépuisables, qui leur permettaient d'élever de grands troupeaux, source première de toute richesse agricole. Mais souvent ils ne s'en sont point tenus là : il ne leur a pas suffi de tirer de la terre les produits naturels qu'elle nous offre ; l'industrie, cette industrie première, que le laboureur pouvait exercer sous le vaste manteau de ces grandes cheminées du moyen-âge, où flambait le bois sec recueilli par les enfants de la maison dans la forêt, cette industrie surtout qui transforme les fruits bruts des champs et qui en tire des mets savoureux était loin d'être inconnue aux forestiers du moyen-âge. Bien que probablement ils ne fussent point très-familiers avec les recommandations excellentes énoncées par Horace, leur instinct les avait entrevues :

Dissolve frigus, ligna super foco
Large reponens, atque benignius
Deprome quadrimum sabina,
O Thaliarche, merum diota [1] !

Le vin du Gastinais jouissait au moyen-âge d'une réputation qui alors s'était étendue hors des limites du pays : c'est du Gastinais que nos rois faisaient venir l'ornement de leurs caves [2]. Nous en trouvons la preuve dans un arrêt du parlement de 1311 [3]. Un certain Thomas Hasle, envoyé par les gens de l'hôtel du roi pour faire la provision du vin en Gastinais, et en qualité de fournisseur, désireux de tirer de sa commission le meilleur parti possible, n'avait pas eu l'habileté de se borner à ce qu'on nomme des petits profits : il avait extorqué le vin, en le payant à un prix dérisoire. Plusieurs propriétaires, et à leur tête Robert de la Taille, peu satisfaits d'avoir uniquement, en récompense de leurs produits, le privilége de dire au roi : « Vous leur fîtes, seigneur, en les croquant, beaucoup d'honneur », poursuivirent Hasle en justice, et obtinrent contre lui une condamnation à la prison perpétuelle.

Loin d'éloigner, comme on pourrait le croire, la culture de la vigne, la forêt semble l'avoir attirée. De toutes parts, des vignobles s'étendent à l'ombre de la lisière forestière. Dès le douzième siècle, cette culture s'était développée sur le territoire forestier de Boiscommun, et à tel point qu'envahissant même le domaine de la guerre et s'emparant de la zone militaire qui entourait la ville, elle venait, de son utile végétation couvrir les talus, même les revers des fossés, et suspendre au-dessus des remparts ses pampres verdoyants, qui dissimulaient les tristes menaces de l'art guerrier sous les grâces et la riante fécondité de la paix [4].

[1] Ode IX.

[2] Dès 1285 : « pro denariis traditis Haberto Bruni escancionario domini regis pro vinis emptis et vectura eorumdem., II. C. L. I. » (Cte de 1285. Hist. de la France, XXII.

[3] Olim. (Éd. Beugnot), III, 705.

[4] Morin. Arch. de l'Yonne. Fonds de Flotin, passim. Au dix-huitième siècle, il y avait à Boiscommun quatre courtiers de vins. V. 0,20721.

La paroisse de Saint-Sauveur [1] renfermait aussi des vignobles [2] au quinzième siècle. Dès le douzième siècle, le texte de la coutume de Lorris nous fait comprendre que le territoire de cette ville en était également couvert [3].

Il serait trop long d'énumérer ici tous les crûs forestiers. Les plus vieux actes nous montrent les vignes vivant côte à côte et en bonne intelligence avec les bois [4]. Dans les époques plus rapprochées de nous, le voisinage des massifs forestiers n'empêchait pas le prieur de Chanteau de posséder un vignoble autour du monastère [5], le Hallier [6], La Cour-Dieu des clos de vignes [7], et même le frère portier de cette dernière abbaye d'avoir en propre un arpent dans les vignobles de Sully [8]. Pour être forestier, le terroir de Rebrechien [9] n'en a pas moins conservé une renommée qui explique son antique consécration à Bacchus [10]. Les vignobles de l'Orléanais n'ont donc point trouvé dans la forêt une ennemie, mais bien plutôt une auxiliaire, car elle fournissait à un grand nombre d'usagers du bois dont on stipule qu'ils pourront fabriquer des « pex à vignes », des charniers et divers ustensiles de vignerons. Ainsi, sous ce rapport, la forêt d'Orléans n'a apporté nulle entrave à l'agriculture, et les gourmets amateurs de nos crûs ne sauraient la voir d'un mauvais œil.

Pour ce qui regarde plus spécialement le Gastinais, quelque jugement que l'on porte sur le vin qu'il fournit, il est certain

[1] Notamment la seigneurie de Beaulieu (Ment. 0,20660).

[2] *Ibid.*

[3] Art. 2, 10, 15, 26. — Acte de 1378. Q. 590, n° 10, f. 1, v°.

[4] V. D. Estiennot, f. 337 et suiv. — 243. Gall. Christ., VIII, 1427, D.

[5] Maintenue de Philippe-Auguste en 1222.

[6] Aveu de 1601. M. Loiseleur, Hist. du Hallier, pr. x. (Mém. de la Soc. des Sciences et Arts, XII.)

[7] V. Jarry, op. cit., p. 108. — pr. XLIII.

[8] « Suligniacum » acte de 1210, *ibid.* pr. XXII. — Cart. de La Cour-Dieu, I, 30. — V. Not. sur le prieuré de Flotin; bulle d'Alexandre III, où il est question du *clos* de Sully.

[9] Au treizième siècle, Saint Ladre du Puiset y possédait des pressoirs sur la lisière de la forêt. (Ment. J. 742, n° 6.)

[10] V. Inventaire de l'évêché d'Orléans. Bibl. impér. fr. 11991.

que deux autres produits brillent encore d'un éclat plus pur dans les annales culinaires de cet excellent pays. Les pâtés d'alouettes, cette magique industrie qui a couvert de gloire la ville de Pithiviers, ne sont pas, il est vrai, une œuvre forestière, bien que les habitants des bois ne connussent pas moins que leurs compatriotes l'art de combiner ces délicats édifices [1]. Mais la forêt peut en grande partie revendiquer pour elle-même l'illustration plus poétique du miel du Gastinais.

Nous ne doutons pas que le Gastinais souvent n'ait excité un amour enthousiaste : cependant, entreprendre de prouver qu'on doive y chercher l'ancien Eden, la patrie du vieil âge d'or chanté par les poëtes, et dont le retour faisait l'objet de leurs vœux ardents, serait une tâche ardue. Nous ne l'essaierons pas : toutefois l'historien, qui se prétend fidèle, ne saurait passer outre, sans remarquer que l'Orléanais a du moins gardé le sceau de l'âge d'or. De l'aveu de tous ceux qui l'ont rêvé, cet heureux siècle présentait un caractère distinctif ; et les opinions varient sur les détails seulement.

Pour l'un, il faut, à travers la riche verdure d'une végétation puissante, entrevoir, se distillant goutte à goutte, des rayons de miel qui brillent d'un jaune tentateur.

Flavaque de viridi stillabant ilice mella [2].

L'autre rêve un de ces durs chênes, lacérés, décapités par la tourmente, et dont l'aspect délabré rappelle de gigantesques combats : « Et la douceur est sortie du fort [3] ! » Dans une déchirure apparaît une rosée de miel, qu'on dirait arrachée par la violence de la tempête au cœur même de cet âpre lutteur :

[1] On en voit stipulés dans les baux des fermes voisines de la forêt. (V. Flotin. Arch. de l'Yonne, passim).

[2] Ovid. Métam. I, 112. — Comp. Virg. Georg. I, 131. Tibull. I, 3, 45. — et Eurip. Bacch., 142, 703, 710, etc. — Quelques personnes voient l'origine de cette croyance dans le souvenir d'un palmier du désert arabique, qui distille une sorte de miel ou de manne.

[3] « ... Et voilà qu'un essaim d'abeilles était dans la gueule du lion avec un rayon de miel. » — Bibl. sacra. Jud., XV, 8, 14.

Et duræ quercus sudabunt roscida mella [1].

La forêt d'Orléans pouvait remplir à la fois les souhaits des deux poëtes. On sait quel rôle important elle jouait et joue encore dans l'éducation des abeilles du Gastinais. Aussi, dès que l'hiver est réduit par les premiers soleils à ne régner plus que sur la montagne [2], de toutes parts s'élèvent dans les airs les nouveaux essaims, semblables à de légers nuages emportés par le vent : voyez-les...

« Contemplator !... aquas dulces et frondea semper, tecta « petunt... »

Dans l'océan de verdure qui se déroule sous lui, l'essaim choisit le faîte d'un arbre pour y descendre tout entier. Là, quel sera son sort ? Restera-t-il perdu au milieu des bois, ou appartiendra-t-il au premier occupant ? Nullement. Les abeilles étaient trop haut prisées par les habitants du Gastinais pour qu'on les abandonnât ainsi à l'aventure. L'essaim est, en qualité d'épave, la propriété du haut justicier, et les lois forestières confirment cette règle.

Par suite d'une concession spéciale et objet dans les actes d'hommage, d'une clause spéciale, le maire du Mesnil-Bretonneux avait « toutes les espaves des essiens » trouvés en la mairie [3].

Le maire d'Ingrannes a aussi droit à tous les essaims de mouches à miel [4] « sans toutefois abattre le chêne pour les prendre ». Le droit du maire d'Ingrannes se trouve très-restreint par cette

[1] Virg. Egl. IV, 30. — Comp. Ovid. Am. III, 8, 40. Hor. Od. II, 19, 11. Epod. 16, 47. Hesiod. Ἐργ. 223. — Claudian. In Ruf. I. C'est de là que vient ce type de « terres coulantes de lait et de miel » dont parlent si souvent les Saintes-Ecritures.

[2] « Der alte Winter, in seiner Schwache
Zog sich in rauhe Berge zurück. » Gœthe Faust.

Virgile au contraire, le renvoie sous terre... « ubi pulsam hiemen sol aureus egit, Sub terras.... » Géorg. IV.

[3] Aveu de 1529. 0,3061, f. 142, v°.

[4] Aveu de 1371. 0,20640, f. 14.

stipulation ; en général, il n'en était pas ainsi ; l'on attachait tant de prix à un essaim, et l'on voyait si peu d'inconvénients à couper un arbre, que l'on n'hésitait pas à abattre le chêne sur lequel les mouches avaient opéré leur descente, pour peu que l'on ne crût pouvoir les atteindre autrement « sans péril de corps ». Il ne paraît pas qu'on employât les moyens plus paisibles conseillés par le poëte :

Tinnitusque cie, et Matris quate cymbala circum...

Le maire du Mesnil peut « abattre le chesne ou autre arbre « ou sera trouvé ledit ession et iceluy prendre et mener si luy « plait et tourner a son singulier profit, se autrement ne se peut « avoir sans péril de corps [1] ». On voit perpétuellement les officiers forestiers mettre en vente des chênes coupés pour ce motif : en 1456, par exemple, on vend six chênes abattus dans les Queues-de-Nibelle « par essien et par oyseaux [2] ». C'est surtout dans le Chaumontois que s'exerce cette industrie dont on pourrait donner bien des exemples [3]. Dans une vente passée en 1456 à Yvonnet-le-Noble « de tous les chesnes arrachés et essiens « estans en la garde de Chaumontois [4] », on voit figurer un grand nombre d'essaims : un arbre arraché « et deux essiens « assis près dudit arraché... un essien de la vente Jehan Le « Sage... un essien bien bon... »

Il ne faut pas s'y tromper ; il ne s'agit plus là d'essaims d'abeilles à vendre, mais seulement des arbres abattus pour avoir des essaims et qui en prennent le nom. Il en est de même dans les ventes suivantes : « A Geoffroy Bellin pour le bail et « délivrance de vint-cinq esciens... estans en la garde de Chaumontois en Montebrune et es haies du Molinet, à lui vendus « et livrez comme au plus offrant et derrenier encherisseur le « IXe jour de novembre M IIII. Ç. XXV, a la somme de X livres

[1] Aveu de 1528.
[2] Cte de 1456, de Vitry. O.20319.
[3] Cte de 1399. Arch. du Loiret, A. 853.
[4] Cte de 1456. O,20319.

« parisis, à paier à Karesme prenant ensuivant... De Estienne « Demay, des Bordes lez Sully pour le bail et delivrance de « douze chesnes, assavoir VIII esciens et IIII abatus par for« tune de temps, et II ramoisons a l'Usaige aux Femmes [1]... »

Encore, en 1456, il est question de la vente « de trois essiens « et ung cessé, estans près du chesne de Colletorse, près le che« min de Corpallez [2]».

Il est évident que dans tous ces textes et dans bien d'autres il est simplement question d'arbres.

Le vol d'un essaim était puni avec rigueur. En 1404, on trouve stipulée pour les habitants de Bray, Bonnée et des Bordes, coupables d'un tel larcin, une amende de soixante sous parisis [3]. Mais une telle sévérité se rencontre rarement : en 1445, le fait d'avoir « coppé un chesne en la forest, au bout des hayes de « Victry, auquel avoit ung essien de mosches » entraîne une peine de trente-deux sous [4], et même en 1451, un homme trouvé arrachant un chêne où il y avait mouches, et plus tard conduisant la souche avec les mouches à son « hostel » n'est condamné qu'à quinze sous parisis [5]. La confection du miel est donc, en définitive, une industrie forestière; mais il y a plusieurs genres d'industrie auxquels la forêt prêtait un secours encore bien plus immédiat.

La première de toutes est l'industrie du charbon. Le charbon se faisait avec le menu bois [6]; l'on ne doit pas y faire entrer des brins, même de mort bois [7], doués d'une certaine grosseur [8]. Le nombre des fourneaux était limité aussi, car, au treizième

[1] Cte de 1425-26. 0,20319.

[2] Cte du Chaumontois, 1456. A. 855. Arch. du Loiret.

[3] Enq. de 1404. 0,20635.

[4] Cte de 1445-46. 0,20319.

[5] Cte de Neuville, 1451-52. 0,20319.

[6] De chêne ou autre : V. Enq. du treizième siècle « ... le charbon que il fesoient de ces chenes verz empres pié... » (J. 742, n° 5.)

[7] Ou du moins de charme : le charme est le meilleur bois pour faire du charbon (V. Plinguet, op. cit., f. 10).

[8] *Ibid*... « faisant du charbon et y ayant mis des plausses de charme, 5 sous parisis. »

siècle, on trouve que c'est un délit de faire « de novel charbon « oudit bois [1] ». C'est surtout dans les bois du Gault, dans les bois de l'Évêque que se confectionnait le charbon. Le charbonnier du Gault payait à l'évêché une redevance de quarante sous pour ses fourneaux : il y en avait d'autres à Ingrannes [2]. Une enquête du treizième siècle nous parle du charbon que « li « evesque vent toz les anz ou Gaut » et qui rapporte « XII livres ou « XVIII livres don li rois n'a que XL sous a sa part, et li griers « a XX sous en cez deniers, et les sergens l'evesque LXXII sous, « et l'evesque le remanant. Item, du domage que li rois i « a chascun an. »

Le seigneur de Chamerolles avait un droit d'usage pour faire du charbon dans les mêmes parages [4].

Le charbon se vendait à haut prix. En 1422, cinq sacs de charbon pris en forfaiture ne se vendent pas moins de six livres parisis [5]; d'autres sacs ne valent que douze deniers [6].

Le charbon payait un droit à Orléans.

« Du charbonnaige d'Orléans, c'est assavoir chascun char- « bonnier qui mène charbon vendre en ladite ville doit un sac « de charbon à Noël [7]. »

Outre les charbonniers, il y avait toute une population d'industriels qui, moyennant une faible rétribution, obtenaient leur entrée dans la forêt, où ils s'établissaient et pratiquaient divers métiers.

Dès 1285, les recettes de la forêt portent un article ainsi conçu :

« De quibusdam charrionibus et corbilleriis, C. III, s. VIII, D. » Les savants illustres auxquels nous devons l'achèvement de la publication des Historiens de la France, MM. Léopold De-

[1] J. 1028, n° 25.
[2] J. 170, n° 31.
[3] J. 742, n° 5.
[4] Aveu de 1392. 0,20642, f. 122.
[5] Cte de 1422. 0,20319.
[6] Cte de J. de Saveuzes. 0,20319.
[7] Cte de 1403-4. — Cte du duché, 1485. — 0,20540-1.

lisle et de Wailly, ont fait sur ce mot « corbilleriis » une conjecture qui les a induits dans une légère erreur : « Hoc verbum, « disent-ils, charrionibus fere consonum esse conjicimus. » Or il s'agit ici de charrons et de fabricants de corbeilles. Les *corbeillers* ont continué à user ainsi durant tout le moyen-âge [1]. Il y avait encore les huichiers, sorte de charpentiers, mais chargés des ouvrages délicats de la charpenterie. Ainsi, en 1390, c'est un huichier, Jehan le Piquart, demeurant à Montargis, qui reçoit douze livres parisis pour avoir construit deux porches au château de Châteauneuf, et six livres huit sous, pour avoir mis plusieurs « huis » et croisées aux nouveaux édifices [2]. — Les charrons, qui ont usage dans la forêt, moyennant tantôt une mine de seigle, comme les charrons de Boiscommun [3], tantôt vingt-cinq sous, comme les charrons de Bucy-le-Roi, en 1458 [4] ; et il s'agit ici du bois employé par les charrons pour leurs travaux ordinaires ; lorsque le roi leur commandait un travail spécial, il en fournissait la matière. Au treizième siècle, le concierge de Paucourt dit que : « Item il a donné en ceste vile de Montargis du co- « mandement le roi a un mareschal IIII chenes pour faire un travail [5]... »

Parmi les petits usages, acquis à tous moyennant une redevance spéciale, on remarquait encore les usages des faiseurs de barres, tourneurs [6], charpentiers, chaufourniers [7], et aussi les ceuilleurs d'herbe, de bruyère, de chantemerle, etc. Tous ces

[1] Leur industrie a laissé son nom à un climat forestier du treizième siècle, Corbillieria (V. comptes des baillis de 1285), la Corbillière, où s'est élevé de bonne heure un château.

[2] Joursanvault, 3268.

[3] D'après un état de Boiscommun, de la chambre des comptes en 1512 (extr. fait en 1717 par M. de la Vrillière). — 0,20721, et Cte du duché de 1485 (0,20540-1). — Cte de 1403-4.

[4] Cte de Neuville, 1458. Arch. du Loiret.

[5] J. 10028, no 25.

[6] Cette industrie est rare en forêt ; cependant en 1458 il y avait un tourneur à Chanteau (Cte de Neuville, 1458. Arch. du Loiret).

[7] Cte de Neuville, 1451-2. 0,20319.

usages, connus sous le nom générique d'*attelages*, s'exerçaient en général moyennant vingt-cinq sous [1].

Des industries forestières, la plus répandue est sans aucun doute l'industrie des cercliers et faiseurs de tonneaux. En 1434, il y avait dans la seule garde de Neuville neuf cercliers ayant droit d'usage, huit seulement en 1435 [2]. En 1458, il n'y en avait plus que trois à Boigny, un à Neuville, un à Chilleurs [3]. Les cercliers ne payaient que quinze sous [4]; c'est avec le bois de « coldre » qu'ils fabriquaient leurs cercles [5].

Plusieurs grands usagers avaient obtenu l'autorisation de confectionner avec leur bois d'usage des tonneaux. Ainsi, on reconnaît formellement aux habitants de Châteauneuf le droit de « faire charniers, pelz et perches, merrien à vignes... ton« neaux et vaisseaux à vin ». En règle générale, la provenance de ces tonneaux interdisait leur transport hors de la paroisse : il fallait les fabriquer, les utiliser par soi-même. En 1399, Guychard de Sainte-Marie se voit confisquer, malgré ses protestations, du bois d'usage qu'il envoyait pour qu'on le lui transformât en tonneaux, et bien qu'il offrît de donner caution qu'il le ramènerait dans son hôtel de Courcy [6].

Toutefois la coutume avait apporté à ces dispositions sévères des dérogations considérables en ce qui concernait Châteauneuf, Boiscommun, Saint-Michel, Batilly, siéges principaux de cette industrie [7]. D'abord, il fut permis de transporter en toute fran-

[1] 20 seulement d'après le compte de Vitry, 1455 (20319) et le compte du Duché de 1485 (0,20640-1); 15 sous d'après le compte de Neuville, 1451-52 (*ibid.*)

[2] Compte de Neuville, 1434-35. 0,20319.

[3] Compe de Neuville, 1458. Arch. du Loiret.

[4] Compte de 1434-35, Neuville.

[5] V. Coutumes fiscales d'Orléans (texte de 1296 restitué) par M. de Vassal. Mém. de la Soc. archéol. de l'Orléanais, II, p. 238.

[6] 0,20642, f. 234. La voiture et les chevaux suivaient toujours la confiscation.

[7] Lorris en fabriquait aussi en grand nombre au quatorzième siècle, car des lettres patentes datées de Châteauneuf, en 1314, parlent du bois que les bourgeois de Lorris employaient « pro suis doliis, cuppis, et aliis vasis ad vinum faciendis. » (Q. 590, n° 10.)

chise les tonneaux construits depuis un an : des lettres-patentes de 1399, en faveur des habitants de Châteauneuf, nous disent qu'ils ne peuvent rien « mener ne transporter hors desdites « mectes... excepté tonneaux vieils et anuels, lesquels ils peu- « vent vendre et transporter plains, vuides, et en faire leurs « volontés sans mesprendre aucunement [1] ». On admet même que, dès la première année, les tonneaux pourront être transportés, mais sauf échantillonnage. L'échantillonnage consiste dans l'apposition du marteau forestier moyennant un droit fiscal.

Tout tonneau de Châteauneuf bâti de bois d'usage et mené « hors des fins et mectes » de la paroisse, doit deux sous : ceux qui sont « fais en attelaige » seize deniers seulement, tout « traversin » douze deniers [2].

Cependant une sentence de 1472, qui maintient l'échantillonnage de Châteauneuf, n'en porte le taux qu'à treize deniers [3].

Ces échantillonnages sont assez fréquents. En 1458, par exemple, le maître de la Garde de Vitry reçoit « de Jehan de « Beaune pour lui avoir eschantillonné un tonneau II sous pa- « risis », et encore pour un autre échantillonnage d' « ung ton- « neau de vin qui estoit en feust neuf, II sous parisis » ; il applique aussi son « seing » sur « II poisson qui estoient « neufs [4] ».

Les *attelages* forestiers comprennent encore l'industrie des tuiliers et potiers qui ont de tout temps été fort nombreux aux environs de la forêt d'Orléans. La forêt renferme en maint endroit des veines d'un excellent argile où les potiers allaient puiser la matière première de leur art moyennant les redevances habituelles [5]. La paroisse de Nibelle s'est toujours attiré un renom particulier sous ce rapport. Dès le treizième siècle, elle possédait

[1] O,20635, f. 125.

[2] Compte de Vitry, 1455 (O,20319). — C. du Duché de 1485 (O,20640-1). L'échantillonnage à Boiscommun n'était payé que 4 deniers.

[3] Q. 589.

[4] Compte de Vitry, 1458-59 (*ibid.*)

[5] 15 sous au quinzième siècle.

plusieurs potiers : « De poteriis Nibellæ, XV s. », disent les comptes de 1285 [1]. Cette industrie s'y est perpétuée dans tout le moyen-âge. Encore, en 1731, le duc d'Orléans accorde aux potiers de Nibelle dont le droit d'usage à la terre glaise a une origine perdue dans la nuit des siècles, un demi-arpent de vagues à Foulaubin, et autant dans les Queues de Chemault, à condition qu'ils ne vendront point de terre aux paroisses voisines. Les habitants de Nibelle déclarent que beaucoup d'entre eux ne vivent que de cette industrie [2]. L'art de la poterie compte moins d'adeptes dans les autres parties de l'Orléanais, sans toutefois y être négligé; l'argile forestier a été utilisé à Neuville [3], à Jouy-le-Pothier [4], à Lorris, à Loury [5]. En 1386, le potier de Lorris était chargé de fournir la vaisselle royale du château moyennant un droit d'usage au bois.

C'est le roi lui-même qui nous l'apprend :

« Landry de Sermaises, potier, s'est complaint a nous, disant « que il et ses prédécesseurs, potiers de la poterie de nostre « ville de Lorriz, ont esté et sont en bonne possession et saisine « par juste et loyal tiltre d'avoir usaige en ladicte garde du «Millieu ou bois Saint Benoist en noz dictes foresz d'Orliens « au bois sec, cassé et arraché, aux branches de chesne a abran- « cher si hault comme l'en pourra, aux remasons et aux tron- « gnes senz mambre... et avec ce de avoir toutes foiz que nous « et la Royne sommes à Lorriz ung mais de trois pains, une « quarte de vin, et d'autres viendes a ce appartenans avecques « le vin estans es poz sur table à l'eure que l'en dit et appelle « *aux hennaps*. Et pour cause et a tiltre de ce ledit complai-

[1] Ce qui n'empêche pas un historien de déclarer que c'est en 1816 que deux *industriels intelligents* jugèrent la terre de Nibelle propre à la poterie. (Hist. du Hallier, Mém. de la Soc. des Sciences et Arts d'Orléans, XII, 214.)

[2] 0,20635, II. — Arrêt du conseil ducal de 1740. — Concessions de l'an X à 1816. (0,20242, poterie de Nibelle).

[3] Compte de Neuville, 1458. Arch. du Loiret.

[4] Les potiers de terre de Jouy étaient soumis à une redevance spéciale ; ils devaient des « potz de terre au chastel (de Baugency) tout comme mestier (besoin) en est. » (Charte de 1403-4.)

[5] V. Hist. de La Cour-Dieu, Par M. L. Jarry. — Ment. XLIII.

« gnant est tenuz de administrer et querir es hostelz de nous et « de la Royne nous estans à Lorriz tout service de poterie de « terre, et aussi à nostre prevost et a quatre sergens de « Lorriz [1]. »

Enfin, s'il faut en croire dom Morin [2], dans les bois du Loing, on aurait établi anciennement une autre industrie forestière, inconnue dans le reste de l'Orléanais : de vastes forges, fatales à la conservation des bois.

Le nombre des industriels forestiers a beaucoup varié, ainsi que le taux du paiement auquel ils étaient assujettis. En 1407, les attelages ne donnaient que dix sous chacun. Il y avait alors un attelage de huicherie à Nibelle (dix sous), — les charrons de Fay n'avaient pas usé en la forêt cette année. Un charron, qui était à Nibelle, s'en est allé. Il y avait un charron de Vitry, un de Boiscommun ; huit charrons avaient usé dans la garde de Courcy.

« Des huichiers, charpentiers et charrons de Seichebruières, « néant. »

La forêt avait fourni des matériaux à deux potiers et deux tuiliers à Nibelle, quatre potiers à Fay, un à Châteauneuf, trois au Coudray, et des tuiliers nouvellement venus : à deux tuiliers dans la garde de Courcy. Les potiers de Chambon s'étaient abstenus. On avait vu encore un *corbillier* et six charpentiers de Neuville, un charpentier de Châteauneuf, deux faiseurs de barils de Boiscommun.

En 1451, il y avait un potier à Neuville (Comptes de 1407, 1451-2, Neuville).

En 1403, des potiers de Vitry, des trois potiers qui « souloient estre » à Fay, d'un tuilier naguère venu aux Bruières, d'un charron qui « souloit estre » à Boiscommun, du charron qui était à Châteauneuf, néant ; des deux tuiliers de Nibelle, il ne restait qu'un.

Il y a un potier au Coudray : deux tuiliers sont « nouvellement venuz » à Saint-Agnan des Gués, deux au Coudray.

[1] 6 février 1396 (1397). Q. 590, n° 10, f. LXV. — O,20041, f. 112.

[2] P. 163, 823, 716.

Il y avait dans la garde de Courcy sept potiers, deux huichiers, deux charrons, pas de chaufournier.

Dans la garde de Neuville, cinq tuiliers, un corbeillier, deux huichiers, deux charrons.

Dans la garde de Joyas, les « rouaiges » des potiers avaient produit douze sous onze deniers, les pâturages douze deniers [1].

Ainsi, la forêt d'Orléans fournissait matière au moyen-âge à une foule de ces petites industries qui forment le fonds et la richesse des villes rurales. Mais on se plaît souvent à dire qu'elle nuisait à ces villes en empêchant leur commerce, plus qu'elle ne leur était utile en fournissant à leur industrie.

On parle volontiers de grands massifs impénétrables, obstacle, à toute richesse et à toute civilisation. Cette accusation est-elle réellement fondée? Tout dans l'histoire la dément absolument. La forêt n'a jamais empêché un seul marché de s'établir [2]; elle a même fourni les éléments d'un commerce de bois considérable. Quant à la circulation, elle n'a pas été plus difficile dans les parties forestières de l'Orléanais que dans les parties défrichées : il faut remarquer d'ailleurs que les transports par les routes étaient bien peu considérables, et que les seules voies très-fréquentées descendaient vers la Loire, véhicule et route de toutes les denrées de l'Orléanais.

Il est certain que les chemins forestiers n'étaient pas des meilleurs. Sans doute on comblait les profondeurs les plus béantes avec des bourrées et des bûches [3], mais ce remède ne suffisait pas, en général, à rendre les chemins très-praticables dans la mauvaise saison. De ce fâcheux état des voies naquit peut-être l'habitude prise par un certain nombre d'usagers d'aller chercher leur bois à dos d'âne : ce n'est pas, en effet, par économie qu'on employait ce mode de transport, car nous le voyons pratiqué par des gentilshommes, comme Jehan du Lac des Sablon-

[1] Compte de 1403-4.

[2] Au douzième siècle, Nibelle avait un des marchés les plus importants de l'Orléanais. — V. Coutume de Lorris.

[3] Un acte de 1291 parle du bois employé « pro reficiendis malis passibus vie que est inter Lorriacum et Coudretum... » (O,20238).

nières [1], par des abbayes importantes, telles que Notre-Dame de Baugency, qui se servait d'ânes dans le Briou. Par un acte du treizième siècle, un seigneur de Baugency déclare même prendre sous sa protection les ânes de l'abbaye de Saint-Mesmin qui font le service du bois [2]. La cause de la préférence pour les ânes peut donc bien se trouver dans le manque d'entretien des chemins ; mais il faut remarquer que ce genre de transport était aussi plus commode pour la circulation dans les gaulis, et vu d'un œil plus favorable par les officiers, parce qu'il prêtait moins à la supercherie, et en même temps nuisait moins aux taillis que les charrettes [3].

Mais comme les ânes ne peuvent rendre, en définitive, que d'insignifiants services pour le transport des bois, les charrettes paraissent toujours en grande majorité : dans certains climats où le sol présente une surface presque constamment humide, glissante, les transports éprouvaient souvent des difficultés.

Dans des lettres-patentes de mai 1296, Philippe-le-Bel déclare que le bois d'usage de Saint-Euverte « sine magnis difficultate

[1] V. Compte de 1420. O,20319.

[2] En 1150, Simon de Baugency, récemment revenu de sa croisade et à l'article de la mort, dicte la donation suivante, espérant racheter ses fautes par une générosité qu'il n'avait pas toujours pratiquée.

« In nomine Sancte et Individue Trinitatis, ego, Symon de Balgentiaco, pro animabus nostris, Radulphi scilicet patris mei et mea, et domine Adenordis, et heredis mei qui hoc beneficium concesserit, dono annuatim ecclesie Beati Maximini tres solidos censûs in festo sancti Firmini quod est in septembri in uno stallo, in foro Balgentiaci, ad procurandum monachos de piscibus in anniversario die domine Adenordis quod annuatim celebrabunt et pascent unum pauperem. Item asinos monachorum qui de nemore domine Beatricis ligna afferent, cum tali consuetudine qualem ibi habebat prius, in custodia mea et heredum meorum accipio, ita scilicet ut nemo mihi amplius illos capere sive disturbare presumat.

Datum per manum Hervei, cancellarii, anno ab incarnatione Domini M° C° L°. Actum publice Balgentiaci, regnante Ludovico rege, tercio sue peregrinationis in Hierusalem anno. »

— Baluze, 78.

[3] On se servait également de chevaux. Un acte de 1368 permet à l'usager de transporter le bois « à col, à cheval ou à charrette, si comme il pourra bonnement. » (Lett. de Rozières, O,20035, II, f. 150, v°.)

« et expensis... presertim hyemali tempore, tam propter viarum « incommodum quam nemorum ipsorum distanciam, ad abba« tiam ipsam adduci non poterat [1] », déclaration ainsi traduite dans un acte de 1381 : « Pour ce que le temps est aucunes « fois si divers et les chemins si maulx que ils ne povoient « chaque jour en yver et en temps désordonné envoyer leur « charrete sans grand travail, mission [2] et péril de leurs che« vaulx. [3] »

Les charrettes envoyées en forêt par les usagers étaient attelées en général de deux chevaux [4] ou quatre bœufs [5]. Quant à la matière transportée, on comptait [6] qu'une charrette suffisait à voiturer ce qu'abattait une cognée [7].

Il est donc incontestable que la viabilité forestière laissait beaucoup à désirer ; mais certainement elle n'était pas inférieure à la viabilité générale.

Ainsi, dans un accord passé en 1228 entre le chapitre de Sainte-Croix et Aubert de Villepion, il est stipulé qu'en automne et en hiver « a medio septembri usque ad medium marcii ter« tium equm poterit (Aubertus) mittere in succursum et auxi« lium, aliorum duorum obviam, usque ad calciatam de Sar« cotis et non ultra. Alio vero tempore non poterit ponere nisi « tantum duos equos ad quadrigam [8] ». Ainsi Aubert de Villepion était obligé d'atteler trois chevaux à sa charrette en hiver sur la chaussée de Cercotes, c'est-à-dire sur une des plus grandes routes de l'Orléanais : les routes forestières, moins fréquentées,

[1] 0,20640, f. 60.

[2] C'est-à-dire dépense.

[3] 23 mars 1380. — 0,20640, f. 62. — Comp. Saint-Loup. Lett. pat. de 1309. 0,20640, f. 68, 70. — Lett. de 1337. 0,20640, f. 168.

[4] Il y en avait cependant d'attelées d'un seul cheval. V. 0,20641, f. 216.

[5] V. La Plissonnerie. 0,20640, f. 16, v° (1332.)

[6] Aveux de Chamerolles, 1302. 0,20642, f. 122. — Du Chesnoy, 1353. *Ibid.*, f. 170.

[7] En 1427, cependant, on prend deux bœufs menant, en délit, un cent et demi de merrein. (Compte de 1427. Arch. du Loiret. A. 853.)

[8] Arch. du Loiret. Fonds Sainte-Croix.

étaient aussi moins mauvaises, puisque deux chevaux suffisaient à en tirer une charge de bois.

Du reste, au point de vue du commerce général et de la circulation publique, peu importe que les chemins proprement forestiers fussent mauvais ou bons : il fallait seulement que la forêt se trouvât percée de grandes artères praticables. Or, ces voies d'intérêt commun, le génie même de César avait pris soin d'en tracer les lignes principales : quatre grandes voies romaines traversaient la forêt de part en part ; les énormes pavés dont se servaient les Romains pouvaient résister aux siècles ; ces voies, nommées « stratæ publicæ veteres », offraient donc d'abord un premier et le plus important débouché[1]. Les besoins journaliers en créèrent une foule d'autres.

Il est certain qu'au début du douzième siècle, il existait de Lorris à Orléans[2] une grande route praticable aux voitures[3]. Tout autour de Lorris, un réseau de chemins divers menaient l'un à la Loire, c'est-à-dire à Sully, d'autres à Courpalais, au Coudray, au Moulinet, etc.[4] On n'en finirait pas si l'on voulait

[1] Charte épiscopale de 1166. Cart. de La Cour-Dieu, I, 9.

[2] V. art. 20, 15 de la Ch. de Lorris.

[3] C'est sans doute ce chemin qu'un arrêt du Parlement, de 1260, appelle « magnum cheminum qui vadit de Lorriaco usque ad Castrum Novum. » (Olim. I, 127.)

[4] Voici entre autres un diplôme qui nous donne des détails sur la route de Lorris à Saint-Benoit :

In nomine sanctæ et individuæ Trinitatis. Amen. Ego Ludovicus Dei gratia Francorum rex. Regis honor judicium diligens, cum omnium paci providere et quieti, et longas manus ad omnium protectionem et tutelam porrigere debent, incumbit ei tamen potissimum ecclesiastica curare negotia, et servorum Dei pacem et quietem diligere. Ea propter gesta et contractus inter homines scilicet (var. seculi) et Dei servos ne aliqua in posterum possint (var. possint in posterum perverti) perverti aut temerari versutia, regio debent sigillo et testimonio communiri. Sciantque (var. Sciantque igitur universi) universi presentes et futuri, quod in præsentia nostra abbati sancti Benedicti Machario fideli nostro vendidit Robertus de Molendineto absque ulla retentione totam terram quam possidere eo tempore videbat a strata publica quæ a Lorriaco Soliacum (var. Sosiacum) ducit usque ad sanctum Benedictum; nihil sibi omnino reservans in planis, in nemoribus (var. in nemoribus,

chercher à énumérer tous les chemins, qui, dans ces parages seulement, entamaient les massifs forestiers. L'on ne saurait donc soutenir qu'à aucune époque de l'histoire de l'Orléanais la forêt ait exercé une influence défavorable sur les facilités de circulation. Jamais il n'en a été ainsi. Le texte même de la coutume de Lorris nous démontre que, dès l'époque de sa rédaction, Lorris, malgré la longueur de toute la forêt, entretenait

in pratis, in aquis) in aquis, in molendinis, in agrario reddito, in decimis, in hominibus, in consuetudine aliqua: ita ut hæc a se et suis in æternum penitus alienaris in abbatis jus potestatemque transfuderit: molendinumque similiter vendidit, cujus stagnum totumque latifundium ejus cis stratam illam id est à parte sancti Benedicti est, ipsum vero molendinum trans præfatam stratam consistit, concessis eis omnibus necessariis usibus quas vulgo aisancias vocant. Porro decimam de Coldroyo quæ stratam præterit ubicumque et undicumque sit abbati vendidit et concessit, et contra omnium deinceps calumpnias venditionem hanc se et suos hæredes eclesiæ garantire ante nos deprecatus est. Huic rei sic dispositæ et compositæ, nos propter Eclesiæ perpetuam pacem testem, tutorem, et Roberto rogante fidejussorem constituimus, et hac eadem fidejussione reges obligamus successuros. Pro hac venditione præfatus abbas Roberto trecentas libras appendit et tradidit quas et creditori suo vicecomiti Gastinensi, abbas ipse Roberto præsente numeravit et solvit. Laudavit hanc venditionem et rei gestæ conventionem uxor Roberti, Mathæus frater ejus ad cujus feodum pars rei venditæ pertinebat, vicecomes Guastinensis cujus etiam feodum pars aliqua contingebat, Rodulphus de Maseriis et filius ejus de cujus feodo portio quædam erat. Harduinus etiam ad cujus feodum pars rei venditæ pertinebat. Loellus quoque ad cujus feodum pars rei venditæ contingebat. Galerannus frater Roberti. Quod ut ratum sit in posterum nullaque oblivione vel calumpnia conturbari valeat, annotari et sigilli nostri auctoritate firmari nostrique nominis karactere consignari præcepimus. Actum publice Lorriaci anno ab incarnatione Domini M° C° LIIII°, regni vero nostri decimo octavo. Adstantibus in palatio nostro quorum nomina subtitulata sunt et signa. Signum Blesentum comitis Theobaudi dapiferi nostri. Signum Guidonis buticularii. Signum Mathæi camerarii. Signum Mathæi constabularii. (Monogramme.)

Data per manum Hugonis cancellarii.

D. Chazal, — Historia Monasterii « Floriacensis Sancti-Benedicti » (Prob., I, p. 790, 791. — Biblioth. d'Orléans, mss. M. 270 *bis*. Comp. $\frac{\text{H. I.}}{1}$ p. 164-165. $\frac{\text{H. I.}}{2}$ f. 318. (ex autogr.)

ses relations commerciales les plus suiviés avec Orléans [1]. La forêt aurait entravé le commerce ! Les marchés nombreux établis dès le douzième siècle dans tous les environs prouvent assez le contraire. Bien plus, dans le temps même de César, malgré sa position forestière, Genabum était déjà qualifié par le conquérant de « Carnutum emporium ». Assurément la Loire n'était pas étrangère à sa prospérité. Au quinzième siècle la Loire, route générale de tous les transports, fait aussi la fortune du marché de Jargeau. Jargeau est, au moyen-âge, la capitale commerciale de toute la zone forestière comprise dans les gardes de Vitry, de Courcy [2], même de Neuville et du Milieu. Dans une enquête du treizième siècle un certain Symart, de Vitry, est accusé de faire de son bois d'usage « forches et pesseaus », et de le porter le mercredi au marché de Jargeau « ou toutes les gient vonst [3]. » Ils s'y faisait un très-grand débit de bois, ouvré [4] ou non : on l'embarquait là sur la Loire pour le transporter dans les diverses directions : le port et le passage du pont de Jargeau, la navigation sur la Loire, parfois le port de Châteauneuf, tels étaient les lieux redoutables pour les voleurs de bois : dans ces lieux, objets d'une surveillance toute particulière de la part des officiers forestiers, le bois vendu devait nécessairement passer : il y était examiné et très-souvent arrêté [5]. Neuville [6], Boiscommun [7] trafiquaient aussi de bois d'une manière active.

Dans le cours ordinaire des choses, le voisinage de la forêt d'Orléans n'était donc en somme que profitable aux riverains. Mais, bien plus encore dans les moments de troubles et de

[1] V. art. 20, 26.
[2] V. notamment Sent. de 1399. — 0,20642, f. 234.
[3] J. 1028, n° 25.
[4] En planchers (Compte de 1460. 0,20319), en pieux, perches, fourches, cercles, etc., etc.
[5] V. les comptes des eaux et forêts, passim: notamment 0,20319. Comptes de 1428, 1420-21, 1425-26, 1423-24, 1444-45. — Arch. du Loiret. A. 853. Compte de 1427, etc., etc.
[6] V. Notamment Compte de 1428. 0,20319.
[7] V. Morin, op. cit. 285.

guerres, elle leur a procuré un appui singulièrement efficace. Déjà en l'an de Rome 702, dispersés, en partie massacrés, affolés de terreur, privés de leurs toits par la férocité d'un vainqueur qui prétendait leur apporter la civilisation, les habitants de Genabum avaient cherché sous les arceaux de leur forêt un insuffisant abri contre les rigueurs de César et les rigueurs du ciel : « oppressi carnutes, hiemis difficultate, terrore periculi, « quum tectis expulsi nullo loco diutius consistere auderent nec « silvarum presidio tempestatibus durissimis tegi possent : dis- « persi, magna parte amissâ suorum.... [1] »

Plus tard, lorsque portés sur les flots rapides de la Loire, les Normands vinrent ravager les pays fertiles qu'elle arrose, et détruire ses monuments, tels que la splendide basilique de Germigny, il est à croire que la forêt fut appelée à rendre encore à ses voisins ces tristes offices. En l'an 1100, une horde de brigands est de nouveau vomie par la Loire sur le rivage de Fleury, la campagne en est bientôt infestée : leur confiance semble telle qu'à leur tête marche un musicien chantant leurs exploits. Ils pillent les habitations, ils saisissent les troupeaux : heureusement avertis d'avance, les habitants avaient eu le temps de dérober une grande partie de leurs bestiaux : « plurimam si- « quidem eorum multitudinem, rapporte le chroniqueur, rus- « tici qui predonum præscierant adventum, in silvis et in con- « fragosis abdiderant vallibus [2] » Du reste, ces brigands ne jouirent pas longtemps du fruit de leurs crimes : grâce à l'intercession de Saint-Benoit, leurs barques chavirèrent à la fois et les eaux de la Loire devinrent un linceul.

[1] De bello Gallico, VIII. — Que d'angoisses, que de tortures laissent entrevoir ces simples mots, d'un épouvantable laconisme : les plus terribles épreuves des éléments déchaînés, du froid, de la tempête, les douleurs de la dispersion et de l'exil, la faim, la soif, une lutte incessante pour disputer aux animaux sauvages un dernier asile.

« Atque intempesta cedebant nocte paventes
« Hospitibus sævis instrata cubilia fronde. » (Lucrèce, V.)

et, au bout de tout cela, la mort !

[2] Hist. de la France, XI, p. 489.

Mais, c'est surtout lors des désastres qui ont signalé la première partie du quinzième siècle, que la forêt d'Orléans se prêta dans sa sphère à un mouvement réparateur. Il est difficile de concevoir une idée exacte de la ruine absolue qui a suivi en Orléanais l'invasion anglaise. Dès les premières années, ce siècle s'annonçait sous de fâcheux auspices. La misère était déjà bien grande ; le désespoir s'emparait de plus d'un cœur, on maudissait le duc qu'on rendait responsable de tant de maux :

« L'an mil quatre-cens et trois, le jeudi vingt-cinquiesme « jour d'octobre en la presence de moy Jehan Bonin, tabellion « de Jargueau, vint en sa propre personne Jehan Gilebert, « demourant a Donnesi, lequel congnut et confessa de sa bonne « voulenté et sanz aucune contrainte que dimenche derrenier « passé environ heure de solail couchant ung appellé Jehan « Langlois, demourant audit lieu de Donnesi, lui vint dire que « les gens de Monseigneur le duc d'Orliens faisoient plusieurs « dommaiges en cest païs, lequel il qui parole respondi audit « Jehan Langlois que il y avoit grant temps que il n'y avoit « eu duc en la duché d'Orliens ou que encore vousist-il mieulx « que ce duc cy feust pendu par la gorge et sa compaignie que « il feust oncques entré en cest païs cy, et que le païs estoit « destruit de sa venue : de ces parolles requérant grace a Mon« seigneur, pitié et miséricorde, en disant qu'il estoit courroucé « de plusieurs pertes qu'il avoit fettes, et lui chargé de vin... [1] »

Que s'il en était ainsi dès 1403, quel ne dut pas être l'état de l'Orléanais et le désespoir de ses habitants, lorsque l'invasion anglaise couvrit de champs de bataille son territoire ! Mais, avant tout, il fallait se défendre. On ordonne aux habitants de se renfermer dans les villes, aux gentilshommes de prendre les armes [2].

Dès que l'on conçoit des inquiétudes pour Jargeau, le dauphin s'y rend : il arrive le 30 mai 1419, visite les remparts démantelés et ordonne aux bourgeois de se fortifier sans délai, d'élever de suite des créneaux, des doubles batteries « de paulx,

[1] Copie authentique. Arch. du Loiret. Tr. du Châtelet.
[2] 1417-1419. Joursanvault, 2969, 2973.

sur les doves des fossés » Comment accomplir ces ordres prescrits par l'évidente nécessité aussi bien que par la voix du prince ? Heureusement la forêt était là : les habitants de Jargeau se hâtent d'acheter pour 72 livres la vente des Coudreaux dans la garde de Vitry, où six arpents de bon bois leur fournissent les charpentes nécessaires, que le grand-maître des eaux et forêts leur délivre à l'instant [1]. Il était temps : l'année d'après, en 1420, le comte de Vertus envoie demander à Jargeau *si l'on s'y meurt ou non* [2]. Quand Orléans s'entoure aussi de fortes barrières de charpente formant un supplément de fortifications élevé à la hâte [3], c'est encore la garde de Vitry qui fournit ce secours trop nécessaire. Des lettres patentes du 28 septembre 1423 nous parlent d'une vente de vingt arpents de bois « es queulx vint arpens certaine quantité de gros bois avoit esté « prinse.. » d'urgence « pour emploier en l'édification des bou« louars et autres reparations neccessaires pour la fortification « et emparement de nostre ville d'Orléans... [4] »

Une fois le flot envahisseur retiré, que de ruines à relever, que de désastres à réparer! Les populations forestières décimées témoignent assez éloquemment, par leur chiffre, de la souffrance générale.

Dès le treizième siècle les villages voisins de la forêt renfermaient des populations importantes : au Moulinet et à Lorris seulement, il y avait alors, au moins, 17 *propriétaires de bois*. Une enquête de cette époque réunit 48 témoins venus uniquement du Moulinet, 26 des Brosses et de l'Orme ; nous voyons comparaître, par exemple, 22 habitants de Nibelle [5], 16 de Nesploy, 6 de Saint-Sauveur, 14 de Combreux, 16 de Seichebruyères [6]. En 1285, le chiffre des forestages d'Aigrefin, 7 livres,

[1] 0,20638, f. 238.

[2] Joursanvault, 3977.

[3] V. Buzonnière. Hist. architect. d'Orléans, I, 93.

[4] Arch. du Loiret. A. 853-858.

[5] Dont 13 usagers.

[6] J. 1028, n° 25.

4 sous, 11 deniers, trahit l'existence d'un hameau important [1]. Au commencement du quinzième siècle, la population forestière n'a pas augmenté : elle gémit, ce ne sont que plaintes de toutes parts.

Ainsi en 1405, Nesploy ne comprenait que 20 feux : habités par de pauvres gens, dépendant en partie du duc, en partie du château de Beaugué appartenant à Guillaume de Livoys [2].

On se plaint partout [3] d'être « grevé » par les gens d'armes [4]. L'invasion anglaise mit le sceau à ces infortunes. En 1401, il y avait à Bougy, à Limiers, dix-huit feux qui payaient fauconnage : en 1468, en 1485, « néant parce qu'il n'y a plus d'habitants . [5] » En 1485 : « des usagiers le Cloux-le-Roi » à Vitry, néant, il n'y demeure personne [6]. En 1451, « Des usaigiers de la Cour de Sury, néant, por ce qu'il n'y demeure persone. »

« Des usaigiers de Nancré, néant, il n'y demoure personne. [7] »

[1] Compte des baillis de 1285.

[2] Enquête de Nesploy, 0,20564, 0,20635.

[3] Des lettres de janvier 1411 (1412) déclarent que les habitants de Chanteau sont pauvres et réduits à un petit nombre, et éprouvés par les guerres. (Vidim. Q. 587. — 0,20535.)

[4] Lett. pat. de Vitry, Combreux, etc. 1385, 0,20635.

[5] En 1485, à Longueville et au Ponceau (Chambon), où se trouvaient 18 feux en 1401, (0,20635), il n'y avait *nuls habitants*. « Des fauconnaiges des villes de Bouville, de Thivernon, Ordreville, le Mesnil Germonville, le Beréau, Glatigny, et Maisons, dont les habitants doivent pour chacun feu III deniers parisis par an de fauconnaige — lesquelles villes ont esté longtemps inhabitées, et encore sont la plupart d'icelles, et en aucunes d'icelles sont depuis aucun temps en ca venuz demeurez aucuns habitans dont les noms sont escriptz au papier de la nouvelle visitacion (Compte de 1485. — 0,20540-1).

[6] Comptes du Duché. 0,20540-1, cependant cette dépopulation absolue cesse un moment : en 1452, il y avait trois habitants. (Compte de Vitry, 1452-3. 0,20319.)

[7] Comptes de Vitry, 1451-52 et 1452-53. — Dès le commencement de la guerre, Nancray avait eu beaucoup à souffrir, comme le témoigne l'acte suivant.

« Phelippe, fils de roy de France, duc d'Orléans, conte de Valois et de Beaumont. Sçavoir faisons à tous présent et à venir que de la partie de nos bien aimés le curé, manans et habitans de la ville et paroisse de Naucré nous a esté humblement supplié que comme ils soient sy povres et sy destruiz tant

Nancray se repeupla peu à peu : en 1456, en 1458, on y comptait deux usagers [1]. A la même époque, il y avait à Châteauneuf soixante-dix usagers, vingt-cinq à Saint-Michel et Batilly [2]. I faut le dire à la louange de l'administration ducale; elle travailla noblement à réparer les maux profonds, partout ailleurs irréparables, que le passage des Anglais avait laissés. La tâche n'était pas facile; un trésor vide et des revenus à peu près nuls, voilà les moyens dont on pouvait disposer. L'on eut recours à la forêt; on lui demanda de quoi combler le déficit. On confirme les droits d'usage des riverains, parce que tout le monde proclame que rien n'est plus propre à attirer des habitants [3].

par les ennemis qui ont esté ou royaulme durant les guerres par lesquelles leur maisons ont été arses et destruittes comme par les bestes sauvages de nos forêts d'Orléans qui ont gasté et gastent chacun an leur biens et labouraiges sy est par telle manière que il ne pourraient edifficr ne remettre en estat leur maisons mais sont en péril de mourir en ruyne et desert a tousjours mais se par nous ne leur estait pourveu de remède gracieux et piteable. Nous qui avons desir et affection tres parfaicte de aidier à relever lesdiz curés, manans et habitans de leur pertes et domaiges, et afin que ils peussent demeurer en ladite ville et paroisse pour labourer et avoir la sustentacion de leur vie meus de pitié et de compassion envers ledit curé, manans et habitants pour consideration des choses dessus dittes, à iceulx à leurs hoirs successeurs et ayant cause d'eux ou temps avenir de notre certaine science auctorité et grâce espécial, avons donné et octroyé, donnons et octroyons par la teneur de ces presentes lettres perpétuellement et a tousjours usaige au bois mort et sec en nos dictes forêts ez garde de Vitry et de Courcy pour ardoir et edifier en leur dittes maisons en la manière que autres usagiers usent en tel cas. Parmi ce que chacun feu de laditte ville et paroisse paiera chacun an perpetuellement à nous et à nos successeurs et ayens cause de nous ou temps avenir ung sextier d'avoine à la mesure de Boiscommun en la manière et aux termes accoustumés. Sy donnons en mandement aux maistres de nos eaues et forêts et des dittes gardes, etc...

Donné à Courcy en Loige ou mois de novembre l'an de grace mil trois cens soixante huit. » (0,20035. II. 81.)

[1] Comptes de Vitry. 1456-57-58, 0,20319.

[2] Compte de Vitry, 1456. En 1455, il n'y avait à Châteauneuf que 66 usagers, à Batilly, et Saint-Michel que 16, à Saint-Denis, Buys, Félins, etc. que 20. (*Ibid.* Compte de 1458.) — En 1452, 18 à Saint-Michel et B., 18 à Buys, etc. (Comptes de 1452-3.)

[3] V. Lett. pat. pour Vitry, Combreux, etc. 1385. — Enquête sur Bray,

Dans les lettres d'usage qu'il accorda en 1430 à Montargis, Charles VII rappelle les brillants exploits des bourgeois de cette ville, mais il les déclare si appauvris par la guerre, « que à penes ont-ils de quoy vivre. » L'accès de la forêt leur ayant été impossible pendant quelque temps, leur ruine est devenue complète : « ont esté abattues pour chauffer et pour au-« tres affaires plusieurs des maisons d'icelle ville, et les autres « sont cheues par défault de couvertures et de gouttières dont « ils n'ont peu finer ne recouvrer, obstant ce que dit est, et « par ce la pluspart de leurs dictes maisons est venue et tour-« née en ruyne et sont les autres en grant disposition d'y ve-« nir, par quoy se ainsi advenoit, nostre dicte ville seroit en « voie de cheoir en grant desolacion et demourer inhabitée... » Pour subvenir autant que possible à ce déplorable état de choses, le roi emploie le remède qui lui est recommandé par les habitants de Montargis eux-mêmes : il leur accorde un droit d'usage [1].

Les églises avaient été particulièrement pillées et saccagées par les Anglais : les libéralités forestières contribuèrent puissamment à leur réédification : sur la requête des habitants de Cercottes, par lettres patentes du 24 avril 1441, le duc renonce à son droit de gruerie sur le tréfonds de l'église de Cercottes, d'une superficie de douze arpents. Les habitants, dit-il, « par « le fait et occasion des guerres... ont esté fuictifs, et ledit lieu « de Sercotes, qui est ville champestre, inhabitable par l'es-« pace de vint ans ou environ, et se sont retraiz en pays es-« tranges, par quoy leurs heritages sont demourez en désert et « leurs maisons démolies et tresbuchées en grant ruyne, et en « espécial l'église et prébitaire d'icellui lieu ; et puis peu de « temps en ca, eulx sachant notre délivrance des mains des An-« glois ou nous estions prisonniers, ils se sont retournez et de « jour en jour retournent sur leurs lieux et demeures. »

Les habitants de Boines (Beynes) pouvaient garder le souve-

Bonnée, Les Bordes, 1405. (O,20635). — Enquête sur Paucourt 1406. (Q. 542) etc.

[1] Ordonnances XV. 108.

nir de la guerre et des « ennemis anciens de royaume par lesquelz eulx et leur église ont esté destruiz, laquelle église « yceulx ennemis neuf ans a ou environ prindrent par force et « en icelle murdrirent et tuèrent de LX à IIII.XX. personnes « tant homes que femmes et petiz enffans, et apres y bouterent « le feu par quoy icelle fut du tout arse et brullée. » C'est encore la forêt qui vient à leur secours. Le 22 novembre 1422, le duc leur accorde deux arpents de bois à couper dans la Garde de Courcy.

Le 6 août 1443, un arpent est octroyé aussi, dans la Viez-Taille [1], aux habitants de « Tygy » pour rebâtir leur église, sur le vu de leur requête exposant que « par la fortune, tempeste et « orage de temps leur église parrochial ait esté du tout démolie et abatue, et depuis pour l'oppression et courses des An« glois et des gens de nostre party, aussi pour les tailles et « grans taxes à quoy il ont esté imposez... »

En 1441 [2], un arpent de bois aide encore puissamment à la reconstruction de l'église de Saint-Agnan-le-Jaillart, près Sully, détruite, quant à elle, accidentellement « puis la Toussains « derrenière passée... » par du « feu qui s'estoit gardé entre « les chandelles qui estoient en une huche... par nuit; » le dommage est estimé à plus de 400 écus, et pour les habitants « obstant les guerres » il est impossible « d'icelle fere reddiffier « sans aide et secour. »

Pour apprécier les services rendus par la forêt en ces tristes occurrences il faut mesurer l'étendue du désastre. Qu'on lise, par exemple, les lettres patentes rendues le 25 juillet 1445 en faveur de Marigny :

« Comme par l'opprecion des ennemis et guerres de ce « royaume, mortalitez, famines et autres dures fortunes qui, « depuis XXXII ans en ca ont esté en cedit royaume, ladicte « paroisse de Marrigny ait esté tellement depopulée de gens « que par l'espace de seize ans et plus n'y ait peu ou ose habi« ter homme ne femme sauve que ung nommé Estienne le

[1] Compte de 1444-45. 0,20319.

[2] 2 février 1440. Blois. V. *ibid.*

« Creux y a frequanté aucuin peu à très grant danger et pou-
« vreté : et à ceste occasion l'église parrochial dudit Marrigny « soit tresbuchée et aussi sont presque toutes les maisons et « edifices d'icelle paroisse : et y sont creuz grans buissons, « bois et espines et n'y fut célébré le service divin depuis vint « ans en ca. Et il soit ainsi que depuis les trèves derrenière- « ment faictes et aiens cours entre les deux royaumes, lesdiz « supplians qui encoures ne sont que sept pouvres mesnagers « seullement soient venuz audit Marrigny en entencion de re- « drecier leur dicte église et maisons, et habiter sur leurs lieux. « Néantmoins, ils ont trouvé que, obstant leur petit nombre « et leur povreté, ils ne auraient de quoy redressier leur dicte « église, et pour ce ont advisé s'il nous plaisoit leur octroyer « qu'ils puissent vendre la tonture d'une petite pièce de bois « contenant environ XX arpens qu'ilz ont située en nostre « garde de Neufville et en nostre gruyrie... »

Bien que toutes ces concessions paraissent faites seulement en vue de la réédification d'une église, il est certain qu'elles profitaient au village tout entier; avec quelque luxe que les charpentes fussent autrefois établies, la toiture d'une église de village n'a jamais pu absorber la « despoille » ou « tonture » de deux et à plus forte raison de vingt arpents de haute futaie.

Le 18 avril 1447, des lettres ducales portent concession de deux arpents dans le lieu dit les *Usages des Truyes*, aux habitants des Bordes, ne réponse à une requête où ils déclaraient « qu'à l'oc- « casion des guerres et par le fait des gens d'armes qui ont lon- « guement esté dans ce royaulme, ladite ville et église d'icelle « ont esté arsses et destruictes, par quoy les paroissiens ou au « moins la plus grant et saine partie se sont absenté. Lesquelx « ont grand désir de retourner sur leur lieu se ainsi estoit que « leur dite église peust estre rediffiée, laquelle chose faire ne « leur est pas possible sans aide et secour... [1] » La Maladrerie de Vitry est reconstruite en 1449 [2]; les habitants de Vitry n'a- vaient pas attendu si longtemps à remplacer leur vieille église

[1] Arch. du Loiret. Tr. du Châtelet a. 13 l. 67.

[2] Joursanvault, 3007.

rasée aussi par les Anglais ; dès 1439, ils avaient reçu au Bois-Bezart un arpent et demi de bois pour la construction du nouvel édifice [1]. Les couvents, les châteaux n'avaient pas été épargnés plus que les villages. Dès 1376, l'abbaye de Saint-Agnan, ruinée, écrivait au roi dans les termes les plus humbles, lui demandant des secours et lui promettant des messes [2]. Son église fut abattue encore durant le siége d'Orléans. Le duc ordonne, par lettres patentes de Blois le 3 juillet 1444 [3], qu'on délivre à cette malheureuse abbaye quatre arpents de bois (deux dans la garde de Courcy, deux dans la garde de Vitry), et encore le 4 août [4] et le 1er septembre [5] 1445, de nouvelles délivrances de bois lui sont faites dans les gardes de Vitry et du Chaumontois jusqu'à concurrence de cent livres, pour payer diverses dettes et aider à relever son église abatue pour le « fait et occasion du « siége derrenièrement tenuz par les Anglois devant nostre dite « ville d'Orléans. » L'hôtel que possédait la Cour-Dieu à Orléans avait été brûlé. Une ordonnance de la Grande-Maîtrise délivra à l'abbaye cent pièces de bois dans le Chaumontois pour le remplacer [6].

Le 4 mai 1447, « aians estó advertiz de la grant foulle et fo-« rement qui est audit lieu de Chaumontois, en quoy avons « grant interest et dommaiges, » nous avons, dit le duc « ap-« pointié que dorénavant... ne sera aucun bois pris audit lieu. » Ordre est donné de convertir en la prestation de 40 livres tournois les deux arpents qu'on y avait donné aux Augustins d'Orléans pour reconstruire leur église qui, « pour occasion des « guerres avoit esté desmolie et toutes les maisons appartenans « à icelle [7]. »

En 1463, le duc donna à l'église Saint-Verain de Jargeau

[1] O,20637. f. 258-260.
[2] J. 170, n° 28.
[3] Compte de 1444-45, O,20319.
[4] Arch. du Loiret. Tr. du Châtelet.
[5] Joursanvault, 3307.
[6] Arch. du Loiret. Jarry, Hist. de La Cour-Dieu, p. 102.
[7] Arch. du Loiret. Tr. du Châtelet.

20 livres provenant d'une coupe de forêt pour être employés aux réparations de l'église[1].

Dès 1367, le roi vient au secours de son huissier Est. Le Rouge par une concession de droit d'usage[2]. Vers 1410, la dame de Morainville reçoit le produit d'une vente de bois pour payer la rançon de son fils, prisonnier des Anglais[3]; en 1417, un certain Thévenon Dié, un arpent pour élever sa maison[4]. En 1431, Charles Nioule, filleul du duc, une gratification de bois importante[5]. Dans toutes les années qui suivent la guerre, la forêt

[1] Coll. Herald., nº 730.

[2] Philippe, fils de Roy de France, duc d'Orléans, conte de Valois et de Beaumont.

Savoir faisons à tous presens et avenir que pour considération des bons et agréables services que nous a fait ou temps passé, fait encores chacun jour et esperons que nous face ou temps avenir nostre amé huissier de sale Estienne le Rouge attendus les grans domages que nostre dit huissier a eu par le fait des guerres tant en arseures, démolissements et abbattemens de maisons comme en raençons de prisons, en pertes de biens et autrement en telle manière que nostre dit huissier ne pourroit remettre en estat ses hostels et maisons se par nous ne lui estoit par ce prouveu de nostre grace.

Nous ayens desir et affection de aider à relever nostre dit huissier de ses pertes et domages, et afin que soubs nous il puisse avoir sa demeure et chevir luy sa femme et petits enffans.

A ycelluy nostre huissier et à Jeanne de present sa femme avons donné et octroyé et de nostre certaine science auctorité et grace spécial donnons et octroyons par la teneur de ces présentes leur vie durant et au survivant d'eux usaige ou bois sec entre sec et vert bois gisant en nos forests d'Orlenois ez gardes de Vitry et du Milieu pour édiffier et ardoir en leur maisons en la manière que autres usagers en usent en tel cas, sens ce que eux ne aucun d'eux soient ou soit tenus de nous faire ou paier pour ceste cause aucune finance quelle que elle soit.

Si donnons en mandement, etc.....

Donné en nostre chastel de Chasteauneuf sur Loire l'an de grace mil trois cens soixante et sept ou mois d'aoust.

Par monseigneur le Duc, Vous et Jehan Dormes présens.

S. HEMIN

(0,20641, f. 261. — Comp. Q. 500, nº 10. f. LXIII, vº.)

[3] Joursanvault, 2939.

[4] 0,20618, f. 24.

[5] Joursanvault, 2988.

fournit un assez grand nombre de dons aux guerriers qui s'y étaient distingués. En 1430 [1], 1431 [2], en 1444 [3] en 1447 [4], Dunois, en considération de ses services est gratifié de diverses ventes de la forêt à exploiter à son profit [5].

Des lettres patentes d'Epernay, 1444, le 1er mars (1445), lui confèrent quatre arpents dans le Chaumontois « pour lambrisser « toutes les salles, chambres et galeries du chastel de Chateau- « dun [6]. » Comme donataires du même genre, il faut encore citer « Flour de Vaquelezot, » capitaine de Jargeau [7], en 1442, Jacques Dubois, écuyer, pour la réparation et la reconstruction de ses hôtels, en 1441 [8], demoiselle Collette de Saint-Remi, pour « maisonner et faire charpenterie [9]; Vilot, secrétaire du duc, « pour lui aidier à édifier une maison qu'il fait fere à « Saint-Agnan près nostre ville d'Orléans, en 1449 [10].

[1] *Ibid.*, 2886.

[2] *Ibid.*, 2988.

[3] Blois, 11 mars 1443.

[4] Blois, 10 mars 1446. 0,20563.

[5] Nous Jehan, Bastart d'Orléans, comte de Dunoys et Longueville, certiffions que Françoys Victour, Maistre des Eaux-et-Forêts de la duchié d'Orléans nous a delivré en ladite forest, au lieu de Chaumontoys, la quantité de douze arpens de boys depuis trois ans en ca, que nous avons fait recevoir et exploitor par Richart Fee nostre serviteur, lesquelx douze arpens de boys nostre très-redoubté seigneur, Monseigneur le duc d'Orléans nous a donnez pour mettre et emploier en nos besoingnez et affores, comme il appurt par les mandemens qu'il a envoyez audit maistre des Eaux-et-Forêts. Desquielx XII arpens de boys nous nous tenons pour contant et en quittons lesdits Maistre et Richart Fee et tous autres. En tesmoing de ce, nous avons mis nostre saing manuel en ces présentes et fait seeller de nostre seel le XXVIIIe jour de mars l'an mil IIII.C. quarante et cinq. (*sign. autog.*) Le bastart d'Orléans. — (0,20563.)

[6] Compte de 1444-45, 0,20319.

[7] Deux arpents. Jargeau, 1er mars 1441. Compte de 1444-45. 0,20319.

[8] 30 janvier 1440, deux arpens. *ibid.*

[9] Quatre arpents. Blois, 1er septembre 1441, *ibid.*

Un arpent. Tours, 15 janvier 1448, 0, 20564.

En 1457, Georges de Brilhac reçoit sur les deniers forestiers 80 écus d'or pour son château de Courcelles [1].

Vers 1443 et 1444. G. le Bouteiller et J. le Fuzelier [2], Simon le Bonnelier en 1450 [3], Louis de Morainvilliers en 1445 [4],

[1] De par le duc d'Orléans, de Milan et de Valois, et cætera :

Maistre Denis Berthelin, receveur de nostre domaine d'Orléans, paiez, baillez et delivrez a nostre amé et féal chambellan Georges de Brilhac, seigneur de Courcelles, la somme de quatre vings escuz d'or laquelle somme nous lui avons donnée de grace espécial à icelle somme prendre des deniers venans et issans ou qui vendront et yseront des ventes ordinaires de nos forestz d'Orléans pour lui aider a édiffier en son lieu et chastel dudit Courcelles. Et par rapportant ceste cédule avecques descharge de notre amé et féal trésorier et receveur général de toute nos finances Michel Gaillart, nous voulons icelle somme de quatre vings escus d'or estre allouée en voz comptes et rabatue de vostre recepte partout ou il appartiendra. Donné en nostre chastel de Blois le neuviesme jour d'aoust l'an de grace mil quatre cens cinquante et sept.

Charles.

En entretenant nostre nouvelles ordonnance avons ceci escript de nostre main. (*Autog.*)

Jehan Le Flament, conseiller de Monseigneur le duc d'Orléans et de Milan sur le fait et gouvernement de toutes ses finances, a fait recevoir par Michel Gaillart trésorier et receveur desdites finances de maistre Denis Berthelin, receveur du domaine d'Orléans, sur ce qu'il puet et pourra devoir a cause de sa recepte, la somme de cent dix livres tournois par Georges de Brilhac chambellan de mondit seigneur et seigneur de Courcelles pour don à lui fait par icellui seigneur à icelle somme prendre et avoir des deniers venans et yssans ou qui vendront et yseront des ventes ordinaires des forestz d'Orléans. Escript le neuvième jour d'aoust, l'an mil quatre cens cinquante sept.

Le Flament. M. Gaillart.

(Arch. du Loiret, Tr. du Châtelet.)

Georges de Brilhac est du reste l'objet de fréquentes générosités. Le 23 février 1459 (1460), il reçoit encore 80 écus d'or pour les travaux de Courcelles. Le 11 avril 1459, il avait déjà reçu 800 livres tournois allouées par le duc à sa femme Marguerite de Husson ; en 1460 il est gratifié d'un don de 25 livres.

En 1462, Guy de Brilhac partoit pour la Lombardie accompagné d'un troubadour. — V. Arch. du Coll. Hérald., 100, 553, 501, 474.

[2] Joursanvault, 3001.

[3] 3009.

[4] *Idem*, 3003.

Névelon Savary, dit Orléans, premier héraut d'armes [1], et encore en 1472 Jean Briçonnet, le receveur des finances de la duchesse [2], éprouvent les bienfaits du voisinage des bois et de la générosité [3] du prince [4].

Les bâtiments ducaux avaient également souffert les plus grands dommages. De 1419 à 1448, la forêt fut continuellement mise à contribution pour le bois nécessaire à leur défense comme à leur réparation [5]. Robert Paré, le célèbre maître des œuvres de charpenterie ducale, multiplie ses services [6]. Il rétablit la couverture du château de Saint-Jean-le-Blanc, démantelé par les Anglais (1429) [7]. La Tour-Neuve d'Orléans, que Jehan Imbault, charpentier d'Orléans, avait réparée déjà en 1372 et mise tant bien que mal en état de défense [8], avait de nouveau beaucoup souffert ; le moulin à eau qu'elle possédait avait disparu. Tout se restaure [9]. La tour et les bâtiments de Châteaurenard reçoivent en 1424 de nouvelles charpentes auxquelles on fit travailler les prisonniers [10] La place de Baugency fut également restaurée.

« De Jehan Vincent, de Baugency, pour la vente à luy fete

[1] Joursanvault, 3004.

[2] *Idem*, 3020.

[3] Les Arch. du Châtalet contenaient encore, au dix-huitième siècle, 52 lettres de concessions semblables, de 1423 à 1459, 11 de 1475 à 1485. (0,20018, f. 24.)

[4] Le 5 octobre 1576, Henri III alloue au duc de Nemours, en récompense de ses services 15700 l. 10 s. 4 d., à prendre sur une vente dans la forêt de Montargis (K. 100, n° 14.)

[5] 0,20018, f. 267.

[6] Cependant on ne sert pas toujours du bois fourni directement par les coupes forestières. Ainsi en 1485, un charpentier chargé de diverses réparations, notamment de revoir le « logeis de l'éxécuteur de la haute justice » et réparer la potence, déclare qu'il a baillé le bois nécessaire pour ce dernier objet, et de plus une livre de chandelle qui lui est remboursée et qui vaut « XIIII deniers parisis ». (Compte de 1485.)

[7] 0,20637, f. 242.

[8] 0,20639, f. 101.

0,20637, f. 246.

[10] Moyennant salaire. — Compte de Châteaurenard, 1424, 0.20319.

« par ledit lieutenant du demourant du bois abattu au boisson « de Briou pour faire le boulouart du pont dudit lieu, vendu « et livré comme au plus offrant et derrenier enchérisseur, le « IIIe jour de may IIII.C.XXVIII... [1] »

Les malheureuses guerres civiles qui désolèrent encore l'Orléanais au seizième siècle ne fournirent que trop de ruines dont on demanda la réparation à la forêt [2].

Au point de vue purement militaire et stratégique, les bois ont joué un rôle médiocre dans l'histoire des campagnes dont l'Orléanais s'est trouvé le théâtre. Cependant, au témoignage de dom Morin [3], la forêt de Montargis avait permis aux Anglais de se « gabionner » et de prendre position dans un fort de fascines et de terre, d'où l'on ne put les déloger qu'en les noyant par une inondation générale et imprévue [4]. Le même auteur nous raconte qu'en 1587, la forêt d'Orléans rendit au pays un service indirect : après leur défaite de Vimory, les reitres, repoussés du côté des bois, et dégoûtés des marches pénibles qu'il leur fallait faire, finirent par se rendre, aidés aussi, il faut l'avouer, par l'habileté « de Monsieur d'Espernon, qui les festoya « et leur fit boire du muscat tout leur saoul [5]. »

Ainsi la forêt d'Orléans exerçait une influence considérable sur le bien-être de ses riverains ; elle fournissait matière à leur

[1] Compte de 1428, 0,20319.

[2] V. Arch. de Saint-Michel : reconstruction du château en 1594.

En 1565, il est délivré 10 arpents dans la garde de Vitry pour fournir le bois nécessaire à la réfection du château de Châteauneuf; en même temps il est alloué, sur le prix des coupes extraordinaires, 800 livres pour concourir aux réparations estimées 19350 livres tournois. (0,20642, f. 126. — 0,20618, f. 97.)

Déjà, en 1553, 5 quartiers de haute futaye avaient été délivrés pour la réfection du pont, et diverses réparations préliminaires (*Ibid.*)

[3] En 1427. — Histoire du Gastinois, p. 60.

[4] On signale aussi dans la forêt d'Orléans l'existence de plusieurs camps romains (auprès de Chambon, de La Cour-Dieu) — On voyait au dix-septième siècle, dans la forêt de Montargis, une fortification carrée dont Morin (p. 82) attribue la construction aux Anglais, mais qui semble bien romaine.

[5] *Ibid.*

industrie et à leur commerce, elle faisait oublier autant que possible les maux incalculables qu'entraîne dans tous les temps, nous le savons, la funeste passion de la guerre et dont il faut tant d'années de paix et tant de pénibles labeurs pour cicatriser les plaies. En définitive, la condition des riverains de la forêt ne paraît pas matériellement mauvaise : un détail bien minutieux peut-être, mais bien caractéristique, c'est que dès le treizième siècle on ne marchait plus nu-pieds, on portait des souliers ; dans les enquêtes de cette époque, il est question de « povres giens » à qui on « tolloit leurs solers et robes [1]. »

Des travaux importants ont démontré aussi que, sous le rapport sanitaire, le voisinage des massifs forestiers vaut mieux que tout autre et qu'il est le plus sûr garant contre les brusques variations de la température [2]. En général, la température forestière est froide : le sol, humide par sa nature, couvert d'une épaise voûte de feuillage rebelle aux rayons du soleil, est facilement gelif [3] : aussi l'un de ses climats est-il nommé dès le quinzième siècle [4] et encore au dix-septième [5], non sans quelque raison, le climat de la Glazière [6] : même en plein été, quand le soleil ardent brille encore de ses derniers feux à travers les arbres des lointains occidentaux, il n'est pas rare que la fraîcheur du bois ne remplace subitement la chaleur du jour dans l'atmosphère qu'elle imprégne des émanations forestières [7].

La santé des habitants du Gatinais et de l'Orléanais a toujours passé pour bonne : le pays, dit-on, est « grandement peu-

[1] J. 1028, n° 25. — Au quinzième siècle, nous voyons les maisons des environs de la forêt couvertes pour la plupart en chaume, mais quelquefois aussi en tuile et en ardoise. (K. K. 1046.)

[2] V. les travaux récents de MM. Becquerel, sur les forêts de l'Orléanais.

[3] V. Plinguet, op. cit., passim.

[4] Cte de 1450. A du Loiret. A. 853-58.

[5] Visite de 1608. (Z. 4922.)

[6] En 1843, la fontaine du Glazier (Garde du Milieu) 0,20060.

[7] La flore forestière renferme aussi un grand nombre de plantes recherchées par les apothicaires du moyen-âge. On pourrait donc y voir un nouveau gage de bonne santé... mais serait-ce bien exact ?

« plé, et voit-on que ceux qui y habitent vivent ordinairement « en une longue santé et meurent pleins d'années.. [1]» Châteauneuf qui jouit en même temps de l'air vif de la Loire, avait une grande réputation de salubrité. Lemaire l'appelle « séjour « doux et délicieux des rois », il vante son air tempéré, et sa position entre de grandes futaies et un grand fleuve[2]; du reste, les ducs y habitaient souvent leur château, et, sous ce rapport, on peut se fier au prince qui avant d'ordonner son installation, envoyait un fourrier s'informer s'il n'y avait point de mortalité dans le pays[3].

La langue forestière a une allure qui lui est propre. Dans les temps les plus rapprochés de nous, à cette heure encore elle a conservé un certain nombre d'expressions originales et spéciales qui pour la plupart ne sont autres que des expressions de la langue courante du treizième siècle. Les mots *marchais*, *raigeau* et bien d'autres au quatorzième siècle n'avaient besoin pour personne d'explication.

Le mot *Gault* qui s'est conservé très-tard dans la forêt d'Orléans, et qui nous a laissé *Gaulis*, n'est qu'un vieux mot germain ou celtique transformé par les Allemands en Wald, par les bas-Bretons en Goy [4]. Au dix-septième siècle, on disait encore le *Soir* de l'oiseau, désignant par ce vieux mot pittoresque l'Occident[5]. Bien des climats forestiers ont gardé à titre de noms propres des mots de notre vieille langue : pour n'en citer qu'un exemple, la Courrie, près Vitry, porte encore le vieux nom sous lequel elle paraît dans tous les actes du quatorzième siècle [6]. Ce qui est plus extraordinaire c'est de voir les forestiers conserver tout seuls les anciens noms depuis long-

[1] Morin, p. 6, 385.

[2] II, 35.

[3] V. une mission de ce genre à Châteauneuf, 10 avr. 1420. Joursanvault, 3,270.

[4] V. Fauchet, l. V, ch. XVII.

[5] Vis. de 1608. Z. 4922.— Le *soir* du buisson au loup, c'est-à-dire l'*occident* du buisson au loup (*ibid*).

[6] Notamment O,20033.

temps transformés par l'usage : ainsi tandis que Jouy était appelé Jouy par tout le monde et vraisemblablement par eux-mêmes, les forestiers imperturbables continuent toujours dans les actes officiels à parler de la Garde de Joyas, Joyas étant un second dérivé [1], une seconde forme, un peu méridionale, de *Joiacum*, et qui doit remonter aux premiers temps de la formation de la langue française.

La forêt a encore donné lieu à un vocabulaire d'un autre genre ; il est des familles, des individus auxquels la coutume a attaché un nom tout à fait forestier. On trouve à diverses époques des officiers des eaux et forêts, tels que Adam dit Chacelièvre [2], les deux Jehan le Chasseur, père et fils [3], Jean Cueur-de-Chesne [4], Pierre d'Outarville, dit Saglier [5]. Des familles Orléanaises portent des noms analogues : Renaut Chaucechien paraît dans une enquête du treizième siècle [6] : nous trouvons encore : Guillaume Forestier en 1389 [7], G. le Forestier à la fin du treizième siècle [8], Guillelmus Falconarius à la même époque [9], Guillaume Fauconnier dans un acte de 1210 [10]. Une famille Leliévre paraît dans l'Orléanais à toutes les périodes de son histoire, depuis Renier le Liévre qui existait vers 1285 [11] jusqu'à Guillaume de Bussy dit le Liévre, propriétaire forestier en 1402 [12], ou du moins jusqu'à Jehan le Liévre, prieur de Châ-

[1] Mauvais du reste et contraire aux règles de l'accent tonique et de la formation universelle de ces mots.

[2] Treizième et quatorzième siècles. Olim. III, 347.

[3] Quinzième siècle, 0,20540. (Briou.)

[4] Seizième siècle. K. K. 1046 (Neuville). 0,20035.

[5] Quinzième siècle (Neuville). 0,20035.

[6] J. 1028, n° 25.

[7] Aveu de 1389. 0,20617.

[8] J. 1028, n° 25.

[9] J. 1032, n° 7.

[10] Joursanvault, 3271.

[11] J. 1028, n° 25.

[12] 0,20636, f, 143-148. Il ne faisait peut-être pas partie de la vraie famille Le Lièvre.

teauneuf en 1409 [1] et Antoine le Liévre vivant en 1582 [2]. Dans un compte du Gruyer (1412), on voit figurer Jehan Ormeau, Pierre de la Loige, Jehan, Prenelle de la Bruière, Guillemin et Jehan du Pin.— En 1400, Jean de Bourcarvilliers dit la Grue était écuyer d'écurie du duc [3].

Les blasons sont encore plus forestiers que les noms. Les blasons de la noblesse d'épée participent peu en général aux mœurs de la province et de la famille ; il existe pour eux un certain nombre de pièces d'écu, des pièces héraldiques convenues dont on s'écarte rarement. Mais c'est dans le blason de la noblesse de robe qu'il faut chercher un reflet des habitudes de la famille dont il est l'emblême, parfois une allusion transparente, on dirait presque parlante, une image des objets les plus en honneur dans le pays. Les blasons Orléanais de cette catégorie renferment très-souvent des réminiscences forestières.

Un homme, nommé Hervé Lorens, qui a joué, au quinzième siècle, un rôle considérable dans l'histoire administrative de l'Orléanais, portait : d'hermine à un grand arbre terrassé et feuillu avec deux sangliers passant et repassant vers le tronc. Jean le Monétaire, bailli d'Orléans en 1249, portait une fleur de lys avec deux oiseaux perchés [4].

Les armoiries des maires de la ville d'Orléans nous offrent souvent des pièces forestières [5]. Jean Brachet, écuyer, seigneur de Froville et Portmorand portait de gueules au chien braque assis d'argent sur une terrasse de même. Louis Le Masne, d'or à deux pins arrachés de sinople. Pr. Colas, seigneur des Francs, Poinville et autres lieux, d'argent [6] au chêne de sinople terrassé de même, et un sanglier de sable passant devant le

[1] Joursanvault, 3270.
[2] 0,20658.
[3] Coll. Hérald. 201.
[4] L. 1482.
[5] V. Armorial des maires d'Orléans, par H. Lambron de Lignim. Tours, 1851.
[6] Plus tard, cette famille a remplacé l'argent par l'or.

tronc de l'arbre : Pierre Desfriches, seigneur de Saint-Lyé, d'azur à la bande d'argent chargée de trois défenses de sanglier de sable, accompagnée de 2 roues à 4 rais aussi d'argent ; Jacques Chauvreux, coupé au premier à un oiseau surmonté à dextre d'un croissant, à senestre d'une étoile : au deuxième, à la couleuvre placée en pal ; Guy Eurault, d'argent au chevron d'azur accompagné en chef de deux hures de sanglier affrontées de sable et en pointe d'une fasce ondée d'azur passée derrière les jambes du chevron ; Ch. Fontaine, d'or au rencontre de cerf d'or ; Jér. Danes, d'or au chevron d'azur, accompagné en chef de 2 têtes de loup de sable, en pointe d'une rose de gueules.

Jacq. Hanapier, grand maître des eaux et forêts, au seizième siècle, portait : d'azur à la fasce d'or, accompagnée en chef de deux étoiles aussi d'or et d'une hure de sanglier d'argent en pointe.

On le voit, rien de moins rare dans les armoiries des diverses époques que ces pièces forestières. Or, la composition d'une armoirie n'est pas seulement une science, c'est un art ; les armoiries formaient un des systèmes essentiels d'ornementation dans la sculpture ou sur l'émail, sur la toile, sur le verre.

Les bois sont ainsi parvenus à exercer une influence fort indirecte, il est vrai, mais réelle du moins sur l'art Orléanais ; ils étaient appelés à lui rendre des services plus immédiats.

CHAPITRE IV

De l'art forestier.

... Neque erubuit silvas habitare Thalia.
VIRGILE. *Egl.*, VI.

Bien que la main du temps et l'effort des révolutions les plus diverses et qui n'ont de symptome commun que la rage de la destruction, aient rendu assez rares dans l'Orléanais les monuments propres à témoigner de l'habileté artistique du moyen-âge, ce qui reste de ces monuments permet encore d'étudier la voie qu'avaient suivie nos pères. Si, au delà de *la* manière, des genres de convention, des partis pris, qui, au moyen-âge, viennent trop souvent affaiblir l'effet des grandes conceptions, l'on recherche l'inspiration primitive toujours pleine de fraicheur et d'énergie, n'y a-t-il pas un élément caractéristique dont l'observateur impartial devra tenir compte pour ce qui regarde l'Orléanais ? N'y voit-il pas partout les traces de l'étude, de l'imitation de la nature forestière au sein de laquelle les artisans de toutes ces œuvres vivaient et pensaient, où ils étaient nés ? Oui, quoi qu'on en dise, l'artiste, sculpteur, peintre, poëte, qui en ouvrant les yeux pour la première fois, a vu se dérouler autour de lui la verdure forestière, en garde souvent dans le cœur un ineffaçable souvenir, et plus d'une œuvre est là pour le démontrer.

Avant tout, l'on ne peut nier, que, comme matière première, le bois, si commun, si facile à acquérir à bon marché, sans compter les dons que l'on pouvait obtenir de la générosité du prince, n'ait presque partout supplanté la pierre, surtout dans un pays où le sol, le plus souvent sablonneux ou argileux, est par conséquent peu propre à fournir des carrières [1]. La mode des maisons de bois, si répandue au moyen-âge, doit donc se faire sentir particulièrement dans la zone forestière de l'Orléanais. Et, en effet, aux temps les plus anciens dont il nous soit resté trace, tout l'Orléanais se montre construit en bois. L'on assure que jusque vers les neuvième et dixième siècles, les maisons, les églises étaient ainsi bâties à Orléans. M. de Buzonnière croit en particulier que l'ancienne cathédrale, détruite depuis par les Normands, fut élevée en bois [2]. La fréquence et l'intensité des incendies à ces époques apportent aussi une preuve que la matière ligneuse dominait partout. Ainsi, en 1018, le monastère de Saint-Benoît fut la proie des flammes [3]. En 1095 le feu prit encore en pleine nuit dans une grange isolée hors des murs, à Saint-Benoît : il fallait que la ville elle-même prêtât bien à sa propagation, car, malgré cette circonstance d'isolement, l'incendie, porté, il est vrai, sur les ailes du vent, s'y communiqua et s'y étendit avec une rapidité foudroyante : une partie des habitations fut consumée : on craignit fort pour

[1] Il pouvait y avoir aussi bien des droits d'usage à la pierre qu'au bois pour édifier : mais les droits d'usage sont très-communs pour le bois, pour la pierre extrêmement rares. Cependant La Cour-Dieu possédait un droit d'usage à la pierre dans la carrière de Fay, donné par Louis VII en 1155 (V. Jarry, op. cit., pr. V. d'après dom Verminac). V. aussi un accord en 1274 entre les Templiers d'Orléans et Herbert de la Gabillière au sujet des carrières de pierre de la Gabillière. S. 5013.

[2] Histoire architecturale d'Orléans, II, 32.

[3] Historiens de la France, X, 158. — Incendie ment. en 1028, par de Camps, IV, 92.

l'abbaye : déjà les moines jetaient au dehors leurs objets les plus précieux : « Nec minus, dit le chroniqueur, librorum per- « necessariam copiam amittere ignis violentiâ pertimescentes, « eodem congessimus cum testamentorum et privilegiorum « nostrorum congerie. Metuebamus enim ne turricula in quâ « hæc recondita erant, ignium viribus succumbens in favillas « redigeretur [1]. »

Si le studieux auteur a employé des termes exacts, et nous devons l'en croire, il est évident que la tourelle où les moines avaient enfermé, un peu imprudemment, leur bibliothèque splendide, et leurs importantes archives, était faite de bois, car une construction de pierre ne saurait jamais être réduite « in « favillas. »

Toutefois, à partir du onzième siècle où la science architectural prend le prodigieux développement qui nous étonne encore, l'usage de la pierre se répand certainement davantage, mais sans devenir extrêmement commun.

Il est même curieux de remarquer qu'au treizième siècle, à une époque encore féodale, où tout dans les châteaux, le donjon la chemise, même le revêtement de la contrescarpe paraît en pierre, les fortifications de bois, universellement abandonnées depuis trois cents ans, ont peut-être continué systématiquement à s'élever sur quelques points de l'Orléanais. Les comptes royaux de 1285 nous montrent la réparation ou le renouvellement des palissades qui défendaient un château royal [2], « Pro palliciis de novo factis circa domum de Hays, et aliis « operibus in ipsa domo factis, XXI L. XII D. [3] » Dans les comptes de 1248, on lit encore : « Pro domibus Paucæ Curiæ « replanchatis et terratis.... » etc., [4] et le reste de la ville était à l'avenant, au témoignage de dom Morin : « Nous avons sçeu « par quelques anciens tiltres de chauffage donnez aux habitans

[1] *Id.* XII, 488.

[2] Cependant, ainsi que nous le verrons plus loin, ce texte pourrait être interprété dans un autre sens.

[3] *Id.*, t. XXII.

[4] *Id.*, XXI, 274.

« de Paucourt, par lesquels il appert que c'estoit anciennement « une petite ville dont les bastimens n'estoient que de bois, « cause pourquoy elle fut facilement bruslée et du depuis les « habitants ne se sont peu relever de leur perte.... [1] » Même au quinzième siècle un paiement de Robert Paré, maître des œuvres de charpenterie du duché, à Jean Gautier, charpentier de Boiscommun, le 4 octobre 1405, nous apprend que le château de Nesploy venait de recevoir plusieurs réparations, et diverses œuvres de défense en charpenterie, notamment des guérites [2].

Au reste, un arrêt curieux de 1291, énumérant les divers usages que le roi prétendait faire du bois qu'il avait acquis le droit de prendre dans la garde du Milieu, au tréfonds de Saint-Benoît, prouve bien que les châteaux royaux de l'Orléanais étaient construits en bois, au moins partiellement, puisque les arbres devaient servir « pro *faciendis et reficiendis* et claudendis « domibus nostris..... de Boscocommuni, de Vitriaco, de Checiaco, de Aureliis et de Castro-novo... et pro domibus des Hayes « et pertinenciis,.... » Le merrain qui en provient servira aussi » pro domibus nostris de Lorriaco, halis, stallis, molendinis et « arsiis et pontibus dicti loci... » La place et le four banal de Saint-Sulpice, dans la même ville, seront clos : « Pro clau-« denda platea juxta furnum Sancti-Supplicii et pro locis consi-« milibus. » On en construisait encore des moulins à eau, ainsi que les aqueducs pour arrêter le courant, et les conduits pour le dériver : « pro molendinis, ductibus et subductibus seu pertinenciis dictarum rerum [3], » à plus forte raison, les moulins à vent [4].

[1] Histoire du Gastinais, p. 84.

[2] Arch. du collége Hérald. (collection Jarry) n° 1053.

[3] O.20238.

[4] Le gruyer de Seichebrières avait un droit fiscal sur tous les moulins de son ressort dans certains cas :

« Du conduit des maisons vendues en ladite gruerie que len oste du lieu ou elles sont assises en sa baillie pour mener hors d'icelle, duquel conduit il appartient audit seigneur pour chascune maison V s. p., et se ils l'enlieu-

Un autre arrêt en matière possessoire, d'août 1280, nous apprend que le roi prétendait prendre dans la forêt de Montdebrene, appartenant à Saint-Benoît, les matériaux de la prison de Gien : « Item cum non inventi fuerimus esse in saisina « capiendi boscum in forestâ dictorum abbatis et conventus, « ad faciendum prisionem nostram de Gienio, et ideo judicatum nos in dicta saisina remanere non debere. [1] »

Un arrangement passé le 7 février 1399 (c'est-à-dire 1400) [2] entre le comte de Gien et Macé de Brierre, barbier, et Margeron sa femme, témoigne aussi de la construction en bois du palais de justice de Gien. Le comte loue à Macé la maison qui a servi jusqu'à présent de lieu à rendre la justice, à condition que « dessus l'allée par laquelle l'on vait de la place commune à la « fontenequi est dessoubz le pont de Loire de Gien, seroit faicte « une maison en manière d'appentiz pour faire le prétoire et « plaidoer pour et en lieu dudit hault estaige, et que icelluy « hault estaige, avec dessoubz seroit et demourroit à yceulx mariez à tousjours mes et que mondit seigneur donneroit du « bois à faire le dit appentiz, lequel a esté fait faire par lesdiz « mariez.... [3] »

Si c'était là le mode officiel de construction, on peut juger que les particuliers le mettaient encore plus en usage. [4] Du-

vent sans paier lesdits V sous parisis et le congié dudit gruier, ilz doivent amende de LX s. parisis et lesdits V s. p. »

En 1410, le gruier reçoit soixante-cinq sous pour un moulin enlevé en fraude.

(Cte de Berth. Abraham. 1410-1411).

[1] O.20238.

[2] J. 170, Gien, n° 6.

[3] Au treizième siècle, on reproche à un certain Jehanot de Compigne d'avoir « fet une meson grant et bele de la forest le roi » et de n'avoir payé que cent soudées de son bois, (J. 742, n° 5.) à un sergent, Drouan, d'avoir vendu du bois à plusieurs habitants de Mareau pour élever leurs maisons — et aussi en Beauce (*ibid*).

[4] On remarque à Boiscommun un type des plus pauvres maisons construites vers la fin du quinzième siècle. Elle est presque toute de bois : sur deux poutres extérieurement apparentes sont grossièrement sculptées les armes de Bretagne et de Dauphiné.

rant tout le moyen-âge, l'immense majorité des maisons s'élève en bois, maisons de riches bourgeois, comme on en voit à Orléans, par exemple, maisons des habitants de petites villes rurales, comme l'on en trouve encore plusieurs types. L'architecture et l'ornementation varient évidemment suivant la fortune du propriétaire; mais la base de la construction ne varie pas. Ce n'est guère qu'à l'époque de la Renaissance que le type change.

Alors, il est vrai de dire, avec M. de Buzonnière, que « les « maisons de bois abandonnées aux petites fortunes descendirent « au prosaïsme le plus plat; on voit par leur uniformité qu'elles « devinrent une œuvre de métier et de routine. » On remarque particulièrement cette transformation dans les villes de bourgeoisie où apparaissent universellement la pierre et surtout la brique.

Les pignons surplombant sur la rue offraient de grandes facilités pour l'ornementation. Des statuettes, des rinceaux, fouillés par l'artiste dans chaque meneau, dans chaque solive, même dans chaque chevron, se présentaient aux regards en un tout harmonique. Combien de ces pages gracieuses, feuillets de la Bible ou des légendes traduits en naïve imagerie, ornaient les rues tortueuses du vieil Orléans! Les générations passées donnaient ainsi aux nouvelles des modèles en même temps que des objets d'émulation, et, comme les occasions de manier le bois ne manquaient pas, il en résulta que l'art de le sculpter paraît avoir pris à Orléans un grand essor.[1]

Les meubles qui ne sont au moyen-âge que la copie des édifices, participent de leur richesse.

L'ornementation des meubles Orléanais, dont un grand nombre d'échantillons figure au Musée d'Orléans se trouve très-bien résumée par un archéologue qui les a étudiés minutieusement : « le bâti composé de bois de nos forêts est assemblé « avec une grossièreté qui ferait honte au moindre apprenti

[1] Le bois de la forêt est excellent pour la sculpture. D. Morin (p. 81), dit que, de son temps, les bois de Montargis étaient très-recherchés pour «ouvrager d'autant plus qu'ils sont figurez et damasquinez. »

« de notre temps; mais autant l'œuvre du menuisier est « grossière, autant est parfaite celle du sculpteur. Sous son « léger ciseau la planche massive se transforme en orne-« ments architecturaux, colonnettes, arcatures..., contre-cour-« bes ou contre-festons, réseaux flamboyants, feuillages in-« digènes, pinacles parsemés de choux-frisés....[1] » Dans toutes les provinces, l'on n'a pas vu se développer à ce point l'art d'assouplir le bois, de le tordre pour ainsi dire, d'en combiner les effets, d'enlever avec vigueur les figures sur un fond chargé de nervures légères gracieusement contournées. Ces maisons, ces meubles qui nous restent, en sont la vivante preuve; mais, eussent-ils tous disparu, les superbes stalles de Saint-Benoît suffiraient à immortaliser les ateliers d'où elles sont sorties. Ce beau travail de chêne est l'œuvre de sculpteurs orléanais, Droin Jacques et Collardin Chapelle, qui le firent en 1412 moyennant 400 livres tournois[2]. Un style « si large et si sévère » et qui ne redoute aucune comparaison, n'est pas l'œuvre du premier venu. Ces pentes du dais, dessinées dans le genre gothique du dernier âge, par courbes et contre-courbes, ornées de figures de moines ou d'oiseaux aux ailes déployées, ces volutes et ces rinceaux si délicats et surtout si souples, ce panneau aux figures sobres et bien ajustées, le seul malheureusement qui ne soit point absolument mutilé, tout cela n'a pu éclore que sous une main exercée et formée à une école de premier ordre. Cette école n'abdiqua pas lors de la Renaissance : elle s'empara de toutes les parties de bois qui subsistaient dans les nouvelles maisons, et elle les couvrit de broderies : elle moula les solives des plafonds : les portes extérieures se chargèrent de bas-reliefs, appropriés d'ordinaire aux mœurs contemporaines, c'est-à-dire à des mœurs assez faciles. Il paraît que la porte de la maison, appelée maison de François Ier, à Orléans, invitait les passants à s'arrêter par des sculptures qui leur rappelaient des scènes bien différentes des représentations lugubres ou imposantes, jugements derniers, péchés capitaux, tentations

[1] M. de Buzonnière.
[2] V. Rocher. Description de Saint-Benoît, p. 82.

diaboliques, auxquelles nous ont habitués les portails de nos vielles cathédrales.

La maison dite d'Agnès Sorel conserve encore sur sa porte des bas-reliefs curieux du seizième siècle.

Ainsi en fournissant la matière première, la forêt avait exercé sur la direction de l'art une influence considérable ; mais il lui était donné de contribuer aussi à ses progrès d'une manière différente. Au point de vue de l'étude artistique et pittoresque, la diversité, l'élégance, les entrecroisements sans nombre des feuillages forestiers donnaient aux sculpteurs des indications et des modèles dont ils surent tirer parti. Que l'on examine les chapiteaux de nos très-vieux monuments, c'est-à-dire la seule partie de l'édifice où la fantaisie décorative pût alors se donner libre carrière; l'on reconnaît vite dans toute cette végétation de pierre une flore forestière bien accentuée, mais d'une imitation plus ou moins heureuse ; l'on ne tarde pas à comprendre quelle inspiration a présidé à la fouille des petits détails aussi bien qu'à la taille des feuillages à grand effet, quelle idée a, comme le dit Cicéron [1], dirigé « artem et manum « l'esprit et la main du décorateur.

La magnifique église de Saint-Benoît nous en fournit encore un exemple. Qu'on pénètre dans sa nef majestueuse, ou qu'on reste sous ce porche où tout est sculpture, auprès de sujets d'imagerie on remarque, pour leur exécution infiniment mieux réussie même toute proportion gardée, des garnitures de feuillage semées partout : selon la conjecture très-sage de M. Rocher, ces sculptures sont l'œuvre des moines même de Saint-Benoît, cette abbaye si forestière !

Dès le onzième siècle une lutte intéressante à étudier s'établit dans le système décoratif de nos édifices entre les vieux ornements classiques et uniformes, et une école de romantisme original et local appelée à la victoire. C'est surtout entre les feuillages monumentaux de l'art antique et les essences indigènes [2] dont les produits offrent moins de richesse, moins d'am-

[1] Orator.

[2] Il serait curieux de consacrer une étude plus précise à la détermination

pleur et par conséquent plus de difficultés d'agencement, que la lutte s'accentue : il est curieux d'en suivre les traces dans l'ornementation d'un même monument, dans des œuvres juxtaposées. Il y avait alors un art provincial, un art indépendant, et par conséquent vigoureux ; la résistance aux idées nouvelles s'est donc plus ou moins vivement accentuée suivant les provinces. En Orléanais, elle a été longue : l'église du prieuré de Flotin, bâtie en 1205 dans la pleine forêt, et maintenant détruite, nous a laissé deux chapiteaux de colonnettes qui marquent bien le contraste : l'un porte simplement quatre rameaux de plante indigène, très-profondément fouillés, et accusant ainsi un relief qui trahit, dans l'artiste son auteur, une grande entente de l'effet général ; l'autre procède d'un plan tout différend ; il représente la feuille d'acanthe traditionnelle dont il a gardé le cachet de noblesse incontestable et d'élégance, mais quelles modifications profondes dans l'exécution et les détails ! que de concessions, que d'artifices combinés pour rendre purement forestier un chapiteau dont l'origine remonte évidemment à l'art grec ! Les lignes profondes et ombreuses repoussent les contours qui viennent à l'œil presque en arêtes : la feuille principale se subdivise en nombreuses follicules festonnées à la façon des feuilles de chêne et ajustées comme elles sur de longs pédicules. Ce chapiteau de transaction se rencontre fréquemment dans l'Orléanais[1] ; son modèle varie peu. Ordinairement les follicules sont brisées d'une fente verticale par laquelle s'échappe, dans les angles, une sorte de volute, et elles sont montées sur un pédicule géminé. Le style forestier de l'ornementation s'est franchement développé au treizième siècle. Il paraît que l'ancienne cathédrale d'Orléans, réédifiée vers le troisième âge du gothique se montra décorée sans honte de la végétation indigène. Une partie de l'église de Beaumont, construction rurale

exacte des plantes figurées sur les monuments Orléanais, à en dresser la flore artistique.

[1] Dans les provinces voisines, il présente un caractère un peu différent. Ainsi, aux chapiteaux que nous citons, on peut comparer les chapiteaux du très-remarquable portail de l'église de Grès, sur le Loing, œuvre du gothique primitif.

et des plus simples qui remonte à une époque antérieure, nous offre de grosses feuilles très-forestières, dont la taille un peu barbare mais, il faut l'avouer, bien puissante, trahit très-probablement la main d'un artiste local. Combien ne pourrait-on pas multiplier de semblables exemples? Il faudrait passer en revue toutes les églises de l'Orléanais, si l'on voulait surprendre des témoignages de l'art forestier. Bornons-nous à citer comme type de l'édifice gothique où cet art se déploie l'ancienne église paroissiale d'Yèvre-le-Chastel, joyau trop ignoré, qui allie l'excellente proportion et l'harmonieuse élégance des monuments antiques, à l'inspiration svelte et hardie du treizième siècle; démantelée et en ruines depuis longtemps, elle s'étend au milieu du vieux cimetière comme un grand cadavre[1]; partout l'envahit une exubérante végétation dont les rameaux s'attachent aux murs et vont même se suspendre à une arête de doubleau qui, maintenant, s'élance toute seule pour décrire encore dans le vide son audacieux cintre; le lierre, retraite d'animaux lugubres, s'enroule aux fûts des colonnettes et se marie à la végétation de pierre des chapiteaux, rapprochement poétique et qui amène à comparer les deux flores étalées ainsi côte à côte : ici, le modèle, la feuille verte, molle, aux dentelures superficielles et pressées; là, la création artistique, le feuillage immobile, contourné suivant les besoins de la place qu'il occupe, découpé profondément. Le chapiteau corinthien converti au gothique reparaît sur mainte colonnette : deux larges entailles ondées séparent la feuille principale en trois follicules ou feuilles de chêne, entées sur leur pédoncule géminé. C'est bien là vraiment la flore des bois, elle règne dans presque toutes les sculptures de l'édifice; c'est bien le produit de la vieille tradition originale d'où dérive le caractère de notre art orléanais.

1 C'est vers l'heure du crépuscule qu'il faut y pénétrer : sans avoir assurément la majesté du soleil romain, ni les chaudes couleurs du soleil de Venise et de Vérone, les derniers feux du jour, lorsqu'ils viennent dorer les colonnettes et se jouer dans le feuillage, encadrent bien la mélancolie et le charme pénétrant de ces ruines du nord.

Tandis que la fantaisie reconnaissante des sculpteurs de notre pays faisait éclore ainsi sous leur ciseau le témoignage immortel des impressions artistiques et religieuses qu'on peut recueillir au fond des bois, et, au-dessus des lourds piliers romans comme des colonnettes gothiques, suspendait dans la pierre des guirlandes de feuillage, d'autres artistes, les poëtes, cherchaient dans les mêmes bois des germes d'inspiration. Pour les vrais poëtes qui n'emploient les ressources de l'art que seulement à développer les nobles élans de la nature, les bois qui les avaient vus naître ne pouvaient passer inaperçus. Tous, assurément, n'ont pas suivi cette règle : celui qu'on dit le prince des trouvères orléanais, Charles d'Orléans, s'est peu inspiré des spectacles forestiers, et il ne faut pas s'en étonner ; c'est dans les salons plutôt que sous les voûtes de verdure qu'on contracte la manière empesée, caractère principal des ouvrages du duc. On se sent entraîné, à sa suite, dans un monde de personnifications abstraites ; tout y devient personnage, tout y joue un rôle, hormis ce qui existe réellement.

Lorsque les forêts sont appelées à prendre rang dans cette fantasmagorie, ce n'est pas, il faut le déclarer, pour y faire une bien brillante figure : le galant poëte les considère surtout comme un fond sombre, comme un repoussoir sur lequel se détachera avec d'autant plus de vivacité la scène du premier plan qu'il veut mettre en lumière.

Ainsi, après la mort de la personne qui remplissait son cœur, il s'écrie :

« En la forest d'ennuieuse tristesse
Un jour m'avint qu'à par moy cheminoye :
Si rencontray l'amoureuse déesse
Qui m'appella demandant où j'aloye.
Je respondy que par Fortune estoye
Mis en exil en ce bois, longtemps a,
Et qu'a bon droit appeler me povoye
L'omme esgaré qui ne scet ou il va. »[1]

Ailleurs il personnifie également la forêt d'une manière peu flatteuse :

[1] Ballade après la mort de son amante. Edition Guichard, p. 72.

« En la forest de longue actente,
Chevauchant par divers sentiers,
M'envoys ceste année présente
Ou voyage de desiriers;
Devant sont allez mes fourriers
Pour appareiller mon logis,
En la cité de Destinée..... »[1]

On le voit, cette poésie est trop savante pour ressentir et exprimer les charmes de la nature sauvage: chantées par un prince, les forêts y perdent toute leur physionomie pittoresque:

Si canimus silvas, silvæ sint consule dignæ!

Celles-là sentent trop le consul; ce sont des forêts idéales, habitables seulement pour les forestiers de Gessner et de Watteau.

Si l'on veut un sentiment plus exact de la réalité, il faut le chercher dans les vers d'un gentilhomme campagnard, habitué par sa modique fortune à des vues plus modestes et plus vraies, au fond de son manoir de Bondaroy, sur les confins du Gâtinais. Malgré le souffle du seizième siècle, on respire un atmosphère tout autre dans la poésie élégante et mélancolique de Jean de la Taille où se trahit souvent le goût de la nature forestière et champêtre, étudiée et comprise: ses vers sveltes et bien troussés, en dépit de sentiments toujours ardents, souvent raffinés, sentant la cour et la littérature contemporaines, malgré de nombreuses réminiscences classiques amenées délicatement et adroitement dissimulées, conservent un parfum de naïveté, une saveur de franchise, qui plaît dès l'abord et vous attache. Dans ses sonnets, dans ses chansons, des comparaisons nombreuses nous ramènent sans cesse aux champs et aux bois dont il semble que, pour lui, tout dérive; là, après les orages dont il aime un peu trop à semer son existence, le cœur tendre et passionné du chantre de Bondaroy se plaît à rechercher le calme: Henri II

1 P. 220.

mort, il exhorte Montgommery à aller là se consoler de la catastrophe, en errant :

> « Ainsi qu'on vit le fils aisné du monde
> Trainer dans les forests sa vie vagabonde.[1] »

Du reste, Jean de la Taille considère la vie des bois comme une vie active, distraite, comme une vie de chasse, de pêche. Après le tribut de regrets payé à la mort de sa sœur, il se relève tout d'un coup pour s'écrier :

> « Il faut parler de chasse et non de larmes,
> Parler d'oyseaux et de chevaux et d'armes ;
> C'est trop pleuré ! »

Celui qui trouve ces mâles accents déclare aussi, dans sa première élégie, qu'il veut adoucir l'amertume de ses peines de cœur

> « Par la lecture ou le jeu ou la chasse ! »

On sait que de tout temps, les rêveries et les méditations que comporte le recueillement silencieux des bois ont eu pour les poëtes le privilége d'entretenir et charmer les sentiments plus tendres. Cette qualité a plus d'une fois attiré sous leur ombre un poëte peu avare d'affections ardentes. Il n'y a, assure-t-il à l'un des objets de ses prédilections,

> « Bois ny ruisseau qui n'oye votre nom.[2] »

Chantant ainsi solitairement comme le héros antique...

> « Solus per littora secum
> Te, veniente die, te decedente, canebat. »

le poëte se compare assez volontiers au chantre le plus mélodieux :

[1] Regrets du seigneur de Montgommery.
[2] Élégie VI.

« Mais, triste et seul, par les bois
Je m'en vois,
Chantant mes plaintes mortelles.
. . . .
Du rossignol j'oy la voix
Qui aux bois
Dit la plainte de Philomèle[1] »

Et de même dans les *Sonnets d'Amour :*

« Doux rossignol dont la plaisante voix
Fait mille fredons en musique excellente,
Si de chanter aussi bien[2] je me vante,
Si comme toi je lamente en ces bois[3] »

Et dans la sixième élégie, c'est encore même parallèle :

Si j'oy parfois le rossignol qui chante
Et comme moi son mal (peult-estre) enchante,
Je me lamente et d'un chant aussi doux.
Je fois aux bois retentir mon courroux.

Mais ce n'est pas assez qu'avec des accents semblables aux harmonieuses variations du rossignol, il fasse résonner les échos du nom de son Amaryllis : évidemment emporté hors de lui-même par le feu de l'élégie, le poëte va jusqu'à menacer de s'enfuir dans les bois pour y soupirer à l'aise avec le plus soupirant des oiseaux :

« S'il est permis de plaindre à la tourt'relle
Combien plus qu'elle un amant plus fidèle
Doit par ses cris et ses douloureux chants.
Faire émouvoir et les bois et les champs[4] »

Les forêts fournissent à sa verve poétique bien des compa-

[1] Chanson II.

[2] Il y a là une petite amphibologie que l'auteur n'a peut-être pas cherché à éviter.

[3] Sonnet X.

[4] Elégie V.

raisons. Par un rapprochement tiré de loin et médiocrement flatteur, Jean de la Taille met en regard la chasse aux daims et la chasse aux dames : les chasseurs sont les hommes, qu'il dépeint sous les plus noires couleurs :

« Ils ne sont ny plus ny moins que le chasseur qui poursuit « sa proye et par monts et par boys et par vaux : l'aura-t-il « prise, il ne s'en soucie plus. Ainsi est-il de ces jeunes gens, « auront ils eu la victoire sus vous autres dames et obtenu ce « que plus ils désiroyent, ils vous laissent la, et lors vous « vous plaignez d'estre faitte serves qui paravant estiez mais- « tresses [1]. »

Tout en maltraitant ainsi son sexe, le poëte n'oublie pas, bien entendu, de s'y créer une place à part : il jure aux dames que toucheront ses chants une fidélité que nous nous garderions de cautionner. Il assure que, retrempé par la passion, son cœur éternellement tendre, doué bien plutôt, s'il faut une comparaison forestière, de la souplesse et des vacillements du léger bouleau va acquérir la force du bois le plus dur [2] :

«... Qu'au cueur d'un arbre ay le mien tout semblable.
Dessus lequel si un nom agréable
Vous engravez, plus l'écorse croistra
Et d'autant plus le nom apparoistra .[3] »

Mais il ne se laisse pas enivrer par les douces passions qu'il savoure à longs flots. S'arrêtant tout à coup au milieu de ses chansons joyeuses, et jetant un regard sur le malheur de ces âmes ardentes qu'alors on reléguait parfois, malgré elles, dans le cloître, il déplore leur tourment dans une pièce où la passion revêt la plus chaleureuse et la plus poignante expression, il com-

[1] Les Corrivaus, III, 4.

[2] Sonnet aux Dames.

[3] On connaît les vers de Parny :

« Bel arbre, je viens effacer
Ces noms gravés sur ton écorce.....
.... Le temps a désuni les cœurs
Que ton écorce unit encore. »

pare ces affections méconnues aux fruits âcres nés dans les bois et pâture d'animaux lugubres :

« Veut-on que les fruicts plaisans
De mes ans
Soient comme les fruicts sauvages
Des bocages
Que les corbeaux ou les vers
Mangent seuls par les déserts [1] ? »

La mort de François II aussi inspire au gai poëte les idées les plus sombres : lui que d'ordinaire entraîne sans soucis le torrent du bonheur, il se prend tout d'un coup à considérer le tombeau prématurément ouvert pour le jeune monarque et réfléchit avec désespoir à la fin de l'homme ici-bas. Il envie le sort des arbres tombés au fond des forêts sous la cognée retentissante du bucheron :

« L'arbre couppé germer encore espère,
Vieilly dans terre, et par vigueur des eaux
Se rejecter en quelques verts rameaux
Et d'autres fruicts de son vieil tronc refaire.
Mais rien ne sort de nostre souche humaine
Que les seuls vers de ceste tombe vaine [2]. »

Cette douloureuse préoccupation lui ouvre, quelques instants, de tristes perspectives, et, dans son découragement que ne console pas l'idée religieuse, il en arrive à répéter une pensée exprimée bien longtemps avant lui par les anciens avec une rare énergie.

« ... Et que c'est presque un heur de n'estre jamais né ! [3] »

C'est ainsi que, formé à une bonne école classique, Jean de

[1] La Religieuse malgré soy.

[2] Epitaphe de François II.

[3] Μη φυναι τον απαντα νικα λογον...

(Sophocle. — *Œdipe à Colone*, Chœur.)

la Taille s'abandonne aux inspirations d'un cœur délicat et va puiser souvent ces inspirations dans la vue de la nature forestière, dans les amusements, dans les émotions campagnardes qu'elle fait naître. Tout son système est résumé dans une pièce où il célèbre ses goûts champêtres. Il faut l'entendre déplorer les soucis qui rongent l'existence des grands :

« O le plaisir que c'est, ayant au poing un livre,
De se perdre en un bois, et de tous soins délivre
D'ainsi philosopher, au prix des maux cuisans
Qui déchirent les cueurs des pauvres courtisans !...

D'ouïr du rossignol la fredonnante voix,
Le chant d'autres oyseaux qui caquettent aux bois,
Le chant de la bergère et son amour rustique,
Voir des mouches à miel la gente république,
Voir le vert et l'azur et des bois et des eaux !...

Quel plaisir en hyver de voir l'autour en l'air,
Le faucon pour rivière et pour les champs voller,
Suivre un lièvre à force, ou prendre quand il nège,
Mil oyseaux à la glu, quelque beste au piège...

Et quand je seray plus à loysir, de pescher
Le poisson à la ligne, et veux que la grand' paume
L'harquebuse et les champs me soient plus qu'un royaume ! »

Malgré bien des défectuosités, malgré bien des négligences dans la forme extérieure, Jean de la Taille-Bondaroy, si amateur de pêche à la ligne, ajoutait en définitive à cette rare qualité la qualité plus introuvable encore de bon poëte : mais son nom, immortel partout ailleurs, brille d'un moindre éclat dans l'Orléanais, pays rival un instant du Parnasse, dans le Gastinais qui avait produit dès le treizième siècle un des plus grands noms poétiques du moyen-âge, Guillaume de Lorris. L'auteur de la première et de la meilleure partie du roman de la Rose, naquit donc dans la ville la plus forestière de l'Orléanais : faut-il chercher dans son souvenir reconnaissant et patriotique la raison d'une grande description forestière qui forme pour ainsi dire le préambule de son œuvre ? Le poëte s'endort, et un songe heureux le transporte dans un Eden, dans un lieu de toute félicité, théâtre des plus attrayantes et des plus admirables visions. Il se trouve au cœur d'un bois enchanté, d'un « verger » comme dit l'auteur, selon le terme consacré [1], un parc, une forêt; rien n'y manque; on est dans la saison des fleurs, des chants, de la poésie, alors

« Que len ne voit boisson ne haie
Qui en mai parer ne se voille
Et covrir de novelle foille;
Li bois recovre lor verdure
Qui sunt sec tant cum yver dure :
La terre meismes s'orgoille
Par la rousée qui la moille
Et oblie la povreté
Ou ele a tot l'yver esté [2]. »

De toutes parts s'élève un concert mélodieux; toutes les voix basses ou aigues se croisent, s'unissent, s'harmonisent sans se confondre : chacun des mille chanteurs fait vibrer ses notes particulières, prend ses intonations propres, et, par une exception que le merveilleux autorise, les oiseaux des diverses latitudes s'étonnent de se rencontrer sur la même branche.

[1] V. notamment le roman de Jaufre.

[2] Edition Méan, I, 5. — A ce morceau l'on peut comparer le gai *Chant de may*, de Cl. Marot :

« En ce beau mois délicieux
Arbres, fleurs et agriculture
Qui durant l'yver soucieux
Avez esté en sépulture,
Sortez pour servir de pasture
Aux troupeaux du plus grand pasteur :
Chacun de vous en sa nature
Louez le nom du Créateur... » etc.

Les descriptions de Virgile :

« Ver adeo frondi nemorum, ver utile silvis ;
Vere tument terræ... » etc.

Et de Gœthe :

Unter des Gruenen
Bluehender Kraft
Naschen die Bienen... »

Et tant d'autres.

« Li oisel qui se sont téu
Tant cum il ont le froit éu
Et le tens divers et frarin
Sunt en mai por le tens serin
Si lié qu'ils monstrent en chantant
Qu'en lor cueur a de joie tant
Qu'il lor estuet chanter par force.
Le rossignos lores s'efforce
De chanter et de faire noise... »

Et plus loin sont :

« Et mains oisiaus qui par ces gaus
Et par ces bois où ils habitent
En lor biau chanter se délitent [1] :
Calendres [2] i ot amassées
En ung autre lieu, qui lassées
De chanter furent a envis :
Melles y avoit et mauvis
Qui baoient à sormonter
Ces autres oisiaus par chanter... »

Grant servise et dous et plaisant [3]
Aloient cil oisel faisant.
Lais d'amors et sonnés cortois
Chantoit chascun en son patois,
Li uns en haut, li autre en bas ;
De lor chant n'estoit mie gas... »

En ung lieu avoit roissigniaus [4]
En l'autre gais et estorniaus :
Si r'avoit aillors grans escoles
De roietiaus et torteroles,
De chardonnereaus, d'arondeles,
D'aloes, et de larderelles [5]... »

Ce concert fait rêver et dispose éminemment aux impressions romantiques :

[1] 1. 28.
[2] Sorte de grosses alouettes.
[3] 1. 30.
[4] 1. 27.
[5] Peut-être des mésanges, d'après M. Méan.

« Moult a dur cuer qui en mai n'aime
Quand il ot chanter sus la raime
As oisiaus les dous chans piteus [1]... »

Quoique la scène se passe au printemps, ce bois charmant brille déjà de fruits savoureux; lés arbres cultivés y côtoient les arbres forestiers, et Guillaume qui est quelque peu clerc, qui a voyagé et déchiffré bien des parchemins savants, distingue parmi les essences du pays des essences des climats plus chauds : l'on y voit, dit-il [2].

« Nefles, prunes blanches et noires,
Cerises fresches merveillettes,
Cormes, alies et noisetes :
De baus loriers et de haus pins
Refu tous puéplés li jardins
Et d'oliviers et de ciprés
Dont il n'a gaires ici près ;
Ormes y ot branchus et gros,
Et avec ce charmes et fos,
Codres droites, trembles et chesnes
Erables, hous, sapins et fresnes...
Furent si espés par desoure
Que li solaus [3] en nesune eure
Ne pooit à terre descendre
Ne faire mal à l'erbe tendre... »

C'est la terre promise des chasseurs [4] :

« Ou vergier ot daims et chevrions
Et moult grant planté d'escoirions [5]
Qui par ces arbres gravissoient.
Connins i avoit qui issoient
Toute jor hors de lor tesnières
Et en plus de trente manières
Alloient entr' eus tornoiant
Sor l'erbe fresche verdoiant

[1] I, 5.
[2] I, 55.
[3] Le soleil.
[4] I, 56.
[5] Ecureuils.

Il ot pas leus clores fontaines
Sans barbelotes et sans raines[1]
Cui li arbres fesoient umbre.. »

Partout s'étend un tapis plus riche que les tapis de Smyrne et d'Alep :

« Violete y avoit trop bele
Et parvenche fresche et novele;
Flors y ot blanches et vermeilles,
De jaunes en i ot merveilles :
Trop par estoit la terre cointe
Qu'ele era piolée et pointe
De flors de diverses colors
Dont moult sont bonnes les odors[2]... »

Des sources fraîches et limpides y entretiennent une température ravissante :

« Entor les ruissiaus et les rives
Des fontaines cleres et vives
Poignoit l'erbe frescheto et drue :
Ausinc y poist l'en sa drue
Couchier comme sur une coite,
Car la terre estoit douce et moite
Par la fontaine et i venoit
Tant d'erbe comme il convenoit[3]. »

Et pour que rien ne manque à de telles délices, l'auteur assure que l'une de ces fontaines fut le témoin et l'occasion de la catastrophe du beau « Narcisus, au cueur ferasche ; » c'est là, c'est dans ce cristal limpide que Narcisse regarda son visage et expira d'admiration.

Plus loin Guillaume de Lorris nous dépeint encore un bois, mais bien différent, celui-ci; tout y est bizarrerie, tout contraste : c'est un bois de malédiction[4] :

[1] *Ranæ*, grenouilles.
[2] I, 57.
[3] I, 56.
[4] II, 00.

« La roche porte un bois doutable
Dont li arbre sunt merveillable :
L'un est brehaigne et riens ne porte,
L'autre en fruit porter se déporte...
L'une se hauce et ses voisines
Se tiengnent vers la terre enclines...
La sunt li gestes jaiant
Et pin et cedre nain séant :
Chascun arbre ainsinc se déforme
Et prend l'ung de l'autre la forme...
Contre la vigne estrive l'orme
Et li tolt du roisin la forme :
Le rossignos a tort i chante,
Mès moult i brait et se demente :
Li chahuan, o [1] sa grant hure,
Prophetes de mal aventure,
Hideus messagier de dolor,
En son cri, en forme et color;
Par la, soit esté soit ivers
S'encorent dui flueves divers
Sordans de diverses fontaines
Qui moult sunt de diverses vaines :
L'ung rent iaues si docereuses
Si savourées, si mielleuses,
Qu'il n'est nus qui de celi boive,
Qui sa soif en puisse estanchier... »

J. de Meung, né plus loin de l'air des forêts, se montre bien plus sobre de leur intervention : cependant on remarque dans son œuvre une comparaison aussi forestière qu'originale : en enfer [2],

« Plus y a de tormens que de fuilles en tremble ;
Car li dampnés y sunt tormentez, ce me semble,
Autrement cil qui tuë, autrement cil qui emble :
Las ! quant il m'en sovient, trestout li cors me tremble. »

Ainsi dans l'art Orléanais, l'idée forestière se fait jour partout; elle apparaît vivante sous la plume du poëte comme

[1] Avec.
[2] IV, 100.

sous le ciseau du sculpteur. Le spectacle forestier parle à tous, et chez ceux qui ne sont ni sculpteurs ni poëtes, dans les esprits impressionnables, il a même produit un résultat singulier ; la forêt est devenu un point de mire des légendes.

CHAPITRE V.

Influence de la forêt et des bois sur les légendes.

« ...Tuta lacu nigro nemorumque tenebris ! »
(VIRGILE. *Enéide*, VI.)

L'immensité et le silence d'une futaie séculaire, l'incomparable grandeur d'arbres qui semblent immortels ont toujours impressionné les esprits. Les anciens, pénétrant avec respect sous leur ombre, leur attribuaient volontiers un caractère sacré (lucus), ou bien ils y trouvaient ce genre de beauté sévère qui donne le frisson « horridum nemus ». C'est qu'en effet lorsque, en face d'un horizon de verdure de toutes parts limité par le ciel, le vent, qui respire librement dans la bruyère, ne vous apporte plus aucun bruit humain, on est porté à s'écrier comme le philosophe : « Le silence de ces espaces infinis m'effraie. »

Cet effroi, les hommes du moyen-âge l'ont bien senti : aussi les bois sont-ils tout naturellement devenus le siége principal, le théâtre présumé des mille petits événements fantastiques auxquels la naïve bonhomie et la vive imagination de nos aïeux ajoutaient une foi si facile.

Il est incroyable surtout combien le souvenir des prêtres primitifs et légendaires qui avaient fait des forêts leur temple, surnagea aux changements les plus radicaux de mœurs et d'idées. Ce souvenir vivait encore en Orléanais, au dix-septième siècle, dans l'esprit des hommes les plus lettrés : « tous « ces bois et forêts, joint le bon air.... y ont, assure D. Morin, « attiré autrefois les anciens druides. » Nemours s'était, dit-on, élevé, à leur ordre, dans le fond des bois, *inter nemora*, ainsi qu'Orléans où Aurélien venait les consulter sur les destinées de l'empire. A Ferrières, on montrait encore de grandes caves, « voûtées en forme d'église » qui leur avaient servi de demeures. Ces traditions, comme beaucoup d'autres, ont assurément un fonds de vérité. Les débris de l'âge celtique que l'on retrouve à Nemours, les nombreux dolmens signalés sur la lisière occidentale de la forêt, à Toury, Villemblain, Huisseau, Coulmiers, etc., leur donnent un appui sérieux. Mais la science, sur ce terrain, ne va pas loin : le domaine de la fable est infini. Les personnages héroïques de cette sorte, vus à travers le brouillard des âges, revêtent des apparences terribles et fantastiques ; leurs ombres, transformées en figures de sorciers, reviennent prendre leurs ébats aux lieux ensanglantés jadis par leurs sacrifices. Qui eut cru, que sous les beaux arbres d'un des climats de la forêt de Montargis, le Chasteau-au-Chat, la lune éclairât des scènes dignes des bacchanales de Faust ! « Les « chats du pays s'y assembloient et y faisoient leur sabat. » Le grave Dom Morin l'affirme. Mais ce n'était pas tout : « plu- « sieurs allans de nuict y ont veu les sorciers assemblez et y « faire leurs adorations et sortiléges ». Cet endroit infernal était réservé en futaie, et entouré de fossés.

Comme les sorciers, les fées assumaient la responsabilité de plus d'un acte. Près de Dordives, un lieu dont pas un brin d'herbe ne réussissait à percer le sol maudit, formait un de leurs points de réunion et l'un des principaux théâtres de leurs ébats. Là, elles s'assemblaient pour leurs fêtes nocturnes, depuis les premiers âges du monde : là, au temps légendaire où l'Orléanais tout entier ne formait qu'une immense forêt, elles se réunirent dans je ne sais quel bal de Walpurge, et, usant d'une méthode dont notre corps des Ponts et Chaussées, malgré ses études profondes, n'a pu encore retrouver le secret qu'à demi, tracèrent le plan de l'immense route, appelée improprement, paraîtrait-il, *Route de César*, et l'exécutèrent en une seule nuit [1]. Leur recette ne manque pas d'énergie : si elles parvinrent à leur but, c'est « ayant couppé une grande et haute « montagne. » Il semble que plus tard Dordives eut le malheur d'encourir la disgrâce de si puissantes bienfaitrices, car l'on attribue aux mêmes fées la destruction du pont élevé sur le Loing. Voilà des occupations bien sérieuses de la part de ces êtres joyeux qui se réunissaient seulement « pour dancer les nuits. »

Du reste, fées, sorciers ou autres, il est bien avéré que les fantômes font des forêts le témoin préféré de leurs exploits. C'est là qu'il faut aller pour rencontrer des âmes de damnés errant sous les formes les plus bizarres : mais si bizarres qu'elles soient, gardez-vous bien d'en rire. Un des barons d'Angluze, s'étant fait huguenot « par la misère du temps », on voit depuis ce temps dans sa baronnie toute sorte de « phantosmes es- « tranges,.... » Ce seigneur revient sous les aspects les plus inattendus. Un jour qu'il courait en forme de chat, un jeune enfant (cet âge est sans pitié), osa se moquer de sa douloureuse transformation et lui jeter des pierres : la punition ne se fit pas attendre. L'enfant fut rapidement enlevé par le quadrupède, et « porté jusques dans la garrenne et bois derrière la maison, dans une fosse pleine d'eau, où l'on le trouva demi-mort, et aliéné de son esprit, comme il est encore à présent [2]. » Mais ce qui assurément a le droit de nous étonner bien davantage, c'est qu'on est exposé à rencontrer dans les bois de l'Orléanais, non-seulement des âmes de damnés connus pour tels, mais aussi des âmes de

[1] Morin, p. 823

[2] Morin, p. 161.

futurs damnés. C'est du moins ce qui semble être arrivé dans les premières années du dix-septième siècle à M. le baron de Bourbœil. L'événement fit même quelque bruit, et le roi avec la cour voulut en entendre le récit dans les galeries de Fontainebleau, de la bouche du héros de l'aventure qui, hâtons-nous de le dire, en avait été quitte pour la peur.

Quittant le castel de Bourbœil afin d'aller à Paris offrir ses services au roi son maître, ce fidèle guerrier, en gîte à Orléans, y reçut la nouvelle que le roi venait de partir pour Fontainebleau. En conséquence, le lendemain, dès deux heures du matin, chevauchant sur son coursier favori, à la tête de quatre gentilshommes qui formaient toute sa compagnie, d'un palefrenier et de trois laquais, le baron s'enfonçait fièrement dans les profondeurs forestières, ensevelies encore dans les plus épaisses ténèbres de la nuit. A peine avait-on franchi la lisière...

« Voicy sorty d'un fort de buissons et de quelque touffe de « petits chesneaux, façon de quatre hommes bien montez et « tous armez, ayant le pistolet à l'arson de la selle et la cara- « bine pendante sur la croupe de leurs chevaux, qui vindrent « d'une course vers ledict seigneur baron et sa compagnie. » Et véritablement l'aspect de ces inconnus ne présentait rien de très-rassurant. Les menaces les plus vives, les défis les plus belliqueux s'exhalent de leurs lèvres.

« Ceci estonna un peu le baron et sa compagnie... », dit le chroniqueur.

Les solutions pacifiques sont toujours les meilleures. Pénétré de ce sage axiome, et désireux d'éviter une catastrophe, le guerrier fait appel à tout son sang-froid pour entamer des négociations. D'abord il somme l'ennemi sur son honneur de déposer la cuirasse, et de combattre à armes égales. Les diables, car ce devait bien être quelques-uns d'entre eux, se montrèrent de bonne composition. « Tout à l'instant, les armes des cheva- « liers (ou plustost démons), ce disparure, ne paraissant plus « n'avoir que des colletins de cuir et des chausses d'escarlatte « rouge », costume fort élégant, on ne saurait le nier, surtout pour des esprits forestiers.

« Ce qui estonna encore ledict sieur baron et sa compa-
» gnie..... »

Le chef des démons défie de nouveau et dans des termes énergiques, l'escadron qui marche, pour sa part, d'étonnement en étonnement. Bref, toute diplomatie est inutile. Il faut en venir aux mains. Tandis que, sans doute retenu hors de la lutte par sa qualité de capitaine, le baron efface un peu sa personne, dans les ombres silencieuses de la forêt un combat homérique va se livrer. On met « l'espée à la main, les quatres contre quatres, « pour s'entrechoquer. » On frémit.... la catastrophe est imminente, le sang va couler... mais, ô changement étrange !... la bataille finit court : « Un des gentilshommes dudict sieur « baron poussant une estoquade dict ces paroles : Le bon Dieu « soit à notre ayde, voila mon homme mort ! à c'est seule « parolle tous ces quatres esprits en forme de chevalliers se « disparurent; et ne virent plus rien sinon que quatres gros « corbeaux noirs qui estoit sur les branches d'un orme près « d'eux, qui se debatoient d'une grande véhémence les ailles « et faisoit un estrange tintamare de leurs désagréable chant. »

« Ledict sieur baron et sa compagnie... » est « encore es- « tonné d'un si estrange prodige. »

Il ordonne de décharger les pistolets sur ces animaux incommodes. Le plomb est impuissant « ferro diverberat umbras », et les croassements dégénèrent en véritable tempête. Les quatre corbeaux courent de branche en branche à la suite de l'infortuné baron, durant l'espace d'une lieue, « continuant leurs estranges « tintamares jusques à ce qu'ils furent sur un gros chesne... » un chêne lugubre, un chêne qui donne tout le mot de l'é- « nigme, là où il y a esté mis, depuis quelque temps en ça, « deux volleuts qui pour leur meschante vie ont estez pen- « dus par sentence du prévôt des mareschaux d'Orléans, et « la mis sur le grand chemin ; et sur ce chesne lesdicts co- « rebaux se disparurent et ne poursuivèrent plus leur che- « min. »

Les voyageurs arrivèrent à Fontainebleau tout émus. L'histoire s'ébruita et parut de nature à passer à la postérité. On l'a imprimée au Chêne-Vert, rue Saint-Jacques, en 1620, sous ce titre : « *Effroyable rencontre de quatre esprits malins, par M. le*

« *baron de Bourbœil et sa compagnie, passant la forest d'Or-* « *léans*..... ensemble les estranges et prodigieuses choses « qui s'y sont passées... », etc. « Voylà, ajoute l'historien dans « son style simple et convaincu, la pure vérité de ce qui « est arrivé en c'este estrange rencontre, là ou le diable « n'a sceu faire paroistre avoir aucune résistance sur les « hommes[1]. »

Quelque tragique que soit cet événement, le courage que déploya dans cette circonstance le belliqueux baron de Bourbœil avec sa troupe était de nature à le préserver; mais vers la même époque un malheureux habitant d'Amilly eut à subir dans la forêt de Montargis une épreuve qui faillit devenir fatale à son existence. Dans le climat des Ruolliers, on voit, nous dit dom Morin, « un puits dans lequel un nommé Ripaut de la paroisse « d'Amilly, assise proche ladite forest, fut mené de nuit depuis « six ans en ça, lequel estant tourmenté de quelque phrénésie « et maladie chaude, il s'éjourna en ladite forest deux fois vingt- « quatre heures, et ayant esté interrogé ce qu'il fit la durant « ces 24 heures et ce qu'il vid, rapporta qu'il estoit entré sous « terre par une fondrière où il avoit fait plusieurs tours esgaré « et enfin qu'estant à l'endroict d'un puits couvert d'espines où « il vit la clarté, il commença à crier et fut retiré par quelques « habitants de Paucourt, et estoit si creux qu'il ne s'en pou- « voit retirer et faisoit des cris comme s'il eust esté tourmenté « de quelque esprit... [2] »

Ainsi, aux yeux de leurs voisins impressionnables, les forêts de l'Orléanais étaient un repaire de fées, de sorciers, de diablotins parfois malfaisants, et l'on trouverait peut-être encore des personnes peu soucieuses de s'y aventurer à l'heure des ténèbres: c'est qu'à cette première cause de terreur il s'en est joint une seconde: une tradition très-accréditée peuplait la forêt d'Orléans d'hôtes féroces d'un autre genre. Au milieu du bruissement des feuilles, la campagnarde timide a longtemps cru entendre résonner un coup de sifflet de mauvais augure; et

[1] On peut consulter aussi l'*Apparition de trois phantosmes dans la forest de Montargis à un bourgeois de la mesme ville*. Paris, 1649.

[2] Morin, p. 82.

derrière chaque tronc d'arbre elle a vu, dit-elle, se dresser une ombre de bandit.

« De temps immémorial[1], ces sombres profondeurs servaient « d'asile à de vastes *associations* de malfaiteurs qu'on retrouve « sous des noms divers *à toutes les époques* de notre histoire, « depuis les Cotereaux et les Malandrins jusqu'aux fameux « chauffeurs d'Orgères..... Bourgs, villages, châteaux, ab- « bayes, prieurés étaient fortifiés[2]. Malheur aux locatures éloi- « gnées des centres!... leurs habitants n'avaient que le choix « entre deux périls : l'incessante menace d'une attaque noc- « turne ou l'association secrète aux bandes :..... pauvres fer- « miers de manœuvreries isolées, locataires insolvables d'au- « berges suspectes, de mauvais cabarets perdus dans les bois, « voilà ce qu'étaient ces francs de campagne..... » L'auteur ajoute qu'au reste il ne s'agit plus ici de brigands tels que « Alexandre de Bourbon, Antoine de Chabannes, La Hire..... « Dès le commencement du seizième siècle, le banditisme a « oublié ces illustres traditions ; il a perdu son blason, il s'*en- « canaille.* »

[1] Nous regrettons d'avoir à combattre ici les opinions d'un érudit Orléanais dont les ouvrages sont toujours pleins de recherches considérables et intéressantes : M. Loiseleur. Le Château du Hallier (Mémoires de la société d'Agriculture, Sciences et Arts d'Orléans, t. XII).

[2] Il n'y avait pas plus de fortifications dans la partie forestière de l'Orléanais que dans les autres. Sans doute les châteaux, et les bourgs placés à leur ombre, étaient en assez bon état de défense : mais il serait bien difficile de prouver que les simples villages forestiers le fussent également.

Pour les abbayes et les prieurés, ils étaient si mal munis que presque tous avaient un « hostel » à Orléans pour s'y retirer en cas de guerre. On a vu précédemment que le prieuré d'Ambert, le plus enfoncé de tous dans les bois, dans la forêt de Cercotes, n'avait pas de fortifications. Il faut ajouter que les Anglais s'emparèrent des environs même de la forêt, sans aucun obstacle particulier.

Dès la fin du treizième siècle, les fortifications de Vitry étaient hors de service : une enquête de cette époque, se référant à une condamnation antérieure, nous dit : « Ce sunt cex qui ont faites mesons et chambres es fossez le roi, de la ville de Vitry. » Ils sont au nombre de sept. « Les amendes seront levées et les mesons demorront en l'estat ou il sunt jusques l'en ait parlé au roi. »

Telle est, avec une expression énergique et les détails, comme on le voit, les plus précis, la formule d'une croyance qu'on pouvait croire perdue et qui vient de reparaître, la croyance à des *associations*, à des *bandes* de malfaiteurs qui auraient hanté la forêt à *toutes les époques*. Au point de vue historique, les traditions les plus bizarres et les plus évidemment fausses ont encore cours dans les environs de la forêt [1] : on ne doit donc point facilement admettre l'authenticité de semblables assertions. Celle-ci mérite-t-elle créance plus que les autres ? et n'est-ce pas une légende aussi, qui, si elle repose sur quelques faits réels, aura été amplifiée et ornée par les récits successifs des diverses générations ?

Écartons tout d'abord le témoignage du greffier du tribunal de l'an VII qui jugea les Chauffeurs. Il est vrai que cet honorable fonctionnaire « estime que l'origine de cette horde homicide remontait au malheureux règne de Charles VI », mais il ne fait que reproduire ainsi la tradition courante, et certes, il faut d'autres autorités que la sienne pour écrire avec assurance l'histoire du quinzième siècle.

La théorie contenue dans la *Notice sur le Hallier* présente à son appui deux raisonnements principaux. C'est d'abord le prétendu état d'abandon de la forêt : on assure que « en 1789 « on y trouvait encore des massifs de 800 à 1200 hectares qu'aucune voie praticable ne pénétrait [2] et *dans lesquels aucun agent des forêts n'osait se risquer.* » Si les forestiers eux-mêmes n'osaient s'y risquer, il est croyable que les habitants du pays y circulaient encore moins ; il est indubitable surtout qu'aucun intérêt n'aurait pu décider quelqu'un à y voyager la nuit, à minuit « l'heure des crimes ! » Or, voici que précisément les textes les plus divers mentionnent des riverains ou des officiers de la forêt sur pied, en pleine nuit. Des habitants de la lisière se plaignent d'être obligés, au moment de la moisson, de garder

[1] M. Loiseleur a, lui-même, eu l'occasion d'en relever plusieurs dans le travail déjà cité.

[2] Nous avons précédemment parlé des chemins forestiers.

leurs récoltes toute la nuit contre la fureur des animaux sauvages[1]. Il y avait au treizième siècle et dans les temps postérieurs un service de surveillance nocturne organisé[2]. Dans une enquête, un témoin déclare même qu'on a vu des braconniers profiter de la nuit pour chasser[3]. La même enquête nous montre des laboureurs partant avant l'aube pour Montargis[4] à travers les bois, et sans la moindre hésitation. Dom Morin ne nous disait-il pas aussi que plusieurs « allanz de nuict » par les mêmes parages n'avaient rencontré d'autres sujets de frayeur que des sorciers se livrant à leurs ébats? Nous ne rappellerons pas la course nocturne à travers la forêt d'Orléans, de M. le baron de Bourbœil, qui, à la rigueur, pouvait compter sur sa bravoure et son appareil guerrier pour tenir en échec les brigands s'il eut risqué d'en rencontrer. Notons simplement un fait, à lui seul suffisamment caractéristique : une Enquête de la seconde moitié du treizième siècle[5], sous ce titre : « Ce sunt les pleiges « que Me Jehan Morin a donné de rendre le cheval qui vint « d'espave à Courci... » etc., raconte que des personnes traversant la forêt *avant le jour* pour se rendre à Courcy, c'est-à-dire traversant une des parties les plus sauvages et les plus désertes, rencontrèrent un cheval à la selle et à la croupe sanglantes : ils l'attachèrent à leur charrette et l'amenèrent à Courcy

[1] V. § *De la Chasse*. On y verra aussi que les rois chassaient dans le plein milieu des massifs. V. aussi III, § 3.

[2] V. § *Officiers forestiers*.

[3] Ces braconniers, dit le témoin, « aloient a chiens que il avoient,... si comme il a oi dire à cex qui les voient qui leur blez gardoient de nuiz...»
(Enquête de la fin du treizième siècle. J. 1028, n° 25.)

[4] « A un matin, entour soulleil levant, ledit Guillemin vint à cestui qui parole et dist : Vendras-tu a Montargis. Il respondi : Ore. Alons, ce li dist Guillemin, par emprez ceste broce ou je vi ores passer un lievre, si le prenoiz. Et cestui dist que il n'en avoit que faire, et toutevois il alerent il, et tendit ledit Guillemin un resel, et tantost le lievre e fu pris . . . . » *id.*

Plus loin, deux autres témoins déposent que le même Guillemin Aubert est venu les chercher pour chasser la nuit.

Un compte-rendu du grand maître des eaux et forêts, en 1438 mentionne qu'on a trouvé en plein bois des enfants faisant du feu malgré les défenses, « a souleil couchant. »

[5] J. 742.

au soleil levant. Si la forêt était un foyer de brigandages, les circonstances de la rencontre de ce cheval ne devaient-elles point faire croire à un crime ? Cependant on n'en a point l'idée : si le cheval est saisi par les officiers forestiers, c'est par « la soupe- « çon des bestes sauvages », c'est qu'on suppose qu'il a servi à son propriétaire à transporter du gibier, ce qui semble ensuite parfaitement justifié.

On voit donc que, la nuit, la forêt ne paraissait pas offrir de grands dangers : en plein jour, elle en offrait moins encore ; et, certes, bien d'autres que les officiers forestiers osaient s'y risquer. Comment expliquer autrement que les tréfonds situés au cœur de la forêt aient pu être exploités durant le moyen-âge, et avant que la « grande clarté de la Renaissance » eût percé « toutes les ténèbres, celles des forêts comme celles des esprits [1] ? » Comment les droits d'usage qui exigent, pour leur exercice, de la sécurité, n'ont-ils jamais cessé d'être possibles ? Et quand les usagers se trouvaient constamment en faute dans des parages assez lointains [2] n'y rencontraient-ils pas les officiers forestiers bien trop souvent à leur gré ? Si on se figurait la forêt comme un antre de brigands, inabordable à tous autres mortels, on pourrait s'étonner de voir toute une population de fabricants de corbeilles et autres industriels y passer paisiblement leur vie entière en nomades : il ne serait pas moins singulier et incompréhensible que les charbonniers allassent tous les ans construire des fourneaux précisément dans les bois les plus immenses et les plus compactes des gardes de Courcy et de Neuville, dans les bois de l'Évêché. Il est donc visible qu'il s'était établi dans les massifs les plus épais une circulation bien plus considérable qu'aujourd'hui : les agents forestiers y entraient à la suite des usagers, à la suite des marchands des ventes ; nous verrons que dans les enquêtes faites à diverses époques sur leur conduite, presque jamais on ne leur reproche de ne pas aller en forêt ; les défauts qu'on signale sont tout opposés ; braconnage, violences,

[1] M. Loiseleur, loc. cit. « An credo in tenebris vita ac mœrore jacebat Donec diluxit rerum genitalis origo? ...... » (Lucr. De nat. rer. V)

[2] Tels que par exemple le climat du Rottoy.

corruption par les délinquants surpris, et autres faits du même genre. Sur quoi donc se fonde-t-on pour affirmer que les agents forestiers n'osaient pénétrer dans ces fourrés? Sur une simple phrase de Plinguet qui dit précisément tout le contraire[1]. Considérant les difficultés qui s'opposent à une réformation sérieuse de la forêt, Plinguet trouve le principal empêchement dans la longueur d'une visite générale, et dans son inefficacité : « car outre ce qu'on aura vu, dit-il, il y aura les trois quarts « des choses qu'on aura manqué de voir. » Et il ajoute : « Si « pour percer dans les massifs, on entreprend de marcher sur « quelques chemins qui les traversent, comme ces chemins ne « les traversent que de loin en loin, on ne peut voir et connoî- « tre que la très-petite partie de l'intérieur ; *le reste s'établit* au « juger et *sur le récit des gardes*. Voilà à quoi peuvent se ré- « duire toutes les visites générales de la forêt d'Orléans. »

Ainsi Plinguet entend bien que les gardes sont entrés maintes fois dans les massifs et les connaissent ; il déclare seulement que le réformateur, l'inspecteur, ne pouvant en juger des routes par lui-même, n'aura pas le temps d'y pénétrer. Voilà sur quoi on s'appuie pour affirmer qu'en 1789 « aucun agent des forêts « n'osait s'y risquer ! »

Quant au second argument, il semble prêter plus encore à la critique : après avoir décrit les brigandages des Chauffeurs sous le Directoire, l'auteur de l'*Histoire du Hallier* ajoute en forme de démonstration : « Si c'était là encore l'état de la forêt « d'Orléans en l'an VII, qu'on juge des dangers qu'elle devait « présenter deux siècles et demi auparavant, à l'époque où fut « bâti le Hallier ! » En vérité, il est certain que si l'on adopte ce mode de preuves, nous n'arriverons pas à nous faire une haute idée du moyen-âge : on en viendra à des découvertes qui donneront le frisson, le jour où pour écrire l'histoire de l'ancienne France il suffira de dire : « Que s'il y avait des brigands, « des échafauds, des pillages, des massacres sous la Révolu- « tion, qu'on juge de ce qu'il devait y en avoir sous l'ancien

[1] Plinguet. Traité sur les réformations et les aménagements des forêts, p. 94.

« régime, et à plus forte raison trois, quatre, cinq siècles au-« paravant ! »

C'est donc en vain que l'on cherchera dans la forêt des traces de bandes de brigands organisées, au moyen-âge. La tradition nous parle de souterrains creusés sur divers points qui auraient servi de retraite pour les malfaiteurs, et de dépôts pour les dépouilles de leurs victimes. Rien n'est plus problématique que l'existence de pareilles œuvres. Avant de discuter sur leurs applications, sur leur construction, sur les objets que l'archéologie peut y découvrir, il faudrait commencer par les découvrir eux-mêmes, et c'est à quoi l'on ne songe pas [1]. Mais d'ailleurs, l'existence de ces souterrains fût-elle parfaitement évidente, les aurait-on vus et visités, il ne faudrait pas, sans preuve palpable, conclure qu'ils sont le fait de bandits. Dans les pays où un sol consistant se laisse cependant facilement fouiller, rien de si fréquent aux abords d'une forteresse que de grands boyaux souterrains qui, de l'enceinte intérieure, s'en vont déboucher quelquefois fort loin dans la campagne [2] : par là on recevait des renforts, des vivres ; dans des cas extrêmes, on pratiquait même une sortie sur le flanc ou la queue de l'ennemi ; on s'assurait une retraite. Telle était assurément la destination multiple de tous les souterrains que l'on saurait rencontrer : c'est par exception seulement, et dans quelques défilés montagneux [3] où des roches, entassées sur elles-mêmes, ont laissé, dans leurs interstices, des grottes naturelles dont l'entrée étroite, escarpée, cachée dans les broussailles, surplombée ordinairement par d'énormes masses, est à la fois inexpugnable et invisible, que des brigands ou des partisans ont trouvé refuge dans des

[1] On peut affirmer que le souterrain de Vitry, le seul que nomme M. Loiseleur, n'existe pas; et ceux qui connaissent la topographie géologique de Vitry, et son terrain sablonneux où l'eau affleure, pour ainsi dire, le sol, affirmeront aussi que ce souterrain n'a jamais pu exister.

[2] Il y en a qui traversaient des fleuves. On assure notamment que le beau souterrain du château des Papes, à Avignon, était dans ce cas.

[3] Par exemple, les défilés du Col de Tende (Alpes-Maritimes) habités ainsi durant toute la Révolution française.

temps agités. Mais tel ne peut pas être le cas des souterrains de la forêt d'Orléans ; ceux-ci auraient certainement été creusés de main d'homme. Pour que la tradition qui les peuple aussi de brigands méritât créance, il faudrait donc d'abord démontrer que ces souterrains existent. Il serait prudent de prouver ensuite qu'ils ont pu être pratiqués ou au moins habités de la manière que l'on dit : c'est-à-dire qu'ils ne se trouvent pas trop rapprochés des villages, trop à portée de la maréchaussée, de seigneurs puissants, par exemple les l'Hospital, ou même des habitants du pays ; car quelque sottise que nous veuillions bien habituellement accorder à nos pères, il ne faut point outrer la dose. Enfin, après ces démonstrations successives, peut-être serait-il encore assez bon de trouver dans les souterrains quelque signe extérieur, témoignage irréfragable de la présence de bandits au moins depuis le quinzième siècle.

Ce n'est pas tout, on a voulu que le brigandage ait inspiré, dans les environs de la forêt, une architecture militaire spéciale, dont un des types se rencontrerait dans le château du Hallier, situé sur la paroisse de Nibelle. C'est la crainte des bandits qui, assure-t-on, « explique clairement... l'architecture du Hallier, ses « fortifications à la fois *savantes et légères* [1]... Le Hallier n'a que « l'apparence de la force. Je n'y vois que la villa d'un puissant « seigneur du commencement de la Renaissance, qu'une sorte de « *grand rendez-vous de chasse*, bâti par des maîtres opulents, dési- « reux de se mettre à l'abri d'un coup de main, mais où rien n'est « disposé pour soutenir un vrai siége, pas plus que pour recevoir « une forte garnison. C'est bien plutôt pour résister à des attaques « de routiers et de bandits qu'à des troupes réglées que ces for- « tifications ont été construites [2]... »

Quoi donc ! elles seraient savantes, des fortifications qui n'ont « *que l'apparence de la force !* » Une grande enveloppe en carré long très-régulier, sans aucune de ces saillies tant recommandées par Végèce et si communes dans les châteaux-forts du moyen-âge : sans autres obstacles à l'extérieur qu'un fossé fac-

[1] Loiseleur, p. 189.
[2] *Id.*, p. 148.

tice ; bouclée régulièrement de grosses tours en bastions qui interrompent des courtines égales et dont la combinaison, par suite, n'a pas nécessité le moindre calcul, voilà ce qu'on appelle une œuvre savante ! Mais non : le Hallier appartient à cette époque de transition où l'architecture des châteaux, déroutée par l'emploi des armes à feu et n'ayant plus d'ailleurs de raisons de rester militaire depuis que la puissance féodale militaire n'existait plus, hésite encore avant de se lancer dans une voie nouvelle et produit souvent des œuvres intermédiaires où l'on ne trouve ni la force de la citadelle ni la commodité de la villa. Telle est l'école d'où procède le Hallier : on reconnaît dans cet édifice le respect des vieilles traditions, mais conservées d'une manière qui n'est point sérieuse : voilà le vieux plan de la double cour extérieure, avec la chapelle et les communs renvoyés dans la première [1]... Voilà le vieil usage de n'ouvrir de fenêtres extérieures qu'au premier étage, précaution bien illusoire depuis l'invention des armes à feu [2]. La construction totale présente encore un aspect lourd et assez écrasé : elle n'a jamais eu de second étage, ainsi que le montre le pignon resté debout, avec sa cheminée dans le corps de logis principal. Si un appareil de défense a surmonté la corniche, il n'a dû guère se composer que de très-simples créneaux [3].

Nous reconnaissons donc dans le Hallier, en définitive, un château semblable à beaucoup d'autres : rien de spécial. Com-

[1] M. Loiseleur, par une erreur sans doute très-involontaire, indique (pl. 2) comme bâtiments modernes, tous ces bâtiments qui sont évidemment contemporains du château lui-même. La chapelle devait, selon l'usage, se trouver en face de la grande entrée, dans une construction que signale sa porte monumentale; et non point en dehors de l'enceinte, à quelque distance, comme il est dit, page 200 : la chapelle, « cet appendice ordinaire de toute demeure seigneuriale, s'élevait en dehors de l'enceinte, etc »

[2] Cette règle générale d'ouvrir de grands percements au premier étage date de la fin du treizième siècle. Le château d'Yèvre dans l'Orléanais même nous en offre un exemple. Ce fait ne prouve donc pas du tout, (ainsi que l'affirme M. Loiseleur p. 180), que le château « appartient à une époque de sécurité « relative.» (M. Loiseleur entendant par là le seizième siècle.)

[3] V. sur toutes ces matières le cours d'Archéologie, professé à l'École des Chartes par M. J. Quicherat.

ment même y voir seulement un rendez-vous de chasse? Un rendez-vous de chasse avec cet appareil ! c'eût été à peu près royal; un rendez-vous de chasse élevé par les l'Hospital, au milieu pour ainsi dire de la forêt d'Orléans, où ils n'avaient pas le droit de tirer le moindre coup d'arquebuse ! Personne n'admettra semblable théorie, et, tout le premier, l'auteur de cette opinion ne tarde pas à la contredire lui-même, lorsque, racontant des noces qui se célébrèrent au Hallier en 1544, il conclut avec raison que c'était non plus « un modeste manoir... mais « *un véritable château* pourvu d'une chapelle avec les apparte« ments indispensables à de nombreux invités et aux apprêts « de noces somptueuses. » Il faut donc le considérer comme une résidence habituelle des l'Hospital, et, en effet, dans le procès-verbal de la réformation de 1543 [1], Ch. de l'Hospital, écuyer, seigneur de Vitry, Coubert, Noyen, le Hallier, etc., grand-maître des eaux et forêts du duché d'Orléans, nous dit : « Pour l'exécution d'icelles (lettres) nous sommes de nostre « maison et lieu du Hallier, assis esdites forêts d'Orléans, où fai« sons nostre continuelle résidence, transportez en la ville d'Or« léans [2]. »

En résumé le Hallier est un château bâti vers le début du seizième siècle par un riche seigneur qui voulait l'habiter. Par son style et sa construction, il ne sort point de la règle commune [3] :

[1] K. K. 1049.

[2] Le Hallier était donc bâti en 1543. Donc il est impossible de lire sur les cartouches de la porte d'entrée, les initiales F. H. que du reste l'on ne saurait matériellement y trouver. D'un autre côté, on voit que C. de l'Hospital ne qualifie le Hallier, même après sa construction certaine, que de « lieu et maison : » il semblerait donc que c'est à tort que M. Loiseleur conclut que le château actuel n'existait pas encore en 1530 et 1541, des titres de cette époque où il n'est également parlé que de « lieu... maison, court... etc. » (p. 195.)

[3] Comme point de comparaison, on peut citer le somptueux château de Nantouillet, édifié par le chancelier Duprat, en Brie, et où l'on a cru, non sans probabilités, reconnaître la main du Primatice. (V. Notamm. la Notice de M. de Longpérier-Grimoard. - Mémoires de la Société d'Agriculture de Meaux, 1851-1854.) Près du Hallier, les fortifications de Boiscommun procèdent du même

il n'y a rien en lui, selon nous, rien absolument qui sente le bandit : et vouloir en se fondant sur des nuances d'architecture qui, en réalité, n'existent pas, en faire une œuvre à part, c'est payer quelque tribut à la fantaisie.

Ainsi, semblables à ce Protée que nous dépeint le poëte, les bandes de brigands qui, à toutes les époques, ont, dit-on, sillonné la forêt d'Orléans, prennent diverses formes pour nous échapper toujours. Qu'on nous les représente habitant à la manière de ces hommes des bois légendaires que l'on cherche encore, des fourrés inexpugnables, ou domiciliés dans des souterrains, où du moins ils auraient joui de l'avantage de ne plus coucher *sub jove frigido* comme le chasseur d'Horace, qu'on nous les montre attaquant villages, prieurés et châteaux, il nous est impossible d'en saisir la moindre trace.

Renonçons donc à l'espoir de découvrir une nouvelle race de bandits, les bandits forestiers. Sans doute, au début du quinzième siècle (et plus tard, lors des guerres de religion), les riverains ont eu à souffrir bien des maux[1]. C'est par exemple Vitry

faire et de la même époque. Personne n'admettra jamais que ces diverses constructions aient été ainsi élevées de peur des brigands, ou du moins des brigands de la forêt d'Orléans.

[1] Il en est de même si l'on remonte aux temps barbares. Au neuvième siècle, une très-curieuse lettre de Lupus, abbé de Ferrières, peint à merveille la situation. Voici la traduction de cette lettre dont le texte a été publié par Baluze. (Beati. Serv. Lupi. opera. Parisiis. 1664, in-oct. p. 102.) :

« A Hilduin, la fleur de la noblesse, de la grâce et de la douceur, le maître des ecclésiastiques, Lupus avec ses souhaits de prospérité présente et future. Il ne faut pas nous étonner que votre Grandeur ait cru qu'on pouvait en toute sécurité nous confier en dépôt un trésor, puisqu'elle ne connaissait pas la position de notre monastère. Si vous en aviez été informé vous ne nous eussiez rien envoyé à garder, je ne dis pas longtemps, mais même pendant l'espace de trois jours. Il est vrai, il semble difficile à des pirates de pénétrer jusqu'ici, bien qu'à présent pour le juste châtiment de nos péchés, il n'y ait distance qui ne paraisse courte ni escarpement qui ne livre passage à cette race d'hommes; mais la faiblesse de notre position, et le petit nombre des personnes aptes à la défense, enflamment l'avidité de ces pillards: surtout, le couvert des forêts protége leurs rapides coups de main ; là, aucune fortification, aucun rassemblement d'habitants qui les embarrasse; le voisinage des bois leur offre une retraite où ils s'enfuient dispersés, où ils recueillent en paix leurs dé-

pillé en 1413 [1], Noyers en 1417 [2]. En 1414, un seigneur de Hautefeuille, qui prétendait avoir la garde du château de Nesploy, ravage le pays [3]. En 1400, on est obligé de transporter sous bonne escorte la pêche d'un étang forestier [4]. Mais tout ceci est-il le fait de bandes installées dans ce but spécial, au milieu de la forêt? En aucune façon : à une époque privilégiée pour elles, quand ces bandes auraient pu agir avec peu de risques et de grandes chances d'enrichissement, l'on n'en trouve mention nulle part. Toutes ces déprédations violentes ont pour auteurs des hommes d'armes rançonnant préalablement un pays qu'ils ne devaient pas avoir la force de défendre ensuite contre le torrent des Anglais.

Dans tous les documents forestiers, nous avouons n'en avoir trouvé qu'un seul où il soit question de brigandages provenant de la forêt : un arrêt du Parlement, en septembre 1454 [5], maintient les habitants de plusieurs paroisses telles que Neuville, Chilleurs, Courcy, Ingrannes, Vitry, Seichebrières, Donnery, Loury, Chécy, Saint-Jean-de-Brayes, Cercotes et autres dans un droit d'usage, et il rappelle que ce droit leur a été accordé *ab antiquo* sur une demande où ils exposaient notamment « quod in dictâ forestâ Aurelianensi, que regalis ac longa et « lata extabat, latrones et itinerum insidiatores conversabant. »

pouilles tandis que les hommes envoyés à leur poursuite s'épuisent en vains efforts. Ces faits, vos gens en ont été témoins, et Ives lui-même, qui a longtemps habité parmi nous, vous en confirmera l'exactitude. Ainsi que votre prudence, objet, maintenant et toujours, de bien justes éloges, considère nos craintes et son propre intérêt; et qu'elle fasse transporter ailleurs des valeurs si précieuses et qui courent tant de dangers (preciosa pericula), car si l'événement redouté de nous arrivait, vous pourriez, mais trop tard, éprouver un regret cuisant, et porter contre nous une accusation que nous ne méritons pas.

J'offre à votre Excellence tous mes vœux de santé et de bonheur. »

[1] Joursanv. 2958.

[2] *Idem*. 2962.

[3] *Idem*. 2966.

[4] *Idem*. 2912. En 1420 il y avait des archers chargés spécialement d'empêcher que les gens d'armes ne gatassent le poisson des étangs du bâtard d'Orléans. (Joursanvault. 696).

[5] Q. 590.

Il s'agit ici d'*itinerum insidiatores*, c'est-à-dire d'hommes isolés ou formant des réunions très-peu nombreuses qui attendaient les voyageurs pour les détrousser. Il y a loin de là aux bandes audacieuses et puissantes même au dehors, à ces « royaumes » dont on nous parle.

L'arrêt ne dit pas non plus que les brigandages eussent persévéré et existassent encore en 1454 [1]; il s'agit seulement de brigandages exercés dans l'ancien temps, *ab antiquo*, c'est-à-dire sans nul doute à l'époque des grandes compagnies au commencement de la guerre des Anglais, la guerre de cent ans, dont au quinzième siècle les débuts pouvaient déjà passer pour de l'histoire bien ancienne; enfin même, l'on peut se demander si cette affirmation traditionnelle et d'ailleurs intéressée, mérite une confiance absolue. Les habitants de la forêt se fondent sur l'existence d'un brigandage pour réclamer le privilége de paisson : est-ce là un argument bien sérieux, et si la forêt était infestée de bandits, aurait-on pu y envoyer pâturer efficacement des animaux? Il nous semble certain que si la pêche d'un étang, quelque belle d'ailleurs qu'elle pût être, courait tant de risques, le porc qui contient dans sa personne des éléments éminemment recherchés des plus fins palais, devait surexciter à un bien plus haut degré l'appétit des malfaiteurs.

Plusieurs climats forestiers nous apparaissent aussi dans la visite de 1608 [2] sous des noms passablement lugubres. Ce sont l'*Homme-Mort* (Garde-du-Milieu), la *Fosse-aux-Morts* [3] (Neuville) *les Morts* (Goumas).

Ces dénominations doivent-elles se rapporter à des actes de

[1] De même, une Ordonnance de 1430 (ordonn. XV. 108), rappelant les exploits de Montargis contre les Anglais, nous apprend « que on ne povoit aller seurement en la forest » de Montargis dans le moment de la guerre : mais elle ne déclare pas du tout que cette impossibilité subsistât en 1430, ce que, dans l'espèce, elle n'eut certes pas négligé de dire.

[2] Ces noms sont fort anciens. Ils figurent déjà dès le début du quinzième siècle, dans des listes de ventes de bois. Le tréfonds de la Fosse-aux-Morts appartenait, à cette époque, à Anceau Le Bouteiller. (O,20036, f. 154. — O,20037, f. 235-288.)

[3] Z. 4922.

banditisme. Il serait bien difficile de l'affirmer. Leur étymologie peut se relier à tant d'hypothèses différentes que toute assurance à ce sujet ne saurait être que prématurée.

On voit à quoi se réduisent les traditions forestières : parfois elles peuvent avoir quelque fondement, le plus souvent elles n'en ont point du tout. Les bois jouent un certain rôle dans les légendes, parce que les légendes, semblables à des rêves, sous une forme vive et exagérée, ne font d'ordinaire que reproduire les croyances et les préoccupations de chaque jour. Mais la forêt a exercé son influence d'une manière plus directe et plus utile : elle a transformé l'agriculture par les facilités apportées à l'élevage des bestiaux ; elle a créé dans ses environs une population de petits industriels. Les eaux qu'elle laissait échapper avec mesure et régularité de ses ombrages protecteurs, allaient porter au loin la fécondité et la salubrité. Enfin, dans l'ordre intellectuel, il s'en faut qu'elle soit demeurée étrangère aux conceptions des artistes.

Il nous reste à examiner l'administration intérieure de la forêt : le nombre et les attributions des officiers forestiers, les modes usités pour la conservation et la défense des espaces boisés ainsi que des animaux qui les hantent : en un mot, après avoir vu la place qu'occupait en Orléanais la forêt d'Orléans, il nous reste à pénétrer dans son sein.

TROISIÈME PARTIE

ADMINISTRATION INTÉRIEURE DES BOIS

CHAPITRE PREMIER

Des Officiers des Eaux et Forêts et de la justice forestière.

Réunies toujours dans une même main, la justice des eaux et la justice des forêts de l'Orléanais appartiennent par essence au roi ou au prince apanagé. Le système féodal qui partout divisa à l'infini les droits justiciers, qui inféoda constamment la basse justice, souvent la haute, n'a pas pénétré dans la forêt d'Orléans que sa constitution particulière et autonome en garantissait Le droit de basse justice n'a été qu'une fois séparé de la haute justice et inféodé spécialement; quant à la haute justice, sauf de très-rares exceptions, elle appartient toujours au roi, qui ne l'a cédée qu'avec le fonds en cas d'apanage [1]. Au seizième siècle

[1] V. les lettres d'apanage du Duché d'Orléans. — Lettres d'apanage du Comté de Gien (1298). 0,20569.

comme au douzième, le roi est plein justicier à moins d'exception particulière [1]. Du reste ce droit de justice qui, par sa nature même, est si régalien, et qui n'a pu tomber dans la propriété individuelle que par la patrimonialité de tous les pouvoirs publics, était surtout apprécié comme une des sources les plus importantes de revenus. Les amendes, les confiscations ou forfaitures prononcées dans certains cas, le produit des exploits ou libelles instrumentés par les sergents formaient en effet un profit considérable : on finit par considérer la justice comme un droit avant tout pécuniaire, comme une « possessio percipiendi « omnia emolumenta profectus et explectamenta ac financias « que dominus percipere potest in dumis [2]... », réunissant ainsi sous un seul chef les amendes, les lods et ventes, même la gruerie et la grairie. La main de justice ne consistait donc pas dans un sceptre purement honorifique, et dès les premiers temps d'administration régulière nos rois s'occupèrent d'organiser fortement les modes de rendre la justice dans les forêts de l'Orléanais. La coutume de Lorris nous offre les premiers symptômes de cette organisation, dès le début du douzième siècle [3]. La police des bois se faisait au moyen d'une troupe soumise au régime militaire, et qui vraisemblablement ne présentait aucun caractère forestier spécial. A la tête se trouvait le *miles*, le chevalier, ayant sous ses ordres les soldats ou sergents, *servientes*, dont le rôle consistait à arrêter les individus pris en flagrant délit. Chaque partie de la forêt possédait sans doute une compagnie de ce genre.

Au treizième siècle, la forêt nous apparaît avec l'organisation complète qu'elle a conservée toujours, durant tout le moyen-âge. La surveillance des eaux se joint à l'administration forestière, et l'on met cette double police sur un pied très-sérieux. Un crédit particulier est ouvert pour un service de garde nocturne. « Pro forestis per noctem custodiendis per forestarios ea- « rumdem, LXXV solidos, V denarios » disent les comptes de

[1] V. Réquisitoire du procureur du roi, 25 avril 1539. (Z. 4921, p. 5, 6.)
[2] Arrêt du Parlement de 1308. (Olim, III, 347.)
[3] A. 22.

1285 [1]... et vers 1280, un maître raconte qu'il a conduit six malfaiteurs à travers le bois durant la nuit [2].

L'ancien chevalier a pris les noms de forestier, forestarius, maistre forestier, magister forestarius, maistre de la garde, magister ou custos guardæ. Il continue à porter l'épée [3]. Ce fonctionnaire qui forme la base de toute l'administration, possède avant tout des attributions judiciaires auxquelles se joignent des devoirs d'administration et de police; au-dessus de lui se trouve un fonctionnaire unique appelé le *Grand-Maistre des Eaux et Forests* [4], juge d'appel, juge de premier ressort suivant les cas, et en même temps administrateur général supérieur. Chaque maître de la garde tient sous ses ordres une compagnie de sergents d'un nombre variable qui, participant de la nature mixte des officiers forestiers, jouent le rôle d'huissiers, de surveillants de police, en même temps qu'ils président aux menus détails de l'administration.

Outre ces officiers ordinaires, il faut noter des officiers ex-

[1] Hist. de la France, XXII, § Castrum Nanthonis.

[2] « ...set pro VI hominibus ductis de nocte per nemus, XVIII l. » (J.1024, n° 84.)

[3] V. J. 742, n° 6, « Taupin ... trest l'apée, etc. » (V. ci-dessus.)

[4] Appellé Verdier dans l'acte suivant :

« Philippe par la grâce de Dieu roy de France, scavoir faisons à tous présens et avenir que pour considération des bons services que nous a fait en nos guerres nostre amé et féal le seigneur de Monppippeau : les trois charrettées qu'il prenoit chacune semaine à vie de nostre don en nostre forest d'Orliens en la garde de Goumez nous de grâce especial en ampliant nostre dit don avons données et donnons par ces lectres au dit seigneur de Monppippeau perpétuellement pour luy et pour ses hoirs et successeurs à prendre dores en avant chacune semaine à une foys ou à pluseurs si comme bon li semblera ou à ses hoirs et successeurs pour eddiffier et ardoir en la maison de Monppippeau sans convertir ailleurs ne en autres usages. Si mandons par ces lectres aux maistres de nos forests et au verdier de notre dite forests présent et avenir que le dit seigneur de Monppippeau et ses dits hoirs et successeurs lessent et fassent joir paisiblement de nostre présente grâce. Et que soit ferme et estable nous avons fait sceller ces lectres de nostre grand scel sauf en autres choses nostre droit et l'autruy en touttes. Ce fut fait à Paris le pénultième jour de Décembre l'an de grâce mil troys cens quarante. » (Q.590 n° 10. F. VI. XX. II, v°.)

traordinaires, créés pour des cas spéciaux, dotés momentanément d'un pouvoir juridictionnel plus ou moins restreint : certains tréfonciers, exceptionnellement haut justiciers, ont également des officiers particuliers qui leur appartiennent [1].

C'est donc le grand-maître qui tient dans sa main toutes les eaux [2] et toutes les forêts de l'Orléanais. Sa juridiction s'étend même beaucoup plus loin. Elle embrassait tout le pays chartrain : même, au seizième siècle, une inspection passée par le grand-maître d'Orléans des forêts du Blésois, nous apprend qu'elles se trouvaient sous sa dépendance [3].

Au temps où l'Orléanais forme un apanage et possède son autonomie ducale, le grand-maître se trouve chef de service et prend le titre de souverain-maître. Ce fonctionnaire n'entendait pas alors que l'administration royale empiétât sur ses domaines. Ainsi en 1407 [4], Maistre Pierre Gillier, procureur du duc, reçoit, comme indemnité de déplacement, 10 livres 12 sous pour avoir vaqué 22 jours en voyages d'Orléans à Cepoy et à Paris [5] et pour la rédaction d'un mémoire gros de trente feuillets, « de « certaine entreprise naguères fete de nouvel par Messire Fran« çois de l'Ospital, chevalier, mestre des Eaux et Forests du « roy nostre sire qui a voulu entreprendre congnoissance et « juridiction es forests d'icellui duchié ou preindre de mondit« seigneur le duc et de son droit. » C'est ainsi que le grand-

[1] On sentit donc de très-bonne heure le besoin d'avoir des officiers spécialement forestiers, comme le dit Plinguet avec sa pointe habituelle : « L'administration locale, les aménagemens proportionnés et combinés avec la qualité du sol, avec les débouchés, avec les besoins des provinces voisines, voilà ce qu'un juge (un juge ordinaire) ne sait pas toujours évaluer, et en quoi il faut souvent lui préférer un campagnard forestier. » (Préface.)

[2] Il avait la justice de la Loire sur un très-long parcours, notamment à Beaugency, à Meung où l'on relève un grand nombre de délits. (Compte de 1441-42, 0,20310).

[3] 1525. 0,20721. — Arch. du Loiret, A. 716. — Il en fut de même à certains moments du quinzième siècle. Le Grand-Maître était alors Grand-Maître général de toutes les Eaux et Forêts ducales.

[4] Compte de 1407.

[5] Le voyage de Paris seul lui avait coûté quatre jours.

maître ne craignait pas d'élever hardiment un conflit contre la maîtrise générale de France.

L'institution de la grande-maîtrise semble ne remonter, dans l'Orléanais, qu'au quatorzième siècle. Au treizième, c'est le bailli d'Orléans qui a l'administration des forêts comme des autres propriétés royales [1]. A la fin du treizième siècle, nous trouvons sans doute l'indication d'un certain Thibaut de Montargis « Theobaldus de Monteargi.... » ancien gardien de la forêt sous Philippe le Hardi « qui tunc erat custos foreste domini regis... [2]. » Mais cette mention doit se rapporter simplement à un maître de garde. Quoiqu'il en soit, du quatorzième au seizième siècles, les diverses pièces émanées de la Grande-Maitrise nous offrent pour les titulaires les noms suivants :

Philippe Lequers, maître des eaux et forêts du roi, au commencement du quatorzième siècle semble avoir dirigé particulièrement les forêts orléanaises.

Noble Homme, Bennes Dubois, écuyer de Monseigneur le duc, maistre et enquesteur des eaux et forêts dudit seigneur par tout son bailliage d'Orléans (1315) [3].

Jehan Bonnet, maître des eaux et forêts (1320). En 1322, Jehan Duisi, écuyer, maître des eaux et forêts de madame la reine Clémence.

Regnault de Guy, d'abord écuyer, puis chevalier et conseiller du roi, maître des forêts d'Orléanais, puis Veneur, maître et enquesteur des eaux et forêts du royaume et de celles de monseigneur le duc d'Orléans (1337, 1350).

Jehan Bouffault, d'abord écuyer, puis chevalier de monseigneur le duc, maître et enquesteur des eaux et forêts au bailliage d'Orléans (1355, 1362).

Aubert d'Andezel, chevalier, chambellan de monseigneur le

[1] V. passim, (J. 742, n° 6) des sergents provisoires nommés par le bailli. B. de Vilers, maître de Courcy raconte, vers 1280, qu'il a envoyé « nuncium ad curiam qui habuit XXII solidos. » (J. 1024, n° 84.)

[2] J. 1032, n° 7.

[3] Mentionné seulement. D,20640, f. 154. 192.

duc d'Orléans et souverain maître et enquesteur général des eaux, forêts et garennes dudit seigneur par toute sa terre (1366, 1367).

Jehan Riole, bailli d'Orléans, maître et enquesteur des eaux et forêts de M. le duc audit bailliage (1368).

Guillaume du Gardin, écuyer, maître et enquesteur des eaux et forêts du roi « ou bailliage d'Orliens [1] » (1376 [2]-1379).

Jehan d'Ourmes, maître des eaux et forêts du roi [3] (1380).

Jacques, sire d'Aigreville, chevalier *le roi nostre sire*, maître et enquesteur des eaux et forêts dudit seigneur au bailliage [4], puis au duché d'Orléans. (1387, 1391).

Philippe de Florigny, ou de Fleurigny, chevalier, chambellan du roi, procureur de M. le duc d'Orléans, souverain maître et enquesteur des eaux et forêts d'icelui seigneur au duché d'Orléans (janvier 1392 [5], jusqu'à la Chandeleur, 1403 [6]).

[1] Ou bien Maistre et Enquesteur des E. et F. du duché d'Orléans et des anciens ressorts.

[2] Leclerc de Douy lui assigne la date de 1307 qui semble bien erronnée. (O,20641, f. 5.)

[3] En Orléanais?

[4] Il était alors sous la dépendance du département des eaux et forêts de Tours comme le montre l'acte suivant :

« Jacques sire d'Aigreville, chevalier, et Jacques Renart, conseiller du Roy nostre sire, maistre et Enquesteur des eaux et forets dudit seigneur ez duchiez d'Orleans et de Touraine, au maistre de la garde du Millieu, salut. Les manans et habitans de la ville et paroisse de Nesploy, excepté ceux qui demeurent en lieu flezé, nous ont monstré par lettres qu'ils ont usaige en vostre garde au lieu des Foys, treffons le Roy et autres plusieurs seigneurs, au boys mort et aux ramoisons non souspeçonnés. Si vous mandons que d'iceluy usage vous souffrez et laissez paisiblement joir et user lesdiz habitans, excepté les demourants en flé comme dit est, audit bois mort non souspeçonnez, sans leur faire empeschement aucun, au contraire. Donné à Victry soubs nos sceaulx le XIIIIe jour de mars l'an mil CCC. IIII. XX et sept.

PERRINET.

(O,20635, II, 89.)

[5] 1393.

[6] 1404. Compte de 1403-4.

Robert de Vassy, écuyer, échanson du roi et du duc[1] souverain maître et enquesteur des eaux et forêts du duché. (depuis la Chandeleur 1403, 1407).

Primeu de Bezonx, écuyer, premier pannetier de la duchesse, souverain maître et enquesteur des eaux et forêts du duché. (1407, 1419).

Archambault de Villars, écuyer, conseiller et maître d'hôtel du duc [2], souverain maître et enquesteur des eaux et forêts du duché (1420, jusqu'à la Saint-Jean 1424).

Jehan Victor, écuyer, conseiller et pannetier du duc, souverain maître et enquesteur des eaux et forêts du duché (Saint-Jean 1424).

François Victor, fils sans doute du précédent lui succéda dans ses dignités en décembre 1449 [3]: son administration eut une issue malheureuse : ses derniers comptes portent la date de 1456 : il fut suspendu de son office le 20 décembre 1456 [4]. Le duc déclare alors qu'il faut « que pour garder, exercer et « gouverner ledit office de maistre et enquesteur de nos dites « forests nous commections homme habille, ydoine et suffisant « oudit office pour eschever les inconvéniens maulx et dom- « mages qui durant ladite suspension se y pourroient de plus « en plus faire, » il commet provisoirement Jehan le Flament, conseiller des finances, qui est définitivement nommé le 13 mars 1456 [5] après la destitution de Victor.

Jehannet de Saveuzes, chevalier, chambellan de M. le duc, souverain maître et enquesteur d'icelui seigneur en son duché [6] (1457, 1460).

[1] Homme très-bien vu à la cour, car le 31 décembre 1402, il recevait du duc un présent de 100 livres. (A. du Coll. Hérald. 542.)

[2] En 1400, il était maître du sceau du duc. (Coll. Hérald. 221.)

[3] 0,2618, f. 129.

[4] Compte de 1457. 0,20319.

[5] 1457.

[6] En 1454, le duc fait rembourser à Jean de Saveuzes, alors son écuyer d'écurie « six salus d'or » qu'il a dû payer « de son or » au chancelier d'Angleterre, pour obtenir un sauf-conduit à Me Hugues Perrier, conseiller du duc, « afin que ledit Maistre Hugues put venir par devers nous au royaume d'An-

Loys de Pons, écuyer, seigneur de Mornac, conseiller de madame la duchesse, souverain maître et enquesteur des eaux et forêts du duché (1465, 1468).

Gilbert Dupuy, chevalier, seigneur de Vaton et Barmont, conseiller de madame la duchesse, souverain maître et enquesteur des eaux et forêts du duché (1472).

Honorable Homme et Sage Maître, Loys Ruzé, licencié en lois, conseiller, trésorier et recevour général des finances de madame la duchesse, souverain maître et enquesteur des eaux et forêts d'Orléans (1478, 1479)[1].

Hubert de Grouches, chevalier, seigneur de Griboval, conseiller et maître d'hôtel de madame la duchesse, souverain maître et enquesteur des eaux et forêts du duché (1482, 1484).

Gilles des Ormes, chevalier, seigneur de Saint-Germain, conseiller, chambellan et premier maître d'hôtel du duc, grand-maître et enquesteur des eaux et forêts du duché (1486, 1491).

Pierre Symart, notaire et secrétaire du roi, conseiller de M. le duc, grand-maître et enquesteur des eaux et forêts du duché : nommé le 30 janvier 1492[2] (1497).

Antoine de Cugnac, chevalier, baron d'Ymonville, seigneur de Dampierre et de Jouy, grand-maître, réformateur et enquesteur des eaux et forêts du duché (1497, 1527).

Joachim de la Chastre, chevalier, seigneur de Nançay, capitaine de l'une des gardes du roi, grand-maître, général réformateur des eaux et forêts du duché d'Orléans (1537[3])

gleterre en compagnie du chancelier de la France pour le bien de la paix » (A. du Coll. Hérald. 363.) J. de Saveuze était donc un seigneur riche, ayant toujours vécu à la cour.

[1] D'après Leclerc de Douy, Ruzé et H. de Grouches paraîtraient ensemble dans les ventes de 1484, comme étant tous deux grands maîtres dans cette même année. (0,20637, f. 204.) mais nous possédons les comptes de 1483-84, (0,20642-43) et il n'y est nullement question de Ruzé. (V. Arch. du Coll. Hérald. 485. — 482, 483.)

[2] Joursanvault, 3027.

[3] Dom Morin (p. 815) mentionne vers cette époque Jacques des Prez, écuyer, seigneur de Préfontaine, qu'il qualifie de « capitaine et garde des forests du Gastinois. » Ne s'est-il pas trompé ?

Charles de l'Hospital, écuyer, seigneur de Vitry, Coubert, Noyen, Fougnolles, Naudy et du Hallier, pannetier du duc, grand-maître enquesteur et général réformateur de eaux et forêts du duché (1540, 1545).

Son fils, François de l'Hospital, écuyer, seigneur de Vitry, Coubert, Noyen, Naudy et du Hallier, échanson ordinaire du roi, bailli de Melun, eut la survivance de la grande-maîtrise des eaux et forêts (1554).

Nicolas de Saint-Mesmin, écuyer, seigneur du Mesnil, grand-maître des eaux et forêts du duché d'Orléans (1560, 1566).

Claude Galmet,[1] écuyer, seigneur de Faronville et du Poutils, gentilhomme servant de la maison de Monsieur fils et frère de roi, grand-maître des eaux et forêts du duché d'Orléans (1567, 1580). Ce grand-maître fut réduit au titre et aux fonctions de maître particulier du duché, par l'adjonction d'un supérieur hiérarchique, Jean de Villiers, chevalier, seigneur de Marchais-Creux, conseiller du roi, grand-maître et enquesteur et général réformateur des eaux et forêts de France en Poitou, Saintonge, Berry, Orléanais, Blésois (1576).

Jacques Hanappier écuyer, seigneur d'Armonville, conseiller du roi,[2] grand-maître des eaux et forêts du duché d'Orléans (1584, 1596).

Nicolas Gruet, écuyer, seigneur de la Caulde, grand-maître des eaux et forêts du duché (1596, 1597).

François Mallier de Villeneuve, grand-maître des eaux et forêts du duché (1608).

La grande province forestière créée au XVIe siècle par correspondance avec le gouvernement civil continua à subsister et à maintenir dans son infériorité la grande maîtrise d'Orléans. Au début du dix-septième siècle (1602, 1608), le titulaire était Antoine de Museau, chevalier, seigneur de Prasville, Frémin-

[1] La famille Galmet était une noble famille orléanaise, des mieux placées. (V. A. du Coll. Hérald. 771, 783.)

[2] Maire de la ville d'Orléans en 1590-91: c'était une famille Orléanaise et de robe : en 1621, on trouve les branches Hanapier de Melleray, H. d'Asmoy, représentées par deux conseillers du roi (A. du Coll. Hérald. 798).

ville, Champguérin, etc., conseiller du roi, grand-maître enquesteur et général réformateur des eaux et forêts de France ès provinces de Berry, Orléanais et Blois [1].

Les noms seuls des personnages qui ont occupé, dans une période de trois siècles, le siège de la grande-maîtraise des eaux et forêts suffisent à montrer l'importance de cette haute magistrature. Les Villars, les Braeque, les L'hospital, les La Chastre, voilà autant de chefs des plus nobles et plus puissantes familles de l'Orléanais. Le titre de souverain maître n'est jamais que l'apanage d'un très-grand seigneur, et d'un seigneur presque toujours revêtu, comme on a pu le remarquer, d'une dignité de cour qui lui permet d'approcher la personne du prince dans l'Orléanais : il conférait en effet une puissance considérable, en même temps que des émoluments sérieux. Robert de Vassy recevait des appointements de 160 livres par an [2], somme importante pour son époque ; ces appointements furent bientôt diminués d'une manière sensible ; depuis 1420 au plus tard, dans tout le reste du quinzième siècle, ils ne s'élevèrent plus qu'à 120 livres [3]. Au seizième siècle, la valeur de l'argent changea considérablement : la somme allouée au grand-maître fut presque triplée ; on la porta à 320 livres parisis. [4] De plus, le grand-maître avait droit à du bois pour son chauffage, ou à une indemnité équivalente [5]. J. Victor Ruzé recevait 100 moles de buches, qui calculées à trois sous le cent, se transformaient en une indemnité de quinze livres parisis [6].

Enfin la charge de grand-maître entraînait d'ordinaire le titre de capitaine d'une châtellenie ducale. Philippe de Florigny

[1] En 1585, il y avoit une dame Anne de Museau, dame de Charsonville, veuve de Mess. Jean de Brachet, chevalier de l'ordre du roi et gentilhomme ordinaire de sa chambre. (A. du Coll. Hérald. 750.)

[2] C[tes] de 1407. — De 1403-4.

[3] 0,20018, f. 177. — Compte de 1483-84. 0,20642-43. — de 1485 0,20640-41.

[4] Compte de 1574. 0,20344. — de 1403-4.

[5] V. Catal. Joursanvault. 2942, 2909.

[6] Compte de 1483. Quittances de 1435-1452. 0,20018, f. 154.

avait la capitainerie du château d'Yèvre [1], Robert de Vassy le commandement de Châteauneuf, [2] pour lequel il reçoit en décembre 1406 de Jean Mahy, le receveur du duché, 23 livres, 13 sous [3], 4 deniers [4]. Primeu de Bezonx [5], Jehan le Flament, Louis Ruzé [6], Antoine de Cugnac, ont également joui de la capitainerie de Châteauneuf, Jean de Saveuzes de la capitainerie de Baugency. [7] La pension de retraite accordée aux grands-maîtres qui avaient fait un bon service, montait presque au même taux que leurs appointements ordinaires. L'un d'eux, Philippe de Florigny, se retire avec une pension de six-vingt livres, c'est à dire 120 livres, chiffre qui se rapproche fort du traitement normal, et que les lettres ducales, datées de Châteauneuf, le 6 octobre 1403 lui attribuèrent sur la recette d'Orléans [8].

Le grand-maître est un magistrat révocable et assermenté. Les formalités de son entrée en fonctions sont des plus simples. Le récipiendaire présente son brevet rédigé en forme de lettres patentes au gouverneur ou plutôt à son lieutenant, qui procède à une information sommaire sur sa capacité, puis le nouveau grand-maître comparaît devant le gouverneur, prête serment entre ses mains, reçoit de lui l'institution de la grande-maîtrise et de la capitainerie, institution constatée officiellement par lettres patentes du gouverneur ou du lieutenant, qui donnent pouvoir d'exercer les charges et percevoir les gages, profits et revenus « tant qu'il plaira a monseigneur le duc [9]. ».

Grand seigneur et homme de cour comme il l'était toujours,

[1] V. notamment Arch. du Collége Héraldique.

[2] Compte de 1403-4.

[3] Coll. Hérald. 710.

[4] Catal. Joursanvault, 3270.

[5] Nommé capitaine de Châteauneuf en même temps que grand-maître, 13 mars 1456-57.

[6] Compte de 1485.

[7] 0,20617.

[8] Compte de 1403-4.

[9] Compte de 1457.

le souverain maître des eaux et forêts avait besoin d'être secondé dans sa tâche par un lieutenant intelligent, actif et laborieux. C'est le lieutenant qui faisait les voyages, qui expédiait toutes les affaires courantes. Le lieutenant général est lui-même un personnage considérable, presque toujours l'un des seigneurs du pays les mieux placés, et en même temps les plus à portée de connaître l'administration forestière. En 1315 un certain Jehan Bouffault, écuyer, prend le titre de « commis député en toute les choses toichans et appartenans à l'office de noble homme B. Dubois... [1] » mais il ne nous en est guère resté de traces.

Les principaux lieutenants généraux des eaux et forêts ont été Guillaume le Bouteiller (1366), écuyer, représentant de la vieille et puissante famille des Bouteillers ; avant d'être lieutenant d'Aubert d'Andezel, il avait habité Nesploy cinq ans, et s'était ainsi mis au fait des habitudes forestières, quoiqu'il fût né d'ailleurs aux portes de la forêt ; ce séjour à Nesploy nous est attesté par son fils lui-même, Jean le Bouteiller, qui ne prend d'autre qualificatif, d'autre titre que celui-ci : « laboureur à Vitry ou Loge » mais que la renommée publique et le respect de ses concitoyens avaient décoré d'un surnom différent : « Jehan le Bouteillier, dit le Noble... [2] » Jehan du Cemetière, lieutenant de « noble et puissant seigneur, monseigneur J. Bracque... [3] » Bourgeois, lieutenant de Le Flament (1457) ; Gilles le Mareschal, écuyer, lieutenant général (1402) [4]. Hector de Bouville, seigneur de Santimaisons, fut nommé lieutenant général en 1404 : jeune, actif, bienveillant pour les populations [5], il nous a laissé de nombreuses traces de sa courte administration. Un de ses successeurs, Philippe Viole, membre d'une antique famille, si antique que, au témoignage de dom Morin, elle a eu pour chef en France « un tribun de soldats romains, appelé en nostre

[1] 0,20640.

[2] Enquête sur Nesploy, 1405.

[3] 0,20640, f. 53.

[4] Coll. Hérald. 883.

[5] V. les conclusions de ses enquêtes. — Enq. sur Nesploy, 1405.

France colonel » que César avait pris en affection depuis la bataille de Pharsale, et qui descendait déjà d'une des plus anciennes familles de Rome[1], Philippe Viole put, durant un plus long temps qu'Hector de Bouville, déployer ses qualités; et même en 1419, il fut intérimairement « commis par le duc à l'exer» cice de l'office » de la maîtrise des eaux et forêts[2]; mais, sans contredit le meilleur administrateur qu'ait possédé la forêt d'Orléans dans tout le cours du moyen-âge, le plus actif, le plus infatigable, un homme qui, chargé de la lieutenance générale du gouvernement de l'Orléanais en même temps que de la lieutenance générale des eaux et forêts, dans l'époque la plus désordonnée et la plus agitée de l'Orléanais, ayant à lutter contre la désorganisation la plus absolue, contre les ravages des amis et les ravages des ennemis, présidant les tournées d'assises de la justice ducale, sans préjudice des assises forestières, chargé de tous les voyages, de toutes les inspections, a su porter mieux que nul autre le poids des travaux forestiers, nous a laissé tant de traces de son passage que son nom remplit toutes les pages de l'histoire forestière et se rencontre inévitablement partout, qui enfin ne disparaît de la scène qu'après un demi-siècle de travaux modestes mais inappréciables; l'homme qui a administré les eaux et forêts sous le nom de Jean et de François Victor, c'est Hervé Lorens, licencié en lois, lieutenant du bailliage[3]. A la fin du même siècle, Florentin Bourgoing, licencié en lois, est aussi un auxiliaire zélé de J. de Saveuzes, Pons de Mornac et Ruzé.

En 1573, les appointements du lieutenant général s'élevaient à 80 livres[4].

Outre le grand-maître et le lieutenant général, le siége de la grande-maîtrise comprend encore un procureur, un clerc et un greffier. Le procureur des eaux et forêts joue en général un rôle peu important. Il n'existait pas régu-

[1] Morin. p. 461.

[2] Il paraît avec ce titre dans une vente de septembre 1419. 0,20503.

[3] Alias, lieutenant général du gouverneur du duché. — V. notamment 0,20564.

[4] 0,20544.

lièrement encore au quinzième siècle avec toutes ses attributions, car le 19 mars 1402 (1403), nous voyons allouer des frais de tournée à un certain Jehan Cabu qui avait été soutenir les droits du duc aux assises tenues à Vitry par le grand-maître[1]. D'un autre côté, dès le quatorzième siècle, un procureur ducal[2] accompagnait les officiers forestiers dans leurs opérations les plus importantes[3]. En 1405, lorsque H. de Bouville va présider une enquête forestière à Boiscommun, nous le voyons assisté du procureur général du duc[4]. Le procureur des eaux et forêts possède les attributions du ministère public actuel; il poursuit les délits[5], il doit donner ses conclusions dans certaines causes. Au seizième siècle, cette charge acquit une grande importance, aux mains d'un homme intelligent et opiniâtre. Robineau de Lignerolles, procureur du roi des eaux et forêts, vers 1573, prend la part la plus active à toutes les opérations si compliquées auxquelles donnèrent lieu à cette époque la gruerie et les vagues[6]. C'est surtout sur la police des usages que s'exerça son influence. Chargé de donner des conclusions lors de chaque jugement du grand-maître portant délivrance d'un droit d'usage, il déploya dans une sphère si modeste cet esprit de critique droite et inflexible, cette persistance à poursuivre, à travers tous les obstacles et au prix de grands travaux, un but bien déterminé, qui faisaient le carac-

[1] Compte de 1403-4.

[2] Mais c'était alors le procureur ordinaire. Il n'y avait pas de procureur spécial des eaux et forêts. Ainsi, en 1453, la grande-maîtrise des forêts alloue des frais de tournée au procureur ducal, Jacques Le Fuzelier qui avait été avec un commissaire, Michel de Bacons, informer de plusieurs délits commis par des sergents. (Arch. du Loiret. Tr. du Châtelet.)

[3] Enquête de 1370. 0,20635, f. 175. — Comp. Sentence de 1399. 0,20042, f. 234.

[4] Enquête sur Nesploy. 0,2564. — Enquête d'Arrabloy, 1407. 0,20042, f. 17.

[5] Information de 1509. 0,2057. sur un délit de chasse. — Informations de 1548, *ibid.*

[6] V. aussi l'opposition du procureur du roi contre un jugement de la Maîtrise, 11 mai 154?. Z. 4921, f. 68. v°.

tère propre de notre illustre magistrature. Grâce à lui, tous les usagers durent présenter leurs titres qu'on vérifia avec soin (1570-71)[1] ; ses réquisitoires, remontant avec clarté à la source des droits, précisaient les obligations qui en dérivent : en même temps la délivrance du bois aux usagers était accompagnée de mesures sérieuses. Ainsi s'opéra une œuvre de transformation et de régénération. Tant il est vrai que le magistrat qui s'inspire de l'amour du bien public sait, dans le milieu le plus étroit, rendre d'éminents services, et à l'honneur de l'hermine ajouter l'honneur de son caractère, spectacle toujours trop rare !

Ce qu'on a peine à croire, c'est que Robineau de Lignerolles en 1573 percevait un traitement de 40 livres parisis[2]. A la même époque, le procureur au bailliage recevait des eaux et forêts, pour une raison qu'il serait difficile de préciser, 20 livres parisis[3]. Le clerc-juré qui se confond presque toujours avec le greffier, a la charge des écritures. Il tient un registre de toutes les ventes, de toutes les amendes, enfin de toutes les recettes comme de toutes les dépenses qui surviennent jour par jour, et c'est sur ce compte journalier « jornalis » que se base la rédaction générale du budget[4]. Aussi le greffier était-il parfois chargé de présenter le compte à la place du grand-maître et de faire le voyage réglementaire[5]. Bien entendu il assiste aux opérations dont il importe de garder le souvenir, ainsi : aux aliénations de vagues, dont il est chargé de dresser le procès-verbal authentique[6]. Quant aux attributions de notre greffier moderne, quant à rédiger le compte-rendu de l'audience et la mi-

[1] 0,20618 passim.

[2] Comptes de 1573-74. 0,20544.

[3] *Ibid.*

[4] Il en est fait mention dans presque tous les comptes ; par exemple, ainsi qu'il suit : « Prout in jornali clerici... » (V. Comptes de 1458. 0,20380)..... « Prout in jornali compto Johannis Liger clerici jurati forestarii » (*Ibid.* — V. Compte de 1451-2. 0,20319).

[5] Compte de 1483-4.

[6] V. Baux de 1574. 0,20659.

nute de tous les arrêts[1], c'était là le dernier point des fonctions de l'ancien greffier des eaux et forêts. On sait qu'au moyen-âge la procédure secrète et écrite, dite *inquisitoriale*, que le droit moderne a empruntée à la législation canonique, n'était pas admise en principe dans les tribunaux laïques où tout débat devait être oral et public, et la sentence même abandonnée ainsi que dans le vieux droit romain, à la mémoire des témoins et des parties. Le rôle du greffier à l'audience se trouvait donc à peu près nul. Mais l'influence ecclésiastique ne tarda pas à modifier ces usages. Au quinzième siècle, les sentences du grand-maître étaient recueillies par écrit; un acte de 1457 nous montre un certain Jean Richart recevant un salaire de 6 livres tournois pour avoir été greffier aux assises du grand-maître[2]. En 1573, la place de greffier valait 20 livres, et celle de clerc au moins autant; mais cette dernière restait vacante[3].

Enfin l'état-major de la grande-maîtrise se complétait par un mesureur-arpenteur, chargé de s'assurer principalement de la contenance des ventes. Cette fonction est fort ancienne. Cependant au treizième siècle il ne semble pas y avoir eu sous ce rapport de service bien régulier, puisque l'arpentage des vagues de Goumas est porté à part dans les comptes de 1285 et comme une dépense spéciale « pro vastationibus Gometi mensurandis..... LXXII s. [4] »

Au quinzième siècle, les fonctions de mesureur sont bien organisées et constituent même une des positions les plus importantes de l'administration des eaux et forêts. En 1401, le duc en investit Perrin du Tertre[5], membre d'une famille du pays riche et connue, dont le nom figure sur la liste des bienfaiteurs de plusieurs de nos établissements religieux et qui précisément au

[1] Il n'était même pas chargé de diverses copies d'actes. Dans le compte de 1445-46, le prix des copies est compté à part (0,20319).

[2] 0,20618 f. 197.

[3] Compte de 1573. 0,20544.

[4] Hist. de la France, t. XXII.

[5] Joursanvault, 2925.

début du quinzième siècle possédait des tréfonds forestiers[1] Le mesureur avait droit alors à 2 sous parisis par jour, c'est-à-dire 36 livres 10 sous par an[2]. En 1573, Jacq. Lenormant, mesureur des eaux et forêts, recevait 73 livres parisis[3]. De plus, chaque arpentage donnait lieu vraisemblablement à une indemnité de déplacement, cependant les comptes de la grande-maîtrise la relatent rarement : le compte de 1485 mentionne le mesurage d'une *alaize* de bois aux Queues-de-Nibelle comme coûtant cinquante sous parisis. Il est à croire que d'ordinaire la vente des bois dits *de route* dédommageait l'arpenteur de ses frais de tournée.

Comme la forêt, dans son universalité, possède un tribunal établi au chef-lieu de la province, chaque garde a aussi sa juridiction propre composée des mêmes éléments que la juridiction centrale et résidant au chef-lieu de la garde. Chacun de ces tribunaux inférieurs est formé d'un maître particulier, d'un lieutenant, d'un clerc, d'un procureur[4]; les sergents qui y sont adjoints représentent la force exécutive.

Le caractère proprement judiciaire de ce tribunal a excité, de la part de Plinguet, des critiques assez amères. « Ces maîtrises « ne doivent pour ainsi dire aucun service à la forêt; elles ne « semblent être établies au loin que pour y juger les délits... « Le bien de l'administration, la sûreté des possessions du do- « maine n'entrent point, pour ainsi dire, dans le cercle étroit « de leurs fonctions; elles sont placées dans la forêt unique- « ment pour la commodité des sergens-gardes et celle des dé- « linquans que l'on ne pouvoit, sans exciter des murmures, at- « tirer à Orléans, les uns pour y porter des procès-verbaux peu « intéressants, les autres pour y subir de légères condamna- « tions[5]. »

Cette appréciation, un peu âpre, nous indique cependant le

[1] Comptes du Duché de 1408. Ventes de bois, 0,20636, f. 154-156.

[2] Compte de 1485.

[3] 0,20544.

[4] V. tous les documents cités, passim. — Le Maire, p. 35, 37.

[5] Traité des réformations, p. 81.

côté faible de l'ancienne administration forestière. Les maîtres des gardes qui font proprement partie de la forêt d'Orléans ont quelque peu varié de nombre. En 1285, ils étaient au nombre de huit : « forestarius Calvimontensis, forestarius Victriaci, forestarius guardæ de Medio, forestarii [1] Courciaci, forestarii bosci « Aurelianensis, forestarius de Gometo [2]. » En 1298, la garde de Courcy possédait encore deux maîtres « Berthaut de Vilers, maistre forestier de la garde de Courci ou Loge avec Chapelet [3]. » L'administration se régularisa et se fixa bientôt. Dès le quatorzième siècle, le nombre normal des maîtres fut de sept, un à Orléans, et un autre résidant aux chefs-lieux de garde, Vitry [4], Neuville, Châteauneuf, Lorris [5], etc. Dès 1361, une ordonnance du grand-maître s'adresse au maître particulier des eaux et forêts et aux maîtres des gardes [6]. L'édit de 1572 nous dit formellement que, dans cette forêt « pour la garde d'icelle y a eu de tout temps « plusieurs officiers, entre aultres sept maistres particuliers et « gardes d'icelle et ung grand maistre [7]... » Un inventaire signale des lettres royaux de 1349 qui auraient été adressées aux maître et gardes de la forêt de Montdebreme : il y a évidemment là une erreur, ce climat forestier n'ayant jamais possédé une administration à part [8].

L'office de maître forestier est très-recherché ; il n'est pas rare

[1] On a lu à tort « forestarius », car les appointements sont portés au double (IIII solidos) et la mention « pro roba sua » remplacée par celle-ci pro « robis suis. »

[2] Compte des baillis de 1285. Hist. de France, t. XXII.

[3] Enquête. J. 733.

[4] Les lettres patentes de septembre 1396 s'expriment ainsi : « Et est laditte ville de Vitry la plus notable qui soit en nos dittes forests et la ou vous (Maître de la garde) et vos prédécesseurs maistres d'icelles forests avez accoustumé de tenir et tenez vostre siége et juridiction. (0,20635, f. 221 v°, 11.) D. Morin, p. 285, dit que de son temps le siége de la garde de Vitry était à Boiscommun : il a sans doute confondu la garde de Vitry avec la garde du Milieu.

[5] V. loc. cit. passim, et Morin, p. 166, 285, 699.

[6] 0,20617.

[7] Arch. du Loiret. A. 763-64.

[8] 0,20618.

de le trouver aux mains des gentilshommes habitants des châteaux voisins de la garde.

Et même ces gentilhommes étaient riches, car dans des moments de presse, nous voyons le duc recourir à la bourse de ses officiers d'eaux et forêts. En juillet 1411, André Marescot, maître de Joyas, donne quittance de 50 écus d'or qu'il avait prêtés au duc. En juillet 1414, nouvelle quittance du même officier pour 56 livres, 5 sols tournois, prêtés de rechef au duc [1].

Bien que les titulaires varient assez souvent, jamais leur successeur ne se fait attendre : cependant, par exception, nous trouvons, en 1423, un maître de garde intérimaire, Guillaume Fresnel, « commis à l'exercice et gouvernement de la garde de Vitry-ou-Loige [2]. »

A toutes les époques, les maîtrises forestières présentent dans la liste de leurs titulaires les noms des familles les plus nobles, les plus riches et les plus considérées du Gastinais : le Chaumontois nous offre notamment Geoffroy le Bouteiller (1403) [3], Guillaume de Fénières, écuyer (1404-1424), Tassin de Cugy, écuyer (nommé en octobre 1439) [4], Jehan Pocquaire [5], chevalier (1484) [6], Jehan de Fleury, écuyer, seigneur de Fromont (1540-1543) [7]; Vitry : Jehan de la Lande (1455) [8], Arnould Lévêque, dit Lancement, écuyer tranchant de la duchesse (1458) [9], Raymond de Masquaron, écuyer (1451) [10], Guillaume de la Lande,

[1] Coll. Hérald. 518, 579.

[2] Lettre de deux mesureurs à G. Fresnel 1423. 0,20563.

[3] Coll. Hérald. 886.

[4] 0,20618, f. 179, 130. — Comptes de 1404 du Chaumontois.

[5] 0,20637, f. 264. Comptes de 1485, du Duché (0,20641-2.)

[6] La famille Pocquaire était une des plus anciennes, et des mieux placées du pays. —V. Not. Coll. Hérald. 484. Un de ses membres était enterré dans l'église priorale de Flotin.

[7] Z. 4021, f. 107. 0,20671.

[8] Cte de 1455-6. 0,20319.

[9] Cte de 1458-9, 1457-8. *Ibid.* — Alias, Ernoul Levisque du Lancement. V. 1460. Arch. du Coll. Hérald. 481.

[10] Cte de 1451-2. *Ibid.* — 1452-3. *Ibid.* — 1543. Arpentage. K. K. 1049.

écuyer, seigneur de Santimaisons (1456) [1], Salmon de Neuport 1421) [2], Bernon de Genestel, écuyer (1434) [3]; le Milieu : deux Jehan de Vièvre, écuyers (1405, 1423 et 1483) [4], Jehan de Honnecourt, écuyer (nommé en 1432), Baudichon de Beaurain, écuyer (nommé en 1449) [5]; Neuville : Pierre d'Outarville, écuyer (1403) [6], Jehan de la Roche (1428) [7], le seigneur de Cambray (seizième siècle) [8]; Courcy : Giles de Courquilleroy, écuyer (1399-1406) [9], Guillaume le Bouteiller (nommé en 1420) [10], Bertrand du Lac, écuyer, Lyonnet du Lac, écuyer (1465) [11], Antoine de Patay, écuyer (1543 et 1553) [12]; Goumas : Jehan de Putout ou Butot (1406) [13], Lomer de Butot,(1420) [14]; Joyas : André Marescot, écuyer (1421-1424) [15]. Du reste, il ne faudrait pas croire que ces charges forestières fussent aucunement réservées à la noblesse; à côté des noms que nous venons de citer, il serait facile d'établir une longue série d'au-

[1] Cte de 1456, 0,20319.

[2] 0,20618, f. 195.

[3] *Ibid.*, 135.

[4] 0,20618, f. 100. — Compte de 1483-84. Enquête de Nesploy, 0,20635 : La famille de Vièvre possédait les châteaux de Beaugué, à Nesploy, et de Montliart. — Coll. Hérald. 890.

[5] 0.20618, f. 133. — Les Baudichon de Beaurain étaient seigneurs d'Aigrelin, près Châteauneuf. (V. Aveu, 0,20618. f. 85.) — Compte de 1455. (Arch. du Loiret.)

[6] Compte de 1403. — Enquête de Laleu. 1505. 0,20635.

[7] 0,20637, f. 72-102. — Arch. Coll. Hérald. n° 888, (Il est porté par erreur dans cette cote comme maître enquesteur des eaux et forêts du duché).

[8] 0,20640, f. 10, v°.

[9] Compte de 1403-4.

[10] 0,20618, f. 131. Les Bouteillier étaient seigneurs des Ruets, du Plessis, etc. les du Lac, de Chamerolles. — Compte de 1444-45, de Courcy, 0,20319.

[11] Compte de 1485.

[12] K. K. 1049. 0,20660. — A. de Patay était seigneur de Claireau.

[13] 0,20647, f. 102, 142.

[14] 0,20681, f. 186.

[15] 0,20618, f. 199.

tres noms du caractère le plus bourgeois, tels que Maignan [1], Berthaut Mignon [2], Denisot Rogier [3], Oudinet Perraulx [4], Georges le Voleur [5], Taupin [6], et bien d'autres.

A ces six gardes qui forment le corps même de la forêt, il s'en joint plusieurs dont l'administration est tantôt unie à l'administration centrale orléanaise, tantôt indépendante.

La forêt de Paucourt est bien rarement restée dans le ressort de la grande-maîtrise. Lorsque Montargis et Orléans relevaient également de l'autorité royale directe, le chef de la forêt de Montargis comme le chef de la forêt d'Orléans ressortaient directement aussi de l'administration royale : en cas de donation en apanage d'Orléans, on sait que Montargis n'a pas toujours partagé les destinées de sa métropole.

Le garde de la forêt de Paucourt a constamment porté un nom spécial ; dès le treizième siècle, il s'appelle « concierge de Poocourt [7]. » En 1239, l'aumône faite à une bonne femme qui murmurait des patenôtres, a lieu devant le concierge de Paucourt :

« Femina de Poocort quæ dicit Pater Noster, de dono, apud « Meledunum XX solidos, teste consergio de Poocort [8]. »

Un arrêt de 1265 mentionne « Guillelmus de Gaudigniaco, « miles, consergius foreste de Poucuria... » et ses prédécesseurs auxquels on attribue le nom commun « antecessores sui, fores- « tarii dicte foreste... [9] » Le nom de concierge a persévéré dans tout le moyen-âge : il figure comme appellation habituelle dans

[1] O,20640, 86, v°.

[2] O,20618, f. 132.

[3] O,20618, f, 101, 134, 195. — Il était propriétaire de bois dans sa garde. — Arch. du Coll. Hérald. 907.

[4] O.30641, 5.

[5] O,20637, 158, v°.

[6] J. 742, n° 6.

[7] J. 1028, n° 25.

[8] Compte des baillis de 1239. — Hist. de la France, XXII.

[9] Olim. I, 214. — Et en effet les comptes des baillis de 1248 et les tables de Jean Sarrazin parlent encore du « forestarius Poocuriæ. »

l'ordonnance du Château-Landon, de mai 1479[1]. Morin donc semble bien dans l'erreur, lorsqu'il dit : « Je trouve encore un « Philippes de Melun, conseiller du roy, et chevalier, sieur « de la Borde, vicomte de Joigny, maistre enquesteur des « eaux et forêts de France, Champagne et Brie, garde de la « forêt de Paucourt, grand Chambellan[2]. » (1447). Au quinzième siècle, la forêt de Paucourt a pu relever peut-être de ce personnage, mais il est difficile d'admettre qu'un grand-maître de France ait géré une maîtrise spéciale et si peu importante, et en même temps qu'il ait affublé cette maîtrise d'un nom inusité. Le terme usité de concierge vient très-probablement de ce que, au moins primitivement, la maîtrise de Paucourt était toujours dévolue au concierge[3] du château royal[4]. Dans les temps modernes, le siége de la justice forestière fut transporté à Montargis, et son titulaire reprit le nom de maître des eaux et forêts[5].

Gien[6], Nemours ont également possédé des maîtrises particulières[7]. La garde de Joyas, le buisson de Briou forment en-

[1] Ordonnances XVIII, 488. — Enquête sur Paucourt, 1406. Q. 542.

[2] P. 837.

[3] Les concierges des châteaux royaux, qui étaient des justiciers, jouent un rôle important en Orléanais : il est question dans les textes du treizième siècle des concierges de Vitry, de Châteauneuf, etc.

[4] Un fait ajoute encore à la vraisemblance de cette hypothèse. En 1222, Philippe-Auguste rédige les lettres patentes qui suivent :

« Philippus Dei gratia Francorum rex, castellano Montis Argi, et forestariis prevotis, salutem. Mandamus vobis et precipimus quod monachis prioratus de Neronvilla permittatis habere pascuagium suorum porcorum in foresta de Porticurto, sicuti habuerunt in anno preterito, et porcos eorumdem monachorum propter hoc captos sine dilatione deliberetis. Factum Parisiis anno Domini M° CC° XX° II° mense novembri. » (K. 177, n° 5.)

A qui s'adresse ce mandement, exclusivement forestier ? Au chatelain de Montargis ; la forêt de Montargis dès lors n'avait donc pas un forestier pour chef, mais bien un officier civil ou militaire.

[5] V. Morin, p. 55, 79, 806.

[6] Le M° des E. et F. du bailliage et comté de Gien était, en 1560, Franç. Stud, écuyer, seigneur de Saint-Père (J. 752, v[te] de 1560).

[7] J. 1028, n° 25. — Arch. du Loiret, A. 1220.

core deux juridictions particulières relevant de la grande-maîtrise. Lorsque, au quinzième siècle, Baugenci passa dans le domaine de Dunois et ainsi se sépara du duché d'Orléans, la maîtrise de Joyas fut convertie en une maîtrise autonome des eaux et forêts séant à Baugency : le buisson de Briou en dépendait [1]. Les maîtres de Joyas et de Briou [2] ne sont point du reste assimilés aux maîtres des gardes de la forêt d'Orléans ; leur condition semble inférieure ; parfois on ne les qualifie que de « sergent et garde... » Comme maîtres des eaux et forêts de Baugency, on peut citer Fleurent d'Illiers, chevalier, maître des eaux et forêts de la comté de Dunois et de la châtellenie de Baugency (1470).

Guillaume de Thel igny, seigneur de Lierville, maître d'hôtel du duc, maître des eaux et forêts de Baugency (1470).

Charles d'Illiers, chevalier, maître des eaux et forêts de Dunois et Baugency (1485).

Guy de Constant, écuyer, seigneur de Sentpertuys, maître d'hôtel de monseigneur l'archevêque de Toulouse, évêque d'Orléans et seigneur de Baugency, maître des eaux et forêts de Baugency (1518, 1529) [3]. Louis de Constant, écuyer, seigneur de la Mothe, maître des eaux et forêts de Baugency (1534) [4]. Eusèbe Dupré, écuyer, maître des eaux et forêts de la Chatellenie de Baugency (1590) [5].

Les Maîtres forestiers menaient en général une vie assez agréable. Parfois ils ne résidaient point au chef-lieu de la Garde ; et ils choisissaient pour habitation, soit leur château patrimonial, lorsqu'il se trouvait à portée, soit un manoir voisin qu'ils prenaient à location : ainsi B. de Vilers, maître forestier de Courcy, habitait à la fin du treizième siècle une maison ap-

[1] Notification de vente au Briou, 1470. 0,20564.— 0,20618, f. 142, 198. — Compte de 1485. 0,20544.

[2] Le maître du Briou était en même temps « garde et consierge de l'ostel d'illec. » (V. Lett. pat. de 1428 le 24 av. Arch. du Loiret. Tr. du Châtelet.

[3] Arch. du Loiret. A. 748. O,20563-64.

[4] *Ibid.*

[5] Coll. Hérald. 968.

partenant à la dame d'Ecrennes[1]. Et le compte de 1484[2], s'exprime ainsi :

« D'une motte... assize au lieu appellé l'ostel au maistre de la garde de Chaumontois, en la paroisse de Lorris, enclouse des hayes et foussez... ou souloit estre la maison dudit maistres... que souloit tenir feu Guillaume de Fenières, en son vivant maistre de ladite garde, pour XII sols parisis par an, baillée de nouvel à Tassin de Cuiguy, escuyer, lors maistre de ladite garde, pour XII sols parisis par an a toujoursmes. »

Les forestiers du Chaumontois occupaient donc successivement un petit château qui leur était loué par l'administration ducale au prix très-minime de douze sous par an. Le forestier du Briou était logé par l'administration. Un compte de 1470 nous énumère des ventes de bois qu'il avait opérées pour payer aes travaux de réparation et d'agrandissement exécutés « es maisons et chambres de Brio. » Ces réparations sont considérables : on élève deux nouvelles chambres « en l'ostel des chambres de Brio. » Les chambres sont planchéiées ; les dépenses qui en résultent nous donnent l'idée de constructions importantes. Les œuvres de charpenterie s'élèvent à 30 livres tournois, et la maçonnerie atteint au moins le même chiffre : cinq milliers de tuiles amenées là ont coûté 7 livres, 10 sous tournois ; pour avoir porté la terre esdites chambres, 6 sous 8 deniers : quatre huis 28 sous ; 8 toises de planches pour cloisons 25 sous 6 deniers : à des charretiers pour avoir amené six grosses pierres et 104 soliveaux, 40 sous ; pour avoir enduit la salle sous les deux nouvelles chambres et fait deux fenêtres 35 sous : on note encore la confection de chevrons, soliveaux, trois fenêtres à chassis, trois fenêtres basses, etc. Bref, bien que les ventes eussent produit 99 livres tournois, la construction de château forestier se solde par un déficit de 32 livres, 5 sous, 11 deniers[3].

Au treizième siècle, les forestiers ne circulaient pas sans une escorte. Robert de Hupecourt, maître de Vitry, avait toujours

[1] J. 733, n° 147.

[2] O,20542-43.

[3] Compte de Briou. Arch. du Loiret, A. 748.

avec lui au moins deux, souvent trois, parfois quatre piqueurs[1], et plusieurs chevaux. Une Enquête de la même époque nous parle des « escuiers au concierge... » de Paucourt[2] et aussi de ses « bordiers » et de ses « menestrex ». Souvent, dans les vieux textes, il est question des valets et de la *maisine*, de la *maisnée* du forestier[3].

Les différents maîtres ne recevaient point toujours des appointements identiques. En 1285, ils avaient en général deux sous par jour, soit 36 livres 10 sous par an, et de plus une livrée, c'est-à-dire qu'ils percevaient, si l'on peut s'exprimer ainsi, pour frais d'*uniforme*, pour leur robe « pro robâ suâ » le droit fixe de cent sous, payable en deux termes. Par exception, les forestiers d'Orléans recevaient trois sous par jour, pour eux deux, et 70 sous pour un semestre de leurs robes, c'est-à-dire que chacun avait un sou 6 deniers par jour, et pour robe 70 sous. Le droit de *robe* du forestier de Goumas ne s'élevait aussi qu'à 80 sous[4].

Dès cette époque, presque tous les forestiers étaient à cheval : « Pro sex equis restauratis sex forestariis, videlicet de Go-« meto, duobus de Guarda bosci Aurelianensis, de Courciaco, « de Victriaco, et de Guarda de Medio, pro toto LX libras[5]. »

Ces appointements n'ont pas varié au moyen-âge : les forestiers du quinzième siècle continuent à percevoir deux sous par jour et cent sous de robe[6], sauf les forestiers du Briou auxquels il n'est alloué que 12 deniers par jour (18 livres 5 sous)[7],

[1] Enquêtes. J. 1028. J. 742, n° 6.

[2] J. 1028, n° 25.

[3] V. Enquêtes J. 1028, n° 25. J. 742, n° 6.

[4] Compte des baillis de 1285. — Hist. de la France, XXII, 6, 50. — V. Compte de 1248. Tables de J. Sarrazin. (*Ibid.* XXI, 282, 194 b. 370 a.)

[5] Même Compte de 1285.

[6] 0,20618, f. 179, 090, 191. Compte de 1483-84. 0,20642-43. Compte de 1485.

[7] Compte de 1403-4. 0,2618, f. 198.

et le forestier de Gien, 7 deniers[1]. Les forestiers pouvaient aussi espérer des gratifications extraordinaires[2].

Enfin les maîtres de garde ayant le maniement de capitaux assez importants, l'on a quelquefois[3] exigé d'eux le dépôt d'un cautionnement. En 1449, Baudichon de Beaurain, nouvellement nommé, fournit un cautionnement de 100 livres tournois[4].

Bien que le maître de la garde ait avant tout le pouvoir de juger, et que la faculté de prendre les délinquants et de les assigner soit spécialement réservée aux sergents, cette faculté est aussi formellement attribuée par la Coutume de Lorris[5] au maître de la garde lui-même, qui l'a toujours conservée, en théorie plus qu'en pratique[6].

Le maître forestier a toute autorité sur ses sergents qu'il peut chasser de sa garde[7]. Un sergent déclare au treizième siècle que le maître l'a menacé de le chasser de sa garde[8]. Aussi lorsqu'on les interroge sur la conduite du forestier, les sergents se montrent-ils très-circonspects dans leurs réponses[9].

L'institution est donnée aux Maîtres de Garde par lettres royales ou ducales. Le nouvel officier prête serment entre les mains du grand maître (ou de son lieutenant) qui le met en possession de son office[10] et lui délivre un certificat.

Les maîtres forestiers ont des lieutenants, ainsi que les grands-

[1] J. 1028, n° 25.

[2] V. Gratification accordée par le roi, en 1300, au forestier de Vitry. (Joursanvault, 2842.)

[3] Les ordonnances l'exigeaient toujous : cette règle, rarement observée, est rappelée par l'ordonnance ducale de 1543 (K. K. 1046).

[4] O-20018, f. 133.

[5] « Si aliquis miles seu serviens... etc. »

[6] Compte de Neuville, 1456-57. O,20310.

[7] V. plus loin un exemple de ce fait.

[8] J. 742, n° 6.

[9] V. J. 742, n° 6.

[10] Lett. pat. de 1428, pour J. Le Chasseur. — Arch. du Loiret, Tr. du Châtelet.

maîtres; ils ont un lieutenant naturel, leur fils, qui est parfois leur successeur. Ainsi en 1420, un habitant de Baugency est arrêté en flagrant délit par le fils du forestier du Briou, et personne ne s'en étonne; il paraît que, fils de forestier, ce jeune homme était considéré comme forestier lui-même [1]. Le lieutenant officiel est parfois un homme de loi, comme Henri Roger, licencié en décret [2], lieutenant général à Baugency, de Florent d'Illiers (1470) [3], soit un gentilhomme, par exemple Guillaume de la Haye, écuyer, seigneur du Boulay, lieutenant de Neuville (1509) [4]; Jean de Viévre (1470) [5]; Jean Pokaire, écuyer, capitaine de Lorris, lieutenant du Milieu (1466) [6].

Chaque Garde possède son procureur armé d'un substitut [7].

Au quatorzième siècle, les procureurs des gardes n'existaient pas, car, dans une enquête de 1341, le maître de garde fait fonctions de procureur : l'enquesteur s'exprime ainsi :

« Si demandasmes audit maistre de la garde de Victry se il
« vouloit en aucune chose contredire ladicte enqueste par quoy
« l'en ne deust aler avant en l'adjudication d'icel, lequel res-
« pondi que non ... [8]»

Il y avait aussi en général un clerc-juré par Garde [9]; cependant durant une partie du quinzième siècle, Noel Grandet fit fonctions de clerc simultanément dans les deux gardes de Courci et Neuville. Le clerc d'une garde recevait alors 8 deniers par jour (12 livres, 3 sous 4 deniers parisis par an) [10]. Ce service de la cléricature est resté sujet à beaucoup d'irrégularités. En 1485,

[1] Compte de 1420-21. O,20319.

[2] C'est-à-dire en droit canon, in decreto Gratiani.

[3] V. Notification de vente. 1570, O,20004.

[4] O,20557. — Information de 1509.

[5] Arch. du Coll. Hérald. 910.

[6] *Ibid.*, 906.

[7] V. Z. 4921, f. 20.

[8] Compte de Neuville, 1458... « Prout in jornali clerici jurati hujus gardie. » (Arch. du Loiret.)

[9] Copie du seizième siècle. Q. 590, n° 10, f. XLVIII.

[10] O.20918, f. 185, 128, 194.

il n'y avait dans toute la forêt d'Orléans que deux clercs, dont chacun touchait seulement 6 livres par an ; l'un pour Vitry et le Milieu, l'autre pour Courcy et Neuville ; les gardes de Goumas et de Chaumontois en étaient dépourvues[1]. En 1573 il y en avait un dans chacune des quatre premières gardes[2].

Le mesureur semble remonter assez loin ; les comptes des baillis de 1234 nous laissent conjecturer l'existence d'un mesureur forestier à Boiscommun ; à cette époque, le concierge de Boiscommun, Erard de Loury, et Adam d'Orléans, mesureur des bois, recevaient à eux deux onze sous 6 deniers par jour. « Consergerius Boscicommunis, Evrardus de Oriaco, et Adam de Aurelianis, mensurator nemorum, XI s. vi d. perdiem[3]. »

Ils semblent au quinzième siècle n'avoir pas eu d'appointements fixes, mais peut-être une part des ventes qu'ils avaient mesurées, part connue sous le nom de *routes*[4].

La hiérarchie régulière des officiers forestiers se complète par les sergents[5], officiers inférieurs qui eux-mêmes se divisent en trois catégories : les sergents à cheval, les sergents à pied, les sergents traversiers.

Les sergents à pied sont les sergents ordinaires des gardes. Leur nombre a sensiblement varié suivant les époques. Au treizième siècle, le Chaumontois possédait 7 sergents, Vitry 5, le Milieu 4, la garde d'Orléans (Neuville) 5, Goumas 3, Paucourt 6. Le compte de 1285 auquel nous empruntons ces indications ne mentionne pas le nombre des sergents de Courcy[6]. Il y avait de plus deux sergents spéciaux pour le bois de

[1] Compte de 1485. — V. O.20640. f. 80 v° et 87 (1568).

[2] Compte du duché de 1573. O,20544.

[3] Hist. de la France, XXI.

[4] V. Not. Compte de Jean Lejay, 1441-2.— Arch. du Loiret. Tr. du Châtelet.

[5] Le nom de sergent, *serviens*, n'a jamais varié. Cependant, le compte des baillis de 1234 appelle les six sergents de Paucourt « sex valleti de foresta Poocuriæ. » (Hist. de la France, XXI, 232.)

[6] Hist de la France, XXII.

Fay : « duo servientes bosci dou Fays... » Peu après, on trouve 3 sergents à Goumas, 6 à Vitry, 5 à Courcy [1].

Vers la même époque, il y avait à Paucourt 6 sergents, résidant dans trois cantonnements à Cepoy et Ferrières, Bois-le-Royet la Chapelle, Montargis et Châlette [2] : il y en avait 8 dans le Chaumontois distribués en huit cantonnements, le Moulinet et Vieilles-Maisons, Notre-Dame-de-Lorris, Montereau, Dampierre-en-Burli, Ouzouer, Saint-Martin-d'Ars, Saint-Martin-de-Bouzi, Saint-Jacques-de-Brai.

Deux sergents gardaient le bois de Gien [3].

Le nombre des sergents du Chaumontois paraît avoir été réduit à 4 au quatorzième siècle [4].

Au quinzième siècle nous trouvons 6 sergents dans le Chaumontois, 6 à Vitry, 6 dans le Milieu, 4 à Courcy, 8 à Neuville, 5 à Goumas [5], 2 pour Joyas [6].

Ces chiffres ont à peu près persévéré dans tout le cours du quinzième siècle [7]. Cependant, vers 1484, quelques modifications se font sentir. Vitry possède, en 1483, 8 sergents, 7 seulement en 1485, le Chaumontois 5, Goumas 6, Neuville 9 en 1485 [8]. Au seizième siècle, tous ces chiffres varient de nouveau : Courcy acquiert un sergent de plus [9], le Chaumontois s'augmente de trois [10]. Briou a trois sergents et Joyas en possède quatre [11].

En 1608, Vitry et Courcy avaient sept sergents, et au sei-

[1] Enquête vers 1298. J. 742, n° 6.
[2] Enquête. J. 1028, n° 25.
[3] Lettres d'apanage de 1298. 0,20569.
[4] 1370. 0,20641, f. 5.
[5] Dont un louvier.
[6] Comptes de 1403-4.
[7] 0,20618, f. 107. — Compte de 1407.
[8] Comptes de 1483-84-85.
[9] K. K. 1049.
[10] 0,20671.
[11] 0,20544.

zième siècle, le ressort de chaque sergenterie est soigneusement précisé [1].

Les appointements des sergents varient constamment. Déjà au treizième siècle, il n'y avait point de règle fixe, depuis les sergents de Goumas et du Milieu, qui ne recevaient par jour que 6 deniers, jusqu'aux sergents de Fay qui avaient le double (1285) [2]. Parfois le taux des appointements variait même dans une seule garde [3] : la formule ordinaire est de 7 deniers. En 1248, tous les appointements additionnés des officiers de la forêt de Paucourt s'élevaient à 34 livres [4]. En 1298, les gages des deux sergents de Gien montaient à 10 livres [5]. Les sergents de Lorris avaient, de plus, un droit d'usage dans les bois de Saint-Benoît [6].

Quelques sergents recevaient aussi des livrées : mais comme ils portaient le costume militaire, il s'agit pour eux de tuniques et non de robes. En 1234, les six sergents de Paucourt recevaient chacun 15 sous pour tuniques [7]. En 1285, ils n'étaient plus que deux ayant droit à des livrées : « pro tunicis duorum « istorum servientium pro toto LX s. [8]. »

A cette époque, les sergents mènent une vie fort aisée. Il en est qui, malgré les défenses, élèvent des bestiaux : « Jehan de « Compigne a XX vaches [9]. » Une saisie pratiquée vers 1280 chez un sergent donne le résultat suivant :

[1] Z. 4922.

[2] Compte des baillis de 1285.

[3] Même Compte : « Forestarii bosci Aurelianensis, etc., quinque sui servites III s. II d. per diem, » donc les uns percevaient par jour 7 deniers, les autres 6. — J. 742, n° 36, § Sergents du Loge.

[4] Comptes de 1248.

[5] 0,2509, f. 234.

[6] 0,20238.

[7] Hist. de la France, XXI, 232.

[8] *Ibid.*, XXI. 1659,

[9] J. 742, n° 26. — On reprocha aussi à un autre sergent que « il i avoit X chiés de vaches touz jours norries es de fois le roi au Fretoi en sa meson jugnanz au tailles novelles de defois. » treizième s. J. 1028, n° 25.

« Ce sunt les choses que nous avons arrestées de par le roi
« chez Droian, de Mareau.

III granz cuves
Une baignoere
II toneaus vuiz [1]
IIII porceaus gisans [2], qui valent LX francs
VI mines de pois
XI huches
VI granz toneaus plains de vin et XII petiz qui bien valent X plains
X liz bien forniz
Une perche gaarnie de robes au segneur et à la dame [3]
V poules
III poz de coivre
II tables, IIII formes
IIII mines que blé, que avoine
Un trepié [4]. »

On voit que la cave était l'objet le plus particulier du luxe du propriétaire : le mobilier de la demeure elle-même n'est pas pauvre, puisque nous y trouvons jusqu'à dix lits bien garnis et une baignoire.

Au treizième siècle, les sergents forestiers étaient des personnages si importants que nous voyons l'un d'eux nommé prévôt d'Orléans à l'époque où l'on cessa de vendre les prévôtés : Guillot Doupont dit « que quant les prevostez furent mises en garde « qu'elles ne furent pas vendues, ledit baillif (H. de Saint-Just) « mist Philippe Doupont, père audit Guillot, à garder la pré-

[1] Vides.

[2] C'est-à-dire quatre pourceaux à l'engraissage.

[3] Au treizième siècle on ne connaissait d'autre porte-manteau que les perches :

« Les robes et les pennes grises
Sont lores à la perche mises
Toute la nuit pendans à l'air »

dit le Roman de la Rose (V. 8011).

[4] J. 742, n° 5.

« vosté d'Orliens, et por ce ledit baillif mist ledit Guillot à gar-
« der les bois ou leu doudit Philipon son père [1]. »

Les appointements des sergents restent fixés, au quinzième siècle, à six deniers par jour [2].

Les sergents habitent des maisons situées dans leurs cantonnements [3].

Même parmi les simples sergents qui, en définitive, ne représentent cependant que le dernier échelon de la hiérarchie forestière, il n'est pas très-rare de voir des gentilshommes du pays prendre du service et s'en acquitter aussi sérieusement et aussi longtemps que qui que ce soit. Jehan du Tramblay, écuyer, (1407) [4], Jehan de Beauvilliers [5], écuyer (1401 et 1422), Pierre de Beauvilliers, écuyer [6], sergents de Courcy [7]; Thévenin Girart, écuyer, Guiot Ymbaut, écuyer, sergents du Milieu, en 1405 [8]; Jean de Longueville, écuyer (1403) [9], Florentin de Bombel, écuyer, sergent de Neuville en 1509 [10], nous en offrent la vivante preuve.

Les comptes de la grande maîtrise des forêts ne font pas mention de pensions de retraite allouées à d'anciens sergents. Peut-être ces fonctionnaires conservaient-ils leur office jusqu'au dernier jour.

Les textes en mentionnent plusieurs morts au service, d'au-

[1] J. 742. n° 6.

[2] V. Quittance de J. de Courcy, sergent à pied de Goumas (1392). — Joursanvault, 3284. 0,20618, f. 170, 180, 184. — Compte de 1483-84. 0,20642-43. — Quittance de J. Le Saige, sergent à pied de Neuville (1420). — Arch. du Loiret. Tr. du Châtelet.

[3] V. notamment Compte de 1400. 0,20319. « ... un marché de bois près de l'ostel de feu Roussin, sergent de la garde... »

[4] Compte de la Toussaint, 1407. 0,20042-44.

[5] La famille de Beauvilliers était Orléanaise, En 1402, Erart de Beauvilliers, écuyer, était un des propriétaires forestiers du pays. — V. 0,20936, f. 143-8.

[6] Compte de 1399. Arch. du Loiret. A. 855-848.

[7] Joursanvault. 693. Compte de 1420. 0,20319, 0,20618, f. 184.

[8] Enquête sur Nesploy. 0,20564.

[9] Arch. du Coll. Hérald, 885.

[10] 0,20957. Information de 1500.

tres qui sont atteints d'infirmités. En 1540 [1] Perichon, sergent du Chaumontois, assigné par le procureur général, fait défaut; son fils seul se présente, et jure que son père est malade, goutteux, et incapable de monter à cheval. Le sergent ne comparaît qu'un mois après [2].

Le sergent à cheval [3] est une sorte de brigadier dont la position tient le milieu entre le sergent à pied et le maître de la garde [4]. Cette charge existait déjà au treizième siècle dans la garde de Vitry : « Philippes de Comeni, de la chastellenie de « Pontaise, est sergent de la forest. » Il a douze deniers par jour et « C sols de tornois por robe par an, et X livres por ra- « tor de chevau ; » il a été nommé par lettres royales datées de « Chastiau-nuef sus Loire en l'an M. CC. LXXII [5]. »

Au quinzième siècle, il y avait un sergent à cheval par garde [6]: la garde de Neuville, plus considérable que les autres, en avait deux auxquels s'adjoignait même en 1483, un sergent à pied faisant fonctions de sergent à cheval [7].

Les sergents à cheval recevaient toujours douze deniers par jour (18 livres 5 sous par an) et cent sous de robe [8].

L'Edit de 1583 créa une nouvelle catégorie parmi les sergents de grade supérieur, les garde-marteaux.

Jusque-là, les maîtres de garde étaient chargés de marquer les baliveaux des ventes : ce soin leur fut alors enlevé et réservé à un officier spécial, pour chaque garde [9].

[1] Z, 4021, f. 63, 67.

[2] Il faut ajouter que cependant on trouve parfois l'indication d'anciens sergents retirés. (V. Enquête de Nesploy. 0,20564.)

[3] C'est du sergent à cheval que nous vient le garde général actuel.

[4] V. un certificat donné par un maître de garde et un sergent à cheval. (1568). 0,20640, f. 86 v° et 87. — V. Compte de Neuville, 1456-57. 0,20319.

[5] J. 742, n° 6.

[6] 0.20618, f. 137 v°, 136, 183, 180, 156 v°. Compte de 1485.

[7] Compte de 1483-84. 0,20642-43. — Compte de 1503-4. 0,20618, f. 192, 137 v°.

[8] 0,20618, f. 180, 198. — Compte de 1485.

[9] L'édit de 1716 remplaça ces 6 garde-marteaux par un seul : en 1783, on en créa de nouveau un par garde. (0,20556. Plinguet, p. 35 et suiv.)

Les sergents dits traversiers ou au tiers des prises sont des officiers ne dépendant en général que de l'administration centrale, et qui ont le droit d'instrumenter par toute la forêt; une sorte d'association pour le gain les unit à l'administration ducale; leurs appointements varient donc de quotité suivant la nature et le nombre des condamnations obtenues par eux; ils peuvent prendre « en passant dans la forest, nous dit-on au « treizième siècle, et ont le quint denier de jours et le tiert des « nuiz, se il prennent [1]. » Le zèle de ces agents forestiers s'est principalement exercé sur les rives de la Loire; presque toutes les contraventions aux lois de la pêche qui entraînent des condamnations, sont poursuivies grâce à leur intervention. L'activité et l'intelligence de plusieurs d'entre eux ont pu leur rapporter des profits sérieux [2].

Des sergents spéciaux étaient attachés à la surveillance des eaux dépendantes de l'administration des eaux et forêts, sous le nom de Gardes des Etangs. Il paraît y avoir eu deux garderies d'étangs : la garderie de Lorris et la garderie de Châteauneuf.

Jean Pascault, écuyer de cuisine du duc, et garde des étangs de Chateauneuf (1392, 1396), recevait six deniers tournois par jour [3]; Jean Richard, nommé garde des mêmes étangs en 1446 [4], paraît même n'avoir touché par jour que deux deniers parisis [5]. En 1484, Jehan Le Franchomme, de Lorris, recevait 20 sous parisis pour avoir pris jusqu'à nouvel ordre la garde des étangs de Lorris, Benard, sergent de Vitry, 60 sous pour le même motif à Chateauneuf [6].

Enfin les charpentiers parfois ont fait partie en quelque sorte

[1] J. 1028, n° 25.

[2] V. tous les Comptes cités, passim, notamment Compte de 1458. 0,20389.

[3] Maintenue de 1362. Collection Jarry, note communiquée par M. L. Jarry. — Joursanvault. 3268, 687. 2921.

[4] 0,20617.

[5] 0,20618, f. 173.

[6] Compte de 1483-84. 0,20612-43.

du corps des agents forestiers, en ce que leur travail les attirait dans les forêts et qu'ils ont reçu un traitement fixe. Ainsi, en 1285, les charpentiers recevaient des appointements réguliers :

« Pro quadam parte gagiorum carpentario Montis-Argy ad « Ascensionem retentis nec eidem restauratis, XLVII s. « VI d. [1]. »

Mais ils n'ont jamais été spécialement soumis à la juridiction forestière. La justice des charpentiers d'Orléans appartenait alors au concierge d'Orléans, Guillaume Menier, échanson, ancien valet de chambre du roi [2]. Ce fonctionnaire « a la justice des « charpentiers qui vaut bien XXX livres par an »... il est obligé « d'y tenir à ses frais deux hommes, l'un qui fet ses semonsses, « et l'autre qui tient les plez [3]. »

En résumé, les deux degrés du droit commun pour la justice forestière sont la maîtrise et la grande-maîtrise. Il est en outre une juridiction particulière et permanente que l'on ne saurait passer sous silence, la gruerie de Seichebrières. Il y avait, dès 1248 à Gien un gruyer, qui percevait huit deniers par jour.

« Forestarius Gueriæ VIII d. per diem, IV l.X s. VIII d. [4]. »

En 1298, ce gruyer est remplacé par les deux sergents forestiers « qui gardent les bois de Gien et de gruerie [5]. »

« Duo forestarii Gryeriæ quilibet VII den. per diem, VII l. XIX s. X d. [6]. »

L'ordonnance de 1479 appelle aussi le maître de Paucourt « le gruyer ou concierge. [7]» Mais ce ne sont là que des noms

[1] Compte de 1285. Hist. de la France, XXII.

[2] Nommé en 1245 ; des lettres royaux d'Orléans, mai 1248, avaient assuré sa survivance à sa femme Isabeau, et d'autres lettres de Lorris, mardi après Noël, 1270, lui assignaient 5 sous parisis par jour et 100 sous de robe (J. 742, nº 6).

[3] J. 742, nº 6.

[4] Compte de 1248, § Gyennyum. Exp. (Hist. de la France, XXI, p. 269.)

[5] Ordonnance de 1298. 0,20560, f. 234.

[6] Compte des baillis de 1285.

[7] Ordonnances XVIII, 488.

génériques et sans signification bien précise : au contraire la gruerie de Seichebrières constitue un office spécial ; le titulaire est un officier forestier *sui generis* qui ressemble aux maîtres de garde, mais sans se confondre avec eux.

L'existence du gruyer de Seichebrières nous est attestée dès 1280 par des enquêtes où sa conduite est censurée : à cette époque, Guillaume le gruyer avait sous ses ordres sept sergents [1], précisément le même nombre que le forestier de Vitry, Gilet de Corbeau [2].

Au quatorzième siècle, le gruyer paraît comme un personnage important, à qui appartiennent des droits multiples : un compte de 1411 nous énumère ces droits.

« Pro camera : pro uno termino Ascensionis CCCCX° usque « ad Ascensionem CCCCXI°

« Compte Berthier Abraham, gruier de Seichebruière es fo- « rests d'Orléans de tous les demaines non muables, muables, « cens, rentes, droiz et exploiz escheuz et avenuz par devant « ledit gruier et les sergents d'icelle gruierie depuis le VIII° jour « du mois de may l'an mil CCCC et dix qu'il fust mis et or- « donné gruier de par Monseigneur le duc ou lieu de Guil- « laume Fresnel, jusques au terme d'Ascension CCCCXI... » Il perçoit à Vitry divers cens « deubz au terme de Noel » et au lendemain de Paques, les premiers valant 11 sous 3 deniers, les seconds 20 deniers [3], en muids d'avoine et « gelines ; » il a un moulin à eau à Combreux, le moulin de la Vallée, mais qui rapporte « néant, car il n'y a que la place dès le temps des « guerres » et deux arpents de pré à Seichebrières : une rente de 5 sous sur le four de Donnesy [4]. » Des manans et habitans « du hameau d'Estine pour ung mangier que doit chacun en « le commun dudit lieu a monseigneur le duc comme gruier en

[1] Huit au quinzième siècle.

[2] J. 1028, n° 25.

[3] Chaque muid d'avoine a été vendu 2 sous parisis, chaque poule 12 deniers (un sou).

[4] En 1411, néant, car il n'y a pas de four.

« la manière qui s'ensuit : c'est assavoir audit seigneur, a son « chevalier, a son escuier, a l'escuier de son chevalier, a son « grant cheval, lequel cheval doit avoir demie mine d'avene et « chacun des autres chevaulx qui sont avec lui ung boisseau « quart d'avene à la mesure de Peuthiviers. et pour son oisel « une geline, et semblablement son braconnier et son varlet « qui mène ses chiens, à chacun des chiens que meine denrée « de pain. Et peuvent avoir les sergens de ladite gruierie leurs « chevaulx et pour chacun cheval ung boisseau quart d'avene, « et doit estre servi ledit seigneur comme gruyer et ses gens « qui avec lui seront audit mangier de char de bœuf bonne et « souffisante, c'est assavoir deux à deux une piesse de bœuf; « en laquelle pièce doit avoir un pió quarré quant elles seront « creues. Et ovec doit avoir lui et ses gens une longe du long « d'un porc et la queue du porc tenant à la longe, la plus belle « de la boucherie de Jargueau. Item et ovec ce, doit avoir au- « dit mangier ung quaier de cire devant lui et ses gens doubles « de cire pour chandelle. Et peut faire copper oudit bois d'Es- « tine pour soy chaufer et pour faire cuire la viende dudit men- « ger. Et lui ledit commun logis pour lui et pour ses gens et « pour les chevaulx selon l'estat des gens qui seront audit man- « ger, duquel mainger et droiz ledit gruier n'a aucune chose « receu pour ce qu'ilz en sont en procez devant Monseigneur le « Maistre des forests. »

Le gruier perçoit un denier parisis sur chaque charrette allant aux ventes de la gruerie dans les quinzaines qui suivent et précèdent Noël et la Saint-Jean. En 1411, il n'a perçu ainsi qu'un denier, et encore lui est-il contesté par ses sergents.

Il a aussi à Nancray, *Baigneaulx*, Latrée (terre de Saint-Benoît), à *Donnezy*, « deux deniers par hostel a raison de mangier » mais ce droit est en partie litigieux. Il perçoit en partie les forestages de Bouzonville, Bouilly, Suri-au-Bois, Combreux, Ingrannes, Donnery (terre de Saint-Pierre-le-Puellier, — terre du prieur de Pont-aux-Moines, sur la paroisse de l'Hôtel-Dieu de Jargeau, — terre d'A. de Longueville), de Châteauneuf et sa banlieue, de Saint-Martin-d'Abat, forestages variant comme importance, d'une demi-mine à deux boisseaux de blé.

De tous les habitants de la banlieue de Châteauneuf, entre la

Maladrerie, le rein du bois et le « chief de la paroisse Saint- « Martin-d'Abatz » qui ont une brebis de sept livres ou plus, il reçoit « ung aigneau de rente, et ou cas que ilz recelent le- « dit aigneau ledit gruier peut prendre le plus bel et le meilleur « mouton de la bergerie. » Il a ainsi reçu en l'année dont il s'agit 18 agneaux vendus à Châteauneuf pour la somme de 40 sous parisis.

« Des fressanges deues toutes fois que paisson court en la « forests d'Orléans, c'est assavoir en la baillie d'icelle gruierie « de chacune personne qui ont VII pourceaux et au dessus, fors « en la baillie Jehan le Bouteiller et hors le panage de Courcy, « doivent pour fressange VIII sous parisis : » en cas de résistance[1] « ledit gruier peut tuer une fressange la plus belle de « la porcherie, fors que deux se tant en y a, et la prendre à son « preuffit : néant ceste année parceque la pesson n'a pas esté « vendue. »

Enfin le gruyer a 4 livres de rente sur le panage de Fay pour remplacer les fressanges qu'il n'y prend pas[2].

Les hôtes de *Nessy* doivent chacun par an 2 deniers à titre de « mangier ».

« Du droit des essiens de mouches à miel que l'en trouve pre- « nant et menant sans le congié du gruier en la forest par « toute sa baillie, dont il a droit d'amende de LX sous parisis « pour chacun essien et pour chacun essien, une besanne « plaine ». Il n'en a point été trouvé en 1411.

« Du droit que ledit gruier a a cause de ladite gruerie sur « touz les maignans passans par Seichebruière lesquelx sont « tenuz d'aler en l'ostel du seigneur à cause de ladite gruerie « pour veoir se il lui fault riens de leur mestier, c'est assavoir « au lieu du Buisson, dont par défaut de ce lesdits maignans « perdent leur boulle, leur outilz et tout ce que ilz portent, et[3] « sont acquis audit seigneur, et de chose qu'il facent pour le-

[1] « Ou cas qu'ilz ne voudroient chevir desdites fressanges. »

[2] Compte. 0,20643, f. 154.

[3] Les outils.

« dit gruier ne doivent rienz avoir : néant receu durant ledit « temps... — De l'aumosnier de Saint-Benoist-sur-Loire que « doit pour chacun an audit seigneur une livre de poivre de « rente pour le conduit des bois que l'en mene en l'ostel dudit « aumosnier : vendué ladite livre de poivre audit aumosnier : « pour ce, X sous — De XV trousses de foing que ledit sei- « gneur a et prent chacun an de rente à cause de sa gruerie « en la paroisse de Combreux : néant, par ce que on ne « peut trouver qui les doit, ne n'est point déclairé oudit « adveu, et n'en vit onques homme aucune chose paier »

Le gruyer percevait des *estellaiges* [1] fournis en 1411 par 3 charbonniers qui devaient chacun 20 sous [2].

Le gruyer pourvoit aussi aux vacances des sergenteries de la gruerie : ainsi que le maître de garde, il a un pouvoir judiciaire, et de plus, un droit d'enregistrement sur les lettres de la grande-maîtrise qui intéressent son ressort. [3] Comme titulaires de cette charge, nous connaissons [4] Guillaume Fresnel (1409) qui recevait 16 deniers parisis par jour [5], Philippe Boschart [6] (1394), Berthier, Abraham, Jean Boschart [7], Jean Juveneau (1452) [8], Guillot de Carmenon (1497) [9].

Depuis 1550, la gruerie entra dans la maison de Choisy-l'Hospital. A cette époque elle ne constituait plus qu'une charge bien mince, car les appointements du gruyer s'élevaient à 12 livres parisis, et quant aux « usaiges et autres droictz que

[1] Attelages.

[2] V. Comptes du Gruyer. 1411. 1412, 1412-13, 1413-14.

[3] O,20644, f. 206 v°.

[4] Dom Morin (p. 817) parle d'un « marquis de Quaquain, en Bretagne, qui estoit grand gruier des forests d'Orléans » vers le commencement du seizième siècle.

[5] Maintenue de 1409. Collection Jarry. Note communiquée par M. L. Jarry.

[6] Aveu de 1393, O,20641, f. 84.

[7] Aveu O,20641. f. 85.

[8] Compte de 1452.

[9] O,20643, f. 16.

« reçoipvent les gruyers desdites forests, néant, par ce que le « gruyer n'en a aulcune chose receu... [1] »

Les gardes de Briou et de Joyas ressortaient bien comme les autres de l'administration générale de la gruerie ; mais le grand gruyer n'a jamais exercé sur elles de droits particuliers.

Le siége de la grande gruerie était établi à Seichebrières ; mais encore quelle situation précise doit-on lui assigner sur le territoire de cette paroisse ? Les champs actuellement cultivés, et qui ne sont point immenses, n'offrent à l'œil le plus scrutateur nul vestige d'un ancien chateau où nous puissions nous figurer la cour du gruyer ; c'est donc plus loin qu'il convient d'en chercher la trace. Or, sur la route forestière de *Jarnonce* à peu de distance de la route dite *du Gastinais*, le regard attentif remarque facilement un taillis vigoureux dont la puissance de sève contraste avec les tréfonds, souvent un peu usés, de la forêt d'Orléans, et présente évidemment tous les caractères d'un repeuplement plus moderne. Là, dans des profondeurs fraîches et verdoyantes, quelques débris de construction trahissent l'emplacement d'une vieille demeure, sur une motte maintenant encombrée d'arbres, mais autour de laquelle, dans une double ceinture de larges fossés, une eau silencieuse dort sous son berceau de vieux chênes qui réfléchissent leurs rameaux nerveux sur ce miroir toujours calme. Est-ce donc là, dans ce site aujourd'hui si agreste et si tranquille, qu'il faut placer l'habitation de l'ancien gruyer ?

On ne peut répondre à cette question que par une hypothèse, mais du moins toutes les circonstances s'unissent pour la rendre vraisemblable. Nul lieu assurément ne possède à un plus haut degré ces grâces austères qui font l'amour du vrai forestier. De plus, l'âge de quelques vieux arbres qui ont poussé sur ce plateau, la rareté des matériaux dispersés sur le sol et maintenant presque ensevelis sous une épaisse couche de feuilles converties en humus, tout porte à assigner à la destruction de ce château une date voisine du quinzième siècle.

[1] Compte du Duché, 1573.

Or, nous savons que précisément à cette époque la forêt faisait vivement la guerre au territoire de Seichebrières : « D'une « maison séant au lieu de Seichebruière avec II arpens de prez « et le boisson einsi comme tout se comportoit, dit le compte « de 1411, néant, car il n'y a point d'ostel et les prez sont en « désert et en friche, passé de longtemps, et ne trouve l'en per- « sonne qui les preigne a loier ne autrement — néant ». Et parlant de son *hostel* du Buisson, le gruyer ajoute formellement ; « il n'y demeure personne audit lieu pour ce qu'il est en friche « et en désert ». Ainsi ce lieu déjà en friche en 1411 a dû se repeupler de bois et rien n'empêche de croire que le château, improprement dit de Jarnonce [1], nous en a conservé les traces.

Nous venons de parcourir les différents degrés de la hiérarchie forestière ; nous devons tout naturellement examiner quelles règles présidaient à cette hiérarchie, et comment on acquérait ces grades.

La charge supérieure, la charge de grand-maître se donne presque toujours à un homme de cour, dans les temps de désarroi à un financier, rarement à un véritable forestier : donc le titulaire est pris en dehors de l'administration et il ne faut point chercher pour lui des règles normales de nomination. Toutefois on peut observer que le grand-maître J. d'Ourmes, avait commencé par être *maître* de Vitry, et Jeh. Bonnet par être maître de Neuville. Les autres dignités sont, parfois aussi, attribuées d'emblée à quelque courtisan ou à quelque bon serviteur, mais en définitive, pour une habitation solitaire, pour une vie de forêt, pour un petit tribunal de justice locale, la compétition des courtisans n'était guère à craindre, et même il faut bien dire que la faveur semble avoir peu de part à l'avancement des officiers. Autant qu'on peut en juger, un jeune homme est rarement investi d'une fonction importante [2] : au

[1] Jarnonce est une métairie rachetée au dix-huitième siècle par l'Administration.

[2] Cependant les lettres d'Orléans, le 24 avril 1448, déclarent que sur les bons rapports qui lui ont été faits, le prince nomme J. Le Chasseur, verdier ou garde du buisson de Briou à la place de son père. (A. du Loiret, Tr. du Châtelet) ;

contraire, des gentilshommes, c'est à dire les personnes les plus à portée des faveurs princières, se trouvent encore simples sergents à un âge déjà mûr [1].

Des seigneurs, comme Jean de Vièvre, arrivent à la maîtrise de garde vers l'âge de 37 ans [2].

Vers 1280, passant en revue les différents sergents des gardes, on leur demande comment ils ont été nommés. Les divers motifs qu'ils allèguent sont curieux à noter [3]. Un sergent ne pouvait être institué qu'en vertu d'une ordonnance royale [4] : mais pour revêtir un homme quelconque d'une autorité temporaire, intérimaire, la volonté du bailli d'Orléans, alors chargé de l'administration des forêts, suffisait. Or c'est par ce mode que l'on cherchait le plus généralement à parvenir au but. On se faisait nommer par le bailli et, après une sorte de *stage*, mais de stage rétribué, on arrivait à une sergenterie. Ainsi Etienne de Trapes déclare avoir été nommé par lettres-royaux de Paris 1277, grâce au crédit du bailli par ordre duquel il avait déjà servi six ans. « Giles Doupont, nez de Loiri de lez Orléans » nommé par lettres-royaux de Lorris, le dimanche après Noel 1276, avait déjà servi 16 ans en la baillie de Vitry « par le commandement du baillif. » Guillot Doupont, très-probablement frère du précédent est nommé par les mêmes lettres après un service de 9 ans. Etienne Placy, de Loury, nommé en 1276, « à la prière du dean (doyen) Saint-Agnan, Monseigneur « Pierre de Beaumont et Johan Sarrazin » avait servi également neuf ans.

D'autres allèguent des services différents « Tierri le messa-

et dans une enquête de 1378, un gentilhomme du pays, Johan d'Ourmes, âgé de 50 ans, nous apprend qu'il est depuis trente années déjà maître des gardes de Vitry ou de Courcy. (Enquête de Fay. 0,20635.)

[1] Ainsi T. Girart et G. Ymbault, écuyers et sergents, tous deux âgés de 38 ans (Enquête de Nesploy. 0,20564), F. de Bombel, écuyer, âgé aussi de 38 ans (0,20557. Information de 1500).

[2] Même enquête de Nesploy.

[3] J. 742, n° 6.

[4] Ou ducale. — Coll. Hérald. 892, 893.

« gier, qui fut messagier de madame la reisne mère le roi, » est nommé par lettres de Fontainebleau 1265 et de « Chastiau-nuef-sus-Loire » 1271, à Courcy, puis à Goumas, par la protection du maître de Courcy, Jehan de Barbison, qui ne tarda pas à chasser son protégé après quelque temps de vie commune. Guillaume le Gobé « né de ce paï » (nommé par lettres du lundi avant la Chandeleur 1272, à Châteauneuf) était auparavant valet de chiens du roi. Rallot de la Ferté-Milon nommé en 1275, avait embrassé d'abord la même carrière.

D'autres allèguent les services paternels : ainsi Adenet Gauthier, nommé sergent par lettres de Vitry, le lundi après la Madeleine 1277, après un service de neuf ans et fils d'un sergent du roi dans la garde de Goumas, qui « avait até tuez ou servise; » ainsi encore : Guillot Lendri, investi de sa charge par lettres de Lorris 1276, le dimanche après Noel, à la requête de son père, à qui le roi donna aussi le « quint » des amendes; « Colin Trino, « nez à Neuville, » fils d'un sergent, nommé le 15 août 1577, à la prière de « Raou d'Orlians »

Enfin, Ph. de Comeni, Perrot de Loncchamp ont été nommés purement et simplement grâce à l'intercession de Monseigneur Robert le veneur, chatelain du Vaudreuil, qui a fait élever aussi par de nouvelles lettres-royaux les appointements de ce dernier.

De sergent, on peut devenir forestier.

Renaut le forestier de Chaumontois a été le sergent du garde de Gien pendant dix ans, nous dit une enquête du treizième siècle [1]. D'autres fois on arrive à ce grade par une voie plus détournée. Bertaut de Villers, fils de Renault de Villers qui avait servi le roi toute sa vie, avait déjà gardé deux petites forêts en Normandie avant d'être nommé à Courcy, en 1276 (par lettres datées de Montargis). Les lettres de nomination directe, accordées d'ordinaire à la faveur, ne sont pas toujours un brevet de capacité en même temps qu'un brevet d'office : aussi paraissent-elles avoir produit quelques forestiers médiocres. Des témoins

[1] J. 1028, n° 25.

appelés à rendre compte de la conduite de Bertaut de Villers, et de son compagnon Chapelet, font remarquer que Bertaut a pu abuser de la bonhomie de ce forestier; « est assavoir que « Bertaut est plus sages et plus entendant de reson que Chape- « let, quar Chapelet est moult simple[1]. »

Enfin, de maître de garde on peut parvenir à la dignité de lieutenant général. Hector de Bouville avait été sept ans maître de la garde du Milieu, ce qui ne l'empêcha d'obtenir un avancement exceptionnellement rapide. Il n'était guère âgé que de vingt-neuf ans lorsqu'il devint lieutenant général, en novembre 1404[2].

Mais les collations d'offices forestiers n'ont pas suivi jusqu'à la fin la voie la plus normale et la plus régulière.

Au treizième siècle, toutes les charges tendent à s'inféoder : il n'est donc point étonnant que, comme les autres, les charges forestières aient parfois été données et transmises en fief : de là les officiers qu'on nommait *serjans fiévés* ou féviés.

Ces sergents sont tout à fait organisés en dehors des gardes; ils ont un ressort spécial; ils dépendent de l'administration supérieure, mais point du maître de la garde.

Le gruyer de Seichebrières n'est, à vrai dire, qu'un sergent fiévé[3] : il rend hommage au duc pour son office, dans lequel il sous-inféode à son tour des sergenteries.

La gruerie fut rachetée comme fief vers la fin du quatorzième siècle par la duchesse d'Orléans[4], et depuis lors elle ne forme plus qu'un office ordinaire.

A Vitry même, il existait un autre fief de sergent : « Mongneur Jehan le Boutellier, chevalier, serjans fiévé... » habitait Le Plessis; il exerçait divers droits de justice inférieure dans le ressort de sa juridiction connue sous le nom de *baillie* (bail-

[1] J. 1024. J. 733, n° 148.

[2] Compte de 1403-4. — Enquête de Nesploy 1405. 0,20635, 2°. 0,20361.

[3] V. Enquête. J. 1028, n° 25 : « Enqueste... contre G. Le Gruier, serjant fevicz .. »

[4] Mentionné dans la maintenue de 1409 en faveur de G. Fresnel. Coll. Jarry. (Note communiquée par M. L. Jarry.)

livia) et qui s'étendait particulièrement du côté de Châteauneuf[1]. Il avait sous ses ordres un sergent dont l'office était également donné en fief, selon l'usage[2]. « Drouan de Mareau, serjant es bois l'évesque[3]. » tenait aussi son office en fief de l'évêque.

Ces concessions en fief présentaient le grave inconvénient d'attirer dans les fonctions forestières des personnages incapables de les desservir convenablement. Il est vrai que le roi conservait toujours la haute main du fief, et que, si le sergent févié sous-inféodant n'exerçait pas la *commise* en cas d'incapacité, le droit en revenait au roi; mais l'exercice de ce droit entraînait en pareil cas des réclamations, des conflits. En 1287, Jean le Bouteiller porte jusqu'à la cour de parlement ses plaintes à propos d'un fait de ce genre. « Cum » dominus Johannes Buticularius conquereretur quod amotus « fuerat quidam serviens quem habebat in Lagio, qui serviens « dictam serjanteriam tenebat ab eo in feodum, concessum fuit « ei quod ponat alium idoneum[4]. »

Enfin, dans les temps postérieurs, les offices forestiers ont été vendus. Des lettres-patentes du 28 février 1585 maintiennent Jérôme Huguet en son office de greffier du Chaumontois, moyennant un paiement de 30 écus soleil par lui fait pour l'attribution de cinq écus de nouveaux gages[5]. Cette habitude universelle de donner les offices moyennant finance qui suscita partout tant de difficultés, était particulièrement ruineuse pour les forêts où le zèle et l'activité personnelle des officiers forment la première base du service.

Tels sont les officiers chargés de faire respecter les lois, et de juger les délits dans l'Orléanais forestier. Il nous reste à connaître les délits qu'ils avaient à réprimer, et comment a été organisée la répression.

[1] ... « in baiis de Vitriaco, in ballivia Johannis Buticularii . » — Arrêt de 1265. Olim, I, 226.

[2] J. 1028, n° 25.

[3] J. 742, n° 5.

[4] Olim, II, 262.

[5] En 1598, ce même office est vendu à l'adjudication après la mort du titulaire (0,20557).

La gruerie donne lieu à un grand nombre de difficultés. Il fallait se défendre contre les entreprises des tréfonciers, il fallait déterminer la ligne de gruerie. Le tréfoncier ne pouvait user de son fonds, selon son bon plaisir; il en fallait surveiller l'emploi. Ainsi l'Evêque d'Orléans, par une charte du lundi de Pâques 1293, constate qu'ayant voulu établir quatre étangs sur ses domaines de Jargeau, au lieu dit la Vieille-Noue « Vetus-Noa, » il en a été empêché par les gens du roi « dicentes quod « in ejusdem domini regis prejudicium hæc fiebant, et in loco « ubi grieriam habebat... » il a fallu que l'évêque demandât au roi l'autorisation, et elle lui a été accordée [1].

L'intervention des agents forestiers est fort active en ce qui concerne la gruerie. En 1271, Galerand, sergent du Chaumontois, trouble l'abbaye de Saint-Benoît dans la possession de grueries dont vient la dépouiller un arrêt du parlement [2]. L'abbaye résiste; les difficultés renaissent, traînent en longueur, et l'abbaye finit par l'emporter [3].

Les tréfonciers du reste ne manquent pas de surveiller eux-mêmes l'état de leurs fonds et de se plaindre parfois des délits que les agents forestiers y ont laissé commettre [4].

Le pâturage a aussi donné lieu à d'innombrables délits; la police du pâturage se confond avec la justice des usages, car tout individu surpris en délit de ce genre n'oubliait pas de prétendre à un droit d'usage.

De cette prétention naissent très-souvent de sérieuses difficultés. Les droits d'usage offraient tant de diversité, tant de nuances ! Une grande cause de confusion résidait aussi dans la perte des titres. Rien de plus fréquent. La garde de l'original était confiée à quelque marguiller négligent, qui, ne trouvant sur ce vieux parchemin qu'un grimoire indéchiffrable, l'ou-

[1] J. 170, n° 25.
[2] Olim I, 577.
[3] Arr. de 1309. Vidim. de 1306. 0,20618, f. 29.
[4] Compte de Neuville, 1454-55. 0,20319.

bliait dans un coin et le perdait[1]. En 1405, les habitants de Nesploy cherchent en vain leur charte qui est en garde chez quelqu'un, assurent-ils : mais chez qui ? telle est la question. Quelques-uns témoignent qu'on a vu cette charte ; d'autres déclarent même se souvenir qu'autrefois on a présenté à l'officier une vieille lettre enfumée : on ne sait si c'est charte ou ce qu'elle contient, mais toujours est-il qu'à son aspect l'officier forestier s'était empressé de délivrer l'usage ; d'aucuns plus philosophes se bornent à dire que la charte a été perdue « par fortune. » H. de Bouville vient heureusement au secours de leur mémoire en certifiant qu'il a vu copie de cette pièce il y a six ans lorsqu'il était maître de la garde du Milieu[2].

Les incendies causés par les guerres des quatorzième et quinzième siècles ont entraîné la perte d'un grand nombre de titres d'usages.

Le 12 mars 1361 (1362) la duchesse, à la requête du prieur de Chappes, lui confirme son droit d'usage dont le titre est perdu par les guerres[3]. En janvier 1411 (1412), Primeu de Bezonx constate un pareil accident pour Chanteau[4]. En décembre 1387, les lettres patentes en faveur de Châteauneuf constatent que la Charte d'usage a été perdue « ou temps que les Anglois « nos adversaires tindrent ou occupèrent le lieu dudit Chas- « teauneuf ouquel ils furent et demourèrent par l'espace de

[1] On cherchait à les remplacer par la preuve testimoniale. Ainsi, en 1341, des lettres adressées à un maître de garde s'expriment ainsi :

« Vous avez empeschié et encores empeschez ledit Guillemain (le Teullier) en son dit usaige pour ce qu'il ne vous a pas monstré les lettres de nostredit seigneur et oncle, lesquelles ont esté perdues par cas d'aventure si comme il dit. Nous vous mandons que ce il vous appert souffisamment des dictes choses et que gens dignes de foy aient veu les dictes lettres et que il vous face foy qu'elles soient perdues par cas d'aventure, vous laissiez joir et user paisiblement ». — (Cop. Q. 590. n° 10, f. XLVIII.)

[2] Enquête sur Nesploy. 0,20035, 2°.

[3] 0,20640, f. 192. De même pour les Chartes de Vieilles-Maisons (Lettres de 1389). Q. 590, n° 10, f. 8.

[4] Vidimus. Q. 587. 0,20635.

« trois ans et plus, et gastèrent et pillèrent toute ladite ville[1]. »

En 1381, Charles VI dit que la Charte de Chaussy n'existe plus « à l'occasion de ce que laditte maison a esté arse dans les guerres « par nos ennemis[2]. » Le duc Louis, en 1403, parle des « lettres de chartre de feu de noble recordance, Monsieur Saint-Louis, jadix roi de France » accordées à Lorris qui ont « depuis esté péries et arses par fortune de feu[3]. » L'élégant château d'Auvilliers, près d'Artenay, fut brûlé avec toutes ses archives, par les Anglais[4].

Les guerres de religion ont aussi amené bien des ruines. Le prieuré de Néronville, le château de Dampierre pillés et saccagés durant ces troubles, y perdirent toutes leurs chartes[5].

Le remède bien simple de ces calamités consistait à lever la copie des lettres existantes. En 1366, Guillaume le Bouteiller confirmant aux habitants de Trainou leur usage, ordonne au maître de la garde de Courcy de remettre l'original de son ordonnance « auxdiz manans et habitans, en retenant coppie[6]. » Les officiers des eaux et forêts dressèrent pour leur usage particulier des livres d'Usagers, sorte de cartulaires abrégés des principaux titres d'usages. Les archives générales et les archives du Loiret contiennent deux exemplaires de semblables œuvres[7].

L'incertitude qui plane souvent sur l'existence même de l'usage, surtout la confusion résultant d'une foule de droits les plus divers et modérés par les conditions les plus disparates, formaient une source intarissable de conflits. Ces conflits étaient toujours entretenus et accentués par la mauvaise volonté des

[1] 0,20640, f. 150.

[2] Vidimus de 1488. 0,20640, f. 53.

[3] 0,20635, f. 25.

[4] 0,20640, f. 17. 0,20642, f. 43.

[5] Néronville. K. 178. Damp. Ordonnance de 1573. 0,20641, f. 75. — V. encore un autre exemple. 0,2641, f. 259 v°.

[6] 0,20635 2°, f. 188.

[7] Le Livre des Usagers, des archives de l'empire (Q. 500, n° 103) est un recueil de bonnes copies dressées vers 1402.

officiers forestiers, surtout des maîtres de garde qui ont toujours tenu la conduite la plus hostile aux usagers. Ne pouvant arrêter cette invasion perpétuelle de gens et de bestiaux dans la forêt, ils cherchaient à les dégoûter de leurs droits par des difficultés sans cesse renaissantes et qui même dégénéraient en vexations [1]. A plusieurs reprises, en 1381 [2], en 1478 [3], en 1491 [4], en 1537, en 1571 notamment, l'exercice des usages fut suspendu jusqu'à ce que tous les usagers eussent présenté et vérifié leurs titres [5].

Dans des lettres du 8 mars 1453, le grand-maître s'exprime ainsi : « Comme naguières pour certaines et justes causes a ce « nous mouvans, et mesmement pour obvier a plusieurs fraudes « et abus qui ont esté commises et se commectent par chacun « jour au fait des usagiers des bois et forests de mondit sei- « gneur le duc, pessons et pasnages d'iceulx, par aucuns pré- « tendans avoir lesdits usaiges, nous eussions fait deffendre a « tous ceux disans avoir lesdits usages qu'ils n'en usassent au- « cunement jusques a ce qu'ils nous eussent monstrés et exhi- « bés les titres et povoirs par vertu desquels et que iceux par « nous veus, autrement en feust ordonné.. [6] » Assurément cette intervention des officiers est pleinement légale, mais bien souvent ils outrepassent la loi.

Le roi vient-il à mourir, les officiers forestiers saisissent ce

[1] Au treizième siècle, Saint Euverte se plaint qu'un maître de garde, Taupin « a pris XIIII chevaux de leur grange de Romeilli sans reson, les garda en prison VII jour ou cueur de semailles: leur semaille demora, et passa le seson : » on évalue le dommage à 20 livres tournois (J. 742, nº 6). R. de Hupecourt prend à tort la charrette du seigneur de Langenneria qu'il ne délivre qu'au prix d'un épervier (*Ibid*).

[2] 0,20641, f. 5.

[3] Lett. de La Forconière. 0,2041, f. 50 vº.

[4] Q. 587. 0,20642, f. 7.

[5] « Comme nous vous aions mandé et commis que vous saisissiés de par le roy nostre sire et de par nous tous les usages estant en vostre ditte garde et appartenances, jusques ad ce qu'il nous feust suffisamment apparu de causes ou tiltre par quoy cil qui se disoit usager disoit avoir cause d'en user... » Mandement de 1387. 0.20640. f. 110.

[6] 0,20640, f. 121.

prétexte pour déclarer que les confirmations ou concessions émanées du prince défunt ont besoin d'être ratifiées par le nouveau prince. Dès le douzième siècle, il en était ainsi : cette lutte a donné lieu à des chartes telles que la lettre patente que voici, curieuse en ce que Philippe-Auguste dont elle émane ne confirme le droit d'usage douteux, qu'après trente-quatre ans de règne.

« Philippus, Dei gratia Francorum rex, omnibus presentes lit« teras inspecturis in Domino salutem. Universis notum esse « volumus quod predecessores nostri, videntes redditus domus « Dei in Giemo esse exiles et debiles, ei usuarium in silva regia « eidem ville ajacenti, divine pietatis intuitu, contulerunt. « Nos vero redditus pauperum non minuere, set pocius aug« mentare volentes, usuarium predictum eidem domui, sicut « antecessores nostri concesserant, concedimus. Quod ut re« tum ac firmum in posterum permaneat, sigilli nostri muni« nine fecimus roborari. Actum anno Domini millesimo ducen« tesimo quarto decimo [1]. »

Les considérants charitables et si nettement développés de cette charte semblent indiquer que Philippe-Auguste pensait faire une concession nouvelle plutôt qu'une simple comfirmation.

Encore au seizième siécle, une ordonnance de Henri II nous apprend que les usagers de Chanteau ont été troublés « au « moyen de la mort du feu roi [2] » Du reste, le zèle des officiers forestiers est tel à cette époque que des lettres-patentes de confirmation sont nécessaires presque de dix en dix ans.

On n'en finirait pas s'il fallait noter tous les procès, toutes les saisies, tous les « empêchements » qu'ont accumulés les officiers forestiers au détriment des usagers, et parfois au détriment du bon droit [3]. Le moindre prétexte suffisait. Ainsi les forestiers

[1] Copie du treizième siècle. — J. 1028, n° 25.

[2] Juillet 1555. Q. 587.

[3] V. Ordonnance de P. de Bezonx pour Chanteau, 31 janvier 1411 (1412). Q. 587. — Procès-verbal de 1530. *Ibid.* — Enquête de Nesploy. 1405 0,20638. 0,20564. Ordonnance de 1340, 0, 20238. — Lettres de la Grande Maîtrise pour Saint-Euverte. 1404. 0,20640, f. 02 v°. — *Idem*, pour Flotin

vont au couvent du Viveret s'assurer si les frères de Saint-Jean chantaient plusieurs messes par semaine pour le roi ; il se trouve que les religieux n'ont jamais pensé à en chanter ; là dessus, saisie des pourceaux du couvent par les officiers qui déclarent qu'un droit d'usage entraîne toujours une fondation.

Les religieux prouvent qu'ils ne sont tenus à rien [1].

En 1560, en 1568 le maître de la garde de Neuville refuse à l'abbaye de Voisins la délivrance de son usage sous prétexte qu'il n'a plus de bois à lui donner [2]. Il s'en suit de longues difficultés terminées par une ordonnance de 1570 qui accorde au couvent 300 livres tournois d'indemnité pour l'interruption de jouissance, et aussi en considération, ajoute le roi, des « pertes et ruynes souffertes durant les premiers troubles [3]. »

Les officiers posent aux usagers des questions embarrassantes. Nous lisons dans un memento du treizième siècle [4] :

« Remembrance de la demande faite au chapelains de Lorriz « a lequele il ne voudreut repondre. Remembrance de parler « pour le prestre de Saint-Martin-d'Ers de son usage au col de « son clerc ou bois mort. »

Au treizième siécle Jehan Archier, maître de Courcy [5] et, par suite, dépourvu de toute juridiction contre le curé de Combreux, agit même en son nom personnel.

1408, 1444, 1468, 1472, 1480, 1493, 1497, 1524, 1532, 1535, 1542, 1547. — Arrêt de la Table de Marbre pour Saint-Euverte contre le gruier (1500). O,20618, f. 40. — Mandement de la Grande-Maîtrise pour Montereau. (1362). O,20618, f. 76. — Arrêt du parlement de 1265 pour Ferrières. Olim I, 214. — Mandement pour Chatenoy, Beauchamp etc. 1387. O,20618. f. 60. — Ordonnance de 1394, pour La Cour-Dieu. Jarry. Hist. de La Cour-Dieu, p. 97. — Arrêt du parlement de 1308 en faveur de Saint-Benoît. Olim III, 347. — Mémoire sur le chap. de Chartres. Q. 590. — Lettres ducales de 1370 et mars 1375 (1376) en faveur du Viveret. O,20640, f. 134. — Lettres ducales de 1395 pour Courpalais. O,20640, f. 114.

[1] O,20640, f. 130.

[2] O,20640. 85, 86, 87.

[3] *Id.* 88.

[4] J. 1028, f. 105.

[5] Vers 1273 V. J. 745, n° 6.

« Ce sunt les tesmoins amenez de par Jehan Archier contre « le prestre de Combreus a prover que le prestre a donné et « vendu de l'usage du bois, et esceaune, et late et merriein. » Vient une série de témoins, unanimes à déclarer qu'ils ne savent rien. Archier subit les rigueurs de la loi féodale : on condamne « Jehan Archier en amende, pour ce que il ne pas prove sen « tencion contre le prestre de Conbrous et en a obligiei son éri- « tage [1]. » Le curé de Courcy est l'objet d'accusations pareilles; on lui reproche de prendre du bois, et une liste de témoins est ainsi intitulée « Ce sunt cex qui furent présenz à Courci quant « le curé de Courci se mist en enqueste de ce qu'il estoit acusé « que il fesoit faire charretes et tumberiaus et quant il nia et « voust que il fust enquis [2]. »

Enfin, bien que la grande-maîtrise se montre plus favorable en général aux usagers que les maîtrises particulières, la nécessité, pour chaque lettre concessive d'usage, d'un enregistrement [3] au siége de la maîtrise des eaux et forêts a amené des difficultés. En mars 1506, le parlement ordonne au grand-maître d'enregistrer une ordonnance en faveur de Gémigny [4] : Le grand-maître refuse obstinément et de là naît un procès [5].

Du reste la police des usages est bien l'un des devoirs les plus formels du forestiers :

« L'en demendera au forestier savoir mon se il soufri que « l'en vendist des dons le roi, en la Vieille-Vente [6]. » Sans doute la résistance aux usagers est donc dans l'esprit de l'état forestier ; mais Ragobert, sergent du Bouteiller, au treizième siècle, est un terrible compère. Tout le pays se plaint amèrement des tours de cet agent ; *il est traitres*, dit-on : il coupe des chênes et dispose le piége : puis quand les *bonnes gienz* arrivent

[1] J. 1028, n° 25.

[2] J. 742, n° 25.

[3] V. 0,20640, f. 114.

[4] 0,20618, f. 25.

[5] Arch. du Loiret, A. 818.

[6] Enquête du treizième siècle. J. 1028, 25

pour ramasser les remoisons, *il les prent et les raient*[1] ; un témoin « a oi dire que il en leva par icel acheson (action) de « Guillemin Boutiau, bourjois de Chatel Neuf LX francs. » Il prit par surprise, dans la forêt, des *bourjois*, il les mena chez le Bouteiller, et garda leurs bêtes jusqu'à ce qu'ils eussent payé trente sous tournois. Il trompe les valets envoyés au bois et saisit leurs juments. « Il leur dit : alez ou bois, et prenez ce que « vous plaira, et vous n'avez garde de moi ; et puis quant il sunt « au bois il les prent » et les « raient, » dit une bourgeoise de Châteauneuf. Ce détestable Ragobert ne manque pas de talent : il joint l'ironie à la cruauté. Il va voir un pêcheur de Châteauneuf, s'installe chez lui, se laisse soigner, dîne bien, soupe bien, montre un appétit du meilleur aloi ; consomme toute la pêche au sortir de l'eau, puis, dans un moment de cette expansion que suggère un estomac bien repu, il permet au pêcheur d'aller au bois avec sa charrette. Le pêcheur arrive en forêt : Ragobert l'attendait là ; il se jette sur lui et lui fait payer au Bouteiller une amende de soixante sous. Aussi tous les gens du pays, parmi lesquels nous remarquons les autorités locales, « Estienne « des Haies, concierge de Vitri-ou-Loge.... Perron de la Fosse « Blanche, prévost de Vitry... Jehan, le prestre de la Mala- « drerie, » n'ont pour Ragobert que des paroles d'indignation ; c'est une clameur, un *tolle* général : on va jusqu'à dire que « eust dessein a estre pendu par le cou qui droit li eust fest. » Les plus modérés déclarent Ragobert « mal renommé de prendre « la bonne gient. »

Moins ardents, les autres sergents montrent cependant un zèle qui déplaît beaucoup dans le pays. On leur reproche de prendre du bois et des vaches aux usagers : « Girart Boolin de « Saint-Michiau[2] » les taxe d'hypocrisie parceque, avant d'être amis, ils sont forestiers et que si au milieu d'un repas que l'amitié leur offre, ils aperçoivent dans le foyer une buche « re- « cepée, » ils arrêtent leur amphytrion.

[1] Les bat.

[2] Boulain de Saint-Michel.

On reproche aussi aux forestiers de lever des amendes bien fortes, mais on reconnaît qu'elles sont justes. On reproche par exemple au concierge de Paucourt d'avoir taxé à 30 livres une jument « prise es tailleis en defois » ; de là grande discussion ; il est prouvé que cette jument avait été surprise en délit malgré trois ou quatre défenses.

« Remembrance de parler au roi de neuf vins livres tornois « de XXVII chevaus que le concierge de Poocourt voust lever « des moines de Ferrières [1]. »

Le zèle des forestiers ne suffisait pas à supprimer les délits. En 1404, les officiers se plaignent eux-mêmes qu'on a vu les habitants de Nesploy vendre leur bois ouvré en charniers, barres, cercles, etc. [2] Les Ordonnances royales ou ducales gênaient souvent leur zèle. En 1330, ils poursuivent l'abbaye de Saint-Euverte pour « mésus et forfaitures » de droits d'usage, notamment à raison d'une « plaine corbeille d'accaume » que les religieux faisaient porter en une de leurs maisons près de leur cloître et qui avait été prise par le maître de Neuville, « Pierre de Corssellos. » Les religieux exhibent une ordonnance de Philippe-le-Bel défendant de les molester, et obtiennent ainsi contre les officiers une fin de non-recevoir [3].

D'un autre côté on blâme les officiers pour quelques négligences plus ou moins réelles. « L'on demandera au Renaut « Veillart pour quoi il soufre [4]... au maiour de Chastenay metre « usagiers ou bois Saint-Benoîst [5]. » On signale des délits contre les règles des usages. « Estienne Boolin, de Bateilly » a vu des usagers vendre. L'évêque et les notaires d'Orléans qui n'ont point de droit d'usage dans la forêt, reçoivent cependant des charretées de bois dans la garde de Vitry. Le prieur de Châteauneuf a vendu ou donné ou prêté plusieurs fois du bois.

[1] *Ibid.*

[2] 0,20554. 0,20035.

[3] 0,20640, f. 57.

[4] Ici le texte original porte le mot *metre* qui doit être évidemment exponctué.

[5] Enquête du treizième siècle. — J. 1028, n° 25.

D'autres « dient que le priour de Saint-Souplice de Lorriz si « va querre ou bois II charretées ou III de bois, et prent une « ca, une autre la. [1] »

Après le treizième siècles, les délits de paturage sont multiples, on le comprend, et parfois même d'une certaine gravité. En 1460, on prend dans la garde de Neuville, panageant en mai, un troupeau de cent porcs appartenant à un seul boucher d'Orléans, Guillot Baingier [2]; en 1451, 418 porcs, propriété d'un certain Destas, orfévre d'Orléans [3]; mais les délits d'usage sont infiniment plus rares. Nul doute que la sévérité des agents forestiers n'ait produit un salutaire effet sur l'administration des usages. Plusieurs faux usagers se sont vu aussi éliminer [4]. Un certain Leclerc du Plessis qui prétendait un usage dans les bois du Gault est condamné. Dès 1258 les sergents royaux de Montargis ont le même sort.

« Inquesta facta super usagio quod servientes Montis Argeri « petunt in bosco de Chaalete, videlicet unam quadrigatam « qualibet septimana ; ipsi servientes nichil probant, nec ha- » beant [5]. »

Les délits forestiers, en dehors des délits d'usage et de gruerie, se réduisent presque exclusivement à des vols de bois ; les conditions de ces délits varient à l'infini ; ils sont punis de la forfaiture, confiscation du corps et des instruments du délit, et d'une amende arbitraire et par suite constamment variable.

Un certain Chenart est surpris menant avec quatre bœufs deux charrettes de *bois de méfait*, en 1424 : vu que « ledit Che- « nart a esté prisonnier des Anglois, ou il a perdue sa « chevauée, et la prison qu'il a tenue ausdiz Angloiz » on a

[1] *Ibid.* — V. encore J. 733, n° 147.

[2] Compte. 0,20319.

[3] *Ibid.*

[4] V. K. 27, n° 42.

[5] Olim I, 40.

« modérée icelle forfaiture a la somme de LX solz parisis[1]. »

La forfaiture consiste dans la saisie des objets que l'on estime et que l'on rend à leur propriétaire contre le déboursé de leur valeur et de l'amende. Parfois les sergents se montrent d'une condescendance paternelle; ils surprennent un bûcheron prenant du bois avec sa seule cognée, sa cognée, son gagne-pain! émus par ses prières ils se contentent d'une promesse de rapporter *sa coignée dont il besoignoit*. Le bûcheron fait défaut et subit une condamnation de 13 sous 4 deniers[2]. En général, le cheval qui tire la charrette est estimé de 60 à 65 sous[3], les ânes ne se montent guère que de 15 à 20 sous[4]; la valeur de la charrette elle-même et du collier (car on estime aussi les charrettes et le harnais) varie infiniment. Telle charrette est rendue pour douze sous, telle autre vaut bien 4 livres[5]. Les gens riches commettaient seuls sans doute l'imprudence d'aller chercher du bois avec un véhicule de si grand prix.

Quant aux amendes, la règle est difficile à établir. Un individu, surpris avec des cercles de tonneau en coudrier, est condamné à 5 sous parisis[6]; un autre faisant des lattes, à 20 sous[7]; pour avoir « ouvré » dans un chêne du merrein à vin, 21 sous 4 deniers[8]. Parfois on se borne à la confiscation du tout: Beluceau, surpris à mener une jument et un âne chargés de bois *sans seing*, perd son attelage, qui est vendu en bloc, âne, bât, et jument. Jehan Lebreton, et Perrin Prouvenchier menaient des chevaux chargés de bois signé d'un faux seing: les chevaux, les

[1] Compte de J. de Savoures. 0,20319.

[2] Compte de 1424. 0,20319.

[3] « Deux meschans chevaux... chascun I reau XVI s. p. » Arch. du Loiret. A. 854.

[4] « Pour la vendition d'un petit asne prins sur lui en cas de forfaicture..., XVI s. p. » — Compte de Goumas, 1427. Arch. du Loiret. A. 855.

[5] V. notamment Compte de Neuville, 1454-55. 0,20319.

[6] Compte de 1446-47. 0.20319.

[7] Compte de 1445-46. *Ibid.*

[8] Compte de 1446-47. *Ibid.*

bats et le bois sont vendus 4 livres 10 sous tournois [1]. Très-souvent les amendes montent à 5 ou 6 sous, quelquefois jusqu'à vingt [2]. La simple prise de bois mort ou de mort bois, ou de bois vert porté au cou est fixée à 5 sous [3]. Le vol d'un paquet de *verges* de peuplier se paie 15 sous [4]. Le merrein à vin monte bien plus haut : 800 de merrein valent 6 écus d'or, 200 de grand et 100 de petit, 60 sous [5], un millier de merrein 6 livres [6] ; 2 chênes que le délinquant avait trouvés abattus et qu'il enlevait, 48 sous [7].

Le bois dit de mole, les *planssons* ou *plançons*, les *sopplais*, *suploys* de chêne [8] ou d'arbres portant fruit atteignent une valeur sérieuse [9], souvent 45 sous [10] ; un chêne mort 60 sous ; un érable 5 sous ; un alizier 60 sous ; un chêne dit *eschasse* plus sec que vert, 5 sous ; un charme, 5 sous : un tremble, 5 sous [11] ; une charretée de *coippeaux et ramilles*, 5 sous [12].

La scie et la *ligne* mises dans le bois ajoutent au délit une circonstance aggravante [13] : il en en est de même si le bois a été transporté en charrette à travers les taillis. Le seul fait d'une charrette ferrée passant sur les tailles défendues, ou d'une charrette *fûtaine* dans des taillis quelconques entraîne une amende de 5 à 15 sous [14].

Ces petites condamnations en s'additionnant sur la même

[1] Ces ventes sont souvent fictives, et faites au propriétaire lui-même pour une somme peu élevée.

[2] V. notamment Compte de 1420 (0,20319).

[3] Compte de 1456-57 de Neuville (*ibid*).

[4] *Ibid*.

[5] Compte de 1424 (*ibid*).

[6] Compte de 1443-44 (*ibid*).

[7] Compte de 1441-42. 0,20319.

[8] V. comptes divers. Arch. du Loiret. A. 855.

[9] Compte de Neuville 1434-35 (*ibid*).

[10] Comptes de Neuville 1456-57 (*ibid*.) 1454-55 (*ibid*.).

[11] Compte de Vitry 1452-53 (*ibid*).

[12] Compte de Neuville 1451-52 (*ibid*).

[13] *Ibid*.

[14] Comptes de Neuville 1451-52, 1456-57. 0,20319.

tête peuvent aboutir à une somme considérable [1]. En 1436, Guillot du Cémetière est condamné en 40 livres parisis; il est vrai qu'il avait accumulé les délits; il avait coupé et vendu un grand chêne vert de cinq toises, pris et recélé une douzaine de charniers de quartier et 200 lates, coupé un grand chêne vert de 5 toises encore dont il avait fabriqué une *seulle* pour sa maison, enfin on le trouva en train d'abattre un grand chêne [2].

Le vol des glands est un délit sur lequel on veille assidûment.

Un individu « bastant un chesne pour avoir du glan » est condamné, en 1451, à 5 sous parisis d'amende [3]. En 1420, un « tonneau plein de glain » confisqué sur Jehan le Bouteillier, est vendu pour la somme de 32 sous parisis, la même année une bête prise sur Jehan Dureau, chargée de gland, lui est rendue et le gland vendu 4 sous [4].

Des vols, autres que des vols de bois peuvent rentrer dans la juridiction forestière. Ainsi en, 1422, un sergent confisque en Loire un épervier qu'il dépose dans une *saintine* où il est volé; le voleur paye 60 sous pour l'épervier, et 60 sous pour le vol [5]. Un cas de désobéissance, un refus de « bailler ses ferrements » est taxé 15 sous parisis [6].

Outre les amendes, les exploits valaient à l'administration forestière des droits de justice considérables : chaque défaut entraînait, *ipso facto*, une amende de 5 sous [7].

Dès 1285, la valeur des exploits, des forfaits, défauts, amendes [8],

[1] V. notamment Z, 4921, f. 47 v° et suiv.

[2] Compte de 1436-37 (*ibid*).

[3] Compte de Neuville 1451-2. O,20319.

[4] Compte de 1420 (*ibid*).

[5] Compte de 1422 (*ibid*).

[6] Compte de Vitry 1455-56 (*ibid*).

[7] V. notamment compte de 1456 (*ibid*).

[8] Il y avait en outre des contributions extraordinaires connues sous le nom de *surprises*, ainsi détaillées dans les comptes de 1234 :

« De supprisiis boscorum Gemigniaci, 90 l.;

formait un des chapitres principaux du budget forestier [1]: Déjà en 1248, on lit dans les comptes royaux :

« De expletis Lagii 12 l. 8 s. »

Une curieuse sentence du prévôt d'Orléans, le 20 juin 1396, expose que la plupart des amendes et la plus grande partie du revenu des exploits forestiers sont dues par des « clercs non « mariés et n'ont à présent aucun temporel ou duchié d'Or- « léans ne ailleurs:.. » ou par des « vacquabons et hors du « païs qui n'ont aucuns biens meubles ni héritaiges; » elle permet en conséquence de porter ces recettes hypothétiques au chapitre des non-valeurs [2].

Pour l'application de la peine de la prison qui est très-rarement prononcée, la prison ne formant guère dans les principes du moyen-âge qu'une peine préventive, il y avait aux chefs-

De supprisiis Gometi, 30 l. 7 s.
De supprisiis Arableiæ, 56 l.
De supprisiis Hervei de Porta, 10 l.
Item de bosco episcopi Aurelianensis, 128 l., 11 s., 5 d.
De supprisia bosci de Bougi, 13 l. 7 s.

Expensa : pro medietate supprisio de bosco de Bougi, data magistro Martino, 6 l., 13 s., 6 d. »

(Hist. de la France, XXII, 574.)

[1] « Explecta boscorum :

De explectis bosci Calvimontensis, ad hunc terminum (*la Toussaint*), XII l.
De explectis bosci Victriaci, X l. III s.
De explectis bosci guardæ de Medio, CV s. VIII d.
De explectis bosci Courciaci, X l. III s. VI d.
De explectis bosci Aurelianensis, XIX l. IIII s.

. . . .

De explectis bosci de Gometo, VI l. VII s.

. . . .

De explectis Paucæ Curiæ, IX l. IV s.
De explectis bosci gruieriæ (*à Gien*), V s.
De explectis bosci Gyemi XII s. »
(Compte des baillis de 1285.)

[2] Arch. du Loiret, E. et F., reb.

lieux de garde [1] des geoles provisoires d'où l'on transférait au besoin le prisonnier à Orléans [2]. Un voyage de ce genre nous est raconté par Pierre de Beauvilliers vers 1400. « C'est la dé-« claration des despens que a faiz Pierre de Beauvilliers, ser-« gent des forestz d'Orliens, pour amener prisonnier à M. le « duc Perrin Bequin, lequel lui a esté baillié par M. le maistre « des foretz à Victry [3]. »

La justice forestière est rendue, aux chefs-lieux des gardes, et, selon les règles du moyen-âge, au moyen d'assises, tenues d'ordinaire, semble-t-il, deux fois l'an, suivant les besoins, et à des époques variables qui coïncident le plus souvent avec le printemps [4] et l'automne.

Ces assises présidées par le grand-maître ou le lieutenant-général, portent le nom de *Grands-Jours* des eaux et forêts. Au treizième siècle, les juridictions civile et forestière se trouvant confondues, il ne devait pas y avoir de grands jours forestiers spéciaux; mais, dès le mois de juin 1315, nous trouvons une mention des grands jours forestiers de Vitry [5]. Depuis lors, les traces des grands jours ne sont pas rares, puisque toutes les sentences des grands-maîtres sont datées de ces assises [6].

La tenue des grands-jours était fort courte; en cas d'affaires trop compliquées ou qui réclamaient un supplément d'enquête, on prononçait le renvoi aux prochains grands-jours : nous avons des sentences rendues à la troisième journée des assises [7], mais aucune à la quatrième.

[1] Et même ailleurs : V. commission du 20 nov. 1503 pour élargir un prisonnier détenu à Ingrannes, garde de Courcy. (Arch. du Loiret, Eaux et Forêts, rebut).

[2] V. Joursanvault, 2001, 2898, 1375, 1396.

[3] Joursanvault, I, 80.

[4] V. O,20618, f. 1. Jours de Saint-Jean-Baptiste, 1441.

[5] O,20640, f. 102, 154.

[6] V. grands jours de Chateauneuf, mai 1497 (O,20642, f. 7, v°) Neuville décembre 1322 (ibid. 26) Chateau neuf, juin 1446 (Compte de 1446. O,20310), grands jours de Vitry, 1339. O 20340, f. 57. Oct. 1402, compte de 1403-4 de Lorris, avril 1391, O,20640, f 139, etc., etc.

[7] Sentence pour Dampierre, O,20641, f. 5.

Leur siége est essentiellement fixé au chef-lieu de la garde : nous trouvons une fois l'indication de grands-jours de Vitry, tenus à Orléans : mais ils se tenaient le 19 mai 1421 [1] : les grands jours de Neuville se tinrent à Orléans en 1447 [2].

Les maîtres de garde rendent aussi la justice au moyen de *jours* dans l'étendue de leur cantonnement, à diverses petites localités : il y a, par exemple, des jours du maître de la garde de Neuville tenus à Rebrechien (1540 [3]), aux Barres (le 28 novembre 1536), à l'Asne-Vert (le 14 septembre 1534) [4].

L'instruction, dans ces juridictions, est orale et ordinairement très-sommaire ; ou l'inculpé est pris en flagrant délit, ou bien il avoue son méfait ; or l'aveu passant pour la *probatio probatissima*, l'information ne va pas plus loin : hors de ces deux cas, les condamnations sont bien rares.

La compétence absolue des officiers forestiers ne se détermine pas aisément.

Au treizième siècle, point de difficultés. La justice civile se charge de tout ce qui concerne les forêts, enquêtes, sentences, exploits ; le bailli et le parlement, comme juridiction inférieure les maîtrises de garde répondant aux prévôtés civiles [5], voilà l'organisation primitive. En 1265, une enquête forestière est dirigée « de mandato regis, per ballivum Aurelianensem, « et Petrum presbiterum Castri-Novi... [6], » une autre « de man- « dato regis, per Guillelmum de Cheneveriis, militem suum, « et Stephanum Taste-Saveur, ballivum Senonensem [7] : » En

[1] Compte de 1420-21. 0,20319.

[2] V. Q. 587. Bouilly.

[3] 0.20644, f. 181. Chanteau.

[4] 0,20644. Chanteau.

[5] Les Jours des gardes existaient au treizième siècle. V. une enquête faite vers 1280 où il est dit qu'un maître (Taupin) assigna *à ses jours* Beaupère et le prieur de Saint-Ladre (J. 742, n° 6). V. aussi les « ples » de B. de Vilers (J. 733, n° 14). La charte de 1222, transcrite précédemment, assimile les forestiers aux prévôts : « forestariis prevotis... » : les maîtres de gardes sont en 1222, des prévôts forestiers.

[6] Olim, I, 225.

[7] *Ibid.*, I, 214.

1271, « de mandato curie, per magistrum Guillelmum de Bel-
« vaco, clericum domini regis, et Hugonem de Sancto Justo
« ballivum Aurelianensem[1]. » En 1260 « de mandato domini
« regis, per abbatem sancti Benedicti Floriacensis et per Ro-
« bertum de Noa[2]. »

Vers la même époque, une enquête sur la gruerie est présidée par un Templier et un Orléanais : « Hæc est inquisitio facta « ab fratre Gilone domus Templi Parisiensis, et Adam Caveu « Aurelianensi ... [3]»

Dès que la grande maîtrise des eaux et forêts fut organisée et obtint une juridiction indépendante, elle dut exclusivement connaître des délits purement forestiers. Cette juridiction est absolument réelle, et non point personnelle[4]: pour tous les délits de droit commun, les officiers forestiers relèvent des tribunaux de droit commun.

Une sentence du parlement, en 1291, enjoint formellement aux sergents forestiers de Nibelle de ne point oublier ce principe, d'obéir à la prévôté de Beaune et non point seulement au tribunal forestier de garde ; il paraît que le bailli lui-même encourageait cette résistance : « Preceptum fuit quod forestarii « servientes forestarum, garennarum et aquarum obediant bal- « livis[5].

« Item preceptum fuit ballivo Aurelianensi ne impediat pre- « positum de Belna justiciare aliquos servientes de Lagio com- « morantes apud Nibellam in justicia sua pro aliis delictis quam « pro delictis forestarum[6]. »

Quant à la classification des délits en eux-mêmes, bien sou-

[1] *Ibid.*, I, 577.

[2] Olim I, 123.

[3] J. 1032, n° 7.

[4] *Ratione materiæ*, et non *ratione personæ*. C'est une juridiction d'exception mais non de privilége.

[5] On voit que les grands-maîtres n'étaient point créés. — Il paraît que ce conflit élevé par les sergents de Nibelle avait fait quelque bruit, puisque le parlement sent, à ce propos, le besoin de poser un principe général.

[6] Olim, II, 328.

vent la juridiction forestière et la juridiction civile ne se distinguaient que par une ligne de démarcation bien délicate et bien accessible aux conflits.

Cependant une règle fondamentale domine la matière ; s'agit-il de la possession ou de la propriété d'un fonds ou d'un droit, la question est purement civile. Ainsi, en 1318, la possession de tréfonds forestiers à Nesploy était débattue entre un certain Colian et Othelin Mauclerc, à la suite de partages et d'arrangements successoraux en raison de la mort de Pierre de Nesploy ; et après divers incidents, le procès se juge « coram ballivo Au- « relianensi [1]. »

Lorsque le procès s'élève sur des droits d'usage, il pourrait y avoir matière à doutes, si l'on ne faisait la même distinction. Si la propriété même de l'usage est en jeu entre deux parties, c'est là une question civile. Telle a été certainement la règle, mais il faut convenir que ses applications sont sujettes à critique [2]. Si, au contraire, pour des droits exclusivement forestiers, comme les droits d'usage et de gruerie, le procès s'élève non plus sur l'attribution du droit, mais bien sur son existence, sur sa nature, sur les modalités qui l'affectent, le débat prend aussi un caractère purement forestier qui motive la juridiction exceptionnelle. Tout ce qui concerne ces droits rentre dès lors dans le ressort des maîtrises. Les innombrables sentences [3] de maintenue ou de délivrance d'usage, qui nous sont restées [4], éma-

[1] Olim, III, 1383.

[2] V. Sentence du bailli d'Orléans en faveur du seigneur de Luyères, 1321. Sur l'usage de la mairie du Mesnil, 1332. 0,20641, f. 116. 0,20,618, f. 113. Du bailli de Copoy, sur l'usage de Robert d'Aunoy. 0,2018, f. 125, v°.

[3] V. Notamment 0,20618, f. 84, f. 123, 48, 66, 71, 36, 63, 83, 82, 87. 0,20644, f. 181, etc., etc., etc. 0,20642, f. 27. 0,20640, f. 162, 154.

[4] V. 1368 (0,20618. Fay) — 1547. Auvilliers (0,20640, f. 17. 0,20642, f. 43). — 1395. Courpalais (0,20640, 112). — 1395. Neuville (0,20618, f. 79). — 1386. Potiers de Lorris (*ibid*, 109). — 1404. Bonnée (*ibid*, 59). — 1404. Capitaine de Montargis (Q. 542), — 1405. Nesploy (0,20635. 0,20564). — 1407. Arrabloy (0,20642, f. 17). — 1380. Sainte-Chapelle (0,20617). — 1406. Paucourt. — 1383. Combreux (0,20635, 221 v°). — 1370. Dampierre (*ibid*.

nent toutes des juridictions forestières. Perpétuellement, les usagers dont le droit est méconnu réclament une enquête qui est autorisée par lettres patentes[3].

175). — 1395. Lorris (0,20618, f. 72). — Seigneur de Chambon, 1390 (0.20618, f. 95).

[1] Il y a un grand nombre d'enquêtes forestières d'un ordre purement judiciaire, sur les droits d'usage : une charte d'usages, de 1403, en faveur de Lorris, mentionne les formalités de ces enquêtes (0,20635, III, 25) : «... Et pour ce nous par certaines nos autre lettres eussions mandé audict maistre de nos dictes eaues et forests ou son lieutenant que appellé et present avec lui nostre procureur dudit duché ils se informast bien et deument de et sur toutes choses dessus dictes et leur circonstances et que l'information que faicte en auroit il renvoyast feablement enclose soubs son seel avec son avis signé par devers nostre amé et feal chancelier et les gens de nostre conseil à Paris pour en ordonner ainsi que de raison appartiendroit. Sçavoir faisons que ladite information rapportée par devers nostre dit chancelier et icelle veue et examinée par aucunes gens de nostre conseil en la chambre de nos comptes, etc. »

Et la charte suivante fournira un exemple des ordonnances d'enquête : elle reproduit successivement les prétentions des habitants de Traînou et les résultats de l'information. (0,20635, II, f. 188) :

« Guillaume le Boutillier, ecuier, et lieutenant de noble homme monsieur Aubert Dandesel, chevalier et chambellan de monseigneur le duc d'Orléans, souverain maistre et enquesteur des eaues et des forets dudit seigneur par toutte sa terre au maistre de la garde de Courcy ou à son lieutenant salut. Comme les manans et habitans de la paroisse de Trino eussent esté pieca empeschés es usaiges et pasturaiges que ils disoient avoir en la forest de monseigneur le duc ez bois du Tresfonds l'evesque et de chappistre Sainte-Croix d'Orléans pour cause du cry général de nostre dit maistre des forets ou pour ce que le feu avait coru par les lieux ou ils disoient avoir usaige et pasturaige. Et pour ledit empeschement aucuns desdiz manans et habitans se fussent trais par devers nostre dit maistre des forest et lui eussent requis délivrance desdits usaiges et pasturaiges en eux complaignans que sans avoir iceulx au delivre ils ne pourroient vivre ne habiter ou pays. Et que leur predecesseurs avoient joy et usé de prandre usage ou Tresfonds dudit eveque et chappitre d'Orleans en la garde de Courcy a tout boys mort et sec, c'est assavoir le tremble, le charme, espine blanche et nere, a tout boys de chesne ramasonné et de mectre et faire tenir et garder touttes leur bestes aumailles, et leur pourceaulx, en iceulx bois et ailleurs pour touttes les communes pastures en tout temps excepté le temps de may que leur diz pourceaulx ne doivent aler que jusques à la veue du plain et en icelluy temps de may que chascun usagers peut tenir avec son aumaille deux

Bien qu'ils en payassent les frais, et qu'ils ne fussent pas toujours sans inquiétudes sur leur efficacité [1], que quelquefois même ils en sollicitassent et obtinssent la dispense pour l'ave-

pores seulement paisiblement sens contredit et que autres titres n'en avoient. Et pour scavoir la vérité ledit nostre maistre des forets à leur requeste eust commis Jehan Leroier et Jehan Perinet, clerc notaire du chastellet d'Orleans lesquiex commissaires aient examiné plusieurs temoings sur ledit usaige et pasturaige en la presence de Pierre Leroux, procureur de monseigneur le duc et l'information et tout ce que fait ont aient mis pardevers nous et à leur requeste nous avons tout monstré à plusieurs personnes saiges sçachant des coustumes et usaiges de la forest.

Pourquoi il nous est apparu que lesdiz manans et habitants de Trino et chascun d'eulx ont bonne cause juste et bon droit de prandre et avoir usaige ez bois l'evesque et de chappitre d'Orléans en la garde de Courcy a tout boys mort et sec, c'est assavoir au tremble, charme, espine blanche et nere et a tout boys de chesne ramasonné et de mectre et faire tenir et garder touttes leur bestes aumailles et leur pourceaulx, esdit bois et ailleurs par touttes les communes pastures en la manière que devant est dit pourquoi nous en conseil et délibération fixée a plusieurs saiges, consideré ce que lesdiz manans et habitans sont grevés et domagés des bestes sauvaiges de la forest et que lesdiz habitans ne pourroient resider ou pays sains avoir lesdiz usaiges et pasturaiges avec tout ce qui nous peut et doit movoir a raison de faire. Ledit empeschement mis par nostre dit maistre des forets ou dit usaige et pasturaige avons osté et ostons au proffit desdiz manans et habitans. Si vous mandons que iceulx manans et habitants et chascun d'eulx vous laissiez joir et user dudit usaige et pasturaige ez bois et lieux dessusdiz en la manière que devant es dit et eclairey et que autrevoies ont fait non obstant que le feu avoit coru par haultes fustoyes en plusieurs lieux desdiz usaiges et pasturaiges esquiez lesdiz habitans peuvent et pourront user et tenir leur bestes et norritures sens domager en aucune chose monseigneur le duc comme monstré est par laditte information. Touttes voies les tailles soubs aaiges leur sont deffendues. De ce faire nous vous donnons pouvoir et authorité de par ledit seigneur. Rendez ces lettres auxdiz manans et habitans en retenant coppie.

Donné à Orléans soubs nostre seel le samedy apres occuli l'an mil ccc soixante-six. — Perinet. » (Compte, Q. 590, n. 10, f. 12).

[1] En 1395, les habitants de Dampierre se plaignent qu'ils ont « à faire lesdittes enquestes et informations, ayent fait plusieurs grans frais et missions, et encore doubtent que toutte fois qu il viendra nouveau maistre de nos dictes forests et de laditte garde de Chaumontois, ils ne les veillent contraindre a faire de rechef informations ou enquestes de leur dis usaiges et pasturaiges

nir[1], en général les usagers allaient au-devant de ces enquêtes et en tiraient un profit sérieux. Toutes ces enquêtes sont l'œuvre des officiers forestiers. Elles aboutissaient à une sentence des Grands-Jours.

La sentence du grand-maître devait être vérifiée par le gouverneur de la chastellenie où se tenaient les Grands-Jours, et avant leur clôture. Si cette formalité n'avait pu être remplie, on en renvoyait l'accomplissement aux prochaines assises, et l'usager recevait une autorisation provisoire de la grande-maîtrise[2].

Dans quel but, au profit de qui avait-on créé une juridiction spéciale des eaux et forêts? Dans l'intérêt de la police et de la conservation des bois. Les voisins de la forêt appréciaient peu les bienfaits de ces tribunaux d'exception, aussi équitables assurément, mais plus sévères, comme il arrive toujours, que les tribunaux de droit commun. Aussi était-ce une grande faveur et un rare privilége, pour un tréfoncier ou un riverain que de le soustraire à cette juridiction exceptionnelle. Ce privilége figure dans la Coutume de Lorris[3]: « Et si miles aliquis seu « serviens equos vel alia animalia hominum de Lorriaco in « nemoribus nostris invenerit, non debet illa ducere, nisi ad « prepositum de Lorriaco[4]. »

En 1189, dans la charte d'échange du village de Rébrechien qu'il détache du domaine royal, Philippe-Auguste donne à ce village les Coutumes de la Chapelle. Une clause y est ajoutée à l'intention des forestiers. Elle émet une législation fort large. « Statuimus etiam quod si foristarios nostros domos vel cu-

qui seroit chose infinie et que bonnement ne pourroient soustenir ne porter..... » O,20635, f. 175.

[1] *Ibid.*

[2] O,20640, f. 112, 114.

[3] Art. 2. Les Coutumes de Bois-le-Roy (art. 18), de Montargis (art. 24), etc., portent la même stipulation en termes plus abrégés.

[4] Toutefois si l'on n'admet pas que la juridiction contentieuse fût généralement attribuée aux maîtrises de garde dès le deuxième siècle, cet article signifie simplement qu'il est défendu au *miles* ou au *sergent* de se faire justice à lui-même: il poserait le principe que toute amende doit être prononcée en justice.

« rias predictorum hominum ad eas explorandas contigerit « intrare et in domibus illis aliquid capere pro forisfacto nemo- « ris, ipsi foristarii id quod ibi captum fuerit recredent usque- « dum res in presentiam nostram vel mandati nostri veniat, « et, sine quo debuerit, per rationem terminetur. » Ce privilége exorbitant assure l'impunité aux habitants de Rebrechien. Si les officiers forestiers ont fait une descente domiciliaire et opéré une saisie, ils sont obligés de laisser en dépôt chez le délinquant l'objet saisi. La connaissance de l'affaire leur échappe : elle est réservée au délégué royal qui doit arranger la chose *par raison* « per rationem » à l'amiable, c'est-à-dire subir la loi du délinquant. Elles n'assurent pas l'équité ni la paix ; elles fondent l'injustice, elles arrêtent la répression légitime.

La même charte de Rebrechien consacre une seconde disposition non moins radicale que la première : si un bourgeois subit une *calonge*, une citation pour délit forestier, la purge par serment, par serment personnel ou même par le serment de ses voisins, lui est accordée de droit : « Et si occasione nemoris « nostri eis voluerint imponere calumniam, liceat eis se inde « purgare per manum propriam vel per manus vicinorum suo- « rum[1]. » En d'autres termes, le prévenu actionné peut se libérer par son serment, ou même il lui suffit d'opposer, au réquisitoire des agents forestiers, le témoignage d'un de ses voisins. On reconnaît dans cette prescription le calque, mais bien maladroit et bien exagéré, d'un des articles de procédure les mieux conçus de la Coutume de Lorris.

En 1212, Philippe-Auguste accorde encore à l'abbaye de La Cour-Dieu des exemptions du même genre. L'abbaye jouit aussi d'une sorte de *Committimus* : « Si forte per ignorantiam nemora « nostra scindere, vel eorum animalia pascere inveneritis ubi « non sit eis concessum, vadimonia eorum perhenniter capta « usque ad assisiam recredatis... » On doit leur rendre leurs gages de comparution dès qu'ils ont comparu... « et ibi diem « assignetis, quia volumus quod emendatio et justitia quæ non

[1] K. 177.

« deberet fieri fiat per assisores nostros, non per forestarios, et « eis emenda reddatur quibus debet reddi. »

En cas de délit commis par un frère ou un sergent de l'abbaye, le délinquant seul peut être poursuivi : il subira la contrainte par corps jusqu'à parfait paiement de l'amende, mais l'abbaye est dégagée de toute responsabilité civile « ...eumdem fratrem « sive servientem tantum custodiatis quo inde nostram emen- « dam habeatis nec ad abbatiam inde vos capiatis[1]. »

En 1351, le chapitre de Sainte-Croix obtenait du roi des lettres de garde contre la maîtrise des eaux et forêts[2]. L'ordonnance de 1479 dispense l'abbaye de Ferrières de la juridiction des eaux et forêts ; il est défendu que les « officiers de nostre « dite forest de Ponteourt y puissent ne doyent, ores ne pour « le temps à venir, ne exploiter, ne exercer leur justice et ju- « ridiction, ny réclamer aucun droit[3]... » Enfin l'édit de février 1573 porte que les grueries seront vendues « demeurant « néantmoins la part desdits tréfonciers en nostre justice « comme elle estoit, non toutefois en la justice de nos eaux et « forests de laquelle ils seront exempts, ains seulement en la « justice ordinaire des chastellenies de nostre dit duché d'Or- « léans[4]. »

Ainsi la compétence absolue des officiers forestiers est bornée, soit par les limites de leur juridiction, soit par la compétence des tribunaux civils, soit par diverses concessions particulières.

La compétence relative a été définitivement fixée par l'ordonnance de 1716 [5] aux termes de laquelle les maîtres de gar-

[1] Cette charte curieuse a été publiée par M. L. Jarry. Hist. de La Cour-Dieu, pr. XX. — Orig. Arch. du Loiret ; copie Cart. de La Cour-Dieu, II, 155.

[2] Ment. Extr. de l'Invent. des titres de Sainte-Croix sur Trainou. Arch. du Loiret. G. Fonds Sainte-Croix. — A. 15.

[3] Ordonnances XVIII, 488. — Arch. du Loiret (copie). A. 783.

[4] Arch. du Loiret. A. 763, 764.

[5] V. Plinguet. op. cit., p. 81.

de connaissent en première instance des causes dont la valeur n'excède pas 12 livres, causes pour lesquelles le grand-maître est juge d'appel, il est juge de première instance dans les autres cas.

L'appel direct de la maîtrise particulière à la grande-maîtrise a toujours formé la règle [1]. Quant au chiffre maximum des délits assignés aux maîtrises particulières, il a évidemment beaucoup varié. Il ne paraît pas au quinzième siècle dépasser le taux de trente sous parisis. Le tribunal du maître n'est guère qu'un tribunal de basse justice ou de simple police [2]. Les causes étant donc de peu d'importance, l'appel était très-rare. Le gruyer avait une compétence plus élevée; il jugeait jusqu'à soixante sous [3].

L'amende dite de *fol appel* s'élève assez haut si nous en jugeons par le cas suivant, où il faut tenir compte des circonstances aggravantes: un plaideur condamné qui en appelle « disant de « hault et arrogant couraige que nous faisions les droiz cornuz, « et faisions des nouvelletez, et ce que jamez n'avoit esté veu « ne fait, et ne savions ce que faisions...» puis renonce à l'appel, est condamné en une amende de sept livres tournois [4].

Lorsque le grand-maître n'est pas souverain maître, il ressort de la juridiction supérieure de la grande-maîtrise des eaux et forêts de France [5]. Dans le cas de *prise à partie* du grand-maître d'Orléans, on pouvait alors l'assigner devant le grand-maître général de France. En 1504, l'abbaye de La Cour-Dieu envoie une assignation de ce genre au château de Dampierre, résidence de François de Cugnac, alors grand-maître

[1] V. 0,20078, f. 124, et Arch. du Loiret, Duché, ar. 14, l. 133 (aff. Lecl. du Plessis). 0,20618, f. 59.

[2] V. notamment Compte de Vitry, 1455-56.

[3] 0,20721.

[4] En 1452, le gruyer de Seichebrières se désistant d'un appel contre le fermier de la Paisson au sujet de 108 porcs encourt une amende de 60 sous parisis. Compte de 1452. 0,20319.

[5] 0,20640, f. 89. 0,20618, f. 60, 38. — K. 178, Lett. de 1345 pour Néronville.

d'Orléans, qui avait fait arrêter les troupeaux de Ramart et du Moulin, métairies de La Cour-Dieu, paturant en vertu de leurs titres [1].

Enfin le parlement a conservé une compétence suprême [2] qu'exerçait au seizième siécle, une chambre spécialement déléguée sous le nom de *Table de Marbre.*

Le premier devoir des officiers forestiers est donc de rendre la justice. Ce devoir est le premier, mais non pas l'unique. Dans l'enquête faite au treizième siècle « contre Bertaut de « Vilers et Ymbert Chapelet, mestres forestiers en la garde de « Courci-ou-Loge, et contre leurs sergens, c'est assavoir, con- « tre Robin de Vilers, Estienne Flaci, Adenet Gautier, Guille- « min du Pont et Oudin Corpin....» on se demande « se il se « sont mené en leur servises bien et loiaument ou autrement, « ne se il ont de riens meffet: c'est assavoir en mal gardant la « forest, en vendant ne en donant le bois de la forest ne pour « ardoir ne pour mesonner, ne en departant les malfeteurs « pour dons ne pour loier, ne en prenant bestes sauvages, ne « souffrant prendre ne en fesant tort, ne entrage aux bonnes « gens, ne en souffrant user en bois gens qui usages ni avoient, « ne en souffrant user usagiers autrement que il ne deussent « user ne en nulle autre manière quel quele soit [3]. »

Ce court résumé nous indique donc que les forestiers ont encore d'autres devoirs à remplir que le soin de la justice. Ils ont à rendre compte des deniers perçus dans chaque ressort respectif [4]. Le chapitre des recettes se subdivise de lui-même sous deux chefs principaux, correspondants aux deux sources d'émoluments; d'abord les coupes de bois, puis les profits tirés des

[1] O,20640, f. 48 v°.

[2] V. O,20618, f. 29.

[3] V. J. 1028, n° 25, un programme identique.

[4] Depuis le seizième siècle, on leur recommande aussi de veiller à l'établissement de fossés (V. Visite de 1604); dans les notifications d'adjudication de coupes, on leur ordonne très-particulièrement d'avoir l'œil ouvert sur les marchands et de surveiller les abus (Adjudications diverses. O,20563).

amendes, exploits et procédures diverses. La reddition de ces comptes aux deux termes financiers[1] de l'année, Noël et la Saint-Jean-Baptiste[2], très-rarement la Toussaint et l'Ascension, est un devoir essentiel pour tous les chefs de service, grand-maître, maîtres de garde, gruyer; les mesureurs tiennent des comptes spéciaux, complémentaires, et, par suite, intermittents. Un très-grand nombre de ces divers comptes est parvenu jusqu'à nous[3]. Ils étaient adressés à la Chambre des comptes ducale qui les vérifiait avec soin, signalait les lacunes, ajoutait souvent des observations dans la marge : les comptes des maîtres de garde servaient au contrôle du compte du grand-maître, et réciproquement. Il faut remarquer du reste que dans les comptes de la grande-maîtrise les coupes ordinaires ne sont mentionnées que pour mémoire et dans une annexe : le premier chapitre du compte ne renferme que le détail des coupes extraordinaires, chênes abattus par l'orage, pour un essaim, etc., les seules en effet dont l'énumération exacte fût nécessaire à la Chambre des comptes. La Chambre ajoute au compte son visa.

Les comptes des maîtrises de garde présentent les recettes de justice divisées par sergenterie. De plus, ils portent, à la fin, les listes des industriels, charrons, *huichiers*, et autres qui ont pénétré, moyennant la redevance habituelle, dans la forêt durant le terme écoulé, et aussi des usagers payants. Nous possédons ainsi dans tout le cours du quinzième siècle des listes d'habitants de plusieurs paroisses, telles que Batilly, Saint-Michel, Nancray et autres, documents curieux au point de vue de la statistique, et propres à remplacer jusqu'à un certain point les actes d'état civil qui n'existaient pas encore.

Les officiers forestiers doivent présenter leurs comptes en personne ou par mandataire authentique. La Chambre des comptes suit le duc ; elle s'établit à Blois quand le duc y réside ; les offi-

[1] Termes aussi du paiement des appointements. 0,20618, f. 196, 197.

[2] Ou, à la rigueur, à un seul des deux.

[3] 0,20319. Arch. du Loiret. A. 748, 853 à 858. Joursanvault. 2895. — Au dix-huitième siècle, les Archives du Châtelet d'Orléans contenaient 419 comptes de ce genre. 0,20618, f. 1 et suiv.

ciers doivent s'y rendre. En 1484, un sergent du Châtelet d'Orléans est envoyé dans les chefs-lieux de garde pour ajourner les maîtres de garde, mesureurs et gruyer de Seichebrières, à se rendre à Blois pour présenter leurs comptes à la Chambre : des frais de déplacement spéciaux sont alloués aux officiers[1]. En 1484, Etienne Colin, greffier des eaux et forêts reçoit pour frais de déplacement, lorsqu'il est venu rendre le compte au nom du grand-maître, 12 sous par jour ; le voyage a duré trois jours, soit 36 sous parisis : le mesureur juré, les maîtres de Goumas, du Milieu, le lieutenant de Vitry reçoivent aussi pour un déplacement de trois jours 30, 32, 36 sous : aux maîtres de Courcy et de Neuville, il a fallu quatre jours (48 sous), au maître du Chaumontois cinq jours (60 sous)[2].

Vers ces mêmes temps, un maître de Goumas mis en demeure par la chambre des comptes d'avoir à présenter son compte de la Saint-Jean qui était en retard, se voit condamné par défaut à une amende de 20 livres parisis, amende remise par faveur spéciale à 4 livres, à cause des circonstances du délit[3].

Toutes ces obligations administratives et judiciaires des officiers forestiers ont pour fondement l'obligation primordiale de la résidence. C'est un devoir auquel ils se soumettent volontiers en général, et la composition du corps des officiers forestiers, souvent pris dans le pays, leur rendait la tâche infiniment plus aisée. Cependant, au treizième siècle, quelques étrangers revêtus de fonctions forestières, sont accusés d'un trop grand amour de l'air natal : sous les ombrages de la forêt d'Orléans, le moyen de se créer une image de la patrie absente et un nouveau Simoïs, lorsque l'on arrive de Pontoise ou de la Normandie ! Philippe de Comeni était natif de Pontoise ; aussi « il vet dans son païs mot (moult) sovant... » Comment oublier les bords fleuris de l'Oise ? Malheureusement cette passion patriotique nuit au service : « il ne fet pas bien son ser-

[1] Compte de 1483-84. 0,20642-43,

[2] Compte de 1485.

[3] Compte de 1460. 0,20319.

« vice. »... Il « s'en alla en son païs vers la Madeleine jusques « à la Toussaint et laissa un vallet à pied à sa place[1]. » On convient qu'il « demore trop en son païs[2]. » Robert de Hupecourt, maître de Vitry, s'absente aussi quelquefois pour aller respirer l'air natal de Normandie. Un bourgeois de Gien a une maison près de la forêt; il y va « sovent, et scet que li forestier n'i est pas[3]. » D'autres disparaissent pour se rendre à la cour. Le concierge de Paucourt se trouvait en 1239 à Melun, dans la suite du roi[4]. Mais on est très-sévère pour les délits de non-résidence, et cette sévérité même prouve leur rareté. Vers 1270 ou 1280, on reproche avec amertume au maître du Chaumontois deux ou trois faites à Melun bien qu'elles ne lui eussent pris que, l'une un mois, les autres 11 et 15 jours, et que cet estimable forestier eût réussi à assurer aussi bien la garde de la forêt en son absence « que quand li forestier i estoit[5]. » On blâme vivement B. de Vilers « de la compaignie que il maine « as gentishomes[6] » qui l'entraîne à fermer les yeux sur certaines peccadilles, et à mener joyeuse vie hors de sa forêt : « Item, il est preuvé que Bertaut, par le douzime tesmoin et « par le quinzisme, que il ne va pas ou bois et en la forest tant « comme il deust, et que il tient trop compagnies as gentis-« hommes, par quoi il croient que li rois i ait damage en bois, « en bestes et en autres choses[7]. »

Le grand-maître n'est pas seulement assujetti à la résidence ; il doit passer des visites de la forêt et des inspections pour le régime des eaux. Nous avons encore la note de la dépense faite par le grand-maître lors d'une visite de la forêt en mai 1457[8].

[1] J. 742, n° 6.

[2] J. 1028, n° 25.

[3] J, 1028.

[4] Compte de 1239. Hist. de la France XXII : don à la femme qui dit des patenotres.

[5] J. 1028, n° 25.

[6] J. 733, n° 148.

[7] J. 1024.

[8] Arch. du Loiret, A. 854.

Un certificat d'Hervé Lorens nous retrace une inspection passée sur la Loire en 1435 [1].

Les forestiers sont d'ordinaire gens d'honneur et considérés : un témoin, interrogé sur le concierge de Paucourt, déclare que « il n'oit unques parler que il se meffeist en seule « manière, ainz ont la bonne gient de lui conseilz, aide, quant « il en ont mestier [2]. » Un autre « requis des serjanz (du Chau« montois), il dit que il sunt loiaus gent, et bien et loiaument « se moivent, et vers le roi, et vers le païs, senz forfait. » Le forestier du Chaumontois, par suite de son zèle, a contracté en forêt *de granz maladies*. Du reste, les sergents du moyen-âge ont bien eu leur part de souffrances. Au quinzième siècle, après la guerre des Anglais, le pays était ruiné, les populations aigries par le malheur, et le sergent qui se présentait pour instrumenter devait parfois s'attendre à un accueil peu favorable. En 1456, deux individus, coupables de violences envers un sergent, sont condamnés à 10 sous et à 20 sous parisis d'amende [3]. Un coup de pieu sur la tête jusqu'à effusion de sang asséné à un sergent qui allait chez un pêcheur endetté, vu l'emprisonnement préventif et la pauvreté du coupable, est taxé à 20 sous [4]. Un

[1] Hervé Lorens, licencié en loys, lieutenant général de Jehan Victor souverain maistre et enquestenr des eaues et forestz du duchié d'Orléans, certiffie a tous a qui il appartendra que les vint cinquiesme et vint sixiesme jour de septembre mil quatre cens trente cinq que moy, le commis a la recepte d'Orléans et ung sergent de Monseigneur le duc d'Orléans fusmes d'Orléans à Baugency en une centine pour visiter les combres fettes en la rivière de Loire depuis le Rouchin de la Vau jusques au port Pichart, où nous vacasmes par les diz deux jours entiers en faisant ladite visitation : et y fut despensé la somme de trente deux solz parisis c'est assavoir en despense de bouche XXVI solz parisis, et pour le sallaire de Jehan Mitata nottonier qui nous mena en sa centine par ladite rivière VI solz : lesquelles parties sont ladite somme de XXXII sols parisis que ledit commis paya par mon commandement et ordonnance, dont il me requist ces présentes pour lui valoir ce que de raison sera : et tout ce vous certiffie estre vray par ces présentes, tesmoing mon seing manuel cy mis le XXVIIe jour dudit mois de septembre oudit an mil quatre cens trente cinq. Hervé Lor.

[2] Besoin.

[3] Compte de 1456. 0,2319.

[4] Compte de 1483. *Ibid.*

homme qui avait *frapé et geté en rivière de Loire* un sergent, est condamné en 10 francs parisis, remis à 4 livres parisis « attendu sa povreté et aussi que les gens d'armes estoient sur le « païs ; et ne congnoissoit ledit sergent[1]. »

Un autre pêcheur qui avait résisté plus pacifiquement en citant le sergent par devant l'official d'Orléans, subit pour le tout une amende abaissée à 64 sous parisis[2].

Les sergents souffraient fort directement aussi de la guerre et des invasions : Jehan Coichon, sergent en la garde du Chaumontois, confesse avoir fait faire par un *bouscheron*, en 1440, un demi millier de merrein à vin, et il donna trois chênes pour la façon. Il est condamné à la restitution des arbres, et à 10 livres parisis : le duc lui remet entièrement cette peine par lettres patentes d'Epernay, 27 janvier 1444, « vu sa povreté, la « prison qu'il a tenue en chastellet d'Orliens pour ceste cause ; « et aussy en faisant et excerssant son dit office en ladite garde « il a esté pris par trois fois par les Anglois et Bourgoignons et « enmené prisonier et par eulx mutilé et batu ; et pour autres « causes et considérations ad ce nous mouvans[3]... »

Il a donc fallu au corps des officiers forestiers du courage : ce corps a montré de grandes qualités: il a eu aussi, et qui donc en est exempt ? ses défauts.

La plus grande tentation des officiers forestiers résidait dans la corruption. L'argent, quelle n'est pas sa puissance sur tous les cœurs mortels ! Quel Cerbère, doué des gueules les plus nombreuses et les plus féroces, ne se laisse endormir par un gâteau mielleux ? Rendons du moins cette justice aux officiers forestiers : si quelques-uns ont succombé, beaucoup ont résisté aux tentations les plus puissantes : ainsi, on « a veu plusieurs « foiz que ledit Renaut (forestier du Chaumontois) en renvoioit le porc en la corde, et le blé en charrete, et le poisson et

[1] Compte de 1424. *Ibid.* — L'amende pour le délit de pêche, cause première de l'intervention du sergent, et l'amende pour la violence s'élèvent, additionnées, à 12 livres parisis.

[2] Compte de 1390. Arch. du Loiret. A. 853.

[3] Compte de 1444-45. 0,20319.

« les chapons que l'en li envoioit, et ne les voloit prendre.[1] » Deux siècles après, en janvier 1539, Plume, commis à la garde du même Chaumontois, se présente aux officiers supérieurs, et déclare qu'un nommé Guérin Millet, marchand, demeurant à Ouzouer, avait voulu lui bailler 18 écus soleil, soi-disant « pour « ses estraines » : malgré les remontrances de l'incorruptible Plume, Millet n'a pas voulu reprendre son argent et l'a laissé sur la table de la chambre[2].

Au treizième siècle, on déclare encore en parlant du forestier de Gien que le roi n'a plus loyal serviteur[3].

Ces réserves faites, on peut avouer que quelques forestiers n'ont pas donné l'exemple du désintéressement. Plusieurs obtiennent des cadeaux de toute sorte.

Bertaut de Vilers, le type du mauvais forestier, a reçu « 1 tonnel » de vin, pour prix de la dispense d'une amende de 20 sous : « et VIII mines de avene, 1 tonneau de vin de « XXII sols... De l'óvesque d'Orliens il eut un sele por une prise « que il avoit faite des pors a l'óvesque, a la valor de XX sols. »

Il est, du moins, bon époux ; il envoie à sa femme 10 sous, donnés par un homme que depuis lors il ne *semonce* plus : il a reçu encore « I porcel.[4] » Lui-même avoue qu'on lui a donné deux douzaines de chapons et 8 sous pour « son estoc[5] » Ymbert Chapelet confirme ces déclarations. Taupin, maître de Goumas, a fait une mauvaise chicane au prieur de *Saint-Ladre* d'Orléans ; il l'assigne, puis vient le voir, lui apprend qu'il a acheté une robe, enfin lui promet de le dispenser du procès, si le prieur lui donne « 1 panne ». Le prieur la lui donna, « qui cousta XVIII solz ». Même cérémonie un an après. Robert de Hupecourt, maître de Vitry, laisse échapper des délinquants[6] : il laisse user dans la

[1] Z. 4921, f. 28.
[2] J. 1028, n° 25.
[3] J. 1028.
[4] J. 1024.
[5] J. 733.
[6] Il commet un double délit en délivrant, moyennant le don d'un épervier, la charrette du sieur de Langennerie qu'il avait saisie à tort.

forêt ses amis, notamment le chantre de Saint-Agnan, et surtout « le barbier de la Croix-Saint-Michian d'Orlians, por ce « que ledit barbier ret (rase) et saigne ledit Robert et li fet cour« toisie quant Robert vet a Orlians » ; il a même donné à ce barbier-chirurgien plusieurs chênes [1]. Drouan de Mareau, sergent, a laissé user aussi « maioute [2] gent qui droit ni avoient. » Il reçut « des chauces et solers ou II francs pour poisson, quant » il aloit a Peviers. [3] »

Colin le Boutellier, écuyer, envoya une fois « III mines « de toille » à un sergent qui avait souffert « ses buós es tail« leiz. » D'autres déclarent que les sergents « prennent volen« tiers V deniers ou VI, quant l'en les leur donne. »

« Remembrance de parler sur les abus » du droit d'usage de Saint-Ladre, et le profit retiré par le sergent « Item, du « drap blanc que l'abé de Saint-Yveltre d'Orliens donna a Ro« bert de Hubecort....

« Item, Remembrance de LX frans que Robert a eus sans « reson ; XX f. de Rebrachen, CIX de Bourc-Neuf, pour otroier « le patis a leur bestes. »

Et encore, lorsqu'il s'agit de Gien :

« Cil qui parole ».. vit souvent un âne qui allait chercher du bois ; il « demandoit à celui qui menoit l'asne pourquoi li fo« restier les soufroit enxino user, et cil qui menoit l'asne disoit : « Pour ce que nostre mestre li fait courtoisée d'un sextier de « froment chascun an. » Il a aussi « oi dire aus femes qui « aportent bois mort de la forest que il donnent au vallet du « forestier un denier ou II la semaine ou les XV jourz » pour son vin [4]. Un témoin reproche au forestier du Chaumontois d'avoir eu « III pourceaus des marcheans qui achaterent la

[1] J. 742 (6).

[2] Très-curieuse variante du mot *moult*, et qui a probablement pour racine le mot *majoritas*.

[3] J. 742 (5).

[4] Plusieurs actes rappellent la défense expresse de faire « à aucuns serjans... aucuns coustemens, mises... »

« glan, mes il ne set se il les achata ou se il les li donnerent.[1] »

Une « courtoisie » en appelle une autre. Les mêmes officiers qui reçoivent des présents sont accusés d'en faire aussi, et aux dépens de la forêt.

On reproche notamment au concierge de Paucourt quelques courtoisies de bois mort, plusieurs dons de buches sèches. Un témoin dit qu'il « ne set riens fors que le concierge li donna II « charretées de bois sec. » Ces délits sont bien minimes et encore les explications que fournit l'inculpé tendent bien à le faire absoudre ; le peu de bois sec qu'il a distribué l'a été a des pauvres très-intéressants : il a donné « a une povre demoiselle un chesne « choit que li usagier non voloient aporter. »

Le forestier de Chaumontois n'a rien donné, dit un sergent, sauf trois charretées de ramoisons d'écorces « que cil qui parole departi a povres gens pour Dieu » du commandement du forestier. Drouan de Marcau a vendu et donné « du bois l'évesque « ou li rois a sa grierie[2] » R. de Hupecourt a donné à Gillet de Saumery trois chênes pour faire sa maison. Le gruyer a fait « courtoisie de remasons a aucune genz.[5] »

Le maniement des deniers perçus par suite des ventes ou judiciairement offrait aussi quelques dangers : Taupin a vendu « LXVI arpens, lesquex lui valurent CXXX livres tornois » dont il n'a donné au bailli d'Orléans que 65 livres[3]. Drouan recéla « une vente et y gagna bien XL livres et tous ses dépens entre la Toussaint et la Saint-Jean[4]. » Il vend par an « plus de « LX soudées de merrien à vin, charniers et autre merrien » Il en a même porté « dans sa meson d'Ermeville, en Beauce. »

Bertaut de Vilers ne s'est pas fait faute de piller l'administration.

[1] J. 1028, n° 25.
[2] J. 742 (5).
[3] J. 742 (6).
[4] *Ibid.*
[5] J. 742 (5).

« Ce sont lé cas seur Bertaut : »

« Premièrement de ce que ses sergens dient que Bertaut « quand il est en ses ples, il est contre le roi en ce que il debat « les amendes quant Chapelet et ses gens l'ont amenó avant, « ne s'acorde pas aucune fois qu'il ait amende es tex meffes... « Aprés, il et Chapelet ont reconneu que il ont pris de leur « exploiз jusques a C sous tournois pour paier leur despens « quant il quorroient les malfetors de la forest quand il des- « pendoient plus que leur gages. Après, il ont déporté aucune « persones des amendes que il devoient, dont il doivent le roy « XIX livres tournois VIII sols, mes Chapelet dit que ce estoit « contre sa volènté et n'en a eu Chapelet nule cortoisie, mes « Bertaut en a eu de Jehanin Gile une queue de vin, dons, « ajoute le témoin avec son ironie gauloise, dons il doit enquor « l'argent. »

« Item, Bertaut fist acheter I tonne de vin de XXII sous des « amendes que bone gent devoient, mais il en a rendu les de- « niers en despens que il a fes, qui sont en ses responses.

« Item il connoist quant il a aucune fois conté au baillif une « que il ne pocit avoir, il la reprenoit seur ses exploiz sans « parler en au baillif, et en a bien ainsi repris entor LX sous.

« De C sous dons Chapelet l'accuse que il conta pou, a un « conte [1]. »

Bertaut se défend avec vivacité ; il déclare avoir bien pris sans doute quelques deniers,

Je tondis de ce pré la largeur de ma langue !

mais c'était pour se payer de commissions du roi. Il répond « que ce n'est pas mesprison quand ils ont couru avec leurs « chevaux après des malfaiteurs de venir se reposer dans la ta- « verne, et une fois leurs gages dépensés, de prendre pour se « paier de petites amendes de bois et de vaches [2]. »

On prouve encore qu'il « fist acheter par Guillemin du Pont

[1] J. 733, n° 148. Comp. J. 1024, n° 84.
[2] J. 733, 147.

« unes chauces et I esperons de VI sous que I vilain devoit le « roi d'une amende » Bertaut répond qu'il a rendu cette somme [1].

Il en est qui prennent du bois eux-mêmes; sans en chercher bien loin des exemples, l'éternel Bertaut fit encore faire « I « huche nueve des bois lou roi, et I lardier » et aussi « un « palis des bois lou roy entour sa maison ou il a bien VI char- « retées de bois [2]. » Drouan « il meemes, deu bois que il devoit « couper pour l'evesque et a mesonner et a ardoir, *il le croiet* « *a lui*, et en fesoit fere esseices é ceule, late et autre merriens, « et le vendoit, si comme l'en dit. » Lorsque les charbonniers du Gault étaient pris par les autres sergents, coupant des chênes, il les garantissait, disant « que le charbon que il fesoient « de ces chenes verz empres pié, devoient aler chies l'eveque, « et il le fesoit vendre, si comme l'en dit. » Un charbonnier témoigne que « quant il fesoit une charretée de charbon l'évêque, « il en fesoit une pour lui et la vendoit... quant il fesoit un for- « nel pour l'eveque, il en fesoit un autre pour lui [3]... »

Robert de Hupecourt a pris diverses amendes; il a employé 20 sous d'une amende à payer une selle qu'il devait à un sellier d'Orléans [4].

Un témoin assure que le forestier de Gien « en fist mener en « sa meson III charretées de bois, entour II ans a, si comme il « oit dire. » Le gruyer laisse vendre le « bois des usages, » et même s'en fait amener; il prend aussi des chênes. Un charpentier dit qu'un sergent « Rogiau ovre auxi du bois et que il mei- « mes qui parole li a plusieurs foiz fait et perches et pex.

« Item (Remembrance) des gens que cil Robert (de Hupe- « court), a tenuz en prison pour les meffez de la forest, et a finé « a cauz, senz ce que sundit serjant en seust rien. Item d'Es- « tevenot » sergent de l'évêque qui a usé de charbonnage « la « ou il ne doit pas user, et des charretes de Mainerville

[1] J. 1024, n° 84.
[2] J. 1024, n° 84.
[3] J. 742-5.
[4] J. 742-6.

« qui firent III amendes de IX livres, de quoi ils n'ont rien « pris [1]... »

Enfin, quelques forestiers, en très-petit nombre, il est vrai, se sont rendus coupables, au treizième siècle, d'extorsions et de violences, à l'égard de leurs voisins. Le sergent Jehanot de Compigne « prend les terres à povres por leur amendes et les tient « II anz, III anz » et les leur fait labourer; il a battu un homme de Chaingy. Perrot Moreau fait aussi labourer les gens, « despoille les bone genz, et les deschauce, et baille a sa mesine « les robes et les sollers qu'i leur oste. »

Robert de Hupecourt a débauché un des frères du couvent de Saint-Lazare : le prieur s'en plaint amèrement « et dit ledit « prieur que Robert de Hupecort fut un jour a Aschières en la « meson Guillaume Brune, et vit passer ledit Robert un des « frères de Saint-Ladre d'Orléans, et un frère de l'Aumosne, « et les fist appeller ledit Robert, et quant li dui frère furent « devant ledit Robert, Robert dist à ses gens : Allez querre « II quartés de vin, si buront ces frères : et fist savoir ledit « Robert combien il devoit léanz, et l'en li dist que il de- « voit VII sous que il avoit euz de vin et en denrées. Ledit Ro- « bert dist aux II frères que il paiassent ces VII sous, et li frère « les paièrent, et les contèrent a leur metres que il les avoient « paiez por ledit Robert de Hupecourt [2]. » Le maître de l'Aumône se plaint encore qu'on lui a pris, « III aunes de brunette « vermeille. » Le Prieur de Saint-Ladre a vendu à Robert un tonneau du meilleur vin de Chécy; il n'a jamais pu se faire payer, Robert lui répondant toujours qu'il devait plus d'amendes « que le thoniau de vin ne valloit. » Robert n'était pas mauvais forestier, mais il avait une monomanie, c'était de vivre aux dépens des couvents ses voisins. Les bons moines se lais-

[1] J. 1028.

[2] Eleemosina Sanctæ Crucis, l'Hôtel-Dieu d'Orléans.

[3] Comp. J. 1028 nº 25. « Item, de un franc que Robert fist paier a II des frères de seins Ladre en une taverne o il les avoit despenduz... Item des griez que celui Robert et les serjanz qui sunt souz lui ont fait à l'église de saint Yvertre... »

sent faire, mais tous les abbés et prieurs du voisinage ne parlent du maître de Vitry qu'en levant les yeux au ciel d'un air douloureux et presque résigné.

Que de tribulations pour le couvent de Saint-Euverte ! Quand Robert de Hupecourt et ses gens « venoient à Orliens » et gisoient en la ville, il envoient querre en l'abaye dou pain « et dou vin a aus et a leur garçons, et de l'avaine a leur che« vaus. Robert est venuz maintes foiz à leur granges de Cuni « et d'Artenoy »; il y demandait du vin, et « refusoit le vin que « l'abé buvoit qui estoit bon et soffisant... et envoya l'en querre « pour sa bouche jusqu'à C soudées [1]. »

Le gruyer et ses sergents exigent des gens un « boissel de blé qu'ilz ne soloient pas avoir. »

Un sergent de Gien a extorqué deux deniers par semaine des usagers du bois mort.

A propos d'un autre officier, on lit :

« Item, du povre home que il mehengna...

« Item des II povres hommes que il a bleciez qui sont en « l'Aumone, et qui de l'en que il morent. »

Si l'on en croit plusieurs témoins, les sergents « demandent « voilles à la gient » et « gelines. »

Guillaume l'Escot, sergent royal à Boiscommun, déclare que le sergent forestier Moreau « tolloit au povres giens leur solers « et robes, et dit que il les a veu chauciez aa [2] sa mesnée [3] et « vit dous chiés [4] de robes que il avoit tolu a povres gienz, que « sa meschine et son vallet avoient vestuz [5]. »

Mais Taupin, maître de Goumas, dépasse toutes les limites de la violence.

« Entre la Maladrerie d'Orlians et Orlians, Taupin trouva

[1] J. 742-46. — J. 1028.

[2] Il est remarquable que, dans les textes du treizième siècle, les lettres de ce genre sont souvent redoublées, ce qui prouve que l'accent orléanais était, à cette époque, un peu pesant, un peu traînant.

[3] Mansionata, maisonnée.

[4] Chefs.

[5] J. 1028.

« un povre portant fesciaux. » Malgré la franchise d'Orléans, outré de ce délit, « il le rua a tere sous son fessiau, et, au le-« ver que le povre homme fist, Taupin trest l'apée, et en feri le « povre homme, si que il le mehaigna d'un des doiz. — Tau-« pin a en cest an trouvé II povres homes qui venoient du boiz « senz ce que il portassent rien. Taupin les salua, et quant il « les ot saluez, Taupin retorna arriers l'espée en sa I main, et « et les atourna tex que il a convenu qui il aient esté roisnez, et « sont si povre que il sont en l'aumosne ou ils gisent, et les y « avons veuz et croit l'en mieulz que il se murent que ils ga-« rissent [1]. »

Tels sont les délits reprochés aux forestiers du treizième siècle, délits qui ont fait l'objet d'enquêtes juridiques, et dont l'exposé est parvenu jusqu'à nous dans le procès-verbal le plus authentique. Ces documents intéressants et si naïfs attirent l'attention plus particulièrement, en ce qu'ils nous fournissent une peinture minutieuse et fidèle des mœurs de ce temps Assurément il ne faut pas juger une époque d'après les procès-verbaux de police correctionnelle ou de cour d'assises ; il faut remarquer aussi qu'il ne s'agit, dans ces enquêtes, que d'une petite quantité de coupables, et que les délits, condensés dans un récit sommaire, ont eu pour théâtre un nombre d'années souvent assez considérable. Cependant ces enquêtes ne présentent pas seulement un intérêt forestier. L'histoire nous enseigne les grandes et chevaleresques entreprises que Dieu a conduites par la main des Français [2] dans le treizième siècle. Il y avait donc alors des esprits capables de puissants projets et d'audacieuses exécutions. Mais quelles étaient les mœurs, la valeur morale de la nation française dans ses foyers? La liste même des crimes répond à cette question avantageusement. Tous les faits qu'on reproche dans ces enquêtes montrent un peuple neuf et encore un peu jeune : mais point de ces crimes calculés

[1] J. 742, n° 6.
[2] Gesta Dei per Francos.

et médités froidement, point de ces dégradations morales, source principale des délits dans les sociétés décrépites qui vont être renouvelées.

Avec le temps, les caractères des délits changent : au quinzième, au seizième siècles, voit plus rarement les scènes violentes, barbares, dont Taupin était vers 1280 le triste héros. Le vol fait le fonds principal de tous les actes répréhensibles.

Ce sont les maîtres de gardes qui, profitant de leur position[1], octroyent à leurs domaines des délivrances bien fréquentes de droits d'usage[2], des officiers qui passent des ventes secrètes à leur profit, qui prennent du bois pour eux, pour leurs parents, pour les autorités civiles[3].

Un sergent de Vitry, qui avait pris un chêne, puis l'avait vendu sous la forme de trente javelles, subit une amende de 32 sous parisis. Des sergents convertissent en argent à leur profit personnel douze charniers de quartier qu'ils avaient confisqués[4]. En 1452, Perrot Guiot, sergent du duc, qui a saisi plusieurs pourceaux et aumailles et assigné leurs propriétaires « sans nous avoir rapporté aucune chose desdits ajournements « et explois » est condamné à 40 sous parisis[5].

Une désobéissance du sergent ducal Rousseau, sergent forestier intérimaire, qui a laissé emporter du charbon malgré un

[1] Vers la fin du seizième siècle, l'administration intenta même un procès contre Guillemette de Beaumont, veuve en premières noces de Jean de Pathay, écuyer, seigneur de Claireau, comme détenant indûment trois pièces de bois qu'on accusait son mari d'avoir usurpées pendant qu'il était maître de la garde de Courcy. 0,20633.

[2] 0,20640, f. 10 v°.

[3] En 1453, deux marchands d'Orléans qui avaient fait paturer 180 bœufs dans les brulis de la garde du Milieu, sont condamnés en 66 sous parisis : le maître dela garde, Baudichon de Beaurain dont le silence avait été acheté moyennant deux écus, subit deux condamnations de 100 sous chacune. (Compte de 1453. Arch. du Loiret. A. 853-858.)

[4] 0,20721. — Arch. du Loiret. A. 716. — V. Compte de 1428. 0,20319.

[5] Compte de 1452. 0,20319.

arrêt du maître de la garde de Neuville, est punie de 32 sous parisis d'amende[1].

Tels sont, avec leurs défauts peints sans fard, avec leurs qualités, avec les grandes positions qu'ils s'étaient faites et la compétence que leur avait assignée la Coutume, les officiers chargés à l'ordinaire de juger et d'administrer dans l'Orléanais forestier. Nous connaissons maintenant la marche que doit suivre toute affaire forestière. Quelques dérogations sont pourtant apportées à la procédure commune par les créations d'officiers extraordinaires.

Comme toutes les juridictions exceptionnelles, les officiers des eaux et forêts extraordinaires ne peuvent en principe connaître que d'affaires spécialement déléguées : rarement leur compétence est générale.

Les officiers extraordinaires, selon que les modalités de leur mission affectent ou le temps, ou le lieu, se divisent en officiers temporaires, qui sont les enquesteurs et les réformateurs, et en officiers locaux qui sont les officiers particuliers.

L'enquesteur[2] est le membre ou le chef d'une commission temporaire nommée à l'effet de connaître et de juger la conduite des officiers forestiers.

Au treizième siècle, des enquêtes ont eu lieu pour les diverses parties de l'administration, pour les eaux et forêts comme pour le reste. Ces enquêtes n'ont donc rien dans leur origine de spécial aux eaux et forêts, elles ne sont spéciales que dans leur but.

Il nous reste, premièrement, une enquête générale dirigée « par monseigneur Guilleaume de Prunay, chevalier, et maistre « Renaut de Ses[3] » et dont les forestiers de Paucourt, de Gien, du Chaumontois, de Vitry font les frais. Cette enquête n'est vraisemblablement pas postérieure à 1280 puisque nous y voyons figurer Girard Boulain de Saint-Michel qui avait, nous

[1] Compte de J. de Saveuzes. 0,20319.

[2] Appelé dans les textes contemporains Enquerreur (J. 1028,) enquerreor. « Item, nous enquerreors... etc. » (J. 742, n° 5.)

[3] J. 1028, n° 25.

le savons d'ailleurs, environ soixante-dix ans à cette époque et par conséquent n'a probablement pas vécu bien longtemps après. D'un autre côté, elle semblerait même antérieure à 1276[1], car elle mentionne « Jehan Archier; » or, nous lisons dans un autre texte que Bertaut de Vilers, nommé maître de Courcy, en 1276, perçoit 2 sous de gages par jour « comme Har« chier qui fut avant lui. » Ces deux mentions doivent se rapporter au même personnage.

Cette enquête est assez mal ordonnée; les témoignages sur les diverses gardes y sont confondus.

Une foule considérable de témoins venus de Lorris, de Nibelle, de Saint-Martin de Bonnée, de Saint-Martin d'Ars, enfin de presque toutes les paroisses limitrophes se présentent sur la convocation qui leur est faite. Parmi ces témoins figurent Guillaume Ysore de Nibelle, prévôt de Nibelle, Michau Guillier, sergent du gruier, demeurant au même lieu, « le prieur de Flo« tain qui demoure en la forest du Loge, » Pierre Bouceau, prévôt de Boiscommun, maître Guillaume « prestre de Com« brous, » Guillaume Karen, écuyer, (châtelain de Combreux). Cette enquête avait lieu en automne et au moyen d'assises. Les habitants du Chaumontois étaient convoqués à Lorris, la veille de la Toussaint, ou à Ouzouer le lendemain de ce jour; les habitants de Vitry, Fay et autres lieux circonvoisins, le mardi *devant* la Saint-Martin.

D'autres enquêtes, remontant environ à l'année 1278, nous font assister à un interrogatoire des sergents de Goumas[2], de Vitry, de Courcy. Drouan de Mareau[3], sergent de l'évêque, est convaincu de méfaits et subit plusieurs condamnations. On lui ordonne de réparer le dommage qu'il a commis, « il ne le vout « faire, pour coy nous le tousimes en prison. » On pratique chez lui une saisie mobilière. Le sire de Veri et Renaut de Sez procè-

[1] Une sentence du parlement mentionne dès 1265 « litteras inquisitorum domini regis, deputatorum ad faciendas emendaciones domini regis, » en matière forestière. (Olim, I, 225.)

[2] J. 742, n° 6.

[3] J. 742, n° 5.

dent à une information contre un certain Thibaut qui répond par une vive opposition [1]. Enfin une enquête spéciale est ouverte par les mêmes G. de Prunay, chevalier, et « Mestre Regnaut de Ses » contre B. de Vilers et Y. Chapelet. Une foule de témoins de Courcy, Ingrannes et Chamerolles, comparaît; on y remarque monseigneur Guy de Centau, chevalier, Henri Bourse, bourgeois de Courcy; des marchands de bois, Jehan de la Coudre, Adam de Bardyli, Michel Nancré; Jehan, prêtre, « curé de Peviers-le-Véan. » Accablé par le témoignage de tous ses voisins, B. de Vilers se décide à avouer une partie de la vérité; « il « vint à nous, enquereurs, et requist et pria que nous le vo- « lessions oir de aucunes mesprisons que il poet bien avoir faites « en sa garde, et que il amoit mex que il nous en deist la vé- « rité et que li rois en feist sa volenté que il fust trové par au- « tres personnes que par lui, et nous, ces paroles oies, le fimes « jurer de dire la vérité et nous dit par son serment les choses « ci-desous contenues... » L'affaire se complique ainsi, et vu sa gravité inattendue, on en transfère la connaissance au conseil du roi, et on adjoint deux nouveaux enquesteurs aux premiers. Les enquesteurs maintiennent les deux maîtres de Courcy dans leur dignité jusqu'au jugement : Ce sunt « les cas desquex Bertaut de Vilers et Chapelet, son compai- « gnon, gardes de la forest de Corci furent acusé devant « Monseur Guillaume de Prunay et mestre Renaut de Ses, et « dont il ont respondu : lesquex cas et lesquex responses oies « et veues diligemment par les devant dis Guillaume, Renaut, « et par les baillis de Sens et de Amiens dou commandement « le roy, et rapportées au seigneur de Neele et au baillif de « Roen, et a autres persones deu conseil le roy, il est regardé « que Bertaut et Chapelet demorront en leur servise jusques « a tant que li roys ara fet voier leur enquestes [2]. »

Un résumé sommaire des principaux chefs d'accusation est rédigé sous ce titre : « ce est li estrais des caz Bertaut de Vilers. » Le coupable est condamné par les juges à de nombreuses et

[1] J. 1024, n° 76.
[2] J. 733, n°s 147, 148.

fortes amendes: « il ont accordé que il leur semble que il ne « doit pas perdre son servise, mes il rendra ce que il a retenu des espleiz [1]. » Voici du reste le texte même de la sentence : « Dominus Guillelmus de Pernayo, baillivi Rothomagensis, « Ambiannensis, Senonensis, dominus Symon de Meleduno, « dominus J. de Villeta presentes fuerunt, et non consulunt « quod amoveatur, sed castigetur [2]. »

Au quinzième siècle, il n'y a pas d'Enquesteur spécial et temporaire. Cet office, devenu permanent, est remis aux mains du grand-maître qui en prend le titre et qui en exerce les attributions. Il est chargé des poursuites contre les agents. Ainsi, c'est lui qui, en 1422, paie à « Ligier, notaire du Chastelet, pour « avoir rédigé un mémoire des méfaiz du maistre de Gomez et « l'avoir grossoié en parchemin.... XIV livres VIII sous parisis « groz [3]. » La suspension de l'office aggravée d'une amende est la peine ordinaire. Un sergent de Neuville, en 1436, est condamné, pour dilapidations, à 5 sous d'amende et à la destitution [4]. Un sergent de Courcy, après une longue enquête, se voit frappé, aux jours de Vitry le 17 mars 1398, d'une amende de 32 livres pour divers « méfaiz. » Un fait de violence, heureusement rare à cette époque [5] entraîne la destitution et une amende de 100 sous parisis, payée « L sous d'un pou de biens qui « furent trouvez en sa maison les autres L sous rendus depuis. » Le coupable avait trouvé un certain Bellefemme « qui menoit « pellerine a Saint-Matherin : lequel Bellefemme il eust arresté, « et lié d'un licol a cheval, en supposant que ce feust un « appellé Archenault qui avait meffait en la forest. »

Les réformations procèdent d'un autre ordre d'idées que les enquêtes. La réformation est une visite des domaines boisés du roi, pour en connaître la superficie, en examiner l'état, en

[1] J. 1024, n° 84.
[2] J. 733, n° 148.
[3] Compte de 1422. 0,20319.
[4] Compte de 1436-37. 0,20319.
[5] Compte de 1399. Arch. du Loiret. A. 853.

régler l'aménagement, définir les causes de destruction, déterminer les mesures régénératrices [1].

C'est donc une inspection passée par des commissaires spéciaux [2], et non point une information juridique par comparution de témoins ; elle a lieu pour le compte de la forêt elle-même, incidemment seulement et par voie de conséquence sur la conduite des officiers forestiers.

La première réformation dont les traces sérieuses nous soient restées date de 1456 [3] : elle entraîne la suspension du grand-maître F. Victor.

[1] Les réformateurs absorbent aussi, dès qu'ils se trouvent en un lieu, la puissance juridictionnelle et administrative des officiers ordinaires : les règles sur ce point sont à peu près analogues aux lois du droit canon sur le pouvoir du légat *à latere*.

[2] Comme le dit très-bien Plinguet (p. 210) « on peut se faire une idée de l'importance de l'emploi d'un réformateur de la forêt d'Orléans, par l'immensité et l'intérêt que montre l'ouvrage que le gouvernement lui confie. »

[3] Cependant les passages suivants nous montrent que, dès le quatorzième siècle, il avait été procédé à une réformation

Extr. de lettres de Guillaume du Gardin, grand-maître.

« Comme les manens et habitans de la ville et parroisse de Fay ou Loige eussent esté empeschiés des usaiges et pasturaiges qu'ils dient avoir es gardes de Victry et de Courcy par la générale deffense faicte en la forest par Messeigneurs les généraulx refformateurs sur le fait des dictes forestz. »

1379.

(Copie du quatorzième siècle. Q. 590, n° 10, f. LXXVIII, v°.)

II

Extrait de lettres patentes de 1352.

« ...ja pieça par devant le maistre et enquesteur des eaux et forestz d'Orlénois ou temps que le duchié d'Orliens estoit au roy mondit seigneur en ses grans jours tenus à Victri ou Loige avoit esté proposé contre ledit chevallier que par les refformateurs du roy mondit seigneur es cas de forestz il avoit esté faicte ordonnance et deffense pour le bien commun que les maistres enquesteurs et gardes de forestz ne souffrissent quelque personne que ce feust user ne bois prandre et copper emprés pié esdictes forestz tant ou treffons dudit seignour comme ou treffons d'autres se premièrement il ne leur apparoit que ceulx qui vouldroient en user eussent bon et loial tiltre : laquelle ordenance avoit esté criée et publiée solempnelment si et par telle manière qu'il povoit estre venu à la con-

Par lettres patentes du 20 décembre 1456, le duc déclare avoir fait « visiter et réformer » ses forêts du duché d'Orléans, « esqueles avons trouvées et trouvons plusieurs grans et « énormes maulx, fautes, intérest et domages nous y avoir esté « faiz ala grant charge, faulte et honte du maistre et des gardes « et autres nos officiers d'icelles nos forests, pour lesquelles « chouses redressier et y donner bonne provision ainsi que au « cas appartient, nous par l'advis et délibération des gens de « nostre conseil ayons suspendu François Victor, général « maistre et enquesteur de nosdites forests de sondit office. »

Une information est commencée contre lui, il ne comparaît pas pour se défendre : les lettres-patentes, datée de Blois 13 mars 1456 [1] le destituent définitivement [2].

Un essai de réformation fut tenté en 1517 par Pierre de la Porte, avocat au parlement. Il ne paraît pas avoir eu beaucoup de suites [3].

La réformation capitale de la forêt d'Orléans, au seizième siècle, fut entreprise par l'initiative parlementaire en 1537 [4]. L'ordonnance de Lyon donna le signal, le 4 avril 1537, en invitant le président de Thou, grand-maître et réformateur général des eaux et forêts de France, et le président de Saint-André, à former une commission supérieure composée de dix membres, pour juger les procès de la réformation avec des sous-commissaires jugeant jusqu'à concurrence de 40 livres, sauf appel à la commission supérieure. Par une anomalie singulière, cette commission supérieure est juge en dernier ressort pour toutes causes, même pour les causes excédant 40 livres dont elle se trouve aussi juge en premier ressort [5].

gnoissance dudit chevalier et de ses gens et qu'il ne povoient avoir cause de ygnorer... »

Copie, Q. 590, n° 10, f. XXXII.

[1] 1457.

[2] Compte de 1457. 0,20310.

[3] J. 742, n° 13.

[4] Z. 4921.

[5] *Ibid.* f. 13. — On pourrait comparer cette disposition à la règle en vi-

L'ordonnance de Fontainebleau, le 3 septembre de la même année[1], constitue définitivement le corps des réformateurs chargé de connaître des dégâts, abus, malversations, pratiqués dans la forêt d'Orléans, et « procéder a une pleine et entière réformation. » Cette commission se compose de François de Saint-André, président du parlement, Augustin de Thou, président des requêtes, Pierre de Watry, grand-maître des eaux et forêts de France, huit conseillers au parlement, six conseillers au grand conseil, deux avocats au parlement.

Il est ordonné que les jugements d'appel auront lieu hors de la présence des parties.

La commission se transporte immédiatement dans la forêt pour commencer ses opérations[2].

On assigne un commissaire à peu près à chaque garde, pour la gouverner momentanément. C'est un curieux spectacle que de voir ces parlementaires se partager la forêt d'Orléans : on installe maître Jehan Milles, lieutenant particulier du grand-maître des eaux et forêts à la Table de marbre, dans la garde de Neuville, Pierre de Hotteman[3], lieutenant général du grand-maître des eaux et forêts de France, à Courcy, maître Jehan Bardon, avocat au parlement, à Vitry, maître Mathurin Plume, avocat au parlement, dans le Chaumontois. Tous ces parlementaires se mettent en campagne sans connaître les dédommagements matériels qui pourront leur être alloués ; car ce n'est que le 2 avril 1540 qu'une ordonnance royale autorise Pierre de Watry, grand-maître et général réformateur des eaux et forêts de France, qui venait de prendre la direction de la réformation, à allouer aux commissaires tel salaire qu'il jugera con-

gueur dans notre droit contemporain, d'après laquelle les causes intéressant un établissement de bienfaisance, doté de plus de 30,000 francs de revenus, ressortissent en premier et dernier ressort de la Cour des comptes, tandis que pour les établissements de moindre importance il y a deux degrés de juridiction.

[1] Enregistrée le 10 septembre.

[2] F. 1.

[3] Alias, Pierre Hotement.

venable, pour « leur grand soin, cure, labeur et diligence [1]. »

Le 26 janvier 1539, une déclaration de Christophe de Thou, avocat du roi au parlement, porte que le greffier du parlement ne recevra pour la réformation aucune indemnité fixe, mais seulement le salaire des actes passés par lui [2].

Ainsi organisé, le corps des réformateurs commença ses opérations qui durèrent environ quatre ans, sans autre incident que le remplacement du président Saint-André, nécessaire ailleurs, par le président de Montholon [3] et l'adjonction prononcée, le 21 février 1539 [4], par les chefs de la réformation, en vertu de leurs pleins pouvoirs, d'un maître des requêtes et de neuf conseillers au parlement. Le travail de la commission supérieure, au siége de la Table de marbre, fut interrompu quelque temps, en février et mars 1539 [5] par un incident que l'on ne relèverait pas s'il n'était propre à montrer l'extrême simplicité des vieilles mœurs parlementaires, par des travaux nécessaires pour faire écouler le « fumier » qui gênait les juges dans la salle du Palais [6].

Dès le 25 août 1538, une nouvelle ordonnance, pour aplanir les difficultés de la réformation, défend aux tréfonciers sur les bois desquels est engagée l'instance de réformation, de les exploiter avant le jugement définitif [7]. On ordonne aux tréfonciers qui veulent percevoir les deniers des coupes de présenter leur titre [8]. S'il y a la moindre difficulté, les deniers restent consignés dans la caisse du receveur ordinaire du duché, à moins

[1] F. 71 v°, 101.

[2] F. 30 v°.

[3] F. 49 v° et suiv.

[4] 1540. — f. 34 v°.

[5] 1540.

[6] Notamment f. 41.

[7] F. 10 et suiv.

[8] F. 68. De même aux usagers qui veulent profiter de leurs droits d'usage, et qui n'usent qu'à titre provisoire et avec autorisation spéciale jusqu'à l'accomplissement de cette formalité. V. Z. 4921, f. 67 v°. Nibelle, f. 68, Vitry, Sury, etc. — 15 et suiv., 27, Saint-Euverte. — 53 v°. Bouilly. — 29. Hôtel Dieu, etc.

que le tréfoncier ne parvienne à en obtenir la délivrance par provision [1].

Le zèle des sous-commissaires se heurta à bien des difficultés. Leurs décisions donnent lieu à bien des appels [2]. La Cour-Dieu fait jouer, pour résister, tous ses moyens d'influence : elle obtient des lettres royaux en sa faveur, le 2 avril 1540 : les réformateurs, sans s'émouvoir, ordonnent simplement par arrêt du 19 avril que ces lettres seront mises dans un sac à part et jointes aux pièces du procès pendant. Ce n'est qu'au mois de juin, après l'épreuve d'une première procédure interlocutoire que l'abbaye obtient une délivrance de bois à édifier et à ardoir, par provision, et seulement pour le monastère, le pourpris et l'enclos [3]. Les réformateurs ne se laissent point arrêter facilement : en novembre 1539, par exemple, on assigne presque tous les propriétaires riverains de la garde de Courcy à comparaître à la Table de marbre ; parmi les personnes assignées on remarque : « Mairat, avocat à Orléans, curateur par justice de « Claude du Lac, sieur de Camerolles [4] ; Pergut, curateur de Jacques Féal, sieur d'Allonne... ; Compagnet, Lancelot, Claude et « Guillaume de la Lande, sieurs de Montpoullin ; Guillaume « de Rochechouart, chevalier, sieur de la Brosse-Saint-Mesmin ; Jehan du Lac, sieur de Primbert ; Jehan de Maitreau, « chevalier, sieur de la Roncière.... ; Jehan Imbault, sieur de « Roujemont... Guillaume Beauharnois ; Marc de Buttement, « écuyer ; Cristofle Daugnois, sieur de Solligny... ; Jehan de « Montliharz, sieur de Ruelz... ; Françoise de Longueau, dame « de Jauvarcy... ; Marc Marrelot, sieur de la Tour » et bien d'autres [5] : tous font défaut.

[1] F. 28 v°. (V. encore f. 3, 21 v°).

[2] V. app. de Jean Covert ; — de J. Leroy, procureur au parlement ; — de M. de Buttement ; — de Julien Chartier, avocat au balliage d'Orléans, sieur de Santimaisons ; — des habitants de Semoy, etc.

[3] F. 63. F. 108 v°.

[4] Cl. du Lac, seigneur de Chamerolles et Chilleurs, était gouverneur d'Orléans (V. f. 32, 42).

[5] F. 20 v°.

Cette réformation a produit certainement d'excellents effets. Elle éteignit beaucoup de droits litigieux, fit cesser beaucoup d'incertitudes ; elle fixa les limites de la forêt d'Orléans, elle marqua surtout le début d'une ère nouvelle, où l'on ne devait plus considérer les bois comme un legs des temps barbares, comme des espaces perdus sur lesquels on peut empiéter indéfiniment, et d'où il ne faut s'appliquer qu'à tirer le plus de petits profits possibles : vieilles idées, vieux préjugés, bien difficiles cependant à faire disparaître, puisque, après les transformations d'opinion les plus complètes, ils trouvent encore aujourd'hui des adeptes. Depuis la réformation de 1537, on semble avoir adopté enfin une manière de voir plus sérieuse : on regarde les terrains boisés comme des terrains utiles et qui, s'il ne réclament pas de travaux aussi assidus qu'un champ de blé, n'en exigent pas moins des soins attentifs ; on s'aperçut enfin d'une manière pratique que toutes les peines que coûtait l'entretien d'un bois portaient leurs fruits, lents, mais sûrs, et qu'un siècle ne suffit presque jamais à réparer la faute d'un jour. Dès lors, des efforts louables, ou plutôt des tâtonnements témoignent du nouvel intérêt qui s'attache aux forêts. Tout le seizième siècle se passe à chercher les règles formulées au dix-septième et devenues la base de la science forestière.

Entre la réformation de 1537 et celle à laquelle procédèrent en 1669, Marin de la Chasteigneraye et Lallemant de l'Estrée, établis à Vaux[1], on peut signaler des efforts individuels qui n'ont pas la même importance. En 1543, Charles de France, duc d'Orléans, prescrit une réformation, si l'on veut la décorer de ce nom, qui n'est guère qu'un arpentage. Il ordonne au grand-maître L'Hospital plutôt le simple accomplissement de ses devoirs que les soins d'une réforme extraordinaire. Les lettres-patentes de Villers-Coterets, le 6 juin 1543[2], rappellent que les maîtres des eaux et forêts doivent procéder à une visite annuelle, veiller sur les bois et sur leur conservation, inspecter

[1] 0,20640, f. 1.
[2] K. K. 1049. — 0,20671. — Ment. Plinguet, op. cit, p. 34.

les sergents[1]. Le grand-maître, aidé de cinq arpenteurs, réunit les sergents et procède à l'arpentage de chaque sergenterie, dans quatre gardes : la garde de Neuville est visitée par N. H. Pierre le Berruyer, licencié en lois, seigneur de la Corbillère, lieutenant général du baillage d'Orléans ; Goumas, par Mᵉ Gallyot, licencié en lois, lieutenant des eaux et forêts. Il faut en dire autant de la visite générale de la forêt passée en 1608 par le grand-maître Fr. Mallier de Villeneuve[2].

S'il faut en croire certains textes, il y aurait eu des réformations de la forêt en 1556[3], en 1573 et 1583[4], mais on paraît avoir confondu les réformations avec les opérations de vente et de rachat de vagues et de grueries. Ces opérations ont encore été dirigées par le grand-maître des eaux et forêts assisté de parlementaires, Briçonnet, conseiller au parlement, et Alleaume, président au balliage d'Orléans, délégués par lettres patentes de 1571 et 1574[5]. Pour la vente des vagues les lettres patentes de mars 1553, avril 1554, juillet (camp de Givet) 1554, août (Amiens) 1554, commettent Jean Aimery, conseiller et avocat du roi en son grand conseil, logé à Fontainebleau en l'hôtel du Cygne-d'Or, le bailli d'Orléans Groslot, seigneur de Chambeaudoin, le prevôt d'Orléans Desmareau, seigneur de Pully ; le lieutenant de Lorris Chenu (Mᵉ Bernard, secrétaire du chancelier de France, greffier des eaux et forêts du duché)[6]. Le remboursement de la gruerie a donné lieu aussi à la nomination d'officiers extraordinaires, tels que le sieur de Ligny[7], le président d'Orsay, le conseiller au parlement Alary[8]; Arnould Bou-

[1] On recommande spécialement au grand-maître de faire afficher, partout où besoin sera, les ordonnances concernant les officiers des eaux et forêts, afin qu'ils n'allèguent pas leur ignorance.

[2] Z. 4022.

[3] 0,20640.

[4] 0,20721.

[5] 0,20657. 0,20667.

[6] 0,20660.

[7] 1585. Compte-rendu. Q. 592.

[8] 1582. 0,20563.

cher, conseiller d'Etat[1]; Charles Boucher, seigneur de Dampierre, conseiller et maître des requêtes[2], commissaires députés par Sa Majesté pour la réunion des grueries, terres vaines et vagues et générale réformation de la forêt d'Orléans; Pierre du Houssay, commissaire du roi en 1591[3].

La seconde classe des officiers extraordinaires, les officiers locaux, comprend les officiers particuliers et les maires.

Quelques particuliers possédaient sur leurs bois les droits de justice haute, moyenne et basse[4].

Ainsi, Saint-Benoît est déclaré « in saisina habendi omnimo- « dam justiciam altam et bassam in omnibus nemoribus suis[5]. » Ils pouvaient donc les faire garder par des agents propres. Cependant, même dans les bois gardés par des agents particuliers, le roi n'a jamais abandonné ses droits de contrôle[6]. Les agents royaux n'ont pas cessé d'y saisir les délits[7]. Les officiers particuliers sont soumis au contrôle des enquesteurs forestiers[8]. Du reste quelquefois ces officiers n'étaient autres que les officiers royaux eux-mêmes. Ainsi, on reproche à B. de Vilers, d'avoir reçu « de la dame de Jaiverci II m. de blé » ; il dist que « la dame li donna porce que il gardoit son bois[9]. » Mais dans les comptes de 1239 [10], le sergent dont on nous parle n'est point un sergent particulier.

« Petrus de Perona, pro areragio suorum vadiorum de « tribus mensibus quando custodiebat boscos Sancti Evurcii « Aurelianensis, per diem II solidos, summa VIII l. VIII s. »

[1] 1586. *Ibid.*
[2] 1588. *Ibid.*
[3] Arch. du Loiret. A. 1401.
[4] Not. le chapitre de Chartres. Q. 590.
[5] O,20641, f. 119.
[6] Les tréfonciers paient une part contributive proportionnelle dans les dépenses causées par les réformations. Z. 4921, f. 35 et suiv.
[7] J. 742, n° 5... « pris par les serjants le roi. »
[8] *Ibid.*
[9] J. 1024, n° 84.
[10] Histor. de France, t. XXII.

Il s'agit d'un sergent très-élevé hiérarchiquement puisqu'il reçoit les appointements d'un maître forestier, mais il est payé par le roi : ce n'est donc point l'homme de Saint-Euverte.

De tous les tréfonciers forestiers, nul n'avait une plus puissante autonomie que l'abbaye de Saint-Benoît. La ville elle-même de Fleury possédait la franchise et les officiers royaux ne pouvaient en passer la frontière pour poursuivre les délits forestiers. « Item, cum dicti abbas et conventus conquererentur « quod servientes nostri arrestabant in villa et parrochia sancti « Benedicti ubi majoria ville se extendit, probatum inventum « fuerit quod servientes nostri possent arrestare quadrigas ab- « batis ornatas lignis si alibi exonerentur quam in abbatia, et « quod non possunt arrestare burgenses sancti Benedicti infra « IV pontes villæ, nec intra ubi majoria villæ se extendit et in « justicia tantum abbatis » et la possession de ces droits est maintenue en 1280 [1].

Les sergents [2] de l'abbaye avaient par privilége le droit de porter l'arc et les flèches.

« Item cum probatum fuerit quod servientes custodientes « nemora dictorum abbatis et conventus consueverunt deferre « arcus et sagittas per illa nemora, et ideo judicatum fuit dictos « abbatem et conventum in saisina predicta remanere debere. » (1280) [3]. Philippe le Long, en avril 1316 ; le duc Philippe, en février 1361 (1362), confirmèrent à ces sergents le privilége d'arcs et « sajettes » à condition de ne point tirer sur la grosse bête [4].

Un arrêt de 1510 a autorisé de rechef l'abbaye à avoir un maître tenant jours et des sergents pour la garde de ses bois [5].

L'abbaye de Saint-Benoît passait des transactions sur la justice des bois, comme aurait pu le faire le roi lui-même.

[1] 0,20238 (Acte douteux).

[2] «... Et viennent ilec les serjanz l'abé et ils prennent les bestes aus bonnes gienz... » Enq. du treizième siècle, J. 1028, n° 25.

[3] *Ibid*. — Q. 590, n. 10 passim.

[4] 0,20617.

[5] 0,20238. — V. Aveu du Mesnil, 1528. A. du Loiret. A. 820.

En 1202, dans un accord conclu avec elle, Simon de Montfort déclare que ses sergents ne doivent aucun service de garde dans les bois de l'abbaye : « Servientes mei Rupis Fortis nullam de- « bent cercheriam in nemoribus sancti Benedicti de Sune- « campo. » Il dispose néanmoins que les profits de justice, venant de délits constatés par ses agents, lui appartiendront : « Forefacta quæ gruerius meus de Yvelina et cergia mea de « Yvelina in nemoribus sancti Benedicti capient, mea erunt. [1] »

Saint-Benoît, en 1317, accorde à Guillaume Marie, écuyer, des priviléges semblables à ceux que Philippe-Auguste avait concédés à Rebrechien et à la Cour-Dieu. L'écuyer aura droit à la « recréance » du corps du délit : il sera soumis à la justice abbatiale directe, et en appel à la juridiction du bailli d'Orléans [2] :

[1] Gall. Christ, VIII, 424. D.

[2] O,20641, p. 36 :

« A tous ceux qui verront ces présentes lettres Simon de Montigny Bailly d'Orléans salut.

Nous faisons asscavoir a tous que du débat meu entre relligieux hommes l'abbé et couvent de Saint Benoist par frère Pierre portier procurateur desdits relligieux par procuration scellée de leurs sceaulx d'une part et Guillaume Marie, escuyer en sa personne d'autre part, pour raison du bois que lesdits relligieux ont à Bogi le devant dit frère Pierre au nom des diz abbé et couvent et comme procurateur d'iceulx et ou non de lui en tant comme il lui touche d'une part et ledit Guillaume Marie en sa personne d'autre part establis en pleine assise par devant nous en droit firent et accordèrent ou nom que dessus est dit entre eulx les accors qui ensuivent.

C'est asscavoir que ledit escuier usera ès bois des dits relligieux qu'ils ont en la paroisse de Bogi, c'est asscavoir entre le chemin du Bignon jusqu'au bourneuf d'une part et du chemin de Rebrachien jusques à Saint-Lié d'autre part si comme le dit Escueir la accoutumé il et ses devanciers dont il a cause.

En telle manière que se le maistre des bois aux dits relligieux ou ses sergens prenent et arrestent ledit ecuyer ou ses gens mesusant es dit bois le dit maistre et ses sergens feront recreance au dit escuier de ce qui sera pris sur ledit escuier ou sur ses gens au lieu de Bogi.

Et le dit escuier la recreance eue, yra avant en la cause de la prise ou des prises à Saint Benoist en la court desdiz relligieux pour y prendre et attendre droict et pour soy sauver. Et se cause d'appel si asseoit le bailly d'Orliens aura la congnoissance au lieu ou les dits relligieux ressortiront ou temp de l'appel

L'évêque d'Orléans avait aussi des sergents propres, dont au treizième siècle il surveillait personnellement la conduite et auxquels il donnait ses instructions [1].

L'Hôtel-Dieu possédait un maître jugeant les délits commis dans ses bois de Noiras [2], Saint-Agnan des « custodes nemorum « deputati ad custodiendum boscum ipsorum de Nemoisi » tenus de prêter serment, lors de leur institution, au seigneur de La Ferté en même temps qu'au chapitre [3] : à Saint-Agnan appartenait du reste tout droit « expletandi omnimodam justiciam « altam et bassam.. » En 1399, le trésorier de la Sainte-Chapelle de Paris présente une requête au duc, pour être autorisé à conserver le sergent qu'avait le chapitre pour la garde de ses bois, sergent dont les exploits ressortissent à la justice de Langennerie, appartenant aussi à la Sainte-Chapelle : après enquête, le duc accorde l'autorisation demandée [4].

Enfin le garde de l'abbaye de La Cour-Dieu [5] au dix-septième siècle recevait 60 livres [6].

L'office de sergent particulier a pu être inféodé, aussi bien que les offices de sergents royaux [7].

Et est accordé du dit procureur que de cet accort sera fait au dit Guillaume Marie instrument publique soub scel des dits abbé et couvent. Presens à ces accors monsieur Jacques Lemercier proffès en lois, maistre Jehan de Stagi, maistre Anthoine Doe, maistre Augustin Dechemilles, Jehan le Taillendier et Jehan Lebeau,

En tesmoing de ce nous avons ces lectres scellées de nostre scel avec le scel de la prévosté d'Orliens. Donné en l'assise d'Orliens l'an de Nostre Seigneur mil CCC et dix sept le jeudi après la feste de Saint Remy.

J. Baudouin.

[1] J. 742, n° 5.

[2] O,20619. f. 380-384.

[3] 1269. Olim I, 313.

[4] O,20617.

[5] Ses sergents sont mentionnés dans un acte de 1212 (H. de La Cour-Dieu, pr. XX).

[6] Hist. de La Cour-Dieu, p. 123.

[7] Voici un acte, dont l'explication peut soulever quelques difficultés : nou y voyons, quant à nous, le rachat d'un office de sergent forestier donné à cens

Le maire est un officier d'un ordre supérieur qui tient en fief une parcelle de territoire où il exerce certains droits seigneuriaux, notamment des droits de justice. La mairie est donc un office forestier par occasion, non point par essence.

L'abbaye de Saint-Benoît possédait plusieurs mairies. L'alen de Bouzy, dont la propriété est confirmée en 1080 à l'abbaye [1], devint le siège d'un de ces établissements. Comme le déclare un certificat de l'abbé, le 7 mars 1376 [2], le maire tient son office en fief de l'abbaye : il a droit dans tout son ressort de prendre les malfaiteurs, de les assigner devant le maître des bois de Saint-Benoît, même de faire office de sergent dans la forêt;

par le chapitre de Sainte-Croix dans ses bois de Planquine et qui devait consister à recevoir une quote part des émoluments de la justice, sous la seule obligation de fournir un homme pour garder effectivement les bois : le chapitre donne à cens des vignes au lieu du bois de Planquine, et, chose curieuse, le preneur reste tenu de fournir un sergent, pour garder les vignes en question.

« Manasses, Dei gratia Aurelianensis episcopus, omnibus presentes litteras inspecturis imperpetuum. Noverit univers tas vestra quod Stephanus Huret et uxor ipsius in nostra presencia constituti forestariam nemoris capituli Sancte Crucis quod Planquenia nuncupatur ipsi capitulo penitus quitaverunt, eam nobis audientibus et videntibus resignantes. Idem autem capitulum vineas suas sitas ad locum qui Lepus dicitur eis et eorum heredibus in excambium ejusdem forestarie contulit perpetuo possidendas, eodem Stephano in pristina servitute capituli remanente, nullum tamen capitulo capitagium vel consuetudinem aliam soluturo, set decem et octo denarios census pro vineis annis singulis in festo sancti Remigii reddituro. Adjunctum est etiam quod cum pro forestaria noscatur capituli serviens extitisse, erit pro vineis ejusdem serviens dum vineas possidebit. Concessit autem ei capitulum ut de vendendis vineis liberam si voluerit habeat facultatem, eas tamen alii quam capitulo nullatenus venditurus dum ipsas justo precio quod aliusinde obtulerit capitulum voluerit comparare. Hoc igitur excambium ipse Stephanus et uxor sua se firmiter servaturos fide corporaliter prestita promiserunt, nihil penitus in prefata forestaria de cetero petituri. Quod in nostra factum presencia ut notum et stabile perseveret, presentem paginam litteris adnotatam ad petitionem partium sigilli nostri testimonio fecimus communiri. Actum anno gratie millesimo ducentesimo septimo. (Arch. du Loiret. Fonds Sainte-Croix.)

[1] Estiennot, 358.

[2] 1377.

jusqu'à concurrence de 5 sous parisis; il perçoit toutes les amendes, fruit des assignations données par lui ou son sergent; il a, dans le ressort de sa mairie, droit de pâturage et d'usage et droit aux essaims [1].

Un aveu de 1528 du maire du Mesnil-Bretonneux énonce les mêmes prérogatives: il nous dit que le maire a basse justice et des droits de haute justice, des droits d'enregistrement; 5 sous parisis sur toute veuve qui se remarie; il perçoit « cinq sachées de naveaulx » et les menues dîmes, dîmes de chanvre, navets, mil, pois, oignons. Il nomme un sergent. « Item, ledit Mayre, en allant es « boys peut porter arc et sayettes, ou aultres bastons de deffence, « pour résister se besoing estoit à l'encontre desdits malfaicteurs « qu'il pourroit trouver faisans délict esdits boys et forests Saint-« Benoist [2]. »

« Item tous les manans et habitans (de la mairie) sont subjects et redevables chascun an envers ledit maire, c'est assavoir chascun mesnaiger aians voicture une myne d'orge, et les aultres non ayans voicture demye myne d'orge, mesure dudit Saint-Benoist, au jour saint Denys. »

Cette mairie a pour limites le Gué-à-la-Brierre-Charbonneau, la Maison-Sauvée, le Gué-de-la-Pierre, la Noue, et Sainte-Croix au-delà de la forêt des Foillardières, les Grandes-Noues, les Chatigniers, et suivant la noue de Soisy jusqu'à Roulland [3].

Les maires de Vieilles-Maisons [4], (celui-ci habitait le manoir de La Mothe), et de Châtenoy [5], possédaient les mêmes droits.

Il y avait encore des mairies à Boissy [6], à Gémigny,[7] à Seichebrière [8], au Plessis.

[1] 0,20640, f. 13. Maintenues de 1524, 1620, 0,20641, f. 141-42.
[2] Arch. du Loiret. A. 620. 0,20640.
[3] 0,20641, f. 145.
[4] Aveu de 1382. 0,20640. f. 43 v°.
[5] Aveu de 1377 (5 mars 1376). 0,20640, f. 13.
[6] Arrêt de 1308. Olim. III, 347.
[7] Aveux de 1340, 1405, 1421. 0,20641, f. 128.
[8] Ment. J. 1028, n° 25.

L'évêque d'Orléans possédait les mairies de Trinay [1] et d'Ingrannes. Un aveu de Guillaume Robillard, maire d'Ingrannes, en 1371, lui attribue les mêmes prérogatives qu'au maire du Mesnil, mais une compétence bien plus étendue : le maire d'Ingrannes pouvait assigner les délinquants pris par lui dans les bois, tenir en toute saison des jours en son hôtel, et percevoir l'amende jusqu'à la somme de 60 sous [2]. La condition de ce maire le rapproche beaucoup du gruyer de Seichebrière.

Enfin un compte du duché de 1485 mentionne une sorte de mairie où la justice pouvait devenir un peu forestière.

« De la prinse des bestes trouvées pasturans es pastiz de la « censive de la mairie du Portereau d'Orléans......néant [3]. »

Bien d'autres mairies existaient encore dans l'Orléanais, mais il a suffi de nommer les seuls établissements de ce genre qui aient influé sur la justice forestière et sur les destinées de l'administration des eaux et forêts dans ce pays.

Ainsi se complète la hiérarchie des juridictions ordinaires et extraordinaires. Mais les officiers royaux, en même temps que justiciers, ont été administrateurs. Ils ont eu à régler l'aménagement des forêts et à prendre les mesures que suggèrent les nécessités de la conservation d'une forêt.

[1] Censier du duché d'Orléans. K. K. 1046.
[2] 0,20640, f.41.
[3] 0,20540-41.

CHAPITRE II.

De l'administration forestière et de l'aménagement.

Le moyen-âge n'a guère connu d'autre aménagement que la haute futaie, c'est-à-dire le règlement des coupes à deux ou trois cents ans : comme le dit très-bien Plinguet, « le plaisir « d'élever de beaux bois est attrayant. Ceux qui sont chargés « par le roi, les princes, les main-mortes de surveiller les fo- « rêts et qui ne sont pas les vrais propriétaires calculent autre- « ment que pour eux-mêmes. On s'applique moins à accroître « un revenu confié que son revenu propre. Mille détails échap- « peront à un agent, quelque clairvoyant qu'il puisse être, et « rien ne fuira au père de famille, au véritable tréfoncier [1]. »

La visite de 1543, témoigne du petit nombre de taillis qui se trouvaient alors dans la forêt.

L'ampleur et le port des vieux arbres inspiraient autant d'orgueil au forestier que d'étonnement au profane. Le Berruyer,

[1] P. 15.

passant l'inspection de la garde de Neuville, trahit son admiration en répétant sans cesse que le bois est « fort vieil », et cependant rien de plus commun alors dans toute la forêt que les jeunes futaies qu'il avait sous les yeux, de 150, de 160 années ; et des espaces considérables, notamment une seule pièce de 2095 arpents dans la garde du Milieu, donnaient de bons exemples de haute futaie [1].

Ces chênes s'élançant à une grande hauteur, et convenablement espacés par les éclaircies successives laissaient au sous-sol assez de dégagement pour permettre d'y aménager un second taillis : même, en 1543, la veuve d'Etienne de la Braze, possédait un tréfonds couvert de gros chênes sous lesquels elle faisait labourer [2]. On peut donc répéter qu'à cette époque le haut bois et la haute futaie formaient l'aménagement total de la forêt.

Ce principe produisit de fâcheux résultats.

« Le terrein productible d'un bois quelconque n'a qu'une « profondeur limitée. Les racines ne percent point au-delà. Ce « sont des observations bien faites et réitérées qui ont appris « aux physiciens, aux naturalistes, que si, sur un terrein léger « nous poussons des bois jusqu'à l'âge de 40 ans, lorsque le « sol n'aura pas plus d'un pied et demi de bonne terre, nous « dégraderons tout. A un certain âge, le bois ne profite plus ; « il languit, le fonds se fatigue, et finit par s'épuiser. C'est ce« pendant là ce qui arrive malheureusement dans la plupart « des forêts [3] » et particulièrement dans la forêt d'Orléans où le sol végétal présente bien peu de fond et où l'aménagement de futaie exigera donc une circonspection extrême. D'ailleurs, une grosse tige une fois abattue, rejette rarement et à moins que les glands, semés par l'arbre autour de lui, ne soient tombés dans un humus avantageux où ils aient pris racine, cette place si bien garnie jusques-là reste un plateau vague.

[1] Le buisson de Briou était aussi aménagé en haute futaie (V. Vente de 9 arpents. 1534-35-36. Arch. du Loiret. A. 748.)

[2] K. K. 1049. Garde de Neuville.

[3] Plinguet, Op. cit., p. 12.

Les lettres-patentes de Villers-Coterets, en 1543, édictent des dispositions d'aménagement plus sages. Le duc recommande d'aménager les taillis à douze ans d'âge, de manière à renouveler le fonds ; il prescrit de réduire beaucoup les surfaces abandonnées à la haute futaie qui souvent, première victime elle-même de l'épuisement qu'elle a créé, meurt de décrépitude sur un sol incapable de la nourrir, et se réduit ou en poussière ou en pourriture : d'ailleurs le tronc atteignait au détriment des tissus intérieurs une telle dimension qu'on ne savait en tirer parti et que, assure-t-on, un haut taillis « sera pareillement « plus commode pour charpenterye, menuzerié, merrian, « charmes que aultres choses.... »

Le duc ordonne de ramener un bon nombre de tréfonds à l'aménagement de cent ans, mais il ne cache pas non plus la répugnance qu'il éprouve à donner un tel ordre, « désirant sur « tout laisser venir en haulte fustaye la plus grande quantité « de boys qui sera possible, et ne mettre ne réserver en tailliz « ordinaires que ce qui en voz loyaultez et consciences cognois- « trez ne pouvoir bonnement proffiter, et le moins qu'il sera « possible. » Tant à cette époque l'aménagement en haute futaie formait la règle commune [1] ! Il est certain pourtant que la considération du sol doit faire, en pareil cas, la base de tout calcul. Ainsi, l'on continua, au mépris de cette règle fondamentale, à élever de la futaie dans la forêt d'Ouzouer [2] : en 1560, la plupart des arbres étaient morts de vieillesse [3]. Au contraire dans les premières années du dix-septième siècle, dom Morin nous parle avec enthousiasme des hautes futaies de l'excellente forêt de Montargis qui atteignaient 12 à 15 toises de hauteur [4], et dont on admirait la séve et la force. [5]

Toutefois, les forestiers observèrent si fidèlement, en général,

[1] V. Morin. Hist. du Gastinois, p. 333, 338, 389.

[2] V. vente de 60 arpents dans la forêt d'Ouzouer en haute futaie, appartenant au sieur de Chavigny. 1561.

[3] Lett. pat. du 29 janvier 1560. J. 742.

[4] P. 82.

des prescriptions qu'ils sentaient bien dictées par l'expérience, que certains climats se dégarnirent absolument de futaie. Dès 1560, la garde de Goumas, peuplée de gros et forts taillis, ne contenait plus de haut bois [1]. Le service des livrées d'usages, pratiquable réglementairement en bois de futaie, se convertit par la force des choses en délivrances de petit bois. Ainsi, en 1565, Jean de Champeaux, conseiller du duc, reçoit pour l'usage de son manoir de Bouilly (à Trinay) une livrée de 3 arpents, dans un taillis de 12 ans d'âge [2].

A la même époque, un certificat du maître, du greffier et du sergent à cheval de la garde, atteste que les 1400 ou 1500 arpents de bois appartenant au roi sont aménagés en taillis de 10 ans. Il y a, chaque année, de 12 à 14 coupes, d'où il ne sort guère que des fagots et des bourrées ; bien souvent, disent les chefs de la garde, on ne trouverait pas dans un arpent beaucoup plus d'une charretée de corde bonne à brûler. La futaie existant jadis dans cette garde avait été jugée trop basse, trop *ramue* et peu propre à *filer* [3] : « se n'estoyt bois de grande hau« teur... c'estoient boys de buissons : » peu à peu on revint de cette prédilection absolue pour les très-jeunes taillis [4] et il paraît que, dans la même garde, on se remit à en élever de plus hauts, car, en janvier 1571, interdiction est faite de délivrer aux usagers des bois âgés de plus de douze ans [5] ; en 1577, l'abbaye de Voisins, usagère, se plaignait de la rareté du bois [6] bon à délivrer. En 1608, le bois de 30 ans est qualifié de haut taillis [7],

[1] O,20640, f. 85 v°.

[2] O,20642, f. 70.

[3] O,20640, f. 86 v°, 87.

[4] Dans un arrangement conclu en 1690 avec leur abbé, les religieux de la Cour-Dieu stipulent formellement que la « couppe ne pourra estre faicte qu lorsque lesdits taillis auront l'asge de 14 à 15 ans. » (Jarry. Hist. de Cour-Dieu, pr. XLIII.)

[5] O,20640, f. 89.

[6] O,20640, f. 77.

[7] Z. 4922.

alors qu'en 1543 un gaulis séculaire recevait les épithètes de *jeune*, *menu*... Les bois élevés devenaient donc plus rares, et plus dignes d'attention. En effet, seules, en 1608, les gardes de Vitry et du Chaumontois conservaient quelques tréfonds importants de haute futaie, mais encore ces tréfonds étaient-ils toujours entrecoupés de vagues où végétaient soit des massifs de bois, soit, le plus souvent, quelques anciens arbres rabougris, plantés isolément de distance en distance, creux, brisés, pourris. On assure qu'en 1661 il n'existait plus de haute futaie dans la forêt[1].

Au treizième siècle le chiffre du produit des ventes indique suffisamment qu'elles occupaient une grande étendue[2] : et même, en 1259, les ventes nouvelles occupaient un tel espace dans la garde de Goumas, que dès cette époque l'abbaye de Voisins déclarait déjà ne pouvoir plus jouir de son droit d'usage[3]. Au quinzième siècle le nombre des arpents mis en coupe

[1] 0,20721. — On le croira d'autant plus aisément que, dans l'intérêt du fisc, on avait prescrit partout des coupes très-considérabes de haute futaie. Lemaire nous dit que de son temps il y avait du *haut bois* dans la garde de Vitry, mais que le Chaumontois avait perdu toutes ses futaies.

[2] Comptes des baillis. — J. 170, n° 31.

[3] Ludovicus Dei gratia Francorum rex universis presentes litteras inspecturis salutem. Notum facimus quod cum ex parte abbatisse et conventus de Vicinis Cysterciensis ordinis, nobis monstratum fuisset quod unam quadrigatam bosci mortui quam diebus singulis solebant percipere in foresta nostra que dicitur Gommetius et Meilleretus, capere non poterant, nec habere ibidem ut solent propter vendas quas fecimus in forestis eisdem, et ideo nobis humiliter supplicassent ut super hoc dignaremur eisdem de recompensatione aliqua providere : nos intuitu pietatis et in restaurationem damni predicti dedimus eis et concessimus unam quadrigatam bosci vivi (*per diem*) diebus singulis capiendam in perpetuum in foresta predicta, salvo tamen jure aliorum qui usagium habent ibi. Quod ut ratum et stabile permaneat in futurum, presentem paginam sigilli nostri fecimus impressione muniri. Actum Parisiis, anno Domini millesimo ducentesimo quinquagesimo nono, mense novembri. (Arch. du Loiret. Fonds Voisins.)

varie sans cesse. Il est des ventes d'une étendue de 9, 8 arpents[1] ou même de 4. D'autres atteignent des dimensions bien plus considérables, comme la vente des Tailles-Gilotes, en 1408, 243 arpents, de Saint-Denys (1404) 157 arpents, du Pré-Regnard (bois de Sainte-Croix) 110, de Nylièvre 106 ....[2]. Le taux général est de 50 ou 60 arpents. Dans le courant du quinzième siècle, cette moyenne s'abaisse beaucoup : un grand nombre de ventes ne dépassent pas dix arpents[3]. De même au seizième siècle, bien que l'on puisse citer des ventes telles que la vente de Gemigny (garde de Goumas) en 1585, qui contenait 216 arpents, leur contenance ordinaire est très-restreinte[4].

Tous les climats de la forêt d'Orléans ont-ils été mis en vente à l'âge fixé par l'aménagement, ou n'y a-t-il pas certains tréfonds tellement éloignés, tellement situés au cœur du massif forestier qu'il ait fallu renoncer, durant le moyen-âge, à leur exploitation ? Cette seconde idée qui a trouvé des partisans est absolument contredite par les flots d'adjudications de coupes qui sont parvenus jusqu'à nous. Dès le treizième siècle, toute la forêt est en pleine exploitation. Sans doute lorsque l'on voit couper les bois de Paucourt, de Saint-Verain de Jargeau (garde du Milieu), de Goumas, de Chanteau[5], même de Montdebreme et de La Cour-Dieu, d'Arrabloy[6], de Ferrières, des Coudreaux « Codrellorum » (garde de Vitry[7]), on avouera que ces tréfonds étaient déjà à portée de la lisière. Mais que répondre lorsque l'on voit aussi facilement vendre les bois du Rottoy, de Saint-Euverte, de Sainte-Croix, de Bougy[8], tréfonds éloignés des terres cultivées et aussi fores-

[1] 0,20636.
[2] 0,20536, passim.
[3] V. Not. Compte de 1444-45. 0,20519.
[4] 0,20563, Arch. du Loiret. A. 748.
[5] Compte des baillis de 1238.
[6] Compte de 1248.
[7] Compte de 1285.
[8] Compte de 1238, 1248, 1285.

tiers que possible? Il faut bien admettre que tous les tréfonds ont été exploités, même les plus difficiles, et les plus enfouis dans les bois.

Cette assertion se confirme encore par les textes plus nombreux du quinzième siècle. Dès ce moment toutes les gardes apportent chaque année leur contingent de coupes [1], même [2] Briou et Joyas [3]. On peut citer parmi les climats dès lors exploités, les tréfonds de Sainte-Croix, de la Sainte-Chapelle, de l'Évêché [4], les Caillettes, le Bois-Bezard, la vente du Milieu près du Chêne-à-deux-Jambes, le Fort de la Bruière [5] et une foule d'autres, d'une situation non moins caractéristique, et qu'il serait trop long d'énumérer.

Outre les ventes ordinaires, il faut mentionner les ventes extraordinaires : il y a des ventes extraordinaires communes, qui reparaissent dans chaque compte : les ventes de bois de chable et d'aval, de chênes abattus par un orage, par le vent, ou pour les essaims [6] ou par malfaiteurs [7]. Une enquête du quinzième siècle déclare bien que le bois brisé ou « quassé par orage » n'est pas vendu et ne peut l'être ; qu'il reste dans le bois où il se pourrit [8] ; mais il n'est question dans cette enquête que du bois menu.

Le bois sec d'une partie de l'*Usage-aux-Femmes* fut vendu une fois, nous dit-on, à un certain Gaucher pour 46 livres parisis : en 1404, on l'estime 50 livres, mais ce n'est pas la coutume de le vendre [9].

[1] V. Compte de 1407. 0.20612, 43; de 1451. 0,20319. Joursanvault, 32, 77.

[2] Autant que possible. En 1508, 1520, 1521, etc., il n'y eut pas de ventes dans ces deux gardes. V. Certificats, Arch. du Loiret. A. 748.

[3] V. 0,20610, f. 307.

[4] 0,20630, f. 154-156.

[5] 0,20237, f. 235-288.

[6] V. tous les comptes, notamment de 1573. 0,20354. 1451-52. 0,20319. 1458. Nouv. Arch. du Loiret. Courcy 1444-45 *Ibid.* 0,20637, f. 264, 175.

[7] Compte de 1428. 0,20319.

[8] Enquête de Bray, Bonnée, Les Bordes. 0,20319.

Enquête de Bray, Bonnée... 1404. 0,20635.

Les bois de « roupte » font aussi l'objet de ventes extraordinaires qui se rencontrent nécessairement lors de chaque coupe [1].

Les ventes extraordinaires qui ont lieu en vertu d'un ordre spécial présentent au contraire une très-grande importance; c'est un secours pour les moments critiques où l'argent faisait particulièrement défaut à la cassette du prince. Ainsi, par lettres patentes de 1439, le duc ordonne de vendre des bois, de la manière la plus convenable, pour réparer Baugency, Janville et Châteauneuf, et pourvoir l'hôtel d'Orléans de « lis garnis de couvertures, pour ce qu'il en est du tout de- « garni, voire tellement que nous ne autres ne y scaurions bon- « nement haberger : et de payer certaine dépenxe qui à la venue « de Monseigneur le roy en nostre dite ville d'Orléans, ou mois « d'octobre derrenier passé, ont esté faittes oudit hostel tant « pour couches et chalis de bois neuf ilec mis, comme pour lam- « brosseis et appareil de verrières et pour estoiez de bois mises « au dessoubs du planchier de la salle d'icelluy hostel » : après tant de splendeurs réduit à une très-grande gêne, « comme de « présent par le fait et occasion des guerres nos receptes et de- « maines soient de très-petite valeur..., » le duc est fort heureux de trouver une ressource dans la forêt [2].

Mais c'est surtout au seizième siècle que les forêts furent mises à contribution. Les tréfonciers ecclésiastiques, sévèrement taxés, sont obligés parfois, non seulement de couper, mais même d'aliéner des portions de bois, quitte à les racheter plus tard [3]. En 1573, eurent lieu dans la forêt des coupes très-considérables [4]. L'ordonnance du 2 juillet 1575 ordonna de nouvelles ventes : en 1583, on abattait le bois sur une grande

[1] Comptes divers. Neuv. 1458. Arch. du Loiret. Courcy. 1445-46 0,20319.

[2] Vidimus du 2 juillet 1440. Copie. 0,20037, f. 258-260.

[3] V. un rachat opéré par le chapitre de Sainte-Croix. Arch. du Loiret, fonds Sainte-Croix. Inventaire (Ext.) de Trainou. A. 16.

[4] 0,20544. Compte de 1573.

échelle [1]. La forêt d'Orléans était taxée à un abattis annuel de 200 arpents de haute futaie, dont le revenu fut affecté en partie, ainsi que les autres revenus du duché, au rachat des grueries [2].

Il serait bien difficile d'évaluer, même très-approximativement, la valeur des revenus de la forêt au moyen-âge.

Le prix du bois se maintient en général à un cours assez élevé Au treizième siècle, nous voyons vendre du bois en Orléanais à raison de 32 sous parisis l'arpent: le maître de la garde de Goumas a même vendu 66 arpents qui lui ont valu 132 livres tournois [3]. Au quinzième siècle les prix varient beaucoup. En 1456, un millier de gros bois de chauffage est calculé à la valeur de 3 sous 8 deniers parisis le cent, un millier de fagots 6 sous le cent [4]. C'est là une appréciation très-élevée: d'autres plus exactes, évaluent les fagots comme le gros bois, à 2 sous le cent, « l'un portant l'autre [5]. » D'autres estiment un cent de bûches de *mosles* à 3 sous le cent [6]. A cette époque 7 arpents à la Courrie ne se vendaient que 12 livres parisis, soit un marc d'argent, 7 livres tournois [7]. Les bois Bezart valaient 7 livres tournois (12 livres parisis) l'arpent [8]. D'autres ventes varient de 10 livres à 48 ou 50 sous [10]. Au seizième siècle, la valeur du bois augmente d'une manière très-sensible, car les Bois-le-Roy, à Jouy-le-Pothier, qui s'étaient vendus en février 1465 à raison de 116 livres

[1] 0,20637, passim.

[2] 0,20664. Edit de novembre 1581. Adjudications faites en conséquence, 0.20563.

[3] J. 742, n° 6.

[4] Arch. du Loiret. Tr. du Châtelet. Quittance de 1456, 1458, par un auditeur des comptes.

[5] Quittance de 1453, par J. Le Fuzelier. *Ibid.* Compte de 1485.

[6] Compte de 1485.

[7] 1441, 19 mai. 0,20563.

[8] Vente de 1440. 0,20637, f. 258-260, Compte 0,20636, f. 2.

[9] Lett. pat. pour La Cour-Dieu. Jarry, op. cit, p, 106.

[10] Saint-Verain. Bois de Beaumont. 0,20636, f. 14, 15, 212. Dans le buisson de Briou l'arpent se vendait jusqu'à 21 livres 10 sous. Compte de 1469-70. Arch. du Loiret. A. 748.

10 sous tournois, aménagés qu'ils étaient, sans aucun doute, en haute futaie, sont portés en 1517, alors qu'ils n'étaient âgés par conséquent que de 52 ans, au plus à 650 livres parisis [1]. Au milieu du seizième siècle, les forestiers estimaient dans la garde de Goumas un arpent de taillis à 12 ou même 15 livres tournois, un arpent de futaie à 80 livres [2].

Dans ces conditions, nous savons qu'au treizième siècle, les coupes du tréfonds de l'évêque lui rapportaient environ de dix-sept à dix-huit cents livres [3], défalcation faite des droits de gruerie.

Les comptes de Nicolas d'Auvillers, en 1238, témoignent que la forêt, à cette époque, donnait au roi un revenu d'environ 2,250 livres [4].

D'après la balance établie, en 1248, par Jean le Monétaire, bailli d'Orléans, les recettes, tant extraordinaires qu'ordinaires, administratives et judiciaires (non compris cependant la valeur des amendes), s'élevaient en cette année à environ 2,568 livres [5] : c'était à peu près le chiffre ordinaire; car si le produit des coupes de 1238 lui avait été inférieur, les ventes de 1234 avaient valu au contraire plus de 3,000 livres sur lesquelles, il est vrai, une vente, pratiquée dans la réserve du Rottoy, figurait à elle seule pour mille [6].

En 1285 le chiffre des recettes est beaucoup plus difficile à déterminer précisément : il se complique de déboursés partiels de gruerie, de recettes également partielles, de reliquats de comptes pour des ventes antérieures ; il en résulte une confusion qui défie toute analyse. Aussi, à cette époque, le budget forestier n'est pas toujours très-bien équilibré ; parfois il se soldait en

[1] Archiv. du Loiret, A. 748. L'augmentation monte à plus des deux tiers du prix total.

[2] 0,20640, f. 86 v°, 87.

[3] J. 170, n° 31.

[4] Hist. de la France, XXI, 254, 252.

[5] *Ibid.* XXI, 272. « Expensa : Liberationes Legii, 17 s. 6 d. per diem, de etc., 100 l. 30 s. » *Ibid.*

[6] *Ibid.* Compte de 1234.

perte. Ainsi, en 1248, les frais d'administration de la forêt de Paucourt se montaient à 34 livres, et le forestier reçoit cette somme du Temple, à Paris; selon les usages fiscaux du moyen-âge, il l'aurait imputée préalablement en diminution des recettes s'il y en avait eu. Mais ces recettes ne paraissent pas :

« Forestarius Poocuriæ :

« *Recepta* : de Templo XXXIV l. *Expensa* : Liberationes fo-« restæ, V. s. per diem... XXXIV l. [1]. »

Ainsi le budget de la forêt de Paucourt se solde par un déficit absolu en l'année 1248.

Au quinzième siècle, quelques chiffres, recueillis çà et là, suffiront à démontrer quel pouvait être alors le revenu de la forêt.

En 1458, ce revenu, calculé uniquement sur la valeur des coupes ordinaires, composées seulement de 441 arpents répartis dans les six gardes, ne comptait que pour 1311 livres : il faut y ajouter la « prima summa vendicionis bosci » c'est-à-dire la somme provenant des ventes extraordinaires, d'arbres arrachés ou « d'alaizes mal plantées, en un lieu où l'on ne pourroit faire vente » et qui monte à 163 livres, 10 sous, 11 deniers, obole parisis.

En 1456, les coupes ordinaires comprenaient plus de 1200 arpents : il restait en outre quelques arriérés à percevoir ; les ventes extraordinaires se composaient de 21 chênes brûlés ou brisés dans le Chaumontois, et de quelques arpents à couper [2]. Les ruineuses années de l'invasion anglaise réduisirent les revenus forestiers à peu près au néant : en 1423, il n'y avait pas plus de trente arpents de coupes ordinaires [3]. En 1426, le cours de l'aménagement normal commence à se rétablir un peu [4]. Le

[1] Hist. de la France, XXI, p. 282.
[2] Compte de 1456. 0,20319.
[3] Compte de 1423. *Ibid.*
[4] Compte de 1426. *Ibid.*

chiffre des recettes extraordinaires varie de 11 livres (1420)[1] à 49 livres (1424)[2], à 54 (1423)[3], à 72 (1425)[4].

Du reste, l'aménagement commun une fois reconstitué ne régularise évidemment pas le chiffre des recettes extraordinaires. Il y a de ces recettes qui ne dépassent pas 13 livres[5], il y en a qui en atteignent 213[6]. Les ventes extraordinaires de 1451 vont même jusqu'à 917[7].

L'adjudication des coupes de bois, comme l'aliénation des vagues, s'effectue aux jours de la garde[8] où se trouve la vente, ou même d'une garde voisine, sous la direction du lieutenant général des eaux et forêts[9]. Pour les gardes de Joyas et de Briou, le siège de l'adjudication est Baugency[10].

Antérieurement à l'adjudication, on a passé une visite de la vente[11]. En 1456, au chapitre des dépenses sont portés 56 sous, 8 deniers, pour le voyage de *visitation* fait par un licencié en lois, avec un clerc et quatre sergents, dans le Chaumontois, pour vérifier un grand nombre de chênes abattus par le vent[12]. En 1428, deux cents de gros bois à *ardoir* et deux centaines de demi-rais de charrette trouvés dans la forêt sont vendus au profit du duc 27 sous, dont on défalque 12 sous 8 deniers pour payer les « despens» faits par les sergents en visitant la vente[13].

[1] Compte de 1420-21. 0,20319.

[2] Compte de 1424-25. *Ibid.*

[3] Compte de 1423. *Ibid.*

[4] Compte de 1425-26. *Ibid.*

[5] Compte de 1433.

[6] Compte de 1446-47.

[7] Compte de 1451-52. — Au dix-septième siècle, Lemaire attribue à la forêt d'Orléans un produit annuel de seize mille livres (p. 35-37). En 1669, on déclare sa conservation très-importante pour ses revenus et pour le bien public. 0,20640, f. 1.

[8] 0,20660

[9] Compte de 1456. 0,20319.

[10] 0 20564. Arch. du Loiret. A.748.

[11] V. Lett. pat. de 1560, sur la forêt de Gien.

[12] Compte de 1456, 0,20619.

[13] Compte de 1428. *Ibid.*

Les comptes de 1573 allouent aussi des frais de tournée aux procureur et avocats du roi, mesureurs, greffiers, sergents des eaux et forêts, pour avoir déterminé l'assiette et la contenance de ventes de haut bois pratiquées dans le tréfonds épiscopal[1].

L'arpentage est quelquefois opéré par le maître de la garde lui-même[2].

De là proviennent les bois de « roupte »[3], c'est-à-dire les bois dont l'abattis est nécessaire à l'arpentage. Dès le treizième siècle ces bois font l'objet d'enchères spéciales :

« De quibusdam rotis in dicta guarda (de Gometo) venditis, « VII l. VI s. » lit-on dans les comptes de 1285. Il en est de même pour ceux du quinzième siècle[4] où le produit des routes figure sous cette dénomination : « Summa incheriarum ruptarum »[5]. Le mesureur pouvait lui-même vendre provisoirement les routes et sous réserve d'une adjudication postérieure. En 1423, deux mesureurs écrivent au maître de Vitry qu'ils ont vendu les routes et une petite alaise de bois, à « la garde des Cou-« dreaux[6].... pour C sous paiés contens pour paier les ou-« vriers et la despence qui a esté faite à mesurer ladite vente » Les enchères seront ouvertes « jusques à vos seconds jours aus-« quelx vous ferez crier lesdites rouctes et aloise au prix susdit « et les délivrez audit marchant ou autre plus offrant et derre-« nier enchierisseur, ainsi et par la forme et manière qu'il est « accoustumé de faire en tel cas[7]. »

Une lettre de 1420, d'un mesureur des forêts au maître de Goumas, nous parle aussi « des rouptes... avecques une alaize « de bois.. » vendues 15 livres tournois « lesquieux il a paié et « baillé pour les ouvriers et despens qui ont fait et coppé lesdites « rouptes. Si vueillez délivrer ledit marchié audit marchant en

[1] 0,20544.
[2] Arpentage de 1534. Arch. du Loiret. A. 748.
[3] V. Compte de Neuville 1451-52. 0,20319.
[4] V. Compte de Neuville 1456-57. 0,20619. 1407. 0,20642-43.
[5] Compte de Neuville 1454-55. 0,20519.
[6] C'est-à-dire la *sergenterie* des Coudreaux.
[7] 0,20563.

« la manière acoustumée, enchiére durant jusques a vos segons « jours. Donné soubz mon seel et saing manuel, le XIIIIe jour « de janvier MCCCCXX » [1].

C'est le prix de tous les frais de visite, d'arpentage et autres, que représente, aux dépenses de 1285, la rubrique d'*Enchères* « Incheramentum ; » par exemple : « Pro incheramento bosci capituli Aurelianensis, XXXVII l. X s. [2]. » Plus tard, ces frais restent à la charge du marchand. Ainsi, en 1447, nous lisons dans l'acte d'une vente dont la somme principale est de 116 livres 10 sous : « Et est assavoir que lesdites enchiéres qui se montent à la somme « de XV livres tornois se paieront par ledit marchant dedans « XL jours prochain venant, et aveeques ce, sera tenu icellui « Consrant de paier oultre ladite somme les droiz du maistre « des forestz, telz que ils appartienent par raison [3] ».

Au seizième siècle, cette formalité se régularise, et les adjudications stipulent « les 6 sols pour escu, ou 2 sols pour livre, dudit principal, ordonnez par le roy pour les frais. »

Les enchères sont présidées d'ordinaire par le lieutenant de la grande maîtrise, délégué [4]. Les maîtres des gardes n'y peuvent procéder qu'en vertu seulement d'un ordre spécial. Tassin, de Cugy, maître du Chaumontois, est condamné à une amende, en 1446, pour avoir vendu, sans permission, seize chênes à des marchands : « et lui avons deffendu et aux sergens de la dite « garde que doresenavant ils ne soient si hardiz de vendre bois « sans congié de mondit seigneur le duc, ou du maistre des « dites forests, sur paine de suspencion de leurs offices. » A plus forte raison un sergent de Vitry subit-il, la même année, une

[1] 0,20563.

[2] Hist. de la France, XXII, 574. — « De uno incheramento vendæ Johannis d'Eroles... » et encore « Robini de Mota ... » (Comptes de 1285.)

[3] Par le Prévôt, pour certains bois particuliers. (V. Adjudication devant le garde de la prévôté d'Orléans du bois de Villiers moyennant 60 l. et la cire ; sans date. — 0,20563.)

[4] 0,20563.

amende de 15 sous, pour avoir abattu et enlevé, « un chesne « nommé eschasse, sans permission ni congé [1]. »

En général, les adjudicataires sont surtout des charpentiers, les maîtres de charpenterie du duc, ou des marchands de bois des villes voisines, Orléans, Lorris, Vitry, Châteauneuf, Ingrannes [2], surtout Boiscommun [3] et Jargeau [4], ou parfois aussi des personnes étrangères au commerce du bois, des consommateurs, comme, en 1360, Guillaume de Saint-Mesmin, drapier d'Orléans [5].

Les habitants des villages voisins, grâce à leurs droits d'usage, ne se pressent pas de se porter acquéreurs de bois dans la forêt, nous dit-on dans une enquête de 1404 [6], mais, ajoute-t-on, en toute hypothèse, les ventes, principalement composées de gros bois « pour merrien à vin et autres notables édifices, » se feraient bien plutôt aux marchands d'Orléans et des autres villes; le bois à feu, le seul propre à tenter les habitants des paroisses riveraines, est aussi le seul qui subisse une réelle dépréciation par suite des droits d'usage. Le monopole, qu'exercèrent quelquefois de gros marchands, créa bien des difficultés : ainsi, Hervé Lorens nous apprend qu'en 1445 il lui a fallu un voyage de trois jours (et, par suite, une dépense de 48 sous), avec le mesureur des forêts, le maître et les sergents de Chaumontois, pour visiter une « demeurance de bois » donnée par le duc à M. de Sully, et pour mesurer trois quartiers de bois que les marchands mettaient « à petit prix » et qu'il parvint à faire renchérir [7].

Après avoir présidé aux diverses opérations de la mise en vente, la publication, la réception des offres préalables des mar-

[1] Compte de 1446-47. 0,20219.

[2] 0,20563.

[3] V. Compte de 1360 du duché. 0,20656, f. 22-23.

[4] 0,20563. Vente de 1423.

[5] 0,20636, f. 138, 140.

[6] Sur Bray, Bonnée, Les Bordes. 0,20635.

[7] Compte de 1445-46. 0,20319.

chands, l'enchère, le lieutenant général en notifie [1] le résultat par lettre close à l'adresse du receveur ducal [2].

Au seizième siècle, l'adjudication se fait à Orléans, au siége de la maîtrise, sous la présidence des réformateurs, lorsqu'il y en a [3]. Le résultat se consigne dans un acte de vente, imprimé à l'avance sur parchemin avec la réserve des lacunes nécessaires [4].

Diverses obligations sont imposées à l'adjudicataire.

D'abord, le marchand ne peut mettre la hache dans le bois sans que l'on ait procédé à l'opération du balivage : il ne doit user que sous le martel du maître ou du garde-martel, dont l'empreinte reste au greffe.

En 1460, un marchand de bois qui avait mis des ouvriers dans sa vente avant le martelage, est condamné à 40 sous d'amende [5].

L'adjudicataire doit aussi « hayer et bouscher [6] » à ses dépens : il « fera cloore et boucher ladite vente incontinent que l'on « commencera d'y ouvrer... et demeurera cloze et bouschée de « maniar que le bestail ne puisse entrer ne faire dommaige « au revenu. »

Cette prescription est fort ancienne. On la trouve en pleine vigueur au treizième siècle, mais ce soin incombait alors, non pas aux marchands, mais aux officiers des eaux et forêts, qui du reste très-vraisemblablement opéraient eux-mêmes la coupe. Une fois la vente close et le rejet vigoureux, la palissade était vendue. « De veteribus palitiis Chaumontesii venditis, pro me-

[1] V. 0,20319. Coll. Hérald. 879, 880, 881, 882, 884, 895, 897.

[2] Les enchères du Briou sont passées par le Maître de Beaugency et notifiées par lui au forestier de Briou. (V. Vente de 1470. 0,20565.)

[3] Et plus tard, en justice, au Châtelet d'Orléans, en présence des procureurs du roi, commis du receveur, etc. (0,20563).

[4] 0,20563.

[5] 0,20819.

[6] 0,20563.

« dietate XX l. De veteribus palitiis Roorteii venditis, pro me-
« dietate XV l. » disent les comptes de 1248.

Et en 1285 : « De veteribus palliciis Montis Branæ et Cor-
« billieriæ venditis, pro toto XIV l. VII d. De quibusdam pal-
« liciis et veteri bosco bosci Courciaci venditis, pro toto
« XXXVIII s. »

Et à la même époque, l'enquête sur Bertaut de Vilers s'exprime ainsi :

« Il est prové par le XIIe tesmoin que Bertaus a fait depecer
« les palis de Ripaut et de Chameroles qui encore estoient en
« bon point qui les eust soustenus... dont li rois est damagiés
« en ce que les bestes vont en ices taillcis, et ont mengié le re-
« jeteis. » Bertaut répond que c'était pour les renouveler : ils
« furent rappareillés et ne coustèrent que sis sous. » Cependant
« Bertaut a empiré le bois Ripaut de la value de XI livres [1]. »

La vente des bois de la Mote, appartenant à l'évêque a rapporté
« mil et XXXVI livres tornois et rabat l'en pour la cloison de la
« vente desusdite C III l. t., X s. lesqués sont prises sus le pre-
« mier paiement et parfet sus le secunt, rabatue la part le
« roi [2]. »

En 1308, l'abbaye de Saint-Benoit se plaint que les officiers forestiers ont fait rentrer dans la clôture d'une vente royale un de leurs bois : « dictum fuit quod dicta clausura dicte vende restringetur [3]... »

Cette obligation générale de la clôture a été étendue aux ventes de monstrée, abandonnées aux usagers [4].

On doit « coupper le bois a tire, a haire, a 6 poulces près de
« terre et au-dessoubs, à ce que le rejet puisse mieux revenir
« du pied.

Au treizième siècle, il en est de même ; « item, nous enquer-
« reurs alames voir une coupe que cis Drouan a fete pour l'é-

[1] J. 1024, n° 84.
[2] J. 170, n° 31.
[3] Olim III, 348.
[4] Z. 4921, f. 29.

« vêque qui morz est, dont la revenue est perduee parceuque li « arbre sont coupez trop haut, tiens i a de l'étée d'un homme, « tiens i a suques à la centure d'un homme... » et cette coupe est « es plus biaus bois de l'eveques » Devant un grand nombre de témoins, Drouan de Mareau « fit amende des bois qu'il avait si « haut coupés. » Bertaut de Vilers adresse à l'évêque de sages remontrances :

« Voici les resons que Bertaut montra à l'évêque d'Orliens... « Bertaut li montra que il ne fesoit pas bien de fere abatre chenes « pour fere charbon et que il feist fere son charbon a unscoupeiz, « quar sa gent avoient trop haut couppé pour lui chaufer ; il « s'accorda a cecy et fut fet [1]... »

Enfin, le marchand est soumis à diverses obligations. Il ne peut avoir plus de trois *compagnons*. Les lieux où s'élèvent les fourneaux à charbon sont déterminés : « de quibusdam astallariis loco carbonagii Courciaci IX l. V s. VI d. [2] » et il ne peut les changer [3]. Le marchand ne peut, sous peine d'amende, laisser sortir de sa vente du bois non martelé. Il lui est remis à cet effet un marteau qu'il doit rendre aussitôt la fin de la vente, marteau unique : il est « deffendu d'avoir plus d'ung « marteau à ung marchand. » En 1453, Baudichon de Beaurain, maître du Milieu, est condamné pour avoir donné plusieurs marteaux aux marchands d'une vente [4]. Cette prestation de marteau a été la source de bien des délits. Les adjudicataires de la vente en frappaient du bois volé dans les environs pour le faire ainsi circuler en toute sécurité [5].

Les marchands de bois du moyen-âge paraissent avoir été des modèles d'improbité [6], d'autant plus blâmables que la décou-

[1] J. 742, n° 5.

[2] Compte de 1285.

[3] Pour toutes ces prescriptions 0,20563.

[4] Arch. du Loiret.

[5] Compte de 1443-44. 0,20319. Compte de 1433. *Ibid.* Compte de 1441-1442.

[6] V. notamment : condamnation de Jehan Devilliers, marchant des bruslis et gastis en la garde de Neuville, pour avoir « couppé, ouvré, et fait fere bois de mosle... près de son marché » à 9 l. 12 sous parisis (Compte de 1428) ; condam-

verte de leurs fraudes rencontrait mille difficultés. Ces délits sont même si nombreux et les cas d'excuse si fréquents que depuis 1543 il est expressément stipulé, dans les actes de ventes, que les marchands répondront des délits commis dans la coupe jusqu'à ce qu'ils aient rendu le *martel*. Cette disposition dérive des lettres patentes de 1543 qui rendent même les marchands responsables des délits commis dans le voisinage des ventes [1]. Ces ordres rigoureux n'arrêtèrent pas le mal, et les marchands de bois continuèrent les procédés délictueux qui les ont rendus un des fléaux des forêts [2].

Un délai est assigné au marchand dans lequel il doit abattre le bois et vider la coupe. Ce délai varie beaucoup : dans les permissions de couper accordées par la munificence du prince, la latitude est quelquefois extrême : ainsi en 1336, dispensant J. de Machau de son droit de gruerie, le roi lui accorde six ans pour couper et débarrasser son tréfonds [3]. Les ventes abandonnées en payement d'un droit d'usage sont au contraire renfermées dans des limites restreintes : on n'autorise la coupe, par exemple, que jusqu'à la mi-avril, et cette autorisation même est donnée à la fin du mois de janvier [4].

Pour les ventes adjugées à des marchands, les délais varient également : on fixe deux ans [5], ou « un an de coppe et demy an « de desbouché [6] : » ailleurs, c'est seulement jusqu'à la mi-mai [7]. Ce délai accompli, le marteau sera rendu. En 1450, un marchand qui, malgré les notifications, n'a pas rapporté le marteau est condamné à 15 sous parisis [8]. S'en servir après le jour fixé

nation du compagnon du marchant qui a coupé quatre chênes en plus d'une vente. (Compte de 1423-24. —0,206319).

[1] K. K. 1049.

[2] V. Visite de 1608 passim. Z. 4922.

[3] J. 733.

[4] Z. 4921, f. 29.

[5] Compte de 1436-37. 0,20319.

[6] Vente du 2 septembre 1470. Briou. 0,20563.

[7] Vente du 8 septembre 1534. *Ibid.*

[8] Compte de 1450. Arch. du Loiret. A. 853-58.

constitue une contravention positive : le fait d'avoir pris du bois dans une vente « dont le terme de vuidange estoit failly..., signé « du martel par la femme en l'absence du mary, lequel estoit « prisonnier des Anglois » entraîne, en 1424, une amende de 64 sous [1]. A plus forte raison, l'abattage après le délai compte-t-il pour un délit [2]. Un marchand qui se reconnaît coupable de la confection de 45 sacs de charbon dans une vente de la garde de Goumas dont le terme est échu, encourt une peine de 45 sous [3].

Mais les guerres, interrompant le cours normal des ventes, ont malheureusement fourni de trop réelles excuses. Plusieurs prolongations de délai sont accordées en 1421 à des marchands troublés par l'invasion anglaise. L'un d'eux, notamment pour un arpent qui lui reste à exploiter, obtient un nouveau délai sur le récit de ses malheurs, car il raconte que ses deux *compagnons* n'existent plus : « par le fait et occasion de la guerre et des « gens d'armes, lesdiz Marchant et Normant furent par aucuns « Bourgoignons occis et tuez en la vente [4]... »

En 1580, le grand maître expose « que aujourd'huy sur la « requeste à nous faicte par Messire Jehan de Longueau, sieur « de Parville, chevallier de l'ordre du roy et gentilhomme or- « dinaire de sa maison, disant que pour rédiffier et bastir une « grande partie de sa maison de Saint-Michel qui auroit esté « en la pluspart bruslée ci-devant... il a cy devant achepté cent « soixante pieds de chesne au climat de Boiscommun, forests « d'Orléans, et le pris d'iceulx payé au roy à la recepte du do- « maine..... » qui n'a pu « faire entrener ledict bois dedans « le temps à lui préfix, par le moyen des grandes affaires d'icel- « luy suppliant, aussy qu'il est impossible entreiner ledict boys « synon en temps d'esté parce que en saison d'yver l'on ne « peut mener et charroyer ledict boys,... nous requérant lui

[1] Compte de 1424. O,20319.
[2] Compte de 1420. Arch. du Loiret. A. 853-58.
[3] 1460. O.20319.
[4] Arch. du Loiret.

« donner et auctroyer deux ans de temps et prolongation « pour par luy entreiner ledict boys par luy achipt. Sur quoy « nous avons, en entherinant ladicte requeste, et oy sur ce le « procureur du roy, donné et donnons delay audict de Longueau d'enlever les boys dont est question jusque au premier « jour de janvier prochain venant, attendu le contenu cy-dessus. Donné à Orléans par nous grand maître suscrit, le treyszieme jour de febvrier, l'an mil cinq cens quatre vingts. » Il faut ajouter que la question avait été tranchée à l'avance par un ordre spécial du roi[1].

Les acquisitions, aux ventes d'enchères, sont interdites aux officiers des eaux et forêts, comme incompatibles avec leur dignité. Le compte de 1453, au chapitre des amendes, s'exprime ainsi : « De Pierre Durant, sergent du gruier de Saichebruière « pour une amende en quoy il a esté condempné ledit jour de « ce qu'il nous est apparu et aussi l'a confessé estre marchant « d'ung boisson de bois assis en la garde de Courcy, ou treffons Jehan d'Ottarville, lequel marché il ne peut ne doit tenir « selon les ordonnances desdites forestz pour ce qu'il est officier, « XXIV s. p.[2]. » Pour se porter acquéreur, il faut aussi offrir des garanties de solvabilité. L'adjudicataire, aux termes des actes du seizième siècle, doit « bailler pleiges et cautions... « sera tenu présenter audit receveur (du duché) les présentes, « et appléger son marché dedans huictaine d'huy, sinon payer « la folle enchère et la faire signiffyer au préceddant enchérisseur qui pareillement sera tenu la pleger dans la huitaine « ensuivant. »

Des termes, variables à l'infini, sont assignés pour les paiements partiels : tel adjudicataire n'a que deux termes de paiement, tel autre en obtient jusqu'à huit ou dix. La convention ici fait toute la loi.

Ainsi, en 1447, pour la vente des Bois-le-roy (Joyas), on stipule un délai de 12 ans, et deux termes annuels de paiements

[1] Arch. du château de Saint-Michel.

[2] Arch. du Loiret.

partiels, aux deux échéances financières de Noël et la Saint-Jean[1].

Le marchand paie les frais de la mise en vente. Enfin il prend la coupe à tous ses risques et périls ; dans le Briou, l'on stipule qu'elle « se fera à tous périlz et fortunes d'eaues. »

La solvabilité des marchands de bois laisse parfois à désirer. Il n'est pas très-rare que le duc leur abandonne ce qu'ils se déclarent incapables de payer : ainsi en 1403, il remet à un marchand de bois de Boiscommun, Jehan de La Court, ce qu'il doit encore sur sa vente de la Viez-Taille[2]. Le 19 juillet 1429, Jaquet Anquetin, marchand de bois, expose au duc qu'il ne peut acquitter les deux derniers termes de sa vente, et il demande un sursis « pour le fait de la guerre, gens d'armes, qui ont esté « sur le païs, et les Anglois qui ont occuppé depuis l'aoust da-« rin passé le païs et les mettes ou est laditte vente et encoure « occupent[3]. »

Dans une requête adressée à la Chambre des comptes, un certain Drouet, et la femme et les enfants de feu Gillet Soullaz déclarent que, dans une vente adjugée à Drouet et Soullaz en 1420, « pour le fait et occasion de la guerre et des Anglois « et Bourgoignons qui ont continuelment couru oudit pays et « es mettes de ladite vente, et lesdits Drouet et Gillet ne autre « personne ne osoyent eulx tenir en ladite vente pour ycelle « ouvrer pour doubte qu'ilz ne fussent pris prisonniers, yceulx « ne peurent abatre ouvrer et délivrer tout ledit boys de ladite « vente dedans le temps à eulx prefix et donné... pour ledit « fait de la guerre et lesdiz Bourgoignons et Angloiz ont esté « continuelment et chascun jour ont couru oudit pays et es « mettes de ladite vente et aussi que ledit Drouet a esté pris « prisonnier et mené à Chartres, dont il a payé pour sa rencon « et despensse plus de XXX escuz d'or et que ledit feu Gillet a

[1] 0,20563. V. Compte de 1285.
[2] Compte de 1433-4.
[3] Arch. du Loiret Tr. du Châtelet.

« esté tué en ladite (vente)[1]. » Ils déclarent n'avoir pu exploiter, et conséquemment ne pouvoir payer[2].

Le résultat de toutes les ventes devait figurer dans les comptes officiels, même le résultat des ventes données en gratifications et qui par conséquent ne promettaient au duc aucun profit[3]. Mais dans leurs bois de franchise, les particuliers recevaient, bien entendu, le prix des ventes, selon leur convenance. En ce qui concerne l'abbaye de La Cour-Dieu, il résultait d'un accord passé en 1618 entre l'abbé et les religieux, que « pour le regard « du bois de moulle et fagots que les prédécesseurs abbés de « ladicte abbaye estoient tenuz de payer et bailler audictz reli- « gieulx, lesdictz religieulx ont accordé avec ledict sieur abbé « qui leur payera et baillera la somme de 66 livres tournois et « a ledict sieur abbé promis, promet et s'oblige ausditz sieurs « religieulx de faire faire deux grandes portes chartières tant à « la muraille de Saint-Hue... que, à la muraille qui fait clos- « ture du grand jardin... pour amener leur bois et commo- « modité.[4] »

Le tarif du prix de la main d'œuvre est plus élevé que l'on ne pourrait supposer. En 1448, « Daniel Guilleaume Bogneret, « charpentier, demourant à Victry ou Loige » donne quittance de 76 sous parisis « deubz pour ses paines et salaires d'avoir « abatu, coppé et esquarry es bois de Saint-Benoist LX toises « de bois quarré. . . » la plus grande partie en poteaux « pour « emploier es halles de monseigneur le duc à Orléans[5]. » En 1455, le maître de la garde de Vitry nous apprend que des bourrées de four vendues par lui six sous le cent, coûtaient de façon 2 sous par cent[6].

En 1456, 1200 bourrées de four provenant de six chênes[7]

[1] Ce mot est déchiré.

[2] Arch. du Loiret. Tr. du Châtelet

[3] V. Conc. à Dunois. Blois, 10 mars 1446. 0,20363.

[4] Hist. de La Cour-Dieu, p. XLII.

[5] Tr. du Châtelet. Arch. du Loiret.

[6] Compte de Vitry. 1455. 0,20319.

[7] On voit qu'il n'était pas d'usage de faire des bourrées dites *à la Chaîne*

« abattues es queues de Nibelle par essian et par oyseaux » coûtaient de façon 4 sous le cent, à peu près moitié de leur valeur[1].

Une quittance de 25 sous 8 deniers tournois, « deubz pour « avoir ouvré et mis ou buchié du chastel de Baugency » 308 cotrets de bois, témoigne que c'est « au pris de ung denier tournois chascun kotret[2]. »

Le 14 décembre 1523, des bûcherons touchent à la recette de Baugency « quarente solz tournois » pour « ce que leur « peult estre deu pour avoir faict ou bois et buisson de Briou « deux cens trente-deux kotrets de bois[3]... » Les lates coûtaient pour la façon 3 sous le cent; les *douelles* 2 sous 8 deniers[4].

Guillaume Dubois, forestier du Briou, en 1535, reçoit 4 livres, 6 deniers, pour le charroi et la façon de 33 *rotées*[5] amenées du Briou au château de Baugency, et le charroi de 750 fagots: 12 deniers pour le charroi, 5 pour la façon de chaque rotée, 4 sous tournois pour le charroi de chaque cent de fagots[6]. En 1423, un millier de merrein à vin, pris en forfaiture sur la Loire, et vendu 20 livres tournois, avait coûté à décharger et à empiler sur la rive 40 sous parisis[7].

La Loire fournissait la meilleure voie de débardage et de transport, et la plus usitée.

ces 1200 bourrées devaient évidemment confondre et les bois de brigot et les dessous.

[1] Compte de 1456. Vitry. *Ibid.*

[2] Arch. du Loiret. Tr. du Châtelet.

[3] *Ibid.*

[4] Compte de Vitry. 1456. 0,20319.

[5] Les rotes sont les liens qui attachent les bourrées : elles se faisaient souvent en coudrier : en 1411, un individu est pris « charroiant trembles et fagots d'autres bois liez de couldre. » (Compte du Gruier. 1411.) Il est à croire qu'on les confectionnait à part, et dans un certain canton de la forêt, où aucun usager n'avait le droit de pénétrer, et qui, dès le douzième siècle, porte déjà en raison de cette spécialité le nom de *Rottoy*.

[6] Arch. du Loiret. A. 856.

[7] Compte de 1423-24. 0,20319.

En 1483, par exemple, un certain Leroux reçoit 4 sous pour avoir amené 5 voitures de bois, à Orléans, des « grèves » de Loire aux Halles qu'on réparait[1].

C'est pour le débard du bois que les seigneurs et le roi ont gardé le plus longtemps les dernières traces de la corvée.

« De la coustume des bourgeois de Saint-Lorens-des-Eaux,.. « qui sont tenuz de copper le bois en la forest de Bréo pour « chauffer les cheminées du chastel.

» De la coustume des habitans de Grantchamp qui les doivent mener au rivage.

« De la coustume des notonniers qui les doivent mener par « eaue[2]. »

Mais ces *coutumes* ou corvées, qui par la force de la tradition continuaient à s'inscrire dans les textes légaux, n'existaient pas en pratique.

Pour les bourgeois, du reste, la corvée n'est jamais personnellement obligatoire ; en droit commun, les prestations de fait peuvent être remplacées par des contributions pécuniaires. La charte de Lorris qui supprime toutes les corvées, réserve expressément l'unique corvée de l'apport du bois au bûcher seigneurial pour ceux qui n'ont pas de cheval[3]. Les habitants de Saint-Martin-d'Abat, Bouzi, Beauchamp, Vieilles-Maisons, le Coudroy et Chastenoy étaient également soumis à cette redevance envers la châtellenie de Châteauneuf[4]. Enfin l'obligation de transporter le bois peut naître d'un contrat particulier. Un des reproches les plus constamment adressés à Drouan de Mareau, sergent de l'évêque, c'est qu'il forçait les « charetes aus cheva- « lier et aus bonnes gens » à porter le bois épiscopal à Mareau et « à Peviers.., et paiet lé charètes dou bois meemes, et il de-

[1] Compte de 1483-84. 0,20642-43.

[2] Compte de 1403-4. Arch. du Loiret. A. 716. Engagement de 1548.

[3] Des lettres ducales de 1398 constatent que les laboureurs de Lorme et du Saussay (métairies situées sur le bord de la Loire) doivent, en échange de leur usage, la corvée d'apporter du bois à la cuisine royale, et une mine de seigle aux quatre sergents de Lorris (0,20635.)

[4] Sentence de 1556. 0,20618, f. 97.

« voit fere mener à ses propres couz pour la reson dou fieu « qu'il en tient[1]. »

Dans le transport, certains droits fiscaux frappaient les bois. Sur la Loire[2], il existait des péages de droit commun[3]. Un péage établi à Cercottes donnait lieu à des difficultés parce que l'on prétendait y soumettre les voitures des ventes assises au nord d'une ligne de barrage fictivement tracée de Cercottes à Saint-Lyé, et à laquelle les voituriers cherchaient à échapper, lorsqu'ils se rendaient à Orléans, par un détour dans la forêt[4].

L'évêque percevait à Pithiviers un droit de bûchage[5].

Les étangs forestiers se trouvaient régulièrement aménagés aussi bien que les bois.

Un certain nombre d'étangs de la forêt, entretenus, empoissonnés et pêchés règlementairement, fournissaient un revenu qui figure aussi parmi les revenus forestiers. Six ou sept de ces étangs dépendaient de Lorris ; le grand étang Ranouart contenant, en 1543, 80 arpents et demi ; le petit étang Ranouart[6], de 25 arpents ; l'étang Baratte, sur le chemin de Dampierre, grand de 13 arpents et demi ; les trois étangs de Voves, se déversant l'un dans l'autre[7], de 15 arpents ; l'étang de la Cocardière, près Boiscommun, de 23 arpents[8], mais souvent desséché[9]. De plus le petit étang des Salles, d'une étendue de 7 arpents, joignait « les murs et clostures de Lorriz. »

Trois étangs, non compris le grand réservoir (le Reservouer) du château, ressortaient de Châteauneuf : l'étang de la Follye

[1] J. 742, n° 5.

[2] « De la Coustume du morreau par eaue d'Orléans vendue et affermée pour deux ans XXVI liv. parisis. XI, (Compte du Duché de 1485. 0,20540-41)

[3] V. Bibl. imp. coll. Baluze, 78, f. 123. — Fr. 1191.

[4] 0,20638, f. 40. Sentence de 1389.

[5] Inventaire de l'évêché. Bibliothèque impériale, fr. 11991.

[6] Deux étangs « de nouvel édiffiez au lieu dit Bergerot ». (Arpentage de 1543) K. K. 1049.

[7] Près du chemin de Châteauneuf à Gien. Compte de 1573. 0,20544. K. K. 1049.

[9] En 1578, les riverains l'avaient labouré. 0,20617.

(5 arpents et demi); le Grand-Étang (50 arpents et demi); l'étang de Gibloys (80 arpents)[1]. Divers textes mentionnent aussi les étangs de Chalençois[2], de la Pauchère, et les trois étangs de la Harveline, dans les mêmes parages[3]; l'étang de Nesploy[4], les étangs de la Forestière et du Gaud[5].

Ces divers étangs ont été tantôt exploités par les officiers des eaux et forêts, tantôt donnés en bail par adjudication. Il en est de même de la pêche des rivières de l'Isme et de la Mauve, et de la Loire.

L'évêque d'Orléans possédait « II estangs, I à Mareau, et « l'autre ou vau de Fevrier[6]. » Plusieurs particuliers, notamment l'abbaye de La Cour-Dieu et le prieuré de Flotin, ont aussi possédé et exploité par eux-mêmes de grands étangs.

Toutes ces pièces d'eau étaient entretenues avec soin[7]. Des poteaux de bois soutenaient leurs berges qu'un pionnier était chargé d'inspecter de temps en temps[8]. On les réparait, on les curait, on les agrandissait même; en 1307, Philippe-le-Bel accorde au prieur de Châteauneuf 35 sous parisis de rente comme dommages-intérêts à divers titres, notamment pour le champart de divers héritages qu'à la suite de travaux on avait englobés dans l'étang de Chalençois[9]. L'empoissonnement s'opérait avec non moins de soin; l'on achetait des poissons, surtout des carpes[10], et leur mise à l'eau, opérée vers février ou mars, est relatée dans un procès-verbal d'empoissonnement[11]. On n'épargne pas le

[1] K.K. 1049.
[2] O,20617. Baux de 1432, 1441, 1443...
[3] Compte de 1483-84. O.20642-43.
[4] O,20618, f. 279. Réparation de 1419 à 1449.
[5] Arch. du Coll. Hérald. 883.
[6] J. 170, nº 31.
[7] O,21068, f. 275, 279. Réparations 1419-1456. Quittance de 1450. Arch. du Loiret. Tr. du Châtelet.
[8] Compte de 1483-84. O,20642-33. Mont. arrêt de 1291. O,20238.
[9] O,20617.
[10] Joursanvault, 695, 693, 692.
[11] O,20617. Notamment 10, 12, 16 février 1445, éd. de Châteaun.

fret : en 1457, l'étang de Baratte absorbe 1403 « quarterons de carpes [1]. » D'autres fois, on charge un « poissonnier de peupler « les étangs [2]. »

La pêche s'exécutait à l'aide de filets divers [3]. Un acte officiel en constate le produit qui est vendu par adjudication au siége de la grande maîtrise des eaux et forêts, au Châtelet d'Orléans. La pêche de l'étang Baratte est vendue 12 livres parisis, le 25 février 1438 (1439), 87 livres parisis, le 14 janvier 1444 (1445). Le 8 mars 1450 (1451), la pêche des étangs de Voves était adjugée à 60 livres tournois. Autant que possible les étangs sont affermés [4]. Parfois, on ne donnait à bail que la pêche d'une année : le plus souvent, le bail porte sur six ou sept ans. Ainsi, une lettre close du receveur ducal informe le maître du Chaumontois en 1417 [5] que Jean Poignard vient d'affermer l'étang Baratte pour 7 ans à raison de 60 sous par an [6]. En 1485, douze étangs forestiers du duché étaient affermés moyennant 180 livres [7] : en 1496, les étangs de Châteauneuf, seuls, pour 140 livres par an.

L'adjudicataire reste tenu de toutes les dépenses d'entretien, pêche et « peuplement » [8]. L'acte de l'adjudication de 12 étangs passée en 1483 moyennant 200 livres tournois par an porte, par exemple, que les étangs seront « veuz et visitez » par les officiers de la duchesse : les marchands devront les rendre « peupplez de pareil peupple comme du temps qu'ilz ont priz « ledit marché, » et le compte en est tenu par le receveur du duché : « la pesche de tous lesquelz estangs dessus nommés, « ledits preneurs seront tenuz notiffier et faire assavoir à ladite

[1] 0,20617,

[2] 1394. Joursanvault. 695.

[3] Quittance d'une saisme à pêscher les étangs du duc, 12 mars 1448.

[4] Certificat de 1447 que les étangs n'ont pu être affermés.

[5] 15 mars 1416.

[6] 0.20617.

[7] Compte du duché 1485.

[8] Compte de 1485.

« dame ou a ses gens et officiers ad ce que se le plaisir d'icelle « dame est en avoir qu'elle en puisse prendre pour le pris des « marchans. Et pourront iceulx preneurs prendre du bois es « forestz d'Orléans pour les réparations nécessaires d'iceulx es- « tangs qui leur sera délivré par le maistre de la garde et non « auttrement, et lesquelz preneurs auront le tiers des amendes « s'aucunes en y a durant leurdit temps commises par malfaic- « teurs en iceulx estangs, avecques lesquelz malfaicteurs lesdits « preneurs ne pourront traicter, finer ne composer, ainçois en « demourra la totalle congnoissance à icelle dame et à ses juges, « et s'ilz font le contraire, ilz en paieront telle amende arbi- « traire que de reson [1]. »

En 1543, deux étangs donnés à bail devront être rendus peuplés de sept milliers « de panard d'un espan et au dessus » bon et convenable « et non esbecque, » jetés à l'eau deux ans avant la fin du bail.

Les procureur et receveur du duc assisteront à la réception du « peuple. » Les preneurs entretiendront les étangs de *bondes*, *chaussées* et *grils*, pour la confection desquels ils recevront le bois nécessaire : ils donneront pour les vigiles de Noël, Pâques et la Toussaint sept poissons valant chacun 5 sous parisis, au grand maître, au gouverneur, au prévôt, au procureur, au receveur, et au greffier des eaux et forêts.

De plus, ils s'exposent à tous risques de guerre, mortalité, sécheresses, abondances d'eau, et autres [2]. Cependant, en 1573, les fermiers ne pouvant plus jouir de leurs étangs à cause des guerres, l'administration consent à résilier leur bail et à vendre elle-même la pêche [3].

Les revenus pécuniaires des étangs ne laissent pas que d'atteindre un chiffre important, grâce à l'amour de nos pères pour le poisson. Déjà au treizième siècle, la pêche de Montargis valait au roi 25 livres [4]. Les poissons des étangs ont orné cer-

[1] Compte de 1483-84. 0,20642-43.

[2] K. K. 1049.

[3] Compte de 1573 du duché. 0,20544.

[4] Hist. de la France. XXI. 273. XXII, 574.

…nement la table royale, puisque l'ordonnance de 1346 prescrit de vendre les poissons d'étang que l'on ne pourrait envoyer pour en consacrer le prix à l'achat de poisson de mer. Aussi les étangs de Lorris furent, dit-on, exceptés au seizième siècle de l'engagement de ce domaine [1]. Toutefois l'étang de la Cocardière avait suivi la destinée de Boiscommun [2].

La pêche des étangs permet de nombreuses largesses. Le prieur de Châteauneuf reçut une partie des produits de l'étang de Chalançoys qui avait absorbé quelques-unes de ses terres [3]. En 1426 Guillaume Cousinot, conseiller du roi et chancelier du duc, est gratifié d'un demi cent et un demi quarteron de carpes et de huit brochets [4].

Parfois on a préféré convertir ces dons en dons d'argent. Le 23 décembre 1431, le duc accorde à Dunois 300 livres pour sa dépense, « aux jours jeunables de char jusques a caresme « prenant » au lieu de deux étangs qu'il avait donnés d'abord, « aiens regart que en lui en délivrant lesdiz estangs il pour- « roit avoir grant perte ou peuple qui seroit en iceulx [5]. »

La pêche dans les rivières s'exerçait au moyen des *combres*, pêcheries formées de pieux et de branchages [6]. On ne pouvait élever de combres sans la permission du duc, dans les rivières qui lui appartenaient [7]. L'auteur d'une combre faite à Châteauneuf, en 1424, sans le *congé* du maître des eaux et forêts ou de son lieutenant est condamné à 16 sous d'amende [8].

Chaque pêcheur qui possède une combre autorisée doit un cens. Ces cens, pour la Loire, étaient affermés (quelquefois aux

[1] 0,20617. — V. cependant un bail des six étangs de Lorris passé en 1600 par M. de l'Hospital, engagiste (0,20617.)

[2] Compte de 1573 du duché. 0,20344.

[3] Juin 1307. D. Estiennot, f. 518.

[4] Joursanvault, 696.

[5] *Ibid.* I, 83.

[6] V. Arch. du Loiret. $\frac{H\ 1}{2}$

[7] Compte de 1451-52. 0,20319.

[8] Compte de 1424. 0,20319. — de 1127. Arch. du Loiret, A. 833 58.

pêcheurs eux-mêmes [1]) dans deux villes principales, Châteauneuf et Baugency. En 1424, Hervé Lorens fait à Baugency un voyage qui lui coûte 4 livres, et un autre à Châteauneuf dont le prix ne se monte qu'à 40 sous, pour toucher l'argent des combres, et les poissons stipulés comme redevance du fermier.

En cette même année, les combres de Baugency « avecques » le bois et poissons de la rivière de Loire » en la châtellenie de Baugency, sont, en gros, vendues 200 livres tournois [2].

Le compte de 1404 parle « de la pesche du deffoiz de Baugency « et du péage du poisson marage vendu XXI l. X s. par an » et encore :

Baugency : « de la pesche d'Isme, excepté les cens des « combres et les menus cens iloc qui sont renduz, c'est assa- « voir les menus cens des combres a part renduz cy après en « la partie ensuivant.... vendue pour trois ans XXVII l. p. par « an. » Les menus cens des combres sont vendus 32 sous par an, pour le même temps. Les baux de 1424, de quatre combres dans la Mauve, *qui vient de Baule*, de 9 combres *au rocher de Baugency*, sont passés au taux de 12 sous par combre.

La rivière de Châteaurenard est également affermée [3].

Les mêmes causes d'entraves que pour la location des étangs se reproduisent pour la ferme des combres. En 1440, le duc remet aux fermiers des paiements arriérés. En 1434, le fermier de la pêche d'Ismes expose sa pauvreté, la charge qu'il a de femme et enfants, la nullité du produit de la pêche : les guerres ont tout ruiné, une grande « ravinée » d'eau a empêché d'abord toute pêche, puis ce sont les glaces ; enfin sont survenus les gens d'armes qui lui ont pris ses filets. Il sollicite une remise du prix [4]. En 1438, un certificat du lieutenant général des eaux et forêts nous apprend que dans le cours de l'année [5] les

[1] Compte de 1424.

[2] Compte de 1424. 0,20319.

[3] Plusieurs rivières étaient même données à cens, comme le Loiret et la rivière d'Yèvre-le-Châtel. (Compte du Duché de 1485. 0,20540-41).

[4] Arch. du Loiret. Eaux et Forêts. reb.

[5] D'une Saint-Jean-Baptiste (1437) à l'autre (1438.)

combres n'ont pas été affermées à cause des grandes eaux [1].

L'engagement des revenus de Baugency, le 13 octobre 1593, comprend la ferme de la pêcherie du « détroit » de Baugency, et des fonds et combres de la Loire depuis le Briou jusqu'à Baugency, par la garenne du vent d'amont, la Tour-Neuve, et la mairie de Beaulieu : la ferme des combres du port Pichard, de la Mauve et de la rivière « de Dixmes [2]. »

Outre les revenus principaux des coupes forestières, des étangs et des combres, les forêts présentaient des revenus secondaires, également vendus par adjudication. L'état des mines de grain dues comme droit d'affouage par les habitants des paroisses voisines, notamment de Chanteau, Montereau, Lorris, Batilly, etc., était soigneusement enregistré dans des listes nominatives par les maîtres de garde [3] : la perception de ces redevances fut quelquefois affermée au quinzième siècle, sur le taux d'environ deux sous parisis la mine [4]. Les émoluments d'une partie d'entre elles appartenaient de droit au gruyer de Seichebrières qui les a conservées [5].

Enfin, les grueries de Baugency, divisées en deux portions, gruerie « du costé de Beausse, » gruerie de Sologne, ont été aussi affermées, puis engagées [6].

[1] 0,20617.

[2] Arch. du Loiret. A. 716.

[3] En 1422, deux muids de blé, provenant de ces redevances qui avaient été renfermés dans la forteresse de Lorris, furent brûlés avec elle. (0,20617.)

[4] 0,20618, f. 63, 32, 59. — Comptes des Gardes. — Adjudications du quinzième siecle. 0,20617.

[5] Compte de 1483-84. 0,20642-43. — Comptes du gruyer.

[6] Arch. du Loiret. A. 716.

CHAPITRE III.

De la culture des bois.

Trois principales essences constituaient le fonds de la forêt d'Orléans au moyen-âge : le chêne, le bouleau, le charme : l'orme s'y rencontrait aussi.

Le chêne est l'arbre par excellence des forêts orléanaises. Plinguet y distinguait déjà deux espèces de chênes : le chêne à gros glands, le chêne à petits glands. Le premier exige un terrain excellent; il s'y reproduit facilement; on en forme de très-bons baliveaux et la rigueur des hivers ne peut rien contre la fermeté de son écorce.

« On remarquera encore que le chêne à gros glands, qui « ne vient que dans les bons fonds et qui par conséquent se « trouve en très-petite quantité dans la forêt d'Orléans, étant « d'une contexture plus liante et plus élastique, est beaucoup « moins sujet à se fendre que le chêne à petits glands, qui est « de mauvaise venue, dont l'accroissement a été lent et diffi- « cile, dont les filaments, outre qu'ils ont peu d'élasticité, sont « encore souvent interrompus par des nœuds et des galles.

« Ce sont ceux-ci malheureusement qui se rencontrent partout « dans la forêt d'Orléans [1]. »

Par suite même de son extrême multiplicité, le chêne n'a spécialement légué son nom qu'à un bien petit nombre de tréfonds forestiers. Cependant, du quatorzième siècle au seizième, on peut signaler des climats dénommés la Chênassière, le Plais-Chesnay, les Chesnoy, les Chênes-Noirs, le Haut-des-Cheneaux, les Cinquante-Chênes [2], et auprès de la forêt, à Vrigny, les Cinq-Chênes.

Le bouleau se montrait fréquemment; les bois de la Boulaye, la Noue-Boullais nous en ont conservé le souvenir.

L'orme et le charme, moins estimés, puisque quelques-uns allaient jusqu'à les classer dans le mort-bois [3], se mêlaient au chêne et quelquefois même peuplaient presque exclusivement des tréfonds. Un espace des gardes de Courcy et de Vitry s'appelait le Charmoy; la garde de Goumas possédait la Grande-Charmoise et la Petite-Charmoise, Neuville la Charmoise, Paucourt la Charmée de la Chapelle [4]. Une partie de la garde de Courcy était plantée d'ormes qui formaient les climats de la haute et de la basse Ormoye, et l'Ormoye de Jouy [5], l'Ormeteau.

Le frêne est un arbre très-rare dans la forêt d'Orléans; cependant un des meilleurs climats forestiers portait et a conservé le nom de Frettoy (garde du Milieu).

Le hêtre se rencontrait un peu plus souvent que de nos jours. Même il devait être, au douzième siècle, assez fréquent dans la garde de Neuville, puisqu'il en est fait mention particulière dans les lettres patentes de 1189 qui concèdent à Rebréchien un droit d'usage, « de omni scilicet genere arboris, exceptis « quercubus et fagis [6]. » Fay (Fagetum) nous a gardé le souve-

[1] P. 28

[2] Pour tous ces noms et ceux qui suivent, V. 0,20037. — Z. 4922, passim.

[3] Enquête sur Nesploy (V. ci-dessus, § *Usages*).

[4] Enquête de Bois-le-Roy, 1406. Q. 542.

[5] V. aussi « *l'Effroyable rencontre...* par le baron de Bourbeuil. » Il y est question d'essences d'ormes.

[6] V. ci-dessus, § *Usages*.

nir d'une grande plantation de hêtres bien plus ancienne. Dans la garde de Vitry, l'on remarquait les climats des Fousteaux et la Chesnetière des Fousteaux.

Le châtaignier, que l'on croit d'importation moderne dans nos forêts, remonte évidemment fort loin, car le village forestier de Châtenoy paraît, à tout le moins depuis le douzième siècle, sous le nom de *Castanetum*. Du reste, l'essence de châtaignier s'est tout à fait perdue dans la forêt : on a même vu précédemment que tous les cercles de tonneaux se fabriquaient au moyen-âge en coudrier.

Les trembles, les érables (arrables), les aunes, coudriers, faux-marsaux ne peuplent que trop la forêt d'Orléans [1]. Les noms de divers climats nous ont encore transmis le souvenir d'essences nombreuses dont l'extrême propagation ne témoigne pas en faveur du sol : ce sont des bois buissonnants, des plants amis de l'humidité qui végètent dans les bas fonds ou les nombreux marchais, des fruitiers ; ainsi, le Haut des Cormiers, le Bois-Blanc, le Brun-Bois, la Vente de l'Espinière, le Sablon du Saule, la Fontaine du Saule, l'Espine-Moussue, le Fort la Couldre, les Trambleaux, les Couldreaux, les Sureaux, les Couldres, les bois de l'Aulnay, les Aunettes, la Noue des Aulnes, les Cormiers, les Auneaux, les Noues-Jaunes, l'Arable, la Moue du Saulle, et même les Petites-Bruières, la Roncière, les Chardonnières, les Genièvres, voilà des noms peu agréables à l'oreille d'un forestier.

Les futaies de l'Orléanais manquaient trop souvent de vigueur aussi bien que les taillis.

François Lambert, écuyer et maître particulier des eaux et forêts, visitant en 1778 les bois et le parc du château de la Commanderie de Boigny, déclare les avoir trouvés tout moussus. Au seizième siècle, le tréfonds des Rocheuses, près de Claireau, présentait 97 arpents de bois rabougris [2]. Ces exemples pourraient malheureusement se multiplier, tant le fonds de la

[1] Enquête de Nesploy.

[2] O, 20568.

forêt d'Orléans était usé ! La forêt de Montargis conservait au contraire une belle végétation. Le buisson de Briou, planté en orme et chêne, avait, assure-t-on, du bois en qualité et quantité suffisante pour fournir toute l'artillerie de France [1].

Il paraît qu'au treizième siècle on poussait la précaution jusqu'à entourer habituellement de palissades certains climats.

« Item, dit une enquête dans laquelle on accuse un officier des eaux et forêts d'avoir détourné une partie des fonds consacrés à cet objet : « remembrance de XXX arpens de bois clos de « paliz en Mont de Braine qui estoient soutenuz pour XX livres « chacun an.

« Item, remembrance des paliz de Poocourt dont il i a IIII « qui sunt soutenuz chacun an pour XXV livres parisis, et a « XVIII anz que il ne furent remuez [2]. »

On trouve aussi portés au chapitre des dépenses, dans le compte des baillis de 1285, les articles suivants :

« Pro palliciis in guarda bosci Aurelianensis sustinendis, « IX s.

« Pro palliciis veteris Tailliæ sustinendis, XX s. »

On cherchait donc à défendre soigneusement les bois contre les entreprises du dehors. Les officiers forestiers ont-ils pris autant de précautions à l'intérieur même du taillis ou de la futaie?

Un jeune bois, débarrassé par un curage attentif de tous les brins de mauvaise nature ou de mauvaise essence, de toutes les plantes parasites, se redresse et se voit appelé à un avenir assurément meilleur que s'il eût été abandonné à lui-même.

Dans une certaine mesure, l'ébranchage allége les gros arbres de trop vigoureux rameaux qui dévoraient la sève sans autre résultat que d'opprimer toute la végétation du voisinage. De même pour certains bois ruinés, le recépage et le repeuplement sont des gages d'une nouvelle vie. Voilà autant de remèdes primordiaux que la nature a mis dans les mains du forestier, et que les officiers du moyen-âge ne pouvaient méconnaître.

[1] 0,20721.
[2] J. 1028, n° 25.

On considérait le bois mort et le mort-bois, qui encombrent les forêts et nuisent à leur vigueur, comme tellement dépourvus d'importance vénale que leur vente ne devait pas offrir une compensation suffisante aux peines nombreuses qu'entraîne l'opération du curage : on avait donc cru faire merveille en chargeant les usagers de procéder eux-mêmes à ce curage ; de là, les usages au mort-bois et au bois mort. Gratuité, assurance que l'opération serait radicalement faite puisqu'il y allait de l'intérêt même de l'ouvrier, tels étaient les principaux avantages de cette combinaison ; les abus auxquels elle ouvrit carrière firent bientôt comprendre ce qu'elle renfermait aussi de pernicieux. Cependant, au treizième siècle, un forestier auquel on reproche d'avoir donné des autorisations de bois mort, « dit par son serement que ce fust plus « le preu [1] le roi que son domage, quar il nuisoient au bon bois, « et estoient périlleus qui vousist corre en la forest [2]. » Au quinzième siècle, les habitants de Bray, de Bonnée et des Bordes parlent encore des ravages causés par le bois mort et du service qu'on rend en le ramassant. Le bois mort qui reste sur l'arbre devient, disent-ils, un foyer de pourriture ; il est certain qu'il en résulte souvent, par défaut d'une coupure bien nette, des infiltrations dans le cœur de l'arbre. Quand la branche morte tombe minée, moisie et enfin brisée par le vent, elle, « en chéant, ront et « froisse aucuns chesnes vers. » Elle se trouve d'ailleurs dans un tel état de pourriture que l'on ne saurait s'en servir pour rien construire. Une fois par terre, l'enlever, « seroit nestoier « et depêcher la forest du bois sec gisant à terre, et pourroit-« on plus aisément aller, chevaucher et garder ladite forest » et le bois vert en poussera mieux.

Dans le climat, dit de l'Usage aux Femmes, il y avait notamment beaucoup de bois sec gisant par terre, et d'épines.

Il faut enlever aussi les chênes « vers gisans », pour qu'un rejet nouveau puisse jaillir, à l'aise, de la souche [3]. Les *verts*

[1] Profit.

[2] Chaumontois. J. 1028, n° 25.

[3] Enquête de Bray... 1404, 0,20035.

gisants sont recueillis par certains usagers, ou vendus par les officiers des eaux et forêts.

Le principe du curage se trouvait donc reconnu et proclamé au moyen-âge.

Moins en faveur était l'élagage.

Sans doute, certains usagers avaient droit à la branche; surtout « aux branches de chesnes, a abranchier si haut comme « l'en pourra [1] » mais cette clause se rencontre rarement. Les officiers des eaux et forêts n'ont pas tenu la main à l'ébranchage, car un acte officiel de 1568 nous parle de taillis dans lesquels ont voit d' « antians balliveaux » qui sont « bas et ramus [2]. »

Du reste, les branches exubérantes qui prêtent à un grand arbre une majestueuse ampleur, s'ils offusquent les yeux des silviculteurs modernes, déplaisaient moins à nos aïeux [3]. Au contraire, l'auteur du Roman de la Rose voulant nous donner une haute idée de la forêt qu'il dépeint, s'écrie :

« Ormes i ot, branchus et gros. »

Un arrêt du parlement en 1259 signale un arbre que sa superficie immense faisait appeler dans les champs Orléanais dont il était l'ornement : « Quercum centum Brancarum » et dom Morin ne parle encore qu'avec les plus grands éloges d'un gros chêne qui « à un pied de terre jette sept gros troncs très-beaux « à voir pour leur grosseur.... [4]»

Le recépage au contraire, et c'est en effet le remède par excellence, a excité au plus haut point l'amour et le zèle de nos anciens forestiers. Un bois leur semblait-il rabougri, mal venant, mal planté : vite, ils le recèpent. On lit dans le compte de 1285 :

« De quibusdam pravis boscis rasis XVII l. De quodam pravo

[1] V. 0,20641, f, 112. — et ci-dessus : Mesnil Bretonneux, etc, § Usages.

[2] 0,20640, f. 86, v°, 87.

[3] On n'avait pas de bonnes notions d'élagage. Ainsi le blason forestier de Hervé Lorens nous montre un arbre élagué, il est vrai, mais garni de *chiquots* qui démontrent combien l'opération était ordinairement mal réussie.

p. 84.

« bosco circa domum de Hays vendito, pro toto XIV l. VII d. »

Et même : « De quibusdam vastationibus et brociis bosci Go-« meti venditis, pro hoc termino XX l. »

Si une coupe a été mal pratiquée, dès le treizième siècle aussi on lui applique le recépage [1]. Dans les actes de vente du quinzième siècle, on oblige les marchands à « copper le bois sy près « de terre qu'il ne doie estre recepé [2] » sinon le récépage s'opérera aux frais de l'adjudicataire. Au seizième siècle, ils doivent même s'engager à « bien et deuement user, et resaper les « hacquots ou sera besoing à ce que le revenu puisse mieux « rejecter du pied [3]. »

A la suite des incendies, les bois étaient recépés. Ainsi des lettres patentes de 1400, mentionnant des bois « ars par fortune de feu, » déclarent que ces bois « jamais ne prouffiteront s'ilz « ne sont du tout rasez et coppez [4]. » — « Il y a tel canton de « bois qui doit la conservation de l'espèce aux incendies. Ceci « semble un paradoxe ; il faut l'expliquer. Le climat de la Fon-« tenelle, dans la garde du Chaumontois, se seroit certainement « dépeuplé tout à fait, quand bien même, au lieu d'en user les « bois à 40 ou même à 30 ans, comme on faisoit, on les eut « coupés à 20. Dans les nouveaux projets de la réformation mo-« derne on va les couper à 20 ans ; mais les incendies y sont « si fréquens qu'on doit s'attendre à les voir rarement aller à « l'époque de leur révolution, sans qu'on soit obligé de les re-« céper pour cause d'incendie ; et ce sont ces récépages réitérés « qui y ont encore ménagé jusqu'à présent un peu de mauvais « bois »

On reconnaît là le langage de Plinguet [5].

La visite de 1608 constate que beaucoup de fonds ont besoin d'être recépés [6].

[1] V. J. 742. n° 5.

[2] O,20503.

[3] *Ibid.*

[4] Jarry. Hist. de La Cour-Dieu. pr, XXXIX.

[5] p. 198.

[6] Z. 4922.

Les usages au bois fourchu [1], et « aux rongnes sens mambre [2] » accordés à plusieurs reprises appliquent le recépage aux bois mal venants.

Au lieu d'aliéner toujours les terrains vagues, a-t-on cherché quelquefois à en tirer parti par le repeuplement ? D'ailleurs tous les terrains ne pouvaient s'aliéner : en tout cas, ils n'ont été vendus qu'au seizième siècle. Jusque là du moins a-t-on songé à repeupler les clairières ? Les ordonnances royales ne négligent pas de l'ordonner, mais il paraît bien qu'on a négligé de leur obéir. Quant à un ensemencement artificiel, nous n'en avons d'autres traces qu'un article du compte de 1285 :

« Pro vastationibus Gometi mensurandis et pro aliis operariis « operantibus in eisdem, LXXII s. [3] »

Il faut avouer que cette indication manque un peu de précision ; il s'agit de travaux réalisés dans les vagues de Goumas ; or, quel serait le but de travaux opérés dans des vagues, si ce n'est de les fertiliser et de les repeupler ?

On peut donc, à bon droit ce semble, mais sans une certitude acquise, conclure à une œuvre de repeuplement.

Mais du moins on possédait un mode de repeuplement naturel : le gland qui tombe de l'arbre germe rapidement et s'il naît dans un espace libre, s'il reçoit de l'air et de la lumière, il ne tarde pas à s'élever et à remplir le vide. Une semence si naturelle et si commode, une ressource si avantageusement ménagée par la Providence, les forestiers l'ont annihilée par le funeste usage du panage : la nature « cette mère commune, « comme dit Plinguet et comme dirait Jean-Jacques, produit « et mûrit le gland qui tombe, germe, pique en terre une racine « qui pivote et nous donne un arbre sans le concours d'aucun « travail humain. C'est pourtant ce beau, ce sage procédé de « la nature que l'on détruit par ces adjudications de paisson et

[1] O,20041, f. 108.

[2] O.20041, f. 112. Q.590, n° 10, passim.

[3] Hist. de la France. t. XXII.

« glandées... Moyennant 20 sols qu'un ménage paie à l'adjudi-
« cataire de la glandée.... ce ménage a le droit d'aller dans la
« forêt amasser le gland qu'il vend ou dont il nourrit les porcs.
« On voit à certaines époques telle contrée qui en est couverte ;
« mais peu de jours après, tout a été enlevé, sous le prétexte et
« sous la protection de la loi elle-même. A l'écart des villages
« et des maisons, ce ne sont plus des hommes qui enlèvent le
« gland ; ce sont des porcs en troupeaux qui le consomment [1]. »

On discute encore les effets déplorables du panage suivant certains silviculteurs, le panage serait utile, car le porc, assurent-ils, pour un gland qu'il consomme en enfouit deux ou trois qui n'eussent point germé à fleur du sol. Il y a un siècle, on faisait à cette théorie la réponse que nous lui faisons encore : « Un « porc, dit-on, mange un gland et il en enterre plusieurs au- « tres. Oui, mais c'est toujours pour les déterrer et les con- « sommer par la suite, soit lorsqu'ils sont déjà germés et à « moitié vuides, soit lorsqu'ils ont produit un petit pivot, une « racine jeune et succulente dont le porc est très-friand ; et ce « procédé ne peut fuir à tous les économistes observateurs [2]. »

La paisson s'exerçait aussi bien dans les taillis ou gaulis que dans les futaies : les lettres-patentes de 1543 assurent même que « le jeune boys proffitera beaulcoup plus, tant en glandée « que pessons, que le viel [3] » Mais, dans les coupes, la présence des porcs ne pouvait qu'occasionner les effets les plus déplorables : aussi est-il à remarquer que, comme nous l'avons déjà dit, tandis qu'une vache prise en *deffois* ne payait ordinairement que 6 deniers, le porc en paie constamment 12 [4].

Dans les adjudications de coupes, l'on a bien soin de stipuler expressément la réserve, au profit du roi, de la paisson et des arbres portant fruit [5].

[1] P. 87.

[2] *Ibid.* D'ailleurs les glands tombés à fleur de terre y germent presque toujours, parce qu'ils y trouvent un lit de terreau moelleux et facilement pénétrable provenant des feuilles à demi pourries.

[3] K. K. 1019.

[4] V. Enq. de Nesploy. 0,20564. 0,20635.

[5] 0,20563. 0,20637, f. 26.

D'après les coutumes, « le temps de *grainer* en bois et forêts « commence à la Saint-Michel et dure jusques à la Saint-André, « durant lequel temps on ne peut mener porc n'autres bêtes es « bois et forêts sans le consentement de ceux auxquels lesdits « bois et forêts appartiennent [1]. »

Telle a toujours été la règle.

En principe, la paisson des bois particuliers était adjugée par les officiers des eaux et forêts aussi bien que les coupes de ces mêmes bois particuliers : ainsi la paisson des « boys et forests « Saint-Benoist est vendue par monditseigneur (le duc) ou ses « officiers [2]. » Cependant ce principe a subi des dérogations, notamment en ce qui concerne les bois du chapitre de Sainte-Croix [3]. Un arrêt du parlement en 1289 s'exprime comme il suit :

« Determinatum fuit quod episcopus Aurelianensis, capi-« tulum Aurelianense et nobiles qui habent boscos in foresta « Lagii possunt vendere pessonam propriorum boscorum suo-« rum, licet dominus rex non vendat pessonam propriorum « boscorum suorum et si inhibicio eis facta fuit ne venderent, « conservabuntur indempnes [4]. »

Aux termes d'un arrangement passé en 1459 entre l'évêque d'Orléans et son chapitre, la paisson du bois dit la Taille des Lombards (garde de Neuville) est attribuée au chapitre, la propriété du tréfonds et les coupes à l'évêque ; la paisson des bois de Planquine à l'évêque, la propriété et les coupes au chapitre [5].

La paisson qui dérive de la grairie suit les règles de la gruerie.

L'adjudication de la paisson avait lieu à Lorris. C'est seulement, par suite des circonstances et en vertu de let-

[1] V. Coutumes de Sens, 1506. — Richebourg, III, 483.

[2] Aveu du Mesnil-Bretonneux, 1528. Arch. du Loiret. A. 820.

[3] Lorsque, en 990, H. Capet confirme à Sainte-Croix une « silva glandifera », il semble bien lui confirmer un droit de paisson. Gall. Christ. VIII, 488.

[4] Olim, III, 488.

[5] Joursanvault, 3306.

tres patentes spéciales, du 24 septembre 1420, que l'adjudication eut lieu à Orléans le 29 septembre suivant [1]. A chaque adjudication correspondait donc un voyage du lieutenant des eaux et forêts à Lorris, voyage toujours coûteux, parce que le lieutenant ne voyageait pas seul, et souvent inutile. Parfois, malgré les publications réglementaires [2], il ne se présente point d'enchérisseurs. Ainsi, Florentin Bourgoing, en 1460, reçoit 61 sous 8 deniers comme indemnité pour avoir été à Lorris avec cinq personnes, tous à cheval, pour l'adjudication de la paisson : selon l'usage, tous les maîtres de garde et les sergents du Chaumontois viennent y assister ; aucun marchand ne se présente, et la paisson reste au duc. Bourgoing retourne à Orléans par Vitry après un voyage de quatre jours. Ces courses présentaient du moins l'avantage de créer entre le lieutenant et les maîtres des rapports directs, et de lui faire inspecter par lui-même une bonne partie de la forêt [3].

En pareil cas, le lieutenant rédigeait un procès-verbal de non adjudication [4].

D'autres fois, on se heurtait au mauvais vouloir des marchands, dont l'accord constituait une sorte de grève ou de monopole. En 1450, nous voyons qu'un exprès est envoyé au receveur du duché pour lui donner avis des manœuvres des marchands [5]. En 1458, Fl. Bourgoing part de Meung avec un conseiller du duc et des clercs, pour aller à Jargeau s'enquérir des maîtres de gardes et des sergents « quelle paisson il y avait en « icelle forest et auquel nombre de pourceaulx elle pourroit « porter pour l'année. » On convoque tous les maîtres et la plupart des sergents. Ce voyage, opéré lors de la Saint-Michel, dura six jours et coûta 4 livres 8 sous. Le même Bourgoing accom-

[1] 0,20618, f. 30.

[2] V. Compte du duché, 1373, 0,20344.

[3] 0,20319. Compte de 1460.

[4] Proc. verb. de 1435, 36, 37, 38, 40, 46, 49. 0,20618, f. 31.

[5] 0,20618, f. 30.

pagné de 5 personnes, tous à cheval, vient à Lorris où il convoque tous les maîtres : « ne fut pas baillée ladite paisson, cons-« tans que les marchans ne la vouloient pas faire valoir. » Il en fut pour ses frais, 6 livres. Le 23 septembre, par lettres patentes de Vendôme, le duc annonce qu'il veut faire exploiter lui-même la paisson pour cette année[1].

Souvent la paisson n'a pas été affermée, parce que « esdites « forests n'a eu aucuns glan qu'on n'eust peu vendre[2]. »

Il y avait plusieurs paissons qui formaient autant de lots distincts : c'était d'abord la grande paisson de la forêt, adjugée, en 1411, à Robin du Vivier, marchand de Sully, pour 150 livres[3], la veille de la Saint-Michel 1444 pour 280 livres[4], en 1573, 313 livres[5]. Peut-être la grande paisson de la forêt du Loge paraît-elle dans le compte de Nicolas d'Auviliers en 1238 sous cette rubrique : « De pessona Dulagæ... » 180 livres[6].

La paisson et le pâturage du Rottoy, climat réservé, dans la la garde de Vitry « en la garenne de monseigneur le duc, « ou personne n'a droit d'aller[7] », étaient adjugés à part ; leur prix en 1563 montait à 24 livres.

Deux autres adjudications comprenaient les paissons de Montdebreme et de Courcambon, et des Haies du Moulinet (ou Haies du Donjon), affermées, la première 50 livres, la seconde 105 livres, dans la même année 1573[8]. Ces deux importants tréfonds dépendaient des domaines de l'abbaye de Saint-Benoît

[1] Compte de 1458. 0,20389.

[2] Compte de 1483-84. 0,20042-43. — Certificats du maître des eaux et forêts de Baugency et du procureur fiscal, portant qu'en 1517, 1518, 1521, 1522, il n'y a eu paisson ni glandée dans la garde de Joyas, ni le bois de Briou. A. du Loiret. A. 748.

[3] Coll. Jarry. Note comm. par M. L. Jarry.

[4] Compte de 1444-45. 0,20319.— 120 livres en 1485, compte du duché, 0,20541.

[5] Compte du duché de 1573. 0,20544.

[6] Hist. de la France, XXI, 254.

[7] K. K. 1049.

[8] La première 4 l. 6 s. 4 d., la seconde 32 s. p. en 1485, et Saint-Benoît en prenait alors la moitié. Compte du duché, 1485. 0,20540.

qui percevait le tiers des émoluments de la paisson[1]. Cependant un arrêt au possessoire, prononcé en 1280 en faveur des religieux de Saint-Benoît, leur attribuait la saisine totale de ce panage[2].

Un mandement du grand-maître des eaux et forêts de France en 1506, J. de Vendôme, constate que le chapitre de Sainte-Croix possédait une « grant quantité de bois portant glan et « pesson qu'il ont accoustumé de vendre et délivrer au plus of- « frant », malgré les efforts contraires du gruyer de Seichebrières[3]. En 1506, le gruyer avait saisi un grand nombre de pourceaux.

Les panages de Baugency[4], du Briou, de la forêt de Châteaurenard[5], étaient enfin adjugés également à part. Ainsi, en janvier 1459 (1460), la paisson de Châteaurenard est affermée pour un an à Jean Delaporte, 4 écus d'or neufs[6], en mai 1523, la glandée et la paisson du Briou jusqu'à la Chandeleur, moyennant le prix de 142 livres[7]. Après la Saint-André, il y avait quelquefois lieu à « repasnage[8]. »

Le résultat des enchères est notifié par lettre close au receveur du duché, comme pour les adjudications de coupes de bois.

Le fermier de la paisson jouissait d'un privilége spécial : aux termes des aveux de 1407 et 1564, rendus par le seigneur du Plessis (à Vitry) « au jour de Saint-Michel au soir, ledit « Anxeau le Bouteiller est tenu de donner à souper au mar- « chant à qui le droit de pasnage de monseigneur le duc à titre

[1] 0,20637. Chaumontois, seizième siècle.

[2] Item cum inventum probatum fuerit ipsos esse in saisina pasnagii Montis Breno, et ideo judicatum fuerit ipsos in saisina predicta remanere. 0,20238.

[3] 0,20643, f. 16, 17.

[4] 0,20618, f. 31.

[5] Compte de 1483-84. 0,20642-43.

[6] 0,20617.

[7] A. du Loiret. A. 748.

[8] V. 0,20618, f. 31. Adjudications de novembre.

« d'achat ou autrement compete, à son escuyer, et à son « clerc[1]. »

Comme les marchands de bois, les fermiers de paisson ont eu besoin quelquefois de l'indulgence et de la générosité du prince[2].

Le prix du panage pour un porc est ordinairement fixé à huit deniers. Cependant, quand le duc l'exploite lui-même, il fixe le prix. En 1458, Bourgoing se rend près du duc pour savoir « quel pris il vouloit qu'on fist payer à marchans forains des « porcs qu'ils mettroient en ladite paisson.... auquel fut or- « donné prendre IIII s. parisis » par porc[3].

Les officiers des eaux et forêts rédigeaient des états du nombre des pourceaux panageant. Un état de 1456 nous apprend qu'il y en avait alors 260 dans la garde du Chaumontois[4].

Durant le panage on abritait les porcs sous une loge élevée par le porcher au milieu de la forêt[5]. Cette loge, construite en bois, et très-probablement revêtue de mottes de terre du haut en bas avec un large chapeau piqué sur son faîte aigu, comme les loges que construisent encore les bûcherons dans nos ventes, ne pouvaient absorber que du bois sans valeur; car, en 1457 un porcher qui avait fait sa loge « de bois de fou » est condamné à 15 sous d'amende[6].

La taxe de chaque porc est dénommée « fressange » et la truie, ou le porc, qui l'a payée *truie fressangée*.

L'émolument n'en revenait pas toujours au duc et au tréfoncier. Il paraît que, du moins au treizième siècle, les sergents ordinaires et probablement les maîtres de garde percevaient certains droits sur le panage: le reproche suivant est en effet

[1] 0,20643, f. 180, 181.

[2] 0,20618, f. 30 v°. Remise d'une partie du prix de la ferme, 16 fév. 1442 (1443.)

[3] Compte de 1458. 0,20380.

[4] 0,20618, f. 30.

[5] 0,20643, f. 184.

[6] Compte de 1457. 0,20319.

adressé au maître de Vitry, Robert de Hupecourt : « Item, des « IIII livres des mailles du panage que cil Robert a retenu de- « vers lui qui estoient à ses serjanz[1]. »

On a vu que le gruyer et ses sergents percevaient également partie du panage : aussi, en 1405, les habitants de Nesploy « quant « au fait de la fressenge, dient que c'est un droit qui appar- « tient au gruier de Seichebrière et non pas à monseigneur le « duc[2]. »

Le seigneur de Santimaisons, dans un aveu de 1389, relate le droit qu'il a au panage dans le bois de Sandillon, c'est-à-dire qu'il y perçoit sur chaque pourceau trois deniers maille : et le panage dure jusqu'à Noël. En 1581, il assigne le fermier de la grande paisson, qui, sans vouloir reconnaître son droit, mettait dans ses bois des porcs qui avaient mangé ses glands et gâté ses étangs[3].

Dans l'acte d'acquisition de la seigneurie de Courcy, par Adam le Boutellier, en 1307, on lit : « Item panagium de Courciaco « in locis in quibus Guillermus Broars et ejus socii accipiunt. « Et est pars nostra appreciata octo librarum parisiensium « annuatim[4]. »

Un aveu de 1407 le qualifie « panaige tel comme le roy nostre « sire et Guillaume Brouart jadis escuier, y avoient et povoient « avoir, sauf le droit de Estienne Lombart, tel comme il a et « tel comme il y prent, c'est à savoir en pourceaux des per- « sonnes qui doivent pour chacun pourceau trois deniers obole, « et ez pourceaux des usagers qui doivent pour chacun pour- « ceau deux deniers obole, un denier. Item la serche et la prise « des glands appartenant à icelui pasnaige[5]. »

Les maires percevaient des droits de panage. Le maire d'Ingrannes prenait pour le panage des petites porcheries jusqu'à 7 sous 3 deniers pour chacune, et le repanage entier depuis la

[1] J. 1028, n° 25.
[2] Enq. de Nesploy. O,20564.
[3] O,20643, f. 198,199.
[4] O,20642, f. 226.
[5] O,20643, f. 184.

Saint-André jusqu'à Noël[1]. Le maire du Plessis recevait 3 deniers par porc jusqu'à concurrence de 12 porcs, et s'il y avait plus de 12 porcs, il prenait une maille et le duc 3 deniers[2]. Les maires de Chastenoy et de Vieilles-Maisons avaient le panage entier des porcheries de sept pourceaux et au-dessous, et le repanage de la Saint-André à Noël[3]. Le maire du Mesnil prenait une obole sur chaque porc. » Item, avant que les marchans tenans « lesdits pessons puissent mectre leurs porcs esdiz bois dedans « ladite mairye, ledit maire ou ses commis doivent nombrer « les porcs desdiz marchans soubz la fueille et leur doibt sei- « gner leurs loges et par chascune loge estans en ladite mairie « lesdiz marchans sont tenus payer audit maire 5 sous par. « avec obole par. de chascun de leurs porcs[4]. »

L'adjudication du panage ruinait donc tout espoir de repeuplement dans les gaulis. Le repeuplement naturel n'était plus possible qu'au moyen des baliveaux laissés dans les ventes.

Dans les forêts aménagées à court délai, on laisse des baliveaux dans l'intention d'élever des charpentes. Au moyen-âge, cette précaution était complétement inutile; dans une forêt aménagée à 250 ans, quel besoin pouvait-on éprouver de baliveaux plus âgés? Tout est charpente dans les coupes de futaie.

La réserve des baliveaux visait donc à un autre but, au quinzième siècle[5]. Lorsqu'on la stipule dans tous les actes de vente, c'est qu'on entend parler des « bayneaulx suffisans à porter « glan[6]. »

Les baliveaux sont laissés alors « pour le repeuple[7] » de la

[1] Aveux de 1371, 1452. — 0,20640, f. 14.
[2] Aveux de 1407, 1543, 1600. 0,20640, f. 12 v°.
[3] Aveu de 1382, 1376. 0,20640, f. 13, 13 v°.
[4] Aveu du Mesnil, 1528. — Arch. du Loiret, A. 820.
[5] Et partie du seizième.
[6] 0,20640, f. 69.
[7] V. Adjudications de 1583. — 0,20563.

forêt. Même, on voit réserver dans des ventes de bois, au buisson de Briou, « *les chesnes* et autres arbres portans fruit[1]. » Une circonstance d'ailleurs marque bien l'intention de ceux qui élevaient des baliveaux.

Les anciens forestiers n'aimaient point le système actuel de balivage, en vertu duquel on laisse les arbres croître isolément. « Quelle que soit... dit Plinguet, la vraie cause du dépérissement des baliveaux, tout le monde est d'accord sur les effets. « Dans la plupart des forêts, ceux d'un certain âge laissés sur « des bourgeons se couronnent peu après qu'on les isolés par « l'usance du taillis[2]. »

Si donc l'on élève des baliveaux pour avoir de belles charpentes, Plinguet conseille chaudement de laisser plutôt des baliveaux par massifs, parce que dès lors les arbres du milieu ayant moins à souffrir des intempéries resteront du moins droits, élancés et sains.

Ce système a été parfaitement connu et pratiqué au moyen-âge : il y était d'autant plus nécessaire que l'extrême hauteur des arbres élevés en futaie ne leur eut pas laissé une force suffisante pour lutter contre le vent. Les petits massifs réservés s'appellent *lais*. Un acte de vente de 1534 nous parle, dans le buisson de Briou, d'un « laiz d'arbres de haulte fustaige[3] », et un autre acte de 1582 déclare retenir « la paisson... anciens et « modernes balliveaux, lais[4]... » Lors donc que le marchand s'oblige à garder dans chaque vente ordinairement de 8 à 10 baliveaux isolés par arpent, quelquefois davantage[5], lorsque tous les tréfonciers sont tenus par les ordonnances de laisser des baliveaux, et que la coupe libre des « baineaux » est un signe indubitable de non-gruerie[6], il faut chercher l'inspiration de ces

[1] V. de 1470. — 0,20563.

[2] P. 8.

[3] 0,20563.

[4] 0,20637 (Chaumontois).

[5] 0,20563 passim. — 0,20637, f. 258-260.

[6] V. Mém. pour N.-D. de Chartres. Q. 590.

mesures, non pas dans l'espoir d'obtenir de belles charpentes, mais dans l'intérêt du repeuplement.

Le choix des baliveaux n'est pas, on le comprend aisément, abandonné à l'arbitraire d'un marchand aussi négligent des intérêts généraux qu'âpre aux siens propres. Le marchand doit laisser debout les « bayneaux portés dans le procès-verbal de « l'abalivage », marqués « au martellet de la garde[1]. » Le procès-verbal de martelage précède l'adjudication[2]. La défense expresse de toucher aux baliveaux anciens et modernes, portée par les lettres patentes de 1543, figure dans tous les actes de vente. Le martelage consiste dans l'application du marteau forestier sur les arbres réservés de la coupe, et pratiquée, suivant les réglements successifs, ou par le maître de la garde ou par le garde-marteau, au pied de l'arbre, dans cette sorte de *patte* qui sert de transition du tronc aux racines. Lorsque la cognée du bûcheron fait tomber aujourd'hui les anciens baliveaux qui ont atteint l'âge déterminé, on retrouve encore l'empreinte de la fleur de lys, frappée en creux par la main des forestiers et reproduite en relief par la couche ligneuse qui s'y est superposée. Le nombre des couches ligneuses encloses par le marteau nous donne ainsi l'indication de l'ancien aménagement; en même temps, l'époque de la coupe du bois environnant se trouvant si bien désignée, il est curieux d'examiner d'après la force relative des couches ligneuses, le plus ou moins de vigueur, l'effet plus ou moins heureux produit par la suppression subite des arbres voisins.

D'après les lettres patentes de 1543, le grand-maître, par lui-même ou par le ministère de son lieutenant, est tenu de contremarquer les baliveaux martelés par le maître de garde[3]. Le marchand qui coupe un baliveau s'expose à une amende sévère[4].

[1] O,20563. — Z. 4921, f. 29.
[2] Coupe de la forêt d'Ouzouer, 1560 (J. 742).
[3] K. K. 1049,
[4] O,20563.

Les baliveaux atteignaient quelquefois des dimensions colossales. Il y en avait un grand nombre, surtout au seizième siècle, qui s'étaient fait une renommée spéciale. Beaucoup ont légué leur nom aux climats dont ils personnifiaient la gloire : c'est ainsi qu'on trouvait dans le Chaumontois le Chesne-au-Chappon, le Chesne-de-Coilletorse, le Chesne-de-la-Baste ; dans le Milieu, le Gros-Tremble, le Chesne-Feuillu, le Chesne-de-la-Cabane ; — Garde de Vitry : le Chesne-à-deux-Jambes, la Vente-du-Charme, le Gros-Boulas ; — Garde de Courcy, le Chesne, le Chesne-d'Agault, le Chesne-au-Roy, le Beau-Chesne, le Chesne-de-l'Alizier, le Chesne-des-Balleyeurs ; Garde de Neuville : le Chesne-à-la-Vollée, le Chesne-de-la-Borne, le Chesne-du-Péage, le Chesne-de-l'Evangile (qui probablement était une petite chapelle vivante), le Chesne-Bordet, le Gros-Fou, le Chesne-au-Cercle, le Chesne-du-Jeu ; — Garde de Goumas : le Chesne-Ferré, le Charme-Blanc, le Chesne-de-Craon, le Gros-Chesne, le Chesne-au-Tort, le Tremble-Roigneux, le Chesne-de-la-Veuve, le Chesne-Galleux, le Chesne-Pisseux, la Vente-du-Charme, le Chesne-du-Pigeon, le Charme-Blanc, le Chesne-de-Bourdon[1].

Il était d'usage aussi de laisser debout les arbres fruitiers, aliziers, cormiers etc., et les ormes[2]. On a vu que le vol d'un alizier entraînait une forte amende. Certains climats portent aussi le nom de vieux arbres fruitiers ainsi réservés : le Vau-du-Poirier, le Pommier-Sauvage, le Haut-des-Neffliers, le Gros-Cormier[3].

Souvent encore on élevait les lisières en futaie[4]. On prenait pour ces lisières des soins particuliers, et les usagers s'en voyaient exclus[5].

[1] Quinzième et seizième siècles. — 0,20637, passim. 0,20636, f. 143 148. — Z. 4922. — (Comp. Morin, Hist. du Gastinois, p. 84, 590). — K. K. 1049, Chaumontois. — Compte du Chaumontois, 1450. Arch. du Loiret A. 855.

[2] V. 0,20637. — 0,20563, passim.

[3] *Ibid.*

[4] V. not. Z. 4922.

[5] V. Ch. de Courcy. 1307. 0,20642, f. 226.

Du reste, le monopole des grands baliveaux n'était pas réservé aux forêts : il s'élevait dans les champs des arbres magnifiques. Un tel respect les entourait, et l'idée venait si peu à l'esprit qu'on dût un jour les abattre, que dans les textes officiels les plus importants, ces arbres sont considérés comme des points de repaire pour la délimitation des héritages[1]. Cet usage s'est perpétué dans tous les pays orléanais et circonvoisins. Au quinzième siècle, quiconque arrache, transporte une borne ou quiconque coupe, abat un arbre tenu pour borne et servant de séparation subit une même peine[2].

[1] V. Olim, Arrêts de 1259, de 1308. — I. 91. — III. 348.
[2] V. Cout. de Melun, a. XV.

CHAPITRE IV

De la chasse, de la pêche et du braconnage.

Si les officiers des eaux et forêts avaient reçu pour mission spéciale de rendre la justice dans les domaines forestiers, de les aménager et d'en percevoir les revenus au nom du prince, ils devaient aussi leur vigilance à la conservation d'un des produits des bois les plus appréciés de nos rois et de nos ducs, le gibier.

De tout temps, la forêt d'Orléans a mérité un vrai renom pour sa richesse cynégétique.

Les animaux les plus divers y pullulaient; comme nous dit Lemaire, « le fauve et le noir s'y trouvent en grand nombre : » du lapin au loup, aucun représentant des espèces animales qui hantent les forêts ne manque à l'appel; du lapin, disons-nous! certes, ce n'est pas descendre assez bas. Ces animaux insaisissables, nuées légères dont la présence ne se trahit souvent que par des témoignages douloureux, désespoir de l'homme et du cheval, impalpable gibier contre lequel les plus adroits disciples de saint Hubert useraient en vain leurs efforts, les moustiques, puisqu'il faut les appeler par leur nom, les taons, les frelons avaient fait à la forêt d'Orléans une réputation terrible. « Icelle

« estoit horriblement fertile et copieuse en mousches bovines « et freslons, raconte Rabelais : de sorte que c'estoit une vraye « briganderie pour les pauvres jumens, asnes et chevaux [1] » et le spirituel historien de Gargantua prend texte de ces *brigands* incommmodes pour une histoire à sa façon [2].

Les serpents aussi ont toujours chéri ces solitudes. Au sixième siècle, le premier bienfait de saint Liphard consiste à délivrer son pays d'un de ces redoutables hôtes : « In præfata eremo..., « serpens habitabat immanissimus qui immundis ferebatur ple- « nus esse spiritibus. Hujus metus super proximæ telluris ha- « bitatores ita excreverat ut stulta temeritate assererent eum « idcirco reservari ; quod quandoque egrediens omnia loci il- « lius arva et quæque in eis reperiret flammis incendii sui con- « sumpturus foret. Fons denique illic delectabilis emanabat aquas « quem nemo ob hujus bestiæ formidinem gratia potandi præ- « sumebat adire præter.... Lifardum. » Le serpent énorme vient ramper devant Liphard qui, par un miracle, le fait expirer à ses pieds [3].

Mais les animaux dont les ravages causent de plus sérieux dégâts devenaient une véritable charge par leur multiplication, pour les riverains. Tous les agriculteurs voisins de la forêt s'en plaignent amèrement, et la justesse de leurs réclamations [4] n'a

[1] La Coutume de Lorris prévoit aussi le cas où des animaux pris en délit y auraient été trouvés affolés par les mouches « muscis coactus. »

[2] Rabelais. I, 16. Edition Burgaud des Marets, p. 68... « Mais la jument de Gargantua vengea honnestement tous les oultrages en icelle perpétrés sus les bestes de son espèce par un tour duquel ne se doubtoient mie. Car soudain qu'ilz furent entrés en ladite forest, et que les freslons luy eurent livré l'assaut elle desgaina sa queue, et si bien, s'escarmouchant, les esmoucha, qu'elle en en abatit tout le bois ; à tort, à travers, de ça, de là, par cy, par là, de long, de large, dessus dessous, abatoit bois comme un fauscheur fait d'herbes.....» etc. Ce fléau du reste est plus ou moins, celui de toutes les forêts. Avant Rabelais les Géorgiques, dans leur harmonieux langage, nous avaient dépeint l'hôte des bois du Silaro. « Asper, acerba sonans, quo tota exterrita silvis
« Diffugiunt armenta.. »

[3] Acta Sanctorum, XXI, 293.

[4] « Le loup et le renard sont d'étranges voisins :
Je ne bâtirai point auprès de leur demeure »

pas peu contribué à leur valoir une plus large concession d'usage, soit à titre d'indemnité, soit comme remède afin de leur permettre d'enclore leurs champs. « Les bestes sauvages qui y « ont repairé et repairent... font, disent-ils oppression et dom- « mage aux terres labourables. » Là, une partie reste en friche : là, « dès ce qu'ils yssent de terre, » les blés sont « moult « grevés et dommaigés, » ils sont « mangés, gastés et consom- « més par la grande multitude de bestes..., » il faut les garder jour et nuit [1].

Un acte de 1378 expose en faveur des habitants du territoire de Lorris, que « eulx qui sont loins de rivières et de bonnes « villes dedens les forestz, n'ont de quoi enfuster tant po de vin « qui creu est ceste année en leurs vignes, lesquelles sont si « enclavées dedans les forestz que a peine y peuvent-il y avoir « riens sauf, et si n'ont guères autres choses dont ils deussent « vivre [2]... »

Et cependant, en dépit des ravages de ces animaux sauvages, l'on n'avait garde d'en diminuer le nombre : bien plus, on prenait pour leur conservation tous les soins possibles, jusqu'à chercher à leur procurer la nourriture. Ce respect étrange qui protége les fruitiers contre la hache du bûcheron, dérive de cette pensée que leurs fruits âcres pourront servir d'aliment au gibier, et Lemaire y fait allusion lorsqu'il déclare que la forêt « porte son gland et fruits pour la nourriture des bestes sau- « vages. » Du reste, cette habitude est particulière à la forêt d'Orléans; et même, au dix-septième siècle, pour revendiquer des bois usurpés, disait-elle, par des particuliers à Ingré, l'Admi-

[1] V. Enquête sur l'usage de Neuville; 1305. 0,20635. — Censier du Duché v° Gémigny.K. K. 1046. Enquête sur Bray, Bonnée, les Bordes : 1404 et lettres ducales de la même année (Arch. du Loiret. A. 816 — 0,20635.) Lett. de Trainou 1366. Q. 590, n° 10, de Vieilles-Maisons 1389. *Ibid.* de Rozières 1343. *Ibid.* Enquête sur Paucourt. Q. 542. Lettres confirmatives en faveur de Vitry, Combreux, etc. 1385 et 1393. 0,20035, 0,20644. Enquête sur Lorris Courpalais, etc., 1395, et lettres ducales de 1396. 0,20818. — Joursanvault, n° 3274. — Joursanvault, 2998. — Sentence en faveur de Chanteau, 1412 Q. 587 (vidimus.)

[2] Q. 590, n° 10, f. 1 v°. Copie du quatorzième siècle.

nistration se fondait sur le fait que ces bois avaient des fruitiers ou baliveaux [1].

Aussi chevreuils, cerfs, daims, loups, sangliers, blaireaux, renards, lièvres, lapins (ou connins) [2] fourmillaient, ainsi que le montrent les méfaits des braconniers [3], et surtout leurs excuses : les coupables allèguent sans cesse [4] que des bandes de deux ou trois cerfs sont sorties du fort sous leurs yeux, sous le nez de leurs chiens : les chiens se sont élancés, on ne les a pu retenir, et puis on le sait :

> La faim, l'occasion, l'herbe tendre, et je pense
> Quelque diable aussi me poussant.....

les circonstances ont fait le reste.

Le cerf, maintenant fort rare dans les climats des anciennes gardes de Vitry et du Milieu, s'y rencontrait autrefois avec

[1] V. Arch. du Loiret. A. 716.

[2] Et aussi les écureils : dans les environs de la forêt, une gracieuseté exquise envers une dame était de lui offrir un « escuriaus. » Un individu, qui, plus docile à la voix de son cœur qu'aux inspirations du devoir, s'était laissé entraîner à une « cortoisie » de ce genre envers la femme d'un de ses voisins se voit condamner à une amende : « P. de Chanevieres ou amende pour ce que il donna à la feme P. Elie II escureaus que il avoit esté a prendre. » Le mari es t également condamné pour avoir reçu les écureuils. (J. 742).

Au treizième siècle Bertaut de Vilers reconnait avoir tué « escurieus plusors a l'arc et a l'aubalestre dont il ne set le nombre. » (J. 1024.)

[3] On en trouve encore une preuve dans le nom que la coutume avait donné à certains climats forestiers : Gardeloup (Garde de Vitry) Terre-aux-Blaireaux, Carrefour-aux-Loups. (Courcy), les Terriers, la Plaine-aux-Cerfs, le Nid-du-Corbeau, le Croc-à-la-Beste, le Part-aux-Dins, la Bische-Morte (Chaumontois). — Le Buisson-aux-Loups, le Soir-de-l'Oiseau, le Marchais-de-la-Grue (Milieu). — Carrefour-du-Chat, la Truye-Pendue (Neuville). — Bois-de-Coulevreux, Chantemesle, le Part-aux-bisches, Bois-des-Quonins (Goumas). — (Visite de 1608. — Z. 4922.) Grateloup, le Chesne-au-loup (0,20662 et 63.) la Vente-du-Renard (Milieu). — 0,20637, f. 142-173, etc.

[4] V. Comptes des maîtres des gardes, deuxième partie, passim. — V. notamment encore 0,20618, f. 126.

une extrême fréquence : on y rencontrait aussi le faisan [1] dont à cette heure il n'est plus question.

Enfin on assure que, même sous Henri III, le Brion nourrissait des buffles et jusqu'à des chameaux, à cause de la bonté de ses gras pâturages [2].

Des bois d'une importance très-secondaire nous présentent des ressources de chasse exceptionnelles.

Le bois Gauthier, près de Puiseaux, bien que d'une étendue limitée et clos de murs, abondait encore en loups et en renards au dix-septième siècle [3]. Du reste, le loup pullulait dans tout le pays [4]. Durant le moyen-âge, sa tête n'a pas cessé d'être mise à prix. Quiconque, sergent de la forêt ou simple particulier, avait pris ou tué, de quelque manière que ce fût, un loup, une louve, un louveteau, pouvait en porter la tête ou *le pied dextre*, au siége de la maîtrise [5]. Par devant le grand-maître des eaux et forêts, il affirmait par serment que l'animal avait été pris dans la forêt, et à la suite de cette cérémonie, il recevait un mandat pour aller toucher, à l'hôtel de la recette du duché, la somme de cinq sous parisis pour chaque tête ou chaque pied. Cette prime existe à toutes les époques : les plus anciens comptes royaux la mentionnent [6]. L'Assemblée provinciale de 1787 porte encore, au chapitre des comptes variables, une allocation de 1347 livres aux destructeurs de loups [7]. Ces précautions ont produit d'ex-

[1] V. Aveu de Choisy, par A. de l'Hospital, 27 août 1498. 0,20641, f. 15'.

[2] V. un mémoire moderne, manuscrit. 0,20721.

[3] V. Morin. Hist. du Gastinois, p. 270.

[4] Et encore du temps de Saint-Simon qui le remarque.

[5] De nos jours le système des preuves en pareille matière est plus sévère. Dans notre colonie Algérienne, où la tête des chacals est mise à prix, le chasseur doit apporter la peau tout entière de l'animal et les officiers des bureaux Arabes en font enlever une oreille pour prévenir toute fraude.

[6] V. Comptes de saint Louis, 1234. Hist. de la France, t. XXII. § Lorris... « ...pro lupis, XX s. » C'est donc par suite d'une erreur sans doute, qu'on a inscrit dans les mêmes comptes, plus loin « ... pro lupo, XX s. »

[7] P. 119.

cellents effets : les mentions de destruction de loups dans les diverses parties de la forêt sont, surtout au quinzième siècle, des plus nombreuses : on saisit les louveteaux par nichées de trois, quatre, cinq, six[1]. Quant aux vieux loups trop expérimentés, trop vigoureux, trop sauvages pour se laisser prendre tout vifs[2], on les tuait. Certaines familles s'étaient même fait de cette chasse, à ce qu'il semble, une branche d'industrie spéciale et rémunératrice : une certaine dynastie Bellefemme, à Courcy, se distinguait dans cet art au début du quinzième siècle. Nous voyons Perrin et Laurent Bellefemme capturer en une fois quatre petits loups : Etienne Bellefemme trois louves et quatre loups tout vifs.

Mais on alla plus loin : on prit contre la multiplication des loups une mesure encore plus radicale par la création des « louviers, » sergents spécialement chargés de les détruire. Cette institution remonte fort loin. Les louviers existent dès la première partie du treizième siècle, et à cette époque, il semble qu'on en trouve au moins un par chaque garde : la seule forêt de Montargis possédait même deux louviers, l'un à Montargis, l'autre à Paucourt[3]. Les comptes de 1234 font mention aussi du louvier de Lorris[4].

Les gages de ces officiers n'ont rien de fixe. En 1285, le louvier de Paucourt recevait 2 sous par jour, c'est-à-dire autant

[1] Les nichées des loups comprennent souvent six têtes.

[2] V. en particulier : Comptes du grand-maître de 1483-84-85. 0,20040-41. — Joursanvault, 694, 696, 697, 698, 699, 693. Arch. du Collége Héraldique. 0,20618, f. 201.

[3] V. Comptes royaux de 1239. Hist. de la France. XXII, 608 :

... « Ille qui capit lupos in Poocort, XL s. »

Comptes de 1285. *Ibid*, p. 650 :

... « Lupperius Paucæ Curiæ, II s. per diem. »

Emendæ.....

« de nimis computato de guagiis lupperii Montis-Argy pro XLVI diebus, XXIII s. »

Comptes de 1234. *Ibid*, p. 574 :

... « Lupparius de Monte-Argi, XII d. per diem, VI l. XV s.

[4] ... Lorris. « Expensa... Luparius, IV l. XV d. »

qu'un maître de garde. Mais au quinzième siècle, le louvier de Goumas avait pour appointements huit deniers parisis par jour [1] (12 livres 3 sous 4 deniers par an); et encore n'en obtenait-il pas toujours le paiement très-intégral [2].

Cependant, dès la fin du quatorzième siècle, la garde de Goumas était seule à posséder encore une louveterie, dont la charge se confondait avec celle de premier sergent [3].

Les lynx, généralement plus rares que les loups, étaient remarquablement aussi représentés dans la forêt, si l'on en croit Lemaire, qui assure qu'en 1548 des bandes de ces animaux redoutés se répandirent dans les villages où ils dévoraient femmes et enfants, et que l'on dut armer les paysans contre eux.

La chasse présentait donc un grand caractère d'intérêt public puisqu'elle délivrait l'Orléanais d'un gibier fort gênant par le nombre et l'audace. Pour le chasseur, en même temps qu'un exercice et un plaisir fort appréciés, elle offrait aussi une utilité réelle. Selon la remarque de Fauchet [4], surtout sous les deux premières races, la famille royale se nourrissait en partie du gibier tué dans ses forêts. Une sage économie veillait à l'emploi du produit des chasses, chose facile du reste, car personne n'ignore que la plupart des viandes forestières ne perdent rien à se faisander quelque peu, et acquièrent même leur pleine franchise d'arome dans cette macération soigneuse qu'une main exercée sait graduer habilement. Ces finesses culinaires n'é-

[1] 0,20618. f. 188.

[2] V. Ordonnance de paiement d'un à-compte de 1431. *Ibid*. Quittances de Louvetiers : Joursanvault, nos 692, 702. Nominations de Louvetiers 1435-39. 0.20618, f. 140. — Compte de 1485.

[3] « Le loupvier de Goumas pour un loup qu'il a pris et dont il a apporté le pié dextre, V. s. » Compte du grand-maître de 1483-84. — V. Joursanv. 3290. « A Phelipot Chobert sergent et loupvier de monseigneur le duc d'Orléans en la garde de Goumatz la somme de cinq solz parisis pour ung pié dextre de devant d'un loup qu'il a apporté a maistre Fleurent Bourgoing lieutenant général du grand-maître des eaues et forests du duché d'Orléans qu'il a affermé avoir prins en ladite garde de Goumatz. » (1485) 0,20540-41.

[4] Origine des dignités de France, chap. VIII.

chappaient sans doute pas aux artistes du moyen-âge : toutefois, nous devons reconnaître qu'ils ont usé, pour la conservation du gros gibier, d'une méthode plus brutale et plus rudimentaire qui consiste tout simplement dans la salaison, comme le prouve l'achat passé, en 1396, pour la maison ducale, de sel « à saler les venoisons [1]. »

A l'approche d'une fête, le duc prévoyait-il qu'il aurait besoin d'un supplément de ressources, il ordonnait un abattis de gibier, auquel devaient concourir les gens du pays. Parfois, mais rarement, ce concours était gratuit : c'est qu'il formait alors un des services féodaux, une des corvées dues au seigneur : les habitans de Neuville, en échange du droit d'usage dont ils jouissaient, « sont tenus d'aler à la huée, toutesfois que le duc « chace ou fait chacer en la garde [2]. » Une ordonnance du grand-maître des eaux et forêts, le 1er août 1556, mentionne, pour les habitants de Saint-Martin-d'Abat, Bouzi, Beauchamp, Vieilles-Maisons, Chastenoy, le Coudroy, l'obligation « d'aller à la chasse » pour le seigneur de Châteauneuf lorsqu'ils en seraient requis [3]. Mais il faut considérer ces cas spéciaux comme une pure exception. Les services de ce genre valaient ordinairement une rémunération en nature, ainsi que le prouve la condamnation suivante prononcée contre un certain Guillot Poissonnet, de Boiscommun, le 17 février 1458 [4] : « ... et aussi a « esté condampné à rendre et paier a monditseigneur le duc « ung sanglier ou la valleur d'icellui qui avoit esté pris par « l'ordonnance du lieutenant du maistre de la garde de Victry « par plusieurs personnes qui avoient aidé à chasser audit lieu- « tenant pour la relevaille de madame la duchesse, pour les « recompenser de leur paine, duquel sanglier en fut baillé la « moitié audit Poissonnet pour apporter aux gens du conseil « de monseigneur le duc, qui de ce se chargea, laquelle moitié

[1] Joursanvault, 689.

[2] Enquête sur Neuville, 1395. O,20635.

[3] O,20618, f. 97.

[4] C'est-à-dire 1459.

« de sanglier icellui Guillot Poissonnet envoya en ceste ville « d'Orliens a Richart Poissonnet, son père, qui la prist et re- « çeut et la départit ou bon lui sembla sans aucunement en « porter aux gens du conseil auxquels elle appartenoit [1].... »

En 1453, un homme de Loury est condamné à 20 sous parisis d'amende pour avoir « osté une chièvre [2] à ung nommé « Guillot Lise qui l'apportoit au maistre de la garde de Neuville « pour les gens du conseil de monditseigneur le duc [3]. »

Et même ces aides intéressés n'hésitent pas à se payer de leurs propres mains.

Ainsi agit Guillemin Aubert, qui est du reste « maurenommé « des conins prendre et de lievres. » Un voisin déclare que « ledit Guillemin Aubert apporta une foiz en son hostel « IIII lievres, quant le tornoi fu a Montargis [4].... »

Les battues, les *huées* ont lieu quelquefois pour approvisionner le conseil ducal de venaison. Dans ce cas, la chasse s'ouvre en vertu d'un arrêt de la chambre ducale des comptes, et toujours sous la direction d'un officier forestier [5].

Un simple ordre du maître de Garde ne suffit pas à l'autoriser. En 1433, un sergent de Neuville, nommé Legouge, subit une amende de 64 sous parisis pour avoir chassé en forêt et « pris « venoison sans congié, disant que s'estoit pour le conseil et

[1] Compte du grand-maître de 1457-58.

[2] C'est-à-dire une biche.

[3] Compte de 1453. Arch. du Loiret. A. 853-858. Joursanvault, 693.

[4] Enquête, fin du treizième siècle. J. 1028, n° 25.

[5] ... « Guillot Poissonnet, de Boiscommun... pour une amende en quoy il a esté condampné envers Monseigneur le duc, le venredi XVII° jour dudit mois de février de ce qu'il a confessé en la présence des gens du conseil de mondit seigneur le Duc, eulx estant assemblez en la Chambre des Comptes dudit seigneur, que la sepmaine devant karesme prenant derreins passé, sans congié, licence ne auctorité de Monditseigneur le duc ne d'aucuns de ses officiers, mais de son auctorité, il a chassé en la gruyerie de Monditseigneur le duc, au lieu de Nibelle, et pour faire ladite chasse a contraint plusieurs personnes a y aler pourcequ'il disoit qu'i lui failloit de la venoison pour les gens du conseil de Monseigneur le duc, ce qu'il ne peut ne doit faire par les ordonnances desdites forests. » Compte du Grand-Maître de 1457-58.

« du commandement du maistre de la garde qui n'a pas puis- « sance de ce fere [1]. » Quant aux officiers directeurs de la chasse, ils appartiennent à des rangs bien divers : quelquefois même simples veneurs :

« A Jehan Réal, veneur de monditseigneur le duc, pour la « chasse par lui faite par le conseil de monseigneur le duc, « par l'ordonnance de messieurs de la Chambre des Comptes « dudit seigneur... » dit le compte du grand-maître, en 1424. Le même document ajoute : « Audit maistre Hervé Lorens,.... « avoir esté trois jours ou païs de Baugenci en juing « MCCCCXXIII dernier passé pour la prise d'un serf par le « conseil... » Il mentionne les dépenses faites pour défrayer les accompagnateurs d'Hervé Lorens et pour le transport du cerf à Orléans ; en y ajoutant les frais de déplacement dus à Hervé lui-même, le cerf revenait en définitive à la somme, respectable alors, de 72 sous parisis [2].

Il est encore un autre profit que le besoin industrieux découvrit à nos pères dans les dépouilles de la chasse. Au moyen-âge, où les classes aisées de la société prisaient tant les fourrures, tandis que les grandes dames s'enveloppaient de ces moelleux manteaux de vair et d'hermine qu'elles étalent dans les miniatures et encore sur les sculptures de leurs tombeaux, les riverains de la forêt qui ne pouvaient atteindre un pareil luxe trouvaient à la peau de lapin des douceurs fort appréciées. En 1301, dans l'inventaire des objets consumés par l'incendie de Châteauneuf, une bourgeoise appartenant, nous n'en voulons pas douter, à la haute fashion locale, signale parmi les pièces de son trousseau perdu, des « robes entières forrées de conins [3]. »

Peut-être même soupçonnera-t-on que le duc ou la duchesse usaient quelque peu de cette fourrure aussi économique que forestière; car des pelletiers, établis à Beaugency, préparaient les

[1] Compte de 1433. O,20319.

[2] O,20319.

[3] J. 742, n° 18.

peaux du pays : or un compte de 1404 [1], parmi les redevances féodales, énumère « la coustume des cousturiers de Baugenci qui doivent faire les robes du seigneur :... la coustume des peletiers dudit lieu qui les doivent fourrer... » Malheureusement le genre de fourrures n'est pas spécifié [2].

Avec certaines peaux, d'une plus grande dimension sans doute, telles que les peaux de renard, on confectionnait des couvertures de lit. En 1239, le charitable saint Louis achète, à Lorris, une provision de ces couvertures pour une valeur de 50 sous, et il en fait présent à l'Hôtel-Dieu [3].

Une occupation qui mêle donc au plus haut point l'utile et l'agréable, ne pouvait manquer d'exciter l'enthousiasme de nos princes : aussi n'ont-ils négligé aucun soin pour s'en faciliter l'exercice, pour en perfectionner le jeu, et certes leur vénerie était montée sur un tel pied qu'elle ferait pâlir plus d'un équipage moderne. Ce n'est point ici le lieu d'exposer l'organisation de l'équipage ducal qui était tout un monde, organisation sans doute fort intéressante à étudier, mais qui n'a rien de spécial à l'Orléanais : encore moins l'organisation de l'équipage royal, dont cependant les bruyants exploits ont fait retentir plus d'une fois l'écho des solitudes orléanaises. Mais il est impossible de parler de chasse sans noter au moins quelques détails d'administration qui regardent plus particulièrement notre pays.

Dans la maison royale ou ducale, il existait tout une grande hiérarchie de serviteurs uniquement affectés au service de la chasse.

Le fauconnier était un gros personnage. Le roi Robert est obligé de défendre formellement à ses fauconniers et à ses veneurs de molester la puissante abbaye de Micy, ainsi qu'ils ne

[1] 0,20640.

[2] Il n'est point dit non plus si les pelletiers et couturiers devaient seulement *la façon*, ce qui serait possible.

[3] « Pro coopertoriis pellium emptis ad Lorriacum ad domum Dei, per Petrum de Braudis, L s. » — Hist. de la France, t. XXII, p. 610.

craignaient pas de le faire [1]. Plus d'un fauconnier, grâce à la munificence royale, prit rang parmi les propriétaires, même les seigneurs du Gâtinais. En 1211 ou 1212, Philippe-Auguste donnait à son fauconnier Geoffroy une charruée de terre à Chécy. En 1201, le même roi avait accordé en fief à un autre fauconnier, Renaud, chevalier, le moulin et le minage d'Yèvre avec l'avoine des oublies de Fay et le droit de justice [2].

Aux fauconniers revenaient des appointements élevés. Durant le treizième siècle, Guillaume, fauconnier à Lorris, recevait un traitement de vingt livres [3], traitement bien rare à cette époque. Ils pouvaient compter aussi sur diverses gratifications; une pension de retraite les attendait. En 1248, la veuve d'un fauconnier du Gâtinais, Simon, percevait 12 deniers par jour, soit par an 8 livres et cinq sous [4] : ils reçoivent par exemple à la veille de leurs noces, des dons « en accroissement de mariage [5] » c'est-à-dire que le prince ajoute à la dot de leur fiancée. Un fauconnier pouvait donc passer aux yeux de la plus ambitieuse pour un parti très-sortable.

Le roi, par affection, se charge de pourvoir à leur existence, de leur créer une vie douce. Dans le diplôme suivant, Louis VII témoigne d'une grande bonté d'âme, et il énonce d'excellents principes domestiques :

« In nomine sancte et individue Trinitatis, amen. Ego, Lu-
« dovicus, Dei gratia Francorum rex. Congruum est nostre su-
« blimitati eos qui bene nobis servierint ita remunerare quod
« de percepta recompensatione ipsi gaudeant et alii pro qua-
« dam felicitate reputent nostrum servicium. Qua conside-
« racione Gaufridum falconarium quem de naturali terra

[1] Le diplome énumère : « Venator, falconarius, bannarius, prepositus. » — Dom Estiennot, f. 907. — Baluze, 78, f. 102.

[2] J. 422. Teulet. Tr. des Chartes, 220 b.

[3] V. Comptes de 1234. Hist. de la France, t. XXI, § Lorris. « Guillelmus, falconarius, pro tertio, VI l. XIII s. IIII d. »

[4] Compte de 1248. Hist. de la France. XXII, 274.

[5] V. Joursanvault, 702, 684.

« sua vocaveramus ad servicium nostrum et diu nobiscum habueramus, in terra nostra maritavimus : pro recompensatione autem servicii sui [1] notum facimus universis presentibus pariter et futuris nos eidem dedisse liberum herbergagium suum, et quantum ad nos spectat tenementa sua libera, usuarium suum in foresta nostra, et quod pro nullo se justiset nisi tantum pro nobis et pro aliqua persona de consilio nostro cui hoc injungerimus ; hoc siquidem donum fecimus Gaufrido et heredi suo et pro immobili firmitate scriptura et sigillo nostre auctoritatis ipsum donum corroborari precepimus, adjecto karactere nostri nominis. Actum publice Parisius anno incarnati verbi millesimo centesimo sexagesimo secundo, regni nostri vicesimo sexto, astentibus in palatio nostro quorum apposita sunt nomina et signa. Signum comitis Blesensis, Theobaldi, dapiferi nostri. Signum Guidonis buticularii. Signum Mathei camerarii. Constabulario nullo. Data per manum Hugonis cancelarii episcopi Suessonnensis [2]. »

S'il en était ainsi des fauconniers, que dire des veneurs, les premiers des administrateurs de la vénerie? Plus avantagés encore [3], ils présidaient les opérations de la chasse et en dirigeaient les préparatifs, donnant leurs ordres à tout un bataillon d'aides ou valets de vénerie, pages de chiens, valets de chiens [4].

Le veneur jouit à la cour d'une légitime influence : par son intercession, on obtient des grâces ; ainsi, un sergent de Vitry nous apprend lui-même qu'il avait commencé par être valet de

[1] La copie du treizième siècle dont nous donnons ici le texte fait précéder ces mots « servicii sui » de ces autres mots « servicii nostri » qui sont évidemment ajoutés par erreur.

[2] Cette pièce regarde évidemment l'Orléanais, puisque elle est insérée dans une enquête Orléanaise (J. 1028, n° 25) ; mais comme aucun nom de lieu n'y parait, nous n'avont pas voulu mentionner au chapitre des Usages, l'usage de cet « hebergagium » innommé.

[3] V. notamment Joursanvault, 698, 686, 690, etc.

[4] Le moindre valet de chiens était nommé par le duc. V. Joursanvault, 686.

chiens, et qu'il a dû sa nomination à la sergenterie, en 1275, à la protection de Robert de Loncchamp et Gauthier, veneurs du roi [1].

Le veneur reçoit, outre ses appointements, la nourriture d'un cheval. En 1392, le duc Louis nommait « frère Pierre Albps, » son veneur et garde de ses chiens, avec seize francs de gages et trois francs pour « le foing d'un cheval [2]. »

Mais ne nous faisons pas illusion : les faveurs dont le prince entourait ses veneurs, dont il entourait les fauconniers, n'étaient qu'un reflet d'un amour extrême pour l'art de ces personnages et pour les produits de leurs travaux.

Quelle race le duc avait-il élue pour former son équipage? Il est difficile de s'en rendre compte; mais ce que l'on affirmera sans crainte, c'est que sa vénerie pouvait trouver dans l'Orléanais des ressources de premier ordre. On y élevait alors, chez les simples laboureurs [3], une race canine dont la description ne nous est point parvenue [4], mais dont les exploits suffisent à tracer le plus glorieux des portraits. Force, rapidité, courage et sûreté de nez, telles étaient leurs qualités distinctives, puisque les braconniers qui les avaient élevés prenaient des cerfs « sans « harnois, à force de chiens [5]. »

Le 27 mai 1458, deux braconniers sont condamnés à quatre livres parisis d'amende chacun « de ce qu'ils ont confessé en « jugement que, puis XV jours en ça, a ung jour de dimanche, « il se partit de la forest d'Orliens deux serfs, lesquels le fils « dudit Belot Behote, ledit Simon Delavau et ung nommé Jehan Gonnin, métaier de Guillot Poteau, apperceurent et in- « continant appellèrent leurs chiens et s'en alèrent sans harnois

[1] J. 842, n° 6.

[2] Joursanvault. 684, V. *Ibid.* 689.

[3] Dans une enquête de la fin du treizième siècle, Symon de Proverville, à Boiscommun, se plaint qu'on lui a pris « un tesson à deux chiens. »

[4] Le chien qui est représenté sur les tombeaux, est d'ordinaire un levrier de petite taille, finement découplé et au museau très-allongé; mais c'est un type de convention.

[5] V. Compte de 1450. (0,20319) in fine : Belin Behote et deux complices, condamnés en 4 livres tournois d'amende pour avoir ainsi pris deux cerfs.

« nul, et chassèrent lesdits deux serfs en telle maniere qu'ils « les feirent mourir, dont ledit Gonnin en eut ung pour sa part « et lesdis Colin Behote et Simon Delavau l'autre [1]... » Ailleurs il est question de « serfs » pris en pleine Loire [2], où sans nul doute ils se trouvaient acculés par les chiens et aux abois. Comme la forêt n'a jamais côtoyé la Loire, ces cerfs, débusqués de leurs profondes retraites et qu'on allait forcer en pleine eau, sont évidemment des animaux désespérés, mais courageux, qui se précipitaient dans ce dernier refuge pour vendre chèrement leur vie au milieu de l'immense fleuve, panorama splendide et digne d'encadrer un plus grandiose hallali !

Et ces levriers qui, sans change ni défaut, savaient mener ainsi leur bête, ne manquaient point de gorge : Guillin Charcheneau ne le sait que trop : il est condamné à une assez forte amende « de ce qu'il a confessé que en alant parmi la forest en « karesme derin passé, il oy un abboy de chiens, auquel abboy « il ala, et trouva Jehan Marqué, qui avoit pris une truye san- « glière, de laquelle truye ledit Guillin ost sa part [3]. »

Ces intrépides animaux ne reculent donc devant aucun ennemi ; ils dévorent avec ardeur la piste même du sanglier, n'hésitant pas devant l'idée de cette terrible lutte qui, pour eux du moins, justifie si souvent le vieux proverbe polonais : « Si vous allez à la chasse à l'ours, préparez-vous un lit ; si à la chasse au sanglier, un cercueil. » Ils n'hésitent pas devant la chasse au loup, *criterium* des âmes fortes et des meutes solides. On les voit forcer le loup aussi bien que le cerf et le sanglier, comme le prouvent des gratifications pour prise de loups et louves « à force de chiens [4]. »

Les levriers de l'équipage ducal sentaient-ils bouillonner dans leurs veines le sang orléanais ? nous l'ignorons, mais on voit du moins que, si l'Orléanais n'avait point fourni de recrues aux meutes princières, il ne faut pas accuser ses élèves.

[1] Compte du grand-maître de 1458.

[2] V. notamment le compte de Victor de 1451-52. O,20416.

[3] Compte de 1399. Arch. du Loiret. A. 753.

[4] Joursanvault, 696.

Tandis que les meutes couraient le fauve et le noir à travers les fourrés et lès champs, d'autres limiers s'élançaient dans les airs pour y poursuivre la plume. Le mode de recrutement de ces nouveaux chasseurs nous est connu. Une foule de textes, particulièrement les comptes des ventes de bois mentionnent la vente d'arbres abattus ou « cheuz par essien ou par oyseaulx [1]. » Ce dernier mot, dont le sens au premier abord échappe tout à fait, s'explique par une condamnation portée ainsi au compte du grand-maître, en 1453 [2] :

« De Jehan Villain, demourant à Huisseau, pour une amende « par lui gaigée ledit jour, de ce qu'il a confessé que, au Par- « don de Baugency derrenier passé, Jehan Rousseau, sergent « de la garde de Gomez, lui fist abatre un chesne en ladite garde « a l'encontre d'ung aultre chesne ouquel y avoit des oiseaulx « de praie, et après qu'il eut abatu icellui chesne, à la requeste « dudit Rousseau, monta en hault, si prist lesdits oiseaulx dont « ledit Rousseau l'en promist garentir comme il dit. Et aprés « qu'i les ot descenduz, en donna ung à la damne d'Uisseau et « les deux aultres ledit Rousseau les fist porter a Baugency, » l'amende est de 16 sous parisis : « et au regard de l'amende « dudit sergent, néant, pour ce que lesdits oiseaulx ont esté « par lui baillés à Madame la Duchesse qui le advoue. » Ainsi, on réservait formellement les oiseaux de proie saisis dans le nid à la duchesse [3]. Au besoin, on n'hésitait pas à abattre un chêne, même un gros chêne, pour se mettre en possession du nid : et l'on voit que ces jeunes chasseurs, à peine arrachés à l'aile maternelle, comptaient déjà comme objets de valeur, puisque la dame d'Huisseau cherchait frauduleusement à disputer la possession de l'un d'eux à la duchesse [4].

[1] Notamment, Compte de 1428. Arch. du Loiret.

[2] Arch. du Loiret. Compte des eaux et forêts. A. 833-858.

[3] En 1455, un individu est condamné comme « effondrant un chesne et y prenant des oyseaux, en Sordillon, por ce XV s, p. » (Compte de Vitry 1455 56. 0,20319.)

[4] V. Enquête du treizième siècle. J. 1028.

Un bon faucon atteignait en effet des sommes importantes : Le duc paie, par exemple, 45 francs trois de ces oiseaux, à un fauconnier de Paris[1]. Il en envoyait chercher fort loin, jusqu'à Saint-Omer[2]. La duchesse n'éprouvait pas moins d'affection pour l'épervier[3]. Les petits orphelins, ravis à la forêt d'Orléans, recevaient donc une éducation scrupuleuse ; des actes de la munificence princière marquaient certaines époques de leur vie ; le roi de France témoignait par des aumônes la joie que lui faisait éprouver le premier vol du faucon[4] : le duc célébrait également par des largesses la mue de ses oiseaux[5]. Chacun de ces animaux avait reçu un nom[6] : ils étaient richement caparaçonnés ; malgré le haut prix de la soie, en 1400, la duchesse fait acheter pour ses éperviers des longes de soie, de divers modèles, à gros boutons et garnies également de franges de soie[7]. En 1399, elle acquérait 50 paires de sonnettes, façon de Milan, ce qui semblerait indiquer la présence d'une centaine d'éperviers[8]. En 1396, le duc commandait pour ses faucons des » gibesières, loirres et chapperons [9]. » Le luxe de la vénerie ducale trahissait donc les goûts du maître ; évidemment, il y avait là un côté sensible par lequel une diplomatie bien avisée devait chercher à pénétrer dans le cœur du prince. Est-il besoin de rappeler ici le rôle politique de la maison d'Orléans ? Plus d'un grand seigneur français ou étranger devait rechercher ses bonnes grâces. Presque tous les dons de chiens viennent de France ou de la frontière de France, pays classique alors de leur élevage. Voici, par exemple, trois couples en-

[1] Joursanv 688.
[2] Joursanv. 688.
[3] *Idem*. 691.
[4] « Eleemosyna pro primo volatu avium regis » (Hist. de la France. XXII)
[5] *Idem*. 685, 686.
[6] V. Gratification accordée par le duc à un homme qui lui rapporte un de ses oiseaux nommé La Fleur, que l'on croyait perdu. Joursanv. 701.
[7] Joursanv. 692.
[8] Joursanv. 691.
[9] *Idem*. 688.

voyés par le seigneur d'Amboise (1398-99)[1], deux par le comte de Namur (1394)[2], autant par le sire de Beaumanoir (1397)[3]; voilà des berrichons, présent du duc de Berry (1397)[4].

Les faucons provenaient plus souvent de l'étranger. Parmi les donateurs d'oiseaux, le grand-maître de Prusse, alors ambitieux et intrigant, se fait remarquer par son adresse. En 1396, il expédie un premier envoi de 4 faucons[5]; enchanté sans doute de l'effet diplomatique de ses largesses, après deux ans à peine écoulés, il envoie encore six autres oiseaux de choix par son fauconnier[6]. En 1483, le fauconnier de Laurent de Médicis apporte un élève doué, semble-t-il, de qualités merveilleuses, qui vaut à son cornac une gratification considérable, 32 francs[7].

Les seigneurs du pays ne se laissent pas trop distancer en fait de générosités intéressées: c'est le comte de Dunois qui, en 1470, fait un galant présent de ce genre à la duchesse[8]: c'est Pierre de Pathai, en 1344[9], c'est en 1396 le seigneur de Pons[10], qui cherchent à pénétrer par les mêmes voies dans les bonnes grâces de leur suzerain.

Avec tant de chiens et d'oiseaux, la chasse ducale consistait essentiellement dans une chasse à courre: cependant elle n'excluait point les autres modes de destruction: on employait aussi les filets, ou « raiseaux; » on chassait à la tonnelle, au chevalet; on appréciait même le furet. Un compte de la grande-maîtrise (1422), témoigne qu'on avait payé à Hervé Lorens

[1] Joursanv. 691.
[2] *Idem.* 685.
[3] *Idem.* 689.
[4] Joursanv. 690.
[5] *Idem.* 687.
[6] *Idem.* 691.
[7] *Idem.* 585.
[8] Joursanv. 700.
[9] *Idem.* 680.
[10] *Idem.* 688.

4 livres et 16 sous parisis « pour onze maistres mis en onze « napes de harnois a sanglier appartenant à mondit seigneur « le duc, lequel harnois a esté pris sur le maistre de Boigny, « et depuis a esté perduz à Rebrachien à la venue des An- « gloiz[1]... » Plus tard, nous voyons que le grand-veneur du duc est obligé d'acheter un « charroy de deux chevaux » pour porter les harnais de chasse[2].

Parfois, la chasse reste un simple tir : les habitants du pays faisaient la *huée*[3], et la cour atteignait le gibier à coups de flèches[4]. Les comptes de 1238 nous apprennent qu'à cette époque le roi se fournissait d'armes à Vitry :

« Faber de Vitriaco, qui attulit ferra ad sagittas, de dono ad « Lorriacum XX s., teste Adam de Mellento[5]. »

Toutefois, pour la chasse au tir, se présentait une évidente difficulté ; la forêt n'étant percée que de routes de communication à l'usage des riverains; routes souvent étroites et tortueuses, comment, dans les taillis, diriger la *huée* convenablement et de manière à faire passer le gibier à portée d'armes, d'ailleurs insuffisantes ? Pour en arriver là, on pratiquait dans le bois, avant la chasse, de grandes trouées qui faisaient pour l'abattis l'office des chemins dont on manquait ; dans une enquête, on reproche au concierge de Paucourt d'avoir disposé des bois provenant de semblables routes : « le concierge re- « quenoist en s'escusant que quant li rois vint chacier en ceste « forest, il fist routes, et le forestier les donna aus bonne gienz « du pais, du comandement le roi... Item, a donné auxi des

[1] O, 20319.

[2] Joursanv. 700.

[3] V. ci-dessus.

[4] Il est à croire que la chasse à la *huée* était le mode consacré pour la chasse au loup, ou même au cerf, et la chasse à courre réservée au gibier de force moindre qui est par excellence le renard ou quelquefois, dans les plaines, le lièvre. Du moins cet usage existe encore dans certains pays.

[5] Hist. de la France, t. XXII.

« routes, que il fist quant li rois i chaca un autre fois, à un « povre chevallier *qui a trop d'enfanz*[1]. »

Mais sans nul doute, la véritable chasse à courre où se déployent bien mieux que partout ailleurs la dureté à la fatigue, l'adresse et l'intrépidité, ces trois qualités qui résument le Français du moyen-âge, présentait les plus grands attraits. Une fois ces levriers, que nous avons vu forcer, sans la dague du chasseur, le cerf et le loup, lancés dans les fourrés sous la direction des piqueurs[2], assurément les forts sauvages et giboyeux de la forêt d'Orléans ont abrité plus d'une fois ces hallalis fantastiques qu'on croirait volontiers éclos dans l'imagination d'un Foudras. Quoi de plus propice que ces innombrables marchais où les solitaires pouvaient établir leur paisible bauge : ces immenses et sauvages espaces, remises des cerfs et des chevreuils ; des landes où la chasse se déployait, des futaies séculaires sous lesquelles galopait la livrée jaune[3] de la vénerie ducale et où l'écho résonnant multipliait la voix grave des chiens et les fanfares du cor ; de nombreux étangs bien appuyés de ronciers et de bois, où un animal courageux trouvait à faire une fin glorieuse, tenant tête aux meutes et aux chasseurs ? Aussi, passionnés comme l'étaient nos rois pour le plaisir viril de ces guerres pacifiques, ils ne pouvaient manquer d'apprécier les charmes de l'Orléanais ; et en effet notre pays a enregistré dans ses annales des témoignages de prédilection non équivoques de tous les princes qui l'ont possédé. Anciens ou nouveaux au-

[1] Enquête, fin du treizième siècle. — J. 1028, n° 25.

[2] Au treizième siècle, le personnel de la vénerie royale n'étant pas sans doute tout-à-fait suffisant, le roi prenait pour piqueurs des hommes du pays : «Quidam homo de Samesio qui fuit lœsus ad currendum post canes, de dono XX s. teste Guillelmo Poudras» disent les comptes royaux de 1234. (Hist. de la France, XXII) et une mention des comptes de 1248 semble se rapporter à un fait du même genre : « Villanus de Monthonayn qui habuit pedem cisum II sol. per diem, XIII l. XII s. » (*Ibid.*, XXI, 273.)

[3] Un acte de 1496 nous montre le duc faisant faire pour ses veneurs des robes de camelot et drap jaunes, bordées de velours également jaune. (Jours. 647.)

teurs, tous reconnaissent unanimement que la forêt n'était pas étrangère à cette affection : les palais royaux se trouvent sur la lisière et à portée des bois ; de là tant de voyages, tant d'excursions à travers l'Orléanais, surtout à travers la forêt [1], voyages d'un intérêt capital pour l'histoire du pays. L'amour de la chasse peut seul nous expliquer comment les rois s'étaient bâti des châteaux forestiers, parfois si rapprochés de leurs chatellenies, dans des lieux comme Nibelle, Nesploy, paroisses situées dans les parages de Boiscommun. La Cour-Dieu également donna plusieurs fois asile aux rois de France.

Si l'on en croit dom Morin, Clovis déjà « aymoit grande- « ment » Ferrières... « mesme auparavant qu'il fut baptizé, et « il se plaisoit fort en ce lieu pour ce qu'il estoit fort commode « pour prendre son déduict à la chasse [2]... » Du reste sans chercher à combattre ici l'assertion de dom Morin, on peut noter les excursions des rois postérieurs avec une plus grande certitude. Le souvenir de ces excursions se trouve encore tout vivant au dix-septième siècle ; il éclate à chaque mot de l'historien du Gastinais, qui, à Ferrières, à Nesploy, à Paucourt [3] en relève particulièrement les traces [4]. Même, dans la forêt de Montargis, « se remarque deux vieux et beaux chesnes nommez les « chesnes du roy, parceque les roys allans à la chasse prenoient « dessous leur refection [5]. » Le même auteur nous assure que Louis VI aimait beaucoup la chasse aux renards, de Puiseaux [6],

[1] On peut voir par les itinéraires royaux publiés dans les Historiens de la France que les rois allaient constamment d'un palais à un autre, par exemple de Vitry à Courcy, de Boiscommun à Neuville. Ils traversaient ainsi la pleine forêt dans tous les sens.

[2] Hist. du Gastinois, p. 764.

[3] Le château de Paucourt a dû n'être jamais qu'un rendez-vous de chasse. Les comptes du treizième siècle mentionnent à plusieurs reprises des travaux importants qu'on y exécutait, ce qui prouve la fréquence des visites royales. V. Hist. de la France, XXI, XXII.

[4] V. Hist. du Gastinois, p. 85, 285, 712.

[5] *Idem*, p. 84.

[6] *Idem*, p. 271.

et que Louis VII affectionnait Bois-le-Roy à cause de ses plaisirs cynégétiques[1].

Lemaire de son côté nous affirme que les rois « se sont fort « pleus à la chasse » dans la forêt, et il désigne notamment Neuville comme lieu de leur séjour[2].

Ces affirmations ont d'autant plus de valeur que des faits certains viennent en confirmer la véracité. Dès la seconde race, les rois apparaissent très-souvent dans l'Orléanais, leur patrimoine. Dès lors, il s'élevait à Vitry un palais royal qui remonte au moins à Louis-le-Pieux, puisque le fils de Charlemagne y vint.

> « Aurelianenses sensim de hinc visitat agros :
> Victriacum villam jam pius ingreditur. »

nous dit son chroniqueur[3]. Bientôt même, Vitry s'appelle « Victriacum castrum, Victriacum castellum, » et le château restait à cette époque un des séjours préférés des rois. Nous savons notamment que le roi s'y trouvait en 1029. On connaît la prédilection de Robert à son égard. Henri Ier y mourut. Son fils a marqué à Saint-Benoît-sur-Loire sa dernière demeure ; la royauté du douzième siècle ne cesse de parcourir ces parages forestiers, et de visiter Lorris, Vitry, Boiscommun, Courcy, Neuville.

Ces noms même parlent assez haut, ils nous disent assez quel attrait mystérieux inclinait de ce côté nos rois, et, si nous n'en faisions honneur aux charmes de la forêt, il nous faudrait vraiment bien pour expliquer une telle passion attribuer aux lieux qui en furent l'objet quelque beauté maintenant disparue. Mais, oui, c'est la forêt qui attire les rois ; c'est là le palais qu'ils aiment, et Louis IX n'est pas le premier qui ait rendu la justice sous un chêne. Les affaires de l'Etat, de l'Église, se traitaient sous les ombrages des forts giboyeux. Ainsi, vers 1021, Fulbert, évêque de Chartres, écrit à Guillaume d'Aquitaine qu'il

[1] *Idem*, p. 824.

[2] P. 37 et 0,20721,

[3] Ermoldi Nigelli carmen de rebus gestis Ludovici pii. L. III. v. 275.

attend l'époque où la chasse au cerf attirera le roi dans la forêt du Loge, c'est-à-dire le mois de septembre[1], pour aller l'y trouver et conférer avec lui.

On le voit donc, la chasse, détail bien minime dans l'histoire des autres pays, s'élève tout d'un coup dans l'Orléanais au rang du fait politique capital ; car elle explique les voyages de tant de rois et elle explique tous leurs bienfaits. Ceux qui ne connaissent nos anciens princes du douzième siècle que sur la recommandation de M. Augustin Thierry, et qui n'ont cherché à les apercevoir qu'à travers le tourbillon révolutionnaire, sanglant, effréné, douloureux à coup sûr d'où sont sorties les grandes communes, en fermant systématiquement les yeux sur les admirables soins du clergé et de la royauté pour les pacifiques et laborieuses classes rurales, et en vue du véritable développement économique de la France, ceux-là voient en Louis VI et dans ses successeurs je ne sais quels farouches despotes, ennemis nés de toute idée généreuse, et qui ne s'inclinent que devant l'or et le fer. Mais qu'on veuille bien descendre de hauteurs si dramatiques ; un singulier phénomène va nous frapper. Sur cette scène plus intime, plus modeste où nous devrions nous attendre à voir se manifester dans sa plénitude de puissance et son entière liberté d'allures l'action restrictrive du principat, nous trouvons une main ouverte et un cœur généreux. Si nous pouvons rétablir l'itinéraire des rois, si nous les suivons, patriarcalement entourés de leurs serviteurs et de leurs meutes, dans leurs courses perpétuelles, c'est grâce aux dons charitables, jalons de leur passage, et il faut avoir feuilleté ces vieux documents du douzième siècle ou les comptes du treizième pour connaître la charité royale dans la naïveté expressive de sa simplicité première. Assurément, ces éternels voyages constituaient bien le meilleur mode d'initiation aux besoins locaux ; ici nulle influence du dehors ne pèsera sur la volonté du prince ; confessons-le aussi, dans notre pays nous n'avons point encore découvert le récit de ces journées sanglantes, de ces déchirements où certains historiens voient la préface néces-

[1] « Proximo rugitu. »

saire de toute émancipation, et nous attendons qu'un chercheur plus heureux fasse enfin briller à nos yeux éblouis ces beaux écus sonnants par lesquels les habitants de pauvres bourgades tentèrent la cupidité de leur royal seigneur. Inspiré toujours par une libéralité véritablement paternelle, par un libéralisme vraiment royal, le prince voit de près les blessures de son peuple, il peut les sonder, il veut les cicatriser. Il déclare hautement l'émancipation progressive de ses sujets son premier devoir envers Dieu même. Il est vrai que l'on peut discerner aussi une idée plus terrestre, à savoir le désir de ce roi de s'attirer de nouveaux sujets par l'appât de la liberté, mais nous supplions qu'on veuille bien excuser ce rare et singulier crime : l'idée générale vise plus haut.

Telle fut l'influence de ces visites royales : on leur doit les institutions qui ont donné à l'Orléanais la vie économique et même la vie politique, car elles consacraient la liberté civile ; cette base élémentaire et cependant si discutée de toute liberté, l'humble coutume de Lorris l'a posée dans des termes que des législations bien plus savantes n'ont pas toujours maintenus. De là date le régime de la liberté commerciale ; la suppression des octrois ; la stricte et inébranlable réglementation des contributions ; l'exemption totale du plus lourd des impôts, l'impôt du sang, du plus odieux des jougs, le service militaire universel. Ces efforts, pour sortir de la barbarie, on les faisait au douzième siècle ; c'est ainsi que partout sur le passage de nos rois la vie rurale reprenait un nouvel épanouissement ; voilà quelle était l'œuvre de ces rois chasseurs ; voilà le fond de la pensée de ces barbares, les plaisirs de ces rois féodaux.

Les visites royales ne cessent pas avec le douzième siècle [1]. Lorsque, en 1268, saint Louis donne en apanage à son fils aîné les châtellenies de l'Orléanais, il a bien soin de se réserver la portion de la forêt qui touche Orléans [2]. Mais plus tard, lorsque la forêt fut apanagée au profit des ducs d'Orléans, les rois

[1] V. Hist. de la France. Itinéraires. V. not. une charte royale de juin 1307, datée de Nibelle (K, 37, n° 36).

[2] Ordonnances. XI, 341. Table des diplomes, de Bréquigny et Pardessus, VI, 510.

cessent d'y paraître La tradition mentionne bien des excursions de Louis XI, de Charles VIII, dans la forêt, mais il ne faut pas ajouter une foi illimitée à ces assertions, qui ne sont exactes que pour les environs de Malesherbes [1] et de Puiseaux, pays soumis à la juridiction directe du roi ; et François Ier rappelant des lettres accordées par Louis XII et Charles VIII à Puiseaux, nous dit que c'est cette ville « à l'entour « de laquelle ilz prenoient en leur vivant, ainsi que nous pre- « nons de présent, plaisir et récréation pour les chasses [2]. » Le roi-chevalier qui par sa propre bouche témoigne ainsi de son goût pour la chasse, vint quelquefois dans l'Orléanais demander à cette noble occupation l'oubli de ses infortunes politiques. G. Paradin [3], son contemporain, nous apprend que sur la fin de sa vie, après de superbes fêtes données à Fontainebleau, en 1545, « en cet esté, le roi partant de Fontainebleau s'en alla a « la forest d'Orléans pour le déduit de la chasse, en laquelle il « fut un mois entier. » Lemaire cite la même excursion, et il en conclut que c'est après avoir jugé par ses propres yeux de l'étendue des dégâts, que François Ier ordonna la réformation, erreur manifeste, puisque la réformation de cette époque date de 1543 et qu'elle fut ordonnée par le jeune duc d'Orléans [4].

Charles IX a toujours particulièrement aimé la forêt d'Orléans, et, dit-on, la petite ville de Boiscommun [5]. C'est dans un de ses voyages que s'offrit à ses regards, en la personne de Marie Touchet, un témoignage de la beauté des jeunes Orléanaises, et qu'il ne lui rendit qu'un trop éclatant hommage : plus tard, cet infortuné prince ayant tout à coup disparu de la cour dans un des accès de la fièvre ardente qui le dévorait, on sut qu'il avait été passer trois jours et trois nuits dans la forêt d'Orléans.

[1] On avait conservé, à Malesherbes, le souvenir d'une chasse de Louis XI, Morin, p. 391.

[2] S. 2150.

[3] Hist. de notre temps. IV. Édit. de Lyon, p. 492.

[4] La réformation de François Ier est antérieure de dix ans.

[5] Morin, p. 287.

Henri IV, Louis XIII ont également laissé leur nom inscrit au livre d'or des exploits cynégétiques de l'Orléanais. Le bon roi Henri rencontrait bien fréquemment des animaux disposés à fatiguer une meute plutôt que de se rendre, et on ne sait trop pourquoi les cerfs de cette époque montraient une singulière et constante propension à égarer la chasse et à l'entraîner au loin, bien au loin, jusque dans les environs du château de Malesherbes, demeure de la famille Balzac d'Entragues [1]. Dom Morin avait vu Louis XIII courir le renard à Puiseaux [2].

Dans la féodalité primitive, la chasse entraîne quelquefois une redevance fort onéreuse, le *brenage*: c'est une trace de l'antique droit de gîte, si rapidement tombé en désuétude; il consiste dans l'obligation pour le vassal de recevoir et héberger gratuitement la meute et les valets de vénerie. Très-rare et très-onéreux, cet impôt pouvait donner lieu à d'insupportables abus.

Les rois semblent d'abord attacher de l'importance à son maintien. En 1113, Louis le Gros, lorsqu'il exempte les terres de Traînou, appartenant au chapitre de Sainte-Croix, de tous droits féodaux, excepte formellement le *brenage* [3].

Notre-Dame des Barres, auprès de Chécy, qui en était également tenue, obtint enfin la dispense suivante, en 1343:

« Philippe, par la grace de Dieu roys de France, à touz ceulz « qui ces présentes lèttres verront, salut. Savoir faisons que « nous de grace espéciale avons octroyé et octroyons par la te- « neur de ces lettres au maistre de l'ostel Saint-Ladre de Nostre- « Dame des Barres, lequel a en garde oudit hostel les reliques « et aornemens de ladicte église, que en ycellui hostel noz « chiens ne les vallés qui les gardent ne soient des ores en avant « habergiez de droit ne autrement, en quelque manière que

[1] V. Lettres missives de Henri IV, par Berger de Xivrey. Mémoires de Bassompierre et de Sully. V. aussi Notice sur le Hallier, par M. Loiseleur, qui entre dans des détails extrêmes.

[2] P. 270.

[3] Ment. Extrait de l'Inventaire des biens du Chap. à Traînou. Arch. du Loiret. Fonds Sainte-Croix. G. in 4° — A. I.

« ce soit; et ce deffendons nous ausdiz vallés et autres sus quan
« qu'il pevent meffaire envers nous : et ceste chose avons nous
« octroié audit maistre de grace espéciale. Donné à Chasteau-
« neuf sur Loyre le XXIX° jour d'aoust, l'an de grâce mil CCC
« quarante et troiz, souz le scel de nostre secret. Par le roy.
« Barrier [1]. »

Au quinzième siècle, il ne reste plus trace effective de ce droit : si l'on rappelle encore que Germigny est tenu du brenage, c'est une pure théorie [2].

Jusqu'à présent nous n'avons parlé que de chasse royale ou ducale, et il n'a pas été question des simples seigneurs : c'est qu'en effet la chasse forestière appartient uniquement au souverain ; cette règle existe depuis les époques les plus reculées. De Valois nous apprend, d'après Grégoire de Tours, que dans les forêts publiques, comme l'était primitivement la forêt d'Orléans, aucun particulier n'avait cependant le droit de chasse [3]. Dans tout le moyen-âge, le roi possède le privilége de chasser seul, non seulement dans la forêt, mais même sur certaines terres avoisinantes. Nous trouvons là un exemple considérable de ce fameux droit de chasse, objet, au siècle dernier, de tant de violentes déclamations qui, en nous faisant perdre de vue le principe d'où il dérive, l'ont rendu inexplicable. On l'a transformé en apanage de la noblesse [4] : on a fait intervenir de prétendues

[1] Arch. du Loiret. Fonds Sainte-Croix.

[2] Compte de 1403-4. (O,20540-41.)

[3] Notit. Galliarum. « In silvis publicis... nemini privato venari licebat. » (p. 270.)

[4] Ce droit est, en principe, si peu réservé à la noblesse que très-souvent, notamment dans l'Est de la France, des communautés entières de bourgeois avaient le droit de chasse : ainsi ce droit en Orléanais appartenait à la ville de Milly, et dom Morin prétend même qu'il y produisait des effets déplorables, transformant la population en un ramassis de braconniers fainéants et parfois dangereux. (Hist. du Gastinais, p. 404 et 405.) — Les Ordonnances royales notamment l'Ordonnance de Charles VI, reconnaissent expressément aux bourgeois la possibilité de chasser.

règles féodales qui n'ont jamais existé[1], et cependant, si l'on s'en tient au principe fondamental de la constitution féodale, rien ne s'explique plus aisément. Au fond, la féodalité repose sur un contrat emphythéotique : le suzerain, propriétaire primitif de tout le pays, en a concédé des parcelles soit en fief à charge de service noble et en l'accompagnant parfois, dans ce cas, d'un droit de chasse plus ou moins développé, soit en censive, c'est-à-dire en ferme à bail perpétuel, hypothèse dans laquelle le bailleur s'est réservé le droit de chasse plein et entier en vertu des principes naturels et universels de la locature et du fermage, et des conventions[2].

Mais, avec le temps, le tenancier en censive s'est déclaré propriétaire, et, dès lors, il lui a paru incompréhensible et inique qu'un étranger eût le droit de chasser seul sur son fonds, et d'en percevoir une partie, minime du reste, des revenus.

Le droit de chasse est donc le fait du fief dominant que le fief servant est tenu de subir : ce droit appartient donc au suzerain ; et, en effet, d'ordinaire dans l'Orléanais, on l'attribue au détenteur du droit de gruerie[3].

Dans l'Orléanais, la chasse en général accompagne donc la haute justice[4] sans en dépendre[5]. En 1528, par exemple, François Ier, énumérant les droits qui compétent au duc de Nemours,

[1] V. Le Cours de droit féodal professé par M. Tardif, à l'Ecole des Chartes.

[2] Donc, en droit féodal le gibier est immeuble par accession et en conséquence susceptible d'un véritable droit de propriété, au contraire de ce principe que notre jurisprudence proclame comme contenu dans nos codes, et auquel elle est obligée de déroger tous les jours, à savoir que le gibier est *res nullius*.

[3] Dans un mémoire de 1557 sur les bois de Longuesne, les officiers forestiers considèrent même la chasse comme une conséquence de la gruerie et déclarent qu'il faut aux tréfonciers une autorisation expresse pour chasser. (O,20636, f.82.)

[4] La justice ancienne ; il faut remarquer que souvent les droits de justice aux divers degrés ont été prétendus ou usurpés par divers seigneurs qui primitivement n'y avaient nul droit. (V. les doléances de *Loysel.*)

[5] Dans les procès en revendication de haute justice et de chasse, ces deux chefs sont toujours séparés, et considérés comme des droits indépendants. (V. deux arrêts cités plus bas. Morin p. 200. Olim. I. 313.) Des lettres patentes

seigneur haut justicier, y fait rentrer la chasse [1]. Seul le roi avait donc le droit de chasser dans les forêts, et il y attachait un grand prix; sous ce rapport, il n'a cherché qu'à accroître son privilége, et ce n'est pas sans étonnement que l'on voit même au quinzième siècle le roi de France prendre vraiment la chasse en location dans un lieu où il ne la possédait pas. En 1476, le commandeur de Saint-Jean d'Etampes donne quittance de deux années d'arrerages pour les 50 livres de rente que le roi lui devait comme prix « de la chasse de la Curée ou Puymernier en pays de Gastinois, qu'il a gardée par devers lui [2]. »

Si généreux pour tous les dons d'une autre nature, nos princes se sont montrés, sous le rapport de la chasse, d'une extrême réserve. Les plus grands seigneurs ne pouvaient enfreindre le règlement fixé; Louis de la Trémoille de Sully écrivait à la duchesse pour lui demander la permission de tuer un sanglier [3]. Cependant quelques droits de chasse se trouvent concédés en fief, à titre de véritables droits d'usage, et toujours dans des limites fort restreintes. Le plus large privilége en cette matière appartient aux évêques d'Orléans qui pouvaient, au dixième siècle, chasser à courre [4] tous les jours, par toute la forêt, et avec tous leurs équipages, privilége exceptionnel (magnum beneficium), et qu'il devait paraître dur aux rois capétiens de maintenir, même au profit d'un membre influent de ce clergé, l'un des appuis, et non pas le plus faible, de leur trône, même pour un évêque qui, personnellement, montrait à les servir le plus grand zèle, comme l'évêque d'Orléans au concile de Saint-Basle. Hugues Capet confirma donc en 990 ou 991 à l'évêque ce droit extrême dont ses prédécesseurs jouissaient déjà : « Leo-« diæ quoque silvæ venationem sicut antecessores ejus visi sunt « habuisse, eidem Matri Ecclesiæ habere concedo ejusque ve-« nabula per eam silvam sine dilatione currere cunctis diebus

de 1490 opposent même le droit de haute justice au droit de garenne. (Morin, p. 698.)

[1] V. Morin, p. 329 et suiv.

[2] J. 158.

[3] Lettre contenue dans un Vidimus du 8 oct. 1468. (0,20618, f. 126.)

[4] Ou *faire* chasser.

« auctorizo. » Le pieux Robert, qu'on ne saurait accuser de partialité à l'encontre du clergé, trouva ce privilége bien excessif, et il lui répugnait de marcher sur les brisées de la meute épiscopale. Il eut une faiblesse : ce droit dont l'exercice le gênait, il s'en empara. Mais, sans nul doute, dès lors, ses parties de chasse dans la forêt plus libre furent empoisonnées par le remords. Survint l'an mil, avec sa perspective terrible : chacun alors d'interroger son for intérieur et de redescendre au fond de son âme, pour la purger des péchés avec le sceau desquels l'on n'aurait point voulu mourir. Robert, à cette frayeur salutaire immola ses goûts et, saisi de la fièvre générale de justification, il se hâta d'alléger sa conscience en réparant le dommage causé à l'évêque : « venationem quoque silvæ Leodigæ, « quam per quamdam convenientiam subripueram, reddo, et, « sicut antecessores ejus tenuerunt, eam eidem Matri Eccle- « siæ tenendam in perpetuum habendamque cunctis diebus « confirmo[1]... »

En droit, ce privilége paraît avoir duré tout le moyen-âge, mais la Coutume, première de toutes les lois à cette époque, l'abolit certainement, car il n'a pas laissé d'autres traces. Du reste, les conciles ne voyaient pas d'un bon œil les habitudes cynégétiques de certains prélats des temps féodaux : même lorsqu'il ne les condamne pas formellement, le droit canon s'y est toujours opposé en principe, puisque, au rang des empêchements à la réception de l'ordre, il place le *defectus perfectæ lenitatis.*

Cette concession à l'évêché d'Orléans, dont l'origine nous échappe, présente un caractère unique sous tous les rapports : seule elle est faite en faveur d'un établissement religieux, seule elle est énoncée avec des indications aussi larges. Toutes les autres concessions de chasse sont conçues dans des termes très-rigoureux ; en général elles ne confèrent au seigneur donataire que le droit de chasser sur ses propres domaines ou à certains

[1] Gall. Christ. VIII, f. 488. A. de Valois. Notitia Galliarum, 270, d'après le Cartulaire Sainte-Croix.

animaux. Elles remontent toutes au moins au quatorzième siècle. Les seigneurs de Courpalais pouvaient chasser dans la garenne de Lorris[1]. Les seigneuries de Primbert (à Courcy) et de Chamerolles avaient le droit[2] de chasser, dans les gardes de Courcy et Neuville, aux bêtes à pied clos, c'est-à-dire aux lapins, lièvres, renards, loups, etc.[3] Le seigneur de Fay pouvait chasser « à cor et à cry » dans la forêt[4]. Philippe le Long, en 1320, accorde aux seigneurs de Buisson-Aiglant l'usage de la chasse aux oiseaux à tous engins : « quod ipsi possint ubique « ut voluerint aviculare seu oisellare, cum quibuscumque de

[1] Ce droit est mentionné dans l'acte suivant :

« Philippe de Florigny chevalier chambellan du Roy nostre sire et procureur de Monseigneur le duc d'Orléans, souverain maistre et enquesteur des eaues et forests d'icelui seigneur ou duchié d'Orléans au Maistre de la garde de Chaumontois ou à son lieutenant salut.

Pour ce qu'il nous est apparu souffisament par plusieurs priviléges à nous monstrés par le procureur de Monseigneur le Comte d'Estampes à cause de son hotel de Courpalez, avoir droit de usage au bois vert emprès pié en vostre ditte garde et aussi l'usage aux remoasons es lieux de Mondebrene et de Courquambon en icelle garde, semblablement comme les hostes du Molinet, pour les nécessités dudit hostel de Courpalez et des appartenances d'icellui seullement sans vendre ledit usage ; item le pasturage pour touttes les bestes du dit hostel en icelle garde, et le pasnage pour cent pourceaux quand pasnage court et avec ce la chace en la garenne de Lorris aux oiseaux et aux petites bestes; item et aussi nous est apparu par ung des dis priviléges que le dit Monseigneur le Conte peut vendre sans gruyage ni autre redevances le buisson du dit lieu de Courpalez, le buisson qui fut Jehan Dubois, le buisson de Molesse et le buisson de Thory assis sur l'étang du Millieu de Courpalez en la paroisse de Monstereau. Si vous mandons que des choses dessus dites et chacunes d'icelles vous souffrez et laissez user et joir paisiblement le dit monseigneur le comte ou ses gens pour luy. Donné sous nostre scel en nos grans jours de Lorriz tenus illec pour nous le mardy XVIIIe jour de mars, second jour d'iceux, l'an mil CCC IIII XX et douze. — J. Chauveau. » Copie. 0,20540, f. 115.

[2] Créé par Philippe le Bel lors de l'échange de Primbert entre le Domaine et Adam le Bouteiller en 1307. (0,20618, f. 101.) — Aveu de Chamerolles 1302. (0,20642, f. 122.)

[3] V. Aveux de ces seigneuries : 0,20640.

[4] V. Aveu de Fay. — 0,20644, f. 98.

« quibus maluerint ingeniis et filectis, dum tamen ad hoc ca-
« rissime sororis nostre Regine Clementie accedat assen-
« sus[1]. »

En 1287, Philippe le Bel, comme faveur insigne, donne à son chambellan, Pierre de Machau, « garennam quam habeba-
« mus ad cuniculum et leporem in quodam dumo ipsius Petri,
« qui dicitur Le Mes, sito in territorio de Soleterre, circiter
« quatuor arpenta continente[2]... »

Les seigneuries de Montboferrant et de la Brosse, possédées successivement par les familles d'Auxi et de l'Hospital, conféraient un droit de chasse « à toutes manières de bestes à pié
« clos, à loups, renards, lièvres, cognins, perdrix et faisans ; à
« prendre à furets, filets, raiseaux, à thonnelle et à chevallet et
« à tous autres engins, à deux lieues à la ronde desdites mai-
« sons[3]. » En 1343, Geoffroy Péan, seigneur de Montpipeau, obtient la permission de chasser aux grosses bêtes, dans les *buissons* de Montpipeau et de Donnery, jusqu'au bord de la forêt[4].

Ces concessions de chasse sont de véritables droits d'usage et tenues en fief comme les usages. Il est même curieux d'en voir apprécierla valeur pécuniaire. En 1307, à propos d'un échange passé entre l'Administration royale et Adam le Bouteillier, on évalue de part et d'autre les chefs de l'échange : « Item cha-
« ciam... ad bestiam ad pedem clausum, in duabus gardiis de
« Courciaco et de Nova-Villa, appreciatam tresdecim librarum
« Parisiensium annui redditus[5]. »

A côté de ces autorisations héréditaires, il y en avait assurément de personnelles, de temporaires. En 1599, comme témoi-

[1] 0,20643. p. 60. — 0,20644, f. 41. — 0,20618, f. 89.
[2] K. 177.
[3] Aveux 0,20643. 170, 171. — 0,20641, f. 151, 148. (Concédé en 1328.)
[4] 0,20619, f. 243 V° : la chasse est tellement la compagne habituelle de la gruerie que, plus tard, les seigneurs de Montpipeau arguent de cette concession pour échapper à la gruerie.
[5] 0, 20642, f. 220.

guage de haute satisfaction, le roi, par un brevet spécial, autorise Charles Chappotin d'Arnaulx à chasser sur ses propres terres [1].

Partout donc où appartient au roi la haute justice, et c'est la majeure partie de l'Orléanais, nul autre que lui, à moins de permission expresse, ne possède le moindre droit de chasse : même, lorsque l'autorité royale fait abandon, gratuit ou non, de la justice et du fonds, elle se réserve la chasse. En 1108, Louis VI, reconnaissant les droits de l'abbaye de Saint-Benoît sur ses bois de Bouzy, lui en confirme la pleine propriété, sauf, ajoute-t-il, la chasse au cerf, au chevreuil et au sanglier « præ« ter cervum, bestiam et capreolum [2]. »

Le roi ordonne des mesures spéciales pour la conservation du gibier. En 1607, Henri IV institue capitaine de la plaine de Nemours [3] un homme plein d'expérience, d'affection et de fidélité, auquel obéiront deux gardes.

[1] (Arch. du Loiret. A. 1229.)

Aujourd'huy XXXe de novembre mil Vc quatre vingtz dix neuf le roy estant a Paris, désirant gratifier Charles Chappotin, sieur d'Arnaulx, maistre des eaues et forests au baillage et duché de Nemours, cappitaine des chasses des varennes et plaines de Fromontville, la Genevraye et Basse Plaine, Sa Majesté luy a permis de tirer de l'arquebuze, ou faire tirer par Henry Delon, l'ung de ses domestiques, sur ladite terre d'Arnaulx et autres a luy appartenant, et ce sur les loups, reguards, blaireaux, bizches, ramiers, canarts, et autre gibbier non deffendu, nonobstant les deffences qui ont esté puis naguères faictes de porter bastons a feu, dont sa Majesté a excepté et dispensé ledit Chappotin par le présent brevet qu'elle a voullu signer de sa main et estre contresigné par moy son conseiller et secrétaire d'estat. HENRY. — de NEUFVILLE.

[2] Dom Chazal. (Biblioth. d'Orléans. M. 270 *bis*.) — II, 774. Arch. du Loiret. $\frac{H.\ 1.}{1}$ p. 159. — $\frac{H.\ 1.}{2}$ · f° 320. (V. ci-dessus, p. 15,)

[3] Henry par la grâce de Dieu roy de France et de Navarre, a nostre cher et et bien aimé cousin le duc de Montbazon, pair et grand veneur de France, et au maistre particulier des eaues et forests a Nemours, chacun en droit soy comme a luy apartiendra, salut. Ayant resolu de faire garder la plaine de Nemours pour nostre plaisir de la chasse, et d'en donner la charge a quelque personnage dont l'expérience, affection et fidélité a nostre service nous soit conue : a cette cause sachant les dites qualités estre en nostre cher et bien amé Robert Guillin, nous l'avons commis, ordonné et député et par ces pré-

De ce que le droit de chasse accompagne en général la haute justice, il suit évidemment que des seigneurs, autres que le roi, le possédaient également; et ils n'y attachaient pas une importance moindre. En 1213, Jean de Baugency a bien la générosité d'abandonner à l'abbaye de Saint-Mesmin les droits de gruerie à percevoir sur les forêts présentes et à venir du couvent, mais il ne va pas jusqu'à aliéner la faculté d'y chasser et suivre son gibier[1].

La saisie d'un droit de chasse litigieux est ainsi mentionnée dans une enquête du treizième siècle : « Item, de oprisia facta « per Galeranum de Longavilla, militem, super chacia quam

sentes, signées de nostre main, commettons, ordonnons et députons pour avoir la garde de ladite plaine de Nemours a prendre de la porte dudit Nemours à aller à Grez et montant à Nonville et de là droit au dessous des bois de Barbeau tirant aux granges et autres plaines proches desdits bois, conserver le gibier qui se trouvera en icelle, pour nostre plaisir ; empescher qu'aulcunes personnes de quelques estat, qualité et condition qu'il soient y chassent sans nostre expres congé et permission et generallement avoir l'oeil à la conservation d'icelle plaine et jouir de ladite charge aux mesmes honneurs, auctoritez, prérogatives, prééminences, franchises, libertés, droicts, proffits et esmoluments dont jouissent ceux ayant pareil pouvoir en nos varennes. Et d'autant que pour la grande estendue de la plaine il ne pouvoit seul vaquer à ce qui est necessaire afin qu'il ayt moyen de s'en bien et deuement acquitter, luy avons donné et donnons pouvoir de commettre deux gardes pour y vacquer avec luy qui feront les rapports des contraventions qui seront faits a nostre présente volonté au maistre particulier des eaux et forests dudit Nemours ou son lieutenant pour les juger par les formes prescrites par nos ordonnances : et jouiront d'icelles charges ainsi et en la même forme et manière que font les autres gardes de nosdites varennes. Pour ce nous vous mandons que pris et receu dudit Guillin le serment en tel cas requis et accoustumé vous le mettiez et instituiez en possession et saisine de ladite charge et l'en faites jouir et user plainement et paisiblement, contraignant a ce faire souffrir et obéir tous ceux qu'il appartiendra sans permettre que luy soit sur ce fait mis ou donné aucun trouble destourbier ou empeschement, au contraire. Car tel est nostre plaisir, nonobstant quelconques ordonnances desfences et lettres a ce contraires. Donné à Saint Germain en Laye le deuxiesme jour de janvier l'an de grace mil six cens sept et de nostre règne le dix huictiesme HENRY.

De par le roy, DE LOMENIE.

[1] Donation confirmée, en 1246, par Simon de Baugency, son fils, et par le roi. O,20619, f. 395, 401, 402.

« dictus Fournier avocat se habere in loco de quo est conten-
« tio [1]. »

Un arrêt de 1612 reconnaît à Ant. Chibotot, seigneur de Saint-Mesmin, le droit de chasse sur toutes les terres de l'abbaye de Fontaine-Jehan [2]. Au treizième siècle, l'abbaye de Saint-Germain des Prés rachète les droits de forêt et de garenne (venationes et hayas) que Gautier Le Cornu réclamait sur ses terres d'Arrabloy, ainsi qu'en témoigne la charte d'accord passée par le roi lui-même [3].

Renault de l'Isle, seigneur de La Ferté, réclamait la chasse « garennam ad grossum animal, in tota terra ipsius decani et « capituli inter Ligerim et Oyson » sur les terres du chapitre de Saint-Agnan. Le parlement, par un arrêt fort singulier, attribue à Renault, non pas le droit de chasse, mais seulement le droit d'exiger des sergents du chapitre le serment de garder fidèlement sa chasse : « Item, quod non est probatum aliquid per « quod dictus Reginaldus et ejus uxor habeant jus habendi ga- « rennam ad grossum animal in terra dicti capituli inter Ligo- « rim et Oyson ; set est probatum quod custodes nemorum ca- « pituli, deputati ad custodiendum boscum ipsorum de Ne- « moisi, quando instituuntur, faciunt domino dicte Feritatis « juramentum de servanda venacione sua, et de isto pronun- « ciatum fuit quod eidem domino remanebit. »

[1] J. 1028.

[2] Morin, p. 200, 201.

[3] In nomine sancte et individue Trinitatis, amen.

Philippus, Dei gratia Francorum rex. Noverint universi presentes pariter et futuri quod dilectus et fidelis clericus noster magister Galterius Cornutus et fratres ejus in presentia nostra constituti quitaverunt in perpetuum Ecclesie sancti Germani de Pratis Parisiensis venationes et hayas quas ipsi petebant in nemoribus Sancti Germani de Arrableio, et super hoc ponunt feodum Sancti Germani juxta Musterolium, quod tenent a dicta ecclesia in contraplegium, si forte contra hoc venirent ipsi vel nepotes eorum.

Quod ut perpetue stabilitatis robur obtineat, presentem cartam sigilli nostri auctoritate et regii nominis karactere inferius annotato confirmamus. Actum Parisius anno dominice incarnationis millesimo ducentesimo quinto decimo, regni vero nostri tricesimo sexto : astantibus in palatio nostro quorum nomina

La garenne dont il est ici question consiste dans une chasse réservée[1], sur un tréfonds quelconque, à tous les animaux possibles : mais d'ordinaire le sens du mot garenne est beaucoup plus restreint, et c'est ainsi qu'on doit généralement l'entendre[2]; tandis qu'on appelle *forêt* le lieu réservé pour la chasse au gros animal, la garenne est une étendue de terrain, souvent enclose, ce qui lui valait dans ce cas la dénomination de *haie* ou *plessis*, consacrée spécialement à la multiplication du menu poil[3]. Les tréfonds soumis au droit de chasse pouvaient être déclarés par le suzerain en garenne : mais les ordonnances royales restreignirent considérablement cette faculté. Eux-mêmes, les rois, n'en abusèrent pas.

Leur garenne de Montargis s'étendait sur une partie des terres de l'abbaye de Ferrières. Louis XI, par lettres datées de Château-Landon, en mai 1479, remet à l'abbaye « telle portion « de nostre garenne comme elle se comporte, poursuit et es- « tend par toutes les terres et tresfonds de ladite église... sans « en rien réserver ny retenir pour nous et nos successeurs, fors « seulement la chasse aux bestes rousses et noires de laquelle « lesdits abbé et religieux ne autres pour eux ne pourront user « sans noz congé et licence[4]... »

Cette garenne n'était donc autre, à vrai dire, que la forêt de Montargis elle-même, augmentée des terres soumises à la gruerie et à la chasse; et, en effet, les mêmes lettres royaux ajou-

supposita sunt et signa : Dapifero nullo. Signum Guidonis buticularii. Signum Bartholomei camerarii. Signum Droconis constabularii. Data vacante cancellaria. (Sceau et monogramme) — K. 28. n° 7.

[1] Le mot Garenne vient simplement de *wahren*.

[2] Dans ce cas il offre un sens spécial différent du sens du mot chasse, auquel on l'oppose : ainsi les officiers royaux, en 1203, déclarent que le roi, à Jargeau, a « grieriam..... chaciam et guarennam. » — J. 170, n° 25.

[3] La coutume de Lorris fait très-nettement la différence au douzième siècle. « Si quis .. haiam vel forestam intraverit... » et cette distinction a subsisté : ainsi des lettres patentes de 1528 mentionnent les « garennes et forests » — V. Morin, p. 332.

[4] Ordonnances, XVIII, 488. — Copie aux Archives du Loiret, extraite, d'après une mention manuscrite, du Trésor de Guise. — A. 783.

tent : « et lesquelles choses par nous ainsy données et transpor-« tées de nostre domaine, garenne et gruerie de nostre dite fo-« rest de Pontcourt, et icelles avons admorties... » Mais ordinairement la garenne était resserrée dans des limites restreintes. Son caractère constitutif, son caractère unique en fait une réserve de chasse [1], souvent close ; jamais on n'a songé à planter une garenne avec telles essences d'arbres plutôt que telles autres, afin de favoriser la chasse [2].

Les garennes remontent fort loin : un diplôme royal de 891 confirme la donation faite par un certain *comes* « Hecharrus » au monastère de Fleury-Saint-Benoît, de Bouzonville avec ses dépendances et toutes ses garennes [3]. Ce système a persévéré dans tout le moyen-âge.

La plus importante des garennes ducales ou royales est la garenne de Châteauneuf ; c'est du moins la plus fréquentée par les ducs et la plus soignée.

On peut encore citer la garenne de Lorris, fort ancienne puisqu'elle existait déjà en 1123 [4] : la « garenne de la menue beste » de Gien, qui figure dans les lettres d'apanage de 1298 [5], la « garenne à cognins » de Baugency [6] ; les garennes de Montargis (compte des baillis de 1285) [7], de Nemours (même compte).

Presque tous les châteaux seigneuriaux et même plusieurs couvents possédaient un enclos de bois décoré du nom, quel-

[1] V. *Championnière*. Propriété des eaux courantes.

[2] Il n'est donc pas probable que le nom de *Fay* dérive d'une garenne adjacente au château qu'on aurait plantée spécialement en hêtre, afin de nettoyer le terrain pour la chasse, comme on a cru pouvoir le conjecturer. — Jarry. Histoire de La Cour-Dieu, p. 26, note.

[3] « Bosonis villam cum omnibus appendiciis suis et garennis cum omni integritate. » — Dom Estiennot, f. 337 et suiv. Bibl. Imp., 12739, latin.

[4] Coutume de Lorris... « Haiam nostram..., etc. »

[5] 0,50560, p. 234.

[6] Compte de 1403, Engagement de la chatellenie en 1593. — Arch. du Loiret. A 716.

[7] Hist de la France, t. XXII.

quefois un peu abusif, de garenne, sorte de parc entouré d'une palissade ou d'un simple fossé, où l'on était censé élever des lapins et des lièvres. La Cour-Dieu possédait un *plessis* ou *pourpris*, Ambert une *enclousture*[1], Châtillon un enclos contenant un arpent et demi de bois environ[2]; le prieuré de Flotin comptait parmi ses bois francs un bois nommé la *Garenne* ou le *Bois-aux-Connins*[3]. Depuis la concession de Louis XI, l'abbaye de Ferrières avait le droit de garenne sur ses terres[4]; le seigneur de Valery avait de même un droit de chasse, au rapport de dom Morin. Le lieu de Harderet était flanqué d'un clos giboyeux d'une lieue de tour en 1424[5].; le château de Loury d'une garenne de six arpents[6]. La Motte-des-Ruets ou des Ruées, possédait une garenne qui, nous disent les aveux du seigneur au quinzième siècle, « est maintenant en genez[7]. » Des aveux seigneuriaux de diverses époques mentionnent les garennes de Courcelles[8], du Hallier[9], de la Guyotière près de Château-Renard[10], de la Bruyère (dans le même pays) comme elle se comporte en bois, terre, rivière et eaux[11]. L'évêque d'Orléans avait à Pithiviers une « garaune des lièvres et des conins[12]. » Parmi les tréfonds de gruerie, la visite de 1608[13] nous cite la Garaune,

[1] Compte de 1419. Arch. du Loiret. A. 855.

[2] Arch. du Loiret. Fonds de Flotin. Acte de 1734.

[3] Arch. de l'Yonne. Fonds de Flotin.

[4] Des lettres patentes de Charles VIII (1490), déclarent que le roi a encore le droit de garenne sur les terres de Fontenay appartenant à l'abbaye. — Morin, p. 698.

[5] Compte de 1424, deuxième partie. 0,20319.

[6] Vente de Loury par Anceau le Bouteillier à Laurent Lamy (1401). 0,20036, f. 64.

[7] Arch. du Loiret. Duché d'Orléans, arm. 14, l. 133.

[8] Aveu de 1404. 0,20617.

[9] Échange de 1537. Hist. du Hallier, par M. Loiseleur, pr. VII. (Mémoires de la Société des Sciences et Arts d'Orléans, ~~XXIII.~~) XII

[10] Aveu de 1389.

[11] Aveu de 1403.

[12] J. 170, n° 31.

[13] Z. 4922.

près Pont-aux-Moines, la Garanne de Reuilly, la Garanne des Reuets, la Grande-Garanne de Montpoulin (près Vrigny), la Garenne des Chasteliers, contenant deux arpents et demi enclos, les Garennes de la Mothe, de six arpents enclos, de Ligny, d'un arpent et demi, de Rouville, du Marchais-Pouillet (au sieur de Mollainville), de Montmerault (au sieur de l'Isle), de Givray, (au procureur Lefebvre), la garenne de la veuve Pasquier, la garenne du sieur de Cormes, etc.

Le château de Malesherbes avait une garenne où l'on chassait même au cerf[1], le château de Soisy-Bellegarde, un parc de 300 arpents[2].

On peut encore citer la garenne de la Commanderie de Boigny, d'environ 6 arpents[3], les garennes de Loury (26 arpents)[4], Villiers (3 arpents enclos), Chenailles, La Coinche, Alonnes, Belle-Sauve[5], Adonville (2 arpents), Reuilly, la Bretauche (2 arpents et demi), la Roncière, à Loury, Saint-Mesmin[6].

Les garennes sont ordinairement considérées comme en dehors de la gruerie, par suite de la confusion des droits de gruerie et de garenne avec les dépendances de la haute justice[7].

Le petit gibier que l'on devait conserver foisonnant dans les garennes, offrait une alimentation facile et agréable; en cas de presse, le duc y faisait tuer des lièvres[8]. De plus ce genre de chasse procurait un plaisir sans fatigue; un tir au repos éprouvait l'adresse, et les dames elles-mêmes prenaient un vif plaisir à y faire parade, au détriment d'innocents lapins, des

[1] Morin, p. 391.
[2] Morin, p. 133.
[3] Arch. de l'Emp. Fonds des Comm. de Malte. Visite de 1778.
[4] Vente de Loury, 1401. 0,20636, f. 64.
[5] 0,20034.
[6] Arch. du Loiret. A. 716.
[7] V. 0,20634. Morin, p. 698.
[8] Il paraît en avoir fait tuer dans la garenne de Montargis, lors du tournoi qui eut lieu dans cette ville à la fin du treizième siècle. — J 1028, n° 25.

qualités dont la nature les a pétries. Aussi voyons-nous qu'en 1483 et 1485, la garenne de Châteauneuf « n'a point esté baillée afferme, et est retenue en la main de Monseigneur le duc « pour le desduit de Monseigneur le duc et de Madame la du- « chesse[1]. »

Cependant, quelque plaisir que la garenne procurât aux princes, les ducs, pressés par d'impérieuses circonstances, et réduits à la nécessité de multiplier leurs ressources, pensèrent à exploiter la passion des veneurs Orléanais et à s'en créer une branche de revenu. Ils se réservèrent donc seulement la grande chasse; pendant toute la durée du quinzième siècle, les garennes furent données en locations régulières[2], et comme on vient de le voir c'est à titre d'exception que le duc garde l'une d'elles « en sa main. » Mais cet expédient financier ne produisit point tout ce qu'il était permis d'en espérer. Sans doute, le prix de location se maintient à un cours assez élevé. En 1419, on louait la garenne de Châteauneuf pour trois ans, à raison de 23 livres parisis par an : en 1447, Florent de Bacqueleret, écuyer, payait la même garenne 32 livres parisis par an[3]. Du reste, c'est surtout la garenne de Châteauneuf qui, étant la meilleure, « souloit estre bailliée et affermée. » La garenne de Lorris, victime d'abus qui l'avaient absolument dépeuplée, n'est plus portée en compte : « de la garenne de Lor- « riz, néant, pour ce qu'il n'y a nulz congnins de si long temps « qu'il n'est mémoire du contraire[4]. » Dès la fin du treizième siècle, nous lisons dans une enquête : « Remembrance du ga- « rennier de Lorriz qui a gajes du roi XII deniers par jour, et « la garanne est toute destruite par la gient l'arcediacre de Va- « renes[5]. »

Mais la garenne même de Châteauneuf ne trouve pas toujours des acquéreurs, car si le duc manquait d'argent, ses vas-

1 0,20642.
2 Elles l'ont été également au seizième siécle. — V. Comptes de 1573.
3 0,20617.
4 Compte de 1483-85. 0,20042.
5 J. 1028, n° 25.

saux ressentaient bien le même besoin, et d'ailleurs, depuis qu'ils s'étaient fait si glorieusement hacher sur le champ de bataille de Poitiers, les gentilshommes français avaient trouvé, pour déployer leur énergie et leur adresse, d'autres théâtres qu'une garenne.

Aussi, plus le duc demande d'argent, plus ses propriétés lui en refusent. Il aimerait que les jardins de Châteauneuf lui fussent de quelque profit, on lui répond : « De l'émoulument des « jardins de Chasteauneuf et des courtilz ilec, néant, pour ce « que Simon Belon, jardinier ilec, les prent et reçoit par sa « main entièrement pour soustenir en bon estat iceulx jar- « dins. »

« De la garenne des cognins de Chasteauneuf, néant ad ce « terme car rien n'y est escheu et n'a pas esté vendu ceste « année[1]. »

Le certificat suivant d'Hervé Lerens nous apprend qu'en 1435, il en fut de même.

« Hervé Lorens lieutenant du maistre des eaux et forests du « duchié d'Orléans certifie a tous à qui il appartendra que les « pasnages et paissons de la forest d'Orliens du buisson du Ro- « tray et de celui de Bryo et aussy les garennes de Chasteau- « neuf et de Lorriz, les trois estangs dudit Chasteauneuf, le « grant estang de Lorrilz et cellui de Barate n'ont point esté ven- « duz ne affermez pour l'an fini au jour saint Jehan Baptiste « mil quatre cens trente cinq derin passé à l'occasion de la « guerre et qu'il n'est venu persone qui aucune chose en ait « voulu donner pour la cause dessus dicte, et tout ce certifie « estre vray par ces présentes, tesmoing mon scel cy mis le « derin jour de juing oudit an mil quatre cens trente et cinq.

« Ligier[2]. »

En 1422, la garenne de Baugency avait bien été louée, mais il est impossible de percevoir le prix de location. Les preneurs

[1] Compte de 1403-4.

[2] Il existe, de 1437 et 1440, des lettres identiques, mais celle de 1437 est signée de Hervé Lorens.

prétendent qu'ils ont été troublés dans la jouissance ; on saisit leurs biens[1].

Nous avons un exemple d'une garenne donnée en gratification viagère : le sieur de Trouville, capitaine de Baugency, possédait, en 1524, la chasse de la garenne de Baugency[2].

Les garennes exigeaient des précautions très-particulières et des soins minutieux pour l'entretien du gibier. En 1395, un certain Laurent de Launoy reçoit son salaire « pour avoir esté, « lui deuxiesme, seize journées à cuilir epines et couvrir plu- « sieurs terriers en la garanne du Chastel-Neuf, pour les chiens

[1] Hervé Lorens, lieutenant général de Jehan Victor conseiller de Monsieur le duc d'Orléans, souverain maistre et enquesteur des eaues et forestz d'icellui seigneur ou duchié d'Orléans, salut. Comme Robine vefve de feu Salmon de Nespart en son vivant fermier de la guarenne de Baugency et Guilleaume de Loynes son pleige, eussent naguères esté executer à la requeste de Robin Vassart commis à la recepte du demaine du duchié d'Orléans pour la somme de XVI livres XVI sous parisis qu'ilz devoient pour les cinquiesme et derrenier sixiesme paiemens de ladicte ferme escheuz au termes de Toussains mil quatre cens et vingt deux et Ascension Nostre Seigneur mil quatre cens et vingt trois, contre laquelle les deffendeurs se feussent opposez, disans que ilz n'ont point jouy de ladite guarenne et que ilz n'y ont rien pris soubz umbre de ce que monsieur le mareschal de la Faiette leur feist faire par cry deffence de par le roy nostre sire sur paine de la hart qu'ilz ne feussent sy hardis d'aller aucunement chasser ne prandre ou fere prandre congniins ne autres bestes sauvaiges en ladite guarenne, pour quoy ilz n'y ont osé aller, et en oultre disans que s'il estoit ainsy qu'ilz deussent paier ladite somme pour ladite ferme s'il ne seroient ils tenuz de la paier que au pris que la monoie valoit au temps de la prise d'icelle qui fut a la Chandelleur mil quatre cens trente et neuf. A laquelle opposition ilz ont renoncé : après laquelle avons condempné et condempnons par ces présentes ledit Guilleaume de Loynes à rendre et paier à la recepte d'Orléans la moictié de ladite somme de XVI livres XVI sous parisis qui est VIII livres VIII sous parisis pour toute la dite année. Sy donnons en mandement par ces mesmes présentes au premier sergent de mondit Seigneur le duc esdites eaues et forestz sur ce requis que le contenu en ces présentes il mette a execution deue sur ledit Guillaume de Loynes et ses biens, selon leur teneur et qu'il appartient à fere en tel cas. Donné à Orléans soubz nostre seel, le seiziesme jour de juing, l'an mil quatre cens vint et cinq. — Ligier. (Arch. d'Orléans. Tr. du Châtelet.)

[2] Certificat du maître des eaux et forêts de Baugency. 18 avril 1524. — Arch. du Loiret. A. 748.

« qui rompoient les terriers et les oyseaux de proie qui man- « geaient les connilz et les lappereaux [1]. »

Pour veiller à l'entretien et à la garde des garennes, on avait institué un officier spécial, le garennier. Cette fonction semble ne dater que du treizième siècle. La coutume de Lorris qui, au douzième, nous parle d'animaux pâturant en délit dans la garenne, suppose qu'ils ont été pris par des officiers ordinaires, « miles seu serviens. » Mais au treizième siècle, le service des garennes nous apparaît parfaitement organisé [2]. Chaque « garennarius » ou « custos garennæ » touche en général un traitement de 12 deniers (un sou) par jour, en tout six livres dix-sept sous par an. Cependant, en 1285, Drouet, garennier de Nemours, dont les services avaient sans doute moins d'éclat que ceux de ses confrères, ne recevait que moitié de leurs appointements, soit 6 deniers par jour, c'est-à-dire 58 sous six deniers par an [3].

La pension de retraite de ces officiers ne se chiffrait pas à un taux uniforme : l'on assigne à Vincent, ancien garennier de Châteauneuf, 4 deniers par jour, soit un total de 45 sous 8 deniers, tandis que Jean, ancien garennier de Lorris, touchait encore 12 deniers (6 livres 17 sous).

Le garennier de Châteauneuf cumulait avec ses fonctions la garde de la rivière de Fay [4] : aussi fallut-il, dès le treizième siècle, lui adjoindre un compagnon. A cette époque, l'enquête sur les officiers forestiers nous dit :

« Ce sunt les garaniers dou Chastiau Neuf et qui gardent la

[1] Joursanvault, 686. V. aussi *idem*, 687.

[2] V. Compte des baillis de 1285. Hist. de la France, XXII, 659.

[3] Au contraire, le garennier de Montargis percevait, en 1248, deux sous par jour, c'est-à-dire 36 livres 1 sou par an, traitement très-élevé qui l'égalait au *castellanus*, le capitaine du château, ou, pour ainsi dire, le commandant de la place de Montargis qui, cette même année, recevait également 2 sous par jour. De plus le garennier et le châtelain recevaient 100 sous par an, pour leur robe. — Comptes de 1248. *Ibid*, XXI, 273.

[4] Compte de 1285. « Guarannarius Castri-Novi et aquæ Fayel XII d. per diem. » — Il n'en est pas ainsi en 1248.

« rivière de Fay : Vincent de Fontainebleaut... (à 6 deniers de « gages par jour, institué par lettres datées d'Orléans, mer- « credi après Noël 1271) et Milet de Draveil... à XI liues de « Courbeull » à 8 deniers par jour, « si comme Hervin de « Montreau les soullet avoir, » institué par lettres-royaux datées de Vitri-ou-Loige, le mardi après Pâques 1274. On rend le témoignage que ce sont de bons sergents et « gardant bien ce que il ont à garder. »

Au quinzième siècle, les gages des garenniers ne furent point augmentés. En 1423, Robin Veret, garennier de Châteauneuf ne percevait que 72 sous parisis[1].

Aussi ces gages semblaient parfois insuffisants : en 1434, Jehan Victor déclare avoir « baillé au guarennier de Chasteau- « neuf 40 sols parisis par l'ordonnance du conseil pour lui ai- « dier à vivre et qu'il pust mieux guarder icelle guarenne[2]. »

Le garennier, du reste, constitue un véritable officier forestier, jouit des mêmes pouvoirs qu'un sergent de la forêt. Quelquefois il prend la qualification de « sergent et garennier. » Ainsi en 1424, un procès-verbal du sergent et garennier de Châteauneuf constate que sa main-mise, apposée à Jargeau sur un millier de merrein de provenance suspecte, a été violée en sa présence, et qu'on a, de force, emmené et chargé le merrein par la Loire[3].

La garenne de Gien n'avait point de garennier spécial, elle était gardée par le fonctionnaire forestier ordinaire qui, en 1298, prenait le titre de « Garde des bois et de la garenne de « Gien[4]. »

Quel que fût le zèle des officiers forestiers, garenniers et autres, quelle que fût la sévérité des lois forestières, ou peut-être en raison même de cette sévérité[5], le braconnage n'était pas inconnu dans la forêt d'Orléans. Il est rare de trouver parmi les

[1] 0,20618, f. 172.

[2] Compte de 1434-35. 0,20219.

[3] Annexé au compte de 1424-25. 0,20319.

[4] Enq. 1028, n° 25.

[5] La sévérité des peines empêchant souvent leur application.

auteurs de ces méfaits des gentilshommes : presque toujours les coupables sont des habitants des paroisses forestières, parfois quelques moines des couvents placés en forêt. Rien de plus propre assurément à éloigner toute idée de braconnage que la vie claustrale et régulière, qui tient le moine renfermé dans son cloître, qui arrache l'épée aux mains les plus habiles à la porter, vie frugale, austère, qui ne comporte que les aliments les plus grossiers. Il ne faut donc pas s'imaginer, comme on le fait trop souvent, les couvents qu'avait élevés primitivement l'amour de la solitude au fond des bois, convertis au moyen-âge en vrais rendez-vous de chasse[1]. Il n'en est rien, et si, dans les procès-verbaux des délits, il semble naturel de remarquer spécialement les faits de braconnage imputés à des moines, l'on est par cela même forcé de reconnaître leur excessive rareté. C'est seulement, bien entendu, aux membres d'un couvent dégénéré et d'une observance relâchée que l'on peut reprocher ces méfaits, dépourvus du reste de toute apparence bien criminelle ; c'est donc au quinzième siècle qu'on les observera, à cette époque de très-sensible décadence pour les monastères, et peut-être plus encore pour les monastères de l'Orléanais que pour les autres. Jusque là l'on observe plus strictement la règle, et jamais aucune des lois monastiques, jamais la grande loi de saint Benoît, pierre angulaire de tout l'édifice, n'a contenu d'articles dont la plus complaisante explication pût tirer les moindres facilités pour l'autorisation de la chasse. Si l'on consulte la règle (qui est à peu près la formule du canonicat régulier de saint Augustin) qu'en 1180 donna au prieuré de Flotin[2] l'archevêque de Sens, on lit ces mots : « Priori et fratribus quibus a priore injunctum fuerit,

[1] En général, le relâchement de la discipline dans un couvent se trahit par d'autres signes. Le signe caractéristique est l'amour de la fortune et du confortable, l'amour des biens de la terre. On vit des moines, comme les moines de Barbeaux qui, au moment des récoltes, abandonnaient tous l'abbaye pour aller les surveiller. Touché de ce scandale, Philippe-Auguste, vers 1186 ou 1187, tâche de les y retenir par une donation. — V. Mabillon. De re diplomatica, 603. Cart. de Barbeaux, II, 78 v°, III, 253.

[2] V. Quantin. Cartulaire de l'Yonne, I, p. 153.

« licebit ire et equitare secundum regulam sancti Augustini. » Un interprète a saisi dans cette phrase « une *nuance de mon-* « *danité* que comportait la tolérance du cheval, et, *nécessaire-* « *ment* à sa suite, celle des chiens et des faucons [1], » nuance bien délicate à percevoir, car il s'agit ici d'une permission de *voyager*, sur l'ordre du prieur, et en observant la règle de saint Augustin ; or, dans cette règle, les deux modes de transport alors usités, à savoir les jambes du voyageur, ou l'exercice équestre sont également permis. Quoi là de si mondain ? et que la conséquence est peu nécessaire ! De ce que, dans un cas donné, l'on voyage à cheval, il ne s'en suit pas infailliblement que l'on chasse à courre. Et à cette heure encore, en voyant le prêtre américain chevaucher avec les instruments du culte suspendus à l'arçon de la selle à travers les champs du Nouveau-Monde pour porter les secours de la religion aux hardis pionniers du désert, qu'on ose qualifier un tel homme de dissipé ou de mondain ! Or, l'équitation présentait peut-être autant d'utilité dans la France antérieure au douzième siècle que dans l'Amérique et la Russie. Mais, nous le voulons : admettons les suppositions les plus hypothétiques : admettons les moines de Flotin, le faucon au poing, sur leur destrier et entourés de leur meute, ce serait bien alors le cas, en considérant les travaux si sérieux des moines en agriculture et surtout en littérature, de répéter cette judicieuse réflexion [2] : « Dieu a voulu que le moine copiât, « comme l'abeille fait son miel, celui-ci suivant les prescrip- « tions de la règle, celle-là suivant les lois primordiales de « l'instinct. Soyons-en reconnaissants envers Dieu, mais ne « vilipendons ni le moine ni l'abeille, et pardonnons aux moi- « nes d'avoir été, parfois, de leur siècle en faveur de ce qu'ils « nous ont transmis des siècles passés. »

Si peu admissible qu'elle soit en théorie, cette proposition l'est encore moins historiquement. Aucun texte jusqu'à présent

[1] V. Rapport de M. de Montvel. Mémoire de la Société d'Agriculture Sciences et Arts d'Orléans, XII, p. 152.

[2] Du même auteur, p. 153. — et sauf que nous considérons la règle monastique comme une nécessité consentie et non point comme je ne sais quelle nécessité instinctive.

n'est venu la confirmer ; les quelques faits de braconnage reprochés à des moines revêtent un caractère beaucoup moins chevaleresque. En 1457, « frère Estienne de l'Estre, religieux « de Flotin et le varlet dudit hostel » faisant défaut pour la troisième fois, sont condamnés par contumace pour avoir été pris en flagrant délit près d'un bâton « la ou il lui avoit cinq « pièces de harnois tendu en ledit buisson en la gruerie mon- « seigneur le duc, lesquelx cinq pièces de harnois ledit ser- « gent cuillit et les emporta avec ledit baston : por ce XV sols[1]. » Il semble que dès le commencement du treizième siècle les cas de braconnage se soient multipliés à La Cour-Dieu ; dans ses lettres de 1212, Louis, fils de France, dégage le couvent de toute responsabilité civile, de toute action en garantie pour le paiement des amendes auxquelles un moine ou un sergent de l'abbaye pouvait être condamné à la suite d'un délit de chasse[2]. Mais il permet de détenir le délinquant jusqu'à parfait paiement. Au quinzième siècle, un religieux de La Cour-Dieu trafiquait de gibier « de Mᵉ Estienne du Tertre, religieux de La « Cour-Dieu » parce que l'on a trouvé « en l'ostel dudit reli- « gieux sept pieds de beste noire, laquelle amende *veue sa re-* « *nommée* et aussy la marchandise dont il se mesle qui est pu- « blique, avons tauxé et tauxons sur lui a IIII livres parisis. » (Sentence des grands jours de Châteauneuf, le 2 juin 1446[3]). Les religieux de Cercanceau agissaient avec une franchise plus entière encore, ce qui leur vaut en 1607 une sévère réprimande du roi Henri :

« Le roy estant adverty que, dans les boys et buissons de « l'estendue du bailliage de Nemours proches de sa forêt de « Fontainebleau ou il prend ordinairement son plaisir de la « chasse, plusieurs religieux, mesme ceux de l'abbaye de Cer-

[1] Compte de 1457-58, pour la garde de Vitry, 0,20310.

[2] Quod si in venatione aliquis de fratribus sive de servientibus eorum captus ad foris factum fuerit, eumdem fratrem sive servientem tantum custodiatis, quo inde nostram emendam habeatis et nec ad abbatiam inde vos capiatis.

[3] Compte du grand-maître 1445-46. 0,20310.

« canceaux, et aultres particulliers sont journellement à tirer « avecque l'harquebuze, en sorte que souvent il se trouve des « cerfz mortz ou blessez, Sa Majesté a fait très expresses inhibi« tions et deffenses tant ausdits religieux et aultres particuliers « que générallement à toutes personnes de quelque estat, qualité « et condition qu'elles soyent de porter ny tirer de l'harquebuze « dans tous lesdits boys et buissons soubz quelque couleur et « pretexte que ce soyt, sur peyne de desobéissance, de confis« cation de leurs dites harquebuzes et aultres plus grandes « portées par ses édicts et ordonnances. Enjoint ladite Majesté « au maistre particulier des eaues et forests dudit Nemours de « tenir la main à l'exécution de ces présentes, informer dili« gemment des contraventions à icelles et se saisir desdites « harquebuzes pour en estre par nous ordonné ainsi qu'il ap« partiendra par raison. Faist à Fontaynebleau le XXIe jour « d'octobre 1607. — HENRY. — DE LOMENIE [1].

Tels sont à peu près les délits de braconnage reprochés aux moines des communautés voisines des forêts de l'Orléanais. Les membres d'une autre grande corporation, l'Université d'Orléans, semblent s'être accordés quelquefois le plaisir de la chasse défendue : « De maistre Henry Romain, de maistre « Noel du Bois, de maistre Michiel Jarre, escoliers d'Orléans, « pour une amende par eulx gaigée congnoissans en la main « dudit commis de ce qu'ilz ont chacié en ladite forest d'Or« léans a harnois et fillez tenduz, et prins une chiévre dedans « l'enclousture des Célestins d'Ambert dont ilz ont esté trou« vez saisiz. » Chacun est condamné à huit livres parisis d'amende. « De Perrin Maillet, d'Orléans, de maistre Jac« ques de Vaulx, escoliers, pour une amende par eulx gaigée « en la main dudit commis de ce qu'ilz se partirent d'Orléans « en la compagnie des deux dessus nommez escolliers, et en « leur force et aide pour aler quérir leurs harnois et ladite « chiévre que lesdiz escolliers avoient leissez et mussiez au « bout de la rue des fossez, et dont eulx et lesdiz escoliers fu-

[1] Arch. du Loiret. A. 1239.

« rent trouvez et prins saisiz par les sergens de mondit sei-
« gneur. » Chacun dix sous parisis [1].

Les officiers forestiers chargés de faire respecter la chasse, ont eux-mêmes sacrifié un peu sur l'autel de saint Hubert. A la fin du treizième siècle on leur impute divers faits de braconnage. Il est certain qu'ils élevaient alors des chiens et des oiseaux et possédaient tout un équipage cynégétique. « Girart Boolin de « Seint Michian », leur ennemi, dit « que il li semble que ce « n'est pas reson que touz les serjanz ont chiens couchanz et « oisiaus et levriers [2]. »

Ainsi l'on blâmait déjà cette habitude. Mais elle s'était enracinée surtout chez les maîtres de garde, et les sergents se contentaient ordinairement de chasses moins dispendieuses; un témoin déclare « que il a veu plusours foiz Rogiau, le ser-« jant au gruier, tendre paveaus et resaus ou leur de la forest « es lievres [3]. » L'administration royale cherchait évidemment à s'opposer à cette tendance, puisque comme éloge singulier du forestier de Gien, l'on témoigne qu'il n'a pas chassé ni laissé chasser, qu'il n'a pas eu « levriers en sa meson ne bra-« chez. » On informe avec soin sur les faits de chasse reprochés à Bertaut de Vilers, forestier de Courcy, et sur le gibier pris par ses levriers [4]. On constate chez ce Bertaut de Vilers, des habitudes de braconnage.

« Bertaut est renommés de prendre bestes sauvages et a re-« connu que ses levriers en ont pris II par meschéance. C'est « assavoir, quant il coroient après I conin, il salli de aventure « une chièvre sauvage, si la pistérent, et une autre fois une « biche, mes Bertaut tua le levrier quil prist la chievre, et « amena celui qui prist la biche et ledist Bertaut au roi, et a « tosjors tenu levriers et pris des lièvres a reseax et paveax. » L'inculpé cherche à atténuer et à expliquer ce fait; on allait,

[1] Arch. du Loiret. Comptes des eaux et forêts. A. 855. Compte de 1410.
[2] J. 1028.
[3] *Ibid.*
[4] J. 733, nos 146, 147. J. 1024.

dit-il, dans la forêt du Gaut avec deux levriers et un troisième mal dressé ; ces animaux mènent un *conin; saillit* une chèvre après laquelle se lance le chien étranger ; il fallait qu'elle fut mauvaise pour opposer si peu de résistance ; la bête est bientôt affollée ; Bertaut vit qu'elle ne pourrait vivre, il fit acte pie en la tuant ; il assure même qu'il voulait l'envoyer à Renaut, valet du roi, mais Renaut venait précisément de partir. Une autre fois, son valet menant deux levriers, ils s'échappèrent de ses mains et prirent un *bichat* qu'il mena au roi, « et lui dist ce « meffait. » Bertaut, à ce que déclarent d'autres témoins, a pris avec ses levriers conins et lièvres. « Item Bertaus a conneu que « de bestes prises ou pièges il a eu une biche, deus bichiaus et « un goherel, et departi ou il li pleut à ses serjans. » Il reconnait que « sa maisine alloit souvent tendre as lievres et as con-« nins. » Une autre fois, il s'empara d'un cerf qui avait été tué. Jehan de Tine déclare que Bertaut a apporté à l'évêque un cochon et un sanglier qu'il disait un présent du roi. En définitive, c'est un véritable braconnier.

Les forestiers, ses collègues, encourent moins de reproches. Cependant on signale à plusieurs reprises l'habitude qu'aurait contractée Robert de Hupecourt de faire nourrir ses chiens et ses oiseaux par diverses abbayes du voisinage. Saint-Ladre et Saint-Euverte en avaient très-particulièrement souffert[1]. « Robert « de Hupecourt entent plus a ses chiens et a ses oisiaus que il « ne fet a fere le proffit de la forest... Item du tonel de vin « que il ot du prior de Saint-Ladre d'Orliens et des griés que « la meson a eu des chiens et des oes[2] Robert ; et cil priour dit « que quant Robert li envoet ces oes, il les covenoit garder et « fornir de touz couz, et ne les voloit prendre cil Robert s'il « n'estoient bien grasses. » Et si ces intéressants animaux

[1] J. 1021. J. 742, n° 6.

[2] La langue de toutes ces enquêtes est assez pure et elle nous offre un très-bon spécimen de la vraie langue française du treizième siècle. Le mot *oie*, avis, qui nous est resté dans un sens plus restreint, gardait encore l'acception primitive que son diminutif seul *oisel*, oiseau, avicellus, a conservé.

avaient dépéri quelque peu, « ledit Robert en faisait mot malle « chière au prieur et au genz de léanz, et prenoit leur charret « senz reson et les menait mot mal. — Griés de Saint-Yvertre « d'Orliens... Hupecourt... a bien demoré en leur abaiee par « C fois, une foiz a III chevaus, a IIII garcons, a III chiens o « ses oisiaus, sovant à III compaignons ou II au moins... » il a dépensé ainsi beaucoup en « boivre et en mengiers. » Enfin le même Robert avait donné deux chênes à Saint-Ladre du Puiset pour les deux jumelles d'un pressoir que construisait le prieur entre Bourgneuf et Rebrechien, parce que ce prieur ou *maître* de Saint-Ladre avait reçu « ses chiens et sa gent pendant « qu'il aloit en son païs. »

Toutefois, il faut remarquer, d'après les enquêtes sévères et minutieuses que nous venons de citer, que cette vie désordonnée de chasse et de plaisir n'est le fait que de deux maîtres des gardes, dont les noms nous sont signalés. En admettant même l'hypothèse tout à fait gratuite d'un semblable genre de vie pour tous les officiers forestiers, on devrait convenir que la régularité ne tarda pas à devenir plus parfaite. Au quinzième siècle, il n'est guère question de braconnage exercé par les officiers.

Citons un certain Jehan Rousseau, sergent de Goumas, qui avait pris un sanglier et en avait distribué la dépouille au clerc de la garde et à quelques autres ; il est arrêté, et ne sort de prison que pour essuyer une condamnation de 40 sous parisis que l'on déclare mitigée, et à laquelle il parvint à se soustraire par la fuite[1].

Parmi les habitants des paroisses voisines se rencontrent bien aussi quelques braconniers de profession[2].

En 1447, on déclare que Girart de Jargeau qui avait chassé et pris des connins en la garenne de Châteauneuf « est de ce « faire coustumier[3]. »

Nous avons déjà cité plusieurs de ces braconniers émérites.

[1] Compte de 1460. O,20319.

[2] V. Notamment Enquête du treizième siècle (J. 722. n° 6). Un sergent a pris « le fils au loier de Seuri qui portoit en I sacq I chevriau sauvaige »

[3] Compte du grand-maître de 1446-47. O,20319.

La chasse leur créait un produit commercial fort appréciable. Deux habitants de Chaingy, par exemple, sont condamnés pour avoir chassé « à chiens et harnois » que le maître de la garde de Goumas avait confisqués par devers lui, « jusques au nom- « bre de XXXII piéces qu'il a prises tendues en sa dite garde [1]. » Un certain Thiercelin, dit Moutardier, de Chécy, surpris « chas- « sant en la forest es boissons près de Mardiè, et avoit tendu « IX piéces de harnois à lui appartenans qui ont esté portées à « Chasteauneuf par devant le maistre des forest » paie 40 sous parisis [2]. Les habitants des environs de Paucourt déclarent avoir vu un braconnier assez connu dans son temps, Guillemin Aubert, « porter plus de XIII liévres à Chastelrenart et à Fer- rières [3]. »

Les lois pénales pour la répression du braconnage édictent parfois des dispositions rigoureuses, mais s'il en est ainsi, on se garde de les appliquer. On déclare, par exemple, dans une en- quête sur le Chaumontois, à la fin du treizième siècle, « que le « mestre forestier commanda ocire en l'iau et hors l'iau les « chiens qui seroient enprès la forest [4]. » Eh bien ! si cet ordre cruel fut vraiment donné, s'il se trouva un nouvel Hérode assez dénaturé pour prescrire un tel massacre, cette volonté funeste, résultat sans doute de quelque mouvement de colère, ne put trouver d'exécuteurs. Cependant un chien ne doit jamais fran- chir le seuil de la forêt sans être tenu en laisse : l'inobservation de cette prescription a donné lieu à d'innombrables délits dont les fauteurs sont uniformément frappés d'une amende fixe de cinq sous, quel que soit d'ailleurs le lieu de la prise, garenne ou forêt [5].

L'individu assigné et qui ne comparait pas paie son défaut cinq sous parisis selon la règle commune.

[1] Arch. du Loiret Comptes des E. et F. A. 833-858. Compte de 1450.
[2] Même compte de 1450.
[3] Enquête, fin du treizième siècle. J. 1028, n° 25.
[4] J. 1028, n° 25.
[5] V. tous les comptes des gardes, passim.

Un compte du gruier de Seichebrières en 1411 expose l'échelle primitive des peines en matière de chasse : « des droiz ap« pertenans a monseigneur le duc à cause des bestes sauvaiges « cheues et recellées par toute ladite gruerie, durant le temps « dessus dit, qui est tel que ceux qui le recellent doivent baillier « pour le serf un beuf, pour la bische une vaiche, et pour le « sanglier un port, dont l'amende est de LX sous parisis pour « le recelle ; néant, car riens n'y est escheu oudit temps [1]. » Existant en droit, ces peines sévères sont remplacées, en fait, par un système d'amendes. Ceux qui ont participé à la prise d'un cerf ou d'un gros animal, subissent une amende de 3 à 4 livres parisis, chiffre variable du reste, et la plupart du temps réduit [2] par acte de juridiction gracieuse.

Au treizième siècle un braconnier est condamné à « rendre « son cors en prison toutes foiz qu'il plera le roi et de atendre « l'enqueste de ce que l'en li met sus que il a prises des bestes « le roi....., à paine de II cenz livres tournois [3]. » La prise dans une garenne aggrave le délit [4] et l'inculpé cherche naturellement à écarter cette circonstance.

Un lapin de garenne se payait assez cher :

« De Guillin Bruneau dit Marreglier [5], de Landry Polin, « chascun pour une amende par eulx fette en jugement de ce « que en alant parmi les parties de la garenne de Lorriz un « chien avoit fait lever un connin hors d'icelle garenne, lequel « connin vint dedens ycelle, et en ladite garenne ledit chien « l'estrangla et le prinsdrent et emporterent lesdits Guillin et

[1] Compte de 1410-11. — Et encore : Des droits appartenans audit gruier a cause de ladite gruierie, des oiseaux de proie pris et recellez dont ilz doivent rendre la valeur de l'oiseau et l'amende est de LX sous parisis pour le recelle : néant..... (*Ibid.*)

[2] V. Comptes de 1458, 1420-21, 1450, etc.

[3] J. 1028, n° 25.

[4] V. Enquête. J. 1028, n° 25.— Déposition sur Guill. Aubert.

[5] C'est-à-dire Marguiller (*matricularius*).

« Landry : veu le cas et leur povreté XX sols parisis [1]. » Un autre individu saisi de conins près la garenne de Châteauneuf, en 1444 « vu sa povreté et la prison qu'il a tenue XX s. [2] » Le seul fait de chasser dans la garenne de Châteauneuf entraînait une amende de 60 sous, de 40 sous parisis [3]. D'autres circonstances aggravantes dérivent de la qualité des personnes : ainsi, Guillot Devilliers avait chassé avec son valet et les gens de son hôtel à harnais et à chiens ; ils « prindrent une truye et une « chièvre sauvaige : comme il est marchant d'une vente de boys « et il avoit fait serment...... VIII liv. par. » son valet est pardonné parce qu'il a tenu prison « et n'a de quoy payer [4]. » Très-souvent le taux de l'amende est ainsi abaissé, « veu la po- « vreté, » ou bien « pourcequ'il a tenu prison, » à cause de la longueur de l'instruction et de la prison préventive. De plus il semble qu'en offrant au conseil du duc la venaison délictueuse, on puisse purger le délit. En effet, en 1458, à propos de métaiers de Chaussy qui avaient tué deux cerfs, on les blâme non pas tant d'avoir tué ces animaux que de les avoir distribués « à leur « bon plaisir sans en envoyer ne faire aucune chose aux gens « du conseil de monseigneur le duc qui lors estoient aux assises « à Yenville [5]. » Il faut ajouter que quelquefois des lettres de grâce faisaient même disparaître toute pénalité [6].

Le flagrant délit n'était point absolument nécessaire ; tout fait prouvant pertinemment l'existence de la chasse suffisait à la condamnation, ainsi : un cheval ayant la croupe sanglante

[1] Arch. du Loiret. Comptes des eaux et forêts. A. 853 à 858. Compte de 1399.

[2] Compte de 1444-45. 0,20319.

[3] Compte de 1424-25.

[4] *Ibid.*

[5] Compte de 1458.

[6] En 1459, le duc remet aux laboureurs de Liffermeau l'amende qu'ils avaient encourue pour le meurtre de deux cerfs : en 1605, la maitrise relève des vignerons d'Ingré d'un défaut pris contre eux pour avoir chassé le lièvre en la forêt. — Compte de 1399. Arch. du Loiret.

pour avoir porté du gibier [1], un morceau de venaison trouvé par les sergents.

Un individu portant « venoison de serf en un sac par la ville « de Lorriz » se voit condamné à 40 sous parisis [2]. Guillaume Famme qui tient taverne à Sury-au-Bois pour « une pièce de « char de venoison » à lui donnée par des inconnus pour payer leur vin, et trouvée chez lui par le maître de la garde du Milieu, 32 sous parisis [3]. Un autre, « saisi de venoison de chevreuil « pris es fins et mettes de la forest » 5 sous parisis : un second, 10 sous [4].

La science du braconnage varie à l'infini ses expédients. La Loire est parfois leur auxiliaire. En 1456, des hommes sont condamnés par défaut à 32 sous parisis d'amende pour avoir été surpris dans la garenne de Châteauneuf avec « une sentine, « parceque les eaues estoient grandes qui tuoient les congnis » d'icelle garenne [5]. »

Des braconniers chassent dans la garde de Goumas « en « haye tendue ; » mode très-fructueux mais qui exige une rare audace [6]. D'autres chassent simplement, avec des chiens, d'aucuns à l'arbalète [7], la plupart avec des « harnois. » En 1450, deux braconniers qui, surpris en possession, l'un de « harnois « à chasser conins, » l'autre d'un « furon, » en la garenne de Châteauneuf, ont refusé de livrer leurs engins, sont condamnés chacun à 68 sous d'amende, et, de plus, aux frais « d'informa- « tion montant à 12 sous [8]. » Les *harnais* défendus font l'objet

[1] Enquête du treizième siècle. J. 742, n° 5.

[2] Compte de 1420-21. 0,20319.

[3] Arch. du Loiret. Comptes des eaux et forêts. Compte de 1399.

[4] *Ibid*. Compte de 1428.

[5] Compte du grand-maître de 1456.

[6] Compte du grand-maître de 1422. 0,20319.

[7] V. Information faite en 1509 sur ce que le lundi de Pâques 1509 fut tué un cerf d'un coup d'arballète, en l'étang du lieu de la Couarde par plusieurs inculpés de Saint-Lyé, porté dans une granche, écorché, départi et dispersé par eux où bon leur sembla. 0,20557.

[8] Compte de 1450. 0,20319.

de perquisitions domiciliaires. Plusieurs riverains chez qui l'on a trouvé de la « cher de sanglier » et des « laz à chasser » sont condamnés à 20 sous parisis [1]. En résumé, le nombre des délits de chasse est, proportionnellement, assez peu considérable. Les comptes des eaux et forêts nous montrent dans l'Orléanais du moyen-âge un pays où le braconnage existe, mais où il ne fleurit pas : c'est un abus, mais non pas un système. Le gibier se conservait donc foisonnant, et les ducs pouvaient, sans crainte de buisson-creux, lancer leurs pompeux équipages, et mettre à une épreuve effective, non pas seulement la patience, mais aussi le courage des levriers, des chevaux et des cavaliers.

La chasse formait donc le plaisir principal de la cour et le plus envié, au contraire des paisibles émotions de la pêche, même de la pêche à la ligne si aimée de Jean de la Taille, qui présentaient en général peu d'attraits aux bouillants gentilshommes. On ne considérait absolument les étangs forestiers que comme une source de revenus, et il ne paraît pas que jamais la cérémonie de leur pêche ait passé pour une distraction.

Cependant le poisson de l'Orléanais ne manquait pas de notoriété : « le poisson aussi, nous dit dom Morin, s'y trouve très-« excellent et en abondance, à cause de la multitude de ses « fleuves et estangs, et est ordinairement choisi pour la table du roy [2]. » La truite surtout abondait dans les rivières [3]. L'ordonnance qui prescrit de vendre le poisson de rivière que l'on ne pourra envoyer au roi sans risques de le voir se gâter en route, témoigne en faveur de l'assertion de dom Morin.

Grâce aux lois ecclésiastiques, il se faisait même une grande consommation de nourriture maigre. Pendant le carême, aux vigiles de fête, la carpe devenait fort recherchée, et le duc en accordait alors aux membres de son conseil, et des administrations financière et forestière, ainsi qu'à divers familiers privilégiés. Dunois

[1] Arch. du Loiret. A. 853-858. Compte de 1453.

[2] P. 8.

[3] V. Morin, p. 357, 822.

reçut de la libéralité ducale de semblables présents. Mais c'est particulièrement dans les monastères que le besoin s'en faisait sentir. Leurs viviers particuliers ne suffisaient pas toujours à la consommation quotidienne des moines, ou du moins à la consommation des jours de fête et surtout du jour de la visite périodique du supérieur général, époque où la tradition exigeait que l'on fît bonne chère et qu'on se livrât à la joie, tout en respectant les termes de la règle. Aussi le roi a-t-il plusieurs fois accordé à des monastères l'autorisation de pêcher dans ses étangs pour cette occasion. Ces concessions constituent de véritables droits d'usage susceptibles d'inféodation ou de rachat [1]. Raoul de Baugency avait donné à l'abbaye de Baugency le droit de tenir une combre dans la rivière d'Ime, droit racheté par Philippe le Bel en 1300 [2] en même temps que le droit d'usage au bois.

L'évêque d'Orléans et l'abbaye de Saint-Benoit percevaient des droits de péage et de cens sur les nautonniers de la Loire: l'abbaye possédait aussi le droit de pêche sur la partie des rives du fleuve qui lui appartenaient [3]. Le Cartulaire de Saint-Benoit renferme à ce sujet une très-curieuse convention passée entre l'abbaye et son sergent, Hugues Beraud, en 1250. Hugues est chargé de recueillir la recette des cens et des vannes de la Loire

[1] Frater G. abbas Curie Dei, totusque ejusdem loci conventus universis presentes litteras inspecturis, salutem in Domino. Noverit universitas vestra quod nos quitavimus in perpetuum karissimo domino nostro Ludovico, Dei gratia regi Francorum illustri, et heredibus suis, piscationem quam habebamus in aqua que dicitur Ussentia, de dono et elemosina Petri, quondam domini de Cortenayo pro sexaginta libris parisiensium quas a domino rege propter hoc recepimus. In cujus rei memoriam et testimonium perpetuum presentem paginam sigillo nostro fecimus confirmari. Actum anno dominice incarnationis MCCXXIII, mense februario. (Orig. scellé du sceau abbatial, en cire verte, sur double queue.) — Tr. des Ch. J, 731.

[2] Joursanvault, 3078.

[3] Ce droit de pêche est extrêmement ancien. Un diplôme royal de 891 mentionnait ainsi la donation à Fleury, Saint-Benoît, de Vineuil près de Blois et de la Loire: « Ecclesiam in Vinolio (ou Vinogilo) villa (alias, villam) et VI alios mansos ad piscationem necessarios. » — D. Estiennot, p. 337 et suiv.

et de les remettre dans la huitaine au père cellerier. Hugues et le cellerier se partagent le produit des cens d'une certaine partie du rivage. Les nautonniers de Saint-Benoît doivent une corvée au père cellerier pour la construction des combres de « Boteilles, » moyennant une indemnité de deux deniers : le cellerier fournit le bois nécessaire, et Hugues préside à la construction. Avec de l'osier fourni aussi par le cellerier, Hugues fabrique à ses frais les nasses à pêcher : il pose les filets et les nasses, les lève lui-même, et perçoit la moitié du produit. Il a le quart de tous les poissons pris dans les angles de la Loire dont la surveillance lui appartient. Tout pêcheur qui prend à cens une combre, qui commence à pêcher à la trouble, doit une oie au sergent. Enfin Hugues perçoit deux deniers chacun des jours où il lève les nasses du père cellerier [1].

[1] Omnibus præsentes litteras inspecturis frater Th. miseratione divina humilis abbas Sancti Benedicti Floriacensis salutem in Domino. Noverint universi quod cum contentio verteretur coram nobis inter religiosos viros priorem nostrum ex una parte et Hugonem Beraudi servientem nostrum ex altera super quibusdam redditibus quos idem Hugo tenet à nobis et super quibusdam receptionibus reddituum dictorum Religiosorum quæ omnia tenet à nobis dictus Hugo in balliagio suo, tandem nos facta per probos viros diligenti inquisitione super præmissis deliberavimus de jure dictis partibus hæc omnia quæ sequuntur. Dictus Hugo debet habere *receptionem censuum fluvii Ligeris et ventarum qui census et quæ ventæ sunt cellerarii Sancti Benedicti* et debet dictus Hugo reddere dictos census et ventas dicto cellerario infra octabas receptionis eorumdem et si reddiderit eos infra octabas emendæ debent esse suæ propriæ. Item dictus Hugo debet habere census fluvii Ligeris a portu Sancti Benedicti usque ad domum defuncti Albigrusis et parum ultra qui sunt sui proprii, excepto angulo de Tarteriau qui est cellerarii. Item dictus Hugo debet citare Evagios et alios ballliviæ suæ cum opus fuerit coram cellerario supradicto. Item dictus Hugo debet habere unam lagenam vini de quolibet molendino quando deferrat illud ad mandatum domini abbatis et cellerarii exceptis molendinis dicti abbatis de portu Sancti Benedicti, item illi qui de terra Sancti Benedicti qui habent naviculas in Ligeri debent unam corveiam dicto cellerario ad combras de Buteilles faciendas, et debet quilibet habere duos denarios à dicto cellerario pro cibo, et debet dictus cellerarius adducere palos et ramos ad dictas combras faciendas et dictus Hugo debet eos ponere et alia necessaria in dictis combris cum auxilio corveiarum, item dictus Hugo debet facere nassas ad piscandum suis propriis sumptibus, et cellerarius debet ei tradere vimina ad dictas

L'abbaye de Fleury avait encore reçu du roi Robert un droit de pêche dans le Loiret [1].

La pêche produisait donc aux religieux de Saint-Benoît un revenu considérable, exceptionnel. En général elle était moins lucrative. Le droit de pêche que le seigneur de Courcelles, dans un aveu de 1404 [2] déclare posséder dans sa rivière, paraît avoir été surtout honorifique. Il faut noter que les capitaines de Montargis jouirent pendant longtemps, aux quatorzième et quinzième siècles d'un droit de pêche dans la ville de Montargis, au lieu dit le Berle [3].

nassas faciendas, et debet dictus Hugo ponere retia et nassas et ipsemet debet piscari et habere medietatem piscium et celerarius aliam medietatem. Item dictus Hugo debet habere per omnes angulos dicti fluvii Ligeris in baillivia sua quartam partem piscium. Item dictus Hugo debet habere duos modios bladi in abbatia et tria quarteria agni in Pascha, et tribus aliis festis annualibus in quolibet duos denarios et vinum (alias, unum, ce qui semble bien préférable) panem pretio unius oboli et duas ferratas vini. Item dictus Hugo debet habere cultellum vel aliud ferramentum scindens extractum in rivagio occasione contentionis. Item unum habere debet anserem de qualibet combra de novo à dicto cellerario adcensata et unum anserem de quolibet novo trublatore. Item dictus Hugo et sui hæredes tenent et tenebunt managium suum cum appendiciis suis a domno abbate in baillagium. Et Gilo Beraud et Matthæus Beraud tenent managia sua a dicto Hugone quæ omnia movent de baillagio dicti Hugonis. Item habere debet dictus Hugo sex flacones in rogationibus quos debet ei reddere dictus cellerarius. Item illi qui ducunt secum monachos ad sacros ordines et reducunt debent habere expensas suas quamdiu moram fecerint in eundo vel redeundo. In die vero illa vel in nocte qua veniunt dicti monachi ad portum Sancti Benedicti, non habet dictus Hugo nec socii ejus panem et vinum in abbatia nisi de voluntate magistri panis et vini. Item dictus Hugo debet habere duos denarios qualibet die qua levat nassas cellerarii. Item dictus nihil habet in censibus quos defunctus Guido (alias Hugo) quondam cellerarius apud Loysiacum acquisivit et ut istud firmum et stabile permaneat nos et conventus noster præsenti paginæ sigilla nostra duximus apponenda. Datum anno Domini 1250. — Archives du Loiret, $\frac{H. 1.}{2.}$ f. 183 v° — Comp. $\frac{H. 1.}{2.}$, p. 93.

[1] V. De Camps. (Bibl. Imp.) V. 8. (Assertion peu justifiée.)

[2] 0,20617.

Q. 542.

Le Châtelain de Baugency avait droit à la pêche des combres le vendredi « en la saison où l'on tend nasses » et à la septième partie de la pêche quand les nasses étaient levées, droit hypothétique confirmé par lettres ducales du 1er février 1448 (1449); le châtelain recevait ordinairement sa pêche en argent, les combres étant affermées [1]. Le vivier de Châteauneuf était également tombé, nous ne savons par suite de quelle circonstance, dans le domaine commun du châtelain et des bourgeois [2].

De tous les délits relevés dans les comptes des eaux et forêts, les délits de pêche sont les plus nombreux : toutes les contraventions possibles relativement aux temps prohibés, aux espèces de poissons réservées, aux engins défendus paraissent successivement.

Les braconniers se livrent très-fréquemment à la pêche nocturne. D'autres pêchent au rabat, à filet coulant, ce qui entraîne une amende de 24 sous parisis. Ceux-ci à la *saine orbe* [3], au *triquetrac* [4], à la *truble*, à la *truble orbe* [5], avec « certains fillez a pescher tropt plomez [6], » « peschant au feu par nuit, » à *bâtons fichés*, à un *épervier de mauvaise maille*, à « aspervier qui n'est pas à la maille qui doit estre ou temps d'été [7], » « aux grans engins [8]. » Les engins frauduleux qu'on saisissait étaient détruits : « peschant d'un petit fillez de maille deffendue lequel a esté arz [9].... » quel que fût du reste le lieu de la prise, sur le bord

[1] Quittances de 1438, 1443. — Seize états de 1423-1445. — Lettres de 1448. 0,20617.

[2] Procès-verbal de 1309. Joursanvault, 3269.

[3] Ou sayne, sayine. — aloseret.

[4] Sorte de filet très-fréquemment employé par les braconniers « peschant du fillez appellé triquedrac » — Compte de 1428. 0,20319.

[5] Compte de 1441-42. 0,20319.

[6] « Peschant d'un petit fillez de maille deffendue. » — Compte de 1424. 0,20319.

[7] Compte de Vitry de 1455-56. 0,20319.

[8] Compte de 1453. Arch. du Loiret. A. 853-858.

[9] Compte de 1424. 0,20319.

de l'eau, ou « en son hostel. » Les amendes en pareil cas s'élèvent le plus souvent à environ 40 sous, mais le taux en varie considérablement.

Diverses espèces de poissons étaient interdites durant une certaine époque de l'année. Les pêcheurs de Saint-Ay et de Mareau-aux-Prés avaient obtenu, le 5 mai 1383, de Charles VI, l'autorisation de pêcher jour et nuit les aloses, lamproies et saumons, en temps prohibé, c'est-à-dire de la mi-mars à la mi-mai, autorisation enregistrée à la maîtrise, le 26 mars 1383 [1].

Les officiers forestiers n'ont pas reconnu ce privilége. En 1424, des pêcheurs pris « peschant par nuit à la saine entre la « my mars et la my mai, ce qui est contre les ordonnances » exhibent des lettres de M. de Quitry « soy disant grant maistre « des eaues et forests de France » permettant de pêcher la nuit. Ils n'en sont pas moins condamnés chacun à 20 sous d'amende, peine mitigée [2]. Le procureur royal actionna aussi plusieurs fois les pêcheurs qui usaient du même droit; seule, la maîtrise le maintint par des sentences du 24 mars 1463 [3], et du 19 avril 1466, cette dernière à la suite d'une enquête ordonnée par le roi en 1465 [4].

Malgré ces titres, les sergents n'ont cessé de prendre les pêcheurs munis de poisson prohibé: on les arrête de toutes manières; on saisit le poisson charroyé en voiture, ou mené par eau dans une *santine* ou un *chalan* [5]; l'instrument de transport, en semblable cas, doit tomber en forfaiture: mais cette règle qui semblait trop dure n'est pas suivie; « du poisson banni... « pris ou chalan de Fromentin à Saint-Ay, amenez à Orléans, « et gettés en la rivière de Loire par le procureur du duc et « le receveur du domaine... XXXII s. p.... » on abandonne à Fromentin son chalan qui devait être confisqué [6].

[1] 1384 du style actuel.

[2] Compte de 1424-25. 0,20319.

[3] 1464.

[4] 0,20617.

[5] Ou dans un petit botet à poisson. Compte de 1424. 0,20319.

[6] Compte de 1424, 0,20319.

On saisit le poisson sur les femmes qui le vendent sur le pont d'Orléans, ou à la Poissonnerie. Si le poisson est mort, on le donne aux pauvres [1]. S'il est encore vivant, le poisson banni est rejeté à l'eau, et le poisson permis confisqué au profit du duc. Le poisson banni est celui qui n'est pas [2] « de la moison » qu'ilz doivent estre selon les ordonnances de monseigneur le « duc [3] » ou bien c'est le « barbillon camus [4], » l'alose [5], la lamproie, etc.

Les amendes pour poisson banni sont généralement faibles. La plupart des prises ont lieu la nuit, elles sont opérées dans tout le cours de la Loire [6], principalement à Orléans, au « Porteau, » au « mole du Parisis, » au « droit de la Poterne, » ou bien au pont de Meung. On les doit aux sergents du tiers des prises.

En définitive la pêche n'est guère considérée par les ducs que comme une source de revenus : seuls, quelques couvents en usent par eux-mêmes et en nature. Du moins la police de la pêche est très-rigoureusement faite et aussi stricte, malgré le nombre des délits et la difficulté de leur constatation que la police même de la forêt.

[1] Compte de 1456. O,20319.

[2] Compte de 1458.

[3] « Saisi dans une santine avec II bechetons et II anguillettes qui n'estoient pas de moison... » — Compte de 1427. Arch. du Loiret. A. 853-858.

[4] Comptes de 1458, 1450, etc.

[5] Compte de 1436-37. O,20319.

[6] Rarement dans les étangs de la forêt. Cependant, en 1399, un pêcheur pris à la berge de l'Etang de Lorris, est condamné en 10 sous parisis. — Compte de 1399. Arch. du Loiret. A. 833.

APPENDICE

EXEMPLES DE TITRES D'USAGE

1187

HOTEL-DIEU D'ORLÉANS

Concession du douzième siècle.

In nomine sancte et individue Trinitatis. Amen. Philippus, Dei gratia Francorum rex. Noverint universi presentes pariter et futuri quoniam elemosinarie domui Sancte Crucis Aurelianensis, intuitu Dei et ob remedium anime nostre et patris nostri, bone memorie, regis Ludovici et predecessorum nostrorum dedimus et concessimus ut habeat in nemoribus nostris de Legio usuarium suum extra defensa, videlicet extra Cantolium, Gometum, Caudam Geminiaci, in hunc modum quod quadrigam unam habeat que ad calefaciendos pauperes ibidem jacentes et languentes nemus afferat singulis diebus. Quod ut perpetuum robur et inconcussum obtineat, presentem cartam sigilli nostri auctoritate ac regii nominis karactere inferius annotato precepimus confirmari. Factum Aurelianis, anno incarnati verbi M° C° LXXX° VII°, regni nostri anno IX°, astantibus in palatio nostro quorum nomina subtitulata sunt et signa. S. comitis Theobaldi, dapiferi nostri. S. Guidonis, buticularii. S. Mathei, camerarii. S. Radulphi, constabularii. Data vacante cancellaria. (Monog.) 0,20640, f. 166.

1342

MALADRERIE DE N. D. DES BARRES

—

Fondation pieuse.

Philippe, par la grâce de Dieu roys de France, savoir faisons à touz présenz et a venir, que comme les proviseurs frères et seurs de la Maladrerie Nostre-Dame des Barres pour les très-granz et évidenz miracles qui ont esté ou temps passé et encores sont faiz notoirement de jour en jour oudit lieu, aient encommencié et fait ou la greigneur partie une chapelle en l'onneur et reverence de la benoite glorieuse Vierge Marie des aumosnes et appors que les pélerins et bonnes gens qui de loing y viennent en pélerinaige y ont fait et font chascun jour, et lesdiz proviseurs frères et seurs de ladicte maladrerie soient si pouvres et aient si poy de fondation et revenues que il ne pevent faire ne soustenir les choses qui y sont neccessaires et pour ce nous ont humblement supplié afin que le divin servise puist miex et plus honorablement estre célébré en ladicte chapelle que nous leur voussissens faire nostre grace et aumosne pour aider à soustenir leurdicte chapelle et maladerie : nous inclinanz à leur supplicacion et pour acroistre ladicte chapelle et maladerie, avons donné et octroyé, donnons et octroyons, par la teneur de ces présentes, pour Dieu et en aumosne, de nostre plain povoir, de certaine science et grace espécial, a touz jours, héritablement et perpétuelment, ausdiz proviseurs, frères et seurs pour eus et pour leurs successeurs, l'usage en noz boys d'Orliens en la garde de Courcy-ou-Loige, emprès pié, pour leur ardoir, pour édifier et pour soustenir leurdicte chapelle et maladerie, les appartenances et heritages d'iceulz presens et a venir, où que il soient, et parmi ce il nous octroient gracieusement à faire célébrer en ladicte chapelle chascune sepmaine au jour de jeudi, perpétuellement et sollempnement pour nous et pour les nostres à qui nous sommes tenuz, une messe dou Saint Esperit, et aussi après nostre décès vigilles et messe de morz pour l'ame de nous chascune sepmaine au jour de lundi perpétuelment. Si donnons en mandement aus maistres de noz forez qui a présent sont et qui pour le temps a venir seront, que il facent et lessent joir et user paisiblement les dessusdiz proviseurs frères et seurs de ladicte maladerie et leurs successeurs doudit usage par monstrée et livrée dou sergent de ladicte forest. Et que ce soit ferme et estable à touz jourz mais, nous avons fait mectre nostre scel en ces lettres, sauf nostre droit en autres choses et l'autrui en toutes. Donné à Chasteauneuf-sus-Laire, le XIe jour de novembre, l'an de grace mil CCC quarante et deux, souz nostre scel nouvel. Par le roy. Barrier.

(Extrait d'un vidimus passé en 1454, sous le sceau de la prévôté d'Orléans). — Arch. du Loiret. Fonds Sainte-Croix.

1393

PAROISSES DE VITRY, COMBREUX, SEICHEBRIÈRES

Charte confirmative, avec énonciation de motifs spéciaux.

Loys, fils de roi de France, duc d'Orléans, conte de Valois et de Beaumont, aux maistres de nos eaues et forests d'Orléans, ou à son lieutenant, salut. Nous avons oye la supplication des habitans de Vitry o Loige, Seiche-Bruyères et Combreux, en nos forests d'Orléans, consors en ceste partie, contenant il comme ils aient accoustumé d'avoir usaiges en icelles nos forets, c'est assavoir a bois sec, au boys mort, au mort boys, aux arrachés et aux ramoisons verts, et aussi pour maisonner et pour leur chauffaiges et leur autres necessités, et de ce aient joy et usé paisiblement et notoirement au veu et sceu des maistres desdittes forets et de quelconques autres officiers, sans ce qu'il y eut eu aucun empeschement, et ce aulcun en ont eu, sy a il esté osté au proffit des dits supplians et des diz usages sont en possession et saisine de tel et si long temps qu'il n'est memoire du contraire, et a cause d'icelluy lesdits supplians sont tenus aller et estaindre le feu si par aulcune avanture il est mis esdittes forets et de ce sont requis par cry solempnel et autrement duement, et aussi ils ne pourroient autrement vivre audit pays considéré les petits labouraiges qui y sont, lesquels labouraiges il leur convient garder jusques a ce qu'ils soient recuillis et repoux en grenier ou autrement tout leur labour seroit à eux inutille pour les bestes sauvaiges, et est laditte ville de Vitry la plus notable qui soit en nos dittes forets et la ou vous et vos prédécesseurs maistres d'icelles forets avez accoustumé de tenir et tenez vostre siége et juridiction. Néantmoings vous avez deffendu aux dits supplians que ils n'usent aulcunement desdits usages qui est en leur grand dommaige, et leur fauldroit laisser le pays se par nous y estre pourveu de nostre grace si comme il dient requerant humblement icelle, pourquoy nous inclinans à la supplication desdits habitans, vous mandons que appeller nostre procureur ou cas qu'il vous apperra par information et autrement deument lesdits supplians avoir ledit usage en nos dittes forets et d'icelluy avoir deument joy et usé, vous les en faites, souffrez et laissez ainsi joyr et user paisiblement sans aulcun destourbier ou empeschement, car nous plaist il estre fait et aux dits supplians l'avons octroyé et octroyons sy mestier est de grace especial par ces présentes, non obstant ordonnances, mandemens ou deffences quelconques a ce contraires. Donné à Paris le second jour de septembre l'an de grace mil trois cens quatre vingt treize. — Par monsieur le duc, à la relation du conseil. H. Guingnant. — 0,20635, II, 221, v°.

1310

ABBAYE DE FERRIÈRES

—

Ordonnance de maintenue d'un droit coutumier.

Philippus, Dei gratia Francorum rex. Notum facimus universis tam presentibus quam futuris quod nos, religiosorum virorum, prioris et conventus monasterii de Ferreriis supplicationibus inclinati, eisdem et pro se usuagium suum in boscis vocatis Usuaria de Ferreriis, in foresta Pauce Curie, ad ardendum et edificandum pro domo sua de Mercurello cum ejus pouprisia sicut pro corpore dicti monasterii consuevit haberi : item et elemosinaria dicti monasterii simile usuagium pro suis domo et molendino de Pratellis concedimus generose. Dictique religiosi nobis liberaliter concesserunt quod ipsi in dicto monasterio pro nostre et carissime consortis nostre Johanne, quondam Francorum regine, animarum remedio et salute, anniversaria anno quolibet perpetuo celebrabunt. Quod ut ratum et stabile perseveret presentes litteras sigilli nostri fecimus appensione muniri. Actum apud Moretum, anno Domini millesimo trecentesimo decimo, mense decembris. — Per dominum Philippum. Conversi. In hospitalem. — Tr. des Ch. reg. LX, f. 15.

1341

LA BOISSELLERIE

—

Amplification de la teneur d'un usage.

Philippe, par la grace de Dieu roys de France, savoir faisons a touz présens et avenir que comme Pierre de Surie nous ait donné a entendre que pour raison de la garde des seaulx de la prevosté de Lorriz en Gastinois, laquelle il a et tient de par nous, il ly convient sceller touttes les lectres qui sont faictes soubz lesdiz seaulx es dictes ville et prevosté combien que tout le prouffit en appartiengne à nous, senz ce que il en ait ou ait eu ou temps passé prouffit ou esmolument aucun : nous ait humblement supplié que l'usaige que il a et prent a présent en nostre forest d'Orliens, en la garde de Chaumontois, en l'Usaige que l'en dit aux femmes, pour lui, pour sa fame et famille, à col tant seullement, pour sa maison de la Boissellerie, nous ly voussissions muer icellui usaige et octroyer a ce que doresnavant il l'eust et preist a charrete et a coupper empres pié. Nous eue considéracion et regart aux bons et aggréables services que ledit Pierre nous a faiz en la dicte garde des seaulx et que nous esperons que il nous face encores en temps avenir et aussi aux autres choses dessus dictes, avons octroyé à icely Pierres, et par ces lettres octroions de grâce espécial et de certaine science que ledit usaige il et ses hoirs aient et preignent doresenavant permanablement a charrete et a coupper empres pié pour eulx, leur fames et leurs familles pour ladicte maison de Boiselerie et pour faire toutes leurs nécessitez. Donnans en mandement par la teneur de ces presentes lectres aux maistres de noz forestz qui ores sont et qui pour le temps à venir seront et a chascun d'eulx...... Donné à Saint-Germain en Laye l'an de grace mil trois cens quarente et un ou mois de may. Par le roy, Present monseigneur H. de Meudon, a la relation de Mess. P. de Villaines et P. de la Palu. J. Cordier. Sine financiâ R. de Balchein Debet constare de dicto primo usagio. Q. 590. f. 25 v°. — 0,20642, f. 57.

1377

HOTEL D'AMBERT A ORLÉANS

—

Amplification de l'emploi d'un usage.

Charles, par la grace de Dieu roy de France scavoir faisons à tous presens et advenir que nous aians spécial devotion a l'ordre et a la religion de nos bien amez les religieux de Saint-Pierre Celestin, desirant nous monstrer envers eulx favorable, afin qu'ils soient tenus de prier pour nous et le bon estat et prosperité de nostre royaume : aux religieux, prieur et couvent de la maison d'Ambert dudit ordre, assise en nostre forest d'Orléans, avons octroyé et octroyons de certaine science et grace especial par ces presentes, que pour le soustenement et usaige de bois tant pour ardre comme autrement de leur maison ou hostel qu'ils ont en nostre cité d'Orléans, auquel hostel ils retroient eulx et leur biens en temps de guerre, ils aient et puissent avoir et prendre bois en nostre ditte forest par eulx et leur successeurs religieux de laditte maison, au lieu ou lieux, et par la forme et maniere qu'ils l'ont et preignent et le peuvent avoir et prendre, par ottroy a eulx fait par nos predecesseurs, et selon ce qu'ils en ont joy et usé pour leur ditte maison d'Ambert et qu'il est plus a plain contenu ez lettres de nosdiz predecesseurs fectes sur ce. Si ordonnons en mandement à nos amez et feaux gens de nos comptes a Paris, au gouverneur du baillage d'Orléans et aux maistres de nos eaues et forests presens et avenir, et a chacun deulx si comme a luy appartiendra, que lesdiz religieux d'Ambert ils facent, sueffrent et laissent joyr et user paisiblement de nostre presente grace et ottroy selon la forme et maniere dessus dittes et qu'il appeira par lesdittes lettres. Et affin que ce soit ferme et estable chose a tousjours, nous avons fait mettre nostre scel a ces lettres sauf en autres choses nostre droit et l'aultruy en touttes. Donné en nostre chastel du bois de Vincennes, l'an de grace mil CCCLXXVII et le XIIIIe de nostre regne; ou mois de juing. — (Extr. d'un vidimus de 1392.) — 0,20640, f. 228.

1336

MANOIRS D'AUXY, MONTESPERANT

—

Transport de droit d'usage.

Philippe, par la grace de Dieu roy de France, scavoir faisons a tous presens et advenir que comme Guillaume Pouquaire ait, si comme il dit, une maison en la paroisse de Nibelle au lieu de Montesperant laquelle a l'usage en nostre forest du Loige en la garde de Vitry au boys mort, et la tient de Saint-Denis; laquelle maison soloit estre a trois personnes lesquelles avoient tous trois usage en laditte forest et en usaient, et ledit Guillaume ait une maison a Chailly, laquelle il tient de nous en fief, et une maison a Auxi, laquelle est en nostre justice et seignorie, et il nous a supplié que nous li voulsissions donner de grace especial povoir et congié de mener de l'usage que laditte maison de Montesperant a en nostre ditte forest en ses maisons de Chailly et de Auxi dessus-dittes deux charrettées la sepmaine a toujours mais pour lui et pour ses hoirs et successeurs et pour ceulx qui de luy auront cause. Et parceque nous vosismes savoir quel dommaige nous pourrions avoir si nous faisions la requeste dudit Guillaume, nous mandames à nos amez et feaulz, chevaliers, maistres et enquesteurs de nos forestz, Henry de Meudon, Symon le Porchier et Philippe le Paumier, que sur ce ils s'enfourmassent diligemment et nous rescripsissent ce que trouvé en auroient. Lesquels nous ont escript qu'ils s'en sont diligemment infourmés, et par plusieurs personnes, et que par laditte information ont trouvé que les deux charrettes par sepmaines valent par an cent quatre sols ou environ, chacune charrettée a trois chevaux prisée douze deniers, et que selon ce nous ne serions dommaigé que de cent et quatre sols par an et de tant li feront proffit. Nous voulans faire grace audit Guillaume li avons donné de grace especial pour li et pour ses hoirs et pour ceulx qui de lui auront cause que il puisse prendre les cent et quatre charrettées par an en sa maison de Montesperan ou en nostre ditte forest de Loige de l'usage que la ditte maison y a pour mener en se. dittes maisons de Chailly ou de Auxi a tel temps comme il leur plaira, mais que touttes lesdittes charrettées soient menées es dittes maisons dedens l'an pour en user en la maniere que ledit Guillaume le puet faire pour sa ditte maison de Montespera. Si mandons et commandons aus maistres de nos forets presens et avenir et a tous autres a qui il puet ou pourra appartenir que de nostre dit don leissent et facent joir ledit Guillaume, ses hoirs, ses successeurs et ceux qui auront cause de luy, et que ce soit ferme et estable a tousjours mais nous avons fait mectre nostre scel en ces presentes lettres. Donné à Louvre les Paris l'an de grace mil trois cens trente six, ou mois de janvier. — O,20642, f. 93 v°. — Q. 590, n°. 10 f. 43 v°.

1317

PRIEURÉ DE CHATEAUNEUF

—

Ordonnance de maintenue à l'encontre des officiers forestiers.

Philippus, Dei graciâ Francorum rex, Petro dicto Maillart et Petro de Chailliaco, custodibus forestarum nostrarum, salutem. Cum vos usagium quod rector ecclesie de Castro Novo supra Ligerim impedivissetis eidem et dilettus et fidelis magister Philippus Conversi, archidiaconus Brye in ecclesiâ Meldensi, clericus noster, per informationem factam cum pluribus fide dignis invenerit ipsum rectorem, nomine ecclesie sue, habere in dicta foresta usagium ad boscum siccum, ad branchias seu ramos virides, sine demembracione arboris et ad taillam, pro cujus modi usagio dictus rector tenetur singulis ebdomadis celebrare vel facere celebrari unam missam pro omnibus heredibus domus nostre regie defunctis, quodque idem rector est et predecessores sui fuerunt in possessione pacifica dicti usagii a tanto tempore de cujus contrario memoria non exstat. Vobis que idem clericus noster dederit in mandatis ex parte nostra ut eidem rectori de cetero deliberetis dictum usagium sine aliquo impedimento vel turbacione quacumque, prout hec omnia in litteris dicti clerici nostri vidimus plenius contineri. Quo circa, vobis et successoribus vestris qui erunt pro tempore, mandamus precipientes districte quantumvis ipsum rectorem et successores suos de cetero permittatis uti dicto usagio pacifice et quiete, non permittendum eumdem in eo impediri indebite, vel eciam molestari. Datum apud Castrum Novum supra Ligerim, V° die septembris, anno Domini MCCCXIII. — 0,20640, f. 148. — Q. 590, n° 10, f. LXVII.

1317

PRIEURÉ DE NIBELLE

—

Concession de bois entre-sec, par livraison du forestier.

Philippus, Dei gratia Francorum et Navarre rex. Notum facimus universis tam presentibus quam futuris, quod ut facilius, ante thronum gracie, misericordiam impetremus illorum quos ad orandum pro aliis eligit religio salutaris precibus et suffragiis fiducialiter spem jungentes ; dilecto nostro relligioso viro priori prioratus de Nibella, ordinis sancti Augustini, ut pro nostra ac carissime consortis nostre regine salute, missa de Sancto Spiritu, quamdiu vixerimus, feria quinta cujuslibet ebdomade, et post decessum nostrum missa de defunctis feria secunda in qualibet septimana, in ecclesia dicti prioratus de cetero imperpetuum celebretur, usagium ad boscum intersicum inter usagia foreste de Nibella per liberatam forestarii seu custodis foreste ipsius capiendum : necnon usagium ad boscum viridem jacendo pro ardere suo et pro sustinendo et reparando edifficia domorum et granchiarum ad dictum prioratum de Nibella spectancia tenore presencium concedimus et donamus, a dicto priore et successoribus suis imperpetuum percipiendum libere, absque alia, quam ut permittitur, redibencia nobis aut successoribus nostris pro inde facienda. Quod ut perpetua sit firmitate valida, presentes litteras sigilli nostri fecimus impressione muniri nostro in aliis et alieno in omnibus quolibet jure salvo. Actum Castro Novo supra Ligerim, anno Domini millesimo CCC decimo septimo, mense novembris. Per dominum regem, Gervasius. — Q. 590, n° 10, f. 49. — 0,20640, f. 206.

1322

COUVENT DE FLOTIN

—

Ordonnance portant suspension de l'usage à l'entre-sec.

Karolus, Dei gracia Francorum et Navarre rex, notum facimus universis tam presentibus quam futuris quod cum inclite recordationis carissimus dominus et germanus rex Philippus religiosis viris priori et conventui monasterii de Flotano, ordinis sancti Augustini, pietatis intuitu, et ut pro ipsius et consortis sue regine animarum salute, cujuslibet ebdomade die quinta quandiu vixerint unam missam de Sancto Spiritu, et post eorum decessum loco missé de Sancto Spiritu unam missam de deffunctis cujuslibet ebdomade die secundo prefati relligiosi tenerentur in suo predicto monasterio celebrare, usagium ad boscum mortuum et siccum stando et jacendo, et ad viridem jacendo tantum nec non ad intersica stando prope pedem capienda, tamen hujus modi intersica per liberatam forestariorum nostrum in foresta nostra de Logio percipiendum ab ipsis relligiosis et successoribus suis imperpetuum pro ardere in domibus et grangiis ad predictum monasterium spectantibus ac pro sustinendis et reparandis edificiis domorum et grangiarum eorumdem, absque quavis alia, quam ut premittitur, redibencia facienda, pro inde donaverit et concesserit graciose, prout in litteris ipsius domini et germani nostri quas penes nos retinuimus cancellatas, plenius vidimus contineri. Nos attendentes quod usagium prefatum ad intersica stando prope pedem multa afferebat nobis incommoda, eratque deturpacio et destruccio ejusdem foreste predicte, de consensu et voluntate religiosorum ipsorum, qui sponte dicto usagio ad prefata intersica renunciaverunt expresse in recompensacionem hujus modi intersicorum reliquo sibi ut premictitur usagio, quantum ad alia imperpetuum remanente, ipsis relligiosis duas quadrigatas bosci viridis qualibet septimana concedimus et donamus habendas et percipiendas ab ipsis religiosis et successoribus suis ad usum suum predictum imperpetuum per liberatam forestariorum nostrorum ipsius foreste in garda de Vitriaco absque alia deinceps, quam ut dictum est superius, redibencia facienda; volentes insuper et concedentes religiosis eisdem, quod si una vel pluribus septimanis omiserint percipere et levare dictas duas quadrigatas bosci pro qualibet septimana, ipsi totam summam hujus modi quadrigatarum bosci, quotiens sic omiserint, recuperare valeant et levare tempore subsequendi prout sibi visum fuerit expedire. Quo circa custodi et forestariis dicte foreste modernis et qui pro tempore fuerint damus presentibus in mandatis ut religiosos predictos et successores suos de dicto usagio et dictis quadrigatis bosci, modo quo superius est expressum, uti est gaudere permittant pacifice et quiete absque alterius expectacione mandati. Quod ut firmum et stabile perpetuo perseveret, presentibus litteris nostrum fecimus apponi sigillum, nostro in aliis et alieno in omnibus jure salvo. Actum apud Chaletam prope Montem Argi, anno Domini millesimo trecentesimo vicesimo secundo, mense novembris. Per Dominum regem. Ja. De Vestris. — Q. 590, nº 10, f. 50 vº. — 0,20640, f. 200.

1278

PRIEURÉ DU GUÉ DE L'ORME

—

Usage au bois pour les solives de toiture. Rachat de cet usage moyennant une autorisation d'établir une tuilerie.

Philippus Dei gratia Francorum rex, ballivo Aurelianensi salutem. Scire te volumus quod nos dedimus et concessimus licentiam abbati et conventui Sancti-Evurtii Aurelianensis usagium suum in griagio suo foreste Lagii ad cooperiandas domos suas de asseribus quod possint construere et habere tegulariam in loco qui dicitur Vadum de Ulmo pro suis edificiis cooperiendis sine fraude loco usagii de asseribus supradicti. Actum Parisius die lune post octabas beati Martini hyemalis, anno Domini M° CC° LXX° VIII°. — Dom Verninac, f. 26. Bibl. d'Orléans, ex Cartul. orig.

Beaugency. — Imp. Gasnier.

www.ingramcontent.com/pod-product-compliance
Lightning Source LLC
Chambersburg PA
CBHW031357210326
41599CB00019B/2799

9782012543829